美学与艺术研究

第6辑

主编 范明华 张贤根

美学前沿·学术访谈·中国美学·西方美学
环境与建筑美学·博士论坛·短论及艺术评论

WUHAN UNIVERSITY PRESS
武汉大学出版社

《美学与艺术研究·第6辑》编委会

目　录

美学前沿

学术访谈

中国美学

博士论坛

短论及艺术评论

美 学 前 沿

《论素朴的诗与感伤的诗》中的美学思想

张玉能

《论素朴的诗与感伤的诗》是席勒的主要美学著作之一。它主要依据人性美学思想体系的基本原理，论述了诗(文学)的创作方法，发展状况和不同类型。席勒的这种独具慧眼的论述，在西方美学史和文论史上都具有开创性意义：他所划分的"素朴的诗与感伤的诗"，作为创作方法，开启了西方美学史上现实主义和浪漫主义的创作方法模式；作为文学发展论，指引了合乎人性完整要求的现实主义和浪漫主义相结合的发展方向；作为文学类型论，提出了空前绝后的文学分类体系。

一、论素朴与感伤

《论素朴的诗与感伤的诗》从人与自然的关系出发，论述了"素朴"是自然的自由自在的存在和人对这种自然的满意兴趣的态度，而人类文明使人失去了"素朴"，因而使人产生了"感伤"倾向，即把素朴自然作为理想追求的态度。

什么是素朴？席勒说：

> 在我们的生活中有些时刻，我们把一种爱和亲切的敬意献给植物、矿物、动物、风景的自然，就像献给儿童、农民风俗和史前世界的人性自然那样，并不是因为它使我们的感官感到舒适，也不是因为它使我们的理解力或审美趣味得到满足(与二者恰恰相反的情况可能经常发生)，而仅仅因为它是自然。每个不完全缺乏感受的文明人，当他自由地漫步时，当他生活在乡间时，或者在他缅怀古代的时候，简言之，当他在非自然的环境和场合中出乎意料地看到纯朴的自然的时候，就经历着这种情况。这种常见的提高为需要的兴趣，是以对花卉和动物，对简朴的园林，对散步，对

农村及其居民，对遥远古代的一些产品等等的广泛爱好为基础的；它的前提是，既不会有矫揉造作，一般也不会有偶然的兴趣参与其中。但是，这种对自然的兴趣只在两个条件下发生。这种兴趣的第一个条件是，引起我们兴趣的对象一定是自然或者必定会被我们认为是自然；第二个条件是，对象(在这个词的最广意义上)是素朴的，也就是说，自然与艺术形成鲜明对照，从而使艺术相形见绌。

这里所说的是人对自然的一种态度，即对素朴对象的满意是对显现观念的自然的兴趣。而"以这种方式观察的自然，对我们来说绝不是别的，而是自由自在的存在，事物凭借自身的存在，遵循自己恒常法则的存在"①。那么，这种"自由自在的存在，事物凭借自身的存在，遵循自己恒常法则的存在"的自然的兴趣也就是"素朴的"、"道德的"态度，即是一种追求"本真的自然"的态度，而不是一种追求"形式的美"的审美的态度。所以，席勒指出：

> 在我们对类似现象感兴趣时，这种观念是绝对必要的。假如人们可以以最完美的蒙骗使一朵假花具有自然的外观，假如人们可以模仿风习的素朴达到最高的错觉，那么，一旦发现这是模仿，上述那种感情就会完全消失。由此可见，对自然的这种满意不是审美的，而是道德的，因为它是由一个观念促成的，而不是直接由观察引起的；而且它完全不取决于形式的美。那么，一朵朴实的花，一泓泉水，一块藓苔满布的石头，鸟儿的啁啾，蜜蜂的嗡嗡等等本身还有什么使我们愉悦呢？什么能够使它们完全有权得到我们的喜爱呢？我们所喜爱的，不是这些对象，而是由它们表现的一个观念。在它们身上，我们喜爱默默创造的生命，自发的平静创造，遵循自己法则的存在，内在的必然性，自身的永恒统一。②

因此，"素朴"有主体和客体的两重含义。客体的"素朴"就是指"本真的自然"的对象，它是保持着"自然本性"的存在；主体的"素朴"就是指以对"素朴"对象的满意观念为基础的对自然的兴趣，它是对自由自在地存在的满意态

---

① [德]席勒：《席勒美学文集》，张玉能编译，人民出版社 2011 年版，第 296 页。

② [德]席勒：《席勒美学文集》，张玉能编译，人民出版社 2011 年版，第 296~297 页。

度，它是一种"道德的"态度，而不是"审美的"态度。

与此相关的概念就是"感伤"。之所以会产生人类对自然的"感伤"态度，就是因为人类曾经是自然的一部分，而且人类最终还是应该"回到自然"。席勒说"它们是我们曾经是的东西，它们是我们应该重新成为的东西。我们曾经是自然，就像它们一样，而且我们的文化应该使我们在理性和自由的道路上复归于自然。因此，它们同时是我们失去的童年的表现，这种童年永远是我们最珍贵的东西；因而它们使我们内心充满着某种忧伤。同时，它们是我们理想之最圆满的表现，因而它们使我们得到高尚的感动"。文明人为了"回到自然"的这个理想，而感到一些"忧伤"，人类这种缅怀自己已经失去了的"自然本性"而以回归自然本性为理想的态度就是"感伤"。文明人在与自然的对比之中产生了这种"感伤"。席勒指出：

> 它们给予我们完全独特的快感，因为它们是我们的典范，却不使我们感到羞愧。它们使神光围绕我们，但是并不令人目眩反而更加令人舒畅。形成它们性格的东西，恰恰是使我们性格达到圆满所缺乏的东西；使我们与它们相区别的东西，恰恰是它们自己神性所缺乏的东西。我们是自由的，而它们是必然的；我们是变化的，而它们始终如一。但是，只有在两者彼此结合的时候——在意志遵循必然性规律并且无论想象如何变化理性仍然坚持自己的法则的时候，神圣的东西，即理想才出现。因此，我们在它们身上永远发现我们所缺乏的东西，但是我们得努力要求它，尽管我们同样从来都没有达到过它，然而我们应该在无穷无尽的进步中希望接近它。我们在自己身上发现一种它们所没有的优点，但是，要么它们根本就不能分享这种优点，像无理性的东西那样；要么它们只能在走着我们的路时分享这种优点，像儿童那样；因此它们努力使我们得到作为观念的我们人类的最甜美享受的任何东西，尽管它们在顾及到我们人类的每一确定状态时必然会使我们深感屈辱。①

接着席勒以对儿童般天真的感受为例说明对素朴的感受。他说：

> 因为这种对自然的兴趣以一种观念为基础，所以它只能在那些对观念

---

① ［德］席勒：《席勒美学文集》，张玉能编译，人民出版社 2011 年版，第 297 页。

敏感的人身上显示出来，即只能在道德的人身上显示出来。绝大多数人只会装腔作势，而且我们时代的这种感觉的审美趣味的普遍性还完完全全不是这种感受方式普遍性的证明；自从某些著作出版以来，这种审美趣味在感伤的旅行以及对园林、散步之类的爱好中表现出来。然而自然仍旧始终在最无感觉的事物上表现出这种影响的某些方面，因为一切人所共有的倾向于道德的天赋本来就足以达到这点，而且即使我们的活动与自然的质朴和真实仍然存在着很大的差距，我们大家都会一致地在观念中努力达到这点。这种对自然的敏感性特别强烈并且最普遍地由这样一些对象引起，这些对象与我们紧密地联系在一起，并且使我们回顾我们自身和我们身上的矫揉造作；例如像儿童那样的对象。假如有人认为，仅仅是无可奈何的观念使我们在某个时刻那样多愁善感地逗留在儿童那里，那他就错了。在儿童们那里情况可能是这样的，儿童们面对弱点从不习惯于某种感受某种不如他们本身优越的东西。但是，我所说的感情(它只产生于完全独特的道德心境之中，并且不会随着儿童兴高采烈的活动所激起的感情而变化)，与其说是宠爱自私自利的，倒不如说是侮辱自私自利的；而且，如果在这种情况下一个优点的确得到注视，那么至少这个优点并不在我们一边。并不是因为我们从我们能力和完善的高度来俯视儿童，而是因为我们离不开我们状态的局限，这种局限来自我们某一时刻所得到的规定，所以我们景仰儿童身上无限的可规定性和他的纯洁无邪，深受感动，并且我们的感情在那样一刻与某种忧伤混合得太明显，以致这种感情的根源也可能无法辨认。在儿童身上是天赋和规定，在我们身上则意味着实现，这种实现终究永远落在那些天赋和规定之后。因此，儿童对我们来说是理想之清晰回想，尽管这种理想并不实现，但是它被提出来了，因此它就绝不是他的贫乏和局限的观念，正相反它是他的纯粹而自由的力量的观念，他的完整性的观念，他的无限性的观念，是感动我们的东西。因此，对于道德的人和敏感的人来说一个儿童就是一个神圣的对象，也就是通过一个观念的伟大而消灭一切经验的伟大的那样一个对象；而且甚至他在理解力的判断中可能丧失的东西，在理性的判断中也能重新赢得。①

---

① [德]席勒：《席勒美学文集》，张玉能编译，人民出版社 2011 年版，第 297~298 页。

席勒在这里分析了素朴的与感伤的两种作为道德的人和敏感的人的人类态度。人类之所以把儿童的"天赋和规定"的自然本性作为理想来追求，并且表现出一种满意的兴趣，并不是因为成年人或者文明人已经不可能回到儿童状态和童年时代的无可奈何心境，而是因为儿童状态和童年时代的"纯粹而自由的力量的观念"，"完整性的观念"，"无限性的观念"感动着成年人或者文明人，儿童状态和童年时代"就是通过一个观念的伟大而消灭一切经验的伟大的那样一个对象"。这样一来，儿童和童年时代的"自然本性"和"本真状态"一方面可以引起保持着自然本性的人们的"素朴"态度，另一方面也可以引起失去了自然本性的人们的"感伤"态度。席勒的这些分析，令我们想起了马克思的类似的论述。马克思在《〈政治经济学批判〉导言》中指出："一个成人不能再变成儿童，否则就变得稚气了。但是，儿童的天真不使成人感到愉快吗？他自己不该努力在一个更高的阶梯上把儿童的真实再现出来吗？在每一个时代，它固有的性格不是以其纯真性又活跃在儿童的天性中吗？为什么历史上的人类童年时代，在它发展得最完美的地方，不该作为永不复返的阶段而显示出永久的魅力呢？有粗野的儿童和早熟的儿童。古代民族中有许多是属于这一类的。希腊人是正常的儿童。他们的艺术对我们所产生的魅力，同这种艺术在其中生长的那个不发达的社会阶段并不矛盾。这种艺术倒是这个社会阶段的结果，并且是同这种艺术在其中产生而且只能在其中产生的那些未成熟的社会条件永远不能复返这一点分不开的。"①看来，人类对于儿童的天真、纯朴、素朴的"自然本性"的满意、兴趣和追求，是人类的一种普遍的态度，不仅席勒和马克思论述了这种素朴和感伤的态度，而且中国古代传统道德观念和美学思想都有着所谓"童心说"、"赤子之心"之类的理论观点。

正因为素朴的和感伤的态度是人类对于自然和自然本性的一种基本态度，所以，在论述素朴的诗与感伤的诗之前，席勒对于"素朴"和"感伤"还进行了更加深入细致的研究。

其一，席勒认为，素朴的思维方式是自然对矫揉造作的内在精神的胜利。席勒指出：

正是从理性判断和理解力判断之间的这种矛盾中出现了混合感情之完

---

① 中国作家协会、中央编译局编：《马克思恩格斯列宁斯大林论文艺》，作家出版社2010年版，第102页。

全独特的现象，这种感情在我们心中激起思维方式的素朴。它把儿童的单纯和幼稚结合起来，而通过后者就暴露出理智的弱点并引起前者的取笑，借此我们就感觉到我们(理论上)的优势。但是，一旦我们有理由相信，幼稚的单纯同时也会是儿童的单纯，因而不会是无理智，不会是理论上的无能，而会是一种更高的实践上的优点，一颗充满无邪和真实的心，会是由于内在的伟大而拒绝艺术帮助的东西之源泉，那么理性的那种胜利欢乐就完结了，嘲笑单纯也就转化为赞叹高贵的单纯。我们感到自己被迫尊重这个我们以前取笑过的对象，而且，当我们同时对我们自身投以一瞥时，我们就会抱怨自己不像这个对象。那么，一种完全独特的感情现象就出现了，在这种感情中，兴奋的嘲笑、崇敬和忧伤汇合在一起。对素朴的要求是，自然要享有由它而来的对艺术的胜利，而要实现这个要求，要么靠人的知识和意志，要么借助于人的充分觉悟。在第一种情况下有惊异的素朴并使人快活；在第二种情况下有信念的素朴并令人感动。①

由此可见，素朴产生于素朴的思维方式，而这种素朴的思维方式是人们面对素朴的对象所形成的一种混合的感情激发起来的；这种感情混合了"兴奋的嘲笑、崇敬和忧伤"，从而形成了"自然所享有由它而来的对艺术的胜利"，也就是"自然对矫揉造作的内在精神的胜利"；于是"靠人的知识和意志"就产生了"惊异的素朴"，"借助于人的充分觉悟"就生成了"信念的素朴"。换句话说，人们要能够产生"素朴"的态度，就必须克服矫揉造作而回归自然，从对"素朴的"事物的混合感情中激发出素朴的思维方式。

其二，席勒区分了"惊异的素朴"和"信念的素朴"。席勒认为，惊异的素朴是自然的突破，信念的素朴是不变的纯朴自然。席勒是在惊异的素朴与信念的素朴的对比之中来论述这个问题的。尽管"无论是在惊异的素朴那儿还是在信念的素朴那儿，自然必定有权，而艺术却必定无权"，但是，"在惊异的素朴那儿个性应该有能力在道德上否认自然；在信念的素朴那儿它不应该那样，然而当信念的素朴必然作为素朴影响我们的时候，我们允许它为此不把我们想象为在肉体上无能的。因此，儿童们的言语行动也只会长久地给我们以素朴的纯粹印象，以致我们想不起他们艺术上的无能，而我们完全只想到他们的天赋

① [德]席勒：《席勒美学文集》，张玉能编译，人民出版社第 2011 年版，第 298～299 页。

自然与我们的矫揉造作的对照。素朴是一种天真，天真绝不能被期待，正因为此也就不能归于最严格意义上的童年之中"。"但只有通过这后一种规定，素朴的概念才会完成。内心冲动是自然（本性）而礼仪的规则却是某种人为的东西，然而内心冲动对礼仪的胜利绝少是素朴的。反之，如果相同的内心冲动战胜矫饰，战胜虚伪的礼仪，战胜伪装，那么我们会毫无顾虑地称之为素朴的。因此，这就会要求，自然不以它盲目的威力作为动力学的伟大，而是以它的形式作为道德上的伟大，简言之，它不是作为身体之必需，而是作为内在的必然性取得对艺术的伟大胜利。不是后者的缺点而是后者的不合法使前者必定取得胜利；因为后者有缺陷，而产生缺陷的东西绝不能引起尊敬。尽管在惊异的素朴那里永远有内心冲动的优势而缺乏自然承认的规定，但是这种缺乏和那种优势仍然与素朴完全无关，而是仅仅提供一个机会，使自然自由地追随它的道德性状，即遵循协调一致法则。"那么，惊异的素朴就应该是自然（本性）对艺术（矫饰、虚伪的礼仪、伪装）的突破和胜利，是一种道德形式上的伟大或者内在的必然性的胜利。因此，"惊异的素朴只有人才有权享受，尽管只有在他不再是纯洁无邪的自然时才有权享受。它以一种意志为前提，而这种意志与自然亲手做的东西不协调。这样一种个性，当人们使他恢复知觉时，就会对自身感到惊诧；反之，有素朴精神的个性就会对人们极其惊讶感到惊异。因此，这时在这里不是个人的道德性格，而仅仅是因为被内心冲动释放的自然性格才承认真实，所以我们并没有由于这种真诚而对人作出贡献，而我们的笑是有贡献的嘲笑，个人对这种笑的尊重并没有被这种嘲笑抑制住。但是，因为在这里这种笑仍然还是自然的真诚，这种真诚突然完全撕破欺诈的面纱出现，所以一种较高的满意与幸灾乐祸结合起来而抓住了一个人；因为对象反对矫饰的自然本性和对象反对欺骗的自然本性必定随时都激起尊敬。因此，我们甚至对惊异的素朴感到一种真正的道德上的愉快，尽管并不是对一个道德的对象感到愉快"。所以，惊异的素朴引起人们对自然的尊敬。"在惊异的素朴那儿我们总是尊敬自然，因为我们必须尊敬真实；然而，在信念的素朴那儿我们尊敬个性，因此我们就不仅享受一种道德的愉悦，而且超越一个道德的对象。在这一种情况下与在另一种情况下一样，自然都有权叙说真实；但是在后一种情况下自然之真诚永远给个性带来损害，因为它是非自动的；在后一种情况下它永远为个性作出贡献，即使它所陈述的那种东西会造成损害。"①那么，可以说，"惊异的素

①［德］席勒：《席勒美学文集》，张玉能编译，人民出版社2011年版，第300～301页。

朴"是一种以知识或者意志为前提的自然对艺术的突破和胜利，它是一种对自然的真实的道德上的尊敬。它不像"信念的素朴"是对个性的尊敬。那么。"信念的素朴"就是不变的淳朴的自然。席勒说："当一个人在他对事物的判断中故意无视矫揉造作的环境而只坚持一种纯朴的自然本性时，我们把一种素朴的信念归于他。"席勒还举例说明：如果一个父亲对他的孩子讲，某个穷人在受着饥渴的煎熬，而这个孩子就去把他父亲的钱包送给那个穷人，那么这种行为就是素朴的；因为健全的自然本性从孩子心中产生了行动，而在一个自然本性统治的世界里那样行事完全是理所当然的。他仅仅注意需要和使他满意的最切近的手段，而只有一部分人才能寻根究底的那种所有权范围，不是以纯粹的自然本性为基础的。因此，孩子的行为使现实世界感到羞愧，而这个孩子也通过他对那种行为所感到的愉快来承认我们的心灵。席勒还列举了另一种情况：如果一个没有人世经验却有良好理智的人，懂得对欺骗他的另一个人巧妙地装出坦白他的秘密的样子，甚至还借助于他的真诚使那个人自己损害自己，那么我们就发现素朴的东西。我们嘲笑他，但是仍然忍不住因此而尊重他。因为他对别人的信任来源于他自己信念的诚实，至少仅仅在这一点上他是素朴的，情况就是这样。这样就说明了信念的素朴是来源于人的自然本性。"因此，思维方式的素朴从来就不可能是道德败坏的人的特点，而只能归于儿童和有儿童般思想的人。后面这些人经常处在大千世界的矫饰环境之中而素朴地行动和思考；他们由于自己优美的人性而忘记了他们与一个道德败坏的世界有矛盾，即使在国王的宫廷里也表现出天资[天真、朴实]和无邪，只不过像人们在牧羊人的世界里发现他们一样。"①简言之，"信念的素朴"是借助于人的充分觉悟而显现出来的不变的淳朴自然(本性)，是人的道德个性的一种自然流露。

其三，席勒分析了素朴的一些具体表现。

第一，文明和生活中天才的素朴。席勒指出：

> 每个真正的天才必定是素朴的，否则他就不是真正的天才。他的素朴单独使他成为天才，并使他在理智和审美方面具有某些东西而在道德上也并不能否认他。他不知道法则，不知道虚弱的拐杖和倒错的严师，仅仅由自然本性即本能，他的守护天使引导着，镇静而安全地穿过虚伪审美趣味

① [德]席勒：《席勒美学文集》，张玉能编译，人民出版社 2011 年版，第 301～302 页。

的一切罗网；如果他不是那么聪明，从远处早就避开罗网，就会不可避免地卷入罗网。天才已有的，除开熟悉的东西以外就永远只能是家里所有的，而扩大自然本性也不超越它的界限。尽管甚至最伟大的天才们有时也会遇到后一种情况，但是只是因为还有那种他们想象的时刻，这时防卫天性就离开了他们，因为范例的力量吸引住他们，或者他们那个时代腐败的审美趣味在引诱他们。

这就是说，天才是天生的，率性而为的，由自然本性（本能）引导的，不知道法则的，反对一切虚伪和矫揉造作的。所以，天才可以天真而轻松地解决复杂的任务，就像哥伦布把熟鸡蛋击破而让鸡蛋立在桌子上。席勒说：

> 天才应该满怀不苛求的天真和轻松来解决最复杂的任务；哥伦布的鸡蛋[指解决困难问题的简易办法]适用于任何天才的决定。仅仅凭此他就证明自己是天才，因为他凭借单纯对复杂的艺术取得了值得庆祝的胜利。他并不按照已认识的原则行事，而是按照突然产生的思想和感情行事；但是他突然产生的思想是一个神之启示（健全的自然所形成的一切都是神的），他的感情是人类一切时代和一切历史的法则。

天才的个人生活和举止习惯都表现出天真性格：端庄贞洁，明智，不狡猾，忠实，谦逊，坚定信念。席勒说：

> 天才甚至在他的个人生活和他举止习惯中也显示出他烙在自己作品中的那种天真性格。他是端庄贞洁的，因为自然始终就是这样的；但它并非不引人注目，因为只有腐化堕落才是不引人注目的；他是明智的，因为自然决不能相反；但是他不是狡猾的，因为只有艺术才可能是这样的。他忠实于他的性格和爱好，但是，不仅因为他有原则，而且因为自然在产生任何犹豫时总是移向以前的位置，所以永远把古老的需要送回来。他是谦逊的，甚至是羞怯的，因为天才本身永远保持着秘密，但是他不是胆怯的，因为他不知道他所改变的道路之危险。我们对最伟大的天才的私生活知道得很少，甚至关于索福克勒斯、阿基米德、希波克拉特，近代关于阿里奥斯托、但丁和塔索，关于拉斐尔、阿尔布莱希特·丢勒、塞万提斯、莎士比亚、费尔丁、施泰恩等人的某些轶事也很少被我们保存，这就证实了这

种论断。

席勒列举了古代的埃帕米侬达斯(Epaminondas)和尤里乌斯·恺撒、近代的法国国王亨利希四世、瑞典国王古斯塔夫·阿道尔夫和沙皇彼得大帝、马尔波娄奇(Marlborough)公爵、图伦纳(Turenne)公爵、温多梅(Vendome)公爵等等来证明:"表现出异乎寻常坚定信念的某些人,甚至会产生出伟大的政治家和统帅,一旦他们由于他们的天才而成为伟大的,就显示出一种素朴的性格。"

席勒在这里还专门论述了女性所表现出来的素朴。他说:

> 自然在素朴的性格中给另一种性别安排了她的最高完善。女性的卖弄风情追求微不足道的事物如同追求素朴的外观一样厉害;假如人们一向还没有素朴的外观,就足以证明,性别的最大力量以这种性状为基础。但是,因为普遍的原则在女性的教养那里永远与这种性格相冲突,所以女人具有道德性质,而很难像男人那样具有理智性质,凭着良好教育的优点得以不失去自然的那种美好礼物;而且,如果妇女使道德的这种素朴与一种对大千世界合适的行为结合起来,她就是值得尊敬的,就像把思想的独创自由与学校的全部严格结合起来的学者一样。①

他认为,女性可以凭借良好的教育而保持道德的素朴,并且使道德的素朴表现在合适的行为之中。大概因为性别是天生的,所以,席勒把女人的素朴表现放在天才的这一部分来论述。

第二,语言和活动中素朴的表现。席勒把素朴在语言和活动中的表现归结为优美(Grazie)之一种,即秀美(Anmut)。他指出:

> 从素朴的思维方式中还必然流露出一种素朴的表现,不仅在言语上而且在动作上,这种表现是优美(Grazie)的最重要的组成部分。天才用这种秀美(Anmut)表现他最崇高和最深刻的思想,这是出自儿童之口的神启箴言。假如学生的理解力总是害怕出错,那么他的言语就像他的概念一样会撞到语法和逻辑的十字架上,甚至为了不要出错就会是生硬呆板的,甚至

---

① [德]席勒:《席勒美学文集》,张玉能编译,人民出版社2011年版,第303~304页。

为了不说得太多，就要生造出许多词语，而且，他甚至为了不对思想现出轻率态度，宁可锋芒毕露，那么天才就以唯一幸运的笔触给自己的物品勾勒出一个永远确定不移却完全自由的轮廓。如果在那里符号对描述者永远是异质的和异己的，那么在这里语言就像通过内在必然性那样从思想中喷涌出来，而且语言与思想那样一致，以致思想即使在物质的外壳之中也像裸露着那样表现出来。在那样一种表现那里符号完全消失在被描述者之中，而且语言还使它所表现的思想好像裸露着一样，因为另一种语言绝不能同时毫不掩盖地表达这种思想，这种表现就是在文风上被称为天才的和机智的那种东西。①

换句话说，语言和活动中的素朴就表现在，语言符号和行为表征仿佛是透明的，能够使得思想和意志仿佛是"裸露着一样"表现出来，从而显示出一种"秀美"的，即确定而又自由的审美风格。

第三，交际中的素朴。席勒说："像天才在他的思想活动中一样，心灵的无邪在活跃的交际中也自由而自然地表现出来。众所周知，人们在社会生活中偏离生活环境中表现的天真和严格的真实，就像偏离信念的单纯一样，而且太容易伤人的过错，就像太容易诱人的想象力一样，必然造成一种胆怯的行为。人们不可能经常口是心非地伪装；而为了叙说只能给病态的私心带来痛苦的事情，为了叙说只能给堕落的想象带来危害的事情，人们必须采取转弯抹角的方式。不熟悉这种传统规则，与鄙视任何虚伪的外表和欺诈的天生真诚结合起来（不是对此不顾的粗鲁，因为它们对它是讨厌的），就在交际中产生一种表现的素朴，这种素朴在于，人们不是完全不能就是只能装腔作势地说明的事情，以它适当的名称并以最简洁的方式被叙说出来。儿童们最普遍的表现就属于这种，他们由于他们与习惯的鲜明对比而引人发笑，然而人们永远会在内心深处承认儿童是对的。"②所谓交际中的素朴就是，不知装腔作势的传统习俗而以适当的名称和最简洁的方式叙说，儿童的天真叙说就是这样。

第四，席勒分析了素朴从人类向作为现代感伤渴望的外在自然的转化。

席勒指出："尽管信念的素朴就本来意义而言只能被赋予作为一种绝对服

---

① ［德］席勒：《席勒美学文集》，张玉能编译，人民出版社 2011 年版，第 304~305 页。

② ［德］席勒：《席勒美学文集》，张玉能编译，人民出版社 2011 年版，第 305 页。

从自然的本质的人，虽然纯粹自然毕竟远不是那样真正自主地行动，但是，借助一种诗意化想象力的内心冲动它常常会由理性的东西向无理性的东西转化。所以我们常常把素朴的性格赋予一个动物，一片风景，一座建筑物，甚至还赋予与人的想象概念根本对立的自然。不过，这就始终要求，我们把一种意志借给我们思想中的无意志，并且注意无意志对必然性法则的强烈趋向。我们自己运用得不好的道德自由和对在我们的行为中销声匿迹的道德和谐的不满，很容易导致那样一种心情，在这种心情中我们像对一个人那样主动与无理性的东西攀谈，似乎它真的会与相反的诱惑作斗争。在那样一种时刻，即在我们拥有我们的理性对灾难和不幸的特权，而且反对我们天赋和规定的合理性明显地超过对我们实际作为不完善的强烈感情的时候，它非常合我们的意。"简单地说，席勒这里所说的意思就是，素朴本来主要是在人身上表现出来，可是，借助于一种想象力的诗意表达，人们可以把素朴转化到外在自然对象上，比如，一个动物，一片风景，一座建筑物，甚至还赋予与人的想象概念根本对立的自然。由这种自然对象，我们就可能产生一种现代人的"感伤"："然后，我们在无理性的自然中只看到一个幸福的姐妹，她留守在慈母的家里，而我们放纵我们的自由从这个家中出来冲进异乡。我们一开始经受文化的烦恼困苦，就痛苦地渴望重新回到那里去，并在遥远的艺术异邦听到母亲动人心弦的声音。我们曾经长期是单纯的自然之子，我们曾经是幸福的和完美的；我们成为自由的了，但却丧失了那二者。由此产生一种双重的而又很不相同的对自然的渴望：一重渴望它在内在幸福，一重渴望它的完美无缺。感性的人只为丧失前者而悲叹，只有道德的人才能为丧失后者而悲伤。"那么，面对着已经逝去的"素朴的"自然，人们应该怎么办？仅仅是"感伤"呢，还是应该到自己的内心中去寻求"素朴"？席勒当然是赞同后者，因为近现代文化已经使人失去了"素朴"，于是人类的叹息和怨恨都是无济于事的。席勒一方面指出这种由"素朴"到"感伤"的转化是必然的，外在的自然是不值得尊敬和渴望的："因此，多愁善感的自然之友啊，对你来说问题大约在于，你的惰性是否渴望得到它的安宁，你受侮辱的道德是否渴望得到它的协调一致？对你来说问题大约在于，当艺术使你厌恶而社会中甚至沉寂的自然中的滥用迫使你感到孤独时，你是否厌恶它的剥夺、它的负担、它的艰难，或者是否厌恶它在道德上的无政府状态、它的独断专行、它的杂乱无章？你应该心情愉快地冲进那些东西之中去，而你的补偿必定是自由本身，那些东西就从自由中流出去了。也许你可能为自己赢得达到遥远目标的宁静的自然幸福，但是只是那种奖赏你的功绩的自然幸福。因此，对生活负担，对条件的不平等，对环境的压迫，对财产的不安全，对忘恩负义、压迫、迫害，一点也不要抱怨；你应该自由自在听天由命地顺从文化的一切恶事，应该把它们作为唯一的善之自然条件来尊敬；你应该痛惜文化的恶，但是不单用软弱无力的眼泪来痛惜。相反，要注意，你自己在那种污染的条件下保持纯洁，在那种奴役之下保持自由，在那种反复无常的变化中保持稳定，在那种无政府状态中合法地行动。你不要害怕你身外的混乱状态，却要害怕你心中的混乱状态；你要争取统一，但不要在单调中寻求它；你要追求安宁，可要通过内心的和谐和平静，而不要通过你活动的静止状态去追求。你由于无理性的东西而羡慕的自然，是不值得尊敬的，也不值得渴望。它位于你的后面，它也必定永远位于你的后面。离开你的引导者，现在你除了用自由的意识和意志去掌握规律，或者无可挽救地坠入无底的深渊，就再也没有别的选择。"另一方面，席勒又告诫人们，应该心安理得地对待现实而把"素朴"作为理想来追求："但是，如果你对失去的自然之幸福是心安理得的，那么自然的完美无缺就可能作为你的心灵的典范。你就从你造作的领域中出来而走向它那里，它就领导你进入它伟大的安宁，进入它素朴的美，进入它儿童般的无邪和单纯；在这种情况下，你要留恋这种景象，要培养这种感情，这对你最美妙的人性是有价值的。你要不再想到，希望与它对换，但要把它接纳进你的心中，并要争取把它无限的优点与你自己无限的特权结合起来，而从二者之中就产生出神圣的东西。它会像一片田园风光那样环绕着你，在这田园风光中你从艺术的迷途中重新为你自己找到路径，在这田园风光那里你使勇气和新的信仰汇集成潮流，而且理想的火焰在生活的狂澜中那么容易熄灭，你把它在你的心中重新燃起。"①在这里，席勒历史主义地对待了西方近现代文明给人类带来的"素朴"的消逝，并不是像卢梭所说的那样"回到自然"，即回到原始社会的自然状态，而是希望人类能够接受"素朴消逝"的现实状态，把古代的"素朴的自然"作为理想来追求，在文学艺术中燃起人类心中的理想火焰。也许这就是席勒之所以不厌其详地论述"素朴"概念的根本原因所在。

第五，席勒分析了古希腊人与现代人对外在自然的不同关系的问题。

也许就是为了证明自己的观点，席勒把古希腊人与现代人对外在自然的关系进行了比较，用以证明古代的"素朴"消逝的历史必然性和现代人应该追求

① ［德］席勒：《席勒美学文集》，张玉能编译，人民出版社 2011 年版，第 305～306 页。

"素朴"理想的"感伤"的现实合理性。席勒指出："如果人们回忆起环绕古代希腊人的美丽自然，如果人们深思一下，这个民族怎么能够在幸福的天空下信赖地与自由的自然生活在一起，怎么使他的想象方式、他的感受方式、他的习惯极其接近单纯的自然，而单纯自然的那样一个忠实的印迹就是他的诗作，那么肯定会惊奇地说，人们在有感伤的兴趣时那样少地发现这种兴趣的痕迹，而我们现代人可能怀着这种感伤兴趣依恋着自然景象和自然性格。希腊人在描述这些景象和性格方面虽然是极准确、忠实并且不惜篇幅，但是并不怀着更高的内心兴趣来描述，也不再像他们在描述一套衣服、一面盾牌、一副盔甲、一件家庭用具或者种种机械产品时那样。就他们对客体的喜爱而言，他们似乎在由于自己本身而存在的东西与由于艺术和人的意志而存在的东西之间，并没有作出区别。比较起来，自然似乎更对他们的理解力和求知欲感兴趣，而不是更对他们的道德感兴趣；他们不像我们现代人那样，亲切地、多情善感地满怀甜蜜的忧伤依恋自然的景象和性格。的确，当他们在自然各个现象中把它人格化和奉若神明，并把它的作用描绘为自由本质的行为时，他们取消了自然中镇定自若的必然性，而自然正是凭借这种必然性才吸引我们的。他们急不可耐地想象引导他们超越自然而走向人生的戏剧。只有生气勃勃和自由，只有性格、行为、命运和道德才使他们满足，而且，如果我们在某些道德心境中可以得到我们意志自由的优势，而这种优势曾使我们遭受那么多自我斗争，那么多不安和迷惘，以反抗无可选择却镇定自若的无理性必然性，那么，恰恰相反，希腊人的想象是机敏的，这种想象肯定会使人性在无生命的世界中开始并且在盲目的必然性统治的地方给意志打开入口。"简言之，古希腊人对外在自然的态度是"素朴的"，而现代人对外在自然则是"感伤的"。席勒就进一步分析了"这种不同的心灵究竟是从哪里来的呢？我们怎么会在一切自然物中被古代超过那样远，就在这时我们怎么会在更高程度上崇拜自然，亲切地依恋自然，甚至可能最热情地拥抱无生命的世界呢？"席勒的结论是："之所以发生这样的情况，是因为自然在我们这里从人性中消失了，我们只有在人性之外，在无生命的世界中，在它的真实里才重新发现它。不是我们更高的合自然性，完全相反，是我们环境、状态和习惯的反自然性，促使我们追求真实和天真的本能觉醒，这种本能就像道德禀赋一样从真实和天真中流涌出来，坚定不移而不可磨灭地处在整个人类的心中，并要在物质世界中设法得到满足，而在道德世界中却不必希望得到满足。因此，我们依恋自然所怀有的感情，与我们悲叹消逝的童年时代和儿童般天真无邪所怀有的感情，亲缘关系是那么接近。我们的童年是唯一没有扭曲的自然，我们在有教养的人类中也找得到这种自然，因此，如果我们身外的自然之每一足迹都带领我们复归到我们的童年，那并不奇怪。"①这是问题的一方面，即自然已经从现代人的人性中消逝了，所以现代人只能"感伤地"对待外在自然了。问题的另一方面则是：古希腊人的"文化还没有堕落到到脱离自然的地步"。"他们社会生活的整个结构建立在感觉之上，而不建立在艺术的拙劣制品之上；他们的神学甚至是一种素朴感情的灵感，是一种兴奋的想象力的产物，不像现代民族的教会教义是苦思冥想的理性的产物；因此，由于希腊人没有丧失人类之中的自然，所以他们能够甚至在这种自然之外也不遭受它的突袭，而对对象也没有那么迫切的需要，在这些对象中他重新发现过那种自然。在作为他们的最高值的这种自然里，他们必定自我统一而幸福地停息在他们的人类感情之中，而且一切其他东西都会努力接近这种自然；如果我们在我们人类的感觉中自我不统一，也不幸福，那么我们就会没有像从自然中迫切流涌出来的兴趣，也不会有兴趣急切地把一种那么无效的形式从眼前移开。"通过这样的对比分析，席勒最终把"素朴与感伤"的对立归结为古代与现代的对立、健全与病态的对立。席勒说："因此，这里所说的感情不是古代人有过的东西，确切地说，它与我们因为古代人而有的东西是一样的。古代人自然地接受，而我们感受自然。当荷马让上帝的养猪人款待乌里斯时，毫无疑问充满他心里的是一种完全不同的感情，当某种东西感动少年维特的心时，他对一个可恶的社会朗诵这首诗。我们对于自然的感情就等于对于健全的病态感受。"②

席勒花费了相当的篇幅来分析阐述"素朴"概念和与之密不可分的"感伤"概念，就是为论述素朴的诗与感伤的诗的性质特点奠定基础。我们过去研究席勒的《论素朴的诗与感伤的诗》，往往很粗略地就把这一部分带过去了。其实，"素朴"和"感伤"的概念决定了素朴诗人与感伤诗人及其素朴的诗与感伤的诗的基本性质特征：素朴的诗就是本真的自然的表现，是自然的现实表现，是古代的诗；感伤的诗是追求本真的自然的理想表现，是自然的理想表现，是近现代的诗。

二、素朴诗人与感伤诗人

正是在素朴与感伤的概念的基础上，席勒把处于自然状态并以此处理人与

---

① ［德］席勒：《席勒美学文集》，张玉能编译，人民出版社 2011 年版，第 307 页。
② ［德］席勒：《席勒美学文集》，张玉能编译，人民出版社 2011 年版，第 308 页。

自然关系的诗人称为"素朴诗人",他所创作的诗是"素朴的诗";而把自然作为理想来追求并以此处理人与自然关系的诗人称为"感伤诗人",他所创作的诗是"感伤的诗"。一般说来,古代诗人主要是素朴诗人,而近代诗人主要是感伤诗人。

其一,素朴诗人与感伤诗人的区别在于诗人与自然的不同关系。

席勒指出:"对自然的素朴关系和感伤关系根本在于:诗人是自然的保护者,自然的证人和复仇者。"在席勒那里,素朴诗人是自然的保护者,而感伤诗人是自然的证人和复仇者。他说:"如果自然像这样逐渐开始从作为经验和作为(行为和对象)的主体的人类生活中消失了,那么我们就全力以赴地争取在作为观念和对象的诗人世界中发现她。最广泛地处在不自然和对此反思中的那种民族,肯定首先被素朴的现象最强烈地感动,并给这种现象一个名称。我们很清楚地知道,法国人曾经是这样的民族。但是,对素朴的对象的兴趣当然是非常古老的,从道德的和审美的腐化堕落开始之日起就产生了。感受方式上的这种变化在欧里庇德斯那里早就显示出引人注目的先例,只要把这个诗人与他的前辈,特别是埃斯库勒斯比较一下就清楚了,然而那个诗人也曾经是他的时代的宠儿。类似的变革还可以在古代历史学家们中间得到证实。贺拉斯,这个文雅而腐化时代的诗人,在他的牧歌中赞美安宁的内心幸福,大家也可以把他称为这类感伤诗的真正创始人,而且在这类诗中他也是一个没有被超过的典范。在普罗佩斯、维吉尔等诗人那里也可以发现这种感受方式的痕迹,在心灵并不那么丰富的奥维德那里却很少有这种痕迹,在流放到黑海之滨的托米时,他痛苦地怀念贺拉斯在他的牧歌中乐于思念的内心幸福。"①从这个角度来看,席勒认为法国民族是最早的感伤诗人的民族,与古希腊的素朴诗人埃斯库勒斯不同的欧里庇德斯是古希腊最早的感伤诗人,古罗马的贺拉斯是最早的感伤诗人的真正创始人,而古罗马的普罗佩斯、维吉尔、奥维德等都或多或少地具有感伤诗人的痕迹。

从这样的人对自然的不同关系,席勒发现了诗人只可能有两种作诗方法(作诗方法,原文为 Dichtungsweise,亦可译为文学创作方法),也就产生了两种诗人:素朴诗人与感伤诗人。席勒说:"诗人们,仅就其概念而言,是自然的保护者。在他们可能完全不再是这样的地方,他们就肯定会在自己心中体验

---

① [德]席勒:《席勒美学文集》,张玉能编译,人民出版社 2011 年版,第 308~309 页。

到任意而矫饰的形式的毁灭性影响，或者竟会与这些形式发生冲突，在这里他们作为自然的证人和复仇者出现。因此，他们或者是自然，或者寻求失去的自然。由此就产生两种完全不同的作诗方法，诗的整个领域都被这两种作诗方法详细阐明和测定着。所有诗人，只要实际存在着，他们都是处在由时代决定的状态之中的，他们活跃在时代之中，或者偶然的情况对他们总的教养和一时的心境发生影响，他们就要么属于素朴的诗人，要么属于感伤的诗人。"①由此，席勒开辟了一种新思路来划分诗人的类型，即以诗人对自然(现实)的态度和处理自然的方式或者作诗方法(创作方法)来划分出素朴诗人与感伤诗人。这应该是一种划时代的美学思想和文学类型学观念。它既不同于亚里士多德从摹仿对象、摹仿媒介、摹仿方式的客观方面来划分文学艺术创作，也不同于文艺复兴时代以人的感觉器官的主观方面来划分文学艺术创作，而是从人与自然对象的关系或者主客观关系上来划分文学艺术创作。从此产生了现实与理想的不同表现的两种创作方法，席勒称之为"素朴的诗与感伤的诗"，而后来的美学家称之为现实主义与浪漫主义，这种划分到19世纪就被固定下来，一直沿用至今。

其二，席勒描述了素朴诗人的特点：冷淡，漫不经心，沉静，客观冷静，真实，深藏不露。

他说："纯粹素朴而才华横溢的青春世界之诗人，就像在矫饰造作的文明时代最先接近他的那种人一样，是冷淡的，漫不经心的，沉静的，毫无过分的亲昵。像纯洁无瑕的狄安娜消逝在她的森林中那样，他严肃而矜持地在寻求他的心灵前消逝，在想攫住他的渴望前消逝。他什么都不回答，什么也不能融化他或者解开他客观冷静的衣装。他用来对待对象的一针见血的真实，时常表现为冷淡。客体完全占有着他，他的心灵不像一块变质的金属当即放在水下面，而像一枚深渊中的钱币要人寻求。像宇宙结构后面的神灵那样，他在他的作品的后面；他就是他的作品，而他的作品就是他；人们很可能早已不尊敬，或者掌握不了，或者早已厌烦了他的作品，只得去询问他。"②

席勒还以自己的阅读欣赏体验来以荷马和莎士比亚与阿里奥斯托为例，把素朴诗人与感伤诗人进行对比，从而凸显素朴诗人的特点。他说："例如，古

---

① ［德］席勒：《席勒美学文集》，张玉能编译，人民出版社2011年版，第309页。

② ［德］席勒：《席勒美学文集》，张玉能编译，人民出版社2011年版，第308～309页。

代人中的荷马和现代人中的莎士比亚就这样出现；两种被巨大的时代差距分开的、极不相同的天性，恰恰就在这种性格特征中完全统一了。……顺便说说，我并不为这种儿童见识感到羞愧，因为成年人的评论也会产生类似的见识，并且幼稚地把它公布于世。"①席勒以自己年轻时阅读欣赏莎士比亚的体验，凸显出素朴诗人的冷淡、客观冷静的创作方法的特点。

席勒还列举了荷马史诗《伊利亚特》与阿里奥斯托的《疯狂的罗兰》两部史诗中的类似描写来对比素朴诗人与感伤诗人，从而凸显出素朴诗人的特点。他说：

> 啊，古代骑士风度的侠义慷慨！
> 你使势不两立的敌人也相互信赖，
> 从敌方的疯狂暴烈的征战中，
> 你忍受了浑身的心酸苦痛，
> 他们却任意猜疑，在相处中放纵感情，
> 骑着这样的疯马，驰过黑暗的曲径。
> 骏马，抽了四鞭，更加疯狂，
> 直奔那两街对垒的地方。
>
> ……
>
> 那么现在我在阿耳戈船上就是你的朋友，
> 如果我拜访吕底亚，你也会欢迎我。
> 因此我们要避免舞矛弄枪相互混战。
> 特洛亚人的确很多，还有光荣的使者，
> 如果我杀死他，哪个神会迈开双腿来赞助我；
> 阿开亚人也很多，即使你善战也难逃劫难。
> 但是我俩交换盔甲，情况就会大大改观，
> 就像为我们从先辈起就宾客相交而相互称赞。
> 那些缩成一团的俘虏就会从车上下来

---

① [德]席勒：《席勒美学文集》，张玉能编译，人民出版社 2011 年版，第 309~310 页。

尽情歌颂友谊，相互握手言欢。

……

然而宙斯使格劳库斯激动，他就毫无知觉地
对着英雄奥麦德金光闪闪、变幻莫测的盔甲，
一千头小公牛等待着，去换取一群新的小公牛。①

席勒通过这样的对比就把素朴诗人的冷静客观描写对象和让事件自身显示出来的创作方法特点给凸显出来，让人们有一个比较直观的印象。相形之下，感伤诗人以自己的感受来描写对象和事件的热情主观的创作方法，同样也一目了然了。

其三，素朴诗人在现代世界中不合时宜。

席勒在分析了素朴诗人的创作方法特点之后，发现在矫揉造作的现代，素朴诗人是不合时宜的。他说：属于素朴这类的诗人，在一个矫揉造作的时代里不再是那么适合于他们的地位了。在这样时代里，他们甚至也不再可能是素朴的，至少不可能以别的方式使他们在他们的时代里任性地发展，而被一种善良命运在命运的摧残影响之前掩藏起来。虽然他们绝不可能从群体中产生出来，但是，他们有时也出现在群体之外，不过更多的是作为人们惊叹的陌生人，作为使人们恼火的粗鲁的自然之子出现。所以，他们对艺术家来说是慰藉的现象，艺术家们学习他们；而对于懂得正确判断他们价值的真正鉴赏家说来，他们总的来说很少得到成功并且很少适合于他们的时代。② 这就说明素朴诗人与感伤诗人的创作方法是具有时代特点的，而素朴的诗主要是古代的，感伤的诗则主要是现代的。

其四，感伤的诗人及其特点。

席勒认为，诗的天才有两种创作方法或者表现方式：一是摹仿现实，另一则是表现理想。

他说："诗人或者是自然，或者寻求自然。前者造就素朴的诗人，后者造

---

① ［德］席勒：《席勒美学文集》，张玉能编译，人民出版社 2011 年版，第 310~311 页。

② ［德］席勒：《席勒美学文集》，张玉能编译，人民出版社 2011 年版，第 311-312 页。

就感伤的诗人。"①那么，按照自然本性摹仿现实的就是素朴诗人，也就是现实主义诗人；把失去的自然作为理想来追寻的诗人就是感伤诗人，也就是理想主义诗人或者浪漫主义诗人。

席勒是从人性美学思想体系来解释感伤诗人与素朴诗人的区别。他把"诗的精神"作为人性，人的天赋，道德冲动的本性、本质来看待。他说："诗的精神是不朽的，它决不会从人性中消失；它只能同人性本身一起消失，或者同人的天赋能力一起消失。虽然想象力和理解力的自由使人离开自然的单纯、真实和必然性，但是，不仅那通达自然的道路永远向他敞开着，而且有一种不可摧毁的强大的冲动——道德的冲动不断地促使他回到自然；诗的能力正是与这种冲动有着最密切的亲缘关系。因此，这种诗的能力并不会同自然的单纯一起丧失，它只是向另一个方向发生作用。"而且，就是在矫揉造作的 17 世纪法国新古典主义时代，诗的精神不仅存在，而且与自然和自然本性不可分割。所以，他说："甚至现在，自然还是燃点和温暖诗的精神的唯一火焰。诗的精神只是从自然才获得它的全部力量；在矫揉造作的文明人身上，它也只是对自然说话。其他任何创作方式都是与诗的精神格格不入的。因此，顺便说说，把任何所谓机智的作品都称为诗，是不正确的，尽管法国文学的盛誉使我们长期以来就把它们与诗相混淆。我再说一遍，甚至现在，在矫揉造作的文明状态中，诗的精神由于自然才是强烈有力的，只是它现在与自然处在一种完全不同的关系之中。"②正是因为诗的精神与自然和自然本性不可分割，所以自然和自然本性就必然会引导诗人按照自然本性摹仿现实，造就素朴诗人。紧接着，随着人类的文化和文明的产生，人与自然的关系就发生了变化，自然和自然本性已经离开人类而消逝，人们就只得把自然和自然本性当做理想来追寻，于是就必然会产生感伤诗人。

在席勒看来，近代感伤诗人取代古代素朴诗人是一种历史的必然，也就是由"自然人"走向"文化人"的历史必然性。这种历史必然性是任何个人和族群都不可避免的。他指出："近代诗人所走的道路，就是人不仅作为个人而且作为整体都必须走的道路。自然使人自我同一，艺术则把人分而为二，通过理想他又恢复到统一体。但是，因为理想是人无论如何达不到的无限的东西，所以文化人决不会在自己的种类中变成完全的，至于自然人却可以在自己的种类中

---

① ［德］席勒：《席勒美学文集》，张玉能编译，人民出版社 2011 年版，第 312 页。
② ［德］席勒：《席勒美学文集》，张玉能编译，人民出版社 2011 年版，第 312 页。

变成完全的。因此，如果考虑到这两类人对各自的种类和最高限度所处的关系，那么文化人在完全方面比起自然人就永远逊色得多。相反，如果我们把这两个种类本身互相加以比较，那么我们就会发现，人凭借文化去努力实现的目标，比起人凭借自然去达到的目标，可能永远更受偏爱。因此，自然人通过绝对地达到一种有限来获得他的价值，文化人则通过接近无限的伟大来获得他的价值。但是，因为只有后者才有等级和进步，所以正处在文化之中的人的相对价值就整体来说是决不能确定的；虽然处于文化之中的人，如果单独来看，比起自然在其身上发生完美作用的那类人来，一定居于不利的地位。但是，人类的最终目标只有依靠进步才能达到，而自然人除了接受教育使自己成为文化人以外，就不能够取得进步，所以只要考虑到那个最终目的，二者之中哪一类人占着优势，就不成问题了。"①席勒在这里比较辩证地阐述了自然人与文化人（古代人与近代人或者素朴诗人与感伤诗人）之间的发展和关系。因此，席勒认为："古代诗人和近代诗人——素朴的诗人和感伤的诗人——或者完全不能加以比较，或者只能在一个更高的普遍概念之下加以比较（实际上是有这样的概念的）。事实上，如果有人首先从古代诗人的作品中片面地抽出一个诗的类概念，那么把它们同近代诗比较，并且贬抑后者，是最容易不过的了，可也是最浅薄不过的了。如果有人仅仅把对单纯的自然始终产生同样作用的东西叫做诗，那就必然不会把诗人的雅号给予创造了独特而崇高之美的近代诗人们，因为他们仅仅向受艺术陶冶的文化人讲话，而对于单纯的自然没有什么可说的。对于心灵没有准备从现实世界进入观念王国的人来说，最丰富的内容不过是空洞的外表，最高的诗的热情只是十足的夸张。没有一个有理性的人会想到把任何一个近代诗人与荷马并列在一起，摆在荷马成为伟大诗人的地方；如果有人把密尔顿和克罗卜史托克尊称为近代的荷马，那听起来是十分滑稽的。但是，同样也没有任何一个古代诗人，连荷马也包括在内，能够在近代诗人表现得十分卓越的地方同他们较量一番。我要说，古代诗人凭借有限物的艺术而成为强有力的，而近代诗人则凭借无限物的艺术成为强有力的。"②从这样的辩证发展的观点来看，古代素朴诗人与近代感伤诗人是各有所长，前者以"有限物的艺术"见长，而后者以"无限物的艺术"著称。这样也就造成了古代造型艺术发

---

① ［德］席勒：《席勒美学文集》，张玉能编译，人民出版社 2011 年版，第 313～314 页。

② ［德］席勒：《席勒美学文集》，张玉能编译，人民出版社 2011 年版，第 314 页。

达，而近代诗的艺术（文学）更加繁荣。席勒指出："古代艺术家的强大力量（因为这里所讲的关于诗人的话，在本身作一些限制的情况下，可以同样地应用到一般艺术家身上）是建立在有限上面的。这个事实可以说明古代造型艺术对于我们时代的造型艺术仍然具有显著的优越性，而近代诗歌和近代造型艺术对于古代这两种艺术则处于价值完全不相等的关系之中。……在诗的作品中情况就不同了，如果在这里古代诗人以形式的单纯，以从感觉上描绘的具体的对象占有上风，那么近代诗人则以质料的丰富，以无法具象和难以描绘的对象，总之，以称为艺术作品的精神的东西胜过了古代诗人。"①总括起来，席勒似乎认为，古代素朴诗人的特点是摹仿自然，表现个性、形式单纯，现实有限等，而追寻理想，表现观念，质料丰富，精神无限等，是近代感伤诗人的优点。因此，在一切必定达到直接感性直观和作为个体发生作用的东西之中，古代诗人当然将胜过近代诗人。同样，另一方面，在应该和可能由精神的观照决定和超越感性世界的地方，古代诗人必然受到材料的限制，而且，正因为他严格地受着这种材料的限制，所以必定落在从这种限制中解脱出来的近代诗人之后。不过，按照他的理想人性的观念，应该有一种把二者结合起来的理想状态，因而使理想个性化和使个性理想化至少也是诗歌艺术的任务。只要近代诗人随时随地回想起他努力奋斗的最高和最终的目标，那他就必须完成这个任务。因为一方面，他凭借观念能力超越现实；但是，另一方面，他又必须凭借表现冲动坚定地重新回到现实，所以他处在一种自我分裂的状态之中，这种自我分裂只有通过他按照规则假定一种理想的可表现性才能够得到解决。

席勒的这些辩证分析，显示出一种"正—反—合"的文艺发展的辩证法模式，也表现出一种历史主义观点和方法，从中似乎已经透露出黑格尔的艺术分类学的一些基本信息，比如，把内容（质料）与形式之间的矛盾作为划分文艺类型的依据：象征型艺术是形式超过内容的艺术，古典型艺术是内容与形式相统一的艺术，浪漫型艺术是内容超过形式的艺术；把造型艺术作为古代古典型艺术的典型类型，而把诗的艺术（文学）视为近代浪漫型艺术的典型类型。只是席勒的文学艺术的发展理想是素朴诗与感伤诗的结合，而黑格尔的文学艺术发展论的结果则是"艺术的终结"而被"宗教"和"哲学"所取代。

---

① ［德］席勒：《席勒美学文集》，张玉能编译，人民出版社 2011 年版，第 314～315 页。

三、论素朴的诗和感伤的诗

席勒认为，两种诗人并无高下之分，他们及其创作各有所长，也各有所短。素朴的诗容易流于平庸，而感伤的诗容易导致空虚。只有把二者结合起来，相互取长补短，才可能形成符合人性的完整的诗（文学）。

席勒把素朴诗人与感伤诗人进行了比较，指明了他们各自的特点和优劣。

其一，素朴诗人是一个独立完整的整体，而感伤诗人却只能追求自身的独立完整。席勒说："自然特别优待素朴诗人，允许他总是作为一个不可分割的统一体来活动，在任何时刻都是一个独立的和完全的整体，并且按照人性的全部含义在现实中表现人性。对于感伤诗人，自然则赋予他这样一种力量，或者确切地说，在他的心中激起这样一种热烈的愿望：从他内心深处恢复抽象在他身上所破坏了的统一，使人性在他自身之中完整起来，并且从有限的状态进入无限的状态。"

其二，素朴诗人给人的印象是由感性和现实引起的平静，感伤诗人给人的印象则是由理想引起的紧张。席勒指出："素朴诗人在感性的现实方面总是比感伤诗人占有优势，因为他是把感伤诗人仅仅力求达到的东西作为实在的事实来处理的。这个印象是每个醉心于素朴诗的人所体验到的，他不需要什么东西，他在自身之内是一个整体；他在自己的感情中看不出什么差别，他同时享受着他的精神生活和感性生活。而感伤诗人在他身上引起的情绪却截然不同。在这里他只感到一种活跃的冲动，要在自己身上造成他在同素朴诗人打交道时所实际感受到的和谐，他很想从自身之中创造出一个整体，在自己身上使人性得到充分的表现。因此，在读感伤诗的时候，心灵就活动起来，它处于紧张状态中，它在互相对立的感情之间摇摆着；而在读素朴诗的时候，心灵是平静的、松弛的、自我统一的和充分满足的。"这是因为素朴的诗描摹的就是感性的、现实的和谐统一体，而感伤的诗描摹的是追求理想的冲动。

其三，素朴诗人给人提供的是现实性对象，而感伤诗人给人提供的是更崇高的对象。席勒指出："一方面，如果素朴诗人以现实性胜过感伤诗人，并且给予那些只能激起感伤诗人强烈冲动的东西以真实的存在；那么，另一方面，感伤诗人比素朴诗人占有这个巨大的优势：他给这种冲动提供着比素朴诗人所已经和可能提供的更崇高的对象。我们知道，一切现实都落后于理想；一切存在的东西都有它的界限，然而思想是没有界限的。因此，素朴诗人也要遭受一切感性的东西所受到的限制，相反，观念能力的绝对自由就会来帮助感伤诗人。因此，素朴诗人虽然可以彻底完成他的任务，但是这个任务本身是某种有界限的东西；感伤诗人固然不能彻底完成他的任务，但是他的任务却是一种无限的东西。每一个人自己的经验都可以证实这种情况。人们带着轻松愉快的心情从素朴的诗人转到活生生的现实；感伤诗人，除少数时刻外，总是对现实生活感到厌恶。这是因为我们的心灵在这里似乎被观念的无限的东西扩大到超出自己的自然范围，所以现实中没有任何东西可以把它填满。我们宁肯沉湎于自我观照，在观念世界里为诗人所激起的冲动寻找营养，可是我们在读感伤诗的时候却努力在自己身外寻求感性对象。"这是因为素朴的诗表现的是有限的对象，而感伤的诗表现的是无限的观念。席勒小结道："感伤的诗是超脱和宁静的产物，它又招引我们求取超脱和宁静；素朴的诗是生活的儿子，它还引导我们回到生活中去。"①

其四，素朴的诗是自然的产物，因而必须依赖于外在的经验；感伤的诗是反思的结果，因而主要靠感伤诗人本身的观念的力量。

经过了这样的比较，席勒就进一步分析了素朴的诗与感伤的诗的优劣得失，指明了二者各有所长，也各有所短，并且具体分析了产生这种情况的具体原因。

席勒认为，素朴的诗的缺陷就是：感受的平板、庸俗，产生这种缺陷的原因就在于"实际的自然"。

席勒区分了实际的自然与真正的自然。他指出："这里说的是实际的自然，但是必须以极大的细心把实际的自然与真正的自然区别开来；真正的自然是素朴诗的主体。实际的自然到处都存在，而真正的自然是非常罕见的，因为它需要有存在的内在必然性。激情的每次勃发，即使极其庸俗，也仍然是实际的自然；它甚至可以是真正的自然，但是它不是真正的人的自然本性；因为真正的人的自然本性在它的每个表现中都需要独立力量的参加，而这种独立力量的每次表现都是尊严。一切道德的卑劣都是实际的人的自然本性，然而我们希望，它不是真正的人的自然本性，因为真正的人的自然本性绝不能不是高尚的。只是由于这种把实际的自然和真正的人的自然相混淆，竟使人们在批评和创作中干了种种荒谬的事情，竟使多少陈规旧套，由于是实际的自然(真是遗

---

① ［德］席勒：《席勒美学文集》，张玉能编译，人民出版社 2011 年版，第 339～341 页。

憾），而被容许存在于诗中，甚至受到颂扬，竟使人们自鸣得意，把使人吓得从现实世界跑开的漫画，作为现实生活的忠实摹仿而细心地保存在诗的世界中，这是不容忽视的啊！当然，诗人也可以摹仿低劣的自然，而且在讽刺诗人那里这种摹仿的确已经习以为常了；但是，在这种情况下，他自己的美的自然本性必须影响对象，而不容许摹仿者与庸俗的材料瀣沆一气。只要他本人——至少在创作的时刻——是真正的人的自然本性，那么他给我们描绘的是什么东西，就无关紧要了；但是，也只有这样的诗人才能够使现实世界的忠实描绘为我们所接受。如果丑相在丑相中映现出来，如果讽刺的鞭子落到那些自然注定要对他们挥舞更加严肃的鞭子的人们手中，如果缺乏任何真正诗的精神而仅仅具有庸俗摹仿的虚假才能的人们，不顾惜我们的审美趣味，粗暴地、可怕地运用这个鞭子，那么我们这些读者就倒霉了！"①很明显，所谓"真正的自然"就是具有存在的内在必然性的自然，也就是合乎自己本性的"本真的自然"，或者本质的自然；而"实际的自然"就是不具有存在的内在必然性而到处实际存在的自然，或者现象的自然。这样的区分标准似乎可以追溯到亚里士多德那里。亚里士多德在他的《诗学》中曾经指出："诗人的职责不在于描述已发生的事，而在于描写可能发生的事，即按照可然律或必然律可能发生的事。"这也就是西方文论中区分现实主义与自然主义的一个主要标准：自然主义描绘的是实际发生的一切，而现实主义描绘的是按照必然律"有普遍性的事"，也就是"指某一种人，按照可然律或必然律，会说的话，会行的事"。②

正是这种"实际的自然"使得素朴诗人产生了他们的致命缺陷：感受的平板、庸俗。席勒指出："我曾经说过，甚至对于真正素朴的诗人，庸俗的自然也可能是危险的，因为构成素朴诗人性格的那种感觉与思维的优美的和谐，毕竟仅仅是一个观念，从来还没有完全在现实中达到过，甚至在最幸运的这类天才身上，感受性也总是比主动性占着一点优势。但是，这种感受性或多或少总是依赖于外界的印象，只有那种不能要求于人类自然本性的创造能力的一刻也不停的活动，才能够阻止材料对于感受性发生盲目的影响。只有那种不能要求于人类自然本性的创造能力的一刻也不停的活动，才能够阻止材料对于感受性发生盲目的影响。只要这种情况发生，诗的感情就堕落为庸俗的感情。"他列举了许多实例来证明这一点。他说："没有一个素朴的天才，从荷马起到波德

① [德]席勒：《席勒美学文集》，张玉能编译，人民出版社2011年版，第342页。
② 转引自张玉能：《西方文论教程》，华中师范大学出版社2011年版，第18页。

默尔为止,曾经完全避开了这个暗礁。当然,对于那些必须抵御外界的庸俗自然或者由于缺乏内在的约束而变得粗野的人们,这是最危险不过的。前者使那些很有教养的作家也始终不免流于平板,而后者妨碍了许多才华卓绝的人们占有自然召唤他们去占取的地位。喜剧诗人的天才最主要是由现实生活来滋养的,正因为此他遇到庸俗平板的危险最大,如阿里斯托芬、普鲁图斯以及一切步他们后尘的诗人们都是这样。甚至于崇高的莎士比亚有时候也使我们降落得多么低啊!洛普·德·维伽、莫里哀、雷纳德、哥尔多尼以多么平庸的东西来折磨我们啊!霍尔贝尔格把我们拖到怎样的泥沼里啊!施莱格尔,德国最有才华的诗人之一,他的天才足以使他和第一流的诗人并驾齐驱;格勒特,一个真正的素朴诗人;还有拉本纳,甚至莱辛,如果我可以在这一类诗人中提到他的名字的话,这个批评上很有修养的学生和对自己本身很警觉的法官,——所有这些人,由于选择庸俗无聊的自然作为自己讽刺的材料,都或多或少地吃了苦头。关于这类诗中的最近的作家,我没有列举一位,因为我不能把他们当中的哪一位当作例外。"①席勒不仅举了一些天才素朴诗人的例子,还在后来的摹仿者那里找到了一些例子,特别是当时德国的文坛例证。他说:"不仅素朴诗的天才有太接近庸俗现实的危险,表现上的轻而易举,甚至对现实的这种过分接近,都鼓励摹仿者在诗的领域中一试身手。感伤的诗,如我以后将表明的,危险也够多的,尽管是来自另一方面的危险;但是,它至少使这些大众在老远就望而却步,因为把自己提高到观念的领域并不是人人都要做的事情;然而素朴的诗使他们相信,单是感情,单是幽默,单是对实际自然的摹仿似乎就会产生出诗人。但是,平板的性格如果总是力图变成可爱的和素朴的,那就更令人厌恶了;他为了掩饰自己可恶的自然本性,就必须用艺术的一切面具把自己伪装起来。这就产生了那些难以形容的庸俗乏味的东西,德国人正在用素朴的和谐歌曲的名义把这些东西到处演唱,他们也习惯于在大吃大喝的时候以这些东西来毫无节制地娱乐消遣。这种毫无价值的作品在幽默和感情的招牌掩护下,竟被人们容忍了;但是,这种幽默和感情是应该十分认真地加以排除的。"②

席勒认为,感伤的诗的缺陷就在于:感受和表现的夸张,产生这种缺陷的原因就是:感伤诗人的观念和理想脱离了自然和现实,超过了人性的界限。

---

① [德]席勒:《席勒美学文集》,张玉能编译,人民出版社 2011 年版,第 342~343 页。

② [德]席勒:《席勒美学文集》,张玉能编译,人民出版社 2011 年版,第 343~344 页。

席勒说:"如果说诗的天才为了以人性的绝对能力达到人性,必须通过自由的主动性使自己提高到一切偶然的限制之上,而这些限制是和每种确定的状态分不开的,那么,另一方面,他却不应该不顾人性的概念本身所有的必然的限制,因为达到人性内部所包含的绝对的东西,才是诗的天才的任务和范围。我们曾经看到,素朴的天才虽然没有超越这个范围的危险,但是,如果他过分注重外在的必然性或一时的偶然需要而牺牲内在的必然性,那他就可能不会完全地占据这个范围。相反,感伤的天才由于努力克服人性的一切限制而有这样一些危险:完完全全地否认人性,而他所应当和必须有的东西,不仅超越任何确定的和有限的现实性而达到绝对的可能性,表现为理想化,而且甚至超越可能性,表现为沉溺于幻想。夸张这个缺点是根源于感伤天才的方法的特殊性的,正如松弛这个相反的缺点是根源于素朴天才的特殊处理方法一样。因为素朴的天才任凭自然无限制地支配着自己,还因为自然在自己个别的暂时的表现中始终是从属的和贫乏的,所以素朴的感情始终不能保持兴奋到足以抗拒目前的偶然限制的程度。相反,感伤的天才脱离现实,以便上升到观念并通过自由的主动性来支配自己的材料;但是,因为理性根据它的法则永远追求绝对的东西,所以感伤的天才始终不能保持冷静到足以毫不间断地和始终如一地坚守在人性概念本身所有的条件之内,而这种条件是理性即使在它最自由地活动时也一定永远摆脱不了的。这种情况只有通过相当程度的感受性才可能出现,但是,在感伤诗人的心灵中主动性总是比感受性占优势,正如在素朴诗人的创作中有时候缺乏精神,那么在感伤天才的作品中往往就找不到对象。因此,尽管二者按照完全对立的方式进行创作,却都陷入了空虚的缺点之中;因为在审美判断中,没有精神的对象和没有对象的精神游戏,二者都是不存在的。"①席勒从人性的根源上分析感伤诗人与素朴诗人的缺陷,也就是说,二者都是因为超过了人性的界限才形成了各自的缺陷。素朴诗人因为超过了人和自然的必然性界限而使得对象失去了精神而变得平板、庸俗;感伤诗人由于超过了人和自然的一切限制而完全失去了对象而变得夸张、空虚。

那么,感伤的诗的这种夸张、空虚是怎样具体产生的呢?席勒指出:"每一个诗人,如果片面地从思想世界汲取材料,并且由于内在的观念充实而不是由于感受性的冲动驱使他创造诗的形象,就都或多或少有走上这条邪路的危

---

① [德]席勒:《席勒美学文集》,张玉能编译,人民出版社 2011 年版,第 345~346页。

险。理性在他的创作中太不重视感觉世界的界限，思想则总是被赶到经验不能跟上它的远方。但是，思想被赶得这样远，以致不仅没有任何经验与它相适应（因为理想的美可以而且必须达到这个高度），而且思想也和一切可能的经验完全相矛盾，因此为了实现这个思想，就必须完全放弃人性，在这种情况下，它就不再是夸张诗的思想，而是夸张的思想，也就是假定，它要作为富有诗意并且可以明确表现出来的思想来宣布；因为，如果它不是这样，那么只要它不自相矛盾就够了。如果思想是自相矛盾的，它就不再是夸张，而是荒谬了；因为凡是根本不存在的东西，也就不能超越自己的限度。但是，如果思想不预先宣布自己是想象力的对象，那么它同样很少是夸张；因为纯粹的思想是没有界限的，而没有界限的东西，也就没有界限可超越。因此，夸张只能用来指称这样的东西，虽然它不违反逻辑的真实，但违反感觉的真实，而又要求有感觉的真实。如果一个诗人有了这样一个不幸的念头：选取某些绝对超人的和不可能表现的自然来作为自己描绘的对象，那么他只有放弃诗的形式，只有完全不企图以想象力来处理自己的材料，才能够避免夸张。因为，假使他这样做了，那么，或者是想象力把自己的界限转移到对象身上，并且从一个绝对的客体之中创造出一个有限的人的客体（例如，所有希腊的神都是如此，而且也应当如此），或者是对象超越想象力的界限，即对象取消界限，而夸张正在于此。"①这就是说，感伤诗人完全不顾自然和现实的对象，只顾自己的观念，仅仅从自己的观念世界或者思想意识之中收集材料，而且他还把观念放置于感觉之上，因而就违反了感觉的真实，使得对象超过了想象力的界限，亦即取消了对象的界限，就产生了夸张。

不过，席勒认为，感伤的诗的夸张并不是表现的夸张，而是一种感受的夸张。他说："大家必须把感受的夸张与表现的夸张区别开来，这里所谈的仅仅是前者。感受的对象可能是非自然的，但是感受本身却是自然，因而就应该使用自然的语言。"他还举出卢梭的《新艾洛伊丝》中的艾洛伊丝对阿伯拉德所感受到的，以及圣·普乐对他的朱丽叶所感受到的，意大利诗人彼得拉克对他的劳拉所感受到的，歌德的《少年维特之烦恼》中维特对他的夏洛蒂所感受到的，以及维兰作品中的阿伽同、凡尼亚、佩雷格鲁斯·普洛托伊斯对他们的理想所感受到的，绝不是幻觉；感受是真实的，只有对象是虚构的，而且处在人性的

---

① ［德］席勒：《席勒美学文集》，张玉能编译，人民出版社 2011 年版，第 346~347 页。

范围之外。也就是说，席勒认为这些都是感伤的诗的天才作品。不过，席勒认为欧洲中世纪的骑士小说以及英国和法国的感伤主义小说，却是另一种情况。他指出："假如他们的感情仅仅坚持对象的感性真实，那么这些感情就不可能有那样的活力；相反，假如只有想象的任意游戏而没有任何内在含义，心灵也不能被感动，因为心灵仅仅被理性所感动。因此，这种夸张应该得到指导，但不应该受到忽视；那些对夸张进行嘲笑的人，最好能仔细地自我检查一番，自己是不是由于冷酷无情才那样聪明伶俐，是不是由于缺乏理性才那样通情达理。"所以，感伤的诗要追求理想和观念，但也不能超越人性的真实性，也就是说感伤的诗必须具有"那种道德的实在性"，它们才能够像经验所证明的那样强烈而真挚地表达出来。关于道德的和宗教的狂热，对自由和祖国的热烈的爱，席勒认为也应该如此。"因为这些感情的对象始终是观念而且不在经验中表现出来（例如，使热心于政治的人感动的东西，不是他所看到的东西，而是他所想到的东西），所以主动的想象力有一种危险的自由，而且不可能像在其他情况下那样由于自己对象的感性存在而返回到自己的界限之内。但是，任何一个人，尤其是一个诗人，都不能摆脱自然的立法，除非为了置身于与自然对立的理性支配之下；他只能为了理想才离弃现实，因为自由是必须紧系在自然和理性这两个锚中的某一个之上的。但是，从经验到理想的道路是那样的漫长，而且两者之间还存在着毫无拘束的任性的幻想。因此，不可避免的是，任何人，特别是诗人，如果他由于理智的自由而不是由于理性的法则而脱离感情的控制，也就是说，如果他由于单纯的自由而离弃自然，只要他是没有法则的，那么就会成为空想的牺牲品。"①那么，感伤诗人所表达的观念和理想，虽然是自由的，但是却不是脱离自然和现实的任意妄想和空虚幻想，应该是受人性的真实性和自然的现实性约束的，是有一定法则的限制的，否则就肯定会堕入夸张、空想、幻想、空虚之中。

席勒在分析了素朴的诗与感伤的诗的可能产生的缺陷之后，还比较合理地指明了这种可能产生的缺陷，并不必然会出现在天才的素朴诗人与感伤诗人身上及其作品之中，而是必然产生在那些素朴天才与感伤天才的不合格的摹仿者身上及其作品之中。他指出："经验证明，不仅整个民族，而且单独的个人，只要离开了自然的可靠的指导，实际上就处于这种情况之下。经验也证明，在

---

① ［德］席勒：《席勒美学文集》，张玉能编译，人民出版社 2011 年版，第 347、348 页。

诗的艺术中也有大量类似的混乱状态。因为真正感伤的诗的冲动，为了上升到理想的领域，就必须超越实际的自然的界限，所以虚假的感伤诗的冲动就完全超越一切界限，硬要自己相信，想象的粗野的游戏似乎就是诗的灵感。真正的天才诗人只是为了理想才离弃现实，决不会出现这种情况，或者只是在他丧失了自我的时刻才会出现这种情况；但是，他的本性却可能引诱他到达一种感受方式的夸张。然而他可以通过自己的示范把别人引诱到空想的狂热之中，因为想象力活跃而理智薄弱的读者仅仅向他学到了使自己摆脱实际自然的自由，而不能够追随他而达到自己崇高的内在必然性。感伤的天才在这里所遭受的情况，正如我们在素朴的天才那里所看到的情况一样。因为这一类的天才由于自己的自然本性而完成他所做的一切工作，所以他的平庸的摹仿者就不愿意把自己的自然本性看成是更坏的指导者。因此，素朴诗的杰作后面通常紧跟着出现许多庸俗天性的最平板和最卑污的复制品，感伤诗的杰作后面一般紧跟着出现大量空想的作品，而这一点在任何一个民族的文学中都很容易得到证实。"①

　　席勒的这些分析似乎天才地猜测到了欧洲文学的发展规律，特别是 19 世纪 30 年代以后欧洲浪漫主义文学和现实主义文学发展的基本规律。众所周知，欧洲的文学发展到了 18 世纪，在启蒙主义时代，欧洲的浪漫主义文学与现实主义文学的流派同时在反对 17 世纪的新古典主义的斗争中孕育成熟起来。18 世纪 70—90 年代欧洲浪漫主义文学流派首先在德国兴起，产生了文学上的"狂飙突进"运动，以莱辛、歌德和席勒为代表，以赫尔德为理论旗手，以结合着现实主义精神的浪漫主义创作和美学原则冲击着新古典主义，主要以古希腊的"完整人性"作为理想，要求建立德意志民族的文学。这一"狂飙突进"文学运动实际上是一场反对封建主义制度和思想意识的革命在文艺战线上的表现，具有着积极向上的历史意义，所以可以称之为"积极的浪漫主义"。不过，1789—1794 年的法国大革命之后，德国的浪漫主义文艺思潮和流派逐步转向耶拿派。耶拿派对法国大革命的失望，使得浪漫主义诗人们转向了缅怀已经成为过去的中世纪基督教理想社会形态，以一种消极的诗化哲学和追寻中世纪"蓝色小花"之梦来对抗新兴资产阶级及其暴力革命，所以可以称之为"消极浪漫主义"。我们以前跟着苏联美学界和文论界把耶拿派浪漫主义斥为"反动浪漫主义"，当然是不恰当的；但是，耶拿派的浪漫主义美学和文艺流派和思潮确确实实是"消极的"，耶拿派诗人们和美学家们的理想就是"回到中世纪"的

---

　　① ［德］席勒：《席勒美学文集》，张玉能编译，人民出版社 2011 年版，第 348 页。

"基督教理想世界"。从历史发展的角度来看，他们是反对封建专制和市民社会及其暴力革命的，有其一定的进步性。可是，他们要回到理想化的中世纪的基督教社会和心灵状态，不过是一种消极的逃避现实的策略，势必走向对"中世纪理想"的夸张和空想或者幻想。因此，耶拿派浪漫主义可以看作是对"狂飙突进"文学运动的摹仿者，耶拿派诗人们和美学家们就历史必然地凸显了感伤诗人（浪漫主义诗人）的夸张和空虚或者空想的缺陷。① 英国浪漫主义的发展也有类似的情况：在拜伦、雪莱、济慈的"积极浪漫主义"之后形成了柯勒律治、华兹华斯的"消极浪漫主义"。法国大致也是如此：在史达尔夫人、乔治·桑、司汤达、雨果的"积极浪漫主义"之旁就是拉马丁、戈蒂叶、缪塞、夏多勃里昂的"消极浪漫主义"。在现实主义文学中大体上也是这样。在现实主义流派之后一般就会出现自然主义。这一点在法国批判现实主义文学发展过程中表现得比较明显。在司汤达、梅里美、巴尔扎克、福楼拜、莫泊桑等的批判现实主义文学（素朴的诗）之后，逐步走向了左拉的自然主义文学，由对现实的典型化描绘，逐步转向了对现实的实证化、平庸化、实际化的描摹。而且，从整个欧洲的 19 世纪文学发展来看，总体的倾向就是在现实主义文学流派之后就是演化出自然主义文学流派。② 似乎可以说，欧洲浪漫主义与现实主义文学的发展过程证实了席勒关于素朴的诗与感伤的诗的演变和缺陷的论断，或者说给席勒的相关理论做了注脚。

四、现实主义与浪漫主义的美学研究模式

席勒关于素朴的诗与感伤的诗的这种划分，实质上是在"回到自然"的浪漫主义美学立场上关于人的自然人性及其"回归"的美学反思在文学艺术上的运用，开创了西方美学史上关于现实主义和浪漫主义文学艺术的研究模式。

就是在《论素朴的诗与感伤的诗》这篇美学论文中，席勒第一次提出了两种对立的诗人及其作诗方法（创作方法）和作品：素朴诗人与感伤诗人，素朴的诗与感伤的诗，并且第一次以"现实主义和理想主义"、"现实主义者和理想主义者"来标明他们之间的对立。③ 以后经过歌德与席勒的相互讨论和传播，

① 张玉能：《西方文论教程》，华中师范大学出版社 2011 年版，第 77、134~138 页。
② 张玉能：《西方文论教程》，华中师范大学出版社 2011 年版，第 159 页。
③ ［德］席勒：《席勒美学文集》，张玉能编译，人民出版社 2011 年版，第 352 页。

逐步在德国流传着现实主义和浪漫主义的概念，再经过施莱格尔兄弟和史达尔夫人的传播，这两个概念就在欧洲流传开来。1826年有一位法国作家在《法兰西信使》上发表意见："目前有一种主张，每天都在赢得它的地位，就是忠实摹仿的对象，不是伟大的艺术作品，而是自然所提供的原来事物。如果把这种学说称为现实主义将是很恰当的。有许多迹象表明，现实主义乃19世纪的文学，即当代的文学。"1833年德国评论家把对现实进行细心观察而创作的艺术即"在自然和传统的范围内进行创作"称为现实主义。1835年，有人用"现实主义"一语作为一种美学表达方式，指称伦勃朗绘画的"人的真实"，反对新古典主义画派的"诗的理想"，后来逐渐规范为一个专门的文艺术语。同年，别林斯基发表了《论俄国中篇小说和果戈理君的中篇小说》，把诗(文学)分为现实的诗和理想的诗。到了19世纪50年代以后，现实主义的名称和概念，作为美学和文艺学(文学批评)的概念，就风靡全欧洲了。① 法国画家库尔贝和小说家尚弗勒里等人于1850年左右，第一次把当时的新的文艺流派定名为"现实主义"，并由杜朗蒂等人编辑出版了一本杂志，叫做《现实主义》(1856—1857，共出6期)。《现实主义》发表了库尔贝的文艺宣言，主张作家艺术家必须"研究现实"，"不美化现实"，如实地描写普通人的日常生活。"现实主义"这个术语就成为这一派作家艺术家的新"标记"，取代了司汤达在《拉辛与莎士比亚》中所说的"浪漫主义"，以狄德罗、司汤达、巴尔扎克作为文艺创作的榜样，主张一种"现代风格小说"，明确提出"现实主义的任务在于创造为人民的文学"。这样，席勒最早使用的"现实主义"就成为与浪漫主义(理想主义)并驾齐驱的创作方法和文艺思潮。

席勒关于素朴的诗与感伤的诗的论述，最终成为西方美学史和文论史上非常著名的"现实主义和浪漫主义创作方法"模式。这个模式，如上所述，实际上是席勒的独具慧眼的开创性建树；但它是席勒根据他的人性美学思想体系，发挥卢梭的"回到自然"的浪漫主义美学原则的直接结果，也是对古希腊以来到启蒙主义时代的文学艺术思潮和美学思想的总结，从而也就具有了开放性、预见性，最终成为一种纵贯古今的西方美学史和文论史的普遍规律。

"回到自然"的口号，最早是法国启蒙主义思想家卢梭提出来的浪漫主义口号，不过，其主旨还主要是在政治学和社会学层面。卢梭看到了人类的文明社会(封建社会和资本主义社会初期)的异化状况、人类不同群体之间的不平

---

① 张玉能：《西方文论教程》，华中师范大学出版社2011年版，第160页。

等和人类的不自由，希望回到人类的自然状态，即回到人类的原始社会的自由、平等、博爱的状态之中。这种政治学和社会学的浪漫主义思想，随着启蒙主义思想的传播和欧洲资产阶级革命形势的发展，在文学艺术领域也广泛传播。特别是启蒙主义时代的德国，"自由、平等、博爱"的资产阶级人性论和人道主义思想首先在文学艺术领域发挥作用，这就是为什么18世纪70—90年代德国"狂飙突进"文学运动产生和发展的根本原因。正是在这样的启蒙主义思想的直接感召下，席勒的文艺创作成为"狂飙突进"运动的一股狂飙，他的《强盗》的矛头直指封建专制制度，所以法国大革命成功以后，法国国民议会就把"法兰西共和国荣誉公民"的桂冠奉献给他。但是时隔一年，1793年雅各宾党专政带来的暴力革命，却是席勒等德国知识分子所不能接受的。于是，席勒拒绝接受"荣誉公民"称号，并且反思批判法国大革命，寻求一种非暴力的革命形式和改造社会的方式。于是，席勒从康德哲学和美学的学习研究中，找到了"人是目的"、"人性为本"的方向，最终把革命形式和改造社会的道路锁定在美和艺术的审美教育。为此，他在《审美教育书简》中论证了他的人性美学思想体系及其审美教育思想以后，接着专门转向文学（诗）领域，从文学的创作方法、发展过程、分门别类等方面，论述了"回到自然"的浪漫主义口号。席勒的"自然"概念，不仅指外在的自然界，还指一切事物的"自然本性"，又指"人的本性"。从这样的概念出发，席勒从人与自然的关系这个最根本的哲学本体论问题角度，来阐发"回到自然"的意义。这样就形成了"素朴"与"感伤"的"回到自然"的途径。当人们在现实中"回到自然"时，比如儿童或者淳朴的乡民，这些人本身就是自然，即他们与自然界和谐相处并且保持着"人的本性"，这就是"素朴"；那么，如果诗人能够像这些人一样，本身就是自然，他就是素朴诗人，素朴诗人所创造的就是素朴的诗。当人们存在文明状态中而要"回到自然"，就只能把"自然"（自然界、自然本性、人的本性）当做一种理想去追求，这就是"感伤"；如果诗人可以像这些人一样，把自然作为理想去追求，"回到自然去"，他就是感伤诗人，他的作品就是感伤的诗。因此，在席勒看来，人类"回到自然"就只有这样两种形式和道路，那么，人对自然的关系也主要就是这样两大类，所以诗人处理人对自然的关系的方法，即创作方法（写诗方法），也就是这样两大类。这样就形成了席勒的"素朴的诗与感伤的诗"的创作方法模式，根据这样的创作方法模式进一步形成了"古代的素朴的诗→近代的感伤的诗→未来的素朴的诗和感伤的诗相结合的理想的诗"的发展规律。根据人对自然的"素朴关系"的整一性以及人对自然的"感伤关系"的差异性，素朴的诗不可能再进行分类，而感伤的诗还可以分类；这样就形成了席勒的文学分类：素朴的诗与感伤的诗两大类以及感伤的诗下面的讽刺诗、哀歌诗两种。这就是席勒人性美学思想体系在文学的创作方法论、文学发展论、文学类型论等方面的具体展开形态。

　　就创作方法论而言，席勒的"素朴的诗与感伤的诗"创作方法模式，并不是空穴来风或和主观臆想，而是对西方文学艺术发展、西方美学和文论的小结。亚里士多德在《诗学》中就已指出诗人不同的摹仿现实的方式：欧里庇德斯"按照人本来的样子来描写"或者"按照事物本来的样子去摹仿"，而索福克勒斯则是"这些事物是按照它们应当有的样子描写的"或者"按照事物应当有的样子摹仿"①。这似乎是文学创作方法的现实主义和浪漫主义模式的雏形。实际上，柏拉图的"影子摹仿说"与亚里士多德的"真实摹仿说"的对立，也就是西方美学和文论的现实主义思潮和浪漫主义思潮对立发展开端。文艺复兴时期的人文主义美学家和文论家，如阿尔贝蒂、莎士比亚、达·芬奇、卡斯特尔维特罗等，坚持并发展了"艺术摹仿自然"的艺术本质论，并且把文艺当做自然（现实）的"镜子"。18世纪启蒙主义运动，在资产阶级革命的形势下，反对新古典主义的美学原则和艺术原则，同时孕育了浪漫主义与现实主义的美学原则和艺术原则以及美学流派和美学理论。法国启蒙主义美学家狄德罗从唯物主义观点出发，提出了"美在关系"的美论观点；肯定美与真的统一，坚持文艺的现实基础，提出了"逼真性"的现实主义原则。与此同时，他还强调艺术既要依据自然又要超越自然的辩证观点，指出诗性与诗的时代是与强烈的情感、丰富的想象、宏伟的理想密切相关的浪漫主义美学原则。德国的"狂飙突进"文学运动的主要代表人物莱辛、歌德、理论旗手赫尔德，也从不同的角度，以自己的文学创作和美学理论，同时阐发了现实主义和浪漫主义美学原则，对席勒的《论素朴的诗与感伤的诗》的写作，具有直接的启发作用。正是因为如此，席勒的素朴的诗与感伤的诗的美学理论观点，才有可能在西方美学发展过程中凝聚为现实主义与浪漫主义的创作方法模式，并且在全世界范围内发生了广泛的影响，尤其是引起了马克思主义创始人的高度注意。马克思和恩格斯不仅在无产阶级革命的形势下，大力提倡现实主义的创作方法和流派风格，而且把现实主义和浪漫主义的创作方法分别概括为"莎士比亚化"和"席勒式"（马克思致斐迪南·拉萨尔的信），提出"不应该为了观念的东西而忘掉现实主义的东西，

---

　　① 张玉能：《西方文论教程》，华中师范大学出版社2011年版，第19页。

为了席勒而忘掉莎士比亚"（恩格斯致斐迪南·拉萨尔的信）。① 然而，到了20世纪30年代，苏联正统马克思主义的意识形态理论，把这一创作方法模式固定化、普泛化，把现实主义创作方法唯一化，就使得这一创作方法模式失去了生命力，反而成为一种僵化的教条和横扫一切的棍子。当这种僵化的教条和横扫一切的棍子，以马克思主义的美学和文论的名义传到中国以后，也产生了一些不良影响。在它的影响下，中国文学艺术的创作方法就只剩下现实主义的一统天下；中国文学艺术的发展历史，不论古今时代，不管艺术类型，不讲风格文体，都是现实主义与浪漫主义的相互消长的变化过程；中国的文坛艺苑在某一些特定时期不见了"百花齐放，百家争鸣"的繁荣昌盛，只有"革命现实主义"、"社会主义现实主义"一花独放，一家独鸣。这样就把一个具有一定普遍意义的美学基本原则和基本模式，变成了一种教条主义和形而上学的框框和棍子。我们现在重温席勒美学思想的"素朴的诗与感伤的诗"的创作方法模式，就是要为现实主义与浪漫主义的创作方法模式，正本清源，拨乱反正。

其一，现实主义与浪漫主义的创作方法模式，主要是适用于诗（文学）的领域的一种创作方法模式，其他的艺术领域，比如建筑艺术、工艺美术、音乐艺术、书法艺术，就难以统辖。其实，所谓创作方法就是艺术家运用一定的艺术媒介或者艺术语言来处理人对自然现实的关系。所以，在艺术的创作方法中，艺术媒介或艺术语言是个关键的因素。文学（诗）是运用语言文字来处理人对自然的关系的，而语言文字不仅可以摹仿、再现自然现实，而且可以抒发、表现观念的东西和理想。那么，就有可能产生不同的作家（诗人）以某一个方面为主，这样就产生了以摹仿、再现自然现实为主的"素朴的诗"或者"现实主义文学"，同时也产生了以抒发、表现观念的东西和理想为主的"感伤的诗"或者"浪漫主义文学"（理想主义文学）。然而，建筑、工艺美术，甚至绘画、雕塑，由于运用的是物质质材（金石土木、色彩、形状、线条），所以只能具体摹仿、再现自然现实，而难以或者无法抒发、表达观念的东西和理想，那么就没有办法区分出相对的创作方法。同样的道理，音乐艺术，不论是声乐和器乐，都不可能完全摹仿、再现自然现实的整体，就是摹仿、再现自然现实的声音也还是比较抽象的，音乐艺术主要就是抒发、表达观念的东西和理想，并没有另一种可以与之相对的创作方法。这样看来，席勒的"素朴的诗与感伤

---

① 中国作家协会、中央编译局：《马克思恩格斯列宁斯大林论文艺》，作家出版社2010年版，第106、114页。

的诗"的创作方法模式就是主要针对文学艺术(诗的艺术或者语言艺术)而发的,如果要扩展到其他艺术门类,就必须考虑到艺术媒介或者艺术语言的特点,谨慎对待。创作方法模式与美学精神或者艺术精神模式适用的范围是不相同的。创作方法模式受到艺术媒介或者艺术语言的限制就必然适用范围比较狭窄一些,而美学精神或者艺术精神模式由于主要是意识形态方面的划分当然就可以适用比较广泛的艺术领域。其二,现实主义与浪漫主义的创作方法模式,主要适用于西方科学型的文学艺术和美学,而并不适宜于中国伦理型美学思想和文学艺术。科学型美学思想和文艺,主要依据于文艺对现实审美关系的摹仿性、再现性,因此突出的是文艺的真实性、客观性,因而可以用人对自然现实的摹仿、再现的真实性、逼真性来区分创作方法。伦理型美学思想和文艺,主要依据的是文艺对现实的审美关系的感兴性、抒情性,所以,只能以人对现实的感兴、表现的功利性、超越性来区分创作方法。

其三,现实主义与浪漫主义的区分,不仅仅是创作方法模式,还可能是艺术流派和思潮模式,或者是美学精神和艺术精神模式。这样就可能在某一特定历史时期和某一特定空间来运用这个模式,不至于把这个模式无限制地扩大到一切时间和空间的文艺领域之中。比如,浪漫主义和现实主义的流派,主要就出现在欧洲 18 世纪末到 19 世纪末,之前的欧洲应该是古典主义、新古典主义,之后的欧洲就是自然主义、现代主义(象征主义、唯美主义、颓废主义、超现实主义等),而在中国古代,就根本没有存在过现实主义与浪漫主义的流派和思潮,只是到了 20 世纪三四十年代,中国才有了现实主义(文学研究会)与浪漫主义(创造社),接着产生了革命现实主义、革命浪漫主义、社会主义现实主义等流派和思潮。从美学精神和艺术精神来看,现实主义与浪漫主义的区分就可以具有更加广泛的意义,几乎可以贯穿于古今中外的文学艺术发展史、美学史和文论史,不过,这种现实主义精神和浪漫主义精神的美学模式和艺术模式也只能是一种划分美学精神和艺术精神的模式,还应该有其他的美学精神和艺术精神模式,比如,实用主义和唯美主义模式,科学主义和人文主义模式,内容主义和形式主义模式,等等,大可不必只此一家别无分店,也不应该在一棵树上吊死。

(作者单位:华中师范大学文学院)

对"艺术界"理论与"艺术制度论"的质疑

邹元江

阿瑟·丹托的"艺术界"理论和迪基的"艺术制度论"反映的是分析美学 20 世纪 60 年代以来对西方先锋派艺术采取的亲和态度，即用艺术品的语境因素来界定艺术。

丹托在 1964 年发表的《艺术界》一文中针对杜尚的《泉》和波普艺术家安迪·沃霍尔的《布利洛盒子》提出了一种解读的观点：

> 将某个东西看作艺术，要求某种眼睛不能察觉的东西———一种艺术的氛围，一种艺术史的知识：一种艺术界。①

即艺术的概念在本质上相关于历史境况和艺术理论的存在，如果没有艺术界的"理论"和"历史"，单纯的现实物便不会成为艺术品。也就是说，丹托将对艺术的理解由内在的尺度转换为艺术品所处的外在的艺术史框架中。

迪基发展了丹托的艺术界理论。他在《界定艺术》(1969)和《艺术与审美》(1974)等文章中对艺术品的人工性和艺术地位的授予性提出了一种艺术制度论：

> 一个分类意义上的艺术品是：1. 一个人工制品；2. 一系列特征，其由代表某个社会制度(艺术界)的某个人或某些人授予欣赏的候选者资格。②

---

① Arthur Danto. The Artworld. *Journal of Philosophy*, 1964, 61(19), P. 581.
② George Dickie. *Art and the Aesthetic：An institutional Analysis.* Cornell University Press, 1974, p.34.

即艺术的资格是人们在艺术界的框架内被授予的。在之后的《艺术圈》(1984)著作中，他修订了艺术制度论，摒弃了"代表"和"授予"等含糊之词。即艺术品的地位不是被授予的，而是作为在艺术界的框架内创造人工制品的结果而获得的。"一件艺术品是为了呈现于艺术界公众而创造出来的。"①也即，一件艺术品之成为艺术品，要看"艺术界"和"艺术理论"是否认可，要看是否符合艺术的"惯例"，尤其要看是否被陈列在"博物馆"和"美术馆"中。

阿瑟·丹托的"艺术界"理论和迪基的"艺术制度论"针对的是非传统的西方先锋派艺术的合法性问题。但这种对某个时段的艺术现象的合理性解释是有其限度的。首先，什么是"艺术界"？"艺术制度论"的核心也是"艺术界"，即制定艺术标准的是"艺术界"，由此成为一种认可艺术家的艺术品是否是艺术品的尺度或制度。但问题是谁构成了"艺术界"？是各种专业的艺术家协会吗？这其实是一个虚拟的存在。"艺术界"如果是各个专业协会就很可能是代表某个人或某些人的看法的对艺术品资质的认定，但未必是观赏者的认定或历史的判断。这里的核心问题就是：是谁在"操纵"艺术品的"博物馆"和"美术馆"陈列准入证？莫奈的《日出》、杜尚的《泉》最初其实都不是由专业的艺术家协会或某个人、某些人准许陈列在"博物馆"和"美术馆"的，由此就可看出这种打着"艺术界"的幌子来确认艺术家的艺术品是否合法的"艺术制度"是成问题的，这种外在的所谓艺术史框架的限定是虚设的。凡·高在世时并不被"艺术界"看好，以至于穷困潦倒。大多数真正有创造性的艺术家最初的境况很糟，可被当时的所谓"艺术界"推崇的一些极善钻营的人却很难在艺术史册上留下痕迹。这就是赤裸裸的艺术史的历史和现实。

其次，艺术品的价值是由谁赋予的？一般认为是艺术家。但艺术家只给了艺术品价值判断的可能性。可能性就是或然的，而并非就是必然的。艺术品的价值是一个历史的尺度赋予，是观赏者与作品的可能性视域瞬间的聚合。"观赏者"也并不是某个时段的某些人或某个人，而是作为具有历史绵延性的"注视者"。

再次，艺术品是作为独立自足的世界还是现成的世界？伽达默尔说：

艺术作品的特征恰好在于，它不是一对象，它立足于自身之中。由于它立足于自身中，它不仅属于它的世界，而且世界就在它里面。艺术作品

---

① George Dickie. *The Art Circle: A Theory of Art*. New York: Haven, 1984, pp. 80-82.

敞开它特有的世界。①

艺术的世界不是对象化的世界,而是在非对象性的意象显现里所敞开的"特有的世界"。现成物品对艺术品世界的僭越,它只是作为观念性的事件而被立此存照,却并不具有艺术品所能涌现和敞开的"特有的世界"的意味。"观念"作为对艺术品之作为艺术的边界的删除,这就是现成物品堂而皇之进入展览馆的伎俩。杜尚就是这么带着他被命名为《泉》的小便池走进了已被他消解了艺术品位的展览馆的。杜尚的匿名捍卫者明白地告诉我们:"是否姆特先生用他自己的手做了那件喷泉,这并不重要。他选择了它。他从日常生活中选择一件物品将它放置在那里。这样在一个新的标题和观念的参考下,他实用的意义消失了。这样,便为这件物品创造了一个新观念。"②丹托的"艺术界"理论就是源于他所寻求的杜尚《泉》这样的"构成的作品"。丹托说:"我就《泉》作的阐释与杜尚的有多近?我猜想,够近了,无论如何,我寻求构成的作品可能就是他创作的作品。"③但是,就连丹托自己对他所赞赏的《泉》这个小便池也是并不看重的,他看中的只是他由此小便池所"构成的作品"——《泉》这个观念。

> 《泉》并不适合每一位艺术爱好者的趣味,我承认从哲学上非常钦佩它,但要是把它送给我,我就会尽快把它换成与任何一幅夏尔丹或莫兰迪作品差不多的画——假如艺术市场很红火,甚至会用它换一处卢瓦尔谷地的中等城堡。④

这是让所有对《泉》这件现成物品感兴趣的人都很沮丧的一段话,因为这段话的作者就是借《泉》来兜售他的"艺术界"理论的丹托自己。

---

① [美]伽达默尔:《美的现实性》,张志扬等译,生活·读书·新知三联书店1991年版,第103页。

② [美]托姆金斯:《达达怪才:马塞尔·杜尚传》,张朝晖译,上海人民美术出版社2000年版,第143页。

③ [法]丹托:《艺术的终结》,欧阳英译,江苏人民出版社2001年版,第42页。

④ [法]丹托:《艺术的终结》,欧阳英译,江苏人民出版社2001年版,第40页。夏尔丹(1699—1779)是法国18世纪名画家,擅长风俗画和静物画。莫兰迪(1890—1964)是意大利现代画家,以单纯简练的静物画著称于世。

最后，艺术品是"展览馆"公众艺术，还是"雅集"私密艺术？按照"艺术制度论"的说法，"一件艺术品是为了呈现于艺术界公众而创造出来的"。可问题是，有许多艺术，譬如中国古代的琴、棋、书、画艺术，并不是为了呈现于公共空间而存在的，它们是仁人君子内在心性修炼的功课，是孔子礼、乐、射、御、书、数"六艺"的延伸，是君子"兴于诗、立于礼、成于乐"的"成人"的必经之路。因此，琴棋书画是向内的私人时空艺术，它是德性质素的养成阶梯，而并不是以面对公众或呈现于"艺术界"为目的的。中国古代的"艺术界"其实就是三五知音、好友的"相为赏度"而已。而这种"相为赏度"的"作品"也并不具有现代展览馆的公开性、公众参与性质。古代文人的书画诗文不过是才人的"游戏笔墨"而已。文人间"度新词与戏"而相互唱和，就像汤显祖这样"一曲才就"就被身边的二三知音"相为赏度，增其华畅"，甚至成为"夜舞朝歌而去"的"为欢"时刻。① 什么叫"相为赏度"？"度"既可理解为"度（dù）曲"——作曲，《文心雕龙·时序》云"制诗度曲"②；即照现成的曲调唱，也可理解为"度（duó）"（衡量）。"相为赏度"就不是单向度的欣赏主体对被欣赏客体的"度（dù）曲"或"度（duó）曲"，而是各欣赏者面对同一个欣赏对象来相互吟唱、相互发明、相互赏度（dù）、赏度（duó）。因而，在"相为赏度"的情境里，各个欣赏者都是欣赏的主体，都具有相摩、相荡、相推、相生的互主体性，当代哲学将其称之为"主体间性"。"主体间性"即可消除人为设立主客二元的对立性、主从性，而强调了在审美欣赏和感知中"作者"与"欣赏者"的隐匿性和互易性，欣赏者和创作者的共生共享性。正是这共生共享的相互激赏，才更"增其华畅"，达到既悦心，又悦志，更悦神的审美致境。令人遗憾的是，这种古代文人间极为普通的心灵涵养境界，我们今人已经非常陌生和隔膜了。

（作者单位：武汉大学哲学学院）

---

① （明）汤显祖撰：《玉合记题词》，见徐朔方笺校：《汤显祖全集》（二），北京古籍出版社 1998 年版，第 1152 页。

② 周振甫：《文心雕龙今译》，中华书局 2004 年版，第 405 页。

论艺术品交易与大众消费文化

张贤根

在这个消费的时代，艺术与审美已经走出了唯美的象牙塔，进入了大众的日常生活与消费领域。因此，艺术品不仅是一种审美创作与建构之物，同时它也成为一种独特的文化消费品。尤其是，当人们的物质生活有了充分的保障后，精神的诉求往往指向艺术收藏与欣赏。显然，艺术消费往往又是经由艺术交易来实现的，而介入了消费的艺术品的价值与评价更趋复杂。同时，针对艺术品交易所存在的问题，反思、批判与重建大众消费文化，无疑是必要与紧迫的。

一、从唯美的到社会的艺术作品

应该说，自从有了纯粹的艺术以来，艺术就一直与审美发生着密切的相关，并与审美共同构成一种自由的人类精神活动。作为审美发生的主要领域，艺术在人类的经验生成与精神建构中具有重要的价值。而且，在如何发现与建构生活意义的问题上，艺术及其审美经验往往是不可或缺的，这乃是因为艺术、审美与人的自由本性的内在关切。在西方文化里，古希腊的审美标准，依然影响着人们对艺术的感受与评价。从古希腊的摹仿说到西方近代的唯美主义，艺术的独立性与自为性得到了肯定与强调。与此同时，艺术、审美与人类的情感、精神密切相关。

早在浪漫主义那里，艺术成为一种自我表现的方式，于是，个人的重要性高于对社会的服从。在这里，浪漫主义不仅认可了想象与情感的重要性，还充分凸显了作品及其存在的自主性。在浪漫主义的艺术里，作品即使对社会变革加以涉及与关注，也是与艺术表现的情感性分不开的。"因此，浪漫主义要使创造能独立于以先决条件为基础的伟大理论，便宣称自己有'为艺术而艺术'

的权利。"①应当看到，源于 18 世纪对感觉的崇拜，浪漫主义非常看重主观与情感的有效性。到了唯美主义那里，所提出的"为艺术而艺术"观点，认为艺术本身其实就是目的，艺术的使命在于提供感观上的愉悦。

实际上，唯美主义者们所拒绝接受与反对的，正是艺术是承载道德的实用之物的功利主义观点。因此，唯美主义者否定艺术具有说教与教化的作用，而将艺术把握为单纯的美感与自由的表现。除了自身的存在之外，艺术并不关涉外在的目的与世俗的功利。根据唯美主义的观点，艺术和审美显然也与认知、伦理区分开来。在唯美主义那里，艺术被看成是不受现实生活制约的、自足的。在唯美主义看来，作为一种独立存在，艺术关注的只是美，而对任何道德与社会目的并不在乎。唯美主义所强调的是艺术与经济社会、现实生活的区分，并力图为艺术与审美建立一个自在自为的世界。

其实，"后来被称为'为艺术而艺术'的思想源泉绝大部分已经存在于康德体系之中，尽管它们无疑被有点夸大和过分简单化了"②。根据康德审美自主性思想，艺术只能按照自身的法则与标准，而不能依靠外在的任何东西加以判断，艺术品要求人们完全的、无条件的欣赏。其实，正是康德关于艺术与美的无功利的观点，启发了唯美主义的自律性观念与思想建构。作为唯美主义艺术的践行者，学院派不仅制定了艺术的评价标准，以及对艺术的题材、技巧与语言的规范，还强调了艺术家与手工艺者、匠人的区别。随着人文与自由艺术家的出现，艺术的构思与创作活动获得了更多的自律性。

当然，唯美主义所坚守的艺术与审美的超功利性，也面临着社会与现实生活所带来的问题。特别是，随着经济社会的发展，艺术与现实生活的区分与边界日趋模糊，艺术越来越超出形式主义及其所限定的审美疆域，逐步进入了社会领域与公众生活。艺术对社会与现实的关注与揭示，往往是与现实主义对浪漫主义的反动相关的。在现实主义那里，传统的艺术及其唯美主题被质疑，而偏爱日常生活与细致入微的社会语境。虽然说，审美仍然是艺术创作、评价与鉴赏的重要维度，但艺术已不再局限在唯美主义的规限之中。正因为如此，艺术自身的社会性关联得到了揭示与强调。

在对艺术的社会性的关注方面，"19 世纪的思想家们，在政治革命的发展

---

① ［法］雅克·德比奇等：《西方艺术史》，徐庆平译，海南出版社 2000 年版，第315~316 页。

② ［美］门罗·C. 比尔斯利：《西方美学简史》，高建平译，北京大学出版社 2006 年版，第 259 页。

和真正科学的社会科学的出现的双重影响下，对一个主题予以从柏拉图到席勒都从未有过的高度的重视，这个主题就是：艺术在人类社会中的作用"①。这里所说的艺术的社会作用着重体现为，艺术在社会中所具有的审美意义与精神价值，以及艺术家之于社会文明与文化的责任。20 世纪以来，艺术中强调形式而非内容的观点，实际上仍然具有广泛与深刻的影响。但艺术不仅仅只是审美的事情，而成为社会生活里的一种文化样式。其实，艺术从来都不可能真正脱离社会而存在，譬如说，艺术赞助人就成为推动近代艺术的重要因素。

二、艺术品是如何成为消费品的

在传统社会里，艺术以其优美、雅致的表现与充满情趣，成为供人们审美与精神享受的东西，但它同时又是一般人难以企及的珍贵之物。作为一种精神与文化产品，高雅艺术更是成为贵族与精英阶层倾力收藏与把玩的对象。而且，高雅艺术与市民文化之间的差异，当然也是极其显著与不可忽视的。尤其是，收藏与拥有古典与经典的艺术品，往往是上流社会的身份、品位与文化的象征。因此，艺术要么出现在有显赫地位的私人家中，要么只能在艺术博物馆里虔诚静观。但随着社会生活的变化，人们对艺术这种精神产品的广泛需求，促使艺术品走出自律领域而进入生活世界，甚至成为普通人家里的一种文化消费品。

在艺术的问题上，学院派不仅规定了评判标准，同时还以官方的姿态介入评价活动。西方中产阶级的兴盛，使艺术越来越成为极为关切的投资领域。但在 19 世纪后期，学院派艺术由于日趋保守而受到了挑战。然而，"印象派反映了这种社会的新形式，因而比反映旧秩序的学院派更加流行"②。因为，印象派画家不仅反对学院派的传统主题与表现手法，而且还直接关注与表现人们的社会生活，甚至生活场所发生的消费行为也进入了艺术表现的范围。作为一种艺术流派，现实主义后来又被印象派与自然主义所替代。尤其是，当艺术与社会的关系变得更加密切，作品的社会认同、接受与交易就成了重要问题。

随着"为艺术而艺术"的唯美主义的式微，艺术开始进入与渗透到人们的日常生活之中。当然，这也与人们对艺术和文化生活的渴望与需求相关。值得

---

① ［美］门罗·C. 比厄斯利：《西方美学简史》，高建平译，北京大学出版社 2006 年版，第 271 页。

② ［英］维多利亚·D. 亚历山大：《艺术社会学》，章浩、沈杨译，江苏美术出版社 2009 年版，第 105 页。

注意的是，艺术品作为商品的属性也得到了揭示与承认。因此，不仅上流阶层可以领略到艺术之美，一般人也能分享艺术所带来的审美经验，这显然是日常的物质生活所不能替代的。艺术更是以一种特殊的文化商品的样式，在不同的社会阶层之间流通、转手与交易。人们生活领域的消费品与消费活动，其实也不再只是局限于日常的物质生活。当然，在艺术交易与消费中，对不同流派与风格的艺术品的需求也是有所差异的。

作为一种历史与文化记忆，艺术品的收藏价值受到了人们的推崇与重视。"因此，如克利福德认为，艺术和文化都是作为共同拓展人类价值领域——即作为收集、记录和保存被视为'人'之最好的和更有意义的创造物的策略而在1800 年之后出现的。"①随着艺术市场的建立与运作，人们可以通过艺术交易而享有与欣赏艺术品。在艺术这种独特的消费品里，无功利性与功利性的区别与边界也趋于模糊。当然，艺术之善能够扩展与丰富人们的知觉、想象与情感，甚至有助于人们去发现与揭示生活的意义。作为一种文化消费品，艺术虽然具有一般商品所缺乏的精神特质，但它们在交易方式上又不乏相似之处。

当然，艺术品之所以成为可交易的消费品，主要还是取决于大众生活对艺术的需求，以及经济发展与市场培育所提供的可能。在这里，艺术由学院派走向社会与人们的日常生活，当然不仅是创作主题与题材的变化，同时也为艺术品成为文化消费品作了奠基。但是，这并不表明或意味着，学院派风格的艺术作品不能走向社会生活。实际上，经典的学院派艺术作品，一直并依然是艺术交易活动的重要诉求对象。根据马斯洛的需求理论，人的需求是有层次的，只有当物质与生理的需求满足后，自我实现等需求才可能得以实现。其实，对艺术品的喜好与消费，成为人们在消费时代的一种自我实现方式。当然，艺术等文化商品的使用与精神享受，总是与特定人群的品位与风格密不可分的。

在马斯洛那里，审美需要无疑是人必不可少的心理活动。在人的心智健全与人格完善中，艺术与审美经验具有不可替代的作用与意义。除了中西绘画作品之外，珠宝、邮票、硬币、照片与各种古董等，都成为人们看好的艺术交易与收藏品。而且，"所有文化产业都可以被看作是一个包含多种不同成分的复杂体系，将艺术作品从它们的原创作者传递给它们的最终消费者"②。当然，

①　[英]西莉亚·卢瑞:《消费文化》，张萍译，南京大学出版社 2003 年版，第 51 页。

②　[英]维多利亚·D. 亚历山大:《艺术社会学》，章浩、沈杨译，江苏美术出版社 2009 年版，第 133 页。

在文化产业中,不同艺术品的传递方式也是有所区别的。还应当注意到,不同价位与不同呈现方式的艺术品,实际上正在形成特定的消费群体与投资者。显然,艺术品可能带来增值与效益,乃是人们关注艺术交易的重要驱动力。

三、艺术交易的发生与市场基础

显而易见,艺术品交易往往离不开艺术市场的建立与运行。实际上,艺术市场最早出现于 17 世纪的荷兰。到了 18 世纪,艺术品交易的规模逐渐扩大,出现了以画店代销艺术品的经营方式。到 19 世纪下半叶,随着西方进入现代工业社会,艺术市场的结构与运作发生了很大变化,集展览、收藏与销售于一体的画廊取代了传统的画店,艺术市场的范围也由比较单一的艺术品扩展到工艺品。进入 20 世纪后,形成了由收藏家、博物馆收购古董和艺术品的拍卖行制度。在这里,艺术市场是指以商品形式进行的艺术品交易,以及这种交易的体制与交易发生的场所和地方。

虽然艺术家既是艺术商品的生产者,又是艺术商品的出售者与经销者;但只有艺术市场才能使艺术交易更有效地展开。在洛贝尔森看来,"每件艺术品都有其市场源,即艺术品最初的来源点,要么是艺术家创作的作品,要么是从深埋在地下挖掘出来的文物。这些物品在艺术市场上交易时就变成了商品"①。在艺术交易中,这些艺术商品就被人购得并用于收藏以供欣赏,或者增值后再在艺术市场出售以获得赢利。经销商往往通过选择艺术商品,限制其在市场上的供应与销售,同时告知媒体、公共机构与评论界。在当代的艺术拍卖中,虽然许多古典大师的代表作价格居高不下,但印象派与现代的艺术品却占据着主要地位。

在艺术交易活动中,艺术品消费者或购藏主体通过货币交换,购买艺术品以实现与满足自身的审美需求。一般来说,艺术市场所发生的艺术品的交易行为,往往是经由作为中介的拍卖行或画廊来进行的。在现代艺术时期,一些在历史上主要经营古籍的著名拍卖行开始涉及绘画领域。对艺术交易而言,不同艺术市场所指向的受众目标群是不一样的,所参与交易的作品的价格也是有所差异的。随着艺术市场的成熟,以及收藏与买卖活动的拓展与兴旺,交易的受

---

① [英]伊埃·洛贝尔森:《艺术品交易这一行》,杨晓斌、郑北琼译,重庆大学出版社 2013 年版,第 15 页。

众目标群也在不断发生泛化。由于社会地位、经济状况，以及人们的文化修养的差异，消费者对艺术品的鉴赏与评价也是有所不同的。

在很大程度上，艺术品的价值是由内部与外部因素共同决定的。洛贝尔森认为："内部因素包括：尺寸、材料、创作日期、状况、起源、主题、名称以及作者的知名度。外部因素包括反映到股市上的宏观经济和政治力量。"①而且，这些内外因素之间，也是彼此关联与相互影响的。如同一切其他商品，艺术品的价值在很大程度上是由供求关系决定的。在艺术拍卖与收藏中，艺术作品的独特性与稀缺性受到看重与强调。当然，艺术价格更受制于艺术品的质量，比如说，它是行画，还是原创之作？同时，艺术价格还与艺术家在展览与媒介中出现的频次等相关。同时，知名艺术评论家的评论与推介，无疑也会影响到艺术品的定价与出售。

但应认识到，艺术的首要目的并不是迎合市场，而是探究与揭示艺术创作的独特意义，从而满足人们的审美与精神生活的需要。在马克思那里，艺术生产被视为一种精神生产活动，它旨在满足人们艺术消费的需要。马克思也看到了，艺术消费对艺术生产的刺激与引导。但是，艺术市场却是艺术交易与消费发生的必要条件。艺术消费既促成了艺术市场的发育与成熟，同时又受制于艺术市场的运行及其基本状况。同时，艺术交易的机制与市场基础的关联，既涉及艺术表现与审美观照等重要问题，又有非艺术与非审美因素的介入，而且它们之间还发生着密切的交织与互动。

毫无疑问，作品的价值在根本意义上源于艺术家的创造力，但作品价值的价格体现毕竟是多元的与历史性的，同时还关涉到审美、教育与政治的维度等。而且，不同的评价尺度使得作品的价格定位差异化。当然，作品的价格还会受到其历史价格，以及艺术存在的社会与文化语境的影响。因此，"艺术品的价格无法透明化以及圈内人彼此盘根错节的关系，让一般的投资人很难洞悉艺术品市场的运作实情"②。其实，艺术品的价格与价值的关系也是错综复杂的。当然，收藏与交易所带来的经济利益，是不得不加以特别关注的重要问题。在这里，基于艺术市场的艺术交易，同时又反过来作用于并影响着艺术市场。

---

① ［英］伊埃·洛贝尔森：《艺术品交易这一行》，杨晓斌、郑北琼译，重庆大学出版社 2013 年版，第 224 页。

② ［德］塞兰特、基特尔：《看懂了！超简单有趣的现代艺术指南》，庄仲黎译，中信出版社 2010 年版，第 83 页。

四、艺术、消费与商品审美经验

经由艺术创作与艺术品收藏，以及在艺术市场所发生的交易与买卖，艺术品散布与传播到社会生活的各个领域。在马克思看来，艺术这种精神生产具有审美的功能，它是按照美的规律来营造的。为了回应马克思的劳动价值论，尤其是它在现代艺术品的价值评价中所遇到的问题，布尔迪厄主张，将巨大的社会网络的价值也纳入劳动价值的计算之中。考虑到艺术交易与消费日益成为人们日常生活的重要构成，作品的审美、社会与文化的关联也更加凸显。如果说，在进入市场以前的审美方面，艺术品常常还带有某种纯粹性的话，那么，进入市场并参与交易的艺术作品，其审美评价就难免受到市场因素的影响。

在本雅明看来，现代艺术所发生的价值转换是由膜拜到展示。同时，"因为艺术家的行动和艺术家本身也都服务于商品美学的艺术形式，因此一部分特定的艺术风格和一部分艺术作品也在商品美学中得到再现"①。不少艺术家在进行创作时，已难以摆脱艺术市场趋利避害的态势的规定与制约。譬如，请人代笔、做假的事件，并不鲜见，虽然古已有之，但现在愈演愈烈。如果艺术家仅仅只是为了市场而创作，其作品的审美价值与文化品位就会被削弱。在艺术消费中，审美经验在这里所针对与指向的，不再是那些毫无利害关涉的唯美之物本身，而是作为有着市场潜质与前景的艺术品，以及这些艺术商品那令人迷幻的视觉表象。

在这里，一方面，古典与精英的艺术进入了市场与生活；另一方面，艺术的大众化与大众艺术本身就发生在日常生活世界。因此，艺术的实用价值与经济效益，成为极为关注的问题，当然也由此带来了不少的审美困惑。比如说，艺术赝品虽然不同于一般的机械复制，但同样会丧失本雅明所说的原作的灵韵。为了市场的需要与利益的最大化，有的艺术家甚至批量生产着可销售的艺术品。同时，面对艺术这一特殊的文化商品，缺乏专业知识与经验的买主，不仅是被动的，往往还不知所措。再加上，"玩家"的神秘兮兮与故弄玄虚，以及市场信息的不对称与不透明，更是让人在艺术商品的买卖上望而却步。

在当代，艺术除了仍然可表达为一般的样式外，还凭借各种媒介与技术手

---

① ［德］沃尔夫冈·弗里茨·豪格：《商品美学批判》，董璐译，北京大学出版社2013年版，第148页。

段来进行表现，并以城市生活里的大众作为受众与消费者。在布尔迪厄看来，审美无功利的概念是对艺术本质的掩盖，应以社会学方法的前见去理解艺术的交易与消费。其实，"后现代主义者无视所谓的朴素稳重，以及现代主义那种了无情趣的精英意识。后现代的消费者可以毫不歉疚地同时享受着美和物质"①。这里所说的审美享受与经验，所面对的是艺术与功利的合成物，而这些艺术品亟待获得自身的社会意义与商业价值。一般日用商品的设计、制造与包装，常常被过度艺术化与审美化后投放市场，以刺激消费者对于不寻常的感官享乐的渴求。

其实，大众的艺术消费是一种基于大众需求的文化消费，因此，艺术创作、交易与艺术市场，无疑会受到消费者及其不同需求层次的影响。而且，原来针对作品的一般审美经验，被遮蔽在艺术商品价值结构的复杂性里。许多非艺术与非审美的因素，也渗入了艺术的审美与价值判断之中。那些模仿与仿制得惟妙惟肖的假冒品，即使没有在审美经验上导致明显的差异，但它们无疑破坏了真实性或诚实性原则。对艺术收藏与市场来说，这种真实性原则是一种根本性的尺度与判据。在大众消费时代，艺术品的身份总是变异与迷离的，因为它难免成为艺术与商品的居间之物。在满足大众审美需要的同时，艺术商品往往迷失在艺术品与商品之间，弱化甚至失去了艺术所应具备的内在精神价值。

在艺术品的交易与消费中，关于艺术的审美经验可能沦为商品的审美经验。而且，这种关联的发生，往往是与艺术市场分不开的。而且，费瑟斯通将符号与概念向日常生活的渗透作为消费文化发展的条件。"他指出，概念随处可得，和艺术家生活方式的英雄化相结合，已经为大众消费的文化梦幻世界发展创造了环境。"②同时，艺术的商品化虽然说是难以避免的，但这并不意味着纯粹的艺术审美已不复存在。当人们对艺术进行欣赏与审美时，亟待对作品的商品特性加以悬置与祛蔽，以达致对艺术作品及其存在本身的关切。而且，关于作为商品的艺术品的审美经验，显然应克服消费主义问题并回归到存在本身。

五、大众消费文化语境里的艺术

显然，艺术交易不仅相关于这个消费的时代，而且，它还与大众消费文化

---

① [美]保罗·伍德：《艺术的商品化》，朱平译，载《新美术》2007年第3期。

② [英]西莉亚·卢瑞：《消费文化》，张萍译，南京大学出版社2003年版，第72页。

是密不可分的。可以说，大众消费文化是一种为满足大众的消费需求，成批生产产品并被消费所规定的文化。无论是何种类型的艺术消费，其实都是大众文化与日常生活的重要构成。在布尔迪厄看来，一件艺术品是否具有意义与价值，取决于欣赏的人是否具备必要的文化能力。同时，大众消费文化不仅具有反现代主义与反先锋主义的特质，还将艺术消费活动推进到大众的日常生活里。大众消费文化成为艺术消费的根本性语境，它直接影响到艺术自身的存在方式。在布尔迪厄那里，文化消费源自于经济生产体系，而艺术品就是这种文化产物的样例。

在大众消费文化里，消费意识形态建构着大众的生活方式，并往往使其生活方式受制于消费主义。当艺术消费成为一种重要的文化消费活动时，人们的审美经验难以再被局限在艺术的自律之中。"此外，审美经验被非艺术世界的变化所规定，这种变化不仅影响艺术领域，而且刚好影响我们的一般经验能力。"①正因为如此，艺术作品的价值与其价格往往难以直接等同或匹配。与此同时，人们的艺术交易与消费不仅基于大众文化，还将受到消费的观念与思想的规定与影响。在大众的艺术消费过程中，艺术表现自身的变化也是非常显著的，如有的绘画与小说更接近日常生活，但又缺少了精英与高雅的特质与品味。

在当代生活中，艺术的生产、交易与消费呈现出多元化的趋势，既有雅致的，又有通俗的，还有混杂的。而且，现代技术与工业在根本意义上规定了批量生产，而市场经济又将艺术产品推向商业与消费领域。对艺术交易而言，不同艺术品的社会与文化定位，显然也是分层的、有所区分与差异的，同时，这些艺术品都以其特有的方式与消费文化相关联。但普通公众仍然难以直接进入艺术交易市场，而不得不经由业内人士与中介来识别与购买艺术品。这里存在的重要问题是，经由艺术市场交易所实现的艺术消费，可能使人们的审美经验世故化与媚俗化。尤其是，艺术品交易不但会受到赝品的冲击，还会被各种假拍、雅贿与洗钱所困扰。

虽然说，丹托揭示了艺术并不一定局限于美，它也并不是审美地向我们呈现什么，但他意识到，美的经验对生活却是必需的。"当然没有什么像美学的边界消失而成为普遍的组成部分那样对艺术来说是致命的。艺术在自身之外找

---

① ［美］理查德·舒斯特曼：《生活即审美——审美经验和生活艺术》，彭锋等译，北京大学出版社 2007 年版，第 25 页。

不到标准，因而最后陷入什么都不是的状态中。"①实际上，艺术的标准从来都不是固定不变的，而是在社会、历史与文化的语境里生成与重构的。当然，审美经验与美学也是不断生成的，它不仅在改变着自己的边界与视阈，也以新的方式与艺术的变化相关切。同时，艺术与美学的建构，都是彼此渗透与相互生成的。在消费文化的语境里，艺术消费正在成为一种审美与功利相结合的生活方式。

而且，大众消费文化既是文化及其向消费的渗透，它更力图将消费行为建构在一定的文化基础上。随着艺术消费由小众向大众的传递与蔓延，大众消费文化在很大程度上规定与影响着审美风尚。在大众消费文化的语境里，原初的艺术与审美经验往往被遮蔽，艺术消费可能成为一种具有象征性的符号消费。大众消费文化强调并采取加工与简化的技巧，替代现代主义与先锋派所诉求的精致创作技法。在鲍德里亚看来，在当今的消费社会里，商品成为符号，符号又被当做商品。作为手段的消费，自身却成为目的，同时，消费主义给艺术带来了迷茫与异化。

在消费文化的塑造下，艺术品的交易、收藏与鉴赏，渗进了许多不合理的利欲关涉。引人入胜、趣味横生，往往成为作品的必需条件。至关重要的则是，作品的销售、商业的成功与利润的追逐。在艺术品交易与消费中，媚俗、颓废与拜金主义情结，贬损了艺术欣赏的品质与情趣，而极端的消费主义，无疑会导致虚无主义。存在的问题还有："那些最近把消费主义的快感提到严肃的学术思考当中的人们，没有能够把消费主义放在日常生活的实践中进行探讨。"②因此，如果将一般物质与商品消费的观念与方式简单地外推并移植到艺术品的消费里，艺术及其审美存在的遮蔽就是不可避免的了。显然，艺术品交易的审美回归与大众消费文化的伦理重建，成为极其重要又刻不容缓的艺术与文化任务。

（作者单位：武汉纺织大学时尚与美学研究中心）

---

① ［德］沃尔夫冈·弗里茨·豪格：《商品美学批判》，董璐译，北京大学出版社2013年版，第258页。
② ［英］安吉拉·默克罗比：《后现代主义与大众文化》，田晓菲译，中央编译出版社2001年版，第41页。

何谓艺术？艺术何为？

王杰泓

一说起艺术，我们立即就会在头脑中建立起无数清晰却又自相矛盾的印象。譬如一方面会想起达·芬奇、贝多芬、黑泽明等中外艺术史上璨若星河的大师及其作品，高妙绝伦、高深莫测，可望而不可即；另一方面，我们往往又会将艺术非常实际地理解为唱唱歌、跳跳舞、看看电影、写写字之类，于是，KTV、舞池、电影院便成了艺术的代名词，通俗而又现实。再如，有的人愿意把艺术看作是赖以安身立命、寻求精神超越的所在，并且毕其一生而追逐之；可是，生活中的大多数人则干脆以为艺术是一种华而不实的东西，既不可果腹也不能御寒，中看而不中用。类似的"两极化解读"现象古已有之，时至趣味多元化价值标准又日趋折中的当下就更加普遍了。跳出这些针锋相对的印象或观点，我们其实都面临着一个最基本问题，那就是艺术是什么、有何用？"是什么"是对象确定性的要求，连对象都不清晰和确定，往下怎么谈？"有何用"则是对价值或有用性的质疑，于人无益，要它何用？因此，本文将围绕艺术是什么、有何用这个看似老生常谈的问题加以学理性的梳理，希望对喜欢艺术的人们有所启迪。

一、何谓艺术

艺术是什么？艺术是难的！

回答"艺术是什么"的问题，首先需要从中西"艺术"概念的历史发展角度去找答案。因为从历时性的角度观之，无论中西，我们所谓的"艺术"都经历了一个漫长而复杂的演化过程，并且一直都存在着艺术实践的开放性与艺术定义的封闭性之间难以协调的矛盾，它似乎从来都不存在一个恒定不变、静止如一的特质，无法一言以蔽之。

在中国，先秦时期就有了"艺"的概念。从字源学来考察，艺术之"艺"最早见于甲骨文，是一个象形字（🌱），左边仿佛一株小树苗，右边则似一人屈身作手托起状，表示"持木于土上"。《说文解字》列繁体作"藝"，释义为"种植"。关于这点，《诗经》、《墨子》、《孟子》等典籍均有记载，兹不赘述。可见，"艺"在中国汉字文化中最初指的就是"种植"，即农业劳作，这是"艺"的本义。

当然，种植也是需要技巧的，于是"艺"又引申为"从艺之术"，即技艺或技能。《说文解字》中说："周时六艺，盖亦作蓺，儒者之于礼、乐、射、御、书、数，犹农者之树蓺也。"也就是说，礼、乐、射、御、书、数这六种技能，就像是农民种植树木一样。是故后人把有才艺的人称为"艺人"，而把各种技艺称之为"艺事"。

值得指出的是，正是基于种植在华夏农耕文明中的重要性，我们的先人不但不看低具有手工性的技艺，反而将其上升为文化，极力地推崇它。如孔子在《论语·述而》中就说："志于道，据于德，依于仁，游于艺。"质言之，道、德、仁、艺是"四位一体"的，文质彬彬是"艺"，正如歌舞酒茶也是"道"。把"艺"放在道德、仁义的高度上去解释，这充分说明中国古人对"艺"的看重，其中所包含的"兴于诗，立于礼，成于乐"与"发乎情，止乎礼"的辩证，或者说人生艺术化与艺术人生化互为涵化的大智慧，值得今人秉承和玩味。至于《庄子》讲"庖丁解牛"、"轮扁斫轮"、"梓庆削木"等寓言故事，其更突出的是"法天贵真"、"因技进道"的重要性，技艺不过是达于大道的工器或媒介。——与儒家对"艺"之伦理效果的重视相比，道家更加强化了艺本身的"游"之特质，更切近于今天我们对艺术无功利性和自由游戏特点的理解。不过，从先秦到明清的大部分时间里，中国人对"艺"的理解基本不存在现代审美意义上的精神内涵，所谓"六艺"中的最精致形式也莫过于"乐"，即象征着自然天地之"和"的敬神舞乐，这和现代人所说的"音乐艺术"也是大不相同的。

从词语的完整性角度看，中国古代文化中不曾出现过"艺术"一词。像《后汉书》等典籍中虽然有"艺"、"术"连用的情况，但实际上是两个字叠加在一起的，不是一个词，其中的"艺"仍然指的是各种技艺。到了近现代，尤其是五四时期前后，王国维、梁启超、蔡元培、鲁迅等先生才通过译介的方式把西方的"Art"引进到中国来，对应于中文的"美术"（造型艺术）或"艺术"（各门艺术的总称）。也就是从这时开始，中国人所使用的"艺术"概念才逐渐同西方联系起来。

在西方，自古希腊至文艺复兴时期，西方人对"艺术"概念的理解与中国人非常相似，那就是他们也把艺术归入"技艺"的范畴。最初，古希腊人用"Techne"来表示艺术。这个词有三种含义：（1）人类有目的的活动。如种植、纺织、烹饪、盖房造船、驯养动物、读书写字、治理国家等。（2）科学技能。如算术、几何、医学、动物学、占卜术等。（3）现代含义上的艺术。如写诗，也就是自由的审美创造活动。可见，这时艺术还只是同木工、裁缝等普通手工艺或数学、逻辑学等学术技能混杂在一起的模糊概念，艺术还远未从人类其他实践活动中分离出来。

古罗马、中世纪和文艺复兴时代，西方人对"艺术"的理解大体上还是因袭了古希腊人的"技艺"观念，同时在艺术分类问题上开始表现出顽固的重智巧而轻体力的倾向。如在古罗马时期，西塞罗将艺术分为高、中、低三个等级：政治、军事被看成是"高级艺术"；以哲学家为首的智力艺术，包括诗歌、雄辩术，被看做是"中间艺术"；绘画、雕塑、音乐、竞技则属于"低级艺术"。古典后期的卡佩拉则进一步将语法、修辞、雄辩术、算术、几何、天文、音乐合称为"自由艺术"，同时把纯属体力劳动的种植术、造屋术、裁剪术等称为"机械艺术"。

到了基督教盛行的中世纪，作为自由艺术的"七艺"又被进一步分为"三艺"（即语法、修辞、雄辩术）和"四艺"（即算术、几何、天文和音乐）。其中，"三艺"被称为"文科艺术"（运用语言的艺术），而"四艺"则被称为"高级艺术"（运用技能的艺术），这是艺术在当时的两种基本含义。至于今天我们所谓的"艺术"的若干门类，在当时其实是分散在上述两大分类的范围中甚至是之外的，如诗歌作为一种哲学和预卜被归入"三艺"，音乐作为一种和谐的理论被归入"四艺"，而绘画、雕塑和建筑则根本不属于"自由七艺"，相关从业者们仍然分属于药剂师行会、金匠行会或木匠行会之类技工的行列。

文艺复兴时期，随着达·芬奇、米开朗琪罗、拉斐尔等这样全才全能式艺术家的大量涌现，绘画、雕塑和建筑等视觉艺术形式的地位得到了极大提高。但是，由于宗教神学力量的强大以及艺术的技艺属性观念根深蒂固，艺术家仍被视为"工匠"、"手艺人"或"劳力者"，艺术仍未具备我们今天所理解的作为一门感性创造学科的特质。

直到近代，欧洲的 18 世纪，随着艺术商品化要求艺术摆脱外部束缚、进入市场从而获得自身的内在独立价值，人们开始将艺术从物质性手工劳动中抽离出来，把艺术与"技艺"脱钩而与"美"挂钩，从此，艺术步入"精英"的神殿。1747 年，法国美学家夏尔·巴托发表了题为"统一原则下的美的艺术"的专论。他把艺术系统化地分为三类：第一类是满足人们实用目的的艺术，如农业、纺织等；第二类是以引起快感和愉悦为目的的艺术，如诗歌、音乐、绘画、雕塑、舞蹈等；第三类是兼有实用和快感目的的艺术，如雄辩术和建筑。其中，以引起快感和愉悦为目的艺术被巴托称为"美的艺术"，"美的艺术"的"统一原则"是对自然的摹仿。巴托的这一看法未必中肯，但很快为人们所接受，因为他首次将艺术从技艺以及科学、宗教中分离出来，在美学史上有着开创性的意义。此后，"美学之父"鲍姆嘉通、古典美学的集大成者康德等人修补、完善了"美的艺术"的内涵所指，如进一步强调了艺术的自由创造特点和天才性，并且正式将"美的艺术"规定为美学的对象。自此至今，一个独立自主性的现代美学范畴得以确立，"艺术即美的艺术"成为精英知识分子和主流艺术家们的一种共识。

不过，尽管如此，知识界和艺术圈总存在非主流乃至异端的人士，例如20 世纪初西方先锋派艺术就提出了一个棘手的问题：艺术一定需要是美的吗？1917 年，法国"达达主义"艺术顽童马赛尔·杜尚公然把一个现成品小便器拿到艺术馆去参展，而且还给它取了个啼笑皆非的名字——"泉"。很快，杜尚式的艺术恶搞直接引发了先锋实验者们对"美的艺术"及其所代表的贵族精英主义的集体声讨。1963 年，艺术家罗伯特·莫里斯公开发表《撤销我作品中的全部审美因素的声明》，宣布自即日起，他的作品不再具有所有的审美特质和内容。随后，他成了"概念艺术"、"垃圾艺术"最坚定的践行者。今天我们知道的还有一大批现代、后现代艺术，譬如"偶发艺术"、"身体艺术"、"环境艺术"、"极简艺术"等，事实上都是在声讨"美的艺术"的大背景下所展开的。这种直到现在仍在继续的反叛潮流，它不仅使过去那种基于传统的审美判断变得无用和不可能，而且更为重要的是，因为它与当代大众传媒和商业社会纠结在了一起，可以说在客观上进一步打破了艺术与生活、高雅与通俗、美与丑等几乎一切对立事物之间的差异。所以，它还给人们带来了在艺术界定问题上的更大的困惑："艺术这个概念如今变得如此令人困惑，它的涵盖范围很不清晰：在艺术杰作与草图；成熟艺术家的作品与儿童涂鸦；美声唱法与声嘶力竭的叫喊；音乐与噪音；舞蹈与手舞足蹈的动作；艺术与非艺术之间，人们把艺术的边界设置在何处呢？"①总之，20 世纪先锋派艺术实践狠狠地将了"美的艺术"

---

① ［法］杜夫海纳等：《美学和艺术科学中的主要倾向》，载《文艺研究》1993 年第 3期。

一军，"艺术"与"美"之间的传统等式已经站不住脚了。

来自实践领域的反驳激起了理论界的强烈响应，大批理论家同时也展开了对"美的艺术"概念的深刻的否定性反思。如英国著名艺术史学家赫伯特·里德就表示，艺术和美其实并无逻辑的必然联系："艺术和美被认为是同一的这种看法是艺术鉴赏中我们遇到的一切难点的根源，甚至对那些在审美意念上非常敏感的人来说也同样如此。当艺术不再是美的时候，把艺术等同于美的这种假设就像一个失去了知觉的检察官。因为艺术并不必须是美的，只是我们未能经常和十分明确地阐明这一点。无论我们从历史的角度（从过去时代的艺术中去考察它是什么），还是从社会的角度（从今天遍及世界各地的艺术中去考察它所呈现出来的是什么）去考察这一问题，我们都能发现，无论是过去或现在，艺术通常是件不美的东西。"①另一位著名的英国艺术史学家贡布里希也说："实际上没有艺术这种东西，只有艺术家而已。……我们要牢牢记住，艺术这个名称用于不同时期和不同地方，所指的事物会大不相同，只要我们心中明白根本没有大写的艺术其物，那么把上述工作统统叫做艺术倒也无妨。事实上，大写的艺术已经成为叫人害怕的怪物和为人膜拜的偶像了。"②理论家们反思、张扬的是一种关于艺术界定的非本质主义观点，也就是说，"艺术是什么"这个问题注定没有答案，追问艺术本质的做法将注定使艺术遭受自身消解的命运。那么，非本质主义是否意味着理论家们在艺术界定问题上就没有自己的看法呢？当然不是。他们的替代性提问方式是：艺术作品是什么？什么时候是艺术？什么地点为艺术？这样，与过去相比，人们对艺术概念的探究表现出前所未有的更大的不确定性。

以上用相当篇幅扼要勾勒了"艺术"概念在中西艺术史上的源流演变，原本是希望从中找到"艺术是什么"的答案，但事实证明，"艺术是难的"。不过通过梳理，至少可以让我们形成在"艺术"概念问题上这样几点基本的认识：

首先，艺术概念是历史性的，其内涵和外延都有不断扩大的趋势。在内涵上，不同的时代有不同的艺术观念，不存在一组必要和充分的属性来固定艺术的本质，"美"也不例外，开放性和不确定性才是艺术的准确"定义"；在外延上，即使在艺术这个"家族相似"内部，诗歌、音乐、绘画、建筑、雕塑等主

---

① 转引自朱狄：《当代西方艺术哲学》，人民出版社1994年版，第4页。

② ［英］贡布里希：《艺术发展史》，范景中译，天津美术出版社1998年版，第15页。

要门类本身从一开始就是在互不相关的情况下产生的，它们各有其相对自足的不断发展的历史。因此，艺术概念实际上是一个不能确定的"历史变化的星丛"，它包含在历史的运动当中，而我们对"艺术的界说尽管确实有赖于艺术曾是什么，但也务必考虑艺术现已成为什么，以及艺术在未来可能会变成什么"①。

其次，界定艺术不只是一个纯粹的审美判断问题，它更涉及价值判断，涉及不同社会阶层争夺文化话语权的问题。这是因为，"艺术是什么"实际并非抽象的人类学问题，而是一个具体的"艺术为谁"的社会意识形态问题。"艺术和美学不是普遍永恒的实在，而是历史与社会条件——不同社会文化领域的各种功能的综合产物。"②换句话说，艺术具有自律性与他律性，或者叫做审美性与社会性的双重本质。回顾历史，艺术难题一直悬而未决的焦点其实在于，人们往往是笼而统之地使用"艺术"这个语词，然后依据各自不同阶级、阶层的价值尺度来对他们所需要的"艺术"概念下定义。由是观之，某个共名概念的"艺术"实际不过是某个特定阶级意识形态的捏造与幻构。比如在艺术史上，教化和启蒙的艺术实乃为统治阶级立言，体现的是一种文以载道、文以安邦的价值取向；美和天才的艺术主要为精英知识分子立言，强调的是他们纯正典雅、超凡脱俗的审美趣味和特立独行、反对沟通的价值立场；而娱乐和快感的艺术的支持者则主要是普通大众，其凸出的是这一阶层崇尚轻松、快乐的趣味追求。上述诸阶层之所以抢着对"艺术"进行不同的赋义，实则无非是想争夺各自对"艺术"一词的使用的唯一合法权。

再次，作为一种特殊的实践活动，艺术没必要也不可能同另一种实践活动——技艺——划清界限。在前面的考察中，我们已经清楚看到，无论在中国还是西方，"艺术"一直主要是和"技艺"概念盘结在一起的。这一事实其实已经说明，艺术与技术、艺术与生活并不存在精英人士所以为的那条鸿沟，艺术从来就不是"唯美"、独立自足和不食人间烟火的，它其实一直是同技术、手工艺劳动等物质实践活动水乳交融、不可分割的。既往的"美的艺术"概念是社会分工的结果，同时也是精英主义将技艺传授专业化、学院化和贵族化的结果，它在某种程度上容易造成艺术"生于民间而死于庙堂"的缺憾。正如杜威

---

① [德]阿多诺：《美学理论》，王柯平译，四川人民出版社1998年版，第3页。
② [美]理查德·舒斯特曼：《实用主义美学》，彭锋译，商务印书馆2002年版，第63页。

所说："（美的艺术于是可以反映）一种对吸引了社会绝大多数时间和精力的兴趣和工作……假装虔诚得令人讨厌的姿态。"①因此，今天，大众文化在世界范围内的崛起似可为我们提供一个回归艺术源头的契机：告别"美的艺术"或"艺术的博物馆概念"，重建艺术与技艺的原初性联系，让艺术撕掉它虚伪的"神圣"面纱，直面鲜活的日常现实生活。

最后，无论对艺术概念采取什么方式去定义，其揭示的真理都是一致的，那就是它们均体现了人类自由的感性精神本身。撇开以上艺术界定中贵族气质、精英立场抑或"有教养的低级趣味"的不同不谈，其实这诸种艺术定义在人类学的意义上仍旧有一个感性根基存在，因为艺术毕竟还有超阶级性、超时空性的一面，它终究还是整个人类追求感性自由和精神超越的风标。正因为如此，海德格尔在注解古希腊人的艺术观时特别提醒说，雅典人所谓的"Techne"（技艺）其实并非我们后来臆断的手工能力，而是指从非存在（"忘了存在而只数数然于存在者"）到存在的过渡的本因；与之密不可分的"Poiesis"（诗），则是"无蔽"或"存在者的真理自行置入作品"②。也就是说，手工劳动固然是手工劳动，但其间寄居、融注的却是艺术的本源或真理。阿多诺则直接认为"艺术即精神"：精神是对艺术作品物性（materiality）的克服，同时也超越了其感性（sensuality），精神是艺术作品的以太（ether，规定因素）。"如果不显现出精神，或者说没有精神，艺术作品也就不复存在。精神无视理智艺术与感官艺术之间的分野，因为感官艺术与其说是体现感性快乐本身，不如说是体现了感性快乐的精神。"③

二、艺术何为

艺术有何用？艺术于人生有大用！

询问艺术的用处，必然是相对于人、相对于人的生活而言的。艺术之于人，可以有小用和大用二分。小用者，即日常生活意义上的经世致用，譬如靠

① ［美］理查德·舒斯特曼：《实用主义美学》，彭锋译，商务印书馆2002年版，第41~42页。

② ［德］海德格尔：《人，诗意地安居》，郜元宝译，广西师范大学出版社2000年版，第80页。

③ ［德］阿多诺：《美学理论》，王柯平译，四川人民出版社1998年版，第157~158页。

唱歌跳舞谋生、投资绘画挣钱，再或者学点书法作些诗文以备题字、唱和等不时之需。可惜如今这年月，经济似泡沫，人才如浮云，社会失业率一直居高不下，投身艺术怎么都难为自己带来丰厚的物质回报。

因此，艺术之用只能从大用即精神价值层面的无用之用来谈。现在的人很有幸福感、很实在，反感谈玄谈精神，所以这里不妨先举个例子来说。"世界十大文豪"之一的列夫·托尔斯泰曾经在日记中讲到生活中发生的一件事情。他说："我在房间里擦洗打扫，我转了一圈，走近长沙发，可是我不记得是不是擦过长沙发了。"——这时的托尔斯泰一定在心里纠结：如果我擦过沙发，我怎么记不得了？而如果我没擦的话，沙发怎么又是干净的？类似这种强迫症式的事情很常见，我们在生活中一定没少遇到。于是托尔斯泰总结道："由于这都是些无意识的习惯动作，我就记不得了，并且感到已经不可能记得了。因此，如果我已经擦过，并且已经忘记擦过了，也就是说如果我做了无意识的动作，这正如同我没有做一样。……如果许多人的复杂的一生都是无意识地匆匆过去，那就如同这一生根本没有存在。"托尔斯泰的这段心得后来被俄国文艺理论家什克洛夫斯基直接凝练为一个关键词：陌生化。什克洛夫斯基用它来指称文学艺术之于日常生活的差异性特质，即日常生活是麻木、机械和自动化的，而文学艺术能让这自动化和习焉不察的生活变得奇特化、新鲜起来，从而恢复我们对生活、人生的感受力和诗意感。"那种被称为艺术的东西之存在，正是为了唤回人对生活的感受，使人感受到事物，使石头更成其为石头。艺术的目的是使你对事物的感觉如同你所见的视象那样，而不是如同你所认知的那样；艺术的程序是事物的'反常化'程序，是复杂化形式的程序，它增加了感受的难度和时延，既然艺术中的接受过程是以自身为目的的，它就理应延长；艺术是一种体验事物之创造的方式，而被创造物在艺术中已无足轻重。"[1]

艺术的无用之用，基本可以围绕上述"陌生化"三个字来展开。

首先，缺少诗意的生活是单调、乏味的，艺术的意义就在于使我们活得富有诗意，活得真实，活得有存在感。前段时间流行一个网络热词，叫"杜甫很忙"，说的是一群网族涂鸦、恶搞高中语文课本杜甫插图的网络事件。按理说，中学生、上班族都很忙，哪有时间消遣？所以，这次"行为艺术"事件不

---

① [俄]什克洛夫斯基：《作为手法的艺术》，见方珊编：《俄国形式主义文论选》，生活·读书·新知三联书店1989年版，第6页。

妨可以看做是年轻人自嘲、自乐并借此缓解社会压力的娱乐精神的表达，其本身就是"人格分裂"的现代人"双重生活"的形象写照。的确，"忙"成了现代人的生活常态：为了学业、工作或房子，我们忙，忙到懒得给父母一个电话，忘掉相爱和结婚的纪念日，忙到朋友发小间的友谊早成了墙角尘封、破旧的伞……事实上这种生活的"常态"恰恰是不正常、单向度的，因为忙碌、无趣的生活正在让我们变得自失、异化和愚昧，本末倒置。通过忙，我们获得了物质的回报，却牺牲了健康的身体；而当我们被成功、鲜花和掌声正名之时，我们的内心为何还如此难以平静？所以诗人提醒道："我们已经走得太远，以至于忘记了为什么出发。"（纪伯伦《先知》）也正是在此意义上，离乡的人类需要艺术不厌其烦地敲击自身的无根、平庸和异化，它迫使我们"震惊"，重新感受和思考人生的真谛，重回人本然存在的根基。

在哲学上，艺术与生活的关系决非天上之月与水中之月的关系，对其所身处的现实生活世界，艺术的作用可以用批判与救赎来描述。由于艺术不同于世俗的现实，它否定世俗秩序，它要建立起一个诗意的世界；与此同时，这种异化又不自外于世俗世界，所以艺术之实质是对"自由"的呼唤与招魂。对此，海德格尔曾举凡·高的作品《农鞋》为例深情地礼赞："从鞋具磨损的内部那黑洞洞的敞口中，凝聚着劳动步履的艰辛。这硬邦邦、沉甸甸的破旧农鞋里，聚积着那寒风料峭中迈动在一望无际的永远单调的田垄上的步履的坚韧和滞缓。皮制农鞋上粘着湿润而肥沃的泥土。暮色将临，这双鞋在田野小径上踽踽而行。在这鞋具里，回响着大地无声的召唤，显示着大地对成熟谷物的宁静的馈赠，表征着大地在冬闲的荒芜田野里朦胧的冬眠。这器具浸透着对面包的稳靠性无怨无艾的焦虑，以及那战胜了贫困的无言的喜悦，隐含着分娩阵痛时的哆嗦，死亡逼近时的战栗。这器具属于大地，它在农妇的世界里得到保存。"①这段话中，生活世界作为"大地"是对自由真理的禁锢与遮蔽，艺术则立意于倚借并挣脱这种遮蔽，进而创造出一个人类得以诗意栖居的"世界"。

最后，回到一个朴素的生活事实，那就是每个人的生命都是有限的，但艺术却能让有限的生命"重活"一次。庄子尝言："人生天地之间，若白驹之过隙，忽然而已。"（《庄子·知北游》）对于人生而言，时间是最大的敌人，谁也无法逃避生老病死的宿命。可是，人又有保持尊严的方式，他可以依靠回忆、冥思、做梦达致精神的胜利。物理时间是一定的，但生命的长度和深度却可因

---

① ［德］海德格尔：《林中路》，孙周兴译，上海译文出版社 1997 年版，第 17 页。

诗意的"怀旧"变得无限。因此，艺术家们钟爱时间，尤其是喜欢讲述过去（电影理论家巴赞称之为"木乃伊情结"）。譬如塔尔科夫斯基明确认为，电影在根本上是对过去的挽留，因为过去比现在更真实，过去与每个正在过去的现在共存。伯格曼也曾表示，他的每一部作品都有其触角深深地探入久远的时间和梦幻的空间之中，"我喜欢想象这些东西能在自己的灵魂深处安详的成熟"①。可以说，塔尔科夫斯基和伯格曼都是电影造梦的大师，无论是《伊万的童年》、《镜子》、《乡愁》还是《野草莓》、《呼喊与细语》、《秋天奏鸣曲》，都能激起每个人对真实、欲望抑或失落的自我的共鸣。当代作家余华也喜欢怀旧，曾写过一本仿伯格曼之名的"关于记忆的书"——《在细语中呼喊》。不过，他的《活着》在"讲述过去"方面是最有代表性的。小说一开始便以倒叙的方式回顾福贵老人悲惨的一生：从父母双亡到儿子抽血夭折、女儿难产离世、妻子抱病先去，再到女婿工伤丧命，最后直至小外孙吃豆子撑死，这个老人一直在慢慢地讲述自己。在回忆中，他仿佛和失去的亲人再度聚首、生死相依，而自己年老体衰的身躯也一下子恢复了生机与活力。在中文版自序中余华说，"福贵"只是国人的一个符号表征，"活着"代表着无限的意义。所以，余华明确指出，无论是写作还是阅读，都是在敲响回忆之门，而回忆过去的生活，也就是为了再活一次。

总结艺术是什么、有何用这个问题，不禁让我们想起历史上的艺术就像宗教或哲学一样，其在本性上正是一种"乡愁"并言说着这种乡愁。乡愁是一种病，它呈现为一种心灵的意绪，如怀望、思念、悲怆或哀愁等。乡愁之所以是痛苦的，是因为它在经历着无"家"可归。在这种经验中，最根本的是人与家园内在关系的分裂。但乡愁又是一种特别的病，它在经历痛苦的同时也在经历欢乐，在无家可归的经验中已经产生出对于家园的期待与向往，并开始了还乡的路程。作为乡愁的经验和言说，艺术描述的正是人的存在和心灵的痛苦，也就是人如何与自身本性的分离。但任何一种艺术都在努力给人带来慰藉，让人达到自身存在的根基。然而，对于今天这样一个无家可归时代的人们来说，由乡愁所推动的还乡路却并不是一段和平之旅，而是一段危险之途。或许，这段危险的历程并不意味着有家难归，而是根本就没有什么家园存在。但是，艺术如果就此放弃其还乡的试图的话，那么它又怎知无家可归，怎知自己本来便身

---

① 转引自娄军：《伯格曼：一个骗子、魔术师和梦想供应商》，载《看电影》2007年第17期。

处一个无家可归的时代呢？所以，是还乡也好，是流浪也罢，艺术还是一直会走在痛并快乐着的途中。

（作者单位：武汉大学艺术学系）

试析马克思主义美学的身体维度

张红军

身体问题无疑是近年来最受关注的问题之一，它不仅成为各种人文和社会科学的重点研究对象，还导致这些学科自身的重构，于是就有了身体哲学、身体社会学、身体伦理学、身体政治学、身体人类学等新兴学科的出现。① 身体美学也是在这一过程中出现的新兴学科，它不只是从美学角度研究身体问题，更是从身体出发重构美学学科自身。由于身体总是人的身体，所谓从美学角度研究身体问题，就是从美学角度研究身体与人的存在关系问题，而所谓从身体出发重构美学学科自身，就是从人的具身性存在（embodied being）②出发重新思考美、美感、艺术等美学基本问题。身体美学的出现为马克思美学思想研究提供了新的契机。本论文尝试证明：在既有的马克思主义美学理论的发展过程中，存在着一个由隐到显的身体维度，而这一维度的凸显说明，马克思对人的存在的具身性理解逐渐受到马克思主义美学研究者的重视，从身体出发重新理解马克思美学思想成为可能。

一、认识论马克思主义美学的身体维度

（一）恩格斯的马克思主义美学

思想史中，马克思美学首先被解读为认识论美学。开启马克思主义美学认识论传统的是恩格斯。恩格斯认为，任何时代的哲学都必须从回答思维与存

---

① 汪民安、陈永国：《后身体：文化、权力和生命政治学》，吉林人民出版社 2011年第 2 版，第 3 页。
② ［英］希林：《文化、技术与社会中的身体》，李康译，北京大学出版社 2011 年版，第 1 页。

在、精神与自然界何者是本原的这一哲学基本问题出发，并由此分成两大阵营："凡是断定精神对自然界来说是本原的，从而归根到底承认某种创世说的人，组成唯心主义阵营。凡是认为自然界是本原的，则属于唯物主义的各种学派。"①除了回答本原问题，哲学还必须回答思维能否认识现实世界、能否正确反映现实的问题。不同于以黑格尔为代表的唯心主义的回答，也不同于以费尔巴哈为代表的不彻底的唯物主义的回答，恩格斯认为，"同马克思的名字联系在一起"②的新的唯物主义派别对第一个问题的回答是：自然界是本原的，但人不仅生活在自然界中，而且生活在人类社会中，唯物主义因此不仅是关于自然的唯物主义，还是关于社会的唯物主义。③ 对于第二个问题的回答是："唯物主义辩证法"，即扬弃了抽象性、保留了革命性的黑格尔辩证法，就是我们认识和把握现实世界"最好的工具和最锐利的武器"④。因为辩证法就是关于外部世界和人类思维的运动的一般规律的科学，而这两个系列的规律在本质上是同一的；也就是说，人类思维运动是能够认识外部世界的运动规律的。不过这种同一不是静止的同一，而是运动的同一。也就是说，人们会始终意识到，他们所获得的一切知识都具有局限性，没有一成不变的真理，但真理也正是在同错误的斗争中历史性地揭示出来的，人们最终能够认识并发现真理。真理的这种历史发展规律适用于自然科学领域，也适用于"社会历史的一切部门和研究人类的(和神的)事物的一切科学"⑤。

先认识自然，后认识人类社会；马克思哲学首先是辩证唯物主义[费尔巴哈哲学的"基本内核"(唯物主义立场)+黑格尔哲学的"合理内核"(辩证法)]；虽然辩证唯物主义以自然界为认识对象，但把存在于自然界的普遍规律推广和应用于人类社会，就是历史唯物主义；尽管历史唯物主义是马克思的两大发现之一，但历史唯物主义是建立在辩证唯物主义基础之上的，这一伟大的发现因此只是辩证唯物主义的一项应用成果——这就是恩格斯解读马克思哲学的认识论视角。⑥ 恩格斯的这种视角在美学领域的表现就是：美学就是文艺学，文艺

---

① 《马克思恩格斯选集》第4卷，人民出版社1995年版，第224页。
② 《马克思恩格斯选集》第4卷，人民出版社1995年版，第242页。
③ 《马克思恩格斯选集》第4卷，人民出版社1995年版，第230页。
④ 《马克思恩格斯选集》第4卷，人民出版社1995年版，第243页。
⑤ 《马克思恩格斯选集》第4卷，人民出版社1995年版，第246页。
⑥ 俞吾金：《重新理解马克思——对马克思哲学的基础理论和当代意义的反思》，北京师范大学出版社2009年版，第455页。

就是现实主义文艺，现实主义文艺的创作方法就是"真实地再现典型环境中的典型人物"，这样一种方法是艺术家为无产阶级斗争"完成自己的使命"应当坚守的美学原则，通过这种方法创作出来的文艺作品就是无产阶级认识人类社会发展规律的革命武器。①

恩格斯把西方古典哲学尤其是近代哲学的基本问题规定为整个哲学的基本问题，这使得他虽然给出了唯物主义的答案，但依然没有脱离西方古典哲学的"本体——认识"结构，也使得他把美学理解为认识和实现这一本体的工具。在这样的美学中，人的存在只是一种工具性的存在，而非一种目的性的存在；是为认识和实现本体而"献身"的存在，而非人的感性身体获得解放的存在。当然，在马克思去世以后的19世纪八九十年代，与蓬勃发展的社会主义工人运动相适应的，只能是这样一种献身美学。

(二)苏联马克思主义美学

恩格斯并没有使用过"辩证唯物主义"这个术语，而只使用过另一个词"唯物主义辩证法"②，但正是这个词启发了列宁和斯大林等人，他们把辩证唯物主义和历史唯物主义作为马克思哲学的两大支柱，并以此发展出苏联马克思主义哲学体系，正是在这个体系中一般哲学的基本问题上升为马克思主义哲学的基本问题。③ 与此相应，苏联马克思主义美学继承并强化了恩格斯的认识论观点，把美学视为文艺学，④ 并把文艺视为宣传唯物辩证法的工具，这一工具因为其审美特性而最容易被普罗大众掌握，从而产生了巨大的革命力量。

把美学视为文艺学，这主要表现在领导俄国无产阶级夺取和巩固政权的列宁那里。列宁要求社会主义的文学艺术不能只是与无产阶级总的事业无关的个人事业，而"应当成为无产阶级总的事业的一部分，成为由工人阶级的整个觉悟的先锋队所开动的一部巨大的社会民主主义机器的'齿轮和螺丝钉'"⑤。列宁赞赏托尔斯泰，是因为托尔斯泰的作品是"俄国革命的镜子"，俄国工人阶

---

① 中国作家协会、中央编译局编：《马克思、恩格斯、列宁、斯大林论文艺》，作家出版社2010年版，第135~140页。
② 《马克思恩格斯选集》第4卷，人民出版社1995年版，第243页。
③ 魏小萍：《如何从马克思和恩格斯的差异中解读马克思主义哲学的核心问题——从一个附加标题说起》，载《哲学动态》2009年第3期。
④ 关于"文艺学"一词的来源，以及美学与文艺学之间的联系与区别，参见刘纲纪：《关于文艺美学的思考》，选自《美学与哲学》，武汉大学出版社2006年版，第724页。
⑤ 《列宁全集》第10卷，人民出版社1984年版，第25页。

级如果研究"托尔斯泰的艺术作品，会更清楚地认识自己的敌人"①。由此，恩格斯的认识论被列宁阐释为反映论。② 根据恩格斯的认识论和列宁的反映论观点，马克思著作中散见的名言警句在 20 世纪 30 年代经由卢那察尔斯基等人的努力，最终被重构为以辩证唯物主义为中心的"正统马克思主义美学"大厦，"社会主义现实主义"由此成为神圣不可侵犯的美学原则。③

在苏联马克思主义美学中，恩格斯开启的"献身"美学获得了片面的发展。无产阶级个人在这里被要求成为具有清醒的阶级意识的个人，而非具有全面自由发展需要的个人。由于具有清醒的阶级意识，无产阶级会自觉意识到自己从属于某一更高整体的存在，并甘愿做这一更高整体的"齿轮和螺丝钉"。苏联马克思主义美学对无产阶级个人的献身要求，在革命年代有其充分的合理性，在和平建设年代也有一定的必要性，但是一味地要求献身，这必然与无产阶级革命和社会主义建设的终极目标相悖，因为革命和建设最终是为了实现个体具身性存在的解放，实现个体的全面自由发展。

(三) 革命时期中国马克思主义美学

虽然和苏联马克思主义美学的视角不尽相同，中国革命的特殊历史条件也还是决定了这一时期的中国马克思主义美学的一般唯物认识论特征。根据李泽厚的《中国现代思想史论》，马克思主义在中国"一开始便是作为指导当前行动的直接指南而被接受、理解和运用的"④。李泽厚指出，在马克思的两个重大发现即唯物史观和剩余价值理论中，以救亡图存为目的的中国人选择了唯物史观，尤其是选择了其中的阶级斗争学说。在毛泽东等革命领导人那里，赢得革命斗争的最后胜利的需要，又使这种斗争学说变成了革命军事理论即"辩证唯物论的认识论"，革命者要做的就是认识、实践、丰富这种军事理论，并为赢得革命的胜利、民族的解放随时准备"牺牲个人利益，甚至牺牲自

---

① 《列宁全集》第 16 卷，人民出版社 1984 年版，第 353 页。

② 根据柏拉威尔的研究，"马克思在谈到文学时从来没有用过'反映'或'反射'的形象，尽管他有时在谈到语言和哲学时确曾偶尔用到过"(参见柏拉威尔：《马克思和世界文学》，梅绍武等译，生活·读书·新知三联书店 1980 年版，第 549 页)。

③ 聂运伟：《论马克思主义者阐释马克思美学思想的两种方向》，载《湖北大学学报》(哲学社会科学版)1990 年第 2 期。

④ 李泽厚：《中国现代思想史论》，见《中国思想史论》下卷，安徽文艺出版社 1999 年版，第 966 页。

己的生命"①。

蔡仪写于 1946 年的《新美学》就是一种比较典型的作为一般唯物认识论美学的马克思主义美学。主要从恩格斯的著作出发，蔡仪认为美学基本问题是美的事物与美感的关系问题，正如哲学认识论的基本问题是存在与思维的关系问题，并且指出马克思主义美学的答案是主张美是第一性的，美感是第二性的；美是一种具有典型性的客观存在，美感就是对美的典型性的认识即形象思维；艺术是一种把握世界的方式，它以形象思维为主认识事物的典型性，它作为远离经济基础的上层建筑，既要反映政治，又要服务政治，也要反映经济基础和服务经济基础。②

二、存在论马克思主义美学的身体维度

（一）人类学本体论的马克思主义美学

英文 ontology 译为"存在论"，又称本体论、存有论、实体论、万有论、是论、是态论等。③ 英文 ontology 中，词根 ont 是希腊文 on 的变化式，而 on 相当于英文的 being，ontology 实际上是一门关于 being 即存在、是或在的学问。作为一门学问，存在论的论域主要包括三个问题：什么是存在（是或在）？什么存在着（是着或在着）？存在如何存在起来（是如何是起来或在如何在起来）？其中第三个问题尤为重要，因为它本身包含并回答了前两个问题。"存在"存在起来，这是一种像赫拉克利特的"活火"式的生生不息的生命运动状态，对这种生命运动状态的强调，决定了存在论应该与有生命的人的存在相关。但是在康德之前，这门学问却总是和某种超验存在者如上帝相关，因为这门学问总是立足于纯粹概念"存在"（或"是"、"在"），进行概念体系的先验演绎。为了使纯粹概念"存在"存在起来，这门学问往往使"存在"存在者化，即赋予纯粹概念以生命运动的能力，而这一具有生命运动能力的纯粹概念，就成了某种超验的最高存在者如诸神、上帝或物自体，这门学问也由此成为神学的附庸，它

---

① 李泽厚：《中国现代思想史论》，见《中国思想史论》下卷，安徽文艺出版社 1999 年版，第 966~1022 页。

② 蔡仪：《新美学》第 1 卷，中国社会科学出版社 1985 年版。

③ 邹诗鹏：《生存论研究》，上海人民出版社 2005 年版，第 21 页。

唯一关心的是最高存在者的存在。① 康德哲学扭转了存在论哲学的现状，对作为最高存在者的物自体存而不论，同时开始关注人的存在。康德哲学由此被称为"人类学本体论"哲学。作为存在论（或本体论）的马克思主义美学，首先就是作为康德人类学本体论意义上的马克思主义美学。

当苏联马克思主义美学作为"正统马克思主义美学"处于主宰地位的时候，这一阵营中的一些持不同意见者如拉布里奥拉、梅林、卢森堡、葛兰西等，主张从康德人类学本体论出发解读马克思美学思想。康德人类学本体论的根本特征就是主张自然向人生成，即人是一切存在者存在的目的、本体和依据。② 康德人类学本体论美学的根本特征在于认为根本不存在纯粹客观的美，而主张美只与人的自由存在相关。这些思想家把康德的观点用于解释文学艺术的本质，即他们虽然都承认文学艺术的认识论功能，但也都强调文学艺术的本体论功能，强调文学艺术与表现人的内在自由的关系，并因此反对把文学艺术完全视为认识社会的方法和阶级斗争的工具。③ 如拉布里奥拉就明确"反对对马克思主义的实利主义解释"，认为文学艺术不仅相关于人的社会存在，同时也相关于人的物种存在，而后者恰好是"能比产生它的时代生命力更长久的原因"④。梅林敏锐地意识到了马克思美学思想中所蕴含的康德人类学本体论因素，主张艺术不能只是被视为认识社会或政治斗争的方法和工具。⑤ 不同于列宁对托尔斯泰的理解，卢森堡认为托尔斯泰的文学艺术只是他用来"表达自己的思想和内心斗争的一种手段"⑥，而非反映俄国革命的镜子。卢森堡之所以如此认为，也与他对康德美学的旨趣相关。⑦ 与上述思想家相比，葛兰西最为明确地反对对文学艺术的认识论解释，反对把文学艺术作为政治宣传，强调艺术的美学性质，主张审美欣赏同道德判断和认识世界区分开来。⑧

康德思想的核心虽然是人的自由存在，但这种自由存在的人只是依据先验

---

① 邹诗鹏：《生存论研究》，上海人民出版社 2005 年版，第 18~76 页。

② 李泽厚：《批判哲学的批判——康德述评》，见《李泽厚哲学文存》上卷，安徽教育出版社 1999 年版，第 423~424 页。

③ 聂运伟：《马克思美学思想研究述略》，载《马克思主义美学研究》，2001 年 4 月。

④ [英]莱恩：《马克思主义的艺术理论》，艾晓明等译，湖南人民出版社 1987 年版，第 19~20 页。

⑤ [德]梅林：《论文学》，张玉书等译，人民文学出版社 1982 年版，第 266 页。

⑥ [波]卢森堡：《论文学》，王以铸译，人民文学出版社 1983 年版，第 50 页。

⑦ 聂运伟：《马克思美学思想研究述略》，载《马克思主义美学研究》，2001 年 4 月。

⑧ [意]葛兰西：《论文学》，吕同六译，人民文学出版社 1983 年版，第 4~32 页。

道德法则进行道德实践的人，是具有抽象的自由意志和主体性精神的人，而不是在现实世界和历史中生成的具身性的人。从康德的人类学本体论出发解读马克思美学思想，比之于作为一般唯物主义认识论美学的马克思主义美学，虽然肯定了人的主体性地位，但也决定了马克思对个体具身性存在的关注仍然不可能受到重视。

(二) 人类学历史本体论的马克思主义美学

国内从康德人类学本体论角度解读马克思美学思想的代表，非李泽厚莫属。身处于"文化大革命"的残酷斗争中，目睹"人不再是人，是匍匐在神的威灵下的奴仆、罪人，或者则成了戴着神的面具的野兽"①的现实，李泽厚开始研究康德思想，并"希望把康德哲学的研究与马克思主义的研究联系起来"②。在这种研究中，李泽厚肯定康德"人是目的"的人类学本体论思想的重要意义，但又不同意康德思想的非历史性，于是提出自己的"人类学历史本体论"说，并以此重构马克思美学，从而弥补"马克思主义理论传统本身由于强调社会忽视个体所带来的巨大缺陷"③。

在《美学四讲》中，李泽厚倡导从建设的角度而非革命的角度重构马克思美学，而重构的可能性在于马克思哲学有三点具有强大的生命力，它们是历史唯物论、个体发展论和心理建设论，其中前者是基础，后两者是主导。人类学历史本体论就是这三方面的有机结合。所谓人类学历史本体论(又称为"主体性实践哲学")，就是以人类物质生产的社会实践活动为本体，探讨人类主体的客观社会存在结构(工艺—社会结构)，及其主观社会意识存在结构(文化—心理结构)。李泽厚认为，如果从这一角度出发，马克思《1844 年哲学—经济学手稿》中"自然的人化"思想就具有了重要的现实意义。它包括两个方面：一是外在自然的人化，即山河大地、日月星空的人化。人类由此创造了物质文明；二是内在自然的人化，即人的感官、感知、情感和欲望的人化。人类由此创造了精神文明。外在自然的人化，人类物质文明的实现，靠社会劳动实践；

① 李泽厚：《中国现代思想史论》，见《中国思想史论》下卷，安徽文艺出版社 1999 年版，第 1023 页。

② 李泽厚：《批判哲学的批判——康德述评》，见《李泽厚哲学文存》上卷，安徽文艺出版社 1999 年版，第 448 页。

③ 李泽厚：《中国现代思想史论》，见《中国思想史论》下卷，安徽文艺出版社 1999 年版，第 1027 页。

内在自然的人化，人类精神文明的实现，就总体之人来说仍然要靠社会劳动实践，就个体之人来说，要靠教育、文化、修养和艺术。人类以其制造、使用、更新工具的物质实践构成了社会存在的本体——工具本体，同时也形成了超生物族类的人的认识(符号)、意志(伦理)、享受(审美)——心理本体。心理本体就是个体感性的本体、根据、来源。心理本体和个体感性是大我和小我、社会和个体的关系。人类学历史本体论美学就是要探究和建设人的心理本体(尤其是情感本体)，探讨心理本体和个体感性的关系。①

由于前所未有地强调个体的主体性存在，李泽厚的这种人类学历史本体论美学或主体性实践哲学，在 20 世纪 80 年代的人道主义大讨论中产生了广泛而深远的影响。但李泽厚的这种美学很快就受到所谓后实践美学的挑战，被视为"并没有真正摆脱传统的形而上学美学的困境，而且残留有旧的理论模式的不少影响，从而忽略了审美活动的个别性、超越性及其和生命本能与语言功能的关联"②。李泽厚美学之所以会被后实践美学指责忽视了人的个体性和超越性，关键在于李泽厚美学中个人的具身性存在始终没有成为主题，以至于李泽厚强调的人的主体性存在始终没有摆脱抽象性。正如有学者所言，以李泽厚为代表的 20 世纪 80 年代实践话语塑造的主体并"没有作为一种身体的存在呈现出来，而是仍然被包裹在宽大的制服下面：有意志有目的，却没有需求、情绪和欲望；不乏豪情，但没有哀痛"，因而是"一种理想化的主体，同质化的主体，是适应时代需要而虚构、想象和召唤的主体"。③

(三) 思辨存在论的马克思主义美学

所谓思辨存在论的马克思主义美学，就是黑格尔式的马克思主义美学。黑格尔不满于康德对物自体和现象界的割裂，也不满于谢林、费希特的绝对自我同一性观点，提出"实体即主体"的思想，即作为存在论思想起点的纯粹概念"存在"，不再是固定于彼岸世界的僵死的实体，而是具有自我意识和对象意识的主体，它为了克服自身存在的抽象性，自身外化或对象化为世间万物，并进一步否定这种外化或对象化所带来的片面性，从而实现思维与存在、主体与客体的辩证同一，并最终实现自己存在的具体性和丰富性。黑格尔思辨存在论

① 李泽厚：《美学三书》，安徽文艺出版社 1999 年版，第 437 页。
② 张弘：《存在美学的构筑》，人民出版社 2010 年版，第 5 页。
③ 张立波：《身体在实践话语中的位置》，载《天津社会科学》2004 年第 4 期。

的关键是具有自我意识和对象意识的主体，作为思辨存在论的马克思主义美学，就是主张培养无产阶级的阶级意识，从而实现无产阶级主体与客体同一的历史使命的美学。

作为思辨存在论马克思主义美学的代表，非卢卡奇莫属。在《历史与阶级意识》中，卢卡奇根据马克思的《关于费尔巴哈的提纲》、《神圣家族》等著作认为，马克思把人理解为社会存在物，把人的存在理解为社会性的存在，把社会理解为人的对象化存在。资本主义社会虽然是社会化程度最高的社会，却不是作为大多数人即无产阶级的对象化存在的社会，而是异化存在的社会。要改变这一现状，真正实现人的社会存在物的本性，实现把人类发展提高到更高阶段的使命，无产阶级必须彻底认识自己的阶级地位。这就是说，无产阶级必须认识到自己是人类历史发展过程的主体，而整个资本主义社会是自己的对象化客体。只有对自己的阶级地位有足够清醒的意识，无产阶级才不会仅仅停留于捣毁机器这样的自发的、不自觉的行动，而是自觉地、有目标地、有组织地进行阶级斗争，并通过阶级斗争克服资产阶级社会的异化性质，实现自己社会存在的具体性和丰富性。① 基于这种观点，卢卡奇认为艺术的使命就是培育这种阶级意识。由于辨证存在论总是把社会生活中的各个看似孤立的事实作为一个总体的历史发展环节来看待，卢卡奇非常强调艺术"创造一种具体的总体"的使命。这就是说，艺术应当让欣赏者认识到人和自己周围世界的关系是一个总体，而且这一总体是人自己作为主体的对象化的产物。人和周围世界关系的总体化，就是人的存在的美学化；人和周围世界关系的分裂化，就是人的存在的非美学化。艺术问题的核心就是关注现实中"分裂的，但必须统一的人"②。

卢卡奇美学的根本特征在于把意识等同于实践，认为正确的意识就意味着对它自己对象的改变，而只有无产阶级实践的阶级意识才拥有改变事物的能力。③ 由于重点在于培育无产阶级的阶级意识，艺术和审美在卢卡奇那里再一次扮演了认识论的角色。这种认识论化的存在论，和作为认识论和反映论的马克思主义美学一样，只会把人理解为精神性的人，而非身体性的人。

①　[匈]卢卡奇：《历史与阶级意识》，杜章智等译，商务印书馆 1996 年版，第 69~75 页。

②　[匈]卢卡奇：《历史与阶级意识》，杜章智等译，商务印书馆 1996 年版，第 212~218 页。

③　[匈]卢卡奇：《历史与阶级意识》，杜章智等译，商务印书馆 1996 年版，第 292 页。

(四)生存存在论的马克思主义美学

所谓生存存在论,就是指存在论的核心语词不再是纯粹概念"存在"(being),而是与人的存在密切相关的"生存"(existence)。关于生存与存在的区别,赫舍尔说:"当我们说到人的存在时,我们试图理解的正是活着的人,是作为人而生存着的人的存在。……正是生存而不是纯粹的存在,更接近于人的真实性。……作为纯粹的存在,人消融于无个性(anonymity)之中。然而,人不仅存在,而且生存。"①对个体存在的强调,是西方现代哲学尤其是人本主义哲学的特征,它主要表现为克尔凯郭尔的意志哲学、叔本华和尼采的意志哲学、柏格森与狄尔泰的生命哲学、弗洛伊德主义、生活世界现象学以及存在主义(生存主义)等。所谓生存存在论的马克思主义美学,就是把马克思美学思想尼采化、弗洛伊德化、存在主义化或现象学化的美学,它主要表现为西方马克思主义美学。

和卢卡奇一样,西方马克思主义美学思想家大多生活在社会主义革命没有取得成功的资本主义社会,但又重视自己文化中的自由民主传统,因此他们虽然反对资本主义生产方式造成的日益严重的异化,但也反对第二国际所谓资本主义社会必然灭亡的经济决定论,又反对第三国际即列宁领导的社会主义革命和建设以牺牲工人和农民的利益为代价。这些特征使得他们和卢卡奇一样,选择了意识领域的革命。如果说卢卡奇美学主要回答的问题是第一次世界大战中工人阶级为什么不但没有能够担负起自己的历史使命,反而成为民族主义的牺牲品,那么西方马克思主义美学思想家们主要回答的问题是工人阶级如何在二次世界大战以后形成的垄断资本主义社会中自由生存,因为相较于危机四伏的早期资本主义阶段,垄断资本主义从不发达国家那里掠夺廉价原材料和给剩余产品寻找新的国外市场,从而变成了帝国主义。更为重要的是,垄断资本主义制度通过刺激人们无止境地消费来阻止经济停滞和利润下降。由于想当然地认为马克思没有对消费领域给予足够的重视,从而没有预见到资本主义对嗜好的操纵会成为维持或提高利润率以及进行社会控制的重要手段,也没有预见到资本主义社会中工人阶级会与资产阶级调和,从而满足于一种越来越舒适的资本主义生活方式,西方马克思主义美学家们虽然也和卢卡奇一样反对工人阶级意识的物化,重视阶级意识的培养,但已经不再致力于拯救卢卡奇所谓"集体主

---

① [美]赫舍尔:《人是谁》,阮仁莲译,贵州人民出版社1995年版,第85页。

体"的革命意识，不再相信还会存在马克思所谓的两大阶级之间的斗争，而是开始关注"个人主体"对资本主义生活方式的反抗和批判意识，关注个体的生存救赎。① 正是在对个体生存救赎的关注中，马克思美学的身体维度开始受到前所未有的重视。

霍克海默和阿多诺是生存存在论马克思主义美学的代表。霍克海默和阿多诺把对资本主义的批判追溯到对启蒙理性的批判，而他们对启蒙理性的批判又得益于尼采的启迪。尼采揭示了启蒙与统治的矛盾关系，认为启蒙就是欺骗和愚弄大众。② 受到这一启发，霍克海默和阿多诺指出，启蒙理性的根本特征是建立在主客分离基础上的主客同一性思维，这使得启蒙理性由最初的用知识唤醒世界，驱魅神话和使人摆脱恐惧，变成了主体对客体的统治，变成了人对万物自然乃至人的身体自然的奴役，最终导致人的存在的完全物化。"泛灵论使对象精神化，而工业化却把人的灵魂物化了。"③而人的灵魂的物化恰好是通过人的身体的物化即身体的感觉能力的丧失来完成的。④ 霍克海默和阿多诺对此指出，自从神话时代起，社会的统治就建立在被统治者身体经验的贫乏上，而资本主义的各种日益复杂和精致的社会结构、经济机构和科学机构又使被统治者的身体经验越发贫乏："今天，大众的退步表现为他们毫无能力亲耳听到那些未闻之音，毫无能力亲手触摸那些难及之物，这就是祛除一切已被征服了的神话形式的新的欺骗形式。"⑤身体作为灵魂的客体被物化，这反而导致灵魂本身的物化，从而使人的整个存在物化，这导致奥斯维辛集中营中纳粹把囚犯当做自然物而毫无同情心地屠杀，而资本主义文化工业造成的日益繁荣的大众文化中依然游荡着法西斯主义的幽灵，因为它同样把人视为没有灵魂、不会思考的自然物。要改变人的物化命运，只有首先改变这种同一性思维，并代之以非同一性思维，而非同一性思维的实现必须以身体经验能力的解放为前提，但这

---

① [加]阿格尔：《西方马克思主义概论》，慎之等译，中国人民大学出版社1991年版，第192页。

② [德]霍克海默、阿多诺：《启蒙辩证法——哲学片段》，渠敬东、曹卫东译，上海人民出版社2006年版，第45页。

③ [德]霍克海默、阿多诺：《启蒙辩证法——哲学片段》，渠敬东、曹卫东译，上海人民出版社2006年版，第22页。

④ [德]霍克海默、阿多诺：《启蒙辩证法——哲学片段》，渠敬东、曹卫东译，上海人民出版社2006年版，第28页。

⑤ [德]霍克海默、阿多诺：《启蒙辩证法——哲学片段》，渠敬东、曹卫东译，上海人民出版社2006年版，第29页。

种解放不仅在奥斯维辛集中营中是不可能实现的,在资本主义文化工业铺天盖地的广告宣传中也纯粹是一种幻想,因为人的身体经验在这种文化工业中已经被同一性思维完全宰割了。唯一的方法就是通过艺术唤起人们对父权制之前的时代的回忆,对人的身体本能和欲望还没有被扭曲的时代的回忆。但是这种艺术不能是被同一性思维主宰的以"美"与"和谐"为特征的传统艺术,而是以"丑"为特征的现代主义先锋派艺术。这种艺术之所以是丑的,是因为它们要表现的正是被视为禁忌的各种身体经验。这种艺术之所以必须是丑的,是因为只有表现各种令人反感的肮脏、凌乱、变态、畸形、荒诞、暴力、情欲、颓废等一直被压抑的身体经验,艺术才能否定和拒绝同一性的文明进程。①

作为生存存在论的马克思主义美学流派中除了尼采化的马克思主义美学,还有弗洛伊德化的、存在主义化的和现象学化的马克思主义美学,他们也都无一例外地强调了个体的具身性存在,马克思美学的身体维度正是在这些生存存在论的解读中被大大凸显了。② 但是由于这一维度被赋予过多的尼采特征、弗洛伊德特征、生存主义或现象学特征,马克思美学被解读为生存存在论美学的一种。但是和后者强调一种个人主义的具身性存在不同,马克思美学始终在人和社会的统一中谈论个体的具身性存在,而且非常强调物质生产实践(而非纯粹个人的好恶、抉择、行动、意志等)在实现人与社会的统一中的重要作用。马克思美学因此不是生存存在论美学,而应是实践存在论美学。

三、实践存在论的马克思主义美学的身体维度

实践存在论的马克思主义美学,虽然也是存在论的马克思主义美学中的一

---

① [德]阿多诺:《美学理论》,王柯平译,四川人民出版社 1988 年版,第 82~85 页。
② 国内后实践美学理论一定程度上也可以被理解为生存存在论的马克思主义美学,因为这种理论并不是一般地反对马克思主义美学,而是反对对马克思主义美学的非生存存在论的解释。后实践美学理论的代表有张弘的存在美学、潘知常的生命美学和杨春时的超越美学等。这些美学理论的逻辑起点和整体思路各个不同,但都认为实践美学还不是现代意义上的美学,因为实践美学"继续深陷在二元分立的认识论或知识论的思维模式中,并没有真正摆脱传统的形而上学美学的困境,而且残留有旧的理论模式的不少影响,从而忽略了审美活动的个别性、超越性及其和生命本能与语言功能的关联"(参见张弘:《存在美学的构筑》,人民出版社 2010 年版,第 5 页),或者"实践美学强调审美的物质性、集体性、现实性、理性和主体性,而忽视审美的精神性、个体性、超现实性、超理性和主体间性"(参见杨春时:《美学》,高等教育出版社 2004 年版,第 12 页),继而都认为应该超越实践美学,而超越后者的主要理论资源,正是西方现代和后现代生存存在论美学。

种，但却和其他存在论的马克思主义美学有着明显区别。什么是作为实践存在论美学的马克思美学？对此，刘纲纪分别从"实践"、"存在"、"存在论"以及实践存在论所具有的"批判"性质等四个方面作出了比较具体的界定：首先，关于"实践"，刘纲纪指出，马克思所讲的实践，是人类在社会生活一切领域中使人的感性的本质得以生成和实现的活动，也就是人的感性的本质的自我实现、自我创造的活动。但是马克思又指出决定这一切活动的最根本的活动，是人类为了满足物质生活需要而进行的物质生产活动。这不只指产品的生产，同时还指和产品的生产不能分离的分工、科学技术的发展与应用、产品的交换、分配与消费等。简而言之，它是指马克思在他的经济学中作了深入探讨的物质生产过程的诸方面的总和。它是人类全部生活，同时也是人类历史存在与发展的物质基础。其次，关于"存在"，刘纲纪指出马克思所说的存在"主要是指以物质的自然界为前提，作为自然界一部分的人的'社会存在'"，这种"社会存在"主要指的是"人类的物质生产实践"，"因为人的'社会存在'产生于和决定于人类的物质生产实践，并且是随物质生产实践的发展变化而发展变化的"。再次，关于"存在论"，刘纲纪指出，用"存在论"而非"本体论"来命名这种美学，除了能避免使用"本体论"所造成的无谓争论，还能明确地把审美与艺术问题和人的存在问题联系起来。最后关于这种实践存在论的"批判"性质，刘纲纪指出，马克思意义上的批判不仅是理论的批判，还是对现实社会的实际改造。强调批判，就是强调马克思实践存在论美学的"改变世界"的根本特征。在此基础上，刘纲纪把自己所认识的马克思美学命名为"实践批判的存在论美学"①。

在《论中国化的马克思主义哲学和美学》一文中，彭富春明确指出："因为马克思主义的历史唯物主义强调生产劳动实践对于人类历史的重要性，所以其思想形态表现为实践的存在论。"②关于历史唯物主义，彭富春指出，根据恩格斯《在马克思墓前的讲话》，马克思哲学的本性并非辩证唯物主义和历史唯物主义，而只是历史唯物主义。所谓历史唯物主义，是马克思关于人类历史的一般解释，在这种解释中，人类的历史世界作为一个对立统一的结构而存在，其中由生产力和生产关系组成经济基础，它又和上层建筑构成关系。在这种结构

---

① 刘纲纪：《美学与哲学》，武汉大学出版社 2006 年版，第 472 页。
② 彭富春：《论中国化的马克思主义哲学与美学》，载《湖北大学学报（哲学社会科学版）》2010 年第 7 期。

中，生产力作用于生产关系，生产关系又反作用于生产力；经济基础是决定性的，上层建筑是被决定性的。马克思历史唯物主义的创造性就在于，它不是把人类历史理解为一个自然的过程，也不是理解为一个上帝创世的过程或绝对精神的演变过程，更不是理解为人的抽象存在过程，而是理解为在人类的生产劳动实践中形成的生产力和生产关系矛盾发展的过程；历史唯物主义还规定了人自身的本性。根据历史唯物主义，马克思不是把人理解为理性的动物，而是首先把人理解为生产者、劳动者和实践者，而理性的人或人的理性必须置于人的生产活动之中。人的生产活动首先是为满足人的基本欲望即食欲与性欲而进行的活动，其次是制造和使用工具改造自然和人自身的现实活动，还是接受作为意识和意识形态的大道或智慧的引导或控制的活动。在这一活动中，聚集了人与自然、人与他人、人与精神的关系，并集中表现为人的身体和心灵的关系。人的生产劳动实践及其聚集的多种关系共同组成人的生活世界整体中最为重要的部分。①

马克思从人的生产劳动实践出发对人的存在的规定由此表现为实践存在论。马克思实践存在论美学首先通过人与动物的区分来规定人的存在。由于人的活动是有意识的生命活动，人可以按照美的规律来自由建造；其次通过人与自身的区分来规定人的存在。现实存在的人只是雇佣劳动者，他是不自由的，他创造了美，自身却成为畸形。未来共产主义社会中的人是共产主义者，他是自由的。在前一种区分中，人虽然可以按照美的规律自由建造，但实际上却难以实现这种自由。只有在共产主义社会中，作为共产主义者的人才是美的建造者和美的实现者。共产主义者的解放是一切属人的感觉和特性的彻底解放，因此也是人与自然、人与他人、人与精神的审美关系的生成，由这些关系组成的共产主义社会因此也是美的社会。马克思的美学理论因此不是美的鉴赏力批判的分析，也不是关于艺术的哲学思考，而是关于美的存在的思考，马克思所关心的美的问题因此只是和人的本性、人的解放生死攸关的问题；"马克思将美的问题置于人的存在的基本问题中，这让它进入了现代思想的核心。"②

① 彭富春：《论中国化的马克思主义哲学与美学》，载《湖北大学学报（哲学社会科学版）》，2010年第7期。
② 彭富春：《哲学与美学问题——一种无原则的批判》，武汉大学出版社2005年版，第153页。

四、结语

至此，从身体出发重构马克思主义美学思想的可能性已经开始呈现出来：马克思主义美学从根本上说，不是一般唯物认识论美学，不是人类学本体论美学，也不等同于其他现代生存存在论美学，而是关注人如何通过自己的劳动而生成的实践存在论美学；马克思主义实践存在论美学的主题首先不是追问美之所以美的最终根据，也不是关于艺术的哲学思考，而是关注人的自由存在在生活世界中的实现；人的现实存在可以是意识的存在，也可以是语言性的存在，但对马克思主义来说，人的现实存在根本上是身体性的存在，而且是从事有意识的生命活动，尤其是从事物质生产实践活动的身体性存在；美学的本义是"感性学"，但感性学强调的感性只是知识学的感性，是被抽象的理性规定的感性，或者是对感性的理性抽象，它可能与抽象的身体相关，却不会从现实的身体出发，也不会以真实的身体的生成为目标。抽象的身体只是被理性所规定的身体，是服务于理性显现的身体；在马克思主义美学中，现实的身体是在现实世界中感觉着、被感觉着和从事着感性活动的身体，真实的身体是在现实感性活动中不断生成的身体，它不仅具有自我意识，也有对象意识，不仅包含个体性的欲望，也包含社会性的情感，不仅具有实用性的技术能力，也具有超功利性的艺术创造能力。真实的身体的生成是个体得到全面自由发展的标志，也是个体所处生活世界的审美生成的标志。马克思主义美学因此不再是古典美学意义上的哲学美学和艺术哲学，而是关注身体的感性和感性的身体如何通过物质生产实践获得解放的身体美学。

（作者单位：洛阳师范学院文学与传媒学院）

"伦理美学"研究综述

杨家友

真善美是人类追求的三种永恒的价值，真善美的合一与和谐成了人类向往的理想境界。伦理学作为追求善的一门学科，自从亚里士多德开始就开始了学科讨论与建构，属于人类最初诞生的几大古老的学科之一，具有漫长的发展史。而美学作为价值追求在人类历史长河中虽然有着悠久的历史，但美学作为一门学科的确立直到近代的 1750 年，德国哲学家鲍姆嘉滕（Alexander Baumgarten，1714—1762）创立美学。虽然鲍姆加藤在逻辑上给了美学以合法的地位，但并没有得到学术认同以及严格的遵行，美学的地位还是像以前一样，处在起伏不定的尴尬之中，有时甚至被视为敝屣而被无情地抛弃，美学的研究对象没有得到确定，在频繁地变动。之所以出现这种尴尬的现象，恐怕应该归因于美学还没有找到自己在人类生活中不可取代的独特地位，体现在学术研究上就是美学存在的必要性与必然性尚缺乏合理性论证与说明，亦即美的价值与真、善两种价值的区别到底在哪里，为什么在真、善两种价值之外还需要美这种价值不可？在美学的独立性与合法性有待论证与澄清的前提下，近 30 年来又出现了伦理美学这一概念。

在伦理与美的界限尚未分明的情况下，伦理美学到底如何理解？它是作为"伦理"与"美学"两个语词拼接、组合在一起的概念存在，自从其出现学术界的视野中迄今只有近 30 年的历史。在这短暂的时间内，伦理美学的研究取得了一定的成果，但是，与一个成熟的交叉学科所需要的内容相比，这些成果还显得非常薄弱。原因在于，对于伦理美学的内涵、对象及研究价值的回答与论证一直缺乏必要的理论支撑与论证，很多相关的学者们把这些问题当做不言自明的问题存而不论，由此导致伦理美学的诸多问题一直还处于遮蔽的状态。即使一些学者对某个或某些问题做出了各自的回答，但也只是经验式的陈述，而没有进行学理式的深入探讨。本文将对此问题的研究进行综合的梳理。

毋庸置疑，伦理美学的历史存在及思想的悠久是显而易见的，但是，伦理美学的概念出现非常滞后也是一个不争的事实，中西学术思想史无不如此。

一、中国伦理美学研究综述

在中国悠久的学术思想中，从不乏中国式的伦理美学的论述，从孔子"尽善尽美"、荀子"美善相乐"到王国维"美学上最终目的，与伦理学上最终之目的合"。可见，对伦理美学的关注与论述由来已久。而对其专门研究，国内学术界则是近 20 年内才开始有专著问世。在中国学术与思想史上，伦理美学作为概念的提出最早出现于 1980 年昆明召开的首届中华全国美学会议上。在这次会议上，李翔德先生提出把伦理美学作为一个概念和新的交叉学科进行深入研究的建议。接着他在《学术月刊》1981 年第 4 期上发表了《伦理美学》以及《晋阳学刊》1986 年第 1 期上发表了《伦理美学与历史必然》两篇文章，对伦理美学的内涵进行了全面的论述。基于美与善的现实联系与理论反映，他把伦理美界定为美的形式与善的内容的统一①。"既善且美，善的内容与美的形式相统一的美，就是我们所说的伦理美。"②张岱年曾对此予以高度评价："李翔德提出伦理美学，是学术界的一个创举，不论在学术上，还是在现实生活中，均有深远的意义。……伦理学是研究善的，美学是研究美的。伦理美学应研究善与美的关系，研究如何把善与美更好地统一起来。"③然而，这个评价与倡导并没有引起足够的重视，经检索，30 年来研究伦理美学方面的研究论文不足 20篇，这些论文大多不是对伦理美学的研究，而是对某位思想家的思想冠之以"×××的伦理美学研究"，这些研究把伦理美学这个尚需澄明的概念当做一个人人熟知的语词来使用。30 年来对伦理美学进行专门研究的著作也很少，只有 5 部：分别是刘峰的《伦理美学——真善美研究》、韩望喜的《善与美的人性》、郑钦镛的《中国伦理美学史话》、陈望衡的《审美伦理学引论》以及赵彦芳的博士论文《作为伦理学的美学：从康德到福柯》。

对伦理美学进行专门研究的第一部专著是 1998 年百花文艺出版社出版的刘峰的《伦理美学——真善美研究》，该书内容庞大，既有伦理美学的基本理

---

① 李翔德：《伦理美学》，载《学术月刊》1981 年第 4 期。
② 李翔德：《伦理美学与历史必然》，载《晋阳月刊》1986 年第 1 期。
③ 张岱年：《大力开展伦理美学的研究》，载《文汇报》1982 年 8 月 25 日。

论(该书第一编:伦理美的本质、特性、作用、表现及伦理美感),又有中国伦理美学思想简史(该书第二编:从先秦的诸子百家到近代的宗白华、朱光潜等的伦理美学思想——分析和阐述)、西方伦理美学思想简史(该书第三编:从古希腊的苏格拉底、柏拉图到近代俄国的别林斯基和车尔尼雪夫斯基等的伦理美学思想——分析和阐述),是一部史论结合的开山之作。作者力图通过该书覆盖伦理美学的方方面面,但是,"致广大"就难于"尽精微"、"体大"就难免"虑不周",致使该书显得广度有余而深度不足。在该书的"绪论"中,作者阐明了他认为的伦理美学的内涵:"善是道德价值,美是审美价值。善与美的统一形成伦理美,道德心理与审美心理(广义美感)的统一形成伦理美感(伦理美心理)。伦理美学是研究伦理美的本质、特性、作用和表现,以及伦理美感的科学。"①

2001年人民出版社出版了韩望喜所著的《善与美的人性》,该书以人性的内在结构知、情、意为线索,通过考察、比较和分析中西哲学史上各派道德审美论发展的思想轨迹,以独特的视角阐述人性之美,探讨塑造完满人性的道路,造就完满的人性:首先须秉有理性精神,对生命状态有觉悟;其次,内心充溢真、善、美、爱的情感,人与世界达到和谐;再次,敢于以牺牲精神实现人生的壮美,展现生命的尊严和本质力量。知、情、意三方面的至智、至仁、至勇,融会为个体人格,从自在达到自为,趋向自由人格,以期完成德性的审美要求。该书从理论上初步探讨了伦理美学塑造的人性方向。在该书的"导言"中,作者阐明了他认为的伦理美学的内涵:"伦理美可以界定为道德人格精神的美以及它的表现——人格形象的美。伦理美是社会美的实质,同时也作为自然美和艺术美的心灵意蕴而存在。……伦理美的特殊品格在什么地方呢?首先,是为了追求审美尺度和伦理尺度的和谐统一……其次,是为了塑造人性的完整与和谐……最后,是以道德价值为中心建立真、善、美的统一。"②

中国社会科学院的博士生赵彦芳2003年撰写的博士论文《作为伦理学的美学:从康德到福柯》③及其同年发表的论文《美学的扩张:伦理生活的审美化》④,主张以美学取代伦理学是西方后现代哲学、美学中的一个重要趋向,

---

① 刘峰:《伦理美学——真善美研究》,百花文艺出版社1998年版,第1页。
② 韩望喜:《善与美的人性》,人民出版社2001年版,第5~7页。
③ 赵彦芳:《作为伦理学的美学:从康德到福柯》,中国社会科学院2003年博士论文。
④ 赵彦芳:《美学的扩张:伦理生活的审美化》,载《文学评论》2003年第5期。

其由尼采发端，经过福柯的发展，在后现代理论中蔚然成风，并且在社会、个人生活层面上扩张。认为美学与伦理学的互动关系在同为现代美学和伦理学的奠基人康德那里就建立起来了，并且构成美学史上的一条重要线索。在这个意义上而言，美学从一开始就不是纯然研究美、艺术的学科，而是关注人的自由和价值的学科。而作为伦理学的美学，以美学价值取代伦理价值，赋予生活以意义，则是这种互动关系的逻辑的和极端化的结果。这些观点紧紧抓住道德目的的隐退和审美目的的上升这个视角，在现代性、后现代性的语境下，以康德、席勒、尼采、福柯以及罗蒂、韦尔施等的相关思想为样品，进行辨析性的描述，打破传统的美学与伦理学的平衡互动关系，演变为取代伦理学的深层逻辑，并分析为审美化生存所遮蔽的问题，对伦理美学的内涵与历史分析提供了可资借鉴的视角与观点，但限于有限的历史阶段分析，伦理美学的全部内涵只得到部分的揭示与显现。

2006 年福建人民出版社出版了郑钦镛、郑一凡合著的《中国伦理美学史话》一书，该书认为中国的伦理美学是以中国哲学的美学化与中国美学的伦理化作为特质的。根据"中国哲学的美学化，中国美学的伦理化"的特点，中国伦理美学以史话的方式，围绕人与人的伦理关系，从审美的高度，历史发展顺序对从中国先秦以来中国哲学家、思想家及其著作所揭示的伦理美的理想、观念、范畴进行剖析并给予简要的评介，将中国伦理美学发展的脉络进行梳理，对宇宙人生、生命价值、社会发展、伦理观念等进行探究，使当下生活在"物化"的世界中的人们能够更容易深入地理解中国古典美学的奥秘，在现实生活中能够自我反思、自我观照、自我提升，学会发现并欣赏"真、善、美"，以达到社会伦理"和谐"的目的。该书并没有给伦理美学一个确切的界定，其开篇的第一句话基本上蕴含了这部体验式的学术专著的基本思想及伦理美学的内涵："中国的伦理美学是以中国哲学的美学化与中国美学的伦理化作为特质的。"①

陈望衡的《审美伦理学引论》（武汉大学出版社 2007 年版）虽然不是直接论述伦理美学的专著，但是很好地阐述了美与伦理（从该著中"伦理"体现的内涵看，实际上等同于"道德"）的联系与区别。该书立足于人生的真、善、美三大精神追求，从人的心灵机制与社会机制两个层面论述了三者的关系，着重论述以崇善为旨归的伦理与审美的历史亲缘性、活动方式及内涵的歧异性和统一

---

① 郑钦镛、郑一凡：《中国伦理美学史话》，福建人民出版社 2006 年版，第 1 页。

性。在充分论述中国传统文化中伦理与审美的关系及 20 世纪以来东西方有关伦理与审美种种学说的基础上，预示伦理、审美发展的未来，认为："美学是未来的伦理学……未来的人将是既善又美的人，未来的社会将是既善又美的社会!"①

二、西方伦理美学研究综述

西方思想中，美学在没有成为独立学科之前，美的问题总是与真善相联系，如苏格拉底（Socrates，前 469—前 399）的命题"美德即知识"中，美与真（知识）善（德）有着密切的关联。这种关系经过漫长的中世纪基督教哲学的浸淫之后，随着近代人性的逐渐启蒙，美开始与真和善有了区别和分离。自鲍姆嘉滕（Alexander Baumgarten，1714—1762）创立美学之后，美开始与真善相区别并走向独立，至此，美开始和善分属不同的领域。当然，偶尔也会出现二者联系起来的个别命题。如康德（Immanuel Kant，1724—1804）哲学就将真与善隶属于两个不同的区域，再用美来进行沟通。所以，在追问崇高的意蕴时康德提出了"美是道德的象征"②的命题。有德国"科学教育学之父"称谓的赫尔巴特（Johann Friedrich Herbart，1776—1841）曾明确阐述了"伦理学基础是美学"的观点。他将伦理学解构为伦理判断，伦理判断关系到审美判断，因为只有对一件事物产生喜恶之情才能成为其行为的根据。而喜恶之情却是由审美判断即美学而生。审美判断肯定了一件事物的美与丑。于是便会产生与之对应的行为（往往是伦理学范畴上的）。所以他认为美学是伦理学的基础。赫尔巴特在《我与当代时髦哲学的争论》中明确地把伦理学研究视为"哲学的第二项工作"（"第一项工作"是一般形而上学），这项工作的任务是把道德情感化解为最简单的道德判断，而道德情感则是受道德判断与其他想象相结合的因素所激发，然后将经过适当概括的道德判断应用到生活中的意志行动。要科学地完成"哲学的第一项工作"，就需要尽量完整地列举原本的、最广义的简单而清楚的对美与丑的判断，并从总体上说明它们在自然和艺术的结合体上的运用。"换句话说，实践哲学是美学的一部分，只不过它不是隶属的一部分，而是这门科学另

① 陈望衡：《审美伦理学引论》，武汉大学出版社 2007 年版，第 263 页。
② Kant. *The Critique of Judgement*, tr. James Creed Meredith, New York：Oxford University Press，1952，p. 178. 译文参考：[德]康德：《判断力批判》，邓晓芒译、杨祖陶校，人民出版社 2002 年版，第 199 页。

外的部分。"①赫尔巴特于是从审美的视角论述伦理道德评价的问题。伦理品评是对其他情感所作的共同判断,是对多数因素构成的诸种关系的完美想象的反映。因此,美学判断与伦理判断具有相似性。"德行的生动感情至少可以用单纯的美学情感来获得。德行的生动情感只是内心自由的一个方面。"②他把道德判断解释为一种特殊形式的审美判断,道德观念仅仅是对意志的基本状况作出审美判断而已。俄国革命民主主义批判家别林斯基(Belinsky,1811—1848)说"美和道德是亲姐妹"。苏联文学家高尔基(Gorky,1868—1936)有一句名言,即"美学是未来的伦理学"③。1987 年 12 月 8 日诺贝尔文学奖获得者美籍俄国诗人约瑟夫·布罗斯基(Joseph Brodsky C,)在瑞典文学院领奖时发表了"总体而言,每种新的审美真实促使人的伦理真实更明确。因为美学乃伦理之母"④的演讲。而另一位以色列作家纪德(André Paul Gide,1869—1951)在一次访谈中回答什么是道德时则说,道德是"美学的一个分支"⑤。分析哲学大师维特根斯坦(Ludwig Wittgenstein,1889—1951)曾断言"伦理学和美学是同一个东西"⑥。因为"艺术品是从永恒的观点看到的对象;而善的人生是从永恒的观点看到的世界。艺术与伦理之间的联系就在于此"⑦。

以上观点虽然都涉及伦理学与美学的关系,但大多是些零星的见解,尚缺乏深入的论述,更没有明确提出伦理美学这个概念。直到当代德国后现代哲学家韦尔施(Wolfgang Welsch C,)在他的美学专著《重构美学》(此著德文版出版于 1997 年)一著的第一部分"美学的新图景"的第三节"美学的伦理学内涵与后果"中创造了伦理/美学(aesthet/hics)一词:"这个生造词由'美学'与'伦理学'缩约而成,它旨在意指美学中那些'本身'包含了伦理学因素的部分。"⑧这

---

① [德]赫尔巴特:《赫尔巴特文集》第一卷,浙江教育出版社 2002 年版,第 259 页。
② [德]赫尔巴特:《赫尔巴特文集》第一卷,浙江教育出版社 2002 年版,第 173 页。
③ [苏]高尔基:《论作家》,转引自列·斯托洛维奇《审美价值的本质》,中国社会科学出版社 1984 年版,第 99 页。
④ Marcia Muelder Eaton. *Merit*, *Aesthetic and Ethical*. New York: Oxford University Press, 2001, p. 81.
⑤ Marcia Muelder Eaton. *Merit*, *Aesthetic and Ethical*. New York: Oxford University Press, 2001, p. 81.
⑥ Wittgenstein. *Notebooks*, 1914-1916(2nd ed.). Basil: Blackwell, 1961, p. 77. 译文参考: [奥]维特根斯坦:《逻辑哲学论》,贺绍甲译,商务印书馆 1996 年版,第 102 页。
⑦ Wittgenstein. *Notebooks* 1914-1916(2nd ed.). Basil: Blackwell, 1961, p. 83.
⑧ [德]沃尔夫冈·韦尔施:《重构美学》,陆扬、张岩冰译,上海译文出版社 2006 年版,第 66 页。

样，西方思想史上第一次提出了伦理美学的概念，其含义是"第一个视角关注的是由当下感受提升到高级感受的必要，第二个视角关注的是平等对待感觉的不同需求这一格言，比如说将当下感受和高级感受一视同仁。……这两种情况中均含有伦理/美学的内容。"①他认为美学这种"当下感受"应该提升到伦理这种"高级感受"乃至和伦理感受"一视同仁"。所有这些言说是振聋发聩的，因为在西方哲学史上，美学一直是认识论或伦理学的衍生物，很少看到有一种理论提倡美学应在伦理学或认识论之先。韦尔施虽然在此著中提出了"伦理/美学"这个概念，但他并没有对之进行深入论证，只是列举了伦理学美学化的趋势及生活现象。在他之后，伦理美学在西方又处于无人问津之地。

三、问题与展望

综上所述，国内外学术界对伦理美学的内涵的研究迄今为止已经取得了一定的成果：首先是对伦理学与美学的各自学科特性与困境作了比较深入的论述；其次，对伦理美学存在的合理性进行了一定程度上的理论论证与实践验证；再次，对伦理美学的历史发展也进行了广泛而深刻的梳理。这些前期研究使伦理美学初步呈现出一定的学科独立性和价值。但上述研究缺乏对伦理美学的核心概念与独特内涵的深入研究与论证，片面地用伦理学或美学的传统概念来建构伦理美学，使伦理美学变成了伦理学与美学两个学科机械拼接的副产品；同时，对伦理与道德的内涵缺乏必要的区分，把伦理等同于道德，伦理美学就变成了道德美学；而且，对伦理美学学科的历史发展实然、应然与必然缺乏积极地反思。上述三个缺陷又使年轻的伦理美学丧失了一门新兴的交叉学科自身的独立性及存在的独特价值。

综上，伦理美学研究虽然取得了一定的成果，但其不足之处也是显而易见的。在对伦理美学内涵的揭示中，也存在着很多的缺陷。其最大的缺点就在于把"伦理"（或"伦理学"）与"美学"两个概念或学科作简单的嫁接，致使伦理美学变成了伦理（或"伦理学"）与美学两个概念或学科机械拼接的副产品，产生了诸如"伦理美学：美学与伦理学的交叉学科。研究善与美的内在联系，从伦

---

① ［德］沃尔夫冈·韦尔施：《重构美学》，陆扬、张岩冰译，上海译文出版社 2006年版，第 67 页。

理学角度探索美与审美规律的科学"①之类的伦理美学内涵的界定。那么，如何全面而深刻地理解伦理美学的内涵？黑格尔哲学对于概念的分析与理解能够给予我们很好的启示与借鉴。就伦理美学的内涵来说的，它是一个运动、发展的过程，运动的过程使伦理美学的内涵不断的随着伦理与美的内涵的改变而改变。我们只知道伦理美学的内涵处在历史的变动不居之中，但是，伦理美学的内涵归根结底是什么，我们还是难以给出满意的回答，这需要确定伦理美学的研究对象之后，才能得以最后确定。

（作者单位：武汉纺织大学传媒学院）

①　中国百科大辞典编委会：《中国百科大辞典》第二卷，中国大百科全书出版社 2005年版，第 166 页。

学 术 访 谈

吴冠中艺术创作与思想访谈录

陈池瑜　王伯勋

时间：2013 年 8 月 26 日
地点：清华大学美术学院 B453
受访人：陈池瑜　教授
采访人：王伯勋　博士后

王伯勋：陈老师您好！首先，要感谢您在学校尚未正式开学的情况下接受本人的专访！

陈池瑜：你和合作导师卢新华教授有关进行吴冠中研究专访这个想法非常好，当前清华吴冠中艺术研究中心设置专题招收吴冠中研究的博士后，是为了深化"吴冠中研究"，培养吴冠中研究和当代艺术研究新生力量。你做的系列采访，是"吴冠中研究"中的基础性工作，很重要。我作为吴冠中艺术研究中心的学术委员和吴冠中研究课题组博士后合作导师成员，接受采访是分内工作，所以，不用客气。

王伯勋：谢谢陈老师！通过文献检索，我们知道您曾经写作有吴冠中研究的专论发表。您调至清华大学是在 2001 年，而吴冠中是在 2010 年去世的，从时间上来看，您和吴冠中在本校有将近十年的共事时间。请您从当代艺术史的角度，对吴冠中的绘画和他在当代艺术史中的作用谈谈看法？

陈池瑜：吴冠中是当代中国艺术发展进程中在很多方面都具有典型意义的艺术家。

吴冠中的大学教育是在杭州国立艺专完成的，大家知道杭州国立艺专是民国时期一所办得非常有特色的艺术学校，林风眠受蔡元培先生委托，于 1928 年创办并担任校长十年。吴冠中先是在杭州艺专学习，之后又到法国留学，并于 1950 年学成归国。也就是从 1950 年开始，吴冠中一直在高校从事艺术教育和创作，先后任教的学校包括中央美术学院、清华大学建筑系、北京艺术师范学院、中央工艺美术学院，最后又回到清华大学。从这种教学经历来看，吴冠中是伴随着新中国的高等艺术教育走过来的，和中国现当代美术教育的发展紧密相关，具有很强的代表性。从这个意义上说，吴冠中首先是一位教育家，他的很多艺术成就都是在此基础上成就的。

王伯勋：还记得您和吴冠中的初次会面吗？

陈池瑜：最早见到吴先生是 1984 年，当时是在中国美术馆举办的法籍华裔画家赵无极的画展上。开幕后的第二天在北京饭店举行了一个座谈会，吴冠中也在场，那应是我初次见到吴冠中先生。当时到场的老先生还有中国艺术研究院研究外国美术史的老专家吴甲丰、中国美术家协会的郁风等。那次座谈会我是和现在中央美院任教授的罗世平一同前往的。那次研讨会主要是在讨论"抽象"的问题。赵无极展出的是抽象油画和抽象水墨画，由于"文革"的封闭，抽象艺术在 80 年代初还很难被艺术界和一般观众接受，我印象中记得比较清楚的就是吴冠中先生关于抽象画的看法。当时吴甲丰谈赵无极的作品抽象性问题，他提到黄宾虹作品的笔墨，那些短线条和墨色局部看确实算是抽象的，但是整体看起来还是有山峰意象，但没有画哪一个特定的山水，而是一种概括性的、观念性的图式。吴甲丰认为赵无极的作品更加抽象，没有这些具体的山水意象。然而赵无极并不同意吴甲丰的这种观点，他说他的路数和黄宾虹不一样，说他自己是从太空、从大自然中吸收的一种宏观的大宇宙印象，不是从局部的某一个山水、树木那里得到的启示。赵无极很赞同郁风为他写的《在抽象与具象之间》一文，吴冠中先生的发言，对赵无极的油画创作和水墨画创作形式做了充分的肯定，并对赵无极的绘画中的抽象美进行分析。吴冠中先生的发言，给我的印象很深。

后来又参加了两次跟吴冠中有关的大型学术活动。第一次是在 1999 年，上海。由上海市政府和浙江省政府主办的林风眠诞辰 100 周年纪念活动，在上海美术馆举办了《林风眠之路》的大型画展，同时主办了林风眠艺术国际研讨会。此外，上海画院保管的一批林风眠的作品，加上赵无极、朱德群、吴冠中、苏天赐、赵春翔、席德进的作品，在上海画院举办了林风眠师生展和研讨会，吴冠中参展作品大概十多幅。这两个展览和研讨会是连在一起举行的，我都应邀参加了。

2004 年，台湾历史博物馆和大陆一起联合举办了两岸当代艺术研讨会，当时是邵大箴先生带队，成员有我、水天中、范迪安等人，我们到台湾参加这次会议。我当时写的论文就是《发现东方——吴冠中绘画的当代文化意义》，发言中放演了一些吴冠中先生作品的幻灯片，新加坡美术馆馆长郭建超正好也应邀参加了这次会议，他收藏意识很强，当时就跟我说，他对 90 年代后期和新世纪初期的吴冠中一些作品图片幻灯很感兴趣。他说你的演讲和配放的图片很好，有些新的图片没见过。后来他找到吴冠中先生那儿了，他很喜欢吴冠中先生的作品，跟吴先生沟通，新加坡美术馆保持和吴冠中先生的联系，后来吴冠中先生还捐了一部分作品给新加坡美术馆。

王伯勋：是的，关于吴冠中捐画给新加坡的事一度成为社会的热点话题，画家因此被指为爱国立场出了问题，新加坡美术馆把吴冠中先生的作品骗走了。

陈池瑜：这不对，吴冠中先生是很清醒的，新加坡对吴冠中先生的绘画市场形成和推广起了一定作用，吴先生把一部分作品捐给新加坡，也是从海外收藏考虑的。不能说新加坡美术馆把吴冠中先生的作品骗走了。吴冠中去世以后，中国美术馆办了一个"不负丹青——吴冠中先生纪念展"，在那次展览开幕式上，吴冠中先生的儿子吴可雨说：吴先生在 1980 年以前没有出过一本画册，没有办过一次个人展览，没有卖过一张画，没有出过一本书，所有的这些事情都是 1980 年以后做的。他的作品在 80 年代最早就是被印度尼西亚和新加坡收藏家购买的。

2010 年，林风眠诞辰 110 周年。在杭州的中国美术学院召开了另外一次有关林风眠的国际研讨会，由中国美术学院的许江院长主持，同时推出一个名为"国美之路"的展览。我应邀参加了这次研讨会和展览开幕式。这次展览不是办林风眠的个展，而是一个纪念林风眠诞辰的师生展。这次吴冠中先生也有作品参展，与前面所提及的那次展览不同，这次学生名单的排序变动较大。林风眠作为老师排在最前面，其后就是吴冠中，再后是朱德群、赵无极、苏天赐、席德进。在当时的研讨会上，我就林风眠、张仃、吴冠中三个人的水墨画创作作了一个主题发言。林风眠早在 20 世纪三四十年代就进行水墨画创作革新，新中国成立后，他借鉴印象主义、表现主义、立体主义方法，画了不少彩墨画作品，对中国画的现代进程起了很大的作用。吴冠中的水墨画创作始于 70 年代中期，而且成就也很大。林风眠、吴冠中两人的水墨画会议代表都知道，但是张仃 50 年代末和 60 年代初也创作过现代水墨画，而且是用西方现代主义方法画的，这一点很多人就不知道了。我当时主要就此展开演讲，还配放了一些张仃水墨作品的图片，观众很惊讶！认识到 20 世纪五六十年代，在现实主义艺术一统天下的背景下，除上海的林风眠外，北京的张仃也在进行水墨画的现代形式探索。此外，我对吴冠中在 80 年代以来对水墨画形式的新的探索和贡献进行了论述。我演讲的论文收入研讨会论文集，另在《美术》杂志 2011 年第 2 期发表。这次纪念林风眠诞辰 110 周年活动的同时，许江还策划在浙江省美术馆举办吴冠中的大型展览，这个展览规模是吴冠中画展最大的一次，总共 300 多张作品。清华吴冠中研究中心主任刘巨德教授、秘书长卢新华教授都参加了这次活动。刘巨德教授还在浙江美术馆举办了吴冠中的专题讲座。这次吴冠中画展，将故宫博物院、中国美术馆、上海美术馆、浙江美术馆、香港艺术馆、新加坡美术馆的吴冠中绘画藏品集中起来展出，影响很大。

王伯勋：关于吴冠中研究您写过专题论文。

陈池瑜：是的，我写过 4 篇文章，有一篇是专门写吴冠中的，即在台湾两岸当代艺术研讨会演讲的《发现东方——吴冠中绘画的当代文化意义》，收入台湾两岸当代艺术研讨会论文集中，后来在鲁迅美术学院学报《美苑》发表，经过稍微修改，收在《吴冠中追思文集》里。第二篇文章是写林风眠、张仃和吴冠中的水墨画的现代性变革之路，在《美术》杂志上发表过，并收录在中国美院策划的那次林风眠诞辰 110 周年纪念文集中。前几年湖南美术出版社出版了《吴冠中全集》七大卷，出版社约我写了一篇书评，在《中国新闻出版报》上发表。后来还为我们招收吴冠中研究博士后课题设置写过一个吴冠中研究提纲，待修改后再拿出来发表。

王伯勋：作为一名画家，在我看来，吴冠中的绘画最大特点即是语言风格的创立。

陈池瑜：吴冠中的艺术语言形式，特别在国画形式探索方面做出了巨大的贡献。吴冠中说过一句话：一个艺术家不搞形式就是不务正业。1979—1980 年前后，吴冠中先后发表过几篇文章，如《谈抽象美》、《谈形式美》，还有《内容决定形式?》。在改革开放初期，对造型艺术形式进行理论探索，解放思想，吴冠中可以说是第一人。当时武汉大学著名美学家刘纲纪先生在 1981 年的《美术》杂志上发表了一篇《谈抽象美》的文章，吴冠中和刘纲纪是改革开放后最早谈抽象美的。刘纲纪还认真读了吴冠中先生谈抽象美的文章，评价颇高，刘纲纪先生跟我谈到过这件事情。美术创作领域最早的解放思想的文章不是美术理论家写出来的，而是画家和美学家写出来的，是吴冠中和刘纲纪写出来的，这很了不起。吴冠中是改革开放之初，新的美术思想、美术思潮的开拓者之一，他对形式方面的探索和实践是和他的艺术观念相连的。

王伯勋：吴冠中对"形式"有着天然的爱好，据说其归国之初还因为形式问题受到误解。

陈池瑜：吴冠中先生后来自己发表文章说，1953 年在中央美院被当做形式主义的"堡垒"受到院长徐悲鸿攻击，好像是中央美院把他排挤出来的。但是，现在看来这个说法可能有一些出入。一是当时任中央美院油画系的主任冯法祀说吴冠中当时刚从法国回来，画的一些写生还是比较写实的，与当时大家画的作品没有很大的不同，也没搞什么现代主义、形式主义；二是说徐悲鸿先生当时生病了，身体不太好，到学校来都很少了，一般来说他不会用这个口气说吴冠中是形式主义堡垒这种话；三是吴冠中是杭州美院的，杭州美院和中央美院是两个派系，他只身来中央美院，又是年轻人，形不成堡垒，堡垒要有很大的势力，说吴冠中是形式主义的堡垒有点夸张。现在来看，我估计吴先生说这个话是带有明显的情绪的。

王伯勋：那他为何离开美院，调来清华大学建筑系？

陈池瑜：吴冠中不是中央美院排挤出来的，这个也需要澄清。在清华举办的吴冠中先生的追思会上，两院院士清华建筑学院教授吴良镛发言，特地解释了这件事。他说吴冠中到清华大学建筑系，是清华大学请来的，经办人就是时任建筑系秘书的吴良镛，为了将吴冠中从中央美院调入清华建筑系，吴良镛曾到文化部找林默涵批准。

我们继续说吴冠中对形式方面的探索。吴冠中重视形式对绘画本体起了很大的推动作用，对绘画语言和绘画本体、绘画风格的探索都起了很大作用。可以说吴冠中是一位形式主义的大师。说他形式主义不是说他不要现实内容，他和西方的抽象主义不一样。

王伯勋：吴冠中形象地将之比喻为"风筝不断线"。

陈池瑜：吴冠中十分重视画面上形式语言的探索。首先，我们就以他的水墨画为例谈谈。吴冠中是个比较善于思考的人，他写了 300 万字的文章。与别的形式主义画家搞形式不同，吴冠中是经过研究的，他的形式表面上看是很感性的，但是实际上是经过安排的，是在理性的指导下完成的。形式和内容、感性和逻辑结合在一起，吴冠中的高妙就在这里。吴冠中的形式创造了独特的样式，现在画国画的人很多，但是能够像高更和马蒂斯或者凡·高的作品一样有自己独立的风格，使大家一下子就认得出来，形成独特的风格语言的很少。当代中国画家中，吴冠中在这个方面做到了。

王伯勋：请您结合吴冠中的具体作品来谈谈？

陈池瑜： 吴冠中祖籍在江苏宜兴，江南的民居建筑就是白墙黑瓦，非常壮丽。吴冠中早期油画也画过这些江南民居，后来把这种题材画到国画上，作了一些新的创造。吴冠中的国画，白墙就是留白，黑瓦用墨来画，黑白这两种主要的颜色，夹杂一些别的颜色表现树木，还有小桥河流，这些东西总的来说是大块面，黑白对比强烈，这样来表现江南的民居和风景，就形成了他作品中特有的简练，而且带有几何性、抽象性，这和传统意义上的水墨画是不一样的。所以，他的作品表现出黑白对比强烈，造型简洁，既有抽象性，又有现代感的总体特征。而且这种现代感又具有浓郁的乡土气息，有生活基础，就是你刚才说的"风筝不断线"，他和康定斯基他们那种纯抽象不一样。

其次，他是把国画的水墨书写，书法的线条这些元素抽象出来，然后来画出藤蔓、枝条、松树，把它们组成流转的线条，构成带有抽象表现性的画面，这种路数可能是把西方的以波洛克为代表的抽象表现主义亦即"满篇幅"式的行动画派引入中国水墨画创作，当然这种形式不一定是完全借鉴波洛克等人的创造，但是可能有这些因素融合进来，吴冠中将此和中国书法的线条运用结合起来构成画面。吴冠中捐给大英博物馆的《小鸟天堂》就是这一类的作品。五代画家荆浩在《笔法记》里讲的"六要"，把"笔"和"墨"也归入其中，就已经把中国画的笔、墨语言抽象为形式化的因素了。吴冠中把中国书法艺术的线条运用到他的现代水墨画创作，所以他的水墨画是有传统艺术基因的。此外，他的这类作品也还有树木、枝条等形象因素，和波洛克的抽象主义不一样。

吴冠中绘画第三个方面的特征是装饰美，吴冠中 1964 年转入中央工艺美术学院，当时工艺美术学院的整体学术环境对形式探索是非常有利的，这种有利的环境对吴冠中的艺术探索起到了积极的促进作用。装饰和绘画的关系非常密切，中央工艺美院绘画创作具有装饰的特点，和中央美院、浙江美院不一样，这是中央工艺的传统。庞薰琹、张仃、祝大年等先生都是研究装饰绘画的，吴冠中和他们在一起，必然会受到装饰画中形式因素的影响，当然他不一定直接画装饰画。吴冠中后来有一些作品受到装饰性的影响，这主要表现在他画的一些花卉。吴冠中本来是画油画的，要画空间，表现三度空间，但他在水墨花卉画中，抑制空间，将花卉草木作平面化处理。另一些作品就是由色彩构成平面的画面效果。这些作品的装饰性特别强，具有很漂亮的形式。这种形式既有抽象美，也具有平面装饰美。

王伯勋： 说到这里，我们不妨就清华大学美术学院及其前身中央工艺美术学院的学术特点和成因展开一下。我本人作为一名绘画者，在进入清华大学博士后流动站工作之前一直在中央美术学院。在我看来，中央工艺美术学院形成了极为明确的学术风格，刚才陈老师已经对这种风格进行过简短描述，即是对形式的充分关注。换句话说，这种特点反映在中央工艺美术学院众多老师和学生的各类作品中。在绘画领域，中央工艺美术学院培养出刘巨德、杜大恺、王怀庆、钟蜀珩、丁绍光、韩美林等一大批优秀的艺术家，这批艺术家的作品和国内其他院校的同龄艺术家相比，表现出非常鲜明的艺术特点。那么这些特点是否可以说是中央工艺美术学院的学术结构造成的。中央工艺美术学院这种学术特征的源头就是庞薰琹、祝大年、张仃、吴冠中等一大批老先生。

陈池瑜：这是个很有意思的话题，在有些学术研讨会上我曾经发表过此类看法。我们是应该鼓励、倡导多种艺术流派并存，不能只搞一种风格。新中国成立以后，因为我们国家的意识形态是统一的，提倡现实主义，形成主导性风格，现在进行的"国家重大历史题材"、"全国美展"都有较强的国家意识形态特点。国家虽然主张百花齐放，但是在某些方面具体操作起来还是统一性过多，自由风格的探索不够，所以我们应该鼓励不同地域、不同学院创造出不同流派和不同风格。刚刚说到像中央美院，他们的油画、国画表现出一些明显的特征，这些特征和中央工艺美术学院的油画、国画的风格是有区别的。这主要跟中央工艺美院老师们的装饰性有关，因为工艺美院这边比较注重形式研究。这跟中央工艺美术学院的学术传统有关系，比如张光宇先生画漫画是要夸张的、要变形的，后来张仃先生画壁画，也要强调装饰性。即便是画花鸟类作品，中央工艺美术学院的祝大年先生画的花鸟就和中央美术院的花鸟画家的作品有很大不同，祝先生的绘画装饰性更强，画面效果让人感觉非常雄伟。袁运甫先生的水墨画和彩墨画作品装饰特点也很强烈。所以他们这一批老画家们搞的是现代性很强的形式绘画，与中央美院早年倡导的现实主义存在很大不同。

王伯勋：从某种意义上说，中央工艺美术学院成为改革开放之后进行形式探索的实验基地，对新美术的发生、发展起到推波助澜的作用。

陈池瑜：中央工艺美术学院确实有进行形式主义研究的传统。庞薰琹虽然是学油画出身的，但是他在法国留学的时候就很重视工艺美术，20世纪30年代他在上海组织了"决澜社"，倡导的是西方现代主义，后来庞薰琹又研究中国传统图案，对西方现代主义和中国民间艺术进行嫁接。张仃也是如此，张仃是解放区延安来的共产党员画家，在延安时听过毛泽东的在文艺座谈会上的讲话，他早就临摹过毕加索、马蒂斯的画，他把中国民间艺术因素引入绘画和设计，将这些最土的东西和最洋的东西结合到一起。反观新中国的美术创作，70

年代以前是现实主义一统天下，而唯有中央工艺美院允许形式主义之花自由开放，这了不起。"文革"结束后，张仃先生就请美国的前卫波普艺术家劳申伯到中央工艺美院讲座，同时张仃先生也请那些民间艺术家到中央工艺美院建工作室，搞创作，带学生。最"洋"的要，最"土"的他也要。所以中央工艺美院画家的作品逐渐形成一种学术流向：一边是最时髦的现代主义，一边是最传统的本土元素。

王伯勋：我本人非常喜欢工艺美院的这个学术传统。再回到我们的谈话主体，是否能说吴冠中先生的艺术创作中具有浓厚的装饰成分！

陈池瑜：搞形式不容易，会引起很多非议，但是中央工艺还有一个好处，形式研究是其业务主体。庞薰琹、张仃、张光宇、祝大年，稍后的吴冠中、袁运甫，以及他们的学生杜大恺、刘巨德等都为之付出过巨大努力。吴冠中先生毕竟是画油画的，后来画水墨画，可谓是一位"纯艺术家"，但他也受到装饰性因素的影响。但是吴冠中在装饰画派的作用又不能夸大，因为对装饰画的影响，主要是庞薰琹、张光宇、张仃、祝大年、袁运甫等画装饰画的这一批人，他们的作用可能更大，吴冠中先生也起到了一定的作用。吴冠中的作用不能局限在装饰画派之中，他对中国当代绘画产生了重大作用。

王伯勋：是的，我们要将吴冠中放在当代艺术史进程中来研究。

陈池瑜：对。所以我觉得他的形式创造方面主要有这些特征，这些特征综合在一起形成了吴冠中绘画的独特风格，具有鲜明的视觉图像，而且具有很强的形式个性。我们现在提倡艺术创作要有独立的思考，形式上要有自己的语言特色，吴冠中为我们做出了很好的榜样。现在我们的风格不是太多，而是太少。在形式探索方面，吴先生作出了巨大的贡献。我们把中国绘画史搬出来翻一遍，在吴冠中之前没有他这种风格，所以他用30年的时间创造了水墨形式中的崭新的风格。当然他的风格，他的观念方面，可能受到林风眠先生的影响，但是他在形式方面没有抄袭林风眠，他画的花卉和林风眠不一样，差别特别大。但是从他追求形式这点来讲，受到他的老师林风眠的影响。林风眠开始也是画油画的，后来画水墨画，吴冠中也是这样。林风眠也是重视形式的，所以从追求现代性、重视形式方面来说，林风眠和吴冠中还是有师承关系的。但是从具体形式、创作方法和风格语言来讲，吴冠中和林风眠是有差别的，确实是不一样的。

王伯勋：谢谢陈老师！下面我们再来谈谈与吴冠中有关的几则"轶闻"，当然这些所谓的"轶闻"都是吴冠中本人在其文集中多次提及的。赵无极来北京办展，曾到吴冠中的寓所拜访，但是吴冠中因为避免客人饮茶过多发生如厕的需求，要求家人尽量不给客人倒茶。

陈池瑜：条件艰苦，不得已而为之吧！我很敬佩吴冠中先生，他是很了不起的。为什么这样说呢？因为吴冠中先生1950年回到中国，他的同学赵无极、熊秉明等人都留在法国了，而且成为世界知名的艺术家。80年代初改革开放以后，这些留法同学回到中国，到北京来看望吴冠中，当时吴冠中的生活条件当然很差。家中没有卫生间，水喝多了只能上外面的公共厕所，那时的公共厕所都很脏，就发生了你刚才所说的那条"轶闻"。他讲的都是实话，当时条件确实差，但他不后悔回国，他始终怀着爱国的赤子之情。

王伯勋：吴冠中先生是一个画画不要命的人。

陈池瑜：对。我们是否可以这么看吴冠中的勤奋，赵无极、朱德群他们在法国干得很好，我（吴冠中）回到中国也没有错，也能画出好画来。他不示弱，不后悔。吴冠中90多岁的时候还在画，这是很了不起的，他一直在奋斗。除了画画，吴冠中还写了三百多万字的文章，他是一个有思想、有抱负的、爱国的大艺术家。

王伯勋：曾经有一段时间，尤其是网络上炒得比较热的问题：吴冠中先生对画院及文艺协会体制的看法。很多观点被别有用心的人横加引用，在社会上造成了较大影响。

陈池瑜：吴冠中先生有正义感，敢于说真话、提意见，他还兼任全国政协常委。他读过鲁迅的很多文章，受到鲁迅的思想和性格的影响。前些年有两位对中国艺术现状敢于直言，对艺术体制敢于批判的画家，就是清华美院的两位教授即吴冠中和陈丹青，他们两人都特别崇拜鲁迅，喜欢读鲁迅的书。关于画院、书协、美协的社会功能问题，吴先生认为各类文艺协会和官办画院，占用大量国家的事业编制，如果再创作不出优秀作品，相当于养了一批不下蛋的鸡。他说，西方国家没有这样一些机构，我们不如撤销这些机构，把钱省下来，用来奖励优秀青年艺术家，这样，可能对艺术发展的促进作用更大。吴先生的这一看法虽有偏激，但也值得重视。从根本上来说，这还是一个体制问题，只要我们的各项事业还坚持党的领导，在艺术生产过程中就不能没有文联及下辖的美协、书协等机构，这是党在文艺思想上指导艺术创作的重要桥梁。文联、美协等起了一些组织作用，如五年一次的全国美展，各专业的画展，发展会员，开展一些专门研讨活动，也是起了一些重要的、积极的作用。吴冠中的意见提醒这些机构，花费纳税人的钱，就应该创作出更多更好的作品，这样才能对得起人民。此外对现行的文艺体制的改革、完善，听听吴冠中的意见，也是有好处的。

王伯勋：陈老师，下面我们再来讨论一个关于"艺术与科学"的问题。因为并校之后，原来的中央工艺美术学院成为清华大学的一个学院。在这样一个以理工专业为主的综合院校，科学技术成为很多课题得以展开的学术舞台，"艺术"与"科学"成为并行发展的两大主题，二者之间存在怎样的沟通渠道，成为一个很有意义的课题，也成为美术学院学科建设过程中的特点与优势，并且成为我们新的传统。2001 年，清华大学在艺术与科学领域建树卓著的两位大师李政道和吴冠中的倡导下，发起组织了"艺术与科学大展"，并在中国美术馆举办了艺术与科学国际作品大展和国际研讨会。这种会展后来还成为一个长效机制。那么，您认为在今后的发展过程中应该注意哪些问题？

陈池瑜：就像李政道说的艺术与科学是世界的两个大的方面，如一个硬币的正面和反面不能分开。科学是对自然规律、自然现象的求真的把握，更多的是客观事实，揭示客观事物的规律；艺术是一种精神的想象创造，创造艺术情感活动比较多一点，属于非客观的精神活动。所以从这两个方面说，二者有矛盾，但是也有一些相似之处，因为都具有创造性，科学要通过实验来发现，科学创造也要靠想象，而艺术也要靠想象，也要创造。所以我觉得科学和艺术都需要创造性，这个方面是相通的。另外一方面，艺术方面也是和科学有关系的，包括像西方的油画的空间感是依据透视，透视是很科学的。所以达·芬奇说绘画就是一门科学。绘画材料、工具，绘画的空间，还有一些观念也都和科学有关。毕加索的"立体主义"就是受到 1905 年爱因斯坦相对论的影响。当然毕加索不一定把物理的空间搞清楚，但是他想，原来有定论的空间物理都在探索，时间也要考虑进来，变成"第四空间"，这启发了毕加索，难道绘画空间不能再探索、再突破吗？这促使他在绘画空间表现上打破原来的透视，创立了立体主义绘画。再比如"未来主义"绘画的那种速度感、表现运动和能量，这些也是和当时科技发达、工业发达有关系，从题材方面来看，他们画的这些东西也是科技工业的产物。我们现在的设计艺术、信息设计等等这些设计门类，电脑设计和计算机科学也是有关系的，所以艺术和科学的关系是非常密切的。李政道很重视艺术，还有钱学森，他认为有三种思维，一个逻辑思维，一个形象思维，还有一个灵感思维。在思维方式上，艺术家主要是形象思维，科学家主要是逻辑思维，但科学家有时候也需要形象思维。科学家、艺术家都需要灵感思维，创造的时候都需要灵感，所以李政道、钱学森都很重视艺术思维。

　　吴冠中作为艺术家，视野比较开阔，他觉得艺术和科学也是有关系的，也应该重视科学与艺术文化的结合，特别是在高科技的发展的当下，艺术与科学应该有更多的联系，所以他们探讨共同举办艺术与科学大展，影响很大。当然，清华是最有条件搞这个展览，因为清华是科技方面全国最高的学府，科技力量雄厚，科技氛围非常好，中央工艺合并到清华以后，艺术因素也非常强，由清华来做艺术与科学的展览和研究，是最有条件的。现在已经办了第三届"艺术与科学"展览，要继续办下去，怎么办得更有学术成果，科学与艺术两个方面的交叉互补，怎么样取得艺术和科技因素结合的实质性成果，而且要成为精品，这是我们要考虑的问题。清华大学还成立了艺术与科学研究中心，做了许多工作。如何在艺术与科学的结合中使艺术和科学两个方面都有新的收获，以及在艺术与科学交叉学科建设中，取得突破性成果，还需要进一步探讨和努力。吴冠中倡导的艺术与科学结合的道路，我们要摸索着继续走下去。

（作者单位：清华大学美术学院）

知音教授访谈

[法]知音　庄严

庄严(以下简称"庄")：知音老师您好！首先欢迎您来到美丽的武汉大学，感谢您最近一段时间以来为哲学学院美学专业的研究生深入细致地讲授了中国古代音乐美学的核心问题，并报告了您最新的研究成果。据我了解，许多从事音乐表演与研究的欧洲音乐人之所以会来到武汉，无不与曾侯乙编钟有着千丝万缕的联系。您此次来汉讲学，是否也与编钟有缘？

知音(以下简称"知")：是的，我对编钟涉及的音律学问题很感兴趣，对它的演奏方式与基本用途也有一定的研究。我是首次来武汉，不但觉得这里气候宜人、生活闲适，也能感觉到非常浓郁的爱乐氛围。我的朋友，荷兰的指挥律德(Lute Brommer)也是因为痴迷于武汉的音乐传统来到了这里，学习古琴演奏和音乐考古。我在讲学的间隙也去旁听了他们排练的舒伯特(Franz Schubert)的《第五交响曲》(Symphony No. 5 in ♭B major)和奥涅格(A. Honegger)的《夏日田园曲》(Pastorale D'été)。奥涅格作为法国"六人团"的成员之一，属于现代派的作曲家，他的作品并不容易演奏。对所有音乐演奏而言，最重要的是对细节(nuance)的处理，比如强弱上的渐强以及突强急弱的效果等。对打破常规的现代作品来说是这样，对古典作品来说更是这样，中西方音乐都是如此。虽然首次演奏对演奏者来说比较困难，但一定要注意对细节的处理，只有处理好细节，才能更好地表现音乐。

庄：您这次来武大讲学的安排非常集中，可以简单介绍一下您的课程设置吗？

知：我这次关于中国古代音乐美学的课程共分为三大部分："文献中的音乐"、"音乐是一种语言"和"在艺术交织中的音乐"。

在"文献中的音乐"这一部分中，我将分别从哲学文献、历史叙述文献和诗歌文献三个方面入手，试图尽可能全面地分析中国古代音乐美学相关文献中的表述。我认为，在哲学文献中音乐与礼密不可分，《周礼》、《礼记·乐记》等文献中的相关表述较为典型；在历史叙述文献中，音乐则表现为一个转化的过程，这在《月令》、《吕氏春秋》、《淮南子》、《乐书要录》等文献的比较阅读中特别能看出这种转化过程的具体细节；在诗歌文献中，音乐则更多地与情感相关联，像《诗经》、《楚辞》、汉赋等文献中的记述就非常具有代表性。此外，我还会特别分析唐代诗人李峤与音乐相关的一组诗歌，在具体的文本中阐释音乐问题。

在"音乐是一种语言"这一部分中，我将分别从"名称：音乐语汇"、"系统：音乐语法"和"语言：音乐'讲话'"三个方面对文本材料与出土文物作一些音乐学上的解读。这一部分对缺乏音乐基础的同学来说可能会比较难，但同时也非常重要，因此我会试图使用相对平易一些的讲法来解释这一部分的内容。我会向大家详细解释中国古代乐器与音符的名称、十二律吕与旋宫转调的运转方式、中国古代音乐的记谱法等，还会结合曾侯乙编钟、编磬等出土文物尽可能提出一些有价值的理论阐释。

在"在艺术交织中的音乐"这一部分中，我会让大家看一些敦煌壁画和古琴琴谱，为大家直观地解释音乐形象和姿势比喻的问题，展示中国古代音乐与绘画、诗歌的密切关系。我也会将我自己的古琴带到课堂上，为大家现场解释一些技术上的细节问题。此外，我也会展示我在巴黎索邦大学研究小组讨论的一些影像资料，让大家更好地了解音乐可视化的问题。在我看来，中国古代的音乐对这个问题解决得非常好，不但有"高山流水"的典故可以佐证，古琴琴谱里用图画来譬喻古琴演奏技法也是很好的例证。

庄：您的课程安排的确非常丰富，我们在您的课堂上也受益良多。除了一系列的讲学之外，您还特别设置了面向公众的三次专题讲座，可以给我们介绍一下吗？

知：此次讲学，我安排了三次讲座，分别题为"审美的过程"、"诗歌和音乐的联系"、"《周礼》的音乐问题研究"。

在"审美的过程"的讲座中，我想深入探讨审美活动中感性实践与理性反思之间交互往复的过程。在我看来，审美过程中姿势（技术）、感觉、思想三者是相互联系、相互影响的。审美概念产生于"感觉"向"思想"转化的过程中。西方艺术侧重于"思想"与"姿势"，而中国艺术则侧重于"感觉"和"修行"。现代西方哲学家与艺术家意识到单从理论到技术不足以解决艺术的根本问题，开始逐渐将情感引入哲学与艺术之中。

在"诗歌与音乐的联系"的讲座中，我想主要主要探讨中国传统诗词艺术中词与乐的关系问题。我认为诗词的结构与意思之间具有一致性。我将会以陆游的《鹧鸪天》及辛弃疾的《水龙吟》为例，对其词文与同名古琴谱的乐曲进行对照分析，从而发现词与乐之间的内在一致性。

在"《周礼》的音乐问题研究"的讲座中，我想特别探讨一下《周礼》中所涉及的旋宫转调问题。《周礼·大司乐》中对于古代礼乐活动的记载体现出了十二律吕与天地阴阳及时节轮换的对应关系。比如夏至和冬至对应返回，就是从阳到阴和从阴到阳的转变。这种返回并非生硬造成，而是像书法中的逆锋起笔，欲左先右，欲下先上。十二律吕和十二个月中五步之后的中断对应于"三分损益法"中的分割计算，为了回到初始音，需要进行三次大三度音的转换过程，正如通过十二律吕的四个级别而形成十二年的循环。

庄：您在此次武大讲学的过程中遇到了什么困难吗？

知：从整体上看，同学们都能对我所讲的内容作出很好的反馈，这让我很高兴。但也在某些方面并不尽如人意，这主要是由于相关背景知识的缺乏所导致的。在来武大讲学之前，我也在北京和上海的高校做过一些讲学，但主要是以音乐学院为主。来武大讲学是我第二次在综合性大学里作关于音乐的讲座，第一次是在北京理工大学的艺术教育中心。在综合性大学讲学与在音乐学院讲学最大的差别就在于如何让大家能够更好地理解一些技术上的或者理论上的复杂问题。我认为造成这种差异的原因有二：其一是知识背景不同，其二是研究方法有异。

大多数单纯从理论的角度理解音乐的美学或哲学的学者，会对音乐附加许多超出它自身规定的文化层面的因素，或者作出许多其他的解释。在法国，我们做美学研究时并不只讲哲学意义上的审美，而对具体的技术问题却一窍不通。我在作讲座的时候会鼓励大家去掌握更多基本的知识，我自己也会尽量避免提及太过复杂的知识。但是我知道这对大多数人来说依旧很有难度。比如我提到某些音乐的片段像流水，大多数没有直接的美感经验的美学研究者并不能很好地理解这种感受。相反，对懂得演奏音乐的人而言，演奏音乐的同时就会产生画面感，也会随即产生相应的联想。比如我在拉小提琴的时候，演奏旋律时会有线条的感觉，演奏强断音的时候会有颗粒感。这些感觉，如果你不是音乐家可能就无法理解。再比如，我在讲《周礼》时提到三全度不是一个八度，但人们一般认为这二者是一样的。但其实二者之间存在一个很小的音差。

除了要具备一定的背景知识外，不同领域的研究者组成一个研究小组展开讨论也对研究很有帮助。在法国，来听我课的人有一部分是学习音乐的，而其余大部分人或者是画家，或者是戏剧家，开始的时候他们不想来听课，因为他们觉得他们不懂音乐。因此最开始的时候，只有我们四个音乐学者在一起工作。后来那些从事其他门类艺术的艺术家们发现，电影里有音乐，舞蹈里也有音乐。他们开始觉得，即使自己不懂音乐，也可以来谈他们自己所从事的领域中的音乐。比如有一位学者在研究日本的"人形净琉璃"时对这种傀儡戏的音乐很感兴趣，所以他就来我们的课堂上作了一个报告。他问我们对于"人形净琉璃"有什么看法，这样可以帮助他判断他对这门艺术中音乐的看法是否正确。

庄：补充相关背景知识，展开跨研究领域的讨论的确是促进研究的有效途径，不仅对美学研究而言是这样，对其他一切涉及具体艺术的研究来说莫不如此。我们看到您在讲座中专门探讨了诗歌或者说文本与音乐的关系，认为二者相互交织，形成了一个新的有机统一体。但事实上很多文学研究者并不懂得这层关系，他们只是单纯从语言上、修辞上、音韵上去了解这些内容，却并不深究。比如宋代的姜夔，他的许多词序都涉及音乐的问题，像古曲的考订、音律的变异等。但大多数研究者只是简单地复述姜夔的说法，却并没有做出切中的分析，而只是做出一些印象式的表达。

知：首先要说的是，印象式的表达本身并没有问题，但关于音乐美学的问题并不能仅限于这种吉光片羽的搜集整理，而是要用严谨的学术态度来面对你的研究对象。比如这次我会讲到《洞箫赋》和《长笛赋》，里面提到了五度相生的问题。而一般人们在阅读的时候不明白五度是什么，也就不能真正明白这个作品。所以我必须把这个告诉大家，因为这一点非常重要。此外，我觉得也要强调数学与音乐的关系。如果你学数学或物理，你知道可以用尺子来测量长度。其实音乐本身也有可以计算的参数，比如音高、速度和音色等。欧洲的音乐家会很强调声音的参数，比如 do 就会有一个固定的振幅，而中国人不习惯去这样想问题。这个问题很奇怪，因为在欧洲，从毕达哥拉斯开始，音乐越来越和数学相关联；而在中国，虽然黄帝在做律吕时明确地知道每个律管之间的比率关系，但随着历史的发展，中国音乐中数学的成分越来越少，更多地与人的感受相关。强调音乐与情感的联系固然重要，但也不能因此不去研究音律问题。

庄：通过此次讲学，您对中国学生在课堂上的表现有何看法？

知：我认为这个问题可以比较来看：在法国，对老师而言最大的成功是每个学生都能明白主要的内容。我们平时讲课时语速会比较慢，留给学生充分的空间来思考。而我们在讲的时候也会看学生们是否真的在思考，如果看到有人没有在思考，我就会专门问他问题，让他积极地参与到课堂中来。如果学生们有问题，你就会知道他们明白了没有，这是很好的。如果没有人有问题，老师就无法知道他们到底明不明白我所讲的内容。如果你有一个问题，在课堂上公开提出来，大家都可以思考这个问题。如果你提出这个问题的时候，会有另一个同学来回答你的问题，这特别好，说明他听懂了。我很希望学生们能够积极地参与，所以我让你们来读文本，提出问题，对某个主题进行深入细致的思考。另外还有像之前提到的，我们比较喜欢以小组的形式来展开研究，分享各自不同的知识和主题，然后通过讨论来丰富自己的思考。比如我们在法国的研究小组就很有代表性，小组的成员都是不同领域的研究者，有研究音乐的、美术的、文学的和手势的。讨论的问题也涉及各种各样的艺术，各种各样的文化，像欧洲的文化、亚洲的文化，还有阿拉伯的文化。我自己发表的论文就有关于巴西音乐节奏的研究，我所主编的"美学天地"丛刊涉及的范围比这个还要广。此外，我们还会播放一些我们自己拍摄的纪录影片，来直观地解释一些具体的问题。比如有人研究韩国的舞台艺术，他们有很多表演的手势，我们就把它拍摄下来，放给这些研究者来看，帮助他们更好地学习和理解。

庄：我们知道法国有它自己很好的艺术传统，尤其在音乐方面，从拉莫到德彪西、福雷、拉威尔，法国音乐自身取得了很高的成就。为什么您还有兴趣去研究世界上其他的文化？

知：我想这是一个哲学问题。我想你可以通过研究其他的文化来反观自己的文化，从而更好地认识自己的文化。我想，如果你不去交流，就有可能不知道自己在想什么。要通过现象学的方法让你的思想处于一个公开性的场域之中，在与其他思想的交流中才能更好地显示出它自身的特性。我不但对中国古代的音乐很感兴趣，对中国现代的音乐也很有兴趣。

庄：好的，非常感谢您能接受我们的采访，希望在不久的将来您还能来到武汉大学哲学学院，为我们带来更加精彩的系列讲座。

知：谢谢，我也很愿意和你们分享这些有趣的问题。

（2014-09-20）

知音教授简介：

知音（Véronique Alexandre Journeau）教授现任法国国家科学研究院（CNRS）亚太世界研究所（Réseau Asie-Imasie）东亚/西方语言艺术科研中心（Axe scientifique "Langage artistique，Asie-Occident"）主任，博士生导师。法国信风（L'Harmattan）出版社"美学天地"丛刊主编，法国国际艺术交流协会（AIDIAA）会长。师承法国汉学大师于连、程抱一等专家，在巴黎第七大学获得汉学博士学位(论文题目：《文人艺术里对手势之思辨》)，在巴黎索邦大学获得音乐史与音乐学博士学位(论文题目：《中国古琴曲谱、意象与音乐研究》)，在巴黎索邦大学获得音乐学深入研究文凭（DEA），在巴黎东方语言学院获得硕士学位(论文题目：《唐代诗人所见所闻之音乐演奏》)。知音教授精通法语、英语、德语、汉语、古希腊语，主要研究领域包括美学理论、音乐理论、中国古代音乐演奏、中国音乐典籍考注、中国诗词翻译与接受等。知音教授还擅长演奏小提琴、钢琴与中国古琴，曾任巴黎大学联合交响乐团之小提琴首席。除此之外，她还对书法、音像录制与剪辑制作有浓厚的兴趣。个人专著：《中国音乐诗学》（即将出版），《乐记考据译注》（法国友丰书店，2008年），《司空图二十四诗品考据译注》（法国友丰书店，2006年）；主编专著：《隐喻与文化：字词与意象》（巴黎信风出版社，2012年），《灵光乍现：戏言、巧合或无意识》（巴黎信风出版社，2011年），《艺术、语言与美学一致性》（巴黎信风出版社，2010年），《音乐与生命感》（巴黎信风出版社，2009年）。

源于传统的"心象风景"

——刘一原访谈录①

博士生(以下简称"生")：刘老师您好！我们在您的绘画作品中能看到很多西方绘画的观念和技法，尤其是印象派的光影和色彩。我们看很多评论家对您的评论，说您力图在当代艺术的知识背景中完成林风眠先生所倡导的具有理想主义色彩的学术目标。林风眠的绘画抛弃了西方传统绘画的明暗造型，也抛弃了中国传统文人绘画的书法用笔，但是您的作品中有很浓厚的书法运笔和传统功力。在色彩上面，您是否借鉴了林风眠或者是西方印象派的色彩呢？林风眠对您的艺术创作影响大吗？

师：这个问题我们一步步地谈。因为你们以前是学过油画的，其他同学对绘画艺术可能接触得不是太多。你们在研究我之前，一定要对中国艺术的大背景和现状有个了解。因为人都是生存在这样一个大背景大环境之中的，撇开背景和环境谈艺术是没有意义的。一个画家与当前的绘画的背景和环境抽离开来是没有意义的。因为从艺术史的角度说，每一个大艺术家，真正有追求的艺术家，他都是在完成一种艺术使命，这离不开他当下所处的环境。比如你们研究我，单独抽出来研究我的绘画的特点怎么样等，都不能做出什么深入的研究。所以，你必须了解大的环境和背景。因为每个同学的美术知识构成不同，我先给同学们简单地介绍、描述一下，其他的同学们都可以在网上进行搜索和了解。

首先，要了解中国画是一个什么概念。其实，"中国画"这个概念在当前的学术界是有很多争议的。因为在西方世界的画种里，都不可能以地域的名称来命名这种艺术。比如就没有"法国画"和"美国画"，但是在东方这个世界里面，以国度命名本国的艺术这个比较普遍，如"朝鲜画"，"日本画"。西方没

---

① 2013年11月18日，武汉大学哲学学院美学专业的6位博士生(赵婧、屈行甫、裴瑞欣、刘乐乐、陈静、江澜)对著名画家刘一原进行了访谈。以下访谈内容是根据录音整理的。

有这个说法，他们主要是以媒材或材料来命名的，比如水彩、水粉、版画，这些艺术使用媒材来命名而不是用国度来命名。这个问题在当下中国画领域产生了很大的争议，尽管争议这么大，但是当前艺术界主流的称谓仍然是"中国画"。比如，湖北美术学院有"中国画系"，中央美院也叫"中国画系"，就不叫"水墨画系"，而油画叫"油画系"。其实叫"水墨画系"比较科学，它是用材料来命名的，油画、水墨，都是材料，以它们来命名都说得通。但是，为什么我们又要坚持叫"中国画"呢？这与中国画形成的历史有很大关系。其实"水墨画"的这种提法倒并非是今天才有的。有很多老先生很听不惯这种提法，其实这是一个误解。早在20世纪50年代，上海博物馆馆长谢稚柳先生就写过一本书叫《水墨画》，同学们可以在图书馆借来看看，写得相当好。谢稚柳虽是上海博物馆的馆长，但是他精研传统，是大鉴赏家，也是收藏家。他以《水墨画》命名这本书，就表明他对"水墨画"名称的认可。所以，"水墨画"这一个称谓不是我们现在才有的，是很多老先生或者说是一部分老先生早已这么认识的。早在唐代，王维就开始画水墨画。但王维所开创的这种画法到底从什么时候才开始被称为"水墨画"的，我也不清楚，我也没有做过这方面的专门研究。到现代，称为"水墨画"的仍较多，比如我，我的画展名称就是《刘一原水墨画展》，我就没有称作《刘一原中国画展》。但是从全国来看，全国性的大展，大多称为"中国画展"，或"×××国画展"等。我虽然是一个创新意识很强的画家，但仍觉得用"水墨画"这个名称比较好。特别是搞现当代水墨画的人，尤其是创新意识较强的从事这个专业的画家，他们都喜欢称为"水墨画"。所以，很多创新派、前卫画家的作品展，都冠以"在水墨××"、"××××水墨画展"等名称，你们也看到了很多。这就是一个大致的情况。从材料上说，外国人也开始用水墨材料画画，但他们的水墨画绝对跟我们的水墨画是不一样的。中国的水墨画有自己的文化根基，艺术意蕴，它是富有诗意的，这种书画同源的水墨画同中国文化有深厚的血缘关系。作为一个人的绘画系统，水墨画并未在世界上与油画平起平坐，在国外它并不被广泛了解，但它毕竟是一个大的画种，甚至可以说至少是可以和油画相媲美的一个画种，像水粉，水彩，那都是小弟弟小妹妹了。但从国际画展，从艺术价值上来说，水墨画的分量也确实没有那么重，它毕竟只是属于中国的一个大的画系。我始终坚持我画的是水墨画，但也有其他画家称自己的画叫中国画。这是第一个问题。

第二个问题是关于中国画的地域性。一般说来，艺术都具有世界性，但过去长期以来西方对中国文化有很多偏见。所以，中国的水墨画在世界艺术格局中事实上只具有东方艺术的地域性，而并不具有世界性。我们知道以欧美为代表的西方美术界对中国的水墨画基本上是不看重的，起码没有引起他们的广泛关注，即使有关注的，也是极少数的人。所以，千万不要以为我们国家有那么出色的水墨艺术，它就会荣耀天下。其实完全不是那么回事。西方人是不懂水墨画的。一是他们对山水画的材料不懂。西方人对绘画材料质地的那种耐受力看得很重，他们认为他们的画布可以耐久保存，而山水画的宣纸是纸质的，纸，一撕就破了；墨，淡淡的也很简单。总之，中国画的色彩没有西方绘画的色彩那么丰富，他们对山水画的这种材料也不太认同。但是，我要说的恰恰是中国画有一个最高贵的色彩，那就是墨。所以，要谈传统的中国画，离不开墨。墨，是黑色，但仅仅说是"黑色"也不准确。油画里有象牙黑、煤黑等，但是在中国画里面黑是一个很高贵的色彩，尤其是在文人画中特别推崇这种高贵、单纯、高雅的墨色艺术。二是西方对中国画的表现方式也看不懂。虽然大英博物馆、卢浮宫也藏有中国的古代名画，西方人也有人非常佩服，但是你要说他们就特别了解却不见得。他们其实佩服的是中国古代文明，从古董的角度他们感到佩服，但从艺术品的角度他们却未必真的了解，包括那些汉学家也很难深入了解。而之所以很难理解也跟艺术语言差异有关。毫无疑问，中国绘画和西方绘画语言不是一个体系，它们很难沟通。这就是西方的很多艺术家、评论家对我们的水墨艺术持有偏见的重要原因。不管你的画有多好，文化意蕴有多深，由于绘画的语言不同，很难谈得上对这种难以理解的绘画语言所创造的画作的文化价值及其思想内涵的认同。这也是我们水墨画不能走向世界的原因之一。

第三个问题是中国画进展的保守性。与世界文化的迅猛发展相比，中国画这一古老的文化艺术应该说还是一个小脚的女人，进展得很慢很慢。之所以进展很慢主要还是缘于思想观念的滞后。中国画学界目前的学术氛围，没有形成一个真正开放、面向世界的氛围，还是有点盲目的唯我独尊甚至夜郎自大。中国画这个领域里面的艺术家，他们大多也没有去看过卢浮宫、凡尔赛宫的画展。所以中国画的艺术的发展进程特别缓慢。文化跟经济和政治是挂钩的。相对封闭的政治环境、人均经济水平的滞后，也会带来艺术上的保守和封闭。国外文化发展得这么快，尤其是国外科技的发达，培养了人们对艺术思维的敏捷性。我们国家的科技没有西方发达，而科技与你们学哲学美学的同学息息相关。哲学不能抽离于政治、经济、科技之外去单独作为人类一种思考的学问。应当承认，中国几千年的封建统治，使文化艺术的创新思维受到很大的限制。

这使原本就缺乏兼容性的中国画艺术——国粹艺术更加封闭和保守。为什么不能在继承传统的基础上兼容新的探索？因为被兼容的探索往往都带有批判性、反思性。这正是西方文化艺术不断创新发展的前提。

西方古典的绘画经历了中世纪宗教艺术以后，到近现代的印象派进行了彻底的革命。从前印象派到后印象派，从莫奈到凡·高，到后来的表现主义、立体主义现代派，像毕加索、马蒂斯等，再到后现代，西方绘画由古典到现代到后现代变革的进程是非常明显的。而中国画从古典到现代都没有这样明显的变革进程。这是令人深思的。其中的原因是我们对西方现当代绘画的发展程度缺乏了解。比如现代西方绘画艺术和它的存在样式都有哪几种呢？一是架上绘画。架上绘画是独立地在画布上或是其他材料上完成的平面作品。但仍用西方前卫绘画的观点来认定架上绘画已经适应不了我们这个时代的需要。随着科技的进展，传统架上绘画的表现手法更多了，思想观念也发生了根本性的变化。

二是综合材料。当前国际上所流行、推崇的几种艺术形式，除了架上绘画之外还有一种就是综合材料。综合材料是根据画面的需要和要表达的一种思想、观念，将塑料、瓷片、稻草等应用到画布、画板上面。这是架上画在现当代的一种衍生的表现方式。而过去那种纯粹的油画等传统艺术形式即便是西方也已经很少谈及了。

三是装置艺术。现在在世界范围内流行的装置艺术，它是把实物堆砌起来表现一定的思想、观念。这种装置有多种多样，比如你在室内，可以把乱七八糟的东西整个堆砌起来。现在装置艺术也有一个很大的问题，就是它没处放，展览后就把它撤掉了，只是做一个记录。但是，西方艺术家不是为了赚钱，不是为了像架上绘画那样让私人收藏，装置艺术私人是无法收藏的，它只是表达一种艺术观念，借助于博物馆展出，展出完了，丢了扔了都可以。小的装置艺术可以在艺术馆、博物馆里来装置、表达、表现。大的装置艺术叫大地艺术。比如克里斯托，他基本上可以把巴黎的一个新桥花好多年的时间用布把它包起来，特别漂亮。他甚至受到中国万里长城的启发，将美国的一个大峡谷全部用大塑料布蒙好多公里，耗资巨大。这种艺术手法之新、气魄之大、财力之厚，那是很厉害的。不过这种艺术作品不是能永恒存在的，他的作品只能在展示时拍些录像、照片，展出结束后就撤了。而他做的这个艺术有什么意义呢？他肯定有他的想法，他的洞察力特别强，他具有原创性的东西。所以，克里斯托的艺术表现的是一个过程，这个过程本身，也就显现了他的艺术所带来的某种意义。比方说，你在山谷里拉条蒙布，是要经过政府的批准的，不是说你有钱就可以做的。西方对环境的保护相当严格，因为他的艺术创作过程都要好多年的工程，不是一下子有钱了在半年内就能搞成。为什么说要好多年呢？不是说他包裹个桥要十年八年，而是他做一个艺术都要通过画几百页的专业图，将这些申请文件报到政府去审批，政府批准后回复他的批文也是很厚一叠。这些文件也是他的作品展出的一部分，也是他展示的效果。他的行为本身就展示了它的效果。所以，装置艺术也没看起来那么简单。

四是行为艺术。行为艺术在西方来说也很普遍，有很深的思想内涵。西方现当代艺术主要传达的不是一种观念，不像中国艺术，中国艺术说的是很明确的，说什么就是什么。西方艺术每个人看都不一样。就像我为什么画抽象画一样，抽象它往往能让人回味的多。而你画个黄山云海，它就是黄山云海；你画个桂林倒影，它就是桂林倒影。但是抽象就不同，它具有多义性、宽泛性、不确定性。我最喜欢博伊斯。博伊斯有个行为艺术特别好，他在展览会上，等观众都到了，他用刀把手一割，手开始流血。他拿一块纱布，不去包扎伤口，反而把残害他的刀子包扎起来。意义我就不说了，大家都能感受得到。但是他真正想要解说的意义要丰富得多。那就是，伤害者受到保护，被伤害者未受到保护。当然，这是很肤浅的解释，如果是从哲学、社会学、人类学更多的学科出发去考虑，可能会获得更多的思考。还有一个在威尼斯双年展上，一个艺术家的行为艺术，得过金奖。作品和艺术家叫什么名字我也记不清了。他跟展览馆达成协议，把展览馆所有地面用榔头敲碎，然后再自己出钱将地面修复还原。用机器打，将石板弄碎，弄得到处都是碎沙子，弄得展览馆整个环境都很恶劣。他在馆内上面拉了块蒙布，上面写着二战时候希特勒可能来过此处或怎么样。人们进来走路很容易摔跤，也很容易踩到石管，咣的发出很多不均匀的响声，里面放着希特勒的录像，引发人们更深刻的思考。这就是他要达到的目的。德国是一个哲学的国度、哲学家很多的国度，我对德国的艺术家最敬佩了，他们思考的智慧和达到的深度是非常不错的。

五是影像艺术。它根据构想来置一个短像断点，也有的甚至用摄影的，像照片那样的。我去维也纳当代艺术馆就看过。当时看的全是照片，全是很有名的人，那些照片要细看，要琢磨，不然好像都是随便拍的一些东西。但这一方面，我也缺乏研究。现在，在世界探索艺术起引导作用的恰恰是行为、装置、摄像等这种艺术，它们和当代的哲学联系是非常紧密的。我们学哲学的同学，都可以把这些跟当代的哲学联系起来去看，看当代的哲学家对此问题是怎么看的。

当然，我现在说的都是 20 世纪五六十年代的东西，现在怎么样，我也不了解。但是世界艺术越做越乱，做的东西五花八门，我在想以后会不会做一个太空艺术，在天空上画画。甚至用高科技将作品反映在空中，人们可以在天上看到一幅美丽的图画，这绝对不是不可能的。随着科技的发展，人们的视觉欲越来越大，他要求的已经不是以前的那种。但是我们中国的水墨画仍然是停留在一种把玩的层面。所以与国外艺术表现的主要的几个方面相比，国内基本上是不前进的。国内的前卫艺术家，有的到国外去，有的自己做。但是我们国内的像蔡国强、谷文达等，这些很牛的人，毕竟没有进入西方艺术最主流的视域。那没办法，因为他们根基于他们的文化，他们的作品只是他们的文化的载体。中国人搞当代只能打中国牌，打中国文化牌，如中国的文字啊，中国的某个符号啊。但是这样做又会显得很狭隘。我个人觉得，任何一个文化都与自己的根基分不开。我一个法国朋友，给我写信说，法国有个美学家说过一句话，他说：我们现在这个世界的悲哀就是我们文化的差异越来越小。他认为文化应该有差异。现在国内油画家有搞观念的，也有很激进、很前卫的。但是当代艺术有个最大的特点，这就是对某些现实问题的个人感怀。郝青松写过一篇关于我的文章，《对危机的直面与超越》，文中说，刘一原与其他的水墨画家不同，他直面现实的问题，这恰恰在中国绘画里是非常少的，特别是在中国当代画家之中是非常少的。大家都在搞花前月下，唯美的东西比较多，而带有反思性和批判性的东西相对比较少。我们中国大的艺术环境就是这么一个情况。最保守最顽固的就是国画系，这也是我们的一个悲哀，而且这个问题你也说服不了别人。

另外一方面是水墨。现在水墨分三步：第一步，就是画花鸟、美女、山水、政治题材的，这些在报刊上是都可以看到的。第二步，就是现当代水墨。这里面又分为两个部分。一个是从传统中走出来的，立志对中国画的封闭陈旧性进行改革。徐悲鸿就是这样。虽然徐悲鸿当时利用西方的素描方法来改造中国的画，但是他的出发点仍然是好的，至少他认识到中国旧文化统治的时间太长了，应该反映现实，所以，他当时对蒋兆和这一批现实主义的画家比较器重。另一拨人从传统中走出来，像周韶华、我，都属于转型性的画家。但这当中还是有很大的差距。所谓转型就是有传统的根基，从传统转向当代，这在我们这个专业里叫做转型画家。至于这个提法对不对我也不知道。我自己没考虑过我有没有转型，我就是这么画的。我是个实在的人，我就画我的画，不要戴那个帽子。现代啊，后现代啊，画家把这些东西想得太多还画什么画呢？什么都不能画了！第三步，完全与传统水墨决裂。即他们完全从西方的观点出发，用西方的方式来做水墨。你看了也觉得莫名其妙，看不懂，不知所云。但是我也并不否定它，这里面还是有很多智慧的。其实，在当代艺术中，不乏皇帝的新衣，但是也有很多真正做得好的。这个东西和学养有关，好比年轻人你没有生活的磨砺，你没有在文化上进行深层次的思考，赶赶时髦，做做时尚，然后再搞个一鸣惊人，去出出风头，这是很浅薄、浮躁的心理。但是我还是要支持他们，他们胆子够大；但也可怜，因为那个东西是卖不出钱的。但他们这样比起单纯地当生产机器赚钱还是要好一些。还有一部分人受过了人生的磨砺，他对社会问题有自己的思考，有自己的方式和自己的观察方位，这些作品出来可能会比较丰富一些。

在水墨当中，一拨是从传统来，一拨是从西方来，这两拨可以说分野还是很大的。但我个人认为，有些人也这么认为，做转型画家难。因为转型画家要为他所做的艺术负责，要担当这个责任。他必须要注意两点：上下文的关系和文脉的传承。所以转型的肯定是这样过来的。从西方那边过来的，他不太需要这些，他只需要受西方艺术什么启发来搞一搞。但是从美学史的角度和同学们研究的角度，必须要描述上下文的关系，它才具备意义，如果不描述没意义。所以，这两拨人交织在一起，搞出种种提法，如"新水墨"，大家说提法不对，又有的做"实验水墨"，等等。我觉得我们没必要围绕这么一个个名词去搅乱我们自己的思考。我们只需要对一个个案进行研究。同学们都是学哲学、美学的，我希望你们研究的角度不要站在一个美术评论家的角度，你要站在自己专业的角度。因为只有站在这个角度，你在研究一个画家时才可以别开生面。我曾经说过，我现在不想请专门的美术评论家给我写画评，艺术家也可以写，音乐家也可以给我写，多种专业的给我写可以获得一个立体的认识。因为你的画不是画给画家看的，也不是画给美术评论家看的，你是画给所有人看的。那么，不同职业、不同人群，都可以对你的画表达他们的看法和感受。

以上所谈的我觉得都不是废话，我希望你们站在一个制高点去衡量这些问题。同学们虽然不是学绘画的，但是也必须对专业之中 ABC 的问题有所了解。你不了解这些，不站在制高点上，你怎么看得清呢？就比如你分析我刘一原也好，周韶华也好，台湾画家刘国松也好，你要分析这些画家，你就必须站在一个制高的点，你不达到这个制高点，那就很可能会得出很多错误的东西。你站在这个制高点上，就能对他们做出一个中肯的、客观的、不脱离当下中国文化环境的评价。脱离了中国文化环境是谈不通的。当代艺术面对的是重大的社会问题，同性恋啊，生态啊，人权啊，恐怖事件啊，这些重大的时代问题、社会问题、人类问题，恰恰是当代艺术要考虑的问题。我刚才说的那两个画家，刘国松、周韶华都与这有关。我们要很客观地看待这个问题。这个时代是多元的，如果大家都不在画架上画，都去搞行为艺术，那这个世界就都疯了。不过，我们的艺术是多元的。我们在分析一个画家时就要很客观地看待这个画家的作品承载的价值和意义。因为你们研究某个画家，需要研究这个画家作品的意义。从哲学的角度思考他怎么会是这样？他既然是这样的，他的作品又有多大的意义？还可以从心理的角度来探寻这些画家心里是怎么想的，这样才能得到一个客观的真实的结论。

生：刘老师，我觉得像以刘子健为代表的实验水墨事实上是把传统的东西丢了。他借鉴了西方艺术平面化的处理方式，虽然还用宣纸和墨，但却放弃了毛笔，而改用排刷。尽管他也借鉴了楚艺术、楚文化，以及《易经》的一些文化元素来表现自己对现代性的诠释，但是，难道这种表现方式就是现代的水墨吗？对此我表示质疑。

师：对这个问题，我觉得同学们要有包容的态度，因为刘子健毕竟还是一个有成就的艺术家，但在学术上你可以提出这样的看法。我可以不赞同你，但我没必要否定你。因为每个人都有自己存在的合理性，对于画家来说也就是他的观众有多少。每个艺术家都有对应他的一部分观众。就是齐白石也不是所有人都看好的。很多人看好齐白石，是因为他名气大了，而不是真正看好他的艺术。在这样的情况下，名人效应也很重要。谈到关于你说的刘子健的问题，我们原来在一起也还都比较了解。其实，我对刘子健也同样有不同的看法。我的看法是你刚才说的他的文化性的问题，即他脱离了文化之根。这个说法不完全准确。因为他的作品中的意味、水墨的渗透性、中国画性能仍很强，他只是没用毛笔而已，他的图式都是纯抽象的。我对他的看法，若跟他探讨的话，他也不见得同意。我认为，他的那种画法可以用综合材料来表现会更有利。因为，他现在用的材料是纯传统的材料。任何一个艺术的表现是与所使用的材质分不开的。比如笔墨，强调笔墨除了要有中国文化性之外，中国的材料的优势就是表现笔墨的。那么当你用这一种最能发挥材料的优势来去表现它，它就能发挥它的意义。所以我曾经跟子健说过中国画的用笔也很重要。其实他自己也很困惑。他的画我还是喜欢的，但我也有看法。他的画在整个实验水墨走向之中受欢迎不是太多，相对喜欢我这样的多一些。按说他的东西比我走得更远一些。这个问题可能也就是你说的那个问题，其实也不一定是文化性问题，而是材料本身的发挥问题。宣纸可以丢，但是毛笔是一个最重要的武器啊。但是我们要是过度地谈毛笔，似乎又显得太保守。为什么用笔呢？以前画油画讲究油画的笔触，但是后来不用笔触也可以了，给油画上贴瓷片、弄稻草，这啊那啊的，那又怎么说呢？所以我认为刘子健加入一些综合材料，会更好一些。

生：刘老师，我看您的作品很多都采用了线条交错的网状的符号。作为一个艺术家很难的就是把他个人的符号提炼出来。那么，您的这种符号是怎么一步步提炼出来的呢？

师：其实艺术家不是搞设计的，它不可能是我想好了基于一种什么内涵再画出来的。艺术家的画不是想出来的，是画出来的。你在画的过程中它就会显露出来，当它显露出某种东西的时候，你觉得这种东西是我想要表达的东西，然后你就会把它强化。比如我随便画出了网状，我觉得很好看，很有意思。就像我刚开始画白粉的时候，用白粉来修改作品。因为当时我是想解构传统进行改革，把自己的东西与传统的分离开来。但是，当时我画的画特别注重和讲究笔墨，但是你笔墨画上去之后再用白粉一涂不就糟蹋了嘛！我当时想得很简单，我就觉得中国山水画老那样画不行，一定要破坏掉一些东西，不破不立。破字当头立在其中，真的，这个在艺术创作中是个金玉良言。所以，我当时就用白色来修改画面。我把白颜色很厚很浓地涂在画面上，我根本没想着画画。但是，我当时就震动了，这正是我需要的东西，它也是很偶然出现的东西。确定了之后，我在画画之中就不断地强化它。所以后来画得很多很好的山水，根据一般人的看法，都认为画得这么好的山水，笔墨画得那么好，是应该保留的，但我自己就开始强制性地把画得越好的山水破坏掉，其实就是自己糟蹋自己的画。慢慢地画了一段时间，这种白粉的语言就独立起来了。我这种白粉语言独立的一开头，只是在画些白的线条、白的东西，还没有演绎成像今天这种状态。今年你们在我的画里还看不出来，明年你们就能看得出来大面积的白的是怎么搞的。因为一开始，白粉只是辅助画面，当你的白粉抽离了之后对画面并没有太大影响。但是后来画的，你抽离了白粉这个画面就变味了。那白粉在这里就不再是可有可无了，它是一种新的媒材。实际上这也是应用了新的东西，我没有用稻草，而是用了白粉。

网状也是这么回事，大家看我的东西，总是觉得有一种悲情的色彩，有一种对抗、冲突，悲情，所以我总是说我画的画有点凄美，它不是那种甜美的。这与我的人生有关系。我很小时父母就去世了，在外婆家长大，思想一直都很单纯，没有受到过社会上的什么不良影响，也没有特别的受到娇惯。所以家庭环境还是可以的。其实我受到苏联的影响还是比较大。苏联也是一个灾难深重的民族，这个民族的后劲还是很大的。那个时候看《复活》、《上尉的女儿》、契诃夫等苏联影片和苏联文学，受它们影响很大。那时我就特别喜欢看悲剧性的外国影片。这是天生的，倒不是因为我小时候没饭吃，也不完全是因为我失去了父母。我那时才四五岁，虽然母亲去世了，但是外婆还是把我当个宝贝，生活也还是可以的。所以，有些情结它是与生俱来的。当然，也会受到文化上的影响。从文化上来说，我当时接受的是苏联的教育，那里面就含着很多悲剧性的东西。后来，跟皮道坚关系很好，他的处境也不是很好，所以当时跟他接触，他也介绍很多东西让我看。包括后来我喜欢的音乐也是喜欢莫扎特、柴可夫斯基、贝多芬的这些悲剧色彩很浓的音乐。直到现在都是这样，绕不开这种情结。因为我觉得含有一些悲剧性的东西它似乎更耐人寻味一些，它更容易引起人的反思。所以，这个网状，我就是觉得人们都生活在愁苦之中，网状就是为了表现这种不自由，又要冲破去寻找自由。后来有很多朋友跟我说过，说刘老师你这个网状很好，让我把它强化。

生：您的画，就如刚才您说的要传达很多不确定的、丰富的意味，那您的画要怎么命名呢？就像波洛克那样很多画编号？

师：波洛克和我的东西完全不一样，它完全是一种滴洒意识，尽管他是艺术大师，但是他的东西我不太喜欢。他是通过一种滴洒行为来表现自己的一种艺术式样或花样吧，我对花样这种东西不太喜欢，他的滴洒谈不出蕴含着多少深刻的思想，这跟我是不一样的。我是把思想放在第一位的，相对来说这也是难度比较高的。所以，我现在的作品一方面是表达个人的情怀，它们容易与大众沟通；另一个主要作用是对现实社会和现实人生的体验。都是大幅的画，不能画小，画小了也达不到那种对视觉上的冲击。所以，你们说的关于情感的问题，艺术家离不开想象，而想象力是通过情感激发出来的。一个艺术家没有丰富的情感，就不可能有丰富的想象。比如说一个冷若冰霜的人，他很麻木，不懂感情，没有敏感的情感，他会有多大的想象力？没有。想象力都是由情感激发的。就像音乐也需要想象需要灵感，艺术家如果没有情感，不可能创作出动人的作品。情感就是表现在对人生的感悟、人生的联想，或是看见别的东西所获得的一种通感。其实，编号这个事情是这样的，音乐作品也有编号。我的作品发展到后面我也只能用编号，没办法，我不可能把一个名字老拿来用。你说如果我画了两千张画，你让我取两千个不同的名字，那也是很难的。一开始不用编号是为了让别人认识我。认识了我的这种风格之后有的就可以用编号来进行命名。

生：你有没有一些外国的朋友，他们看到你的画面语言是什么感受？

师：我的很多外国朋友他们主要还是从图式上、氛围上感受我的作品，不可能从笔墨上感受到什么，内涵上也很难感受。我有很多国内的朋友说，刘一原可惜了，传统画画得那么好，现在竟搞些西方的东西，把传统的笔墨都丢掉了。但是西方人不那样看，他们说我的传统功力很深。但他们无非还是感觉到我的艺术本体中有很浓烈的中国传统文化气息。你不能说他们看得有多深，因为他没办法体验。中国的笔墨是很高深的，你就是读美术学院读了几年都未见得会读得懂。因为，这个东西不是像书上那么学就能学会的，你必须经过好几个阶段才能体会到。比如说，中国画要有冰生烈焰这种感觉。就是，我画的并不火气，你看我非常平静非常冷静，但是里面却爆发出无穷的热情。你看倪云林的画那不就是冰生烈焰嘛！你能看得出来冰生烈焰吗？中国画的笔墨高明就高明在这里。因为中国画的材质决定了敏锐性。中国画的笔和墨，还有纸，都非常敏感。比如说纸，水的多少、浓淡、干湿、粗细，它都会非常敏锐地把它记录下来。有人说，中国画的笔墨就是画家的心电图。

再比如书法。书法为什么那么美？因为欣赏书法对了解中国画的笔墨特别重要。你对中国水墨画的欣赏还有个图示引导你，但是书法没有。它写了一堆字，你看不出个头绪，但是你会觉得它美，这种美是一种单纯的笔墨间的本质性的美。所以，对中国书法的欣赏不是让你看草书、看篆书。中国书法不可能是抽象画，它和文字有关，它不可能抛开文字的特征去做一个纯抽象的表达，那样就是抽象画，不是书法了。所以，书法它必然还有一个虚体的外衣。以上这些是外国人所看不懂的。

那么，外国人能看懂我什么呢？外国人首先会觉得你的图式和我们以前看到的中国画不一样。1992年，嘉士德邀请我去法国办画展，费用他们出。当时法国政府官员跟我说："我去过中国很多次，但是像刘一原这种很有特点的样式我们还没有见过，所以邀请你来办画展。"外国人看我们中国主流绘画的一个展览，他认为好像都是一个人画的。他根本不认为是几十个、上百个画家画的。因为他们看着觉得都差不多。所以，"差不多"这个东西导致我们很难被西方艺术家认可。西方讲究个性，中国讲究共性。中国的一个画家个性太强了，就难免有一些反对的意见。别人都那样，你一个人怪一些，你非要标新立异。所以，当一个革新的艺术家相当难，会面对很多非议。我现在才觉得天亮了，20年一直画的全是一片反对声。我坚持、坚持，他们的眼光、认识也一直在不断地提高。艺术家应是一直走在前端的。有个很有意思的事情，我当时的画给别人看，别人说你画得一塌糊涂，过了七年我还是把那幅画拿出来展出，那个人说你现在画得进步多了。他当时说一塌糊涂，现在又这样说，那说明不是我进步了，而是他进步了。所以，你们从艺术家的角度来理解艺术家，应该是具有引领性质的，没有引领性质是没有意义的。为什么这样说呢？你们都是搞哲学的，应该都比我更清楚。比如马克思说，当你们创造了这个产品的同时，也创造了使用这些产品的一些人。一样啊，毕加索不仅创造了他立体派的作品，还创造了一大批立体派的粉丝，这就是艺术家的功绩、社会作用啊！原来别人不知道"心象风景"，现在一提到"心象风景"就知道是刘一原的，那我就创造了一批"心象风景"的粉丝，这就是我的社会功能啊！所以艺术家起的引领作用极为重要。这个引领不是一种低能的扳倒，而是你的作品能不能征服别人。但是，你也只能引领一部分人，要是说引领全中国人，那不可能，因为口味不同嘛！你说鲍鱼好吃，可我不喜欢吃，我喜欢吃武昌鳊鱼。这就是多元。多元是一种包容的姿态。我们也确实应该对人百花齐放。但是百花园里也不是每朵花都是起领冠作用的。评价一个艺术家不是看他的作品画得好不好看，还在于他起到一个什么作用，他起到的作用多大，这个作品带来的意义多大，才能够去评判一个艺术家的价值。所以，同学们都不要问我，刘一原的画是怎么画的？画出来是怎么个效果？这都是次要的，你要问我在时下起个什么作用。所以，同学们搞哲学、搞美学，好像不必要把画家的艺术实践搞得很清楚，但是作为你们了解情况，是肯定要搞清楚的。你不了解这些情况，你们下去做这方面的研究就只能是隔靴搔痒，不一定能说得很到位。

生：我对您的转型特别感兴趣。您其实有几十年深厚的传统功底，但是您现在放弃或者说部分地放弃了您非常擅长的东西。您的破，破的是您最擅长、最被大家所认可的，立，是新的、是未知的、不被大家认可的，没有路可寻的。那么，是什么东西支撑着您坚持下去，是什么让您选择了这份担当？

师：你要研究一些画家，缺乏了上下文的关系那就很难说。同学们，我们搞研究要很客观地对待画家。同学们也可以对我的艺术作品提出不同的意见，甚至想不通的，反对的意见都可以。大家研究学问要采取一种真诚的、公正的态度去看待这些问题。比如，你们研究刘国松、周韶华，我都可以谈我的态度。你们将来也可以采访这些画家，看他们怎么说。这样综合起来，我们就能了解得更深入。

我非常认同你说的那个词——"担当"。这个词很重要。实际上担当是从责任心来说的，作为一种文化现象，它需要担当。但是，艺术家不可能在创作的过程中把担当放在第一位，最重要的还是情感所致。比如很多音乐家，如贝多芬在创作时根本就没有想过要怎么样，他只是把心里的那一份想法宣泄出来，就是为了宣泄，没有别的，就只是想把他的想法倾吐出来，完全地倾吐一下。我有这个想法我就想去做，至于你们能不能共鸣，你们怎么想我不在意，我只是因为我心里想说这样的话。但是，现在很糟糕的是，在市场经济下人们的功利性太强，很多艺术家画画就是为了要赚钱。可过多的功利心就会使人失去真情。本来很多有才华的画家，他也可以表达自己的东西。但是一想这样不行啊，那样不讨好，而且时间很漫长，任何一个实验都有可能失败。你像刘子健，其实他苦苦地坚守那长时间，而认可他的人还是那么少。可他仍然顽强、不畏一切地坚持，你让他改变是不可能的。这种坚守其实到了最后是你自己给你自己下评论。就像我，我搞心象风景，如果到最后我只是个牺牲者，那就牺牲了算了，那也没什么。你说凡·高，他那时候画画也没考虑那么多。他带一点神经质，他就想把他脑子里想的，心理感受的全部倾吐下来。

其实艺术家是别无选择的，艺术家不存在选择。如果选择，那就是功利的。我曾经说过，我是原创性的画家。其实，这就是把自己逼到一个死胡同里去。你非要在那个死胡同里打一个通道，那是没办法的，因为我前面没有路，我就只有这一条路。如果有很多路也就不可能构成原创。我曾经读过一本书，叫《艺术家生命的向力》，这本书写得很好，我也受到过这本书的影响。它里面就谈到了艺术家的创作。它说："一个独创的画家，首先是独立的，然后就变成了一个孤独者。任何原创性的画家，没有达到孤独的境界就不可能达到原创。"独立，就是我尊重我自己，我不跟风，我就做我自己。这种独立性太强了就成了一个孤独者。就像海明威，他在得了诺贝尔奖发言的时候，他就说：我希望作家不要在太热闹的地方成天转，你就把自己孤独起来你就能写出好东西了。你孤独起来你就不是拷问别人，而是拷问自己了。当然，这个东西又涉及我们刚才说的丰富的情感。你对人生、对社会、对自己都要有丰富的体验。你没有丰富的情感体验，冷若冰霜怎么行呢？我有一幅画叫《超尘之心》，一滴水珠从网状中滴落了出来。当时殷双喜也说了，他说当时我孩子去世之后，刘老师他尽量解脱自己，这个水滴也可以是一滴水珠，也可以代表刘老师的一滴眼泪经过很多磨难滴落在蔚蓝色的空中。这个原画很高、很大，有三米。所以，这就是情感所致。这种情感所至不管是怎么说，还是跟西方画家不一样。从情感这方面，西方因为科技的高度发达，它更注重发明、发现。比如印象派，他就是受到光的启发。在国外对光的研究比较多，与各种高科技的研究都有关系。而我们国家跟科技之间没太大的关系。西方现在很多关于当代艺术的说法，都跟科技紧密地联系在一起，像用多媒体啊什么的来做艺术。而我们做艺术多半是通过情感。当然这种说法可能很落后。西方他们关注的是重大的政治问题和世界问题，他们可能站在另外一个角度，如果从哲学的角度来说，他们比我们更接近哲学。实际上很多艺术家觉得自己就是个哲学家。

画家不是孤立的。我在20世纪80年代中期是活跃在一个大圈子里的。比如武大的邓晓芒、易中天啊，很多搞哲学的、文学的、历史的、经济的人，我们都是在一个文化圈子里的。我们每个星期都要举办一个座谈。当时我们这一批人，可以说是社会精英吧，都是经历过"文化大革命"，饱受"文化大革命"的洗礼和挫折的。我们这批人和今天的年轻人不一样，我们都经历过很多磨难。我们这批人当时同时考研究生，个个都考取了，没一个掉下来。那时候考取研究生大家也都感觉到很荣幸。就是这批精英，起来后就全部被录取，学校需要这种人啊。这些人在思想上个个都是多愁善感，对社会负有责任心，当时每次搞讲座都是这样的。但是，这种文化的碰撞、交流也使我的很多朋友都受过难、坐过牢。我自己虽然没坐过牢，但也经历过很多坎坷。这一切的东西就在我心里积压着。当然主要还是受苏联文学的影响特别大。我就不喜欢施特劳斯的音乐，我觉得太唯美了，我就喜欢那种比较悲伤的。再后来我觉得人家那么大的作曲家，我只不过是个外行，我还有点怀疑我的判断。再后来我翻开音乐史，一看别人对他的评价，说他的作品是宫廷音乐，比较肤浅，这还是证明我的判断是对的。所以，带有反思性的东西、叩问心灵的东西，它的价值可能就更大一些。这方面，我们跟西方人不一样。你比如我画的画，再怎么样，它还是带着一些美的成分的，它有中国人的那种审美观点。

我不是说我做得有多么了不起，但我觉得的我转型还是很对的。因为我们国家就处在转型之中，我们国家的政治、经济　切都是这样。但是像我这样的画家太少了，少得可怜。所以我现在想找个伴，找个对话的朋友就很难，我就很孤独。虽然我有很多学生，但学生都是听我在说，能够达到情感上的交流和共识是不容易的。这与每个人的年龄、经历、体验都有极大的关系。

以前在一起吃饭的时候，有一个企业家，他也很热爱艺术，他觉得那种纪念碑似的艺术特别美。我说美有两种，悲剧也是一种美。悲剧让人边流着泪边把它看下去，悲剧也有它的美嘛！他说，我们中国从古到今都没有这样的东西。我说你错了，那是你对历史不了解。我说举个例子给你听。明代的唐伯虎，画了一幅画《秋风纨扇图》，画得非常好。上面题了首诗："秋来纨扇合收藏"，秋天来了还拿着夏天纳凉的扇子把它抱在胸前。"何事佳人重感伤"，这位美人，秋天来了你为什么还这么伤感呢？回答："请把世情详细看，大都谁不逐炎凉。"是啊！很多人用你的时候把你抱在怀里，不用的时候就把你扔掉了。古代画家的聪明、智慧它就在这里，它用的是一种古典的思想。你看这个诗你才能明白它的意思。你不看诗，你也不知道是秋天，你也不知道为什么伤感。因为古代的诗书画本就在一起的。但是我们这个时代就不能那样。我的画上就很少用诗，我觉得那样很守旧。用绘画语言会更直接一些，而且用绘画语言表现会特别难。你看扬州八怪之一的李鱓。他画了个青李子，他题了一句："天下多少皱眉人。"李子酸啊，你吃一口酸的就把眉头一皱。这也是画家表达自己对现实的一种感受。这种例子可以举很多，郑板桥、齐白石都有。我们过去的文人雅士、画家，他也不全是表现世外桃源的那种东西，他还是要表现对现实的一些看法，这个东西是不可能离开现实的。所以我觉得中国艺术就是表现人生情怀的东西。只是我们现在不是用那种方式。

　　法国有一个画家，拿着刀片在画布上啪啪啪画了三道口子，他提供了一个视点。还有杜尚，他把小便器拿去展览。这些艺术，确实改变了很多观点。这些都是充满着睿智的作品，非常好，我很喜欢。但是你学他就不行。所以，我们不要随便称什么大师，哪来那么多的大师啊？现在还动不动就搞个什么大师班。其实我觉得大师真正一个世纪能不能出现一个都是个问题。我现在很实际，周围的人都说我很低调，我之所以低调是因为我太知道这不容易了。因为一个人，他毕生的精力能把一桩事情做好了，这件事情还存留在别人的心里，那就已经不错了，就该知足了。你一下子做这，一下子做那，难不成你还想当达·芬奇？又是建筑家，又是数学家？达·芬奇他们那个时代不一样，它分工不细啊。今天的分工这么细，艺术是多么庞大的一个东西，你只能在这里面找一个适合你自己的东西去做一点东西。比如你现在说一个人是个山水画家、是个花鸟画家，这个概念太模糊了。什么叫"心象风景"？"心象"就更主观，也可以是心境啊、心绪啊。"心象"是一个中国词汇。"风景"是从日本移植过来的一个词汇。我为什么用"风景"？别人说刘一原是心象山水，我说你说错了，我不是心象山水，我是"心象风景"。因为我已经脱离开了山水那个具体的东西，我表现的比那个更多。别人问我那什么是风景？我说任何事物都是风景。比如说一道靓丽的风景线，它也不是指山水啊，它可以指某一个事物啊。所以，现在喜欢我的作品的人还是比较多的。他们喜欢主要是从这几个方面看的：有些人家里现在都搞的是洋装修，搞得很现代。刘老师的这个画挂到屋里，现代！跟我现代的家具、现代装修很搭配。他们这么想也是对的，因为艺术装点生活也是很重要的。但是，艺术最重要的不是装点生活。所以，我们说的这个艺术最重要的就是考察思想深度。如果有的人，他没有思想深度，但是他的确在艺术语言和艺术表现方面作出了独特的贡献，那么也应该记录。他不见得有多少思想，但是他就是做出了一个与众不同，而且你觉得很不错的东西，他也应该被承认。所以说，有的是质胜于文，有的文胜于质，侧重点不一样。有的在形式上做出花样，有的在内涵上做。当然我们觉得文质彬彬最好，但是，文质彬彬是需要达到一定高度的。

生：刘老师，我看到很多批评家说您的作品是"抽象水墨"。我个人不太希望他们给您戴上这样的帽子。很多批评家这么说，是拿您的作品跟古代的山水画相比较的。但其实很多古代的山水画它也不是具象的，它是意象式的表达。就拿您的画来说，您的画也不是抽象的。赵无极的画就是完全抽象的，您与赵无极的画也不一样。因为抽象这个概念是西方的，而中国很多搞艺术史研究和艺术批评的人都喜欢用西方的这些概念来概括一些很难概括的东西。比如说您的作品，您用网状、十字状和白粉打破一种原有的秩序，实质上是一种心象的表达。从这一点讲，把您的作品概括为"抽象"这个词，我觉得有点太笼统了。

师：是的，我也不同意他们这么说。你这个说法很好，很多人也跟我提出过这个看法。一说起抽象画，它其实是西方的。像波洛克的画，它就是抽象的。清华大学的那个博导"岛子"，写了篇文章，说《刘一原意象型的抽象水墨》。他在抽象前面给戴了个帽子——意象型，但是他又不能完全说是意象型，因为我们中国古代的绘画都是意象型的。所以，他提出了"意象型的抽象水墨"。但是，他的这一种提法究竟合不合适，那只能随着以后人们对这个问题的讨论、研究，看用一个什么方式去看它。其实，"心象风景"只是我作为策略上的一种提法，我并不是把它作为一种艺术形式来表现的。"心象风景"只是代表我画的画，不是成为我的艺术形式和艺术方式的提法。"心象风景"是当时殷双喜写的关于我的文章，里面提到了"心象"，也说到了"风景"，我就把这两个词汇连接起来。在1998年的时候，我办个展，皮道坚给我写评论。我说，你要换个提法，你不要写刘一原现代水墨，你说现代水墨别人还是记不清楚。你要想个办法提个标志性的东西，让别人能记得住。这样，就提出了"心象风景"。这也只是个策略，老拿来提也就没意思了。但是，你一说到"心象风景"，别人马上反应说刘一原，这就行了。

关于抽象。因为在"八五新潮"，以及以后经济改革的时候，我们接受了西方的表现等很多东西，所以学界说"我们吸纳了西方的什么东西"的这种提法很多。后来随着我们不断地跟国外交流，我们自身也不断地在发展。很多专家就反对提"吸取西方的什么东西"，他们认为实际上这些东西就是我们自己的东西。但实际上，内在地还是受了西方的影响。所以，这个东西你是怎么个提法还是有待研究的。但是，对抽象绘画的这个提法，很多人是反对的。其实，"抽象画"这个概念，在西方就是指专门玩抽象形式表现的。而我的画不是抽象形式的那一种，它应该还是意象的成分多一些。但是你看我纯形式的表现，又觉得它抽象的成分又很多，它没有任何具象的东西。比如说我画一块黑的，我又用白的拉出几笔，你一看它又挺像抽象。所以，这个界定很难。但是有一点，我这么画在我心里是为了表达一种很浓的意味，我绝对不会在形式上做花样。我要是想做花样我能做出很多种花样。但是，我觉得那无非就是花样。所以，从严格意义上来说，我不是太喜欢西方的那种抽象，虽然，西方的抽象也有很多很好的作品。因为抽象艺术应该是一种很自由的艺术。按照他们的说法就是越有限制越自由，你有了限制你才有自由，不能没有规矩了。所以，我的东西约定性是比较强的，画起来很自由，任意发挥，但是它最后是有一个约定的因素来框架这个作品，由此，这个作品才成立。所以，我不是随便画的，我要考虑每一个地方、每一个局部，要让它构成一种意味，一种耐看的意味。至于它原来本身说的什么东西，那你自己去体会。所以，有时候批评家包括你们这些搞哲学的同学，在对作品进行深层体会的时候，你的感悟往往大大超出了我的原意，这就是特别好的了，形象大于思想，进而能达到一个更高的境界。

生：您在笔墨上用白粉很多，你是如何使白粉与笔墨达到一种平衡状态的？

师：其实我用白粉是用墨一样。很多人说我这样做是丢掉了传统。其实我认为这么说的专家他还没有好好研究传统。现在很多人谈传统，谈的不是传统的里层，而是表层，他们不知道里面是怎么个样子。那么，什么样子才是传统呢？好比我用一些笔触，笔触造成的飞白，笔触与笔触之间的意味，那就是传统！你说刘一原画的没有传统，那你找个西方人过来画画试试？他绝对画的是另外一个样子，因为他没有接受过这个熏陶。所以，传统型的画家，你要让他没有传统的东西是不可能的，除非换血，把他身上的血液全部换掉，另外换上新的血液。况且，你人总归还是中国的啊，你还存在一个文化基因的问题啊。所以，要破，我就必须丢掉一些东西。我举一个例子：比如我手中的这杯绿茶，这是满满的一杯茶，是最纯正的中国元素。现在流行喝奶茶，我把奶倒进去，但它全部漫出来了，我必须把茶泼出去一半，然后才能把奶倒进来，它就变成奶茶了。你又想革命，你又不想丢掉一些东西，那怎么行！你把奶倒进去，它还是个茶啊！你必须倒掉一部分茶，奶才能倒进来，它才能变味。所以，要破，必须先丢掉一些东西，但是精髓的东西不能丢。比如诗意性，我画画讲究这个。我不是要求我的画具有诗意性，而是它自然会有诗意性。这个问题我在跟别人谈观念艺术的时候谈过。我跟别人说，观念艺术很好，我很喜欢，但我不要天下人都做观念艺术。为什么呢？可能我描述的东西是个人的东西，是人文的东西，是一种人生情感的东西。人生情感，喜怒哀乐，不管死亡、新生、病痛、欢乐，一切人生的欢乐和苦难都是艺术的永恒题材。除非你能变成一个机器人，但是现在的机器人还会报复呢，它还有不满足的地方呢，前阵子还说有个机器人自杀了呢。所以人都有他自己的想法。我认为有些青年人多虑了。当然，我是很开放的，我不是反对新语言。如果我跟他们对话，我会跟他们说：你们不要以为刘老师老了，等你们到这个年纪的时候可能想法又变了。你看好多科学家，爱因斯坦到年老了他还信宗教呢。因为很多东西不是你能主宰和控制的，人类的认识是有限的，但是人面对着很多现实的问题。作为一个科学家应是无神论者，他怎么会信宗教呢？因为作为一个科学家来说，他认为他无法解释的东西实在是太多了，宇宙那么宏大，太神秘了，那是无法驾驭和改变的。就像每一个人，比如韩国总统朴槿惠曾经说过："人生的痛苦你必须你自己亲自经受过你才会领会那种痛苦。"这个说得很对。现在的很多评论家，完全不考虑画家的背景，完全不考虑画家的人生，单对着作品你怎么看得懂？因为这个作品就是画家心里流淌出来的东西。你不了解画家的这些东西你怎么看得懂？还有心境，你不了解画家的心境也不行。好比刘一原的作品为什么总是有一些具有悲剧性的东西？那你不了解我刚才说的我的那些经历和我的文化圈，你是不会理解的。所以，我希望你自己没经历过那个东西就千万别去否定。心境是个什么东西？就好比这家结婚，这家有人去世，这两家是绝对不可能谈在一起的。你说你多么幸福，他不理解；他说他多么悲痛，你也无法体会。所以每个人他必须亲自接触、亲自经历才能体会。我的孩子去世之前，我原来遇到悲痛的事情，我只是在理性上有一个同情心，别人家的孩子遇到意外去世了，确实感到很同情，但仅此而已。今天就不一样了，今天看到别人家的一个孩子突然遇到意外去世，我就会想到就像我自己的孩子一样，就会感到很悲痛，因为我经历过啊，你不经历过没办法体会的。但是这个经历不经历还在于个人，有的人他多愁善感的就容易这样，有的人他没有那样的一个深切体验他就会看得淡一点。也不是说看得淡的比看得重的人缺少人情味，每个人的情感程度是不一样的。但是，有一点很重要，就是你必须亲自体验，你才会明白。好比郝青松曾给我写的那篇文章《对危机的直面与超越》，我就很感动，因为他确实是走到你的心灵当中去了，这种评论家我很赞赏。他不是从表面上看你的画，看这个画得好不好，那个画得怎么样，他是看出我心里面的东西了。

所以，同学们学哲学，哲学是探索人生的思维的，把艺术家作为一个个案研究，你一定要对这个艺术家创作这个作品时的想法进行研究，他为什么创作这个作品，他是怎么创造的，从心理的角度去审视它，揭示真理。所以，我觉得你们的担子很重，你们千万不要觉得自己是圈外的人。因为在西方，艺术批评和哲学是一码事，必须站在一个哲学的高度才能认识它。而我们现在是就事论事，就事论事很多事情你就谈不清楚。而且现在很多人对传统也不了解，好像你画个传统的山，画个传统的绿，那这就是有传统了，不是这么回事！我有一个西方的朋友说，刘老师你的画的传统太好了！老外说话很直接，他不会奉承人的，那是他能体会到。他说过一句很好的话："刘一原的艺术创意地吸取了西方的现代性从而为他中国式的表现服务。"他这个说得非常好，非常贴切。你说他说得没有深度也好，但是他就是说得非常贴切。你看他把"中国式的表现吸取了西方的现代性"这个接挂得非常准确。我们的水墨是从古典形态走向现当代的。其实，艺术的功能不是想象的那么大，千万不要把艺术的功能想得太大。所以有些艺术家不可一世，好像自己是救世主一样，我特别从心底感到别扭。不是那么回事！艺术家有多大的权力？我觉得艺术的职能在公众当中就是用他的切身的体会和体验来感染与他有共识的人。我曾经说过一句话：我没有考虑过我的艺术当不当代，我也没考虑过我的画是否有当代性，是否民族化，我只是把我心底里对现实社会、现实人生的感触描绘出来，与我有共同感知的人做心灵的交流。就是这样，很贴切。

所以，同学们以后做学问的时候，要注意几个问题，第一，不要说假话。说假话很恶心人的。第二，不要说套话。说套话别人会吐口水的。第三，不要说玄话。除非你学问相当高深，像那些老一辈学者，说出这样的话让别人摸不着头脑。但我还是喜欢厚积薄发、深入浅出，然后用很平常的话说出来，也用不着说很多话。有很多美学家，对你们来说可能已不是你们很重视的人了，但是我非常喜欢他们，比如宗白华、李泽厚。他们虽然也许谈不上是哲学领域内的一代宗师，这个你们心里都有数。虽然我不是很懂哲学，但是我有一点，我不管你是什么家，你要是说了一句很一语道破的话，我就非常尊重你。同学们你们做学问有一点很重要：做一个明白人。聪明人是不要说的，我们现在个个都是聪明人，没一个是傻子，但是不一定每个人都明白。好比你看到了个绘画大师，你马上就顶礼膜拜，那你自己得有判断力啊！我说的"明白"，一方面是说我们观察世面、观察文艺界要明白，还有一个方面是要对自己明白。要明白我的长处、我的短处，我是个什么样的人，这个很重要。

生：江澜是您的学生，通过我跟她平日里的接触和交流我发现她的思想有很多方面都是受到了您的影响，包括她的画。

师：是的，她本科、研究生都是我带的。我的教学观点，我特别反对当前，尤其是在艺术行业里面培养跟自己一脉相承的弟子，这个我不太赞成。我认为艺术是个创造性的劳动。我认为导师就是你帮助他完成他的事情，不是你要他去做你的事情。毕加索后来有多少传人呢？如果世界上要是再有一千个毕加索那怎么能行呢？大艺术家后面都是没有传人的，也不必有传人。这跟工艺美术不一样，工艺美术师的非物质文化遗产，它必须有传人，它是要保留技艺的。好比我，我画个心象风景，我让你们也都给我画个心象风景，作为保留技艺，这样怎么行呢，是不行的！艺术跟科技不一样，你发明了个什么元素、什么配方，都要高度机密，因为那属于是商业机密。但艺术不一样，别人说刘老师你那个东西是怎么画出来的？我说不要紧我告诉你我是怎么画的，因为我那个东西是情感所至，你没有那个情感，我告诉你怎么画你也画不出来，就算画出来了也是徒有其表。这个观点是我一直坚持的，不是受到什么人的影响。有的艺术家很狂妄，也不是件坏事，比如说我之前跟你们说过的画家沈爱琪。我以后遇到这种好的画家也会给同学们推荐。大家有兴趣真的可以研究，那都是有话可说的，他的故事比我的都多，而且也很有意思。我应该说在艺术创作上是个蛮偏重感情的一个人，但是严格地说，我还是偏于理性的一个人。沈爱琪完全是个感性的人，但是让人很敬佩。有些艺术家是上帝赐予的，他就是这种。

沈爱琪，他的工作室比我的大多了，他的画室乱七八糟的，但是那里面的氛围特别能打动人，让你折服。但是，他不善言谈，你只能去感受，你要问他什么，他口出狂言让你摸不着头脑。怎么说呢，有的画家他不善于表达，但是他内心世界很丰富。他其实很谦虚，但是骨子里面有傲骨，是个很有意思的人。你们接触这样的画家，才能真正了解艺术的真谛。我跟同学们谈的都是跟做学问相关的。真正的艺术是撇开了很多东西的。而我们的主流艺术在中国人心目中第一就是你当官了没有，你是不是美协主席，是不是院长，教授都不算什么，因为教授太多了，主要就是行政职务官。第二就是你的拍卖。要做一个大艺术家，你要有全方位的能力，仅有专业水平是不够的。我曾经看过一个美国社会学家写的文章，他说，一个艺术家，专业能力仅仅只占30%，70%都是你的运作能力。但是我们要做艺术研究的时候，这些所有的东西都要撇开。因为掺杂着这些东西谈不清楚。

其实，现在很多人把艺术当成一门手艺了，根本没有对它进行深入的研究。我在想，如果艺术只是一门手艺的话，那要那些美术馆、博物馆做什么呢？建立这些美术学院做什么呢？那直接让师傅带徒弟不就完了嘛！正是因为它是一门学问，还是一门高深的学问，所以才有美术学院、有美术馆、博物馆。在这个浮躁的社会，我们就尽自己的能力做好我们自己。

（录音整理：武汉大学哲学学院赵婧）

中 国 美 学

秦代山水美学基本范畴与理论特点[①]

雷礼锡

公元前 221 年，秦王嬴政统一中国，建立秦帝国，称始皇帝。短短 15 年之后，刘邦在公元前 206 年攻破咸阳城，大秦帝国宣告覆亡。大秦帝国命运短促，却是学术史的一个重要转折。如果说先秦儒道二家过分注重精神层面的伦理规范与思辨哲学，那秦国就是推崇法家思想，高度重视社会实践。以都城咸阳、阿房宫为代表，秦帝国结合山水阴阳观念而大兴土木，使得建筑、园林与城市成为一种独特的自然与社会伦理环境系统，由此形成了以法家思想为基础，兼容儒、道、阴阳观念，具有明确实践取向的山水美学范畴与理论特征。下面以商鞅、李斯、嬴政为代表，概要评述秦代山水美学基本范畴与理论特点。

一、商鞅：壹山泽

美学界在谈论先秦山水艺术精神与山水美学问题时，普遍关注儒、道两家的思想，却忽视法家对待自然山水世界的实践美学立场。法家思想在秦国发挥了思想领导作用，并为秦国统一大业作出了不可替代的重要贡献，与此同时，统一中国之后的秦王朝大兴土木，从环境设计美学角度实现了自然山水世界与人工建筑系统的自觉融合，比如从阿房宫渡渭水达咸阳，构成一个完整的建筑体系，"以象天极阁道绝汉抵营室也"[②]，堪称"象天法地"的建筑杰作，是风水堪舆之术的经典产物。但此风水堪舆之术与秦国一贯倡导的法家思想究竟存在怎样的内在关联，还必须回到秦国与秦朝的社会主流思想史与美学史，必须

---

① 本文系湖北省教育厅哲学社会科学研究重大项目《中国山水美学基本范畴与理论特色研究》阶段性成果之一。

② （西汉）司马迁：《史记》，线装书局 2006 年版，第 33 页。

用秦国(秦朝)而不是后来形成的思想理论范畴去解释。商鞅就是需要首先关注的思想代表。

商鞅(前390①—前338),姬姓公孙氏,原名卫鞅、公孙鞅,是先秦法家思想的奠基人,其思想被后人辑录为《商君书》。商鞅本来是卫国人,后到秦国辅佐秦孝公实施变法运动,并率军攻打魏国立功,获封商于十五邑,号商君,故称商鞅。商鞅变法究竟涉及哪些内容,史书记载大多略而不详。丁毅华将其归纳为八项内容:一是改革土地和赋税制度,二是实施重农抑商与奖励耕战的政策,三是建立全国范围内的激励机制,四是建立以法治理论和法制体系为基础的君主专制统治,五是推行县制并加强中央集权,六是通过什伍连坐制建立严密的社会控制系统,七是统一度量衡,八是推行移风易俗,革除恶习陋规。其变法的直接目的就是要调整社会集团的利益关系,调动各阶层的积极性,实现富国强兵。②

商鞅变法帮助秦国建立了强盛的帝国基业,最终实现了统一天下的历史伟业。秦朝丞相李斯曾经如此评价商鞅变法的历史功绩:"孝公用商鞅之法,移风易俗,民以殷盛,国以富强,百姓乐用,诸侯亲服,获楚、魏之师,举地千里,至今治强。"③东汉哲学家王充对商鞅变法有更高的评价,他在《论衡·书解篇》中说:"商鞅相孝公,为秦开帝业。"④而特别引人注目的是,商鞅变法包含了山水应用美学,也就是以"壹山泽"为基本思想,极力倡导山水自然资源的统一管理与建设。

商鞅所说的"壹山泽",意为山水自然资源的统一管理与建设,首先体现为国家的一项基本国策与法令条例。为保障经济发展与繁荣,商鞅提出了垦荒法令,即《垦令》,具体包括20条法令,其中第12条法令专门针对自然山水的统一管理与开发建设。其具体条文及其解释如下:"壹山泽,则恶农、慢惰、倍欲之民无所于食。无所于食,则必农。农则草必垦矣。"⑤可见,商鞅主张统一管理山水自然资源,促使民众参与农业生产活动,进而确保国家垦荒政

① 史籍并无商鞅生年的准确记载,史学界一般推测为公元前390年,参见丁毅华:《商鞅传》,重庆出版社1999年版,第4页。

② 丁毅华:《商鞅传》,重庆出版社1999年版,第40~41页。

③ (秦)李斯:《李斯集辑注》,张中义、王宗堂等辑注,中州古籍出版社1991年版,第6页。

④ (东汉)王充:《论衡》,上海人民出版社1974年版,第433页。

⑤ (战国)商鞅:《商君书》,严可均校,见《诸子集成(全十册)》第6册,岳麓书社1996年版,第3页。

策顺利实施。

同时，商鞅所说的"壹山泽"也是一项具体的国土资源分配使用方法，表明自然山水资源直接关系到国家是否强盛的前途命运。《商君书·算地》篇说：

> 凡世主之患，用兵者不量力，治草莱者不度地。故有地狭而民众者，民胜其地；地广而民少者，地胜其民。民胜其地务开，地胜其民者事徕，开则行倍。民过地，则国功寡而兵力少；地过民，则山泽财物不为用。夫弃天物、遂民淫者，世主之务过也，而上下事之，故民众而兵弱，地大而力小。故为国任地者，山林居什一，薮泽居什一，溪谷流水居什一，都邑蹊道居什四，此先王之正律也。故为国分田，数小亩五百，足待一役，此地不任也。方土百里，出战卒万人者，数小也。此其垦田足以食其民，都邑遂路足以处其民，山林薮泽溪谷足以供其利，薮泽堤防足以畜，故兵出粮给而财有余，兵休民作而畜长足。此所谓任地待役之律也。①

这说明，国家的发展与强盛离不开对山林自然资源的有效管理。所谓有效的管理，诚如过去君王管理山林资源的基本方法，就是合理有效地分配并使用国土资源，具体标准就是：山林占十分之一，水泽占十分之一，河流占十分之一，城市与道路占十分之四。商鞅认为，这是一个国家保障粮食与财物供给，应对战备需要的基本土地政策。

由于秦国地广人稀，商鞅提出了"徕民"政策，主张对外来移民采取优惠政策，吸引邻近的韩、赵、魏三晋民众来秦国开垦荒山野地，让自然山水资源发挥其富国强兵的效用。商鞅认为，先王管理土地与人口有其基本规律，如"地方百里者，山陵处什一，薮泽处什一，溪谷流水处什一，都邑蹊道处什一，恶田处什二，良田处什四。以此食作夫五万，其山陵、薮泽、谿谷可以给其材，都邑蹊道足以处其民"，而如今秦国的现实境况却是："秦之地，方千里者五，而谷土不能处二，田数不满百万，其薮泽、谿谷、名山、大川之材物、货宝，又不尽为用。此人不称土也。秦之所与邻者三晋也；所欲用兵者，韩、魏也。彼土狭而民众，其宅参居而并处；其寡萌贾息，民上无通名，下无田宅，而恃奸务末作以处；人之复阴阳泽水者过半。此其土之不足以生其民

---

① （战国）商鞅：《商君书》，严可均校，见《诸子集成（全十册）》第6册，岳麓书社1996年版，第9页。

也,似有过秦民之不足以实其土也。意民之情,其所欲者田宅也,而晋之无有也信,秦之有余也必,如此而民不西者,秦士戚而民苦也。"①对此,商鞅主张秦国应该主动面向三晋之民,"利其田宅,而复之三世,此必与其所欲,而不使行其所恶也。然则山东之民无不西者矣";只要秦国坚持实施这一政策,那么,"十年之内,诸侯将无异民,而王何为爱爵而重复乎?"更加重要的是,"以草茅之地,徕三晋之民,而使之事本,此其损敌也,与战胜同实"。②

需要注意的是,商鞅大力倡导法治思想,积极推动建立法制社会,其山水美学实践也以法治为核心,却并未排斥阴阳学说。阴阳学说或称阴阳观、阴阳五行观,被视为可以上观天象、下知人文,测吉凶、察幽微,实现长治久安,实际上是一种理解天地自然及其对人类影响的学说,其理论宗旨与法家有相似之处。与儒道学说相比,阴阳学说也有自己的特点。儒家看重人事,推崇人伦之道,万物因仁义至善;道家看重自然,推崇天地之道,万物因自然至善;阴阳家看重命运,相信命由天定,万物跳不出阴阳五行之数。商鞅将阴阳学说纳入了法治思想。根据《商君书·更法》记载,商鞅认为,礼法制度是时代的产物,不存在古今通用的礼法制度,今人不必固守古代礼法制度,而必须变法求治。如赏罚应该分明,但刑罚为重,因为"重罚轻赏,则上爱民,民死上;重赏轻罚,则上不爱民,民不死上"③。在他看来,"民纵则乱,乱则民伤其所恶",因而,"治国刑多而赏少,故王者刑九而赏一,削国赏九而刑一",只有"籍刑以去刑"④,才能实现国家大治、国力强盛。但在商鞅看来,秦国要实现国家大治、国力强盛,也面临实际困难。如《商君书·徕民》所说:

> 今秦之地,方千里者五,而谷土不能处二,田数不满百万,其薮泽、溪谷、名山、大川之材物、货宝,又不尽为用。此人不称土也。秦之所与邻者,三晋也;所欲用兵者,韩、魏也。彼土狭而民众,其宅参居而并

① (战国)商鞅:《商君书》,严可均校,见《诸子集成(全十册)》第6册,岳麓书社1996年版,第18~19页。

② (战国)商鞅:《商君书》,严可均校,见《诸子集成(全十册)》第6册,岳麓书社1996年版,第19页。

③ (战国)商鞅:《商君书》,严可均校,见《诸子集成(全十册)》第6册,岳麓书社1996年版,第6页。

④ (战国)商鞅:《商君书》,严可均校,见《诸子集成(全十册)》第6册,岳麓书社1996年版,第12页。

处，其寡萌贾息，民上无通名，下无田宅，而恃奸务末作以处；人之复阴阳泽水者过半。此其土之不足以生其民也，似有过秦民之不足以实其土也。"①

这里分析秦国地广人稀，自然资源荒废太多，应该积极吸引相邻各国民众，来秦国开垦荒地，实现富国强兵的目的。在这里，商鞅提到的"阴阳"，既指山之南北，也指荒芜的山丘地区，实为阴阳学说范畴在法家思想领域的应用。商鞅还以阴阳五行范畴谈论人性特点，认为"民之于利也，若水之于下也，四旁无择也"。因此，君王必须以严法明令管理民众；否则，"民不从令，而求君之尊也，虽尧、舜之知，不能以治"②。

实际上，法治思想与阴阳学说的结合，并非商鞅独有，与秦朝丞相李斯同出荀子门下的韩非（前 281—前 233）也是如此。韩非是法家思想的杰出代表，并非秦国臣子，但其思想曾经得到秦王嬴政的赏识，而韩非的思想并不排斥阴阳学说。韩非在《初见秦》一文中说："臣闻天下阴燕阳魏，连荆固齐，收韩而成从，将西面以与秦强为难，臣窃笑之。"③这本来是对天下大势的一种分析描述，而"阴燕阳魏"之论，说明阴阳学说已经在韩非头脑中乃至当时整个社会思潮中扎下了根。韩非的《主道》一文证明了这一点。他说，道是"万物之始，是非之纪"，因而主张君主"虚静以待"，努力"守始以知万物之源，治纪以知善败之端"，做到"行赏也，暖乎如时雨，百姓利其泽；其行罚也，畏乎如雷霆，神圣不能解也"。④ "时雨"、"雷霆"是阴阳学说解释自然现象与人类社会活动的常用要素，而韩非用于解说国家施政方针的性质与意义，借以证明其法家政治策略的合理性。由此不难理解，包括商鞅在内，法家学派对自然世界的实用主义立场与改造政策，蕴藏了阴阳山水美学观念。

---

① （战国）商鞅：《商君书》，严可均校，见《诸子集成（全十册）》第 6 册，岳麓书社 1996 年版，第 12 页。
② （战国）商鞅：《商君书》，严可均校，见《诸子集成（全十册）》第 6 册，岳麓书社 1996 年版，第 27 页。
③ （战国）韩非：《韩非子集解》，王先谦注，见《诸子集成（全十册）》第 7 册，岳麓书社 1996 年版，第 1 页。
④ （战国）韩非：《韩非子集解》，王先谦注，见《诸子集成（全十册）》第 7 册，岳麓书社 1996 年版，第 19~20 页。

二、李斯：理当自见

大秦帝国最重要的法家代表人物是李斯，也是理解朝代山水美学不可替代的重要人物。李斯(前280—前208)，战国末期楚国上蔡(今河南上蔡)人，师从荀况学习帝王之术，后入秦为官，辅佐秦王嬴政实现统一大业，官至丞相，积极施行郡县制，禁止私学，建议焚书，在全国范围内收缴并焚烧《诗》、《书》等百家著作，导致"除自然科学(医药、种树)及神学(卜筮文献)以外，全部都变成了黑灰"①。秦二世胡亥继位后，因上书主张停建阿房宫，被捕入狱。赵高借机指控李斯谋反，李斯及其三族被杀，其子李由在与项羽、刘邦作战时败亡。李斯留下的著作较少美学专论，但涉及书法、山水方面的散论也不少。他所讨论的"山水"，涉及多重内涵，主要有自然山水、道德山水、审美山水，体现了法家思想与儒、道、阴阳山水观念的兼容。

首先，李斯所论山水范畴指称现实世界的自然山水。从商鞅变法开始，服务于秦国的法家思想家们一直致力于改造自然环境，实现国家富强。而改造自然环境理所当然地包括山水世界，如开垦荒山野水，扩张疆域领土。李斯显然继承了这一思想与政策传统。他在《谏逐客书》中评价秦惠王启用张仪之后取得了重要成就，如"拔三川之地，西并巴、蜀，北收上郡，南取汉中，包九夷，制鄢郢，东据成皋之险，割膏腴之壤，遂散六国之众，使之西面事秦，功施到今"，如今的秦王陛下又"致昆山之玉，有随、和之宝，垂明月之珠"。②可见，李斯十分注重通过描述自然山水世界的方法，来阐明秦国发展的状况。

其次，李斯所论山水范畴指称道德领域的圣贤山水。李斯对自然山水的理解，不乏儒家山水比德思想的内涵与特点。他在《谏逐客书》中有云："臣闻地广者粟多，国大者人众，兵强则士勇。是以泰山不让土壤，故能成其大；河海不择细流，故能就其深；王者不却众庶，故能明其德。是以地无四方，民无异国，四时充美，鬼神降福，此五帝、三王之所以无敌也。"③这里以泰山不让土壤而成其大、江海不择小溪而成其深，突出阐明君王不弃庶民而成其德的合理

---

① 翦伯赞：《秦汉史》，北京大学出版社1983年版，第83页。

② (秦)李斯：《李斯集辑注》，张中义、王宗堂等辑注，中州古籍出版社1991年版，第6页。

③ (秦)李斯：《李斯集辑注》，张中义、王宗堂等辑注，中州古籍出版社1991年版，第7页。

性与必要性，是五帝三王实现其天下无敌之伟业的基础。

再次，李斯所论山水范畴指称审美领域的意象山水。这突出体现在李斯的书法美学方面，也是李斯不同于其他法家思想代表的重要之处。李斯是中国书法史上的重要代表，主张以小篆为标准书体。小篆也称秦篆，有浑圆挺健、刚柔兼济的形式特点，对汉字书写的规范化与艺术化发展产生了重要影响。李斯本人也对书写艺术提出了独到的见解。他说："夫用笔之法，先急回，后疾下；如鹰望鹏逝，信之自然，不得重改。送脚，若游鱼得水；舞笔，如景山兴云。或卷或舒、乍轻乍重，善深思之，理当自见矣。"①这里突出了书法美学的自然之理，而此自然之理的艺术实践需要注意用笔方面的三个要点：第一，书法用笔要处理好顿挫、运转中的方向与力量的有机结合，仿佛雄鹰凝望、大鹏远逝，充满自然的活力；第二，直笔要像游鱼戏水一般活泼自如；第三，曲笔要像山巅浮云一样兴动自然。无论如何，书法不可重复用笔、涂改笔画。由此可见，李斯推崇书法艺术的自然境界，重视以云山鱼水等自然意象去体味书法用笔的自然意趣。

要特别注意，李斯所说"理当自见"，显然不是单纯的书法美学观点，而是以自然精神为内核，兼容法家思想与儒、道、阴阳学说的理论范畴，也统御自然山水与道德山水的美学范畴。

由于秦代实施过焚书坑儒，有人可能误认为李斯反对儒家思想及其方法。众所周知，秦始皇曾经采纳李斯的建议而颁行"焚书令"，而李斯的焚书建议也说得十分明确："今天下已定，法令出一，百姓当家则力农工，士则学习法令辟禁。今诸生不师今而学古，以非当世，惑乱黔首。"尤其"私学而相与非法教，人闻令下，则各以其学议之，入则心非，出则巷议，夸主以为名，异取以为高，率群下以造谤。如此弗禁，则主势降乎上，党与成乎下"，因此，必须采取焚书政策，"史官非秦记皆烧之。非博士官所职，天下敢有藏《诗》、《书》、百家语者，悉诣守、尉杂烧之。有敢偶语《诗》、《书》者，弃市。以古非今者，族。吏见知不举者，与同罪。令下三十日不烧，黥为城旦。所不去者，医药、卜筮、种树之书。若欲有学法令，以吏为师"。② 李斯的建议显然是幻想找到全体社会成员共同遵守的统一之"理"，为此，必须全力抵制针对

---

① （秦）李斯：《论用笔》，见包备五编：《中国历代书法论文选读》，齐鲁书社 1993年版，第 1 页。

② （秦）李斯：《李斯集辑注》，张中义、王宗堂等辑注，中州古籍出版社 1991 年版，第 56 页。

帝国朝政的各种非议，以至于连同法家在内的各种书籍都要焚烧，只留下秦史、医药、卜筮、种树之类的书籍，以及博士所需《诗》、《书》、百家语录。但是，形势的发展显然超出了李斯的预料，证明他的思想统一之"理"并不现实。就在颁行焚书令之后的第二年，即公元前212年，由于帮助秦始皇寻找长生不老之药的术士侯生、卢生出逃，秦始皇大怒，并迁怒其他诸生，将违反禁令的460多人活埋咸阳，以示惩戒。焚书坑儒运动的极端化发展显然超出了李斯的预想，由此加速了帝国思想与政治的解体，这自然也不是秦始皇的初衷，但这或许就是一个新生帝国缺乏长远政治智慧与宽阔文化胸襟的历史悲剧。如果由此认为以李斯为代表的秦代社会思潮与儒道诸家、尤其是儒家学说截然对立，水火不容，这显然存在片面的误解。事实上，李斯的思想深藏儒、道、阴阳观念。

作为法家思想及其实践的重要代表，李斯强调顺势而为、借势而为，反对无所作为，但并不排斥儒家仁义道德观念。在投奔秦国之前，李斯曾经与荀子一起在赵国孝成王面前议论秦国，认为秦国历经孝公、惠文王、武王、昭王四世，最终"兵强海内，威行诸侯，非以仁义为之也，以便从事而已"①。这显然区分了法家的实用主义与儒家的仁义主义，表明秦国的富强源于法家而非儒家。但李斯显然并没有简单地否决儒家的仁义礼制思想。比如，他承认社会成员有等级尊卑之分，认为"处卑贱之位而计不为者，此禽鹿视肉"②，意思是说，如果一个人位居卑贱却不设法改变，就像肉食动物视肉不食。正是基于这样的价值观念取向，李斯决定辞别荀子，向西投奔秦国，在他看来，"久处卑贱之位，困苦之地，非世而恶利，自托于无为，此非士之所情也"③，意思是说，人一旦久居卑贱、困苦境遇，很容易单纯地非议世道，憎恶富贵荣华，自甘无所作为，而这显然不是胸怀抱负的士人所愿所为。到达秦国不久，李斯向秦王献策，明确用儒家仁义思想阐明秦国统一天下的必然性，他说，秦穆公时代为什么不能并吞六国？因为"诸侯尚众，周德未衰，故五伯迭兴，更尊周室"；而秦孝公以后，"周室卑微，诸侯相兼，关东为六国，秦之乘胜役诸侯，

---

① （秦）李斯：《李斯集辑注》，张中义、王宗堂等辑注，中州古籍出版社1991年版，第2页。
② （秦）李斯：《李斯集辑注》，张中义、王宗堂等辑注，中州古籍出版社1991年版，第2页。
③ （秦）李斯：《李斯集辑注》，张中义、王宗堂等辑注，中州古籍出版社1991年版，第2~3页。

盖六世矣"；及至当今秦王嬴政时代，"诸侯服秦，譬若郡县。夫以秦之强，大王之贤。由灶上骚除，足以灭诸侯，成帝业，为天下一统，此万世之一时也"①，一旦错失机遇，即使有黄帝之仁德贤能，也不能统一天下。另外，在处理匈奴的问题上，李斯最初（可能就在公元前 215 年）结合政治、经济、军事与儒家仁义思想，反对秦始皇发兵攻打匈奴，因为"匈奴无城郭之居，委积之守，迁徙鸟举，难得而制也。轻兵深入，粮食必绝；踵粮以行，重不及事。得其地不足以为利也，遇其民不可役而守也。胜必杀之，非民父母也。靡獘中国，快心匈奴，非长策也"②。后来，为稳定边疆，李斯又做出调整，积极支持北逐胡貉、南定百越。可见，儒家仁义观念也是李斯法治思想的组成部分。看来，在李斯的眼里，自然之理，无论是天地之道，还是人世之道，其实包含儒家思想成分。

与此同时，李斯也未排斥阴阳思想。李斯作为法家思想的重要实践者，对道家与阴阳学说范畴应用颇多。公元前 219 年，李斯在秦始皇第二次出巡期间多次刻辞，歌颂秦始皇统一天下的伟业，如《琅邪台刻石》云："六合之内，皇帝之土。西涉流沙，南尽北户。东有东海，北过大夏。人迹所至，无不臣者。功盖五帝，泽及牛马。莫不受德，各安其宇。"③此中所说秦朝山川大地，采用"六合"之说，就是一个阴阳风水概念。一般而言，六合泛指天地四方，即东、南、西、北、上、下，也就是宇宙世界。但就阴阳风水观念而言，六合的核心意义在于"合"，即东、南、西、北、上、下，彼此之间具有内在联系，表明宇宙天下是一个有机的统一体，而不是单纯的时空范围。而《之罘刻石》又云："维廿九年，时在中春，阳和方起。"④其中的"阳和方起"也是阴阳观念的典型应用，表示阳气兴起，即自然界的温暖之气兴盛，开始成为主导阴阳的力量，寓意新生的统一帝国正在展现生机勃勃的发展势头。

同样地，李斯的思想也包含道家成分，并与其阴阳观念糅合一体。有一次，李斯为迎接儿子李由回到咸阳，举行家宴，百官前来祝贺。李斯看到这种

① （秦）李斯：《李斯集辑注》，张中义、王宗堂等辑注，中州古籍出版社 1991 年版，第 4 页。
② （秦）李斯：《李斯集辑注》，张中义、王宗堂等辑注，中州古籍出版社 1991 年版，第 54 页。
③ （秦）李斯：《李斯集辑注》，张中义、王宗堂等辑注，中州古籍出版社 1991 年版，第 40~41 页。
④ （秦）李斯：《李斯集辑注》，张中义、王宗堂等辑注，中州古籍出版社 1991 年版，第 46 页。

场面，不禁感叹自己从穷乡僻壤中的一介布衣，被皇帝重用而位居人臣之上，富贵至极，诚所谓"物极则衰"，真不知未来吉凶何在。① 李斯在这里先引用他的老师荀况所说的话"物禁大盛"，然后加以引申，表明"物极则衰"的道理。无论是荀子所说"物禁大盛"，还是李斯所说"物极则衰"，其思想实质都是"物极必反"，源于老子道论思想。《老子》第九章说："持而盈之，不如其已。揣而锐之，不可长保。金玉满堂，莫之能守。富贵而骄，自遗其咎。功成身退，天之道。"②意思是说，任何事物的发展都不能太过极致，否则就走向自己的反面，尤其老子所说"功成身退，天之道"，正是李斯感叹"物极则衰"的真谛所在。它透出了李斯对乾坤运转、阴阳交替、人世无常的深刻理解，以及由此导致的精神忧虑和无奈。不过，长期以来，李斯对帝王之术与世俗功业的执着及其带来的荣耀，似乎让他淡忘了天地阴阳转化思想及其对自我人生命运的影响。直到政治人生步入顶峰之时，对某种难以把握的政治命运或困顿的突然意识，才偶然地唤醒了深藏其心底的道家、阴阳观念，以及通过对这种观念的体认而产生强烈恐惧与不安。这似乎暗示，道家与阴阳学说也是李斯反观人世命运的一面镜子，表明天地人世的命运或"理"最终必然呈现或发挥作用。

三、嬴政：与天地长存

嬴政(前259—前210)，嬴姓赵氏，名政，也称赵政，出生于战国时期赵国首都邯郸(今河北邯郸)，秦庄襄王之子。嬴政在13岁时继承秦王王位，公元前221年统一中国，称皇帝，是中国历史上第一个帝国即秦朝的开创者。

作为大秦帝国的始皇帝，嬴政推崇法家治国思想，却心怀以道家、阴阳观念为支撑的长生理想，梦想个人与帝国的生命永世长存，与天地自然永生。考古界曾经在阿房宫旧址发现一种秦代瓦当，直径4.5寸，上有"维天降灵，延元万年，天下康宁"十二字；另有一种珍贵瓦当，有飞鸿图像，在飞鸿颈项左右、两翅之上分别是"延年"二字。③ 这种溢于言表的永世长存理想，显然与

---

① (秦)李斯：《李斯集辑注》，张中义、王宗堂等辑注，中州古籍出版社1991年版，第61页。

② (春秋)老子：《老子道德经》，王弼注，见《诸子集成(全十册)》第3册，岳麓书社1996年版，第4页。

③ [日]伊东忠太：《中国建筑史》，陈清泉译补，上海书店1984年版，第101~102页。

嬴政的阴阳五行观念有关。据《史记·秦始皇本纪》记载：

> 始皇推终始五德之传，以为周得火德，秦代周德，从所不胜。方今水德之始，朝贺皆从十月朔。衣服旄旌节旗皆上黑。数以六为纪，符、法冠皆六寸，而舆六尺，六尺为步，乘六马。更名河曰德水，以为水德之始。刚毅戾深，事皆决于法，刻削毋仁恩和义，然后合五德之数。①

这说明，嬴政有意将法家与阴阳五行思想结合一体，为自己的长生理想提供历史与精神的支撑。当然，嬴政同样希望在物质与身体层面得到长生的支持。他安排专人，如侯生与卢生，为他寻找长生不老的仙丹妙药。无论这种意愿是否可能实现，但被委任的专员确实尝试从理论与实践上有限地满足嬴政的愿望。据《史记·秦始皇本纪》记载，秦始皇宣称自己羡慕"真人"，并自称"真人"，不称"朕"；所谓真人，是夹杂了道家、阴阳思想而形成的求仙成道观念，按卢生的说法，真人就是"入水不濡，入火不爇，陵运气，与天地长久"②。具有讽刺意味的是，这些寻找仙丹妙药的专员不仅消耗了嬴政的健康与财富，而且还因他们的出逃而直接引发了"坑儒"事件。

我们不能轻易地批评嬴政的长生理想只是单纯的心理妄想或精神幻象，而必须看到，由于法家与阴阳学说在实践与理论上的支持，秦国尤其嬴政时代创造了社会与历史的伟业，由此可能极大地刺激了万世不朽的主观意识及其自我膨胀。

首先，从思想理论上看，阴阳学说致力于理解世界的本质，探索万世不移的永恒真理。先秦重要的阴阳家箕子就是如此。箕子，名胥余，纣王叔父，官太师，封于箕（在今山西太谷），是殷商时期重要的阴阳学说代表，与微子、比干齐名，史称"殷末三贤"。《论语·微子》记载："微子去之，箕子为之奴，比干谏而死。孔子曰：'殷有三仁焉。'"据汉代重新整理而形成的儒家经典著作《尚书·洪范》记载，箕子批评鲧在治理洪水时违背五行，堵塞水道，而不是疏通水道，由此引出治理国家的九条"洪范"大法，其中第一条就是要求遵循五行。何谓五行？就是水、火、木、金、土，其中，"水曰润下，火曰炎上，木曰曲直，金曰从革，土爰稼穑。润下作咸，炎上作苦，曲直作酸，从革

---

① （西汉）司马迁：《史记》，线装书局2006年版，第31页。"
② （西汉）司马迁：《史记》，线装书局2006年版，第33页。

作辛，稼穑作甘"①。这里已经将不同性质与作用的自然事物与人类不同性质与作用的生产、感官活动内容联系到了一起。这实际上为人们用阴阳五行观念解释宇宙运行规律、并通过天人感应来引导有序化的社会管理奠定了思想基础，也得到了秦国政坛上的法家代表与帝王们的认同与应用。

先秦阴阳学说的另一位重要代表人物是战国末期的邹衍（约前305—前240）。据说他著书十多万字，但没有流传下来，现在所知都是历代古籍的少量记录或转述。在秦汉以后重建儒学经典的文化氛围中，邹衍阴阳学说的核心被视为"五德终始"。五德就是水、火、木、金、土五行之德，也就是五行的根本性质与意义。五德的盛衰与人类社会、自然世界的变化紧密相连。这个思想宗旨与《月令》所论基本一致，实际上也支持了汉代儒家政治与社会理想。邹衍阴阳学说的一个特别引人注目的地方在于，他有一种非常开阔的天地自然地理思想，认为中国是"赤县神州"，分为九州，只是世界的一小部分。他认为，全世界像中国这样大的地区共9个，即大九州。大九州合为一区，被裨海环绕。这样的区，全世界共9个，这九大区全部由大瀛海环绕。因此，中国只是整个世界地理的1/81。②可惜的是，这种自然地理思想似乎并未引起后世的普遍关注和深入研究，没有成为中国以更加开放的自然地理意识走向全世界的思想灯塔。但对实用主义至上的秦国来说，邹衍的地理观可能成为统一天下的精神支持。

值得注意的是，上述箕子与邹衍的阴阳学说主要见于汉代以后经过重新整理的儒家经典文献，他们的思想有明显的儒道化倾向，已经成为汉代儒学的特殊形式或补充形式。但汉代知识界对阴阳学说的抵触情绪可能比秦代显得严重。早在先秦，阴阳学说因其触动人的心理禁忌与行为自由，颇受知识阶层的非议。据《墨子·贵义》记载，先秦思想家墨子（前468—前376）有一次向北去齐国，路上遇到"日者"，也就是看天象测吉凶的阴阳先生。阴阳先生告诉墨子，因其肤黑不能往北走。墨子不听，走到淄水，确实过不去，只好返回。阴阳先生自以为是，说我已经告诉过你了。墨子说，淄水不能过，导致北边的人不能往南，南边的人不能往北，而且无论皮肤是黑是白，都是如此，并非你阴阳先生所说的情形，你的说法实在"是禁天下之行者也。是围心而虚天下也，

---

① 李学勤：《十三经注疏·尚书正义》，北京大学出版社1999年版，第301页。
② 冯友兰：《中国哲学史新编》第二册，人民出版社1984年版，第313页。

子之言不可用也"①。这表明墨子认为，阴阳占卜之言实在是一种囚禁人心之论，是约束天下人的行动，让天下人无所适从，无所作为。汉代史学家司马迁在《史记·太史公自序》中有一个总结性的评述，认为阴阳之术推测吉凶祸福，让人颇多拘束、畏惧，令人普遍忌讳；但它主张四时有序，还是值得遵守。由此可见，在先秦与汉代，阴阳学说颇有旁门左道之嫌，而秦国与嬴政大胆倡导阴阳学说，并进一步谋求长生不老，也算惊天动地的"创举"。应该说，根据自然四时五行、阴阳二气变化特点来规定整个社会与个人行为规范，虽说不乏巫术与迷信色彩，但也不乏内在的合理性与客观性。这应该是秦国乃至嬴政没有抛弃占卜、阴阳学说的基础，并提醒我们不要简单地一概否定阴阳学说及其在秦汉时期得以长期应用的历史意义。

对嬴政来说，与天地共长久的实质路径还是天下一统、天地一体的帝国发展。而与山水环境美学密切相关的重要内容，首先体现在城市网络系统。为适应帝国管理与发展的需要，秦始皇接受李斯的建议，将天下分为 36 郡，也就是以 36 个区域中心城市实现全国政治、经济、文化与社会管理。这些区域性的中心城市与县治城市共同构成一个全国性的城市网络系统，既是一种全国自然地理范围内的城市环境体系，也是全国社会运行与管理意义上的城市政治体系。这种全国范围内的城市体系堪称统一帝国世界的基础，它以法家思想为根本，结合儒、道、阴阳等学说，形成了社会与自然合一的环境伦理系统。其中的自然伦理，是指通过建筑环境体系来表现宇宙世界秩序或天地之道，是人们需要自觉遵循的自然规则；而社会伦理则是通过建筑环境体系来表现社会关系规范或礼制规范，是人们必须遵守的社会规范。这可以看成是嬴政实现万世帝国梦想的现实基础。

城市作为自然与社会相结合的环境伦理系统，早在先秦就受到重视。如战国时代燕国的下都，建于公元前 4 世纪，在今河北易县东南，位于中易水与北易水之间，城址以两个方形作不规则的结合，东西约 8300 米，南北约 4000 米，城墙用黄土版筑而成，城内分东西两个部分，东部主要是宫室、官署与手工业作坊，宫室有高大的夯土台，呈阶梯状；另外，韩、魏、赵、燕、楚等国的小型城址也是大多位于河流附近，平面呈方形、长方形或依地形建造，四周

① 孙诒让：《墨子间诂》，见《诸子集成（全十册）》第 5 册，岳麓书社 1996 年版，第356 页。

有夯土城垣，每面有一二城门，表明战国时期许多小城市也有整齐的规划。①
而将自然地理特点与社会行为规范结合起来，从自觉的美学实践角度去创造山
水建筑环境体系，并形成一种建筑行为规范与设计原则，尤其是城市环境伦理
系统，嬴政所筑都城咸阳堪称早期帝国时代的杰作。

咸阳城始建于秦孝公十二年(前350)，南临渭水，北达泾水，山水地理格
局类似燕下都，即处于南北河水之间。公元前250年即秦孝文王时，咸阳宫馆
阁道相连30余里。嬴政灭六国后，役使70多万"徒刑者"，在渭水南岸建造
大批宫室和骊山陵，有富豪12万户迁徙至咸阳，成为跨越渭水两岸的规模浩
大的都城。从城市制度而言，秦朝都城咸阳承袭周制。所谓周制，以西周都城
为例，外为王城，作正方形，方各9里，每方3门，城内经途、纬途各九，途
广7.2丈，城的正中为王宫，也是正方形，方各3里，南垣正中为皋门，前为
三朝，中为内朝，后为三市。②

可惜，嬴政建筑的秦都咸阳城的具体形制究竟如何，已无可考。但是，我
们可以通过史籍所载其宫殿建筑，尤其是阿房宫，略知其环境伦理特点。据
《史记·秦始皇本纪》记载，公元前212年，嬴政感到"咸阳人多，先王之宫廷
小"，于是"营作朝宫渭南上林苑中。先作前殿阿房，东西五百步，南北五十
丈，上可以坐万人，下可以建五丈旗。周驰为阁道，自殿下直抵南山。表南山
之颠以为阙。为复道，自阿房渡渭，属之咸阳，以象天极阁道绝汉抵营室
也"③。所谓"以象天极阁道绝汉抵营室也"，是以天上星辰的构成面貌说明阿
房宫建筑系统的特点。其中，天极指天极星，也称北极星，这里寓指咸阳；阁
道由六颗星组成，其排列方式在银河中形似阁路，由此寓指阿房宫所建复道即
上、下之道如同银河的阁道；汉指银河，也称天河、银汉、星河、星汉、云
汉，是星空中呈现的乳白色光带，这里寓指渭水；营室指室宿，共有七星，也
称离宫，寓指阿房宫是一座离宫。"绝汉抵营室"的意思就是，在咸阳也可以
经由复道跨越渭水而直抵阿房宫，如同银河中的阁道直抵室宿一样。可见，嬴
政非常注重宫殿建筑结构及其自然环境的组合关系，试图通过宫殿建筑承载自
然与社会合一的山水环境伦理系统，使之成为人世与自然同一并万世长存的理
想依托。

---

① 刘敦桢:《中国古代建筑技术史》，中国建筑工业出版社1984年版，第41页。
② 乐嘉藻:《中国建筑史》，团结出版社2005年版，第134页。
③ 司马迁:《史记》，线装书局2006年版，第33页。

就在修建阿房宫的同一年，嬴政也组织庞大的人力为自己修建骊山陵墓，后来秦二世接着修建了两年，公元前 210 年嬴政入葬骊山陵墓。骊山陵墓有内外两重城，外城周长 6210 米，其中南北长 2165 米，东西宽 940 米；内城周长 3870 米，其中南北长 1355 米，东西宽 580 米；整个墓冢位于内城南半部，呈覆斗形，墓基南北长 350 米，东西宽 345 米；内外城四面原有城门，外城四面各有一门，内城东、西、南各有一门，北面有二门，各门顶及内外城的四角均有阙楼。① 整个看来如同一个大型的地下城市，并遵循地上城市设计的自然与社会伦理规范，用以象征地下帝国，寄托嬴政祈求大秦帝国万世不朽的愿望。

（作者单位：湖北文理学院美术学院、艺术美学研究所）

---

① 秦始皇兵马俑博物馆编：《秦始皇兵马俑》，文物出版社 1983 年版，第 4 页。

止于虚空中的明月：唐朝镜子中的道教与文人理想①

[美]柯素芝(Suzanne E. Cahill)著　卢澄　李松 译

　　唐朝文化(618—907)代表了中国文化的制高点，是值得中国人民满怀骄傲回顾的时代。唐朝是诗歌、宗教、科学和艺术的黄金时期。由于几任皇帝均治国有方、经济发达、版图辽阔，当时的中国繁荣昌盛并享誉国际。这一时代的大部分时期，官府的权力依赖于农业和商贸的稳定税收，管理着全国的官僚体系井然有序，强大的军事确保了不断扩张的边疆的安定，人民过着相对高质量的生活。都城长安(今西安)，李氏皇朝的发祥地，是中世纪最大的城市，人口超过一百万。长安也是那个时代最完善、最具世界性的城市中心区。

　　唐代的财富和艺术成就均与本国行业的进步以及丝绸之路沿途的民族交流紧密相关。丝绸之路由一系列疏落连接的道路连接而成，从黄河河谷平原上的城市穿过中亚的山脉和沙漠，直至波斯和印度等西方国家。这条道路活跃了一千多年，一直是中国与西方的商贸、旅行、军事征服及思想交流的主要渠道。中国古代出口的货物包括丝绸、价值高昂的商品成品和香料。进口的则有马、玉和佛教。公元7至10世纪，商路沿途的商业活动和知识交流逐年增加，重要性也不断提升，其影响力从波斯贯穿中国直至日本，创造了国际文化甚至是地球村的雏形。

　　受文化交流的影响，金属制品处于工艺的前沿。唐朝的冶金专家将传统技艺和新兴技艺相结合，制作铜镜的艺术突飞猛进，工艺和设计均达到了新的水平。

---

　　①　原文题为"The Moon Stopping in the Void: Daoism and the Literati Ideal in Mirrors of the Tang Dynasty"。该译作系武汉大学人文社会科学"70后"学者团队项目"海外汉学与中国文学研究的新视野"暨武汉大学自主科研项目(人文社会科学)研究成果，得到"中央高校基本科研业务费专项资金"资助。

　　通过学习国外，尤其是波斯的技术，古代中国的金属工艺得以丰富。中国的手工艺者把新兴技术融入以黏土模子铸造铜镜的本土艺术：他们用脱蜡铸件、湿法制粒、连续锤打、模锻、透雕细工、镀金、压凸纹面、镶嵌及其他程序做实验，设计出新模型，并拓展了镜子外观的概念——镜子出乎意料地被做成了微型、正方形或花瓣状等不同形状（图1）。有的酷似唐朝宫殿和寺庙屋顶上的莲花圆形图案——这些花形在中原产生，又传至西方。别出心裁的艺匠还创造了新的设计，例如广为人知的狮子、葡萄藤图案，带有明显的西方背景（见第19页图12——译者按：指原著的页码，下同）。①

图1　八瓣形双凤菱花镜，铸于唐朝，直径28.8厘米。克里夫兰艺术博物馆收藏。为托马斯（Thomas）和玛莎·卡特（Martha Carter）博士向舍曼·E.李（Sherman E. Lee）敬献的礼物。1995—366

　　此外还有一些其他变化，比之更早的时期，唐朝的镜子很少有雕刻。刻印的文字通常是无日期的诗文。唐朝的手工艺者常常在整个镜子的表面上设计图案，浑似墙上或丝绸上的画，而不是将镜面当成分离的画框或范围。镜子较之以前更为厚重，轮廓也有改变。唐朝的金工工匠用一种新的铜合金铸镜，伴之以含量较高的锡和较少的铅，生产出漂亮、光滑的镜面。新兴的制镜中心出现了，从沿着黄河的都城洛阳和长安转至南方的扬州。宫女用以梳妆打扮，或官员用以端正官帽的铜镜因新方法和新图饰而转型了，以至看起来与以前的铜镜截然不同。

_____

　　① Nancy Thompson. The Evolution of the T'ang Lion and Grapevine Mirror. *Artibus Asian*, 1967（29），pp. 25-54.

多数艺术史学家认为，唐朝的镜子不但外观有变，而且在社会角色和意义上也有所不同。他们表示，唐镜放弃了道教思想和宇宙哲学的图案，以及早期的镌刻，因而变得世俗，只具有装饰性，并且纯粹成了惹人注目的消费品或定情之物（见图2）。笔者对此不敢苟同，尽管在冶金术、制造和外观上有重大变化，唐朝的铜镜仍是耐人寻味、光彩夺目和极其宝贵的东西。唐镜比之先前的例子，功能甚至更多，可满足不同之需。镜子除了是名贵的身份象征和婚姻幸福的标志，还保留了教化和精神的功能。宗教意义是镜子的本体和价值之核心，仍然勾勒和表现了社会和宇宙秩序的理想。

图2　王诜（1048—约1105）"绣栊晓镜图"扇画。台北"故宫博物院"藏，摘自《故宫铜镜特藏图录》卷首插画

正如汉代（前206—220）和六朝（221—589）时期一样，唐镜可视为中国文化之图。除了折射其主人的审美能力和财富之外，镜子还是自我修养的浓缩参照物，以及使人们简单领略圣贤轶事、道教坛场或宇宙景象、驱魔赶鬼的有效之物，或打坐冥想的焦点。在生活中，镜子被珍视和使用，物主死后又随之入墓，埋在墓穴中为逝者照亮去往来世的路。本文将展示唐朝铜镜背面的设计和镌刻如何追踪中国中世纪文化的两个中心和相关方面的变化：道教思想（中国本土的主要宗教），以及文人的社会理想。纵观唐朝，道教思想是李氏皇朝的主要信仰，又是文人精神世界的一部分。

在通过宋朝（960—1279）的变形镜和后来的新儒家诠释来回顾唐朝文化的当代学者看来，将道教思想与文人学士的理想联系起来似乎是颇为奇怪的。宋代的一些思想家将道教、佛教及早期的儒教信仰和活动结合在一起，创立了一套宏伟的综合体系，他们称之为"理学"。结果，唐朝时期被普遍认为是中国的，尤其是道教的思想和活动，现在却被认为是儒式的。在唐朝的中国，道教信仰与官方社会地位之间并无矛盾，协调道教抱负与文人理想毫无困难。

道教思想外延广泛，包括民间和社会精英的信仰和活动。不计其数的圣典收集在《道藏》之中。道教在唐朝之前已有悠久历史。道教的理念可追溯至自然神秘主义的核心，它包含在公元前三或公元前四世纪的经典《道德经》和《庄子》之中。接下来的几个世纪，在社会危机和变化当中，面对劝诱改宗的外来信仰佛教的竞争，道教出现了体制化的形式，发展了神祇、天、道士、道观、圣典、仪式以及信徒。它培养了一种信仰：人们可以通过信念、善举、禁欲及打坐完善自我，并最终达到永生。在公元四世纪和五世纪，出现了两个道教流派：上清教和灵宝派。上清教名自道教最高的天，它强调通过禁欲与获得皇帝和官员精英的欢心而实现自我救赎。另一教派称为灵宝派，名自于其经文，它注重于集体的仪式和信徒的伙伴关系，吸引了大批追随者。唐朝时期，两派合而为一。正如早期的铜镜折射了汉代和六朝时期道教的信仰和活动，唐镜也反映了道教的发展。①

作为典范的文人的理想出现在六朝时期的南方。文人才华横溢、出身名门，在诗歌、书画和辞令方面极具天赋。虽然他们的个性和成就符合条件，但不一定任过官职。浪漫的南方文人与粗俗的北方将士形象形成对比。竹林七贤是一群出身良好的隐士，他们的文人雅兴、酣饮美酒和莫逆的友情，是极富传奇的文人早期范例。竹林七贤常见于六朝的艺术和文学当中。② 唐朝统一中国后，将文人理想带回北方，又带进朝廷。唐朝的文人可凭其艺术和宗教情感在宫廷立业。

---

① 关于中世纪的中国道教，参阅 Isabelle Robinet. *Taoism: The Growth of a Religion*. Phyllis Brooks(Stanford: Stanford University Press, 1997)；以及 Stephen R. Bokenkarnp. *Early Daoist Sciptures* (Berkeley: University of California Press, 1997)。关于中世纪初中国镜子与道教的关系，参阅 Suzanne Cahill. The Word Made Bronze: A Study of the Inscriptions on Medieval Chinese Mirrors. *Archives of Asian Art* 39 (1986), pp 62-67。

② 关于中世纪中国的文人精英理想，参阅 Richard Mather. *Shih-shuo hsin-yu: A New Account of Tales of the World* (Minneapolis: University of Minnesota, 1976)。关于中国艺术的文人精英理想，参阅 Ellen Johnson Laing. Neo-Taoism and the "Seven Sages of the Bamboo Grove" in Chinese Painting. *Artibus Asiae* 36 (1974), pp. 5-54；以及 Audrey Spiro. *Contemplating the Ancients: Aesthetic and Social Issues in Early Chinese Portraiture* (Berkeley: University of California Press, 1990)。关于道教与汉末、三国和六朝时期的文人理想，参阅 Suzanne Cahill. Boya Plays the Zither: Two Types of Chinese Bronze Mirror in the Donald H. Graham Jr. Collection，收于 Nakano Toru. Bronze *Mirrors from Ancient China: the Donald H. GrahamJr. Collection* (Hong Kong: Orientations, 1994), pp. 50-59。

葛洪(282—343)是中世纪的中国文人官员，也是位道教人士。作为道教名士和文人，唐代的知识分子将其视为先祖。在其《抱朴子》(约 320 年完成)一书中，葛洪数次提到镜子。此书概括了四世纪的科学和道教典故，维护了神仙崇拜，坚称宗教活动的神效。书中的主角埋头丹房炼制金丹，制药化学，以求长生不老的仙丹妙药。例如，葛洪在《岷山丹法》中记录了仙丹的配方。道士"鼓冶黄铜，以作方诸，以承取月中水，以水银覆之，致日精火其中，长服之不死"。

打坐或冥想时使用镜子也见于《抱朴子》。引文如下：

> 用明镜九寸以上自照，有所思存，七日七夕则见神仙……或用四，谓之四规镜。四规者，照之时，前后左右各施一也。用四规所见来神甚多。或纵目，或乘龙驾虎，冠服彩色，不与世同，皆有经图。欲修其道，当先暗诵所当致见诸神姓名位号，识其衣冠。不尔，则卒至而忘其神，或能惊惧，则害人也。

镜子是用以想象神祇的工具，但必须做足功课，牢记神仙的模样，这样才不至于把鬼怪邀至自己的脑海中。

葛洪确信，镜子能保护道士免受邪魔之害，因为镜子总能展现它们所照映的事物的真实面目：

> 又万物之老者，其精悉能假托人形，以眩惑人目而常试人，唯不能于镜中易其真形耳。是以古之入山道士，皆以明镜径九寸已上，悬于背后，则老魅不敢近人。或有来试人者，则当顾视镜中，其是仙人及山中好神者，顾镜中故如人形。若是鸟兽邪魅，则其形貌皆见镜中矣。又老魅若来，其去必却行，行可转镜对之，其后而视之，若是老魅者，必无踵也，其有踵者，则山神也。

镜子反映了真相，并保护佩戴镜子之人。

通过模仿镜子的功能，道士会快速将其身形在几个地方同时出现。葛洪说："师言守一兼修明镜，其镜道成则能分形为数十人，衣服面貌，皆如一也。"简而言之，镜子具有许多与道教信仰活动有关的神力。生活中，主人可以炫耀他的镜子，并在法术中和仪式上使用，死后还可以用它陪葬。唐朝人常引用葛洪的《抱朴子》，并进一步发展了其关于道教、文人和镜子的观点。

　　仔细研究卡特（Carter）及其他人收藏的唐朝铜镜实例，可揭示这些铜镜是如何体现和说明唐朝道教的信仰和活动，以及唐代文人的自我形象的。镜子上的图形、故事和标记揭示了当时道教和文人的情况。下文将是类型的概述，以探讨这一引人入胜的话题。我们将探讨镜子上的形象、叙述和象征，并斟酌一些随时间推移的铭文。

意　象

　　唐镜背面常出现的最吸引人的形象是各具情态的神仙、神兽和群山。这些图案占了镜背中心的主要部分，给观赏者提供了一种视角：欲看完这幅图，就必须像转轮子一样转动镜子。神仙要么自己飞行，要么骑着神兽。《道藏》满是对这些仙人及其活动的描写。他们是道教次要的神祇，镜子的主人希望某天能填补这些神仙在天界的官位。自公元前4世纪以降，山峰便与有奇人异草的天界乐园联系在一起。那是隐士和神仙的住所。幸运的高人会在梦境中或冥想时去访，并立誓死后也去那儿。这些吉祥的生物和去处，以及代表幸运的植物、昆虫、水汽或气，装饰了镜背，给主人带来好运。卡特收藏品中有个7世纪的样例：两个骑兽的神仙和两座高耸的山峰（见图3）。八叶状的外缘含有成对的蜜蜂图（"蜂"与"封官"之"封"同音，构成双关），蝴蝶（"蝶"与象征长寿的"耋"同音，构成双关），还有 象征"气"的祥云，以及绽放花朵的幼枝。

图3　仙骑纹菱花铜镜，刻有骑兽的神仙和高耸的山峰。铸于7世纪，直径12.2厘米。克里夫兰艺术博物馆收藏。托马斯（Thomas）和玛莎·卡特（Martha Carter）博士向舍曼·E. 李（Sherman E. Lee）敬献的礼物。1995—344

卡特收藏品的另一面镜子可追溯至约 8 世纪，一条龙蜷绕着镜背中心的球形突出物，这个球状物也是这条龙的宝石（参见前面图 2）。龙的周围祥云环绕。龙是最"阳"的动物，与春、木、新生及东方有吉兆联系。龙也象征唐朝皇帝，尤其是信奉道教的统治者李隆基，即玄宗（713—756 年在位）。

山在道教典故和传说中非常重要，既出现在文字镌刻中，也出现在图形设计中。卡特收藏品中（见图 4）的隋朝（581—618）镜子四面附有瑞兽，铭文如下：

> 仙山立照智水齐，名花朝艳采月夜。
> 流明龙监五瑞宝，舞双情传开仁寿。始验销兵。①

图 4 仙山瑞兽铭带纹镜。铸于隋朝，直径 19.8 厘米。克里夫兰艺术博物馆收藏。为托马斯（Thomas）和玛莎·卡特（Martha Carter）博士向舍曼·E. 李（Sherman E. Lee）敬献的礼物。1995—339

铭文涉指孔子的名言："仁者乐山，智者乐水。"道士也爱山，因为山是神仙的住处，是长生不老药草本的源地，是苦行和冥想的神圣所在。除了反映圣洁的山水，卡特的镜子与更深层次的道教含义有关：明月、花供品、神仙驾驭的怪兽、以皇龙装饰的玉盘所代表的王权，以及休战。隋朝统治者的仁寿殿悬挂着一面闻名遐迩的镜子，据说它只反映真相。此镜也许是唐初为庆祝和平与希望和平而铸。

---

① 关于仁爱和延寿的镜铭，见 Alexander C. Soper. The Jen Shou Mirrors, Addendum, *Artibus Asiae*, 1967(29)，pp. 55-60.

上海博物馆有面奇妙的方形镜（见图5），它用图线表现五座山岳，使人忆及唐朝道藏中以许多形式存在的道教法宝，即"五岳真形山图"。①

图5　五岳方形镜。铸于唐朝（618—907），高 11.9 厘米。摘自陈佩芬《上海博物馆藏青铜镜》（上海：上海书画出版社，1987）No. 77

叙　　事

镜子图案简单讲述了一些道教传说，其中有的众所周知，有的则是鲜有闻知。叙事镜子将整个表面作为帧面，犹如一幅卷轴或壁画，我们可从某个角度观赏。单个表达主要信息的关键场景就表现出了唐朝观赏者所熟悉的故事。这是汉朝至唐朝图画艺术的一种典型叙事手法，被称为单景或缩影。这些故事具有教诲寓意，教导人们从善或成仙。理想的道教高人遵行宗教戒律，并象征自然。

镜铭讲述道教的自我修养。在卡特的收藏品中有一实例，镜子上刻着四只奔跑的瑞兽（见图6）：

赏得秦王镜，判不惜千金。非关欲照胆，特是自明心。

此诗暗指秦王（前256—211）的一面著名镜子，据说任何人在它面前都会

---

① 关于描画艺术中的叙事技巧，参见 Audrey Spiro. Hybrid Vigor：Memory, Mimesis, and the Matching of Meanings in Fifth Century Buddhist Art, 收自 Scott Pearce, Audrey Spiro 和 Patricia Ebrey 编撰的 *Culture and Power in the Reconstruction of the Chinese Realm*. Cambridge：Harvard University Press, 2001，pp. 125-48，200-600.

露出真情实感，使不忠实的情人或怀有贰心的臣子因害怕被揭穿而瑟瑟发抖。诗作者高度评价这面镜子，不是因为它能揭露别人，而是他可用镜子表明其心，并对自己的思想或行为进行调整。

图6　四瑞兽追逐奔跑镜。铸于7世纪初。直径9.6厘米。克里夫兰艺术博物馆收藏。为托马斯和玛莎·卡特博士向舍曼·E.李敬献的礼物。1995—338

心如明镜的意象也常见于唐朝禅宗偈语，在此情况下，镜子也与自我修养和智慧相关。道教和佛教彼此之间相互借用术语、意象和活动，所以我们可以推测镜子意象的共同理解。传说，禅宗在将第五代衣钵传至第六代时，涉及关乎继承权的著名偈语竞赛。其中一个被看好的参选者神秀(606？—706)在寺院墙上写道：

身是菩提树，心如明镜台。时时勤拂拭，莫使惹尘埃。

他的对手(后来的六祖)惠能(638—713)出身卑微，之前几乎无人认得他，写了一首令他获胜的偈子：

菩提本无树，明镜亦非台。本来无一物，何处惹尘埃？

镜子、心智、自我修养和般若之间的关系可谓一清二楚。

几个有教化意义的故事频繁出现在唐镜背后。其中有月神嫦娥的故事，孔子与荣启期的偶遇，王子乔和真子等仙人的传记，以及竹林七贤。现在来看看唐镜中所出现的这些叙事。

嫦　娥

　　美丽动人的月神嫦娥的悲剧可谓家喻户晓。父母们常把她的故事作为孩子们的床头故事，告诫他们不要贪婪和偷窃。嫦娥的丈夫后羿，是个颇具传奇色彩的英雄，是他将世界从十个太阳突然同时在天空中灼晒的灾难中拯救出来。他射下了其中的九个太阳，使世界免遭大火和饥荒。

　　作为奖赏，西王母打算赐给他长生不老之药，但他尚未拿到，就被他妻子盗走吞服。怒不可遏的神仙意欲处死她，却无法杀死她，因为她已咽下长生不老药。所以他们将她赶至寒冷遥远的月宫，让她永远孤独寂寞。与她相伴的只有一株桂树，一只蛤蟆，以及捣长生不死药的兔子。嫦娥的故事在唐镜上非常流行。现存为数不多的例子记载着这个故事，但说法不一。华盛顿弗利尔美术馆一面银色镜子上的描绘引人入胜（见图7）：月神徘徊在树下，身边是永不停止捣药的玉兔。这面圆镜本身就代表月亮。

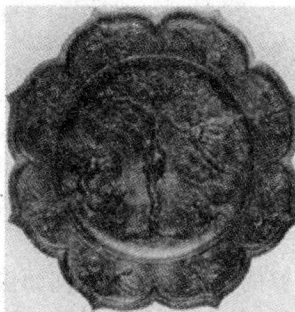

图7　嫦娥奔月铜镜。铸于唐朝。直径 14.8 厘米。华盛顿弗特区利尔美术馆，
　　　史密斯森协会。查尔斯·L. 弗利尔的礼物，F1911.115

　　卡特收藏品中无唐朝嫦娥铜镜。但即便没有嫦娥，中国的镜子也常与月亮联系在一起（这与日本形成对比，日本的镜子与太阳崇拜和太阳女神有关，她被认为是日本皇室家族的祖先）。许多唐朝的镜铭提及月亮。卡特收藏品中有面 7 世纪的镜子（见图8），中心区显示了三对辟邪的瑞兽，外圈刻有一首四言骈体铭文：

　　　　练形神冶，莹质良工，如珠出匣，似月停空。

当眉写翠，对脸傅红，绮窗绣幌，俱含影中。①

图 8　"练形神冶"瑞兽团花镜：三对貔貅围绕莲花状的球形突出物。铸于 7 世
纪中叶。直径 17.6 厘米。克里夫兰艺术博物馆收藏。为托马斯和 玛莎 ·
卡特博士向舍曼 · E. 李敬献的礼物。1995—335

在这篇铭文中，镜子便是月亮。与月亮一样，它与"阴"有关：女性、冷
漠、沉思、寒冷和静止。正如月神嫦娥一样，它与道教、黑暗艺术、不死药和
长生有关。

孔夫子与荣启期

荣启期与孔子的经典故事见于"天瑞"——三世纪道藏《列子》中的一章。
孔子曾经遇到过很多道教圣人，从他们那里学到了很多重要人生经验。有一
次，孔子拜访隐士荣启期清修的寺庙，问他为何而快乐：

> 孔子游于泰山，见荣启期行乎郕之野，鹿裘带索，鼓瑟而歌。孔子问
> 曰："先生所以乐何也?"对曰："吾乐甚多。天生万物，唯人为贵，而吾
> 得为人，是一乐也。男女之别，男尊女卑，故以男为贵，吾既得为男矣，
> 是二乐也。人生有不见日月，不免襁褓者，吾既以行年九十矣，是三乐
> 也。贫者士之常也；死者人之终也；处常得终，当何忧哉?"孔子曰："善
> 乎! 能自宽者也。"②

①　Chou. Circles of Reflection, No. 51.

②　Chou. *Circles of Reflection*, No. 71. 其他例子见《故宫铜镜特藏图录》，pl. 130；《中
国五千年》，230。

这个故事也称为"启期三乐"。这位年迈、智慧的隐士平静地对待生死，给孔子留下深刻印象。荣启期也许是个虚构的人物，他成了六朝时期中国南部文人(艺术家、作家)的重要典范。他与竹林七贤一道，出现在南京周围皇亲国戚、达官贵人的坟墙石刻上。在唐镜上，荣启期仍代表了智慧、平静、自然的终极，以及对生死问题的洒脱。现存的唐镜中有几个很好的样例。卡特收藏品的其中一个显示：左为孔子，手执曲杖，着冠穿袍，指点发问身穿鹿皮或豹皮服、手中携琴的荣启期。[1] 人物身材修长，是初唐的风格。钮上方一长框，分三栏九字铭文，刻有人名及其活动："荣启奇(期)问曰答孔夫子。"(见图9)

图9 "三乐"叶状镜。铸于8世纪。直径12.7厘米。克里夫兰艺术博物馆收藏。为托马斯和 玛莎·卡特博士向舍曼·E. 李敬献的礼物。1995—363

王子乔

王子乔，又名王子晋，是周灵王太子，道教上清派所尊畏的仙人，能以笙引凤。道教的圣徒传惊羡于他的苦行生活和自我修养，声称他已得道成仙，飞至天界，并任官职。这个经典故事见于汉朝叙述神仙事迹的著作《列仙传》：

> 王子乔者，周灵王太子晋也。好吹笙，作凤凰鸣。游伊洛之间，道士浮丘公接以上嵩高山。三十余年后，求之于山上，见桓良曰："告我家：

---

[1] 引自 DeBary 和 Bloom 所编 Sources of Chinese Tradition，1：393-95。关于《列仙传》，见 Robert Ford Campany. *To Live as Long as Heaven and Earth：Ge Hong's Traditons of the Divine Transcendents*. Berkeley：University of California Press，2002。

七月七日待我于缑氏山巅。"至时果乘白鹤驻山头，望之不得到，举手谢
时人，数日而去。亦立祠于缑氏山下，及嵩高首焉。

这一传记显示在唐都洛阳之北出土的一面镜子上：王子乔头戴幞巾，着长
衫，端坐吹笙，凤鸟闻之俯冲向下。他们之上为竹枝，下为重叠山峦(见图
10)①。

图10　王子乔吹笙引凤纹镜，洛阳北出土。铸于唐朝，直径12.9厘米。摘自《中
　　　国青铜器传记》(北京：《文物》，1998)，Vol. 16，"铜镜"，pl. 161

真子飞霜

现存有几面唐镜，背面都设计有一个席地而坐的乐师，有的还在方涡卷形
花饰中间刻有四个字："真子飞霜"，或者"飞霜真子"。此语的含义难以捉摸。
也许是某个真人在琴上弹奏"飞霜"的曲子。由于"飞霜"也是一种长生不老药，
因此这四个字也有可能是指某个制造"飞霜"的仙人。带有这一设计的某些镜
子的铭文提到汉代的隐士何金子，而日本的学者则认为这是战国的琴师伯牙。
镜子左侧是乐师端坐在水池边，水池旁有四块奇石，奇石象征四方的圣山，池
中升起一片荷叶，上面还托着一只乌龟，乌龟就是镜子背面的镜钮。这是道教
挪用西方极乐世界阿弥陀佛面前的莲池的佛教意象。不过无论是哪种解释，这

---

① 《中国五千年》，299。Sackler 的其他收藏品(Bulling，"Notes"，8-3-17)还有王子
乔、箫史(其生平也可参阅《列仙传》)、七贤之一等。

个设计展示给人们的都是一个自然和天赋的典范，一个智慧、平静的文人形象。①

这种图案设计的镜子现存有几面。卡特所收藏的一面铜镜显示（可参见图10）：左侧一名乐师端坐于竹林抚琴，右有一凤栖于奇石。圈带铭文为：

> 凤凰双镜南金装，阴阳各为配，月日恒相会。白玉芙蓉匣，翠羽琼瑶带。同心人、心相亲，照心照胆保千春。

此诗表明原本有一对镜子，也许为情侣所共有。诗中将镜子和情侣比之阴阳、日月。这面镜子置于一个饰有花纹的盒子之中，外系宝石饰带，祈愿彼此"同心人、心相亲，照心照胆保千春"。此镜是多功能唐镜中的极佳典范，它在铭文中将爱的誓言与设计中的道教典型叙事结合在一起。②

七　贤

有几面镜子显示了宛如身临其境的人物坐在树下饮酒弹琴，使人推测他们也许代表了竹林七贤当中的几位。1955 年洛阳出土的一面铜镜令人惊叹，它内镶螺贝（见图 11），两人端坐于美景之中，一人抚琴，一人手持酒壶。③ 周围是鸟儿、酒器、侍童、灌木和一棵树。两个人物以及场景酷似南京壁画中的七贤④（见图 12），也与日本奈良正仓院收藏的内嵌琴、银月的镜子如出一辙（见图 13、图 14）⑤。其中一位是否可能就是七贤中的贵族诗人、饮酒狂欢者、琴师嵇康（223—262）呢？有趣的是，在南京壁画中与七贤在一起的是荣启期——唐镜热衷的人物。这些人物都代表了文人和道教理想。

---

① 这一图案的例子，参见 Bulling，"Notes"，8-13-16；Nakano，*Bronze Mirrors*，258-59（M94）（认为是伯牙）；《中国五千年》，297。关于伯牙，见 Cahill，"Boya Plays the Zither"，pp. 50-59。

② Chou. *Circles of Reflection*，No. 70。此镜貌似《中国五千年》中的铭镜，也许它们原是一对。

③ 《中国五千年》，235。

④ 竹林七贤，江苏南京西善桥墓南墙砖刻拓本，4 世纪末至 5 世纪初，南京博物馆。

⑤ 见正仓库办公室所编：*Treasures of the Shosoin*（Tokyo：Asahi Shimbun，1965），pl. 9。

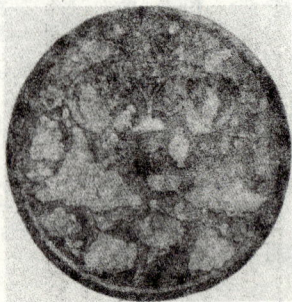

图 11　高士抚琴螺钿镜，内嵌螺贝，洛阳出土，铸于唐朝。直径 23.9 厘
　　　米。摘自《中国青铜器全集》，16：pl. 114

图 12　《竹林七贤和荣启期》砖印模画，江苏省南京市西善桥南朝墓葬出土，
　　　铸于 4 世纪末、5 世纪初。南京博物馆。姚迁，《六朝艺术》(北京：
　　　文物出版社，1981)，pl. 162-3

图 13　细节源自内嵌金银的漆木琴，长度 114.2 厘米。日本奈良正仓库收藏。
　　　摘自《日本美术全集》(东京：学习研究社，1978)5：12，13

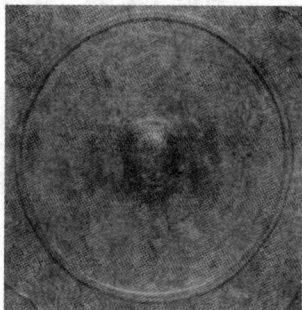

图14　山水八卦三字铭叶状镀银铜镜，铸于8世纪。直径40.7厘米。日本奈良
正仓库收藏。摘自《日本美术全集》(东京：学习研究社)，5：53

唐朝叙事铜镜使人想起文人、圣人、仙人的著名传奇，以及强调自然、才
华、训导、修养情操和智慧的传奇。这些说教故事于地区、社会和知识起源上
兼收并蓄，且将艺术传统与自汉至六朝的铜镜上的道教女神西王母、琴圣伯牙
等一以贯之。

象 征 物

唐镜也被用来描述宇宙之图，通过象征物代表微观世界的道教坛场。这些
象征物包括：来自《易经》的八卦、中国传统历法的计算系统的天干地支、十
二生肖、圆天、方地、星辰、星宿、月宫，及纵横图等。带有这些象征物的镜
子与TLV图案(标志的编排，以西方字母T，L，V来命名)和汉代镜子上的四
方瑞兽有关。这些是与宏观世界对应的微观世界。

这些镜子都是圣物，用于打坐冥思、自我保护和占卜算卦。这些图案填满
了镜背的中心位置，并且用以从上往下观赏，正如摊开在桌面上的图表或地
图。如今尚存几个这类宇宙图。①

卡特收藏品中有一面完好的8世纪铜镜(见图15)。这面镜子只在边缘处
有铭文，中心区域的上半部分刻有表示天的圆圈，内有八卦图案；下半部分的

①　见《中国五千年》，254(八卦方图，内嵌日、月、星、气、月宫圆图)；Bulling，
"Notes"，8-3-15(八卦或符录镜子，继承了汉代TLV，宇宙图，附圆天方地、仙境、日月、
月宫)；以及Nakano，Bronze Mirrors，262-63，No.101(M45，附八卦带子，天干地支和符录
的圆镜)。Chou，*Circles of Reflection*，No.69。

图 15　八卦双鸾叶状镜。双凤之间为天地。铸于 8 世纪中或末期。直径 22.5 厘米。克里夫兰艺术博物馆收藏。为托马斯和玛莎·卡特博士向舍曼·E. 李敬献的礼物。1995—351

方形代表了地，内有河流和四个"山"字交织而成的方形。双凤分别在左右振翅翘尾。铭文描述了天地因道而生：

上圆下方，象于天地，中列八卦，备著阴阳，辰星镇定。
日月贞明，周流为水，以名四渎，内置连山，以旌五岳。①

这些都是吉祥的护身物，它们本身神秘而神圣，例如模仿五岳形状的图表、民间历书中的护身符（也见于道教真经和敦煌原稿），以及道教真经中的天神地祇清单。

仅存的清晰刻画道教坛场的镜子已严重受损，该镜于 1973 年在浙江上虞出土，1976 年在《考古》上刊发（见图 16）。镜子上刻有日、月、金、木、水、土、火七星（即中国传统的七曜），青龙、白虎、朱雀、玄武四神，四仙人象，北斗七星和北极星。外有三周铭文围绕。最内一周是二十八宿名称，方位正确；中间一周含地支或称十二生肖，以及十个天干中的八个；最外一周为八卦图，以及八句四字铭文。这些铭文也现于道藏。"上清长生宝鉴图"，其文可能是道教上清派宗师、唐朝大臣司马承祯（647—735）所撰：

---

① Ren Shilong, "A Mirror of the Tang Dynasty with Images of the Heavens Discovered at Shangyu County in Zhejiang", *Kaogu*, No. 4 (1976), 277。关于相关的道教经文，见《正统道藏》,（台北：艺文印书馆，1976）；以及 Wu Tu-chien, *Daozang zimu yinde*, Harvard Sinological Index Series 25 (Peking, 1935), HY 294, 429, 430, 441。

百炼神金，九寸圆形。禽兽翼卫，七曜通灵。

鉴包天地，威伏魔精。名山仙佩，奔轮上情。①

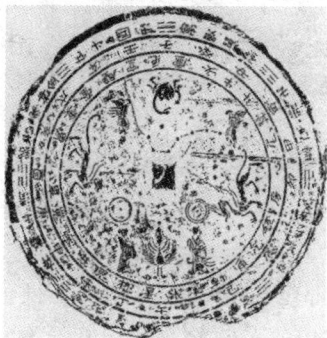

图 16　天象纹镜。镜子以道坛装饰，铸于唐朝(618—907)。直径 24.7 厘米。
浙江省上虞县 1973 年出土。摘自《考古》No. 4(1976)，277

本文简要叙述了唐朝铜镜的道教意象与主题的多样性，并将理想的道教实践者与文人的精英理想联系起来。倘若我们不通过后来的新儒学(理学)诠释来审视唐朝文化，而是审视其真正的内涵，就会看到一幅连贯的画面。尽管在7~10 世纪期间，社会和艺术发生了巨大的变化，但中国的镜子连续记载了道教和关于理想人物的观念的变革。随着技术上的可能性和社会需求的扩大，铜镜的功能也增加了。随着宗教和人类理想的发展，镜子的造型也在发展。道教和文人理想与冶金术和工艺一道，达到了永远不会被忽略的高度，并融进了唐朝铜镜。

（作者单位：加利福尼亚大学圣选戈分校，译者单位：广西师范大学外国语学院、武汉大学文学院）

---

① Wu Tu-chien. *Daozang zimu yinde*, HY 294。译文改自 Edward H. Schafer. A Tang Taoist Mirror. *Early China* 4(1978-79)，pp. 56-59.

否定·隐喻·悖论
——论老子言"道"的话语方式

屈志奋

老子的整个哲学系统都是围绕"道"开展的，换言之，《道德经》五千字是关于"道"的"言说"。笔者以为，"道"既非一种实体，亦非虚无，而是作为一种关于宇宙人生最根本的智慧，是一种难以言说的、需要体悟的形而上的境界。然而，老子又不能不言说。因此，老子创造了一种智慧性的话语方式，即通过"否定式言说"、"隐喻性言说"、"悖论式言说"等来揭示他所体悟到的"道"的存在。

一、"道"的本性

(一)"道"的命名

老子比较明确提到"道"的命名的地方是："有物混成，先天地生。寂兮寥兮，独立而不改，周行而不殆，可以为天下母。吾不知其名，字之曰道，强为之名曰大。"(《道德经·第二十五章》，后仅标明章的序号)在此，老子认为有一浑然之物，在天地形成之前就存在了，它是宇宙的本根，能够创生万物。老子认为不知道怎么称呼它，只能尊称它为"道"。因形定名是中国古代命名的一种基本方法，反之，因名定形，也是把握事物的一种有效途径。管子说："物固有形，形固有名。"然而，老子所说的"道"作为一种"物"是"惟恍惟惚。"(第二十一章)，无形无相，固不可名。王弼说："名以定形，混成无名，不可得而定之。"因此，"道"只是老子对宇宙本体的一种形而上的假定，在此假定中，凝聚着老子对宇宙人生最根本智慧的体悟与言说。

"道可道，非常道；名可名，非常名。"(第一章)在此，第一个"道"与

"名"具有同一性，关键在于对"常"字的理解。学界对此一般有两种理解，一是理解为"恒常"，"常道"就是恒常不变的道，因之，该句应理解为：可以言说的道，不是恒常的道；可以命名的名，不是恒常的名。正如王弼所说："可道之道，可名之名，指事造形，非其常也，故不可道，不可名。"另一种理解是，"常"表示平常或寻常。依此，其意义是：作为尊称的"道"是可以言说的，但它不是平常所说的道；"名"也是可以命名的，但它不是平常所说的名。如司马光《道德真经论》所言："世俗之谈道者，皆曰道体微妙，不可名言。老子以为不然，曰道亦可言道耳，然非常人之所谓道也。名亦可强名耳，然非常人之所谓名也。"笔者以为，这两种解释对"道"的理解在本质上是一致的，即"道"是恒常不变的、难以言说的，它高于日常所言说的一般的道（这个道可以理解为"术"）；两种说法的主要区别表现在对"道"的不同言说方式上（一种是日常的言说，一种是智慧的言说）。

（二）"道"的本性

首先，"道"是天地万物的本源，具有生育万物的功能。"道生一，一生二，二生三，三生万物。"（第四十二章）它既表现为"有"，又表现为"无"，"无，名天地之始，有，名万物之母。"（第一章）"万物生于有，有生于无。"（第四十章）"道"作为"无"，表示万物未生时宇宙的本体状态；作为"有"，表示其创生万物的功能实存。"无"是"道"之"体"，"有"是"道"之"用"，因此，"道"既非实有，也非实无，而是"有"与"无"的统一。

其次，"道"意味着自然无为。老子说："人法地，地法天，天法道，道法自然。"（第二十五章）"自然"不是自然界，而是自然而然、是其本然的意思。顺其自然本性就是"道法自然"，这是老子对宇宙人生最高智慧的证悟，是一种形而上的境界体验。

再次，"道"是神秘的，表现为人的感觉不能把握它。老子说："道之出口，淡乎其无味，视之不足见，听之不足闻，用之不足既。"（第三十五章）此外，人的理智也不能把握"道"。老子说："古之善为道者，微妙玄通，深不可识。"最后，"道"还具有虚静、柔弱、朴拙、谦卑等特性，这是老子对宇宙人生细致观察与体悟后所得出的处世之道。

（三）"道"的体悟

中国哲学的本质是一种诗性人生哲学，所强调的是一种直觉与体验，对实践体认层面的关注远甚于理论体系的论述与建构。"道"一方面既客观存在于宇宙之中，另一方面又是源于老子对宇宙人生的洞察与体悟。因此，只有破除语言的遮蔽，凭借一种超理性的体悟，才能体认"道"的存在。老子所建立的最高概念是"道"，其目的是要在精神上与道为一体，亦即所谓的"体道"，因而形成"道"的人生观，抱着"道"的生活态度，以安顿现实的生活。老子说"道可道，非常道"，这不仅仅是在表明"道"本身是难以言诠的，而且还意在强调一种"体悟"的功夫。

在某种意义上，"言说"还仅仅停留在认识论的层面，而"体悟"则是超越认识论而上升到心性实践的形而上的层面。即使老子把"道"由内在的体悟外化为思想的文字时，"道"的本真存在依然游离在文字之外，正所谓"象外之象"。因此，读者只有突破文字的樊笼，领悟那言外之意，并在活泼的生命体验中才能直观到"道"的本真存在。金岳霖说：哲学的最高境界不属于"名言世界"，而属于"非名言世界"，也就是那种"超形脱相无此无彼的世界"。可见，最高的智慧总是自然而然地突破语言的阈限，通达一种无言的体验或冥想的境界。老子说，"知者不言，言者不知"（第五十六章），这是对言说的直接破斥。

古希腊哲人柏拉图曾认为最高的智慧不是靠语言获得，而是靠"记忆"（回忆）去凝神观照而达到。在老子哲学里，"最高的智慧"就是"道"，"记忆"就是"观"。老子说："无，名天地之始；有，名万物之母。故常无，欲以观其妙，常有，欲以观其徼。""观"就是直观，也就是"玄鉴"，指的是不经过理性思索与逻辑概念分析而直接洞察事物本质的一种直觉。它超越了主客二分的认识论模式，成为一种体认的功夫。体道者将自身置入对象之内与对象融为一体，从而得以领悟无法言说的事物存在。冯友兰先生说："'为道'就是求得对于'道'的体会，是反对感觉经验和感性认识的，也是反对重理性作用与认识的，它是一种直观。"陈鼓应先生也说："'为道'就是通过冥想或体验以领悟事物未分状态的'道'。"老子与柏拉图的共同点在于，他们都认为语言无法通达最高的智慧，最高的智慧需要在一种凝神的直观中才得以领会。可见，"体道"或"为道"是超越言说的。

二、言说的本性

既然"道"只能体悟，难以言诠，那么，圣人是否就要"钳口无言"了呢？显然，事情并非如此。《道德经》五千字本身已经向我们显明了言说的重要性。

第一，"道"与言说的同一。语言是人类创造出来并表达思想的工具，在语言中凝结着人类对世界的基本理解。透过语言，世界向我们敞开，智慧得以显现。然而，作为言说的工具，语言自身是有界限的。维特根斯坦为思想的语言表达划定界限：可清楚言说的东西与不可言说的东西。维特根斯坦认为，确乎存在不可言说的东西，对此，人们应该保持沉默。当然，维特根斯坦所说的"不可言说"主要指的是不可以命题的形式来言说。但是他说："我的语言的界限意味着我的世界的界限。"这道出了语言的本真性：语言不能够言说一切，它只能言说为我所知觉的世界。对于我的世界之外的一切，我应该保持沉默。然而，"沉默"并非一无所知，它只是拒斥语言的介入与破坏。因为当语言被固定化、模式化后，语言本身便以一种不可抗拒的力量束缚人的思想、支配人的思维。于是，"我说话"变成"话说我"。这种语言，遮蔽了智慧本身，这就是老子说的"美言不信"。

彭富春在《中国的智慧》里将语言分为："欲望的语言"、"工具的语言"与"智慧的语言"。可惜，他不曾对此加以详论，笔者以为，"欲望的语言"指的是语言的"欲望性"，亦即目的性，因为语言具有一种规定事物性质的"冲动"，它试图给万事万物划定边界；"工具的语言"指的是语言的"工具性"，亦即功能性，体现为语言的表意作用；"智慧的语言"指的是语言的"智慧性"，亦即指引性，它让智慧自然显现。彭富春说：语言的智慧让智慧显明和显示——在这样的意义上，智慧就是语言，是其言说，是其话语。显然，在老子看来，"道"既不为"欲望的语言"所规定，也不被"工具的语言"所表意。"道"的智慧只能由"智慧的语言"来开显。此时，"道"既是智慧本身，也是言说本身，智慧与言说是同一的。

然而，很多学者却认为道家的语言学是一种"工具论的语言学"，如彭富春就认为"道家没有考虑到，语言可能就是道自身的言说，是道的显示和保藏"。因之，"道家的语言学基本是一种工具论的语言学"。笔者以为，道家虽然主张"言不尽意"、"得意忘言"，但是老子却强调"言有宗"（第七十章）、"言善信"（第八章）、"希言自然"（第二十三章）、"悠兮其贵言"（第十七章）、"吾言甚易知，甚易行。天下莫能知，莫能行"（第七十章）。可见，老子主张的是一种"智慧的语言"，反对的是"欲望的语言"与"工具的语言"。因此，将道家的言道关系简单视为一种"工具——目的"的关系，本质上是对老子的智慧的言说的一种遮蔽与消解。相反，只有将之理解为一种启示与揭蔽，理解为一种"道者，进乎技矣"（将言视为一种技，即"道"与言说是同一的），才能揭示出老子言说的本质。庄子说："夫至理虽复无言，而非言无以诠理。"（《庄子·齐物论》）这正是站在道与言说同一性的高度来说的。

第二，行无言之教。中国古人有三不朽之说：立德、立功、立言。中国"二十四"史无一不是"立言"。老子身为史官，更明白"立言"的重要性。《史记·老子传》曰："老聃，周年守藏室之史也。"《汉志·诸子略》曰："道家者流盖出于史官。历记成败、存亡、祸福、古今之道，然后知秉要执本，清虚以自守，卑弱以自持。"老子自体悟了"大道"，为了开启百姓的智慧，就必须言说，"是以圣人处无为之事，行无言之教"（第二章）。"无言之教"不是什么都不说，而就是"圣人之教"。"圣人"一词在老子文本出现 30 余次，而且单个"圣"字亦多处可见。这是因为"圣人"是老子心目中是最高智慧的化身，亦即真正的"体道者"。只有真正的"体道者"，才能向人们启示"道"的智慧。牟宗三说："圣人之所以为圣人，就在于他能把老庄所说的'道'，圆满而充尽地在生命中体现出来。"这种圆满的体现必然表现为一种"无言之教"，即将言说融入"道"之中，同时又将"道"呈现于言说中，最终达到"道者，进乎言"的同一境界。

"无言之教"的根本特征在于"道法自然"，这指引了老子言说的自然性，即无矫揉造作、虚饰浮夸之语。其次，老子主张"言有宗"（第七十章），"宗"即基本的准则，在老子，这正是"无言之教"。这正是为了让人们在"希言自然"的宁静状态中倾听"道"的真谛。然而，世俗百姓陷入语言的桎梏，对老子的"无言之教"不甚明了，所谓"不言之教，无为之益，天下希及之"（第四十三章）。为何如此？其主要原因是：世俗之人昭昭察察，沉醉于富丽华彩的言辞，却不知真实的言说都是朴素无华的，而浮华的言说则是遮蔽性的，因而也是虚伪的，所谓"美言不信，信言不美"（第八十一章）。最后，老子立言的旨归自然是"无为而无不为"，也就是"圣人之治"。

三、"道"的言说方式

"道"难以言说，却不得不言说，这是言说的困境。如何言说呢？彭富春认为，一般的言说无法敞开"道"，但有些特别的言说可以显示"道"。他认为这些特别的言说方式有：第一是沉默的言说；第二是否定的言说；第三是比喻的言说；第四是悖论的言说；第五是诚信的言说。彭富春对老子的言说方式做出了具体的概括，然而，沉默的言说与诚信的言说可归于对"道"的体悟，却很难说是一种文本的话语方式。因此，笔者以为老子的智慧性话语在文本中主要体现为"否定式表达"、"隐喻性言说"与"悖论式表达"。

(一)否定性言说

否定性言说方式是哲学的重要表达方式，在语言形式上常表现为"不……"或"无……"，但它与日常语言中所说的不能、不准、不要等命令式的祈使句不一样。后者表示一种给予、规定的尺度，具有强制性；前者则表示一种倾听、启示的尺度，具有引导性。老子的否定性言说所要否定的正是日常话语的强制性，从而引导人们去倾听"道"的智慧。彭富春认为：老子的否定性言说主要有两种形态：一是陈述的否定，意味着事实的否定陈述；二是虚拟的否定，意味着否定的命令。彭富春对此并没展开论述，而根据老子的文本，显然，老子更多的是在一种虚拟的意义上来言说的，但这种否定不是命令，而是前面说的引导、倾听。

借用顾瑞荣先生对道家思想的表达式研究术语，笔者以为，在老子文本中，最为突出的是"不一式"与"穷尽否定表达式"。"不一式"在语言形式上表现为由单否定词构成的否定性概念或范畴以及主要由单否定词的组合构成的否定性表达式。如"无为"、"无知"、"无名"、"不争"、"不欲"、"不学"、"不言"等。除此之外，老子还常用"绝"与"弃"等词来替代"无"、"不"。如"绝圣弃智"、"绝仁弃义"、"绝学无忧"等。在这些概念中，"无知"发挥着关键性的作用。老子认为人的争执妄为、名利权欲都是由于人的"知"(智)从中作梗。"无知"就是对人的心智、学问知识与日常认知思维的否定。因此，老子使用这种否定性的言说，其目的便是为了否定世俗所谓的"为"、"名"、"言"等思维常式以及儒家所谓的仁义礼智等道德说教，最终使人从这些日常的价值判断的束缚中超脱出来体悟大道。当然，老子推崇"无为之事"、"无言之教"，因此他并不是命令人们要这么做或不要这么做，而是试图将这些世俗的价值与言说虚无化，让人们能够从中倾听、得到启示。依顾瑞荣的观点，"穷尽否定表达式"指的是对任何出现的分别、名相进行全面的否定，是试图通过对分别思维或二分思维之下的所有子项或代表性子项的全部否定分别思维或二分思维，显示"道"的不可感觉、不可言传、不可思议等超越性质。老子说："视之不见名曰夷，听之不闻名曰希，搏之不得名曰微。"(第十四章)因为"道"无形无相，超感觉、超经验，因此，"视"、"听"、"搏"不但不能帮助人们体悟大道，而且会遮蔽人们对"道"的体悟。因此，老子对感官感觉进行全面否定，从而启示人们领悟"道"的智慧。彭富春说：老子之所以崇尚否定性的言说，是因为道首先是自身遮蔽和被遮蔽的。否定就是去掉遮蔽。这是非常有见地的。

值得一提的是，作为否定的"无"，一般包含着三个层面：一是"有"的对立面，表示"有"的缺少，如黑暗是光明的缺少；二是表示一种对"有"的否定的态度或行动，它意味着一种运动或能动性。还有一种即表示一种本体的虚无。在老子思想中，"无"囊括了以上三种意义。如："三十辐共一毂，当其无，有车之用。"（第十一章），这是现象层面的"缺少"的意思；"无，名天地之始"这是本体层面的"虚无"的意思；介于这两者之间的"无"便是表示否定的能动性，体现在上述所说的否定性言说中。邓晓芒认为：中国古代的"无"从来没有被理解为一种行动（虚无化运动），而总是理解为一种原始状态，一种虚静无为的状态。笔者以为，事实并非如邓晓芒所言，老子的否定言说实际上已经包含着这样一种否定的虚无化运动。如，老子主张"无知"，并非说真的要回到人类鸿蒙时期懵懂未开化的状态，而是说要"无知之知"，即对人类日常智巧、聪明、心机的否定与虚无化，从而回到一种"赤子之心"般的真知状态。

(二) 隐喻性言说

在老子那里，"道"是形而上的"无"，妙不可言、深不可识，但是老子不但"强为之名"，而且"强为之容"（第十五章）。"容"就是描述其特征性状。正如顾瑞荣先生所说："作为一个概念范畴的所指，'道'是超越感觉思维和语言的，但是作为一个概念范畴，说'道'者或传'道'者们试图用各种方式来定义它，描述它，指示它。"然而，老子是如何来描述"道"呢？

在《道德经》中，与"道"相关或可替代的概念群可分两组，一是"大"、"无"、"一"、"玄"、"常"、"恍惚"等，二是"玄牝"、"天地根"、"天下母"、"橐籥"、"朴"、"谷"、"婴儿"、"水"等。前者是抽象的、概念的言说，用以指代"道"之"体"；后者是具象的、诗性的言说，用来隐喻"道"之"用"。老子为何会采取这样两组相对立概念（词语）来说"道"呢？一方面，因为"道体"本身是超感觉形相的，普通的名言是不能用来指称它，于是，只能采取"无"、"玄"、"大"、"一"等抽象的概念来指称。当然，"无"所指的不再是现象界中与具体的"有"相对立的"没有"；"玄"所指的也不是表示色彩"天地玄黄"的"玄"；"大"也不是形容体积"大小"的"大"；"一"更不是表示数量的"一二三"的"一"。这里，它们都被赋予了形而上的意义，表示一种浑整的、不可分割的、无差别的实存或者形而上的境界。另一方面，形而上的"道"被体悟，继而被言说后，就会丧失其形而上性，衍化为一般的道理。这些道理存在于一般的事物之中，既遮蔽着又显现着。正如陈嘉映先生说："万物都可以体现为道理，显示道理，但它们还不是道理——道理只在道说中获得纯粹的形式。"于是，老子便采取一种"近取譬"或者说是类比联想的方式使遮蔽的道理显现。在老子看来，"朴"、"谷"、"婴儿"、"水"等事物与"道"的特性具有相似性。譬如，"朴"指的是未经雕琢的原木，代表一种自然性，这与"道法自然"的本性相一致，故曰"复归于朴"(第二十八章)；"谷"指的是山谷，具有空虚、谦卑处下的特征，故曰"上德若谷"(第四十一章)；"水"性柔弱，处下不争，却能滋养万物，故曰"上善若水"(第八章)；"婴儿"精气充沛，无知无欲，故曰"含德之厚，比于赤子"(第五十五章)。除此之外，老子还有"治大国若烹小鲜"(第六十章)"天之道，其犹张弓与"(第七十七章)等比喻。

值得注意的是，老子的隐喻性言说并非是一种单纯的修辞技巧，而是具有特定的文化内涵和认知价值的诗性表达。束定芳先生说："有两种基本的隐喻：一种是以本体与喻体词原有(包括固有的和想象中的)相似性作为构成隐喻的基础(similarity-based metaphors)，另一种是以说话者或作者新发现的或刻意想象出来的相似性作为基础(similarity-creating metaphors)，显然，后者有着更重要的认知价值。"老子的隐喻性言说无疑属于一种"similarity-creating metaphors"，它源于老子为"道"立言所创造的一种相似性，并非是说"道"本身就有着"朴"、"谷"、"水"、"婴儿"等具体事物的特征。然而，能否将"朴"、"谷"、"水"、"婴儿"等视为"道"的意象，认为它们反映了"道"的特征呢？邹元江说："要领悟'道'之无名('道常无名')，就以'朴'为表象(imagery)为暗示、象征指涉'道'之无名状态，而此表象一旦与想象等心理能力激活、触发、凝聚、构形成'道'之意象(imagination)，具象的'朴'也就隐匿了，而不能说'朴'就直接成为'道常无名'的意象。同理，'水'、'母亲'、'赤子'也不能直接被视为'道'之意象，而只是作为触发'道'之意象的'表象'(媒介物)。"按邹元江的看法，"朴"、"谷"、"水"、"婴儿"等只是一种自然的表象(或材料)，需要人的想象等心理能力的介入，才能转化为"道"的意象。换言之，只有体道者领悟了"道"，这些自然的表象才能升华为"道"的意象；否则，在一般人看来，"朴"就是木头，"谷"就是山谷等。因此，若没有"体悟"的前提条件，隐喻性言说是无法生成的。

(三)悖论式言说

"悖论"(paradox)一词指的是与人们的日常认识相违背或相抵触的一种看法，它经常表现为一种似是而非(谬论)或似非而是(佯谬)以及自相矛盾。在逻辑学中，"悖论"又叫"逆论"或"反论"，指的是一种特殊的导致自相矛盾的命题。譬如，如果承认"甲"命题成立，则可推出"非甲"命题同样成立，反之亦然。

然而，老子的"悖论式言说"区别于"逻辑的悖论"(Logical paradox)，而是属于一种"辩证的悖论"(dialectical paradox)，是一种辩证的诡辞。从形式上讲，既不依赖于具体的语句背景，也不存在一个相互对立的命题。它更接近于一种"矛盾修辞法"，在一个词语中便可呈现，如"大象无形"、"正言若反"等。然而，"矛盾修辞法"终究是一种单纯的修辞技巧，老子的"悖论式言说"则包含着形而上的智慧。彭富春在《论老子》中将老子的悖论归于三方面：一是道自身的悖论；二是无道自身的悖论；三是道与无道的悖论。他认为道自身的悖论又包括道的存在、思想和语言的悖论。笔者以为，彭富春的归类非常具体，但也存在不合理性。比如，他对"道"与"无道"的悖论解释是，在道看来，道是道，非道是非道；而在非道看来，非道是道，道是非道。因此，这两者就形成了悖论。事实上，这两者是相互对立、排斥而且不能统一的，怎么可能形成一个事情自身的悖论呢？此外，彭富春还认为道自身的悖论是真理的悖论，非道的悖论则是谎言的悖论。这就更加远离了老子的悖论式言说。事实上，老子的悖论式言说在根本上表现为一种否定精神。这种否定的精神不完全同于前面所说的"否定性言说"。"否定性言说"否定的是日常话语与价值判断的强制性，它引导人不争、不欲、不言，倾听"道"的启示。"悖论式言说"的否定精神则表现为一种"互否"，但这"互否"不是逻辑的自相矛盾，而是显现为：否定即生成，生成即否定。这有点类似于否定之否定，其根本原因在于"反者道之动"(第四十章)。这里的"反"不管解释为"相反"或"返回"，它都包含着一种向自己对立面生成的思想。在空间上，万事万物的运动都体现为"相反相成"(反)，表现为"否定——生成"的结构；在时间上，则表现为"物极必反"(返)，表现为"生成——否定"的结构。两者不是平行的关系，而是相互纵横的，构成了万事万物的运动形式。

"悖论式言说"的否定精神在语言上主要表现为"正言若反"(第七十八章)。在形式上，"正言若反"有三种表达形式：其一为"大……若……"，如

"大成若缺"、"大盈若冲"、"大直若屈"、"大巧若拙"、"大辩若讷";其二为"大……无……",如"大器晚成"、"大方无隅"、"大音希声"、"大象无形"、"大制不割";其三为"皆……不……"或"不……故……",如"天下皆知美之为美,斯恶矣;皆知善之为善,斯不善已。"(第二章)"以其不自为大,故能成其大。"(第三十四章)"上德不德,是以有德;下德不失德,是以无德。"(第三十八章)在内容上,钱钟书先生则将"正言若反"归结为三种基本形态:一是"使同者异而合着背",如"大音希声"、"大象无形"(第四十一章),因为"音"与"声"、"形"与"象"本是同一的;二是"使违者谐而反者合",如"大成若缺"、"大直若屈"(第四十五章),因为"成"与"缺"、"直"与"曲"是相反的;三是使"一正一负"、"相仇相克"者"和解而无间",如"上德不德,是以有德;下德不失德,是以无德。"(第三十八章)在此,"不德"反而"有德","不失德"反而"无德",这就使得"有德"与"无德"的冲突得到了缓和。

不管是形式上还是内容上,"悖论式言说"之所以成立全在于贯彻其中的"互否"的精神,亦即否定即生成,生成即否定的智慧。如,"大音"意味着生成;"希声"意味着否定,亦即虚无化。"大音希声"表示音响的最高境界,也就是"道"之音,"听之不足闻也",这意味着生成即否定。同理,"上德"即德性的极致化,它意味着生成;"不德"则意味着否定,亦即虚无化。正因为如此,所以"上德不德,是以有德",这又意味着生成。可见,生成即否定,否定即生成。这正是"反者道之动"的精髓,也是老子"悖论式言说"的核心所在。

最为典型的悖论形态表现为"学不学,欲不欲"(第六十四章),这就意味着老子在否定学问、欲望的同时也是在生成它们;在生成学问、欲望的同时也是否定它们。在这一意义上,"道"便在可言说与不可言说的"互否"中生成了,"道"的言说与存在也就同一了。或者说,"道"就是"言说"本身了。

(作者单位:武汉大学哲学学院)

东方哲学中的"无声之乐"及其美学意蕴

李潇潇

在 20 世纪西方音乐史上，有一种被称为"无声之乐"的音乐存在。1952 年 8 月 29 日，纽约的伍德斯托克(Woodstock)演奏大厅里，钢琴家当着数百听众的面，坐在钢琴前静默地持续了 4 分 33 秒钟之后，悄无声息地结束了整场演出。这个完全没有任何声音的音乐"作品"，名字就叫做《4 分 33 秒》。它的作者、著名作曲家约翰·凯奇在事后解释这个"作品"的创作过程时，曾声称他的创作冲动有一半是来自于东方哲学的影响。他说："早些时候接触过禅宗以及东方哲学，后来看了全黑与全白的相关画展，买了幅'无色'之画，就激发了创作一部无声之乐的冲动。"而针对当时人们对这一"作品"的普遍质疑，他又进一步辩称，要理解这样一部"无声之乐"，首先必须确立一种新的诠释角度，因为"人们始终将'有'作为理解声音的基础，而恰恰是这种认识造成对这部作品的误解"，"只有将'无'作为理解这部作品的基础时，世间一切皆有可能的通途才会出现在人们眼前"。

约翰·凯奇在这里所说的"东方哲学"，是指中国和日本的哲学。这种哲学在多大程度上影响了约翰·凯奇的创作，同时他的创作又在多大程度上切合东方哲学的原意，这一点我们无从得知。但可以肯定的是，东方哲学，包括中国的道家、儒家、禅宗和经铃木大拙等人推介而具有世界影响的日本禅，确实包含着丰富的关于"无"或"空"的思想，以及从"无"或"空"的角度去思考音乐的思想。在这种思想当中，包括三个意义相近的音乐哲学概念，即道家的"大音希声"、儒家的"无声之乐"和禅宗的"孤掌之声"。为论述方便起见，本文将它们统称为"无声之乐"。这种"无声之乐"，既体现了东方哲学对于宇宙本体和人生究竟的探索，同时也代表了东方哲学对于音乐本性及其审美价值的独特解释。

一、道家的"大音希声"

道家对于"无声之乐"的思考，集中体现在老子《道德经》所提出的"大音希声"这一命题当中。《道德经》第四十一章中说："大音希声，大象无形，道隐无名。"

"大音希声"这一命题，是老子为了阐述"道"的本性和作用而提出的，它的本意并不是讨论音乐。因此，它首先是一个哲学命题。众所周知，"道"是老子哲学的核心范畴。在老子的哲学中，"道"既是万物生成的终极根源和人类生活的根本法则，同时又具有创生万物的伟大功能，所谓"道生一，一生二，二生三，三生万物"（《道德经》第四十二章，后均只标明章序号）。"有物混成，先天地生。寂兮寥兮，独立而不改，周行而不殆，可以为天地母。吾不知其名，强字之曰道，强为之名曰大。"（第二十五章）其中的"一"和"大"，都是"道"的别名。在老子看来，"道"虽然创生了万物（有限、具体、多样的事物），但"道"本身作为永恒、绝对、唯一的宇宙本体，却无法通过感觉经验和理性思考去认识和把握，也无法通过语言去言说和界定，所谓："道，可道，非常道；名，可名，非常名。"（第一章）而"道"之所以无法认识，无法言说，其根本的原因就在于它没有具体的形象（因而也可以进一步说，没有具体的色彩和声音）。换句话说，"道"不是某个具体的"物"，是一个超出感觉范围以外的抽象存在。

因此，"大音希声"和"大象无形"等命题，都是为了说明"道"所具有的上述超感性的特征。"大"的概念，在《道德经》中曾经出现过很多次，它的主要用法有两种：一是指经验范围内的、与"小"相对的"大"，如"宠辱若惊，贵大患若身"（第十三章）中的"大"和"智慧出，有大伪"（第十八章）中的"大"。二是作为"道"的别名的、超出了经验范围的"大"。这个"大"，具有无限、永恒、绝对、唯一、没有边际、没有形象（虚无）、没有人为的限定（真实、自然）等含义。从老子关于"道"的思想来看，"大音希声"中的"大"，显然不是指"大小"的"大"，而是指用以描述"道"的无限、永恒、绝对、唯一、虚无、真实、自然的本性的那个"大"。因此所谓"大音"，也可以翻译成"道音"（道的声音）。像道是万物得以存在的根据一样，大音、道音也可以说是一切声音得以成立的根据。而这样的"声音"，并不是任何具体的、可以感知的声音，它就像道本身一样，是无法通过感官去感受的，即所谓"视之不见，听之不闻，搏之不得，绳绳兮不可名"（第十四章）。就大音或道音的作用而言，大音或道音是指声音的本体，或者说是指一切具体的、有限的声音的根源。而所谓"希声"，也就是"无声"。"无声"，有两重含义：一是指"听之不闻"即听不见、不可听。二是指不是或没有具体的声音，如王弼所指出的："听之不闻名曰希，不可得闻之音也。有声则有分，有分则不宫而商矣。分则不能统众，故有声者，非大音也"。大音，既然不是具体的声音，因而也就不能从具体的声音的角度去理解（正像不能从物的角度去理解道一样）。作为声音（包括音乐）的本体，它实际上是一切声音（包括音乐）及其意义的赋予者，即如刘康德《淮南子直解》一书中所说的："夫无形者物之大祖也，无音者声之大宗也。"

老子"大音希声"的命题虽然不是针对音乐的讨论提出来的，但对中国古代的音乐美学却有着重大的影响。那么，从音乐美学的角度来说，老子的"大音希声"究竟有什么样的意义呢？

老子"大音希声"的命题，最主要的意义是确立了以"道"论"乐"的传统。而以"道"论"乐"，在道家的思想中又有以下几层意思：

第一，是对局限于听觉、以感官享受为目的的、人为的有声之乐的否定。有声之乐，即我们通常所理解的音乐，在《道德经》中泛称为"五音"。在老子看来，"五音"是跟人的身体感觉和声色之欲联系在一起的，它鼓动人的欲望、扰乱人的心智，所谓"五色令人目盲，五音令人耳聋"（第十二章）。这样的声音或音乐，因为过度激发了人的感觉和欲望而打破了内心的宁静，妨碍了对"道"的观照和体认，从而使人迷失了真实的本性和对最高真理和价值的探求。

第二，对人为的有声之乐的否定，同时也就预示着对人为技巧的否定。换句话说，在老子和道家看来，真正的音乐，应当是那种像"道"一样，或者像庄子所说的"天籁"、"天乐"、"至乐"一样的、真实、自然且境界超然的、能够给人以无限的遐想的音乐。这样的音乐，不是把人引向世俗生活，而是把人引向逍遥无为的、超功利的、自由的精神世界。

第三，以"道"论"乐"，重点是"道"而不是"乐"，因此也启发了另外一个思想，即音乐的价值不在于声音"之内"，而在于声音"之外"。真正的音乐不应局限于声音或声音的技巧，也不应局限于听觉或听觉的快感，而应该不断发掘声音以外的意义，拓展听众的想象空间。按古代的说法，即只有从中能感受到"弦外之音"的音乐，才是最有价值的、最能激发人的想象力的音乐。

总的来说，道家的这种思想，从音乐美学的角度来说，就是立足于"道"的立场来看音乐，其主张是不以音乐的声音构成本身为满足，而是要求揭示和体验声音构成之外的、合乎自然之道的本性的意义和价值。或者说，真正的音乐应当像"道"一样，舍弃有限的感官和欲望，突破有限的声音和技巧的局限，给人以虚静、自然、朴素的审美感受，从而达到消歇人的欲望，平静人的心智，最终使人达到精神彻底解放和绝对自由的目的。

由老子所启示的道家"无声之乐"的音乐美学思想，对后世、尤其是对文人士大夫的精神生活产生了深远的影响。比如著名的陶渊明"无弦琴"的典故。据萧统《陶渊明传》记载："渊明不解音律，而蓄无弦琴一张。每酒适，辄抚弄，以寄其意。"文中明言陶渊明"不解音律"，显然，他蓄无弦琴的目的，是别有怀抱，别有寄托。按《晋书》所载陶渊明论音乐的话说："但识琴中意，何劳弦上音。"他在无弦琴中所获得，不是发出声响的琴音，而是琴音的意味，这种意味，也就是道家所说的"道"。而具体落实到人生的经验来说，就是他在《饮酒》诗中所说的"久在樊笼里，复得返自然"的精神自由，和"此中有真味，欲辩已忘言"的、对宇宙人生真谛的感悟。

二、儒家的"无声之乐"

如果说道家对音乐的思考是建立在其关于道的思想基础上，那么儒家对音乐的思考，则是建立在其关于礼乐的思想基础上。

礼乐，是中国先秦时期"儒"的主要职业技能，同时也是儒家思想的主要对象。礼乐文化是中国早期文化的重要组成部分。在儒家的思想中，常常礼乐并提，礼和乐之间，恰恰构成相互补充的关系。

"礼"，起源于原始的巫术、祭祀活动，但从周代开始，"礼"便由巫术、祭祀礼仪逐步转变成了一种等级制度即"礼制"，其主要目的是确定社会结构中尊卑长幼的等级秩序。同时，"礼"也通过各种礼仪(礼节、仪式)表现出来，而成为社会人的活动和交往的基本规范。当时的社会活动和个人生活，包括祭祀、朝拜、外交、战争、婚丧、宴饮、娱乐，以及个人的衣、食、住、行等都有严格的礼制规范，并表现为相应的礼仪要求。这些规范和要求，具有外在的、强制性的特征，对人的活动有很强的约束作用，它的制定，目的是为了保证社会的稳定，而这种稳定是建立在不同阶层、不同身份地位的人各安其分的基础上。因此，"礼"的基本功能是"区分"，按照儒家的说法，这叫做"礼别异"。

"乐"的产生，同"礼"一样，也是起源于原始的巫术、祭祀活动。中国早期的"乐"，包括器乐、声乐(歌)和舞蹈。它与礼不同的地方有两点：即第一，礼是外在的，而乐是内在的，或者说，礼是群体性的规范，出于维护群体生活的需要，而乐则同个体的情感要求(追求快乐的本性)有着密切的关系。在儒家著作《礼记·乐记》和荀子的《乐论》中，这种区别被概括为"乐自中出，礼自外作"，"乐也者，动于内者也；礼也者，动于外者也"，"乐者，天地之和也；礼者，天地之序也。和，故万物谐化；序，故群物有别"，"致乐以治心"、"治礼以治躬"，等等。第二，在社会功能上，礼的特点是"别异"，而乐的特点是"和同"。在儒家的音乐理论中，"和"被认为是音乐的基本功能，同时也被认为是音乐的本质。就功能方面来说，"和"是指音乐能够促进人的身心平衡，使内心达到和谐，并通过个体的身心平衡，促成整个社会人际关系的和谐。而且，由于音乐出于人内心的情感要求，所以，音乐作用的实现，并不是依靠强制，而是依靠对个人内心情感的调动。就本质方面说，儒家认为，音乐是一个和谐的整体。音乐的"和谐"，也包括两层意思：一是指声音(形式)的和谐；二是指内容的和谐，即音乐对情感的表现必须有所节制，或者必须达到情感与理性的统一(在儒家那里，"理性"通常指的是伦理或所谓"道"、"德"的要求)。

总的来说，"和"是儒家对音乐的根本要求。儒家所说的"和"包括在功能上促进人心和社会的和谐，在本质上达到形式和内容的和谐。除此之外，儒家的思想家还认为，音乐的和谐，还有一个形而上学的基础，那就是宇宙(天地)的和谐。也就是说，音乐的和谐与宇宙的和谐之间，有一种异质同构的关系，即《礼记·乐记·乐论篇》中所谓："大乐与天地同和。"这种"与天地同和"的"大乐"，与道家所说的"天乐"、"至乐"有着非常类似的性质。

儒家所说的"和"是一个有多重含义的概念。它对"和"的理解包含着一个层层递进的关系，即由乐和，而心和，而人和，而政和，进而与天地同和。因此，在儒家的音乐理论中，音乐的最高形态和理想是一种"与天地同和"的"大乐"，而所谓"大乐"，就显然不是一般的有声之乐，而是具有哲学意义或形上学意义的"无声之乐"了。

成书于汉代的《礼记》一书，保存了许多早期儒家的音乐理论资料。其中的《孔子闲居》篇，还假托孔子与子夏师徒的对话直接提出了"无声之乐"的概念。什么是"无声之乐"？篇中孔子的回答是："夙夜其命宥密，无声之乐也。""夙夜其命宥密"这句诗出自《诗经·周颂·昊天有成命》。"夙夜"是朝夕的意思；"命"是政令的意思；"宥"是宽和的意思；"密"是宁静的意思。汉代学者郑玄注释这句话说："其，读基；基，谋也。密，静也。言君夙夜谋为政，教以安民，则民乐之。"《诗经·周颂·昊天有成命》这首诗，歌颂了文王、武王夙夜忧于政务，勤于政务，以肇基天命，实行宽静之政以安民的功绩。孔子用"夙夜其命宥密"来比喻"无声之乐"，意思是说，如果人君能够施行仁政，则无需钟鼓管弦之声，百姓也能心中和悦，即如孙希旦的注释所云："无声之乐，谓心之和而无待于声也。"可见，《礼记·孔子闲居》中的"无声之乐"，是喻指人君实行仁政，则民心自然和悦，而民心和悦，便是最好的、无关乎外在声响的音乐。或者说，音乐的目的是让人快乐，但若人君能行仁政而天下的人都感到无比的快乐，岂不是最好的音乐吗？这种"无声之乐"的特点，据《礼记·孔子闲居》的说法是："正明目而视之，不可得而见也；倾耳而听之，不可得闻也，志气塞乎天地。"

从以上的论述可以看出，儒家的"无声之乐"与老子"大音希声"有本质的不同。老子的"大音希声"是其"道"的哲学的一部分，在老子的思想中，"无声之乐"既是无形无象、无法言说的"道"的一种比喻，同时也是基于"道"所具有的虚无、真实、自然等特点而对音乐理想所作出的一种规定。《礼记》所说的孔子的"无声之乐"，则是其为人生而艺术的一种表现，他是从人心平和、社会和谐的角度来立论，认为凡是能够达到人心和平、社会和谐的，都是最完美的音乐。但另一方面，儒家的"无声之乐"与老子的"大音希声"作为一种"无声"思想以及"无声之乐"的存在方式，也有其共同之处。老子的"大音希声"，是要求音乐合于道的虚无、真实、自然，从而达到消除人的欲望、平静人的心智的目的。儒家的"无声之乐"，虽然带有社会伦理的意义，但它的最终指向也是与此相似。在儒家看来，人性本来是平和安静的，但在物质世界的刺激和诱惑之下，就会产生各种各样的欲望。这些欲望如果得不到很好的控制，人与人之间就必然会引起纷争，而人与人之间的纷争，则必然导致社会的动荡和"乱世"的出现。为了避免这种局面的出现，有两个办法：一是强化礼制的约束，二是加强音乐的引导。音乐由于源自人的内心，因此也就比礼制更能唤起人的自觉。因此，在儒家看来，好的音乐是那种能够引发人进行心灵内在反省的音乐。这种音乐，不能只是满足于取悦人的听觉，而且应当培养人的是非、善恶、美丑之心，使人的欲望、情感受到道德、理智的约束，从而恢复内心的平静和正常的社会秩序。正如《乐记》上所说的："乐也者，圣人之所乐也，而可以善民心，其感人深，其移风易俗。故先王著其教焉。"对儒家而言，"无声之乐"的直接指向，也是对过度的欲望的消解以达到心灵的宁静与和谐。

三、禅宗的"孤掌之声"

禅宗是中国化的佛教。它创始于唐代初期，自唐代晚期以后便成为最具影响力的一个佛教宗派，其影响波及古代的朝鲜和日本。

与道家讲"无"，以"无"作为其哲学思想的核心不同，佛教讲"空"，"空"是佛教哲学的基本概念和核心范畴，也是佛教义理的最高范畴。空，是与"有"相对的一个概念，梵语 Sūn Ya，音译为舜若，义译为空无、空虚、空寂、空净、非有等。在中国古代的佛教经典中，不同派别对"空"的含义各有不同的理解。就唐代以前中国佛教的主要形态——大乘佛教来说，大乘空宗对"空"的解释最有代表性。空宗对"空"义的论述主要分为四个层面：即空性、空理、空境和空观。所谓空性，是指佛所说的一切法即一切现象都没有实在的自性，也就是既无主宰性（不自在），也无实体性（无实在不变的体性），现象当体即空；而讲空是为了显示佛教的真理、佛法的真义，显示真谛的空是一种理，空这种理称为空理；空义的另一重含义是指对象、境界。空宗认为要了解众生生存于世间的意义，必须分清自相与实相。若通过表面的自相，深入实相，就能了解实际上世间是自性本寂的。这性寂（空）就是实相，就是众生证悟的对象。而证取了性寂，也就进入了空境。"空"的实际运用，一方面是空掉不正确的看法（妄想）和不正当的欲望（妄念），以便于佛教真理的体认。另一方面，作为一种修正方法，观想世间诸法空寂无相，这就构成了空观。

由于对"空"的强调，佛教经典中特别喜欢用一些具有虚幻性质的事物如梦、幻、泡、影、露、电、镜像、空花、水月等，去进行空观，见出人的自性空寂、万物的空理，领悟一种空境。声音，就是佛教常用的一种喻象。这是声音所具有的、不可视且难以用语言描述的性质决定的。而且，声音作用于听觉而成为声响，声响的反面是寂静。寂静，常用来象征内心的安宁。

《大方等大集经》卷十二说："夫音声者犹如虚空，不可睹见，不可宣说如虚空，一切诸法亦复如是。若声无者，声所了法亦复是无，是声空故一切法空，声寂静故诸法寂静，声不可见一切诸法亦不可见。"

《大佛顶如来密因修证了义诸菩萨万行首楞严经》卷三说："是故当知听与音声俱无处所，即听与声二处虚妄，本非因缘，非自然性。"

因为音声生于空无而归于空无，本身又没有具体的形象，不可睹见，难以言说，所以本身就具有虚空的性质，"音声为虚空"。所以对其进行空观、显现空理、明了空性、领悟空境就显得特别的直观和方便。"若声无者,声所了法亦复是无,是声空故一切法空,声寂静故诸法寂静,声不可见一切诸法亦不可见。"但具体的声音,还必须依赖于人具体的听觉器官。与真正的"空"还是隔着一层。若要真正领略空性、明了空理、领悟空境,则应该"当知听与音声俱无处所,即听与声二处虚妄",即达到"无声之声"的境地。

隶属于大乘佛教的禅宗,大体上继承了上述关于"空"与"音声"的看法。对于"无声之声"和"无声之乐"的讨论中,最典型的一个说法是日本禅宗公案中讲的"孤掌之声"。日本建仁寺默雷禅师抚养了一个小孩叫丰。丰十二岁的时候跟默雷禅师学禅。禅师问他:"当双掌互击时,你可以听见双掌的声音,现在,你表演孤掌之声如何?"丰苦苦参究,在之后的日子里,分别回答了艺伎的声音、水滴的声音、风声、蝉声等,皆不中的。直到一年后,丰进入真正的冥想之境,超越了一切声音。于是他说,"我无法想到其他声音,所以,我达到了无声之声",终于领悟到了什么是孤掌之声。

这个公案基本上代表了禅宗对"无声之乐"的认识。丰说:"我无法想到其他声音,所以,我达到了无声之声。"这时的丰已经远离了事物表面的现象、形象、声象,超越了一切具体的、有限的声音,也就从"有"的境界达到了"空"的境界。在"空"的前提下所领悟到的"孤掌之声"和"无声之乐",其美学旨趣无疑是空寂的,其旨归也在于使人洞悉内在的空性,领悟万物的空理和世间万象的空境。

禅宗的"空"和"孤掌之声",就音乐美学的意义上来说,一是要求音乐开拓出空虚寂静的意境;二是要求音乐摆脱声音对人心的刺激,使人心回复到空寂的状态以达到见性即确立自性的目的。这与道家的"大音希声"和儒家的"无声之乐"对音乐平和人心的审美诉求,是基本一致的。

四、结语

20世纪西方艺术的基本主题是"变革"和"独创"。号称受东方哲学影响的"无声音乐"《4分33秒》的出现,无疑是20世纪西方音乐史上的一个具有颠覆性的标志。如果说法国画家杜尚将小便斗搬入艺术展览会,向我们提出了什么是艺术的问题的话,那么,约翰·凯奇的《4分33秒》则直接向我们提出了"什么是音乐"这一根本性的问题。如卓菲娅·丽莎所说:"现代音乐创作的各种各样的五花八门的产品会不会导致对我们通常所理解的'音乐'这个概念进行修正？其结果会不会引起评价音乐的准则，也即音乐的价值论的改变？"其回答无疑是肯定的。《4分33秒》几乎引发了一系列的问题，如音乐的定义该怎样重新界定？音乐的本质究竟是什么？怎样认识音乐存在方式的多样性？怎样看待音乐的社会功能与价值取向？音乐一定要表现美吗？什么是音乐的美？等等。

在约翰·凯奇看来，音乐不限于音符，什么都可以是音乐，甚至生活本身就是音乐。无论我们是赞同还是反对，都不得不承认：他的"无声之乐"，解放了我们对音乐的认识，拓展了音乐的范围，引发了音乐领域的革命。但是也应该看到，随着音乐定义的解放和音乐领域的拓展，现代音乐也出现了种种问题。其中最重要的就是音乐审美性的降低和观念性的增强。本来诉诸听觉的音乐，却越来越多的是诉诸人的思维，而表现形式则与美越走越远。越来越多的音乐作品，其表现形式呈现出不确定性、无序性、随意性、不可知性和观念性、抽象性等特征。这在某种程度上也可以说是在解放音乐的同时，也使现代音乐走入了另一种难以自拔的困境。

那么，东方哲学中所说的"无声之乐"又如何呢？东方哲学对"无声之乐"的相关论述，其实也回答了什么是音乐的问题，而且似乎也有将音乐的范围予以泛化的倾向。但东方哲学对"无声之乐"的构想，与约翰·凯奇式的音乐融入生活的主张似乎并不完全一样。无论是道家的"大音希声"、儒家的"无声之乐"还是禅宗的"孤掌之声"，它们的真正的意图都不是为了否定任何的声音或者世俗的音乐，而是为了警示人们要注重声音或音乐之外的意义。在道家看来，真正的音乐，应该像道一样自然、真实；在儒家看来，真正的音乐，应该像君子的内心一样平和、宁静；在禅宗看来，真正的音乐，应该像佛性（人的自由无碍的本心）那样空寂、明净。也就是说，东方哲学的"无声之乐"，实际上不是否定声音和音乐，而是要超出声音和音乐的局限。它要求音乐应该有淡化人的欲望，净化人的心灵的意义。这种对音乐美的诉求，并不是将音乐等同于生活本身，而恰恰相反，它是要求超出世俗生活的局限，重塑音乐的庄严与神圣。这种观点，从约翰·凯奇的立场来看，或许是保守的。但在当今乐坛的种种乱象之下，东方哲学这种貌似保守的音乐思想，不能不说在一定程度上为我们提供了某种启示。

（作者单位：武汉大学哲学学院）

论《林泉高致》之"观"

朱松苗

郭熙的《林泉高致》在中国画论史上有着重要的地位，朱良志认为"《林泉高致》是中国山水画理论最重要的作品"①，陈望衡认为"《林泉高致》是中国绘画理论史上第一部体系最为完善的关于山水画的理论专著"②，这些判断都不是空穴来风。虽然郭熙不是思想家，其绘画理论也多是从其自身的创作实践中总结出来的，但是在其感悟式的论述中我们还是可以追寻到其内在的思想逻辑。正是因为如此，本文选择了中国思想中一个重要的视角——"观"，以此来分析其思想中的内在逻辑。

一、何为"观"

"观"字在《林泉高致》③中一共出现了9处，除了两处作为名词"楼观"出现，表示楼台或庙宇之外，其余都是作为动词，与我们通常所讲的"看"相关，当然，郭熙所讲的"观"是有别于"看"的，"人之看者须远而观之，方见得一障山川之形势气象"，在这里，他很明确地区分了看、观和见。为了更清楚地理解郭熙所讲的"观"，我们首先对这几个动词进行区分。

"看"，在《说文解字》中被解释为"睎也"④，而"睎"则被解释为"望也"，唐汉从字形的角度更为细致的解释了"看"的含义："小篆的'看'字，上边是一只'手'，下边是一个'目'，表示用手遮额远望。这是人们在强光照射下，为

① 朱良志：《中国美学名著导读》，北京大学出版社 2004 年版，第 173 页。
② 陈望衡：《中国古典美学史》(中卷)，武汉大学出版社 2007 年版，第 373 页。
③ 俞剑华：《中国画论类编·林泉高致》，人民美术出版社 1986 年版，下文中的引文均来自于此。
④ 许慎：《说文解字》，中华书局 1963 年版，第 72 页。

了看得更远更清楚而采用的一种姿势。'看'的本义为远望，由远望之义引申为一般意义上的瞅、瞧，再引申为细看、观察等。"①也就是说，"看"首先是和目相关的，它是眼睛的活动；其次，它只是一般意义上的望和瞧。如"山正面如此，侧面又如此，背面又如此，每看每异，所谓山形面面看也"，从不同角度去看山，山都会呈现给我们不同的景致，这样的"看"很显然只是与眼睛相关，同时也只是一般意义上的望和瞧。不仅"看"一座山是如此，郭熙在提到当时的画者"所览之不淳熟，所经之不众多"时，也强调他们应该"饱游饫看"，这里的"看"与"览"、"经"相对，很显然也只是一般意义上的眼睛的望和瞧。

"观"在《说文解字》中被解释为"谛视也"，而"谛，审也"，所谓"审"就是详细、周密、仔细的意思，因此，"观"不是简单地看，而是详细、周密、仔细地看，按照窦文宇和窦勇的解释②，"甲骨文'雚'字由张开翅膀的象形、两个'口'和'佳'构成。两个'口'表示瞪大眼睛，整个字的意思是张开翅膀遮住阳光，瞪着眼睛看着由翅膀遮住的水面下的动物的鸟"，而对于"观"（觀）字，由于"'雚'字表示注视水面下的情况"，所以"整个字的意思是用心分析见到的东西，由此产生观察的含义，引申表示观看、看到的景象和对事物的认识"。也就是说，"观"意味着人不仅要用眼睛来看，而且还要用心去思，即"观"不仅是眼睛的活动，而且是心灵的活动。所以"观今山川，地占数百里，可游可居之处，十无三四"，如果仅仅只是"看"山川的话，作者所能得到的恐怕就只有"可行"、"可望"——山川只是目之对象，即主客相离；而只有当作者带着审美的心灵去思考而"观"山川时，他才能发现山川的"可游可居"的本质——山川与人融为一体，即主客相融，进而才会发现普天之下，真正属人的山川并不多，只是人们看得太多，而观得太少。也正是因为"观"与心灵相关，这也决定了"观"的方法——不能近观，因为距离太近，就不能提供思索、玩味的空间；远则可以"创造一个巨大的空间，在这空间中激荡生命，展开生命，让生命悠游徘徊，自由舒卷"③，所以郭熙强调要"远而观之"，"凭高观耨，平沙落雁"。

"见"在《说文解字》中被解释为"视也"，段玉裁《说文解字注》则具体解释

---

① 唐汉：《汉字密码》，陕西师范大学出版社 2008 年版，第 387 页。

② 窦文宇、窦勇：《汉字字源：当代新说文解字》，吉林文史出版社 2005 年版，第417 页。

③ 朱良志：《中国艺术的生命精神》，上海古籍出版社 1981 年版，第 407 页。

为"析言之有视而不见者……浑言之则视与见……一也。"①也就是说，"见"和"视"的区别不是很大，一般而言，是一个意思；但如果要仔细区别的话，"视"是看的过程，"见"是看的结果，有人"视"了，但没有看见，就是视而不见。由于"视"的本义就是看，所以"看"和"见"之间的关系也大体如此，有看而不见者，也有看见者。看是过程，见是结果。

因此，严格说来，"看"是目看，"观"则不仅是目看，更是心观；"看"是一般的看，"观"是仔细地看、分析着看。"看"和"观"是过程，"见"或"现"则是结果。

二、谁在"观"

正是因为如此，这就决定了"观"的主体是人而不是动物，动物可以看，但不能观，因为动物有眼睛，但没有心灵，而只有作为万物之灵的人才具有，所以，对于《林泉高致》而言，毫无疑问，是"人在观"。

但是，对于"观"而言，这也只是具有了一种可能性，因为在现实生活中，并不是所有的人都在用心"观"，更多的人更习惯于用自己的眼睛"看"，以至于视而不见，所以这也不是真正的"观"。

如果说不用心"看"的人不是"观"的话，那么是否所有用心在"看"的人都是"观"呢？显然还不是，因为"心"也有很多种，对于禅宗而言，"心"又可以分为嫉垢心、谄诳心、十恶之心、轻人心、毒心、慢他心、吾我心、胜负之心、无常心、有无之心、执着心等几十种，禅宗称之为"迷心"，这些"迷心"显然与"观"无关，因为这些"心"所"见"都只能是"意见"——偏执之见，而不能成为真正的见——洞见——观，即"观"到事情本身、事物的本质，洞若观火。

在《林泉高致》中，郭熙提到了两种"迷心"——"轻心"、"慢心"，"轻心临之，岂不芜杂神观"，如果以"轻心"去看山水，则是糟蹋了美好的景致；如果以"轻心"、"慢心"去进行艺术创作，其结果就是"形脱略而不圆……体疏率而不齐"；与之相反的是"林泉之心"，"以林泉之心临之则价高，以骄侈之目临之则价低"。在这里，作者首先区别了两种"看"，即心观（即"临"）和目看，

---

① （东汉）许慎撰，（清）段玉裁注：《说文解字注》，上海古籍出版社1981年版，第407页。

认为只有前者才有可能看到山水的审美价值,后者却看不到;其次,他还区别了两种"心",即"林泉之心"和"骄奢之目(心)",并不是所有的心观都能实现对山水的欣赏,如"骄奢"之心,即徐复观所说的"权贵富豪"的"附庸风雅"、"信口雌黄"①,这种功利之人是发现不了真正的山水的,即便能看出一点点,也只能是"价低"的。

那么究竟什么是"林泉之心"呢?"林泉"在文中共出现了三次,另外两次分别为"林泉之志,烟霞之侣,梦寐在焉"、"君子之所以渴慕林泉者,正谓此佳处故也",结合上下文,所谓"林泉之志"即山水之爱("君子之所以爱夫山水者");而作为"渴慕"对象的"林泉"即"可游可居"之地。在中国古典思想传统中,所谓山水之爱实际上是指代对大自然的爱,而且这种爱不仅仅只是因为大自然"可行"、"可望",即作为耳目之娱,生活的调剂品,更为重要之处在于它是"可游可居"之处,即它是人的家园、是人生的安顿之所。所以郭熙接下来说"故画者当以此意造,而鉴者又当以此意穷之,此之谓不失其本意。"而"林泉"之所以可以作为人生的最后归宿,就是因为只有在那里,人才能回归自己的真实本性("人情"),"尘嚣缰锁,此人情所常厌也;烟霞仙圣,此人情所常愿而不得见也",即"林泉"以其自身的自然性,召唤、激励着人也回归自己自然而然的本性。因此,所谓"林泉"即自然,它不仅意味着自然界,更意味着自然而然的本性,所以"林泉之心"就是指"自然之心",即自然而然之心。它否定人为之心,如"骄奢之心"、"轻心"、"慢心"等。

这样的一颗自然之心首先是宁静的,"静",《说文解字》解释为"从青争声"②,而"青"字按照王圣美的解释为"美好"之意,即将所有带有"青"的汉字归纳到一起,发现"晴,日之美者","精,米之美者","清,水之美者","倩,人之美者","菁,草之美者","请,言之美者"等,那么将"静"字代入公式,其含义就不言而喻了——"争之美者",而所谓"争之美者"即"美好的争"就是"不争",因为"不争",所以人能够保持自身的自然本性,自然而然;也正是因为如此,人也能不受外在事物的干扰,表现出平和、安宁的本性。相反,如果我们心中不静,就容易受到外在的干扰,进而失去自身,所以郭熙要"万事俱忘",因为"事汩志挠,外物有一,则亦委而不顾";要"万虑消沉",因为否则"佳句好意亦看不出,幽情美趣亦想不成"。所以"凡落笔之日,必明

① 徐复观:《中国艺术精神》,华东师范大学出版社 2001 年版,第 200 页。
② (东汉)许慎:《说文解字》,中华书局 1963 年版,第 106 页。

窗净几，焚香左右，精笔妙墨，盥手涤砚，如见大宾，必神闲意定，然后为之"。静，才能排除外物的扰乱、心灵的妄动，才能让人"神闲意定"，保持自身。

其次，这颗自然之心又是纯洁、充满生机的。之所以说纯洁，是因为它无杂念，没有利欲，没有"骄奢之目"；之所以说充满生机，是因为它保持了自身的本性，而这个本性，就是"生生之德，是生成，生命"①。正如叶朗先生所说："所谓'林泉之心'、'万虑消沉'，不仅不是骄侈俗鄙、意烦心乱，也不是志意抑郁沉滞，局在一曲，而是'胸中宽快，意思悦适'。这就是说，审美的心胸，不仅不是利欲的心胸，也不是褊狭、死寂的心胸，而是纯洁、宽快、悦适的心胸，是充满勃勃生机的心胸。"②而且对于艺术活动而言，艺术家只要具有了这种自然之心，就会自然进入创造的高峰体验之中，"人须养得胸中宽快，意思悦适，如所谓易直子谅，油然之心生，则人之笑啼情状，物之尖斜偃侧，自然布列于心中，不觉见之于笔下"。

所以，对于《林泉高致》而言，它的"观"首先是指人在观；其次，人的"观"不仅仅是指人用眼睛看，更重要的是指用"心"洞察；最后，这颗"心"不是"骄奢"之心，而是"林泉之心"，即宁静、纯洁、充满生机的自然而然之心。

三、为何"观"

那么，具有一颗林泉之心的人为何要观山水呢？"君子之所以爱夫山水者，其旨安在？丘园养素，所常处也；泉石啸傲，所常乐也；渔樵隐逸，所常适也；猿鹤飞鸣，所常亲也。尘嚣缰锁，此人情所常厌也；烟霞仙圣，此人情所常愿而不得见也。"在郭熙看来，林泉山水是人所"常处"、"常乐"、"常适"、"常亲"、"常愿"的地方，"常"即为经常、恒常，之所以如此，是因为它是人之正常之情，即人的本性——因为正常，所以恒常。也就是说，对于山水的爱是人的本性所在，不符合人的本性（"尘嚣缰锁"）自然就会引起人的反感（"常厌"）。那么人的本性为何热爱山水呢？就是因为山水作为自然界，它是最自然而然的，即它是最为宁静、纯洁、充满生机的，"山水之所以会成为艺术家描写的对象，主要是因为'景于烟霞之表'，'发兴于溪山之巅'，而发

---

① 彭富春：《哲学美学导论》，人民出版社 2005 年版，第 250 页。
② 叶朗：《中国美学大纲》，上海人民出版社 1985 年版，第 280 页。

现其‘奇崛神秀，莫可穷其要妙’．即是能在自然中发璪出它的新生命。而此新生命，同时即是艺术家潜伏在自己生命之内，因而为自己生命所要求、所得以凭借而升华的精神境界。"①不仅对于艺术家是如此，对于常人也是如此，所以"烟霞仙圣，此人情所常愿"，甚至是在"太平盛日，君亲之心两隆"之时，依然是"林泉之志，烟霞之侣，梦寐在焉"，就是因为林泉会以其自身的蓬勃的生机、生命激发出人的生机、生命，显现了人的本性。而人的本性之所以需要显现，就是因为它遭到了遮蔽，这种遮蔽首先来自于它自身，因为它自身是无形无象的，需要借助于外在的事物显示出来；其次，这种遮蔽来自于人，即人的偏见——"骄侈"之心；再次，这种遮蔽还来自于外物，即本性被"尘嚣缰锁"所遮蔽。

对于郭熙而言，这不仅是人们"观"自然山水的原因，而且也是人们"观"山水画的真正原因。"春山烟云连绵人欣欣，夏山嘉木繁阴人坦坦，秋山明净摇落人肃肃，冬山昏霾翳塞人寂寂。看此画令人生此意，如真在此山中，此画之景外意也。见青烟白道而思行，见平川落照而思望，见幽人山客而思居，见岩扃泉石而思游。看此画令人起此心，如将真即其处，此画之意外妙也。"山水画中的自然山水能够以其内蕴的勃勃生机激发人的内在生命及其生命之思，让"观"画之人也产生"欣欣"、"坦坦"、"肃肃"、"寂寂"的"意"，启发"思行"、"思望"、"思居"、"思游"之"心"。所以"今得妙手郁然出之，不下堂筵，坐穷泉壑；猿声鸟啼，依约在耳；山光水色，滉漾夺目。此岂不大快人意，实获我心哉？此世之所以贵夫画山之本意也"。

综上所述，人们之所以"观"山水画，是因为人们热爱山水，所以艺术是人的身心的一种替代性的满足；而人们之所以热爱山水，"观"山水，又是因为山水是最为自然而然的，通过它们，能够显现人被遮蔽的本性。

四、如何"观"

1. 道观（理观）

在中国传统思想中，古人对于"观"有着非常细致的划分，如庄子将"观"分为"以物观之"、"以俗观之"、"以差观之"、"以功观之"、"以趣观之"、

---

① 徐复观：《中国艺术精神》，华东师范大学出版社 2001 年版，第 203 页。

"以道观之"（《庄子·秋水》）六种，其中前五种"观"可以归纳为"心观"，因为它们分别建基于不同的立场，即不同的心灵的意愿；庄子对此是加以否定的，他强调的是"道观"，即不带有任何心灵偏见的"观"。在此基础上，邵雍将"观"更为清晰地分为"目观"、"心观"、"理观"（《皇极经世·观物内篇十二》）三种，其中"理观"规定了"心观"，即排除了心灵的偏见，回到事物自身，回到事物自然的本性，所以，邵雍的"理观"与庄子的"道观"是相通的，"以理观之也就是让事物之道显现出来"①。在《林泉高致》中，它们表现为以"林泉之心"去观事物，即以一颗宁静、纯洁、充满生机、非人为的、自然而然的心灵去"观"万事万物。那么如何让我们的心灵变得宁静、纯洁、充满生机呢？

首先，需要心灵的修养，即用儒、道智慧来修身养性。"人须养得胸中宽快，意思悦适，如所谓易直子谅，油然之心生"，"所谓易直子谅"，一般认为就是和易、正直、慈爱、诚信，如果能够依靠修养做到这样，则"胸中宽快，意思悦适"，"精神由得到净化而生发出一种在纯洁中的生机、生意；易、直、谅都是精神的纯洁；'子'是爱，爱即是精神中所涵的生机、生意"②。这种修养很显然属于儒家的思想，朱良志认为这就是宋明理学的"诚"③的思想。除了儒家的养，郭熙还提出"丘园养素"，也就是在大自然中涵养天性，这种修养很显然属于道家的思想。在郭熙看来，我们要具有林泉之心，首先要进行心灵的修养，具体而言，就是要用儒家、道家的智慧来涵养我们的心性，陶冶我们的性情，经过这样的一个过程，我们的心灵才具有了成为"林泉之心"的可能。

2. 静观

其次，还需要具体的修养功夫。如果说"林泉之心"是一颗宁静的心灵的话，那么，如何使心宁静呢？"余因暇日，阅晋唐古今诗什，其中佳句有道尽人腹中之事，有装出目前之景，然不因静居燕坐，明窗净几，一炷炉香，万虑消沉，则佳句好意亦看不出，幽情美趣亦想不成。"要欣赏诗词的美，必须"静居燕（安）坐"，即心灵要居于宁静、安静之中，那么如何实现呢？作者首先采

① 彭富春：《论中国的智慧》，人民出版社 2010 年版，第 48 页。
② 徐复观：《中国艺术精神》，华东师范大学出版社 2001 年版，第 202 页。
③ 朱良志：《中国美学名著导读》，北京大学出版社 2004 年版，第 174 页。

用了"明窗净几，一炷炉香"的外在的办法，即净化外在的环境，之所以如此，是为了排除外物的干扰；但是"真正的宁静并非是心灵无干扰的原初状态，而是心灵能不为外物所动而固守自身……心灵真正的宁静是心灵使之宁静"①。所以作者又采用了"万虑消沉"的内在的办法，只有心灵不为外物所动，心灵才能真正归于宁静；而只有心灵归于宁静，"佳句好意"、"幽情美趣"才能显现出来。

那么，如何才能"万虑消沉"呢？"注精以一"。"凡一景之画，不以大小多少，必须注精以一之。不精则神不专，必神与俱成之。神不与俱成，则精不明。""注精以一"就是精神专注、一心一意，精神不专注就会心神不宁；心神不宁，心灵就会昏暗不明。为了说明这一点，郭熙以画家为例，转述了《庄子》中"解衣盘礴"（《画意》）的故事，以此来说明画家要全神贯注于自己所从事的事情，这样，他才会获得心灵的宁静，有了这种宁静，他才会有好的艺术创作。

3. 远观

再次，如果说"林泉之心"是一颗纯洁、充满生机之心的话，那么如何让心保持纯洁呢？静心因为可以保持心灵自身，所以可以做到这一点。除此之外，还有"远"。"远"在道家思想中是一个重要的概念，它表达了人们渴望从有限的生命中超出，达到无限的存在。就生活而言，即从有限的生活——名缰利锁的生活中超出，达到对这种生活的超越，在大自然中追求生命的极致。正是因为对功利生活的超越，使得人的心灵具有了纯洁和生机的可能性；正是因为心向林泉，回归自然，使得这种可能变成了现实。所以从否定意义上讲，"远"使我们从名缰利锁中解放出来；从肯定意义上讲，"远"让我们回复自己，回归自然。

对于心灵的修养而言，"远"是重要的；对于一个艺术家的艺术创作而言，"远"则具有更为重要的意义。因为对于画家创作而言，首先需要心远，这样才有可能发现审美的自然，但这只是具有了一种可能性，因为画家要将这种心灵之远表达出来的话，还需要感官之目的观察。"山水，大物也，人之看者，须远而观之，方见得一障山川之形势气象。"如果是人物画，"一览便尽"，是无须远观的，但如果是山水，艺术家要把握它的精神气质，就需要远观。具体

---

① 彭富春：《论中国的智慧》，人民出版社 2010 年版，第 184 页。

而言，郭熙通过自己的创作实践，提出了三种远观，即"三远说"，"山有三远：自山下而仰山巅谓之高远，自山前而窥山后谓之深远，自近山而望远山谓之平远。"那么为什么是三远而不是四远、五远乃至更多的分类，这大概是由人眼的视角决定的，人眼的三种主要视角即仰视、俯视、平视，分别对应了这里的高远、深远和平远，并分别规定了其特点。对于艺术创作而言，这种细致的分类之所以必要，就在于它要超越于一个具体、有形而又丰富多彩的山水，转而通过"远"来表达其中所蕴涵的丰富多彩的山水精神。

因此，"远"不仅可以使人们从有限走向无限，从短暂走向永恒，由个体而齐参天地。而且可以使人们在美轮美奂的山水之形中发现生机勃勃的山水之意。

4. 博观

艺术家要进行艺术创作，除了要"心观"，即道观、静观、远观之外，还必须重视"目看"的能力。这首先在于"观"本身就包含有"目看"的含义；其次，艺术家不同于哲学家，艺术家要依靠审美形象来感动人心，而审美形象不仅诉诸人的心灵，而且诉诸人的感官，所以艺术家"欲夺其造化，则莫神于好，莫精于勤，莫大于饱游饫看"，在喜爱、勤勉的基础上，还要"饱游饫看"，饱览河山，亲身去感受各种山川之美，即"身即山川而取之"，这样才能把握各种山水之美的极致，艺术创作才会丰富多彩"历历罗列于胸中"，才会得心应手"目不见绢素，手不知笔墨，磊磊落落，杳杳漠漠，莫非吾画"。

而艺术家不仅要向自然山水学习，而且需要向名师大家学习。所以博观不仅针对自然的山水，而且也针对名师大家的作品，"至于大人达士，不局于一家，必兼收并览，广议博考，以使我自成一家，然后为得"，艺术创作要具有自己的风格，首先需要借鉴、学习他人的艺术之长，当然这种借鉴和学习的对象应该是多样的；否则就会拘囿于一隅，以而束缚了白己的创作才能，所以郭熙反对"专门之学"。

5. 动观

对于艺术家而言，如果说他的"心"要静的话，他的"目"则要动。因为自然山水是存在于一定的时空之中的，它既具有空间性，又具有时间性。就空间性而言，它是丰富多彩的，"山近看如此，远数里看又如此，远十数里看又如此，每远每异"、"山正面如此，侧面又如此，背面又如此，每看每异"，正是因为从不同的角度去看它有不同的美，所以艺术家需要"山形步步移"、"山形面面看"；就时间性而言，它是流动不息的，"山春夏看如此，秋冬看又如此"、"山朝看如此，暮看又如此，阴晴看又如此"，大自然在不同的时间也有不同的美，所以艺术家的目光不能局限于一时一景，而要随时换景，也就是要动观。

当然，在《林泉高致》中，除了思想形态的分析以外，郭熙还有关于如何实现"观"的细致的归纳和总结——即关于具体的绘画技法总结。由此可以看出，说《林泉高致》是一部体系完善的关于山水画的理论专著是恰当的，它完整地论述了艺术创作中的起因、过程和结果，对艺术家从内在的素养到外在的技法都进行了细致的规定，所以它是中国山水画论史上不可多得的一部理论著述。

（作者单位：武汉大学哲学学院 运城学院）

唐代的儒家之学与唐代儒家的
文学美学观念

范明华

先秦孔子创立的儒家哲学，自西汉武帝推行"废黜百家，独尊儒术"的政策之后，便开始取得政治上的合法性，并以一种独一无二的、神圣不可侵犯的国家意识形态的面目出现。但到了汉末魏晋时期，它的权威性开始受到挑战和质疑。汉魏之际残忍的杀伐和战争，曹操《蒿里行》中说的"白骨露于野，千里无鸡鸣。生民百遗一，念之断人肠"的悲惨景象；西晋时期的内争外斗，门阀贵族满口仁义道德、满肚子男盗女娼的虚假嘴脸；诗人张华《轻薄篇》中感叹的"末世多轻薄，骄代好浮华。志意既放逸，赀财亦丰奢。被服极纤丽，肴膳尽柔嘉。童仆余粱肉，婢妾蹈绫罗"的奢靡之风；社会大众和知识阶层进退失据、精神无依的生存境遇，再加上汉代、尤其是东汉经师将儒家经典神秘化、教条化和繁琐化的做法，都使得儒家思想的吸引力大不如从前。而随后兴起的清谈，炽盛于知识阶层的玄学和风靡于社会各阶层的佛教，以及东晋以后南北分治局面的形成，则进一步加剧了儒家思想作为统治理念和全民价值观的危机，并且也使得那些与儒家有关的制度和文化变得更加面目不清。

隋唐以后，这种情况开始发生变化。为了凝聚散乱已久的人心，稳固新生的政权，必须有一种强有力的思想引导和制度保障。而有着悠久的历史并且在汉代以后就已经制度化了的儒家思想，便自然成了一种最佳的选项。因此，隋唐两朝的开国之君，如隋文帝杨坚和唐高祖李渊、唐太宗李世民，都无不提倡以经术治国，主张复兴六朝以来受到几百年冲击、破坏的儒家思想和文化，包括受儒家思想支配的那一套礼乐制度。于是在这样的情势之下，久违的儒家之学，便开始有了慢慢复兴的迹象。

隋唐的儒学复兴，与当时的政治状况密切相关，其政治的意味多于学术的兴趣，而现实的考量则优先于思想的架构。尤其是在隋唐初期，统治者更关心的是制度建设而不是学术创新。因此，在思想的建树方面，隋唐之际的儒家之学既未完全脱去汉儒章句之学的窠臼，也未在宇宙论和心性论等儒家传统形上学的层面提出新的、成体系的见解。而且，入唐以后，这种所谓"复兴"也究竟没有做到一如既往和自始至终，唐高宗末年以后，佛道两教甚嚣尘上，僧、尼、女冠和道士不停穿梭于庙堂和豪门，帝王贵胄热衷于长生不老或往生彼岸，举国上下开始陶醉于社会安定繁荣所带来的丰裕的物质享受，尤其是在开元天宝之际，这种情况更是愈演愈烈。当时的人们，不是把目光投向想象中光明灿烂、异香扑鼻的佛陀世界，或自在逍遥、天乐齐鸣的神仙世界，就是投向莺歌燕舞、春风得意的滚滚红尘。直到"安史之乱"的发生，整个统治阶层才如梦初醒，开始关心起孔孟的教训来了。于是涌现了一大批儒学之士，在已经显得有些萧条的儒家思想摊子上，重启锣鼓再开张。但好景不长，唐德宗、唐宪宗以后，或者至迟在唐文宗以后，所谓"经术治国"就显得有些力不从心了。在晚唐风雨飘摇的情势下，统治者的心思大部分放在了应付内乱甚至是保命的事情上了。相应地，唐代初期和"安史之乱"平定之后大约五六十年的儒家"中兴"景象，也开始变得忽明忽暗、扑朔迷离了。

所以，就学术或思想的层面上说，唐代的儒家之学并未在深度和广度上全面铺开。而后世的学者，在谈到这一段时期的儒家时，也往往语多不屑，如梁启超说的："六朝、隋、唐之际，为中国学术思想最衰时代。虽然，此不过就儒家一方面言之耳。当时儒家者流，除文学外……一无所事。其最铮铮于学界者，如王通、陆德明、孔颖达、韩愈之流，其于学术史中，虽谓无一毫价值焉可也。"梁启超的这个评价，主要是从学术史的角度来说的，而不是从文化史的角度来说的。而就学术史的角度来说，也只有相比于之前的汉代儒学和之后的宋代儒学所取得的成就才有一定的合理性。虽然，唐代儒家学者并没有提出多少可以比肩于汉儒、宋儒的新思想，但他们的薪传之功和开拓之功是不可以一笔抹杀的。更何况，在延续唐代近三百年的统治当中，在关键时刻挽救政治危局和平复社会动荡当中，以及在造就唐文化独特的面貌方面，儒家的思想和文化都起到了积极的作用。而在文学美学方面而言，儒家的追求现世、关切人间疾苦、重风骨讲道义的价值观，也具有其他思想(包括佛道思想)所无法取代的意义。

一、唐代儒家之学的历史变迁

从立国之初的唐高祖和唐太宗开始，到勉强支撑危局的唐僖宗和唐昭宗，唐代的儒学复兴之路充满了曲折和坎坷。统治者对待儒家思想和文化的态度，也可以说是千差万别，有的是发自内心的认真提倡与推行，而有的则是基于个人喜好或迫于无可奈何的时局敷衍了事，虚应故事。

唐代的儒家之学，以"安史之乱"(755—763)为界可以分为两个时期：第一个时期即前期：从立国之初到"安史之乱"开始；第二个时期即后期：从"安史之乱"结束到唐朝灭亡。前期儒学的高峰是在唐高祖和唐太宗统治时期，而后期儒学的高峰则主要是在唐德宗和唐宪宗统治时期。

(一)唐代儒家之学的政治诉求

章太炎说："中国自古即薄于宗教思想，此因中国人都重视政治。周时诸学者已好谈政治，差不多在任何书上都见到他们政治的主张。"春秋时期，"士"或知识分子的命运是与政治联系在一起的。当时的"诸子百家"，可以比作是一些配方不同的救世"药方"，而各家津津乐道的"道"，则其最初和最终的落脚点，都可以说是一种政治策略和手段。西汉初年的司马谈就在《论六家要旨》中说过："夫阴阳、儒、墨、名、法、道德，此务为治者也，直所从言之异路，有省不省耳。"也就是说，虽然各家各派的说法各异，但总的目标是一致的。也许，像庄子那样的逍遥派是个例外，但庄子的"逍遥于无为"，至少也可以说是一种安身立命的方法，而他的主张"无为而治"，实质上也是一种政治理念——虽然不一定行得通。

因此，中国传统的学术思想，自古以来就是非常注重实际的。对于儒家来说，干预现实政治以求实现"先王之道"的愿望从孔子以来就显得十分迫切。由孔子所树立、孟子所继承的那种虽百折而不回的精神，也为历代儒者所倡导和发扬。

儒家所具有的政治色彩在唐代儒学中表现得十分明显。无论是唐代前期的儒学还是唐代后期的儒学，都具有十分明确的政治目的。

唐代前期儒家学者所面对的，是一个天下一统、雄心勃勃而又百废待兴的大帝国，是一个如何步入正轨而不重蹈前朝覆辙的现实政治问题。因此，确立统一的治国理念和政治制度是当时最为迫切的任务。而统一、稳定、和谐，则是当时的政治"主旋律"和文化"主旋律"。因此，如何把儒家的教义贯彻到整个社会政治生活中去，成为可以操作的政策措施，是当时儒生或"经术之士"的主要工作。其中包括统一订正儒家文本的文字音义，参详推敲各种歧义互见的解释，确立以儒家经典为内容的教育考试制度和官吏选拔制度，规范祭祀、宴会、外交、朝贺及君臣上下、尊卑长幼之间相互交往的礼仪等工作在内。

　　而后期儒家学者所面对的，则是一个变乱之后惊魂甫定、内忧外困、朝纲紊乱且已呈衰败之象的大帝国。这个时候，在文本、制度和礼仪等方面再去做一些修补工作已经没有多大意义，而必须从根本入手，从弘扬儒家精神和义理的角度去重拾民众对儒家和统治者的信心。而且，在体大思精的佛教思想日渐深入人心的情况下，本来应该天经地义占据主导地位的儒家，这时也面临着非常尴尬的思想困境。如何才能与佛教一决高下，在思想的领地争人心、争信徒，也是摆在当时饱读经书的儒者面前必须予以正视的迫切问题。因此，当时儒学的主要任务，一方面是要找出社会变乱、行为失范、人心离散的主客观原因；另一方面是要找出有说服力的依据，来证明儒家治国这一根本政治理念的合法性和合理性。这两个任务促成了唐代后期儒家之学由外向内的大转变。当时的很多儒家学者认为，社会变乱、行为失范、人心离散的主要原因，是在宗教信仰上尊释老而不尊孔孟；在科举考试上重文辞而轻道理，贵浮华而贱实质，在任用官员上重浮夸而轻实干，近权奸而远贤能，在君臣关系上君不君、臣不臣，君无诚心，臣怀异心，法度废弛，名位错乱。同时，还有就是教育不兴，学习不讲，以骄奢淫逸自夸，以贪图享乐为荣，社会风气由是大坏。而这一切的造成，从根本上讲，又是由于违背了儒家的基本义理（"道"）和儒家所要求的起码良心（"心性"）。因此，要破解宗教生活、政治生活和社会生活中的种种难题，再一次树立起儒家思想和制度的权威，就必须先从根本上弄清楚儒家思想和制度得以成立的依据。于是唐代后期的儒家之学，就在由外向内转的同时，也开始由下（形而下）向上（形而上）转。

　　在政治诉求上，前期儒学的任务是借助儒家开出新局，而后期儒学的任务则是借助儒家收拾残局。前者的重点主要是文本和制度的建设，而后者的重点则主要是思想和心理的建设。

（二）唐代前期儒学的工作重点

　　唐代儒家之学的复兴，首先不是思想的复兴，而是制度和文化的复兴。儒家哲学中的仁爱之道或仁义之道固然是重要的，但对于一个新朝代的统治者来说，最急需的并不是那些摸不着边际的理论，而是实实在在的制度、政策和措施，包括那些明明白白的规定和可供知识人阅读的儒家文本。所以，唐代立国之初的儒家恢复工作，主要做的是一些非常具体的工作，即：

1. 建孔庙以树立儒家权威

据《旧唐书》记载，武德二年(619)，诏令立周公、孔子庙于国子学。贞观四年(630)，诏令各州县立孔子庙，配享 10 哲，图 72 子像于墙壁。贞观二十一年(647)，立左丘明、卜子夏、戴圣、孔安国、刘向、郑玄等儒家人物共 22 人像于庙内共祭。唐朝立国之初的高祖李渊和太宗李世民，第一步就把孔子和儒家的代表人物抬出来，作为偶像来崇拜，并亲自到现场去观看祭祀典礼，这既表现了他们推动儒学复兴的决心，同时也是一种收拢人心的政治策略。此后的唐代君王，大多履行着同样的手续，虽然有点像走过场，但这种御驾亲临的示范作用，在君权至上的时代，还是颇能提振儒学之士的信心的。

2. 开科举以吸引儒学之士

唐代立国之初，曾招纳四方杰出的儒家学者充任弘文馆学士。但弘文馆相当于是高级的研究院，并不能容纳所有的儒学之士。因此，最有效的办法是开科举，以仕途利益来吸引天下的读书人。科举考试制度在隋朝已经建立，而唐代则更进一步完善了它的形式、科目和程序。唐代的科举考试主要有贡举和制举两种形式。制举是一种在国家急需时举行的、不定期的临时考试，主要针对的是那些有特殊才能并能够胜任急需的人，而贡举则是一种定期的常规考试。贡举中包括许多类型(科)，如秀才、明经、进士、明法、明字、明算等。在这些类型的考试中，真正受到读书人看重的是明经和进士两科。明经科主要考儒家经典，进士科主要考策论和诗赋。在唐代初期，明经、进士两科并无高低之分。但后来，进士科越来越受重视，无论是读书的人还是做官的人，都常常以进士出身为荣而以非进士出身为耻。这直接推动了唐代文学的繁荣，但也对明经一科造成了很大的影响。故此唐代的经学，不但在质量上，而且在数量上也远远赶不上汉代了。

3. 置学校以推广儒学教育

孔子本身是教育家，汉以后的儒者也大多扮演着官员、绅士、参谋和教师的身份，因此"尊师"与"重教"这两件事是不能分开的。而且教育的目的，在古代不但是今天所说的培养人才，而且也是培养官员。因此，教育与政治之间，比起今天来说，具有更为直接的关系。而要把儒学与治国联系起来，也就非振兴教育不可。据新旧《唐书》记载，唐代的开国之君李渊和李世民都是非常重视教育的。他们不但在长安和洛阳两都设置了中央国子监(称为"西监"和"东监"，分别下辖国子学、太学、四门学、律学、书学、算学六学)，而且还责令各郡县开办郡学、县学和乡学。在国子监六学中，与儒家关系最紧密的是国子学、太学和四门学三学。这三学只是学生的身份不同，而教学的内容是一样的。教学的内容或科目主要包括《周礼》、《仪礼》、《礼记》、《毛诗》、《尚书》、《春秋左氏传》、《春秋公羊传》、《春秋谷梁传》、《孝经》、《论语》、《说文解字》、《字林》、《三苍》和《尔雅》。在这些教学内容或科目中，《说文解字》、《字林》、《三苍》和《尔雅》是文字学方面的著作，而其他则是汉代以来儒家学者所尊奉的经典。在唐代，最重视的是所谓"三礼学"和"春秋学"。而相对来说，前期比较重视"三礼"而后期比较重视"春秋"。"三礼"偏重于制度建设，与唐代初期的国家治理有关系；而"春秋"是史书，有以史为鉴、总结教训的意思，与"安史之乱"前后的社会变局有关系。

唐代儒学教育的兴盛主要是在立国之初，其规模超过以往任何一个朝代，而且声名远播，吸引了不少海外的留学生。五代时期的史学家王定保说："贞观五年(631)，太宗数幸国学(国子监——引注)，遂增筑学舍一千二百间，增置学生凡三千二百六十员。无何，高丽、百济、新罗、高昌、吐蕃诸国酋长，亦遣子弟请入。国学之内，八千余人。国学之盛，近古未有。"但这种情况大概也没有维持多久。在武则天时代，凤阁舍人韦嗣立曾上疏整顿学校，说："国家自永淳以来，二十余载，国学废散，胄子衰失，时轻儒学之官，莫存章句之选。"这说明在唐高宗和武则天执政时期，是并不重视儒学教育的。这种情况在唐玄宗时期有所改变。唐玄宗学高祖、太宗故事，大开讲论之风，亲临国子学视察，自注《孝经》，并诏令天下州县置学校。但唐玄宗此人，似乎更重视道教，自注《老子》还不算，还要求所有"士庶家藏《老子》一本，每年贡举人量减《尚书》、《论语》两条，加《老子》策"，并许以《老子》、《庄子》、《列子》、《文子》参加明经考试(称为"道举")，同时加封道家人物，建立崇玄馆，提倡"玄学"，招收玄学生，增设崇玄博士和助教。此外，唐玄宗也是一个艺术家，爱好音乐、舞蹈和书法，他像唐高宗一样，重用"文学之士"，并且强化诗赋在科举考试中的地位(如在"制举"中，要求像"贡举"一样加试诗、赋各一首)。因此，这个时候的儒学教育，其实际地位也已不如唐朝立国之初的时候了。

4. 正经典以统一儒家文本

儒家思想文化的载体是儒家的经典。两汉时期，经学非常兴盛，出现了许多大经学家，也涌现了很多以注经、讲经为业的经师。但到了东晋南北朝时，由于国家的长期分裂，南北之间的人少有往来，中国南北经济文化被人为隔绝几近三百年。在这么长的时间里，南北两地的生活习俗、学术思想、宗教信仰和文学艺术都表现出了极大的差异甚至对立，如明代曹臣《舌华录·俊语第十一》中所载："褚季野语孙安国云：'北人学问，渊综广博。'孙答：'南人学问，玄通简要。'支道林闻之曰：'圣人固所忘言，自中人以还，北人看书如显处视月，南人学问如牖中窥日。'"又《舌华录·浇语第十七》载："庾信至北，惟爱温子昇《寒山寺碑》，后还南，人问北方如何？信曰：'惟寒陵山一片石堪共语。薛道衡、卢思道稍解把笔，自〔其〕余驴鸣犬吠，聒耳而已。'"这两则语录，正反映了南北之间读书人所做的学问、所写的诗都是大不一样的。而庾信的评论，显然是一种非常鄙视北方诗人的态度。

因此，唐代开国之初的儒学工作，很重要的一项就是规范南北释义各异、读音各异的儒家经典。太宗贞观年间，诏令孔颖达（574—648）等人撰五经义疏，计180卷，名为《五经正义》，包括《周易正义》14卷、《尚书正义》20卷、《礼记正义》70卷、《春秋正义》36卷。后又诏令颜师古（581—645）厘定文字，完成《五经定本》。其中陆德明（550—630年）又另撰《经典释文》，对五经文字的解释提出了自己的看法。《五经正义》尽管在唐代就遭到许多经学家的批评，争论不断，但它被钦定为南北学子读经、考试的范本，对唐代儒家之学的复兴起到了非常重要的作用。孔颖达等人的经典编纂是由官方推动的工作。除此之外，唐代还有很多私人性质的著作，涉及儒家经典的解释，如李鼎祚（唐代中后期人）的《周易集解》等。

5. 制礼乐以彰显儒家文化

儒家的文化主要体现为礼乐。汉代以后，礼乐被制度化。唐代收拾了几百年的乱局，自比于汉代。唐代的儒家思想家也大多羡慕汉代的道德文章。更主要的是，制度化的礼乐，尤其是礼制，直接关系到国家的统治方式和上下尊卑秩序问题，因此唐代的统治者对制作礼乐、特别是制礼这件事表现出十分狂热的兴趣。

但经过几百年的乱局，汉代的礼乐是什么样的，已经不是那么清楚了。因此，这件事在唐代做了一百多年，也争论了一百多年。

制礼的工作在隋朝已经开始做。隋文帝曾命太常卿牛弘搜集南北仪注，集成130篇《五礼》。隋炀帝虽然荒淫，但也在江都聚集一帮学者修成《江都礼集》。唐高祖时，无暇留心这件事。唐太宗时，诏令房玄龄、魏征等修正改定吉礼、宾礼、嘉礼、军礼、凶礼共计100卷138篇，号为"贞观礼"。唐高宗时，有些人认为贞观礼遗漏了很多东西需要补充。于是，诏令长孙无忌、杜正伦等进行修改补充，于显庆三年(658)完成，计有130卷，称为"显庆礼"。这个礼用了差不多20年后，很多学者又认为，这部礼的漏洞太多了，被一些人钻了空子，其严密性反而不如"贞观礼"。于是没有办法，唐高宗于上元三年(676)，诏令有些场合委决不下时可以参照贞观礼来定。但过不了一年，即在仪凤二年(677)，又有人说新修的显庆礼不师古法，所以皇帝干脆宣布，若有争议则一切按《周礼》办。但"贞观礼"、"显庆礼"并没有废弃，加上《周礼》，越发混乱，每逢大事只能把古今所有的礼都搬出来，"临时撰定"。这样过了许多年以后，到唐玄宗时代，即开元十年(722)，又开始制礼。经过十年时间终于完成150卷的"大唐开元礼"，并于开元二十年(732)开始实施。自此之后，也有一些修修补补的工作，但唐代的制礼工作基本上是完成了。

因为制礼这件事很重要，所以我们看新旧《唐书》中的《儒林传》，就可以发现当中的很多人都是研究礼仪或"三礼"的。其他列传中讲到的某某人好儒学，也经常提到他"精于三礼"这样的话。

至于制乐，也是在隋文帝的时代就开始了。到了唐代，这件工作继续。新旧《唐书》中提到，在唐朝开国的时候，唐高祖曾令太常少卿祖孝孙修订雅乐。祖孝孙鉴于南北朝时雅乐多杂吴越之音或胡戎之伎，于是斟酌南北，考订音律，于贞观二年(628)完成了"大唐雅乐"，有豫和、太和、政和、顺和、永和、休和等名目。祖孝孙卒后，协律郎张文收接着对大唐雅乐进行了完善。稍后，唐太宗又诏令一些著名的文人学士为这些曲目配上了歌词(《旧唐书》和《全唐诗》中均有收录)。

唐代雅乐中的大部分是用于不同祭祀场合的，而且依据礼的规定，在不同祭祀场合必须使用不同的雅乐。表演的时候，有歌唱，有吹奏，有舞蹈，很是热闹。除了雅乐之外，其他的音乐也很发达，如教坊、梨园中教授的那些音乐，就与儒家没有什么关系了。

(三)唐代后期儒学的思想主题

从上面的叙述可以看出,唐代前期的儒学研究尽管做了许多工作,但多半是"表面文章"。它注重的是儒家的礼制或规范,而不是儒家的精神和思想。"安史之乱"的发生,打破了礼乐并作、上下和谐、循规蹈矩又歌舞升平的幻想。于是,儒学的可靠性和有效性就成了问题。

儒学的出路何在?为什么再完备的礼制或规范都不足以管束膨胀的欲望和野心?或者都不足以阻止君臣名分的颠倒错乱和内臣弄权、外臣反水的局面?这就是唐代后期儒学所要回答的问题。

要回答这样的问题,就必须回到儒家的基本教义,重新认识礼制或规范之所以能够建立起来的基础,以及它之所以失效的原因。

因此,相比于前期儒家而言,后期儒家的工作,与其说是寻找治国的良策,还不如说是探讨救世的方法,或者,与其说是寻找成功的经验,还不如说是总结失败的教训。从新旧《唐书》中记载的当时尊奉儒家思想的官员的表疏和对话来看,言语和态度都不像唐代立国之初的儒者那样从容和淡定,而显得特别迫促和慷慨激昂。因此之故,唐代的官场生态也出现了一种很烈闹和诡异的现象,就是那些敢于"直言"的官员,那些以"直"相标榜或因"直"而受到士流称赞的官员,不断迁徙流动,忽升忽降,贬这贬那,不是转迁岭南就是转迁西南,甚至一贬再贬,客死他乡。其中,韩愈的例子就很典型。《旧唐书》记载:韩愈"发言真率,无所畏避",上书数千言论宫市之弊,德宗皇帝"不听,怒贬为连州阳山令",宪宗当政时,又上疏谏迎佛骨,"宪宗怒甚","出疏以示宰臣,将加极法",宰相裴度等说情,"乃贬为潮州刺史"。

相比于唐代前期儒学的注重尊孔祭孔、注经解经、制礼作乐、兴学校教子弟这些形式上的工作而言,后期儒学更注重探讨儒学的道理和根据。他们普遍认为,这些形式上的工作虽然有必要,但最根本的是要看什么人去做。如果君不君,臣不臣,人不人的话,则再好的经典和礼乐制度都是形同虚设。所以,儒家制度的实行,关键是在人,在人心,而人心之向背,则在于统一到"道"上来。因此,在考试制度方面,他们一般主张取消华而不实的诗赋考试,要求以策论和经义为内容,而在对经典的研究和解释方面,则主张"通经"以致用,反对死守章句。总之,他们更看重的不是无用的形式,而是行之有效的实质,认为只有这样,才能把人心重新凝聚起来,找出医治国家病症的根本办法。

因此,我们在上文中说,从唐代前期的儒学到唐代后期的儒学,发生了一个转向，那就是由对儒家礼仪、经典的考订转向对儒家义理的探寻。这种转向，我们也可以称之为"形式的"儒学向"实质的"儒学的一种转变。虽然，无论是前期的儒学还是后期的儒学，目的都是为当时的现实政治服务，但由于它们各自面临的政治问题不同，因此切入政治问题的方式和解决政治问题的方法，也表现出很大的不一样。相对来说，前期的政治问题是治国，直接的目的是治，间接的目的是防止乱；后期的政治问题是救国，直接的目的是变乱为治，间接的目的是防止再乱。前期的重点是制定制度，后期的重点是收拾人心。前期的儒学基本上走的汉代章句之学的老路，在理论上并没有什么建树。许多皓首穷经之士一辈子大多只是专攻一部两部经典，他们做的事情，则要么是争论某些注疏的对错或某些语词的音义，或是引经据典为皇帝出谋划策，说说什么时候该举行什么礼仪、什么礼仪该有什么程序之类的问题。而后期的儒学主张贯通，反对拘泥于文辞，所以也更关心所谓"义理"。他们在理论上提出了许多问题，总的来说是要将儒学由外在的礼仪制度、语言文字引到内在的"道"和"心性"等问题上来，并且由此而引向实行礼仪制度和表达语言文字的主体即人的身上来。这种导向，不但用意更深，而且锋芒更露。因为一谈到"道"和"心"的问题，就自然牵涉到为君者的责任问题，即如《孟子·离娄上》中所说："君仁，莫不仁。君义，莫不义。君正，莫不正。一正君而国定矣。"其锋芒所指，首先是居于最高地位的皇帝，抽象地说就是"君道"和"君心"。

唐代后期儒学讨论的问题，牵涉到很多方面，有些是很现实的问题，比如教育问题、考试问题、举贤问题等，但也有一些是比较抽象但仍有明确的实际指向的理论问题。这一类问题主要有三个，即"道"或"理"的问题、"心"或"性"和"情"的问题、"天"与"人"的关系问题。

"道"或"道理"问题，是复兴、推广儒家思想必须首先要解决的问题。孔子说："吾道一以贯之。"又说："志于道，据于德，依于仁，游于艺。""道"不是道家的专利，而是先秦诸子的通用概念。在孔子那里，"道"是指"圣人之道"或"先王之道"，而在汉代以后的儒家学者那里，所谓"圣人之道"或"先王之道"其实就是"孔子之道"或"孔孟之道"。

唐代后期儒学讨论这个问题的目的，一是要拯救社会大众对儒家的信仰危机，二是要重新确立变乱之后国家发展的指导思想。而他们的潜在动机，则还包括高举"孔孟之道"的旗帜，来纠正政治失误和批判社会现实包括奢靡、堕落、华而不实等社会现象的意思在内。

因此，唐代后期儒学中的"道"，其实主要指的就是孔孟之道，或者说得更具体一点，就是儒家经典中所阐发的根本义理——即在他们看来可以挽救国家于危难的根本道理。在关于"道"的各种说法当中，以韩愈《原道》中的说法最简明扼要。他说："博爱之为仁，行而宜之之谓义，由是而之焉之谓道，足乎己，无待于外之谓德。仁与义，为定名；道与德，为虚位：故道有君子小人，而德有凶有吉。"又说："凡吾所谓道德云者，合仁与义言之也，天下之公言也；老子之所谓道德云者，去仁与义言之也，一人之私言也。……斯吾所谓道也，非向所谓老与佛之道也。"韩愈在这里既区分了儒、道、佛之"道"，也区分了君子、小人之"道"，而且把"道"落实到"仁"与"义"两个字上面。可知他所说的"道"，意思就是行仁义，或者说就是以仁(博爱)义(公义)作为处理国家和个人事务的根本原则。

韩愈将孔子的"仁爱"改为"博爱"，显示了一种更平民化的色彩，而他注重"义"，并且强调"足乎己，无待于外"，则显然是吸收了孟子的思想。

在中国古代的哲学思想中，"道"这个概念本来就具有两面性，即客观性和主观性。"道"不受个人意志的左右，这是它的客观性，但"道"必须显现于人心并且也要靠人去实现，这是它的主观性。这一点，在儒家、尤其是孟子的思想中表现得尤为明显，因为儒家的"道"本来就是"人之道"。所以孟子极力强调"心"的作用，说："学问之道无他，求其放心而已矣。"又说："尽其心者，知其性也。知其性，则知天也。"(《孟子·尽心上》)

因此，"道"的问题，必然转向"心"的问题。因为"道"的"知"与"不知"，"行"与"不行"，都与人"心"有关，尽管"道"看起来好像是客观存在的、不以个人的意志为转移的。

在唐代后期的儒学中，经常讨论"心"和"性情"的问题。他们所说的"性"是一种与生俱来的"善性"或"德性"，而不是人的欲望、本能之类自然属性。在这个问题上最有名的说法是韩愈在《原性》中提出的"性三品说"和他的学生李翱在《复性书》中提出来的"复性说"。这两种说法严格来说也没有什么新意。韩愈的"性三品说"来源于汉代董仲舒的"性三品说"，而且强行把人的"性"分为"三品"在韩愈的《原性》中也没有列举出什么确实的证据。李翱的"复性说"认为"性"源自天命，是静的；"情"出于外物的刺激，是动的。静的"性"一方面必须通过动的"情"表现出来，但另一方面动的"情"也可能使静的"性"被污染、被遮蔽。所以必须"复性"，而复性的工夫就是"致知"、"诚意"和"正心"。李翱的这些看法，主要是出自《中庸》和《乐记》，同时也吸收了佛教的某些看法，但总的来说也没有太大的学术价值。这里只有一点值得注意，那就是他们讨论这些抽象问题的实际目的。在当时的儒家学者看来，"先王之道"或"孔子之道"之所以不能通行，以及政治之所以昏暗，社会之所以混乱，其原因都在于人心。因此，要从源头上恢复政治和社会秩序，就必须抑制情欲的过度膨胀，回复到人人向善的本性或本心上来，如李翱所说："知至故意诚，意诚故心正；心正故身修，身修而家齐，家齐而国理，国理而天下平。此所以能参天地也。"

除了心或性情的问题之外，当时讨论的天人关系问题，也同样具有类似的政治目的。而且在这个问题上，也存在不同的看法。其中最有名的观点一是刘禹锡的"天与人交相胜"，一是柳宗元的"天与人交相赞"或"天与人不相预"。刘禹锡在《天论》中认为，"天理"是一种盲目无序的物质力量，它既能创造也能破坏，社会动乱是由于"天理"占上风，而社会稳定则是由于"人理"（道德法则）占上风。因此必须利用"天理"的长处，发挥"人理"的作用去战胜"天理"带来的混乱或负面影响。而柳宗元在《天说》中则不同意这种看法，认为天是天，人是人，天与人各有胜场，也各有特点，"天与人不相预"。天只是元气所构成的自然之物，它不可能为社会的混乱负责任。人世之间的秩序与混乱，都同人的作为有关系，而跟"天"没有关系。

这个问题的讨论，一个主导的观点是强调人的作用。包括刘禹锡在内，他的观点其实也还是强调人的作用。他所说的"天理"，包括人的自然欲望，所谓社会动乱是由于"天胜"，其实还是说社会动乱的根源在于人自身。

而这种观点的提出，是针对当时一些人尤其最高统治者把社会动荡的根源归咎于"天命"的观点的。据《资治通鉴·唐纪四十四》记载，唐德宗时，发生了淮西节度使李希烈等人的叛乱，唐德宗在与当时的儒家学者陆贽讨论社会动荡的原因时，曾有过如下一段对话：

> 上与陆贽语及乱故，深自克责。贽曰："致今日之患，皆群臣之罪也。"上曰："此亦天命，非由人事。"

唐德宗的看法显然是一种天命决定论，而陆贽则完全是站在人的立场来说话。他的这种看法，正是后期儒家学者普遍的观点。

因此，总的来说，唐代后期儒家尽管在理论上比前期儒家更深入，但在把学术问题的解决同现实政治、社会问题的解决联系起来这点上，却是一样的。这种看问题的立场，反映在文学美学上，就是主张文学创作要有实际的目的、真实的内容(包括真诚的情感),以及内在的、既能动人耳目又能摄人心魄的"风骨"。

二、注重文学的社会政教功用

先秦儒家强调以礼乐治国,所以它关注的审美对象主要是与礼相配合的音乐和诗歌,同时也包括广义的所谓"文"("言")。先秦时期的"文",通指所有文字记录(文献),泛指包括以"礼"为核心的全部制度和文化。而汉代、尤其是魏晋以后的"文",则一般是指作为语言艺术的文学(包括有韵的诗歌和无韵的散文)。相对来说,书法、绘画、园林等艺术与儒家所关心的政治伦理问题干系较少,所以,讨论书法、绘画、园林等艺术的、带有儒家思想色彩的言论也相对较少。同时,随着"雅乐"的衰落,儒家对于音乐这种艺术后来也没有产生什么有价值的理论。因此,自汉以后,儒家美学最关注的审美对象主要是文学,他们的美学主张也主要是体现在对文学的功用、性质、内涵和效果等问题的讨论上。

儒家关注文学,主要关注的不是它的形式,而是它的作用(目的)和实质。因为在它看来,文学的形式是服从于它的作用(目的)和实质。这是儒家的老传统、老问题、老观念。但是在唐代,这个问题被再一次提出来讨论,是有它实际的考虑和特殊的背景的。

早在隋朝时期,儒家大学者王通(约584—618)就提出,诗要"上明三纲,下达五常。于是征存亡,辨得失"。王通生活到隋末,卒于隋朝灭亡、唐朝建立的那一年。他的思想对唐代初期的许多儒者有很大的影响,因为唐代开国时期的儒学之士如陆德明(约550—630)、李百药(565—648)、孔颖达(公元574—648)、魏征(580—643)、颜师古(581—645)、薛收(591—624)等,都是从隋朝生活过来的,而且大多是隋朝的旧臣,并且有些人还与王通有过交往,听取过他的教诲。

到了唐代初期,关于文学要对社会有用的论调就越发多了起来。如《隋书·列传·卷四十一》记载,唐代开国功臣魏征指出:

> 文之为用,其大矣哉!上所以敷德教于下,下所以达情志于上。大则经纬天地,作训垂范;次则风谣歌颂,匡主和民。

王通子之孙、"初唐四杰"之一的王勃（649 或 650—675 或 676）也说：

> 夫文章之道，自古称难。……苟非可以甄明大义，矫正末流，俗化资以兴衰，家国繋其轻重，古人未尝留心也（《上吏部裴侍郎启》）。

魏征、王勃的看法是当时非常普遍的见解，当时著名的学者和文学家如孔颖达、李百药、令狐德棻、杨炯等都有类似的说法。

那么，在初唐时期，为什么儒家的学者或受儒家思想影响的文学家会如此注重文学的社会功用呢？

最大的原因是当时存在大量对社会无益甚至有害的文学作品。这些作品是南朝齐梁文风的延续，它们的特点是言辞浮艳，内容迂诞，不是满嘴风花雪月自命清高，就是歌颂宫闱享乐煽动情欲，既不关心国家大事，也不关心人民生活。对于这类作品的特点和有害性，早在隋代初年，著名学者李谔在《上隋高祖革文华书》中就指出："江左齐、梁，其弊弥甚，贵贱贤愚，唯务吟咏。遂复遗理存异，寻虚逐伪，竞一韵之奇，争一字之巧。连篇累牍，不出月露之形，积案盈箱，唯是风云之状。世俗以此相高，朝廷据兹擢士。禄利之路既开，爱尚之情愈笃。"李谔在文中还说，开皇四年（584）九月，把上表文辞华艳的泗州刺史司马幼送有司治罪是非常对的，因为这种华丽艳冶的文章，如果只是自己一个人玩玩也就罢了，问题是它关系到社会风俗人心和国家政治实效，而且常常与利益和权势相勾结，由此也就带来了许多负面效应，致使"其政日乱"。这样的文风，既丢掉了先圣的典章制度和思想学说（"令典"和"大道"），也把人心搞乱搞坏了。所以，李谔认为，应该由朝廷发布命令，"弃绝华绮"，甚至提出："请勒诸司，普加搜访，有如此者，具状送台。"

初唐时期，王勃也提出了类似的看法，他在上引给礼部侍郎裴行俭的那封信中提出，在国家新建之时，更应该"黜非圣之书，除不稽之论"，这样才能"激扬正道，大庇生人"。

从王勃的论述可以看出，初唐时期对文学社会作用的强调，带有总结旧王朝历史教训和因应新朝代建设需要的意思在内。这种论调，与当时需要革除旧习惯、旧观念、提倡以经术治国、建立王道政治的总体政治需要是一致的。隋朝以前，国家动荡了几百年，隋朝立国不到四十年就灭亡了，这都是惨痛的历史教训。虽然，国家的治乱兴废，并不能归罪于文学，但浮词异说的流行也负有不可推卸的责任。从历史上来看，隋唐以前浮华之风的形成，与魏晋时期兴起的清淡是有密切关联的。早期的清谈如王弼、何晏、阮籍、嵇康等人的清谈，还有一些实际的内容，感情上也极为真挚。在其放达的外表之下，其实饱含着对失望的社会和人生的深深忧虑。而且他们的言语文字，也极为淳朴自然。可是到了刘宋以后，就慢慢流于形式了，清谈变成了一种不切实际、言不及义的空谈，甚至是一种互相标榜、结党营私的托词，而"放达"则变成了一种完全不顾廉耻的放荡，其时风所及，率皆以傲慢轻薄、纵情恣欲为荣。东晋葛洪在《抱朴子·外篇·疾谬卷第二十五》中对此种社会现象或风气有很生动的描述和批判，他说：

> 世故继有，礼教渐颓；敬让莫崇，傲慢成俗。俦类饮会，或蹲或踞；暑夏之月，露首袒体。……嘲戏之谈，或上及祖考，或下逮妇女。……谋事无智者之助，居危无切磋之益。良史悬笔，无可书之善；谈者含音，无足传之美。……名位粗会，便背礼判教，托云率任，才不逸伦，强为放达，以傲兀无检者为大度，以惜护节操者为涩少。……结党合群，游不择类，奇士硕儒，或隔篱而不授，妄行所在，虽远而必至，携手连袂，以遨以集，入他堂室，观人妇女，指玷修短，评论美丑。……其相见也，不复叙离阔、问安否。宾则入门而呼奴，主则望客而唤狗。其或不尔，不成亲至，而弃之不与为党。及好会，则狐蹲牛饮，争食竞割。掣拨淼摺，无复廉耻，以同此者为泰，以不尔者为劣。终日无及义之言，彻夜无箴规之益。诬引老庄，贵于率任，大行不顾细礼，至人不拘检括，啸傲纵逸，谓之体道。呜呼，惜乎，岂不哀哉！

这种风气，在当时应该是很普遍的。而所谓"齐梁文风"，正是此种风气的一种表现。在葛洪和此后的许多儒家的学者看来，这样的风气是一种亡国败家的象征。而隐含在绮靡浮华的文风之下的，是先王之道的沦丧，是思想的匮乏、感情的虚伪、礼仪的废弛、道德的败坏。因此，对于隋和初唐的儒者来说，文学的功用事关国家的安定和人心的凝聚，所以必须予以特别的提倡。而对于那些浮华而无意义的文章，则也势必要群起而反对之。

因此，初唐儒者之强调文学的社会功用，是基于治国和治心的政治考虑。

此外，也可以说是一个次要的原因是，唐兴起于北方，文化上最初继承的是北朝的传统，而继承北朝系统而立国的唐朝的最初五十年里，还是一个尚质的时期。虽然，初唐时期的文化政策是主张调和南北，兼收并蓄，但当时的美学主张，骨子里还是尚气质的北方传统。因此，初唐的注重功用、反对浮华，也是因为源自南朝齐梁时期绮靡浮华的文风，与北方士人的审美趣味不相协调。

初唐儒家注重文学社会功用的美学主张一直贯穿于整个唐代，时不时有学者出来重申文学必须有助于社会政治伦理的重要性。但从理论上说，这种声音在武则天之后，特别是所谓"开元盛世"到来之际是显得很微弱无力的。开元之世，承平日久，经济富足，生活安逸，举国上下都沉浸在节日的狂欢之中，又有多少人能听得进儒家学者这种严肃认真的论调？但"安史之乱"之后，这个问题又再一次在后期儒家学者那里凸显出来了。虽然观点差不多，但言辞似乎比初唐时期更加急切和尖锐了。

经历了"安史之乱"的一些遵从儒术的学者、诗人和古文运动先驱者如萧颖士（717—768）、元结（约719—约772、独孤及（725—777）、李华（生卒年不详）、柳冕（730—804）等，都反对"形似"，或浮夸的学风和文风，主张文学要有切实的社会功用，要描写事实，揭露真相，戒恶扬善，弘扬道义，要"文章本于教化，形于治乱"。而在此之后的另一批古文运动和新乐府运动的健将如韩愈（768—824）、柳宗元（773—819）、刘禹锡（约772—约842）、白居易（772—846）、元稹（779—831）等人，同样也是基于儒家的立场，更进一步论述了文学面向社会、面向现实以发挥其政治伦理功能，或发挥其弘扬圣人之道、批评政治得失、明确是非善恶、端正社会人心的作用之必要。甚至到了晚唐时期，著名经学家和文学家皮日休（约838—约883）也还重申："乐府，尽古圣王采天下之诗，欲以知国之利弊，民之休戚者也。……诗之美也，闻之足以劝乎功；诗之刺也，闻之足戒乎政。"（《采诗以补察时政》）

以上诸人中，以白居易的论说为最多。在《与元九书》、《读张籍古乐府》、《寄唐生》、《新乐府序》、《策林六十八·议文章碑碣词赋》、《策林六十九·采诗以补察时政》等文章中，提出了"讽喻"、"美刺"、"补察时政"、"文章为事而作"等观点。如：

> 古之为文者，上以纽王教，系国风；下以存炯戒，通讽喻。故惩劝善恶之柄，执于文士褒贬之际也焉；补察得失之端，操于诗人美刺之间焉。
> 总而言之，为君、为臣、为民、为物、为事而作，不为文而作。

白居易的"讽喻"、"美刺"、"补察时政"、"文章为事而作"等观点，都来自于传统的儒家思想，如《论语·阳货》中孔子所说："诗可以兴，可以观，可以群，可以怨。"《毛诗序》中说："上以风化下，下以风刺上。"东汉经学家郑玄《诗谱序》中说："论功颂德，所以将顺其美；刺过讥失，所以匡救其恶。"诸如此类。

从表面上看，唐代后期儒家学者和文学家的这些看法，基本上都是来自于先秦、两汉的传统儒家美学理论，其中并没有特别新颖的东西。但正如我们在上一节中所提到的，唐代后期的儒学所面临的社会政治问题是与前期不太一样的。前期是在国家安定、政治昌明、举国上下积极向上的情况下提出文学应该为政教服务的问题的，而后者则是在危机四伏、朝纲紊乱、人心思定的情况下提出同类性质的问题的。前者是要宣扬王道，粉饰太平，锦上添花；而后者则是要针砭时弊，扶正祛邪，挽狂澜于既倒。两者的出发点是不一样的。因此，我们看唐代后期的儒家美学，可以看出，它的核心虽然是正统的儒家思想，但其中又掺杂了屈原、司马迁以来的那种"发愤以抒情"的美学传统。在唐代后期的儒家美学思想中，有一种更为浓厚的、慷慨激昂的感情色彩。

其次，虽然都是讲文学要有实际的社会作用，但相比唐代前期的一些说法来看，唐代后期的说法带有更强烈的批判色彩和平民色彩，而且现实感也更强。前期所针对的是南朝齐梁以来颓废绮靡的文风，后期所针对的，则一方面是唐代本身仍然流行的那些浮华夸饰、矫揉造作的诗赋文章（比如《全唐文》中所搜罗的那些华丽的赋和"虚美"的行状及墓志铭之类），另一方面也是武则天到唐玄宗时代竞尚奢华、专事铺张的生活习惯和社会风尚。虽然，华丽的文章不一定导致亡国，但生活的腐化堕落则必定导致国家的衰败。因此，后期儒家学者和文学家的反对浮华，推崇实用，不仅是对文学本身的批判，而且也是对社会生活的批判。同时，后期的这些学者和文学家在论述文学的社会功能时，更注重——或首先注重的是《毛诗序》中"上以风化下，下以风刺上"中的后半句，即"下以风刺上"，如白居易的"讽喻"、"美刺"、"补察时政"之类，都是对统治者来说的。其锋芒所向，是身居高位的皇帝和养尊处优、肆意妄为的上层贵族。

如果说，前期的儒学之士所看到的，主要是唐代一统天下的丰功伟业和曙光在前的美丽景象的话，那么，后期的儒学之士所看到的，是"安史之乱"之时生灵涂炭的惨状和"安史之乱"之后政局不稳、人心浮动、上层贵族仍然安于享乐不思进取、下层百姓仍然生活无依朝不保夕的渺茫景象。因此，在实际的文学创作中，我们看到，前期的创作，朝气蓬勃，豪情万丈；而后期的创作，则在慷慨激昂中又不免夹杂着几分伤感和无奈。在前期的创作中，我们很少看到孤苦伶仃的平民形象，而在后期的创作中，我们就可以看到白居易笔下"满面尘灰烟火色，两鬓苍苍十指黑"的卖炭翁了。因此说，唐代前后期的儒家美学，虽然都要求文学面对现实，但前期看到的多半是现实的正面，而后期看到的多半是现实的负面。就具体的文学创作而言，前期的浪漫色彩更浓厚，而后期的批判锋芒更突出。可惜到了晚唐，这种锋芒开始没有了。

三、强调发明道理与导泄人情

如上所述，唐代儒家学者的基本观点，是认为文学创作不应以炫耀技巧、取悦耳目为目的，而应有明确的社会作用。他们所说的社会作用，涉及政治（讽喻、美刺、纽王教或补察时政）、道德（惩劝善恶、移风易俗）和心理（导泄人情）等方面。而就其所针对的对象而言，则主要包括两个：一是最高统治者和围绕在他周围的统治集团，一是社会大众，包括提笔为文为诗的文学家群体。从当时的一些表疏、论说来看，他们直接针对的，多半是皇帝和文人、官僚阶层。至于挣扎在贫困和死亡线上的黎明百姓，他们所给予的，更多的是同情和悲悯，而不是讽刺和劝诫。

这种观点，也可以说就是主张文学创作要有强烈的使命感、责任感、批判精神和担当意识，即要求文学创作发挥揭露现实的认识作用、明辨是非的引导作用和惩恶扬善的批判作用。

那么，如何才能做到这一点呢？

最好的办法就是转变文风，调整文学创作的方向，树立新的评价标准。而这又包括两个方面的任务，或者说是一个任务的两个方面，那就是一方面反对"形似"（"形似"一词并非绘画理论的专用术语，当时的文论、诗论也好言"形似"）；另一方面注重"实质"（"义"、"旨"），用白居易的话来说就是"尚质抑淫，著诚去伪"。

所谓"尚质"、"著诚"，表现之一是要有思想，或者用当时的话来说就是要有助于"道"的阐明即"明道"，并且要有明确的价值导向即"及义"或"济义"。

其实这也是自孔子以来儒家的主导思想。到隋朝末年，王通在《中说·天地篇》中曾明确指出："学者博颂云乎哉！必也贯乎道；文者苟作云乎哉！必也经济乎义。"王通的"文以贯道"说，后来成为由唐代儒家学者发起的古文运

动的一个纲领或"宣言"。从唐代开始到唐代结束，几乎凡是热衷于儒家之学
的学者和文学家都喜欢讲"道"，而且都认为必须以"道"的表现作为文学创作
的先决条件和首要目标。其中又有许多不同的说法，如"贯道"、"知道"、"明
道"等。但大体的意思是一样的，那就是强调"道"在文学创作中的优先地位和
在文学价值中的决定地位，并以此作为一个旗号或者一个标准来反对那些浮华
不实的"虚辞"，从而达到转变文风、转变世风的现实目的。

这其中最杰出的代表是古文运动理论的缔造者韩愈。韩愈不仅从儒家的立
场对"道"进行了规定，而且揭示了"文"与"道"的关系，如在《原道》一文中
他说：

> 博爱之谓仁，行而宜之之谓义。由是而之焉之谓道，足乎己无待于外
> 之谓德。其文《诗》、《书》、《易》、《春秋》，其法礼、乐、刑、政……

又在《答李翊书》中说：

> ……行之乎仁义之途，游之乎《诗》、《书》之源，无迷其途，无绝其
> 源，终吾身而已矣。

在《答李秀才书》中说：

> 愈之所以志在于古者，不惟其辞之好，好其道焉。

在《答尉迟生书》中说：

> 本深而末茂，形大而声宏。

在《答李翊书》中说：

> 养其根而俟其实，加其膏而希其光，根之茂者其实遂，膏之沃者其
> 光晔。

在韩愈看来，"道"与"文"的关系是源与流的关系、本与末的关系，同时

也是目标与手段的关系、内容与形式或实质与外表的关系。他的观点很清楚，那就是由文及道，因文显道，以"道"来统帅文学的创作，反对没有意义或背离"圣人之道"的"陈言"、"虚辞"。而他所谓"道"，就是孔孟的仁义之道，即孔孟的基本思想或儒家的根本义理。

与韩愈持同样论调的人很多，但说法有一些出入，如柳宗元。柳宗元在当时有关文道关系的各种说法的基础上，提出了一个更为简洁的命题，即"文以明道"。

他在《答韦中立论师道书》中说：

> 始吾幼且少，为文章以辞为工。及长，乃知文者以明道，是固不苟为炳炳烺烺，务采色、夸声音而以为能也。凡吾所陈皆自谓近道，而不知道之果近乎，远乎？吾子好道而可吾文，或者其于道不远矣。

柳宗元所说的"文"即文辞，包括诗歌和文章；"明"，即阐明、表明或表现。这个"明"，不像韩愈说的"志乎道"那么笼统，而且也很清楚地说明了文学是用语言形象来表现道的艺术特点。同时，他的"道"，也与韩愈的"仁义之道"不太一样。虽然，他在《时令论》中也指出："圣人所以立天下，曰仁义。"但他并没有把"圣人仁义之道"当成标签和教条，也没有固守在抽象的"仁"、"义"概念上，而是更进一步指出，这种"仁义之道"是要与对现实生活的关切结合起来的。如他在《时令论》中说：

> 圣人之道，不穷异以为神，不引天以为高，利于人，备于事，如斯而已矣。

在《与杨诲之第二书》中说：

> 意欲施之事实，以辅时及物为道。

在《送徐从事北游序》中说：

> 以《诗》、《礼》、《春秋》之道，施于事，及于物。

由这些说法可知，柳宗元更注重的是"文以明道"的现实意义。也就是说，他既不是"为文而文"的支持者，也不是"为道而道"的赞成者。所谓"辅时"、"施事"、"及物"云云，都带有很强的现实针对性。

唐代儒家学者所说的"道"或"理"，总的来说就是由孔孟提出来的那一套政治主张或政治理想，其核心是旨在敬天爱民、开物成务、弃恶向善的"仁义之道"。这种"道"，据他们看来，是合乎天道人心的、被历史证明为有效的"正道"。因此，在历代儒家学者包括唐代儒家学者那里，它也被赋予了某种毋庸置疑的合理性和不能违背的客观必然性。

但从主体的方面来说，这种"道"是要靠有担当的人或者"志乎道"的君子来实现的。因此，"道"或"理"的概念，有时也就转换成了"志"或"意"的概念。换句话说就是，"文"既是对"道"的表现（从客观的方面来说），同时也是对"志"或"意"的表现（从主观方面来说）。

其实，这些概念在唐代儒家学者那里都是相通的。就文学作品的构成来说，"文"是文辞即文学作品的形式，而"道"、"理"则是文辞要所表达的"义"、"旨"（也称为"质"、"实"）即文学作品的内容。而这个"道"、"理"，既是自古以来的所谓"圣人之道"，同时也是创作者自己的思想意志的表达。故白居易在《新乐府序》中说："篇无定句，句无定字。系于意，不系于文。首句标其目，卒章显其志，诗三百之义也。"白居易以"意"、"志"与"文"或"句"、"字"对举，说明"意"、"志"就是他的乐府诗所要传达的内容，而这个内容，自然是与"道"、"理"分开的，同时也是与他所说的"讽喻"、"美刺"、"补察时政"等现实的作用分不开的。

所以，在唐代的诗文理论当中，既讲"道"、"理"，也讲"志"或"意"。

而"志"或"意"，又是与"情"联系在一起的。所以，在强调发明"道"、"理"的同时，唐代的儒家学者也强调要表达真实的感情。

而所谓"情"，也有两层意思：一是属于社会的"情"，一是属于个人的"情"。

在儒家学者看来，圣人之道实质是"治道"即治国、理乱之道，而治国、理乱之道的成立，是建立在"得人心"或"得民心"的基础之上的。所以文学中对圣人之道的表现，实际上也就是对"人心"或"民心"的表现，即白居易所谓"导泄人情"。

另一方面，"道"、"理"能否实行又是建立在君子的"志"、"意"是否真诚、坚定的基础之上的。因此，文学中对圣人之道的表现，必须带着真挚的感情和顽强的意志，甚至要包括因为"道"、"理"不彰、是非不明、"人心"或"民心"不得伸张而带来的痛苦、激愤等感情。只有这样，文学中对圣人之道的表现，才能达到针砭时弊、惩劝善恶、弘扬正道的实际效果。

因此，在唐代的诗文理论当中，既讲"道"、"理"、"志"、"意"，也讲"情"。"道"、"理"、"志"、"意"、"情"以及他们所说的"事"、"物"、"实"、"质"、"义"、"旨"之类，都是与"文"（"言"、"辞"）相对应的、代表文学作品内容的概念。

早在初唐时期，著名儒家学者孔颖达就在《春秋左传正义》和《毛诗正义》两书中，对传统儒家美学中的"诗言志"一说做出了重新的梳理和解释，提出了"情志一也"的命题。

本来，"志"是指志向和理想。"诗言志"，是指在春秋战国时期，有许多人、尤其是儒士喜欢用诗来表达自己的政治抱负和治国理念（思想）（这在《左传》中记录了很多实例）。但孔颖达却把"志"与"情"视为一体，并在《春秋左传正义》卷五十中明确指出：

> 在己为情，情动为志，情、志一也。

同时又在《毛诗正义》卷一中补充说：

> 诗者，人志意之所之适也。……蕴藏在心，谓之为志。发见于言，乃名为诗。言作诗者，所以舒心志、愤懑而卒成于歌咏。……感物而动，乃呼为"志"。"志"之所适，外物感焉。言悦豫之志，则和乐兴而颂声作；忧愁之志，则哀伤起而怨刺生。《艺文志》云，"哀乐之情感，歌咏之声发"，此之谓也。

这两段话的意思有点不一样，前一段话是说"情"为本，情动为志，"情"与"志"是一致的，但却是两个东西。后一段话是说"心"为本，心"包管万虑"，心感物而动，心动为志。而"志"又有"悦豫之志"、"忧愁之志"的分别，因此"情"与"志"（包括"意"）不但一致而且也是一体的。

孔颖达之后，唐代的文学理论中，更主张"情"的表现。这在后期的儒家思想家当中表现得尤为明显。我们在前面已经说过，唐代后期的儒家学者所面临的社会局面更加复杂，社会矛盾更加突出，"圣人之道"不行的情况更加明显，黎明百姓因内乱而流离失所的现象也更加频繁，因此，他们的思想也相应地染上了批判的色彩，而内心的情感也变得更加热烈和复杂。

比如，韩愈在《送孟东野序》一文中提出来的"不平则鸣"，就是针对当时的社会现实有感而发的。他说：

> 大凡物不得其平则鸣。草木之无声，风挠之鸣。水之无声，风荡之鸣，其跃也或激之，其趋也或梗之，其沸也或炙之。金石之无声，或击之鸣。人之于言也亦然，有不得已者而后言。其歌也有思，其哭也有怀。凡有乎口而为声者，其皆有弗平者乎！

从理论上说，韩愈的"不平则鸣"，是从孔子的"诗可以怨"、屈原的"发愤以抒情"和司马迁的"发愤以著书"等旧有的说法来的。它们的一个共同点是认为负面情感对创作具有特殊的价值，并且能够产生出特殊的效果（类似于西方谚语中的"愤怒出诗人"）。但另一方面，韩愈的看法，其实主要是来自于当时充满了"不平"的社会现实，以及他率直、高傲的性格与当局时常发生冲突而致使志意不得伸展、理想不得实现的人生境遇。他说："不得已者而后言。"这种"不得已"，正是儒家的"知其不可为而为之"的入世精神的一种表现。同时，与这种"不得已"相伴随的情感，则常常带有负面的性质（激愤、不平、痛苦、哀怨、无奈等），所以他又在《荆潭唱和诗序》说：

> 夫和平之音淡薄，而愁思之声要妙，欢愉之辞难工，而穷苦之言易好也。是故文章之作，恒发于羁旅草野。至若王公贵人气满志得，非性能而好之，则不暇以为。

这种注重强调负面情感的理论，在韩愈之前的元结那里也有很好的论述。元结在《文编序》中说：

> 故所为文者，多退让者，多激发者，多嗟恨者，多伤悯者。其意必欲劝之忠孝，诱以仁惠，急于公直，守其节分，如此非救时劝俗之所须者欤？

韩愈之后的白居易在《寄唐生》中也说：

> 贾谊哭时事，阮籍哭路歧，唐生今也哭，异代同其悲。……不悲口无食，不悲身无衣，所悲忠与义，悲甚则哭之。……惟歌生民病，愿得天子知。

元结和白居易的说法，清楚地说明这种痛苦的或负面的情感其实是与儒家所追求的"圣人之道"互为表里的。

白居易的"美刺"理论，其实也与上述说法相类似。他的"讽喻"、"美刺"、"补察时政"和"泄导人情"，虽然都是服从于宣扬圣人之道这个总的目的，但这一目的的实现，不是靠照搬儒家教条大讲仁义道德，而是靠抒发真实的情感或表现真切的感受——包括表达苦闷、伤痛、愤恨、幽怨、悲悯和同情等。所以，他在《与元九书》一文中，对情感的力量大加赞赏，说：

> 感人心者，莫先乎情，莫始乎言，莫切乎声，莫深乎义。诗者：根情，苗言，华声，实义。

在他看来，"义"固然重要，但"情"才具有最强的感染力，同时也是诗之所以为诗的根本。而且从他的《寄唐生》以及他自己的许多反映民间疾苦的诗作来说，在一个不安、痛苦、荒谬、不公和丑陋的社会里，或者在一个百姓流离失所、生活孤苦伶仃、权贵与平民互相仇视的社会里，也只有深深的同情、悲悯、痛苦、忧虑和愤懑，才最为真实感人，才最符合儒家仁义之道的宗旨。

唐代儒家，尤其是后期儒家文学理论中的这种提倡表现负面情感的理论，其实包含的是《周易》中所说的"忧患"意识。他们所说的"情"，并不是一种无关痛痒、自得其乐的闲情，更不是一种掩盖痛苦、粉饰太平的"虚情"，而是一种敢于揭露现实、正视痛苦、关爱生命、关心国家的政治伦理之情。因此，他们所提出的要在文学创作中表现"道"、"理"和抒发"志"、"意"或情感的要求，其实是相辅相成的，同时与他们反对浮华、提倡实质和效用的美学主张也是相互一致的。而且，正是这种理与情的结合，才使得唐代受儒家思想影响的那些文学家的诗文创作，具有了一种强烈的现实感和批判精神，同时也使得他们的作品，具有了一种饱含深情的沉雄风格和动人心魂的刻骨力量。

四、推崇风骨、刚直、简要之美

唐代儒家的文学美学观念总的来说是注重经世致用，反对奢靡浮华，强调文学创作不能只是追求形式或外表的华丽（包括韵律和辞藻），而是要表现出能够有助于社会并且能够感动人心的实质或内涵。这表现在对文学之美的界定上，就是在遵循传统儒家"文质统一"的大前提之下，进一步突出"质"的优先地位和风骨或骨气的美感。

风骨或骨气的突出，在中国历史上从来都是变革文体、提振精神、转变颓靡之风的一面旗帜。

初唐时期，魏征就在《文学传序》中提出，要把北方的"贞刚"与南方的"清绮"结合起来，说：

> 江左宫商发越，贵于清绮，河朔词义贞刚，重乎气质。气质则理胜其词，清绮则文过其意。理深者便于时用，文华者宜于歌咏。……若掇彼清音，简兹累句，各去所短，合其两长，则文质斌斌（彬彬），尽善尽美矣。

魏征的这种调和折中、四平八稳的理论，看似完美无缺，但却未能阻止源自齐梁时期的那种形式上讲求音韵和辞藻、内容上空乏无聊、精神上让人意志消弭的文风的泛滥。而且到了唐高宗和武则天的时代，由于重用"文学之士"和皇帝本人的喜好，使得这种文风愈演愈烈。因此，"初唐四杰"之一的杨炯就在《王子安集序》中批评说：

> 尝以龙朔初载，文场体变，争构纤微，竞为雕刻。……骨气都尽，刚健不闻。

针对这种情况，并且也为了挽救日益颓废的文风，武则天时代的陈子昂（661—702）在《与东方左史虬修竹篇序》一文中，提出了一个对后来的古文运动产生了深远影响的主张，那就是承继"汉魏风骨"和恢复自先秦以来儒家的"兴寄"传统。他说：

> 文章道弊五百年矣。汉魏风骨，晋宋莫传，然而文献有可征者。仆尝

暇时观齐梁间诗，彩丽竞繁，而兴寄都绝，每以永叹。思古人常恐逶迤颓靡，风雅不作，以耿耿也。一昨于解三处见明公《咏孤桐篇》，骨气端翔，音情顿挫，光英朗练，有金石声。遂用洗心饰视，发挥幽郁。不图正始之音，复睹于兹，可使建安作者相视而笑。

陈子昂所谓"汉魏风骨"，系指以建安文学为代表的那种深刻反映现实、感情真挚且慷慨激昂的文学精神。其"风骨"一词出自刘勰的《文心雕龙·时序》。"风"是代表真挚的情感并表现为有感染力的文辞，"骨"是代表深刻的思想并表现为充实有力的内涵。"兴寄"一词出自《论语》的"诗可以兴"和汉以后儒家诗学中的"比兴"。刘勰《文心雕龙·比兴》中说："比者，附也；兴者，起也。附理者切类以指事，起情者依微以拟议。起情故兴体以立，附理故比例以生。比则蓄愤以斥言，兴则环譬以托讽。"据刘勰的看法，"比兴"是指借助于外部的事物，以比喻或比拟的方式来表达具有针对性和批判意义的思想感情。陈子昂的"兴寄"，与刘勰所谓"比兴"的含义是基本一致的，就是强调诗要有寄托即要有感情和思想。但这种感情和思想，不是随便的一种什么感情和思想，而是与现实和儒家的仁义之道联系在一起的、具有普遍感染力的感情和思想。而它在美感上的具体表现，就是一种有"风骨"或"骨气"的、"音情顿挫，光英朗练，有金石声"的感觉。

"风骨"一词中的"风"和"骨"，在语义上有不同的偏重，即"风"偏重于外，"骨"偏重于内，"风"是作用，"骨"是内质。但在古代的儒家学者看来，它们都同"气"有关。"风"具有"动"和"感"的特点，而"骨"则具有刚劲不阿的性质。这都与"气"所具有的流动、弥漫、无所不在、所向披靡的特点有关。所以，在整个唐代儒家的文学艺术理论中，都非常强调"气"这个概念。而且，由于"魏晋风骨"在理论上的代表是曹丕，所以他们也把曹丕的"文以气为主"的理论拿过来，作为他们的美学主张的理论依据。比如：

令狐德棻在《周书·王褒庾信论》中说：

举其大抵，莫若以气为主，以文传意。

柳冕在《答衢州郑使君论文书》中说：

盖言教化发乎性情，系乎国风者谓之道。……雅之与郑，出乎心而成风。……夫善为文章者，发而为声，鼓而为气。直则气雄，精则气生，使五彩并用，而气行于其中。故虎豹之文，蔚而腾光，气也；日月之文，丽而成彰，精也。精与气，天地感而变化生焉，圣人感而仁义行焉。

韩愈在《答李翊书》中说：

气，水也；言，浮物也；水大而物之浮者大小毕浮。气之与言犹是也，气盛则言之长短与声之高下者皆宜。

李德裕在《文章论》中说：

魏文《典论》称"文以气为主，气之清浊有体"，斯言尽之也。……鼓气以势壮为美。

权德舆在《醉说》中说：

予既醉，客有问文者，污渍笔以应云："尝闻于师曰：尚气，尚理，有简，有通。"

这些说法虽然有一些差异，但都无不标举出"气"这个概念来。尤其是在"安史之乱"之后至唐文宗以前这一段儒家之学颇为兴旺的时期，"气"成为儒家学者著作中一个地位仅次于"道"的概念。

他们所说的"气"，就美学的意义上说，一方面是指作品中的"文气"或"骨气"，它代表的是作品中真实的情感、深刻的思想、锐利的文辞和批判的锋芒所表现出来的、一种既动人耳目又动人心魄的、刚劲雄健的力量和美感。另一方面，它也是指作者的"气节"，它代表的是一种因捍卫儒家之道、敢于担当道义、直面现实社会和人生而表现出来的、无所畏惧的品格、毅力和勇气。

这后一方面的含义，显然是受到了孟子"居仁由义"、"富贵不淫"、"威武不屈"、"养浩然之气"等观点的影响。尽管在唐代儒者的心目中，孔子具有至高无上的圣人地位，但在思想的架构上，他们似乎更贴近于孟子的思想（尤其是以韩愈为代表的后期儒家）。

孟子说：

217

居仁由义，大人之事备矣(《尽心上》)。

富贵不能淫，贫贱不能移，威武不能屈，此之谓大丈夫。(《滕文公下》)

我善养吾浩然之气。……其为气也，至大至刚，以直养而无害，则塞于天地之间。其为气也，配义与道；无是，馁也。是集义所生者，非义袭而取之也。(《公孙丑上》)

孟子的这些思想，都为唐代儒家的学者所继承。相比于孔子讲"仁"，孟子更注重讲"义"。而讲"义"，就表现出一种百折不挠、勇往直前的、带有刚性的力量感的品格。这种品格，刚好能够引起处在社会局面混乱中的唐代后期儒学之士的共鸣。

于是，在唐代的儒家学者身上和他们的作品当中，除了讲"风骨"、重"骨气"之外，还可以看到有一种以"直"(有时也称为"真"、"贞"或"正")或"狷直"、"孤直"、"正直"、"刚直"、"强直"、"真率"、"坚贞"、"坚正"、"贞固"等为美的倾向。

如《新唐书》中记载：独孤及任太常博士时，对人"无浮美，无隐恶，得褒贬之正"；颜真卿常因"以直忤逆旨"；穆宁"性不能事权贵，毅然寡合，执政者恶之。……尝撰家令训诸子，人一通。又戒曰：'君子之事亲，养志为大，吾志直道而已。'……(其子穆质)性强直……政事得失，未尝不尽言"；柳公绰"幼孝友，性质严重，起居皆有礼法。属典正，不读非圣之书。举贤良方正，直言极谏。"又《旧唐书》记载，韩愈性格"狷直"，为文章有"迂、雄气格"，"发言真率，无所畏避，操行坚正，拙于世务"。

因为做人讲究"直"，所以他们写文章也要求"直"。如韩愈的弟子李翱，"性刚急，论议无所避"，"为文尚气质"，以为当时史官记事多有不实，遂上奏状曰："夫劝善惩恶，正言直笔。……但指事实，直载事功。"

在当时的许多儒者看来，"直"是正人君子必须具备的一种"德"，同时也是有"风骨"或"骨气"的文学创作必须具备的一种"美"。对于这一点，白居易说得最清楚。如他在《新乐府序》中说："其辞质而径，欲见之者易谕也。其言直而切，欲闻之者深诫也。其事覈而实。使采之者传信也。"他的要求"直"，是与他要求诗歌必须"补察时政"的总要求相适应的。与此同时，白居易还在他的许多乐府诗中，对"直"的品格和"直"的美进行了高度的赞美，如：

《贺雨》有云：

> 君以明为圣，臣以直为忠。

《赠樊著作》云：

> 元稹为御史，以直立其身。

《薛中丞》云：

> 中丞薛存诚，守直心甚固。……直道渐光明，斜谋难盖覆。

《和〈阳城驿〉》云：

> 因题八百言，言直文甚奇。

《李都尉古剑》云：

> 至宝有本性，精刚无与俦。……愿快直视心，将断佞臣头。

《折剑头》云：

> 我有鄙介性，好刚不好柔。勿轻直折剑，犹胜曲全钩。

《云居寺孤铜》云：

> 一株青玉立，千叶绿云委。亭亭五丈余，高意犹未已。直从萌芽拔，高自毫末始。四面无附枝，中心有通理。寄言立身者，孤直当如此。

《酬元九对新栽竹有怀见寄》：

> 曾将秋竹竿，比君孤且直。……不爱杨柳枝，春来软无力。

白居易的前面四首诗，是直接肯定"直"作为一种品德和文章风格的价值，而后面四首诗，则是借用孔门诗教所推崇的比兴手法和儒家"以玉比德"的思维逻辑，进一步赞扬了"直"的伦理意义和审美意义。

此外，在唐代的儒家审美意识中，还有一种以"简"为美的观念。如上引魏征所说的"简兹累句"和权德舆所说的"有简"。对于"简"的美学价值，儒家的史学家刘知几在《史通·叙事》中说得最透彻，他说：

> 夫国史之美者，以叙事为工；而叙事之工者，以简要为主。
>
> 夫叙事者，或虚溢散辞，广加闲说，必取其要，不过一言一句耳。
>
> 盖作者言虽简略，理皆要害，故能疏而不遗，俭而不阙。

刘知几的"以简要为主"，也可以说是"以简要为美"。而他强调以简要为主或为美的目的，是为了要明"理"。其思想，源出于儒家经典《周易·系辞上传》中的"易简而天下之理得"，而它实际的指向，则仍然是对当时浮靡文风的批判。

从美学上说，所谓"直"、"正"、"刚"、"固"、"简"等，其实都是"风骨"或"骨气"的当然之义。因此，总的来说，唐代儒家的文学美学观念，是在文学作品的审美功用上，强调以正风俗、正人心和刺上化下为价值导向；在文学作品的审美构成上，强调以重实质、重内涵、重义旨、重道理、重情感为价值导向；在文学作品的审美品格上，以尚"风骨"、"刚直"、"简要"为价值导向。

（作者单位：武汉大学哲学学院）

西方美学

伽达默尔的艺术作品本体论的解读[①]

何卫平

伽达默尔《真理与方法》的第一部分谈艺术经验的真理，它是过渡到第二部分精神科学真理的导引，也是发展到第三部分语言本体论的前提。虽然它集中在美学方面，但其意义却是在解释学方面。它主要由两个部分构成：一是对康德以来占主导地位的西方现代主体论或主观论美学的批判；二是在海德格尔存在论现象学的背景下建立起他所理想的艺术作品的本体论。如果说前一部分是"破"，那么后一部分则是"立"，它所包含的内容十分丰富。

笔者认为伽达默尔的《真理与方法》有一个"复调"结构，也就是说它的三个部分——艺术、历史和语言——不只是一个线性的递进关系，而是每一部分既相对独立，又交织着多条旋律线，这些旋律线在其他部分也同时存在，只是各自的侧重点有所不同罢了，而且每一部分都体现着一种整体精神，用胡塞尔现象学的观点来讲，就是每一部分都是一种同一性的"侧显"。伽达默尔的《真理与方法》的第一部分就典型地表现了这一点。

这一部分已不是传统意义上的美学了，尤其不是近代意义上的以审美意识为中心的美学了，它实际上是一种艺术本体论，这一点同黑格尔相似。黑格尔的"美学"是"艺术哲学"的别名，其实也就是一种"艺术本体论"。受海德格尔的影响，伽达默尔的相关论述以艺术作品为中心，因为只有以作品为中心，而不是以作者或读者为中心才能避免主观主义、心理主义，只有坚持从艺术作品的同一性和差别性的统一出发才能说明艺术的真理和创造，这完全基于一种现象学的立场。所以伽达默尔的艺术本体论实际上也就是艺术作品的本体论，他的核心思想是从建立艺术作品的本体论开始的，后者是其整个哲学解释学的入门和导引，伽达默尔自己也说，他的《真理与方法》的第一部分对于他的整个

[①] 本文主要根据笔者给研究生讲课的笔记整理而成。

哲学解释学的构想起着指导的作用①，并初步形成了这本书的主题。

伽达默尔《真理与方法》中的艺术作品的本体论深受海德格尔《艺术作品的本源》的影响②，前者与后者之间有着一脉相承的关系。它是从艺术经验出发的，而不是从审美意识出发的，其理论背景是存在论现象学，而落脚点为解释学。伽达默尔指出，"在艺术经验的背后，整个解释现象的普遍性浮现出来了"③。他对"艺术作品本体论及其解释学意义"的正面论述分为两个部分：一是"作为本体论阐释入门的游戏"；二是"美学的和解释学的结论"④。

关于第一部分，他以游戏作为分析艺术作品存在的起点和主线，将游戏作了一种递进式的拓展：从一般游戏到艺术游戏，从艺术游戏再到构成物。伽达默尔没有在作者的意图和文本的意义之间画等号（虽不能说是切割），而是强调由语言所构成的文本的相对的自主性，它有一种独立的自由游戏，文本的意义在这种游戏中开显出来。这种探究独辟蹊径，其基本立场是反主观主义的，同康德和席勒以来的主流相背驰。通过分析伽达默尔就他关于审美存在（主要指艺术作品的存在）的基本观点在这一部分结束时作了如下概括：

我们在游戏概念以及那种标志艺术游戏特征的向构成物转化的概念上，曾经试图指明某种普遍性的东西，即文学作品和音乐的表现或表演乃是某种本质性的东西，而绝不是非本质的东西。在表现或表演中所完成的东西，只是已经属艺术作品本身的东西：即通过演出所表现的东西的此在（Dasein）。审美存在的特殊时间性，即在被表现中具有它的存在，是在再现过程中作为独立的和分离的现象而存在的⑤。

这个概括有两个基本点很重要：（1）游戏的存在体现在关系中，它是双向的，即游戏涉及游戏和游戏者的关系，在这种关系中才有其存在的意义；（2）表现属于被表现者的存在。对于艺术作品来说其存在方式就是表现。

这里的核心是游戏和游戏者的关系。从这种意义上讲伽达默尔的艺术作品

---

① 参见［德］伽达默尔：《诠释学Ⅱ：真理与方法》，洪汉鼎译，商务印书馆 2007 年版，第 8 页。

② *The Phenoenology Rader*, ed. by Moran and Mooney, London and New York, 2010, p. 312.

③ Gadamer. *Heideggers Wege*, Tübingen 1983, S. 38.

④ 参见［德］伽达默尔：《诠释学Ⅰ：真理与方法》，洪汉鼎译，商务印书馆 2007 年版，第 143 页以下、189 页以下。

⑤ ［德］伽达默尔：《诠释学Ⅰ：真理与方法》，洪汉鼎译，商务印书馆 2007 年版，第 188 页。

的本体论所体现的就是一种关系本体论、过程本体论。在这方面它既有海德格尔思想的基础，同时又受新柏拉图主义和黑格尔主义的影响，但后两者都不是在原来的形而上学的意义上，而是被置于一种新的语境之下来理解的。

伽达默尔上面那个概括是基于对"游戏"本质的描述和分析做出的，而"游戏"(Spiel/play)在西文中也有"戏剧"的意思，两者存在着一种直接的联系，这个概括在戏剧那里具有一种自明性。正因为此伽达默尔只是将戏剧中的悲剧作为一个典型的例证附在"作为本体论阐述入门的游戏"这一章的后面①，而没有单独列出一节去谈戏剧艺术或表演艺术的本体论，因为这已经含在了对"游戏"的分析中了②，它已包含了对表演艺术或流动艺术的本体论意义的揭示。下面的问题是，这个关于艺术作品本体论的结论能否应用于其他艺术门类当中，或者说，它在其他艺术中如何具体体现出来，伽达默尔要以此来检验它的普遍性，这便成了他的"艺术作品的本体论及其解释学的意义"的第二部分所要讲的主要内容，也是我们下面将要着重展开的内容。

在具体论述之前还需要补充一点，伽达默尔在建立艺术作品本体论的过程中伴随着对"审美区分"(Ästhetische Unterscheidung)的批判和对"审美无区分"(Ästhetische Nicht-Unterscheidung)思想的建立。前一条线是明的，后一条线是暗的，但二者之间不可分割。伽达默尔的艺术作品本体论就贯穿着这样一个基本线索。③ 由于他的思想基于大量的概念史的分析，缺少集中、概括性的说明，所以不经过清理和分析就不太容易让人明白。现在让我们回到正题。

一、绘画本体论

伽达默尔《真理与方法》的第二部分首先谈到了绘画本体论。他的绘画本体论实际上并不仅仅限于绘画，而是针对整个造型艺术而言的，绘画只不过是作为一个典型来加以处理。因此在造型艺术的范围内，伽达默尔对绘画本体论

---

① 参见[德]伽达默尔：《诠释学Ⅰ：真理与方法》，洪汉鼎译，商务印书馆 2007 年版，第 181~188 页。

② 关于这一部分，可参见拙著《解释学之维——问题与研究》，人民出版社 2009 年，第 108 页以下。

③ 关于这一点可参见拙作《试析伽达默尔"审美无区分"思想的理论意义》(载拙著《解释学之维——问题与研究》，人民出版社 2009 年版，第 77~106 页)，里面有详细的论述。

的分析带有普遍意义，可以说这里的绘画本体论就是造型艺术的本体论。由于造型艺术属于非表演性的艺术或非流动性的艺术，所以中介并没有被看成属于本质性的存在，而是被看成直接的表现，因此在"绘画的本体论意义"这一节里伽达默尔着重突出的是原型和绘画的关系，这和表演性的艺术是不大相同的。这个关系从哲学上可以追溯到柏拉图的原型和摹本的关系，它是伽达默尔探讨的出发点。但他并未局限于此，因为柏拉图主义视域下的原型和摹本的学说不能真正揭示伽达默尔的存在论意义上的绘画本体论。伽达默尔是通过对柏拉图的原型和摹本的关系的批判来建立原型和绘画之间的关系的。这个关系既有现象学的意义，又有辩证法的意义。

与柏拉图主义的实体本体论相对立，伽达默尔的绘画本体论是一种关系本体论，也是一种过程本体论。说它是关系本体论系指它是在原型与绘画的关系中确立起来的，但它并不体现为一种主客二分的关系，而是两者不可分离的现象学的关系。在这里他要探讨的基本问题有两个：一是相对于原型，绘画与摹本的区分；二是绘画同它的世界的关系①。伽达默尔的绘画本体论又是一种过程本体论，它是在表现的过程中展现出来的。上面所说的关系本体论是在过程和动态中发展着的，而不是固定不变的。

伽达默尔艺术作品本体论的出发点是："艺术作品的存在方式就是表现。"②他首先对表演艺术和造型艺术的表现特点作了区分：二者虽然都是表现，但前者具有双重性，后者只具有单一性。伽达默尔将原型的存在和再创造的存在在本体论上看成是交织在一起的，并从这个角度肯定了表演艺术的分析在本体论上具有优先性地位，由此而得出一个重要的结论："所表现事物的存在完成于表现之中。"③在再创造的艺术中经历了两次表现：一度创作和二度创作，但它们在本体论上是交织在一起的。相反在非表演性的艺术中，具体来讲在造型艺术中（如绘画），是拒绝再创造的。

绘画同原型的关系在伽达默尔看来不同于摹本与原型的关系。这表现在相对原型而言，摹本只是原型的摹仿，在这种关系中包含着一种潜在的价值判

---

① 参见［德］伽达默尔：《诠释学 I：真理与方法》，洪汉鼎译，商务印书馆 2007 年版，第 192~193 页。

② ［德］伽达默尔：《诠释学 I：真理与方法》，洪汉鼎译，商务印书馆 2007 年版，第 193 页。

③ ［德］伽达默尔：《诠释学 I：真理与方法》，洪汉鼎译，商务印书馆 2007 年版，第 193 页。

断：相对来说摹本是假象，是次一级的存在，缺乏相对的独立性，它只是手段而不是目的，其作用不过是指向原型，并根据它与原型的相似程度来确立自己的价值，它的作用本身包含着一种自我扬弃。而绘画具有相对的独立性和自主性，并不能归结为手段。其实绘画与原型，也就是表现与被表现者之间，存在着一种内在的一致性或联系，它体现为一种原始的统一或无区分，这一点在镜像中得到了最典型、最集中的表现。镜中之像所反映的是与原型一致的，它是原型的图像，而不是镜子的图像。伽达默尔强调这一比喻的相对合理性和可取之处在于它表明了图像与"所表现事物"在本体论上是不可分的。伽达默尔基于一种现象学的立场，肯定了当我们最初接触图像时表现与被表现并不是分离的，而是统一着的。伽达默尔认为这种不可区分是从本体论意义上讲的。在这种不可区分的基础上才有了后来的区分。审美的区分就是要将表现看成是不同于被表现的东西①。伽达默尔的"审美无区分"的思想和康德"鉴赏判断"中的想象力和知性的协调活动有着重要的联系②，虽然从总体上它是反康德的。

然而镜像这个比喻是有限的，它不能完全说明伽达默尔所要真正表达的绘画与原型的真实关系，因为镜像总是与假象以及对原型的过分依赖相伴随的。而绘画作为人的一种意向方式，具有相对的独立性、自主性和能动性。这充分表现在，没有它原型就不可能达到一种绘画性的表现，原型正是在绘画中才达到了绘画性表现并具有了绘画性。绘画作为对原型的表现总是同原型相联系着的。原型的表现属于原型本身的存在，而表现方式是多种多样的，每一种表现"都是一种存在的事件"③，绘画只是其中的一种。

然后伽达默尔由这种关系本体论进入过程本体论，也就是说让这种关系处于一种动态的历史的呈现中。伽达默尔以新柏拉图主义的流溢说为参照，说明了存在的"一"与"多"的辩证法：存在在表现中达到了自身的丰富性。绘画作为原型的表现，也就是原型的"代表"（Repräsentation）。"Repräsentation"这个德文词刚好具有这样几个基本意思："表现"、"代表"、"代理"。所以伽达默尔对绘画与原型作了更深入的规定，二者的关系是表现与被表现、代表与被代表、代理与被代理的关系，并以一种类似解构主义的策略将柏拉图主义的原型

---

① 参见[德]伽达默尔：《诠释学 I ：真理与方法》，洪汉鼎译，商务印书馆 2007 年版，第 196 页。

② 参见[德]伽达默尔：《美的现实性》，张志扬等译，上海三联书店 1991 年版，第 47 页。

③ [德]伽达默尔：《诠释学 I ：真理与方法》，洪汉鼎译，商务印书馆 2007 年版，第 197 页。

和摹本的那种关系进行了颠倒，突出了绘画的相对独立性，从而使二者的关系发生了根本的变化，这种变化在伽达默尔那里既具有现象学的意义，又具有辩证法的意义。他说"原型只有通过绘画才成为原型（Urbild）——而绘画（Bild）却无非只是原型（Urbild）的显现（Erscheinung）"①。只有原型才使得绘画具有实在性，而只有绘画才使得原型具有绘画性，也就是说原型进入绘画必须适应绘画的要求来展示自己的存在。这里必须强调的是，伽达默尔区分了第一性的表现和第二性的表现。第一性的表现属于原型的存在，它为第二性的表现（如绘画）提供自身的实在性，但第二性的表现对第一性的表现具有相对的独立性、能动性和反作用②。

绘画作为对原型的表现最终被理解为一种存在的事件或本体论的事件，也就是说"在绘画中存在达到了富有意义的可见的表现"③。因此绘画就绝不是仅仅从审美意识出发，通过一种审美抽象所造成的审美区分来加以把握的，这恰恰割裂了绘画与其世界的关系，而这个世界实际上是存在意义的世界，它同绘画是不可能分离的。

二、艺术作品的偶缘性和装饰性的本体论意义

在造型艺术中（以绘画为例），伽达默尔提出了艺术和其世界不可分的基本论点以后，又进一步分析了这是一种什么样的世界，从时间和空间两个方面来展开这个世界的内容。第一个方面涉及艺术作品的原初世界和后来世界的关系；第二个方面涉及艺术作品与其世界的协调关系。前者体现为偶缘性，主要是从时间性来谈的；后者体现为装饰性，主要是从空间性来谈的④。

---

① ［德］伽达默尔：《诠释学Ⅰ：真理与方法》，洪汉鼎译，商务印书馆2007年版，第200页。

② 参见［德］伽达默尔：《诠释学Ⅰ：真理与方法》，洪汉鼎译，商务印书馆2007年版，第199-200页。

③ 参见［德］伽达默尔：《诠释学Ⅰ：真理与方法》，洪汉鼎译，商务印书馆2007年版，第199页。着重号为引者所加。

④ Weinsheimer. *Gadamer's Hermeneutics*, *A Reading of Truth and Method*, Yale University, 1985, p. 123. 伽达默尔在别处提到过肖像学与解释学之间的关系（参见［德］伽达默尔：《诠释学Ⅱ：真理与方法》，洪汉鼎译，商务印书馆2007年版，第269页；伽达默尔：《哲学解释学》，夏镇平、宋建平译，上海译文出版社1994年版，第40页），肖像学或图像学实际上属于一种知觉的解释学。另参见陈怀恩：《图像学——视觉艺术的意义与解释》，台湾如果出版社，大雁文化事业股份有限公司2008年版。

1. 偶缘性

伽达默尔给"偶缘性"（Okkasionalität）下了这样一个定义："意义是由其得以被意指的境遇（Gelegenheit）从内容上持续规定的，所以它比没有这种境域要包含更多的东西。"①伽达默尔反复强调偶缘性属于作品本身的存在，并不是我们强加进去的。例如肖像画与被表现人物的关系就带有这种偶缘性，它意指的就是这个人物。换句话说，肖像画与其原型之间的关系是一种特殊的意指关系，这是为肖像画这种表现形式所决定的，而其他的风俗画或一般的人物画在同原型的关系上则与肖像画有所不同，前者的原型或模特的个性不是像后者那样要求尽量保留下来，而且愈生动愈好；相反，如果这样反而会削弱它的表现。因此模特在这类作品中必须消失，因为模特并不是画家在作品中所要意指的东西，这一点刚好与肖像画相反。其实伽达默尔的艺术作品的偶缘性与作品特定的世界有关，与审美无区分有关。肖像画要指向原型，而一般人物画和风俗画并不要指向模特；相反，模特是要在作品中消失的东西。

伽达默尔的用意是要通过肖像画的原型和一般绘画的模特区别来说明偶缘性。前者属于绘画本身的存在，后者则不属于。肖像画要求作为肖像画去理解，其他作品要求作为其他作品去理解，伽达默尔甚至说，哪怕一幅肖像画的原型甚至被绘画的表现内容所压倒时依然是如此。尽管那些含有肖像画内容的作品，包括文学作品（如传记文学）也会使读者关注到原型本身②，但伽达默尔在这里主要是通过对肖像画的原型和其他人物画的模特进行比较来谈及偶缘性的。当然在画肖像画时同样也可能会应用到模特，可对于这一点伽达默尔并没有谈。模特是要消失的，而在肖像画中原型自身并没有消失，所以对伽达默尔来说，原型与绘画之间存在一种意指关系，因此具有一种偶缘关系，而模特与绘画之间不具有意指关系，因此就没有偶缘关系。

但是伽达默尔通过这种对比引出一个重要问题：在解读作品时，什么是我们最应当关注的？是作品所要求的意义，还是只将其还原到对其历史关系的探

---

① 参见[德]伽达默尔：《诠释学Ⅰ：真理与方法》，洪汉鼎译，商务印书馆2007年版，第202页。译文有改动。

② [德]伽达默尔：《诠释学Ⅰ：真理与方法》，洪汉鼎译，商务印书馆2007年版，第205页。

讨？伽达默尔将此视为一个原则性的问题①。后者在伽达默尔眼里只不过是历史学家在作品中寻找类似绘画创作中所曾用过的模特，这其实对于艺术作品来说并不重要，他所指的偶缘性与此无关。伽达默尔反复强调"揭示某个特定的原型乃是作品自身意义要求的一部分"，它与欣赏者的主观意愿无关，"肖像画就是肖像画"，"它并不是由于和为了那些在画中认出所画人物的人才成为肖像画的"。②的确在很多场合下欣赏者并不知道所画的对象是谁，但仍然可以将它视作一个特定人物的肖像画来欣赏。伽达默尔最后得出这样一个结论："无论如何，绘画自身中存在着一种尚未确定、但从根本上来说是可以确定的所指，这个所指构成了绘画的意义。这种偶缘性就属于'绘画'的核心意义内涵，不管一个人是否知道它指的是什么。"③这里的意义是作品固有的，无论解读者是否意识到。这让我们想起伽达默尔喜欢用新柏拉图主义的"一"与"多"的关系来理解，"多"是对"一"的展开和丰富。在这里我们还可以和黑格尔的重中介的辩证法思想联系起来。就作品本身来看，它是作品实现出来的东西；从观赏者的角度看，它是通过观赏者的解读而得到规定的，但这种规定并不是说，它是由观赏者所决定的。

总之，艺术作品的意义同其境遇之间的关系体现为一种偶缘性，它持续地规定艺术作品的意义和内容。艺术作品所表现出的是一种特殊的世界。作品的偶缘性方面无论是否被人意识到，它都属于艺术作品整体意义的一部分，而不是人为外加的。

伽达默尔这里的偶缘性与前面所讲的绘画本体论存在着一种内在关联：在绘画本体论中，伽达默尔着重从原型和绘画之间的关系的角度来突出绘画作品的存在意义，而二者之间的关系的本体论又是在过程中体现出来的，这就含有时间一维的引入。他认为表现"总是本质性地与所表现的事物联系在一起，甚至就包括在所表现的事物中"④。它包含着一种审美无区分的内容，绘画被看

---

① ［德］伽达默尔：《诠释学Ⅰ：真理与方法》，洪汉鼎译，商务印书馆 2007 年版，第 204 页。

② ［德］伽达默尔：《诠释学Ⅰ：真理与方法》，洪汉鼎译，商务印书馆 2007 年版，第 205 页。

③ ［德］伽达默尔：《诠释学Ⅰ：真理与方法》，洪汉鼎译，商务印书馆 2007 年版，第 205 页。译文有改动。

④ ［德］伽达默尔：《诠释学Ⅰ：真理与方法》，洪汉鼎译，商务印书馆 2007 年版，第 195 页。

成一种存在的事件。伽达默尔所揭示的偶缘性实际上只是角度不同，这与绘画的本体论有关，只不过更注重从时间和世界之间的关系的角度来进一步发挥，所以这一节的标题是"偶缘物和装饰品的本体论根据"。这样本节就与上一节勾联起来了，只是角度有了变化。总之对于伽达默尔来说，绘画的偶缘性同原型与绘画的关系有关，同模特与绘画的关系无关。前者可以构成偶缘性，后者则不行，因为伽达默尔反复强调，偶缘性属于作品意义所要求的，不是外在的，它是艺术作品意义的一个因素。

值得一提的是，伽达默尔后来在这一节里加了一个长长的补注①。这个补注主要是从时间的角度来说明艺术作品的偶缘性的，也就是说比较明确地谈到了偶缘性与时间性（历史性）的关系。这个注非常重要，如果没有它这一节就会不太容易让人得到要领。在这个长注中，伽达默尔一方面反对从审美意识出发将艺术作品看成是超时空的（无时间性的），另一方面也反对在对待艺术作品的存在意义上的一种错误的历史主义态度。他认为无论从超时空的角度，还是从错误的历史主义出发，都不能很好地理解偶缘性。前者谈不上偶缘性，后者对偶缘性理解得过窄，并不属于真正的偶缘性。

针对后一个方面，伽达默尔特别强调偶缘性是艺术作品意义的一个要素，而非艺术作品的特殊背景的痕迹，其存在意义并不是通过重构这种痕迹来实现自身，这样做无非是在做历史学家的工作，或在作品中做类似绘画中模特的工作，对此伽达默尔虽然没有完全否定，但认为这对于艺术作品的存在意义来说只是次要的、附属性的。

伽达默尔还进一步从游戏和时间关系讨论这个问题。在作为艺术作品的游戏和时间之间存在什么关系呢？游戏并不能被看成是时间的中断，从而让时间进入到游戏中，通过这种进入将中断之处联结起来，这实际上也就是历史学家所做的一种历史复原工作，即前面提到的类似在一幅画中寻找模特的工作，但这样做是非常困难的，而且也并不是最重要的。当然同以审美意识为中心的主观论美学（它强调艺术作品的超时空性）比较起来，这样做不乏一定的合理性，但总的说来是成问题的。游戏与时间并不是对立的，它就在时间中，不是时间进入到游戏，而是游戏进入时间，艺术作品从其诞生之日起便具有了属于自己的时间。

---

① 参见［德］伽达默尔：《诠释学 Ⅱ：真理与方法》，洪汉鼎译，商务印书馆 2007 年版，第 458~461 页。

　　总之在这一部分，伽达默尔既批判了主观论美学以审美意识为中心，强调审美的超时空性，不讲偶缘性；又批评了错误的历史主义将偶缘性等同于回到作品原来的历史关系和背景中，因为这使偶缘性过于狭窄化了。相比之下，伽达默尔突出偶缘性比没有偶缘性要包含更多的东西①，这里的没有偶缘性指主观论美学、体验论美学。伽达默尔关于这个问题的理解可以和新柏拉图主义的"一"与"多"联系起来，如果说伽达默尔主张艺术作品存在的方式就是表现，那么这里的"一"实际上指的就是存在，这里的"多"指的就是存在的表现。伽达默尔虽然借用了新柏拉图主义的存在"等级"的概念，但它在伽达默尔这里不带有任何价值判断，只是一种存在的状况。伽达默尔对错误的历史主义的批评中也包含着从现象学的立场上对科学主义的批判。艺术作品中的真理是一种特殊的存在的显现，伽达默尔这里提到的错误的历史主义实际上是一种历史客观主义，它体现为一种狭隘的科学主义，但这种科学主义用在艺术作品中是不适当的，对于艺术来讲它体现了一种虚假的真实性，艺术作品有自己的真实性。艺术作品尽管有生活的原型、模特，但它主要依靠虚构，这种虚构通过典型化达到一种具有普遍意义的艺术的真。从这个角度讲，艺术追求的不是事实上的真，而是本质上的真，亦即一种本质直观意义上的真，这一点就体现了现象学的精神。

　　如果说在时间上主观论美学强调超时空性(共时性)，而错误的历史主义强调的是过去性，那么伽达默尔强调艺术作品的过去性与同时性的统一。如果说前两者一个取消了偶缘性，另一个限制了偶缘性(它并不是伽达默尔所意属的真正的偶缘性)，那么后者则开放了偶缘性。他将艺术作品和世界的关系进一步从偶缘性这个角度加以具体的规定。艺术作品并不在历史或时间的变迁中失去自身的意义，而是在这种变迁中不断实现自己的意义，也就是说，艺术作品原初的世界和后来的世界之间的关系是统一的，而不是割裂的。错误的历史主义或历史客观主义就割裂了艺术作品与时间的联系。艺术作品的存在有属于它自己的时间，而不是人为地将时间引入其中。错误的历史主义将时间引入其中，目的在于将断裂之处焊接起来，将时间的中断衔接起来，对此伽达默尔并不同意。他认为一旦艺术作品创造出来，它就进入自己的时间，并始终与其自身的时间相伴随。尽管偶缘性同境遇有关，因而它同时间和空间分不开，但由

---

　　① ［德］伽达默尔：《诠释学Ⅰ：真理与方法》，洪汉鼎译，商务印书馆 2007 年版，第 202 页。

于伽达默尔这里强调的是原初世界和后来世界的关系，所以偶缘性的重点还是在时间上，并且还可以和他的效果历史意识、视域融合的基本思想联系起来。

伽达默尔在绘画本体论中谈到，艺术作品是存在的事件，这是就一般意义而言的，而这里所谈到的艺术作品的偶缘性实际上是从一个特定的角度规定了这种存在事件的发生是离不开具体境遇的，包括二度创造的艺术作品。如果文学转化为戏剧，乐谱转化为演奏都有偶缘性的问题，那么它们作为一种再创作就会有新的意义产生。

总之艺术作品的意义不是一成不变的，它恰恰是在各种变迁或不同的境遇中呈现出来的，用伽达默尔自己的话来说，"作品不会是'自在'存在的……艺术作品本身就是那种在不断变化的条件下不同地呈现出来的东西。今日的观赏者不仅仅是以不同的方式去观看，而且他也确实看到了不同的东西"①。例如我们与古人就某个经典的理解往往不只是不同，而且我们看到了一种新的东西，即古人没有看到的东西，对此不能简单地理解为我们与他们就一个问题的看法不同。

2. 普遍偶缘性和特殊偶缘性

伽达默尔还进一步区分了普遍偶缘性和特殊偶缘性。所谓普遍偶缘性系指"艺术作品不断随着境遇的变迁而重新规定自身"②，而特殊偶缘性只不过是普遍偶缘性的具体表现形式。此外后者还可以指特殊作品的形式，如献诗、讽刺画、肖像画等，它们从整体上可以称为"偶缘物"（Okkasionellen）。不过从广义上讲，一切艺术作品都是偶缘物，因为它们的意义是随缘而定的，但不是由缘而定，否则就会有堕入主观主义的危险。这里的"缘"指一种境遇，这种境遇包括特定的时间和空间。

尽管伽达默尔一再强调偶缘性必须从属于文本意义的规定或指令，或者说是文本的意义所要求的，而不是解释者所强加的，但是我们如何知道是文本意义所要求的，而非解释者所强加的呢？如果这个问题不能解决，那么似乎仍然无法避免相对主义和怀疑主义。但这个问题不是三言两语可以说得清的，在笔者看来，这不是一个理论问题，而是一个实践问题，精神科学或人文科学中的

---

① ［德］伽达默尔：《诠释学Ⅰ：真理与方法》，洪汉鼎译，商务印书馆2007年版，第207页。

② ［德］伽达默尔：《诠释学Ⅰ：真理与方法》，洪汉鼎译，商务印书馆2007年版，第208页。

理解标准是非常复杂的，它不是刚性的，而是柔性的，它同历史、传统、教化和实践智慧等有关①。伽达默尔在这里虽然没有具体讲，但这个意思应当说是包含在他的整个思想之中的。伽达默尔在这里只是强调有某种不以人的意志为转移的存在意义的存在，这种存在只是在各种机缘或偶缘中实现出来。

这一部分显然包含有接受美学的内容②，但又不可归结为接受美学③。伽达默尔的表述是非常谨慎的，始终注意与主观主义划清界限，这里包含着非常浓郁的新柏拉图主义和黑格尔主义的精神。伽达默尔将艺术作品的存在和偶缘性看成是相互适应的，也就是说将艺术的本体论与偶缘性联系起来了，认为二者不能也无法分开。艺术作品是一个存在的事件，这种存在的事件也就是"一"在"多"中的表现，它有自己的时间性，其存在意义或指令不是被清楚地规定的，而是要在历史的境遇中，要在时间性的偶缘性中实现出来，类似普罗提诺的"太一"的流溢和黑格尔的绝对理念或绝对精神在无限的中介中实现出来一样。

从时间性上看，伽达默尔反对以审美意识为中心的审美区分的超时间性，这种区分使审美的质对应于审美意识，前者主要指艺术作品的结构和形式，它是超历史、超时空的④。同时伽达默尔也反对错误的历史主义将时间渗入艺术中，而是强调艺术作品创作出来以后就有它自己的时间性，也就是说，它的存在意义在其偶缘性中实现出来，文本的命运也就是理解的命运，而理解属于被理解者的存在，这不能从主观上去解释。作品或文本如同孤儿，它是在"流浪"中去实现自己的意义、界定自己的意义的。虽然伽达默尔使用传统的"表现"，"再现"这类词，但却赋予它们新的内涵、新的语境了，它们都与"存在"、"出场"、"在出来"、"显现出来"有关，也就是说，它们都是从本体论（现象学）的角度，而不是从传统的认识论（反映论）的角度来把握的。

伽达默尔在谈到艺术作品的二度创造是一种典型的偶缘性的形式时，强调它要依赖原作者的指令。这里的"作者的指令"不能简单地理解为就是作者的

---

① 参见拙作《伽达默尔教化解释学论纲》，载《武汉大学学报》2011年第2期。

② 伽达默尔后面不仅提到理解者的"前见"，还提到"期待"（参见［德］伽达默尔：《诠释学Ⅰ：真理与方法》，洪汉鼎译，商务印书馆2007年版，第365页），二者是相通的。这些概念应当说对接受美学产生了直接的影响。

③ 参见拙著《解释学之维——问题与研究》，人民出版社2009年版，第107～123页。

④ ［德］伽达默尔：《诠释学Ⅱ：真理与方法》，洪汉鼎译，商务印书馆2007年版，第534页。

原意，而是"作者的整个作品"。虽然作品是由作者提供和创造的，在这个意义上可以说是作者的指令，但这个指令具体的意义作者并非都清楚。伽达默尔在别的地方说过，文本的意义并不等于作者的原意，而是大于作者的原意。正因为如此，伽达默尔的艺术本体论才以作品为中心，而不是以作者和读者为中心，作品有它自身的意义，有它自己的时间，在它自己的时间中将其意义实现出来，也就是新柏拉图主义所讲的那个"一"流溢出来。新柏拉图主义意义上的"一"在他那里不过是存在，而新柏拉图主义意义上的"多"在他那里不过是存在的表现罢了。可见伽达默尔同其他现代哲学家一样，不是抛弃了传统，而是对传统进行了转换。

从这里我们还可以看到伽达默尔身上的德国唯心主义传统的影响。当他谈到绘画（包括肖像画）的理想性时，认为这里的理想性既不是指作者的，也不是指读者的，而是指作品的，它不仅类似普罗提诺所讲的"一"，也类似黑格尔所讲的"理念"。后者的理念在艺术作品中体现为"理想"，这里的理想不应作主观的来理解，而应作客观的来理解。德国古典哲学从费希特到黑格尔，都强调用精神（Geist／Mind）来理解一切，自然和精神中都存在着理念的东西。所以伽达默尔借用黑格尔的美学（艺术哲学）中这样的表达：美是理念的感性显现，也就是艺术作品的理想性是感性的显现①。这可以和伽达默尔的艺术作品的本体论联系起来，也可以和他所讲的艺术作品存在的偶缘性联系起来。黑格尔的美学作为艺术哲学，所讲的乃是艺术本体论，只不过这种艺术本体论处于传统形而上学的框架内，而伽达默尔艺术作品本体论是处于新的理论背景下的。尽管如此，它和黑格尔的艺术本体论具有相当大的可比性。当伽达默尔说艺术作品本身存在着一种尚未实现或尚未确定、但从根本上讲是可以实现或可以确定的指令时②，其意为，它终究是有所指的，这种有所指的实现是同偶缘性分不开的，它需要中介，而黑格尔所讲的中介在伽达默尔这里就是指具体的时空，最终是时间的偶缘性。

3. 两个典型示例

伽达默尔还以宗教的和世俗的纪念物这种比较极端的例子来说明艺术作品

① ［德］伽达默尔《诠释学 I：真理与方法》，洪汉鼎译，商务印书馆 2007 年版，第 202 页。
② ［德］伽达默尔《诠释学 I：真理与方法》，洪汉鼎译，商务印书馆 2007 年版，第 205 页。

不是由单纯的审美因素所决定的。这两类纪念物都是具体有所指的，这样就和肖像画一样与艺术作品的偶缘性的问题联系起来了，只不过伽达默尔认为宗教或世俗的纪念物比肖像画能更清楚地体现出一般绘画的本体论意义。这里有着鲜明的与审美区分相冲突之处，它是仅仅从审美意识出发的美学所无法真正把握的。

众所周知，纪念物预先设定了它所纪念的内容(这一点伽达默尔在前面的论绘画的本体论中有明确的表达①)，因此它不可能只与绘画自身的表达力有关，后者只是第二性的东西，而不是第一性的东西，这一点在谈绘画本体论时就已讲到伽达默尔在此还是反对审美区分，纪念物无非是现实性地保留了过去某个东西的普遍意义。但是如果这种纪念物是艺术作品的话，那么它就不仅保留着对过去的记忆，而且是以自身的方式来表达的，或者说是以一种特有的意象性方式来表达的，它并不依赖于它的先前的认识②。

然而这里还是涉及原型和绘画的关系问题。一幅绘画尽管有其自身的能动性、自主性，但它仍是事物的表现，也就是说它"分享了神秘的存在之光(seinsausstrahlung)，这种存在之光来自于该画所表现的事物的存在状况"，也就是说无论是宗教性的作品还是非宗教性的作品，它们都分享了神秘的存在之光。这一点对于我们理解伽达默尔的审美无区分的思想有着间接的帮助。"存在这种需要绘画并且值得绘画的东西，只有当它们被表现在绘画里，它们好像才能使自己的本质得以完成。"③这里根本就不考虑审美的区分，伽达默尔始终突出艺术作品中的作为存在的内容，而反对以审美意识来规定艺术作品的一切，或将艺术作品的一切都用审美意识来衡量，这一点在宗教艺术作品中表现得尤为突出。

但是伽达默尔认为，世俗和宗教的对立只是相对的，而不是绝对的。接下来他对"世俗性"(Profanität)作了概念史的分析：在古代这个词指的就是处于圣地之前的地方，世俗物以及它的同源词"世俗化"(Profanierung)总是以宗教性为前提，因为没有宗教也就没有世俗，如古希腊人的世俗生活和宗教生活融

---

① [德]伽达默尔：《诠释学Ⅰ：真理与方法》，洪汉鼎译，商务印书馆 2007 年版，第 199~200 页。

② [德]伽达默尔：《诠释学Ⅰ：真理与方法》，洪汉鼎译，商务印书馆 2007 年版，第 209~210 页。

③ [德]伽达默尔：《诠释学Ⅰ：真理与方法》，洪汉鼎译，商务印书馆 2007 年版，第 210 页。译文有改动。

合在一起,"那时生活的全部领域都是宗教性的被安排和规定的"①。世俗和宗教(神圣)的严格区分是从基督教神学开始的,它同"现世"与"来世"的区分有关。但伽达默尔认为,世俗性始终是一个与宗教性(神圣性)相联系的概念,根本不存在独立自在的世俗性,它是相对宗教性或神圣性而言的,与宗教性或神圣性有关。也就是说二者具有相对性,这种相对性不仅是辩证法意义上的,而且也同艺术作品的现实性有关。艺术作品都具有"神圣性",即反对世俗化的一面,真正的艺术家都反对媚俗,那些持纯粹审美意识观点的人也不否认这一点,这实际上也就间接地承认了"艺术比审美意识所要认可的东西要多"②。这里的神圣性指不能冒犯和亵渎的一面,也就是不可破坏的一面,艺术作品所拥有的那个世界具有神圣性,作品不能同它的那个世界相分离,所以伽达默尔说,"对艺术作品的毁坏如同亵渎一个由神圣性所维护的世界一样"③。这里反对世俗性,强调神圣性的问题最终还是回到伽达默尔反对审美区分、坚持审美无区分的思想上来,也就是作品与它的世界不可分。因为德文里与宗教或神圣相对的"世俗的"(Profan)含有与宗教相关的"不圣洁的"意思,这个词的名词形式"Profanation"和动词形式"profanieren"还有亵渎、玷污、冒犯、破坏的意思。我们应当从这个语义场去把握伽达默尔这里主要想表达的意思:艺术作品就是一个世界,这个世界具有神圣性,作品和这个世界不可分。伽达默尔这里的"世界"与海德格尔的"世界"相通,作品的世界与其意义具有一种因缘关系,这种关系不能随意被打破、被亵渎。

伽达默尔的上述分析旨在强调,艺术作品应当被理解为一种存在的事件,它的存在方式就是表现,它包括游戏和绘画、共享和再现。这里游戏对应的是共享,绘画对应的是再现。伽达默尔这里的表现、再现属于同义词,而不是近代以来所形成的那种观念:将"再现"同"客观"联系起来,而将"表现"同"主观"联系起来。如前所述,伽达默尔已经在一种新语境之下来使用许多传统的术语或词汇了,除了"表现"、"再现"之外,还有人们十分熟悉的"摹仿"等概念。艺术作品作为一种事件和表现,与审美意识通过审美抽象所导致的审美区

---

① [德]伽达默尔:《诠释学Ⅰ:真理与方法》,洪汉鼎译,商务印书馆2007年版,第211页。

② [德]伽达默尔:《诠释学Ⅰ:真理与方法》,洪汉鼎译,商务印书馆2007年版,第212页。

③ [德]伽达默尔:《诠释学Ⅰ:真理与方法》,洪汉鼎译,商务印书馆2007年版,第212页。译文有改动。

分是相对立的。强调绘画同原型的关联并不是削弱绘画自身的能动性、自主性，而是要说明绘画是对原型的存在意义的扩充①。

4. 符号、象征和绘画

接下来伽达默尔区分了"艺术的表现"与"象征的表现"，进而引出对符号、象征和绘画三者之间关系的讨论。注意，伽达默尔对这里的"符号"和"象征"都作了狭义的理解，因为从广义上讲，艺术既是符号，又是象征。伽达默尔后来发表的《美的现实性》的副标题就是"作为游戏、象征和节日的艺术"，而在《真理与方法》前面也有关于"譬喻"和"象征"的对比②。这里"象征"的含义都是有差别的，对此我们不可忽视。在伽达默尔看来，从总体上讲符号、象征和绘画都属于表现，都有指示结构，但它们之间存在着差别。符号和象征分别是表现的两个极端：一个是指示，一个是指代。绘画的本质处于这两者之间，它的功能就包含着这两个方面：指示和指代，但又不止于此。

首先来看一下绘画与符号的关系。绘画无疑具有指示要素，最典型的如肖像画。但绘画并不是符号，因为绘画引起逗留，而符号则不能。符号指向一个他者，而绘画不仅指向一个他者，还指向自身，"绘画只是通过它自身的内容去实现它对所表现的事物的指示功能。我们由于专注于绘画，我们就同时处于所表现的事物之中。绘画通过让人逗留于它而成为指示的"，因为"绘画的存在价值正在于它不是绝对地与其所表现的事物分开，而是参与了其所表现事物的存在。我们已说过所表现事物是在绘画中达到存在的，它经历了一种存在的扩充"③。正是这种本体论的参与是绘画与符号的根本区别。伽达默尔举了一个比较极端的例子，一般来说符号缺乏自身的实在性，它是一种所指、一种中介，它要将人们的注意引向另一个对象上，但像纪念物这样一种特殊的具有实在性的东西，伽达默尔仍将它看成构成物，理由是它不能引起逗留，而只是让我们回忆起过去。如果我们将其作为某种现在的东西而加以顶礼膜拜就会扰乱现实的关系。伽达默尔举这个极端的例子意在说明，纪念物仍是符号，因为它

---

① ［德］伽达默尔：《诠释学Ⅰ：真理与方法》，洪汉鼎译，商务印书馆 2007 年版，第 212 页。

② ［德］伽达默尔：《诠释学Ⅰ：真理与方法》，洪汉鼎译，商务印书馆 2007 年版，第 104 页以下。

③ ［德］伽达默尔：《诠释学Ⅰ：真理与方法》，洪汉鼎译，商务印书馆 2007 年版，第 215 页。

只是让我们逗留于它所指向的过去，而不是逗留于它本身①。这个特例也标明了绘画与一般符号的区别。伽达默尔所谓的一般符号不仅指人工符号，还指自然符号。

再来看一看绘画与象征的关系。象征也有和绘画相类似的本体论的参与，这种参与体现在它们都通过自身的内容去"同时"实现对它物或某种相关性的所指②，这里的"同时"很重要，符号就不具备这种"同时"或引起"逗留"，它只是一种中介和过渡。那么它们之间的区别何在呢？象征不仅指示某物，而且替代某物，合称为指代，即它是通过替代来指示的，或通过指示来替代的，这是它不同于一般符号的地方。绘画作为再现与象征在这一点上存在着类似，但象征并不意味着是对所再现事物的一种存在的扩充，而绘画则是。这里的扩充也就是丰富。伽达默尔在前面讲过，艺术有其相对的独立性和自主性，它对现实的表现或再现往往比现实更真实、更集中、更丰富、更典型，尽管从科学主义的角度来看它是虚构、是假的。相对来讲，伽达默尔这里讲的狭义的象征（以陶片为例）就拘泥于陶片本身而不可能使原有关系的存在达到扩充和丰富。尽管在伽达默尔看来，这种意义上的象征比狭义的符号更接近绘画（艺术）。

伽达默尔最后的结论是："绘画处于符号与象征之间，既不是纯粹的指示，也不是纯粹的指代。正在这种中间位置，将绘画提升到一个完全属于其自身的存在地位上。"③符号和象征的关联意义由人为制定或创立出来的，它是约定俗成的，而艺术作品的意义不是制定或创立的，艺术作品向外的指示或指代功能都是通过其自身的存在体现出来的，所以"艺术作品乃属于它们的存在本身，因为它们的存在就是表现"④。它更能体现出自身的独特的一面，艺术作品本身就是构成物（Gebilde）。这里之所以提到"构成物"这个概念是因为它的意义并非像符号和象征那样是预先制定的或一种先行关系的体现，它的意义是由其自身的内容所包含的，这是伽达默尔反复强调的艺术作品（如绘画）不同

---

① ［德］伽达默尔：《诠释学Ⅰ：真理与方法》，洪汉鼎译，商务印书馆 2007 年版，第 214~215 页。

② ［德］伽达默尔：《诠释学Ⅰ：真理与方法》，洪汉鼎译，商务印书馆 2007 年版，第 215 页。

③ ［德］伽达默尔：《诠释学Ⅰ：真理与方法》，洪汉鼎译，商务印书馆 2007 年版，第 215 页。译文有改动。

④ ［德］伽达默尔：《诠释学Ⅰ：真理与方法》，洪汉鼎译，商务印书馆 2007 年版，第 218 页。

于一般符号和象征的根本处。前面讲到绘画的"Repräsentation"有"表现"的意思，还有"代表"、"代理"的意思，绘画对原型存在意义的代表是一种丰富和扩充，而非上所提到的狭义的象征那样只是一种简单的替代。象征物本身没有意义，它的意义是预先设定的。

伽达默尔对于符号、象征和绘画三者的区分对应于指示、指代和存在意义的扩充的区分。绘画介于两个极端——指示和指代之间，它从自身内容出发，对所表现的原形的存在意义作了扩充和丰富，这是单纯的符号和单纯的象征所做不到的。符号不引起逗留，象征只是简单的替代，并没有丰富或扩充所表征对象的存在意义，自身并没有自主性，不像绘画或艺术作品那样具有相对的独立性。再次强调一下，伽达默尔这里的"象征"是狭义的，绘画当然属于广义的象征。如果不从这个角度去理解就会感到伽达默尔的表达前后有矛盾，如这里将"象征"同"艺术"对立起来了，而在后来的《美的现实性》中又将"象征"作为"艺术"的特征来考虑①。

受海德格尔的影响，伽达默尔对绘画本质的把握主要是从本体论(存在论)的角度，而不是从认识论的角度。审美区分与后者有关，而审美无区分与前者有关。审美区分是建立在审美无区分的基础上的，如果将前一个方面作为理解艺术作品存在的根据，那将是十分错误的。当然伽达默尔并没有一般地反对审美区分，一如他也并没有一般地反对审美意识，他只是反对以它们为中心来看待美和艺术的本质。

伽达默尔上述对艺术作品的偶缘性的分析与作为艺术作品本体论阐释入门的游戏的分析中的两节"构成物与彻底的中介"和"审美存在的时间性"有着内在的一致性，是对后两者更加具体化的说明和发挥②。从偶缘性上讲，艺术作品的世界不只是它原有的世界，它还应包括它后来的世界，以及这两种世界的关系，它包含二者的中介或调和(调解)的关系。不仅表演性的艺术有这种中介，非表演性的艺术，如造型艺术，也有这种中介。

5. 装饰性

讲完了偶缘性后，伽达默尔进一步将在体验论美学和传统艺术观中一直处

---

① [德]伽达默尔：《美的现实性》，张志扬等译，上海三联书店 1991 年版，第 51~65 页。

② [德]伽达默尔：《诠释学Ⅰ：真理与方法》，洪汉鼎译，商务印书馆 2007 年版，第 170 页。有具体的提示。

于边缘的建筑艺术看成是一种中心。笔者发现，伽达默尔在论证过程中常有这样一个特点：将传统的处于边缘的东西应用一种类似解构主义的策略将其带入中心，以颠覆传统思想的结构，并论证自己的思想主题，然后再将这种本质推广到一般。他对建筑艺术的论述就很典型。当伽达默尔以建筑艺术为典范来统摄其他一切艺术时，就意味着他对艺术的讨论由"偶缘性"进入到"装饰性"，由时间性进入到空间性，其宗旨在于从空间性这个角度来探讨艺术作品与其世界的关系。

艺术作品有它自己的空间，一如前面讲到有它自己的时间一样。这种空间和时间一样，也不是任意性的，或完全归结为一种人为的活动。如一幢作为艺术作品的建筑不可能随便安置在一个环境中，它必须考虑与这种环境的协调，以及它自身的生活功能的需要；建筑艺术的目的不可能是自为的，而只能是为他的，它必须受到这两个方面的因素的制约和影响。这些都表明建筑艺术不可能像体验论美学所主张的那样是超时空的（突出审美的质，贬低非审美的质）所谓纯粹的艺术，从而进一步表明艺术作品从属于它的世界是永远不可改变的。

众所周知，建筑艺术最明显的特点是它的空间性和装饰性，它能将一切艺术都囊括在自身内，因为它们都必须占据空间。从这个方面看一切艺术都具有装饰性。同时建筑艺术又具有综合性的特点，因为任何艺术都会涉及空间性，甚至音乐也不例外，如音响的效果就是如此。由于这个原因，伽达默尔将建筑艺术称为最伟大、最出色的艺术[1]。

按照伽达默尔的看法，建筑艺术是一种双重的中介：其一为它本身能引起注目和逗留，以满足观赏者的审美需要；其二为它将观赏者从其自身引向一个更大的生活关系的整体。它既创造空间，又让其自由，同时建筑艺术本身也是装饰性的[2]。前一个方面涉及它本身作为一件艺术作品所具有的功能，后一个方面涉及它对世界的一种装饰关系。

这种装饰关系不仅适合于建筑，而且也适合于一切单个的装饰物，哪怕是一种单纯的图案也具有上述两种中介性质：一个是它本身应当具有一种吸引人的生气；另一个是对其世界起伴随效果的装饰性。伽达默尔之所以以建筑或装

---

[1] ［德］伽达默尔：《诠释学Ⅰ：真理与方法》，洪汉鼎译，商务印书馆2007年版，第219页。

[2] ［德］伽达默尔：《诠释学Ⅰ：真理与方法》，洪汉鼎译，商务印书馆2007年版，第221~222页。

饰物为例来探讨艺术作品同样还是要突出审美无区分，也就是艺术作品与其世界的无区分。前面提到在从康德以来的主观论美学、体验论美学那里，美是超时间和空间的，它指称审美的质，并认为真正的艺术与天才的灵感分不开；相比之下装饰物具有工艺所有的那种机械性和程式化的特点，另外它更多地体现为一种手段，而不是目的本身。因此，在天才论美学和体验论美学那里，它算不上真正的艺术。伽达默尔反对这种看法，认为装饰物与真正的艺术并不对立，我们应从作品与世界的关系的角度来看待装饰物，换句话说，引起审美的逗留与同世界的装饰性的关系不应割裂开。这里让我们在一种新的语境之下想起狄德罗的"美在关系"的著名论断。脱离了那种装饰性的关系的所谓独特的审美的质实际上是根本不存在的，一如脱离内容中的伦理、宗教、形而上学等因素，纯粹悲剧的美不存在一样。

装饰品作为一种艺术既是一种表现，也是一种再现，它表现或再现了一种与其世界的关系。前面谈到过，伽达默尔经常没有区分地使用"表现"、"再现"这类词，它们在他那里几乎就是同义的，如他说"表现乃是一种存在事件，是再现"①。它们的语境与传统完全不同了，伽达默尔主要是在存在的意义之显现的现象学角度来使用这些词的。表现或再现必须体现于具体的时间与空间中，它应当是一种存在的事件，是存在自身的一种表现或再现。伽达默尔和海德格尔一样，很少使用意向性这个词，也就是不从主体的角度，不从意识(审美意识)的角度来探讨艺术作品的存在问题。尽管按马克思的说法，艺术是人类掌握世界方式之一，从胡塞尔的现象学来看，艺术的创造和欣赏是人的一种意向方式。但伽达默尔不从这个方面来谈艺术的存在，而是将艺术作品看成一种具有本体论意义的存在；这种存在就是它的表现，是它的自身显现，这种显现所带出来的是一个世界，艺术作品的装饰性本身所体现的就是这样一种关系。

有意思的是，伽达默尔在谈完了艺术作品的装饰性后，突然提到了西方古老的先验的"美"的概念，这两者之间有什么联系呢？伽达默尔这里没有直说，但是如果联系到伽达默尔《真理与方法》最后一部分的临近结尾处专门谈到"美"的概念史的分析②，我们便可以找到一种答案：传统形而上学的美的概

---

① ［德］伽达默尔：《诠释学Ⅰ：真理与方法》，洪汉鼎译，商务印书馆 2007 年版，第 224 页。

② ［德］伽达默尔：《诠释学Ⅰ：真理与方法》，洪汉鼎译，商务印书馆 2007 年版，第 642 页以下。

念(例如在柏拉图那里)是同真、善分不开的(这里善与目的有关),真、善、美是统一的,它不从主观的角度或体验的角度去理解美。按照海德格尔的看法,传统的形而上学主要是本体论,而本体论的核心就是存在,因此,这种美的概念具有本体论的意义,而伽达默尔这里研究的是艺术作品的本体论,所以就和这个问题联系起来了。他所谈到的艺术作品的装饰性,是从空间角度来说明艺术作品与世界的关系。对于建筑艺术来说,就有一个顺应"某种生活关系的要求"①,这里面的美显然离不开"真"与"善"。在古代,西方近代意义上的美学尚未出现,哲学家对美的理解并没有限制在审美意识的范围内,而近代美学一诞生(实际上是以康德的第三批判为标志的,而不是鲍姆嘉通的美学)就是以审美意识为中心和出发点的。所以伽达默尔与海德格尔一样,都批判美学,因为这种美学是主观化的。对它的批判从属于他们对现代主观主义或主体中心论的批判。而这种批判往往让他们更关注古代,因为在古希腊人那里还没有近、现代人的主体、主观意识这样的概念。这一点在"美"的概念中也反映出来了。无论海德格尔,还是伽达默尔都试图在一个更高层次上回到古代,试图在一个真正富于原创性的源头中开放出通向现在的另一种可能性。

三、文学作品的本体论

以上伽达默尔所讲的本体论主要是针对再创造性的艺术和非再创造性的艺术,他的基本结论是:要将艺术作品的"表现"看成是一种本体论的要素、"一种存在的事件,而不是体验的事件","是存在达到了表现"②;不仅再创造性的作品是如此,非再创造性的作品如绘画、雕刻、建筑同样如此。但这种结论能否涵盖文学作品呢?这对艺术作品的本体论来讲无疑是至关重要的。

文学作品似乎不同于上面提到的那些艺术,它不需要确证自身的存在,因为它的存在就在阅读中,而阅读无非是一种内在的语言活动(言语活动),也就是内在的意识活动。一部文学作品要面对所有的读者,而非某一个读者,所以它似乎是可以超越于一切偶缘性和装饰性、超越一切时空而直接对应于审美意识的,这样审美区分的理论仿佛在此又有其市场了。

---

① [德]伽达默尔:《诠释学Ⅰ:真理与方法》,洪汉鼎译,商务印书馆2007年版,第222页。

② [德]伽达默尔:《诠释学Ⅰ:真理与方法》,洪汉鼎译,商务印书馆2007年版,第224页。

但是伽达默尔同样否定了这种看法。他在谈到"文学"（Literatur）时强调这个词的意思不是阅读，而是书写，而书写就与文本联系起来了，并同一种精神性的保存和流传的功能相关联，这就为理解和解释提供了基础。对于阅读来说，有声的朗读比无声的默读具有优先性，至于后者占有优势并非原来如此，而是后来才如此的。伽达默尔认为有声的阅读和无声的阅读的严格区别并不存在，因为理解无非就是一种语言活动，因此"所有的理解性的阅读始终是一种再创造和解释"①。这样就和本文开头所引的伽达默尔游戏理论的一般结论联系起来了，并可以得出一个类似的具有根本性的结论：文学"在阅读中就具有一种同样原始的存在……据此，书本的阅读仍是一种使阅读的内容进入表现的事件"②。文学就同再创造性艺术、流动性艺术达到了某种契合，适应于后者的也就适应于文学："阅读正如朗诵或演出一样，乃是文学艺术作品的本质的一部分。"③如果说表面上看，默读更接近内在的意识活动，而朗读更接近外在的表演活动，那么伽达默尔是想通过取消默读和朗读之间的根本区别使文学走向了一种类似再创造的艺术、表演的艺术，进而同作为艺术作品本体论的分析之入门的游戏联系起来了，从而达到了对文学作品的本体论的界定，摆脱了从主观意识的角度去把握它的本质。

伽达默尔认为和其他类型的艺术一样，文学作品作为流传物不是一个过去已死的东西的延续，它本身就是一个活生生的生命有机体，并被保存和流传下来。一旦一件作品进入古典的范围，它就具有了典范性、永恒性，它能面对一切时代，并适应一切时代的趣味变迁。对于古典作品的典范性和永恒性的理解，在古今之争所引发的历史意识逐步建立起来之后，人们的认识发生了重要的变化，那就是开始对"世界文学这一富有生气的统一体从其规范性统一要求的直接性中转变成为文学史的探究"④。伽达默尔在这里将"古典作品"、"世界文学"以及"规范性"这几个术语放在了一起，表明它们之间有着内在的关联："古典作品"指进入到永恒的过去的作品；"规范性"指典范性，即面对一

---

① ［德］伽达默尔：《诠释学Ⅰ：真理与方法》，洪汉鼎译，商务印书馆 2007 年版，第 225 页。

② ［德］伽达默尔：《诠释学Ⅰ：真理与方法》，洪汉鼎译，商务印书馆 2007 年版，第 226 页。

③ ［德］伽达默尔：《诠释学Ⅰ：真理与方法》，洪汉鼎译，商务印书馆 2007 年版，第 226 页。

④ ［德］伽达默尔：《诠释学Ⅰ：真理与方法》，洪汉鼎译，商务印书馆 2007 年版，第 227 页。

切时代都有效；"世界文学"能包涵"古典作品"和"规范性"，但它所涉及的永恒性不是无时间性的，而是有时间性的，因此这里伽达默尔不再在传统的意义上去谈古典作品的典范性和规范性，而是将历史过程纳入其中，由此而理解的"世界文学"是一个历史过程，而且是一个永远不会完结的过程①。这里的"世界文学"之"世界"不只是作品产生的那个最初的世界，还包含着后来的世界，这两个世界是统一的，并且是不断发展着的。总之，艺术作品的世界应包括两个部分：原初和后来，这个世界不是固定不变的。伽达默尔从文学的角度进一步发展和提升了艺术作品和它的世界关系的认识。他所理解的"世界文学"与最早提出它的歌德以及马克思、恩格斯不同，他的视域是解释学的。从这里我们可以看到，对一个话语从不同的视域出发会开显出何等不同的意义来。

前面提到伽达默尔对艺术作品的存在的分析包含一种时间性的分析，而文学艺术作品，尤其是古典作品同样具有它自己的时间性，这种时间性体现为一种同时性。伽达默尔指出，"人们一般把审美存在的这种同时性和现在性称之为无时间性，但是我们的任务则是要把这种无时间性与它本质上相关的时间性联系起来加以思考"②。古典作品的规范性体现为一种同时性，但这里的同时性不是无时间性，而是有时间性。它实际上是在一种"恶无限"中将这种世界文学展现出来。伽达默尔没有反对古典作品的永恒性和规范性，而是反对从无时间性这个角度来理解它们，主张要从时间性来理解它们，这才是问题的关键。历史上古今之争的，双方都有问题，谁也没有战胜谁，但它启发了后来伽达默尔从双方(古与今、过去与现在)的统一中，也就他所谓"效果历史"中去辩证地解决这个问题，从而大大促进了历史意识的发展，哲学解释学就是这种历史意识发展的产物和成果。

文学作品的存在不可能与接受者脱离关系，相反，它在这种关系中体现为一种精神和传统的持续性的存在和发展。这里面又涉及古与今、过去与现在的中介问题，它所展露的仍然是文学与世界的关系。有趣的是，伽达默尔在这里引用了歌德所提出的"世界文学"的说法，并赋予了自己的解释：属于世界文学的作品，也就是作品属于它的世界。这里所谓的世界文学之"文学"的概念也要比我们一般所理解的要宽泛得多，它还可理解为"文献"，可以将整个精

① ［德］伽达默尔：《诠释学Ⅰ：真理与方法》，洪汉鼎译，商务印书馆 2007 年版，第 227 页。

② ［德］伽达默尔：《诠释学Ⅰ：真理与方法》，洪汉鼎译，商务印书馆 2007 年版，第 171 页。

神科学囊括进去，甚至将一切由语言所构成的书写性的文本统统包括在内，这样文学就可以扩大为一切文本，它们之间没有界限。伽达默尔的思路可简括为：文学作品→世界文学→所有文本。正如伽达默尔所说的，"在文学概念中，不仅包括了文学艺术作品，而且一般也包括一切文字流传物"①。文字更能体现出一种纯精神性的存在，这一点在黑格尔的《美学》中早有说明：建筑、雕刻、绘画、音乐在精神性方面都不及诗学（文学），文字最接近纯粹的精神，同时它也比其他任何形式的符号，包括有声音的语言更依赖理解的精神②。而理解通过语言的应用，能够使意义被照亮。

在这一节里伽达默尔无非是要表达这样的思想："对于所有文本来说，只有在理解过程中才能实现由无生气的意义痕迹向有生气的意义转换"，"艺术作品是在其所获得的表现中才完成的"，而且"所有文学艺术作品都是在阅读过程中才可能完成"。这种阅读也就是理解，它"也是属于文本的意义事件"，而不能一般地看成只是一种主观的活动。③ 伽达默尔这些说法已隐含着过渡到《真理与方法》第三部分——语言本体论的契机。

四、艺术作品的本体论与两种不同的解释学立场

在讲完了艺术作品的本体论之后，伽达默尔进一步将美学同解释学联系起来。这里的美学属于他所谓的艺术作品的本体论，而不是西方近代自康德以来的占主流的那种意识美学。如果从这个角度看，伽达默尔《真理与方法》的第一部与其说提供了一种美学，不如说提供了一种反美学④。当伽达默尔说"美学必须纳入到解释学"⑤时，他指的是艺术作品本体论意义上的美学，正是这种美学应当被纳入解释学，也正是解释学为这种艺术作品本体论意义上的美学

---

① ［德］伽达默尔：《诠释学 I：真理与方法》，洪汉鼎译，商务印书馆 2007 年版，第 229 页。

② ［德］伽达默尔：《诠释学 I：真理与方法》，洪汉鼎译，商务印书馆 2007 年版，第 229 页。

③ ［德］伽达默尔：《诠释学 I：真理与方法》，洪汉鼎译，商务印书馆 2007 年版，第 230 页。

④ Jean Grondin. *Introduction to Philosophical Hermeneutics*, Yale University Press, 1994, p. 110.

⑤ ［德］伽达默尔：《诠释学 I：真理与方法》，洪汉鼎译，商务印书馆 2007 年版，第 231 页。译文有改动。

提供了一种合理性的说明。

西方解释学进入 19 世纪下半叶有一个重要标志，那就是自觉地与精神科学(人文科学)联系起来了，解释学是作为它们的方法论之基础而受到重视的。这与该世纪是一个历史学的世纪分不开。在这个世纪历史意识的发展超过了先前的时代，它对解释学起到了重要的推动作用。如何以艺术经验为基础来探讨解释学中的历史意识是一个问题，这集中反映在他所提及的重构说和综合说，它们和伽达默尔后来所表达的历史客观主义和"二级的历史主义"相关①，它们体现为两种不同的历史意识或历史主义。

前文谈到伽达默尔曾在"偶缘物和装饰品的本体论根据"这一节中，相对超时空的审美区分的抽象，曾有限地赞扬过"错误的历史主义"(历史客观主义)，因为至少它还考虑到了艺术作品对其世界的隶属性，但这种隶属性同伽达默尔所理解的审美无区分的那种作品与世界的关系是有距离的，所以伽达默尔这里涉及的历史意识实际上反映出两种不同的时间性的理解：重构说代表了一种面向过去时间观，而综合说代表了一种将过去和现在统一起来的时间观。前者要克服理解过程中的时间距离，后者要发挥这种时间距离的积极作用；一个向后看，一个向前看。基于一种现象学的立场，伽达默尔对艺术作品存在论的分析始终包含着一种时间性的分析，但这种时间性的分析不是胡塞尔那样追溯到主观意识层面，而是以海德格尔生存论意义上的时间性和历史性的分析为背景和前提的。

对于建立在审美区分的基础上、以审美意识为中心的主观论美学、体验论美学来说，它放弃了艺术与其世界的隶属关系，而且直接面对纯粹的审美的质，因此，它是无时间的，仿佛对任何时代都有效。对于它来说，也不存在着面对流传物的失落和疏异化的问题。然而，如果将艺术作品同它的世界联系起来，那么这就成了一个问题了。

伽达默尔在此既反对审美区分对艺术作品作无时间性的理解，也反对历史客观主义对艺术作品片面的时间性的理解。他作了一个对比：一条是施莱尔马赫的路线，一条是黑格尔的路线②。前者主张回到作品原有的世界，后者认为回不去。伽达默尔批评前一条路线，赞赏后一条路线。虽然无论是黑格尔，还

---

① 参见[德]伽达默尔：《解释学与历史主义》，何卫平译，载《伽达默尔集》，严平编选，上海远东出版社。

② 拙著《通向解释学辩证法之途——伽达默尔哲学研究》(上海三联书店，2001 年)中的第 1 章第 2 节对此有详细的论述，读者可参看，这里不再赘述。

是伽达默尔都没有简单完全否定历史客观主义的对过去重构的基本原则的合理性的一面，但在黑格尔看来这种重构的工作只是一种外在的活动，它所体现的不是与过去的活生生的关系，即内在生命的关系。伽达默尔则明确地强调"鉴于我们存在的历史性，对原来条件的重构乃是一项无效的工作，被重构的、从疏异化唤回的生命，并不是原来的生命"，而是"对一种僵死的意义的传达"①，伽达默尔强调，解释学的真正意义并不在于此，它是一项赋予生命的工作。因此，在一定的意义上讲，解释学就属于一种真正意义上的生命哲学。

讲到这里，它已经预示到《真理与方法》第二部分的内容了。

（作者单位：武汉大学哲学学院）

---

① ［德］伽达默尔：《诠释学 I：真理与方法》，洪汉鼎译，商务印书馆 2007 年版，第 234 页。

音乐·公众意见与批评的关系①

[美]阿多诺 著　　梁艳萍　曹俊峰译

　　音乐与公众意见的关系问题同音乐在当今社会中的作用问题是互相交叉的。据说，人们关于音乐所想、所写的，人们所表达的对音乐的观点，的确常常不同于音乐的实际作用，不同于它对人民生活，对人们的意识和无意识的真正影响。可是这种作用却进入了公众意见，不管是以适当的形式还是扭曲了的形式；同时，公众意见又反过来影响到那种作用，甚至还可能造成那种作用；音乐的真实作用是明确地以主流意识形态为准则的。如果人们想把集体音乐经验的纯粹的直接性同公众意见区分开来，那我们就会忽略社会化的力量，就会忽视具体化的意识；人们不得不记起群众在某些流行歌手走红这件事上的无能为力，这是一个事实，但这是一个依赖于宣传鼓动力的事实，是一个依赖于虚假意见的事实。由于有了上述互相影响的学说，笔者关于音乐和公共意见所发现的东西仅仅是一点补充。

　　依据通常的观点，真正成问题的、在很大程度上受心理分析的结果所限制的观点是：音乐与特殊的天赋密不可分。为了理解音乐，一个人必须有音乐才能；在诗歌或绘画方面则不需要类似的禀赋。这种观点的根源还需要探究。它肯定表达了各门艺术之间的特殊差异的一部分，这种差异由于各门艺术都被归属于一般的艺术概念之下而变得很容易被忽略过去。在音乐方面自称的或实际的非理性能力类似于神父的天授禀赋，是一种特殊才能，是教士所具有的超凡能力的一种后天的摹本，据说神父的能力可开启通向特殊的音乐领域的杰出禀赋。对这种信念的偏爱是音乐的心理特性；如下情况已经被观察到：合乎科学上已被接受的标准心理的正常人，却不能使其音乐听觉的分辨力——像对高低

---

　　① 本文译自阿多诺：《音乐社会学导论》的第九章，日语翻译为《世论·音乐》，是阿多诺的《音乐社会学导论》及其音乐美学论著在大陆的第一次翻译。该书将由中央编辑局出版。

音的分辨力——如同自然生成的那样强而有力。这同我们与视觉世界的关系是互相抵触的，这个视觉世界归根结底与最初的经验之世界恰好相合；甚至色盲都能看到什么是明亮的，什么是黑暗的。这样的观察结果可能就是把音乐才能看作上天的特殊恩赐的观念的基础。但这种观念本身是由古老的非理性的心理要素培养起来的。人们想要紧紧抓住或依附那种神授才能或者说音乐天赋这类特殊品性的情感十分强烈，至少在人们期待有教养的阶级对音乐有一种理解在长时间内会是如此。动摇音乐天才的特权被认为是渎神的行为，觉得自己被贬低的有音乐才能的人这样认为，在文化意识面前不能再以大自然拒绝赐予他们这种特权来为自己开脱的缺乏音乐才能的人同样也这样认为。但在被公众意见所维护的音乐天赋的概念中显示出一种矛盾。音乐的权利，甚至音乐的必然性，从来没有被怀疑过，尤其是在商品交换社会的原则和在意识形态方面音乐与之格格不入的理性原则盛行的地方。世界上没有一个地方像在美国①那样音乐生活得到大力推动，音乐被当做文化的构成要素得到高度的评价。在恩斯特·克莱尼克②（Ernst Krenek）的轻歌剧《重量级》③（也称为《国家的荣誉》）中，一个职业拳击手的妻子和她的情人开导拳击手说，她们（妻子及其情人）不正当的行为乃是为创造舞蹈马拉松纪录而进行训练的必要的组成部分，对此，那位拳击手说："是的，是的，必须要有记录。"音乐在某种程度上就是按这种逻辑被激赏的，虽然人们未能完全看清它为什么必须存在。有些事物存在着并受到具体化的意识的高度评价，就是因为它存在着。对作为一种没有被固定下来、一种确实超越于单纯存在的音乐的本质的抵触很难传播得更远。同时，在这种通常往往是冷淡的天真质朴中也包含着对作为另外一种东西的音乐本身的需要；这是不能完全从自我保存的行为中根除的。无论如何，对于音乐的必要性和升华功能的普遍信念一开始就有一种意识形态方面的影响。由于这种信念含蓄地肯定了包括音乐在内的固有文化，它也因为自己被肯定而归功于

---

① 这不仅是个有实证精神的国家，而且是个信奉现实的实证主义的国家。

② ［美］恩斯特·克莱尼克（Ernst Krenek 1900—1991），美籍奥地利作曲家，音乐理论家，生于维也纳，1920—1923 年在柏林师从弗朗茨·施雷克尔，1926 年作歌剧《容尼奏乐》，轰动一时。1938 年移居美国，在马肯大学音乐学院、密歇根大学、芝加哥音乐学、院任教。主要有歌剧《容尼奏乐》、《卡尔五世》，合唱《耶利米哀歌》，声乐套曲《阿尔卑斯游记》等交响曲、弦乐四重奏、钢琴奏鸣曲作品。音乐理论著作有《现在的音乐》、《十二音技法对位研究》等。

③ 《重量级》（《国家的荣誉》）SChwergewiCht, oder DieEhrederNati, N（burlesqueoperetta, 1），op. 55, 1927, Wiesbaden, Staats, 6, May, 1928.

音乐。鉴于音乐——音乐一直在缩小它与日常生活的距离并因此而不断地损毁自己的基础——的普遍传播，节制和停演期（Schonfrist）就成为适当的。爱德华·斯托尔曼①有一次正确地指出，没有什么比艺术育成对艺术本身更有害的了。禁欲主义不仅被音乐销售者的经济利益所冲破，也被音乐消费者的热情或者说强烈的欲望所冲破。公众关于音乐的意见的盲目性使它自己与上述认识隔离开来。音乐，这种艺术，冲击或取消了它作为一种自然事实的性质。正是坚持音乐的真理内容的人不愿意无条件地肯定它的必然性；更正确地说，他宁愿去观察什么样的音乐才有真理内容，这种真理内容是在何时、何地、如何出现的。对音乐的反感是很常见的，我在阐述指挥和管弦乐队的关系时已谈过这一点，这种对音乐的反感不仅仅是不懂艺术的人的抵抗或者专家们——这些专家对他们必须做的而不是自愿去做的事情感到厌倦——的敌视。相对于对音乐的夸耀而言，那种对音乐的厌倦倒是忠诚于它的概念。在音乐方面的节制可以成为它的适当（运作）形态。勋伯格学派普遍的阻止演出他们作品的倾向或者在最后一刻破坏演出的倾向不是过激的古怪行为。

音乐中理性和非理性的复杂关系在大的社会倾向中达到和解。进步的资产阶级理性并没有顺利地消除生活过程中的非理性因素。许多非理性因素被中性化，转变到特殊的领域，并被同化了。它们不仅未受损害，而且非理性的领域还常常被社会再造出来。不断增长的理性化的压力——为了使这种压力不至于不能容忍令人吃惊的东西，理性化必须关注令人感动的现象——需要这样，同样也需要理性社会本身的永远是盲目的非理性要素。为了能保存其特殊的性质，只能在个别事物中实现的理性需要像教堂、军队和家庭这样的非理性机构。和其他每一种艺术一样，音乐也属于这个行列，并因而也适应其共同的功能系统（Funktions zusammenhang）。超越这个系统之外，音乐很难生存。但在客观上它也要成为其所是的东西（意即要符合自己的概念，实现自己的本质，要求有独特的存在价值），那就是某种自律性的东西，不过这只有在对于它要与之分离的东西的否定性的关系中才能实现。如果它在共同的功能系统中丧失了独特性，那么构成它对那一系统的批判要素的东西就要消逝。而这种要素正好就是音乐存在的理由；如果它没在共同的功能体系中丧失独特性，那么它就

----

① ［奥］爱德华·斯托尔曼（Eduard Steadman, 1892—1964），奥地利钢琴家、作曲家。祖籍波兰，出生于波兰利沃附近的桑博尔，求学于柏林，师从布索尼学钢琴，师从勋伯格学音乐理论，师从洪佩尔丁克学作曲，1937年后移居纽约。

在人们面前掩饰了那一体系的无限权力，并以此向它示好。这不仅是音乐的二律背反，也是资产阶级社会里一切艺术的二律背反。只有在很少的场合资产阶级社会才表示彻底地反对艺术本身，而且大多不是以一种理性的、进步的资产阶级精神，而是以类似于柏拉图的《理想国》里所说的那种复辟等级制的精神来反对一般艺术的。在 20 世纪我只知道一次重要的对艺术的进攻，那就是埃利希·温格尔(Erich Unger)反对诗歌的著作①。这要追溯到由奥斯卡·戈德贝格(Oscar Goldberg)②对犹太教作神话考古学注释的时期，托马斯·曼的小说《浮士德博士》(Doktor Faustus)中的卡伊姆·布莱萨赫(Chaim Breisacher)这个人物形象使戈德贝格颇有名气。一般来说，反对艺术更为起劲的是保守的宗教势力，首先是新教教会和犹太教会，而不是启蒙运动的代言人。在偏远的、正统路德派或卡尔文派的教区里，对儿童来说，把时间浪费在包括音乐在内的艺术之类的东西上仍被认为是有罪的。经常被引用的内在世界的禁欲主义动机看来在早期新教教会的严格的家长制的形式中比在充分发达的资本主义制度下更为强有力。如果不是因为其他原因，那么发达资本主义之所以容忍艺术就是因为艺术有利于开拓过程：疆界越少，对艺术投资者的吸引力就越大。这就解释了为什么美国音乐生活的规模要胜过在欧洲所能看到的所有同类现象的规模。但正是在美国，在保守的、具有阶段意识的社会环境里，有时我能观察到一种对音乐的公然敌视，一般来说这是某种与启蒙意识格格不入的情绪，而启蒙意识在自由主义条件下会倾向于以自由放任的态度对待艺术。在一所远离大都市的地方性的但规模很大的美国大学里，教授们把欣赏歌剧至少看作是不甚严肃的事情，以致从欧洲流亡出来的学院派的专业人士在我希望与他们一起观看歌剧《莎乐美》时，都不愿意冒险一试。尽管有其狭隘的守旧观念，这种公众意见却比不负责任的宽容态度更尊重音乐。公众意见把音乐看做某种超越于现存事物的固定秩序的东西——恩斯特·布洛赫把它称为世界的火药(Sprengpulver der Welt)——而不负责任的宽容态度乃是公众意见相互矛盾的征兆。这一点由如下一类事实所阐明：逻辑实证主义——它的许多派别很想给任何一种不能

---

① 原注：参看埃利希·温格尔：《反对诗歌——知识中的一个结构原则的根据》，莱比锡，1925 年版。

② ［德］奥斯卡·戈德贝格(Oscar Goldberg 1885—1953)德国犹太人，保守主义的宗教哲学家，主要研究古代犹太教与古希腊哲学。主要著作有《摩西五书—数字的建筑》(Die fünf Bücher Mosis - ein Zahlengebäude, 1908)，《希伯来人的现实》(Die Wirklichkeit der Hebräer, 1924)，《迈蒙尼德》(Maimonides, 1935)。

被事实兑现的"艺术"也就是"概念虚构"等思想中伤——仍然没有对艺术概念进行任何批判，虽然接受了艺术却没有把它当做日常生活的一部分细加考察。因此艺术从一开始就放弃了一切关于真理的要求；理论上的宽容确认了实践以任何方式造成的破坏作用，而实践把艺术当做消遣吞食掉，淹没掉。就像在一种概念生活(Leben des Begriff)中经常发生的那样，哲学的矛盾反映了一个社会的现实矛盾，这个社会坚持认为不可能有乌托邦，而且不管多么干瘪暗淡的乌托邦形象都不能容忍①。

因为音乐必然存在，大部分人也就都会有关于音乐的意见。由于存在着对音乐的不同类型感兴趣的不同群体，也就存在着一些虽未说出却仍然有影响的对于音乐现象的公众意见。这些意见的传播依赖于它们陈旧的成见，反过来陈旧的成见又依赖于传播。很有可能的是，这些意见不仅为表达方式渲染了色彩，而且预先确定了表面上看是最初的反映形式，或者至少成了这种反应形式的组成部分之一：这是需要考察的。数不清的人似乎都按照公众意见传递给他们的那种概念来接受音乐，直接的音乐事实本身却成了中介性的。这样的公众意见在谈论音乐的人们之间以一种明确的一致性中闪现出来。情形很可能是这样：这样的公众意见表达得越是清楚，音乐以及与音乐的关系就越彻底地与一种已经固化的文化意识形态融为一体。例如，就像在公共音乐生活的保守习俗的领域里所发生的那样。如果它(公众意见)的稳固不变的方面被成功地提取出来，它们就有可能被认为是更一般的在社会上有影响的意识形态的特例或代码。在音乐方面抱有正常观点的人总是引起如下怀疑：那些观点可能来自不赞同被权威束缚的成见的另一种观念。在理论上，他们意见的要点可以构想出来，然后按照科学的方式转化为在受试的人群中易于引起肯定或否定态度的特殊议题。例如，对于那些认为自己对现代音乐抱有虚心态度的人来说，那种意见的模式可能是这样的："是的，我可以接受奥尔班·贝尔格，但勋伯格，那对于我来说太过理智化了。"或者，从有实践倾向的人的口中说出这样的话来："我不认为这种音乐会像古典音乐那样通俗易懂。"或者，我们可以听到文化悲观主义者这样说："可是，这一切什么时候是个头？"或者，对于一个特征不甚分明的人群来说，那种意见的模式可能是："这一切都是变动不居的现象。"或者说："这种最新潮的音乐正像我们这个世界一样冷漠无情。人性在哪里，情感在哪里？"或者，还有一种特别流行的说法："你还管这叫音乐吗？"说这话的

---

① 原注：参看泰奥多尔·阿多尔诺：《独裁主义的个性》，第 695 页以下。

人怀有一种关于音乐的永恒不变的想象图景，而不是一幅真实的、历史性的图景。公众意见中许多这样恒定僵化的想法建立在一种难以理解同时又极端狭隘的正常标准的观念之上。这种概念(音乐永恒不变的概念)在音乐动力学的维度(Dimension der musiKalischen Dynamik)变得明确起来。最响亮的声音被指责为鼓噪吵闹和反音乐的，一个最轻音会引起咳嗽，有时又会引起笑声。对于感性的愉快而言，声学的极端(极强音和极弱音)以及一切极端都是禁忌。他们臆想出来并加之于新音乐的所谓鼓噪吵闹在60年前引起一个受过教育的庸人责骂李斯特、施特劳斯和瓦格纳的众多理由中不是最小的一个。对音乐中高声喧噪的敏感是没有音乐感的人的音乐感，同时也是不让痛苦表现出来的手段，是使音乐与一种中庸适度相协调的手段，这种中庸适度属于令人愉快和振奋的论题的领域，属于资产阶级庸俗唯物主义的领域。公众的音乐理想常常演变成舒适的理想。对精神性的东西的接受被转化为肉体的舒适。在音乐再创造的领域，这种公众意见经常起来抵制与司空见惯的演出理想相冲突的意图；绝对公平地对待(音乐)事实会被指责为任意专断。同时，再创造的艺术家表达某种东西的能力以及技术水平又完全被觉察到了；关于(音乐)事实的经验也没有被公众意见彻底抛弃。黑格尔关于公众意见值得尊重同时又不值得尊重的论断也适用于音乐。

普遍的人类良知不愿意放弃如下观点：公众意见的陈词滥调不断地重复也可能朴素地证明其真理性，归根结底，就像在一个凄苦的雨季里人人都抱怨天气一样。不过这种类比推理是没有说服力的。主体对音乐的适当态度应是对音乐的具体化(指实际的演奏)的态度。在判断不是由音乐的具体化引发，而是由机械地、千百次地重复抽象言词而引发的地方，人们就会怀疑主体完全没有让自己去接触实际现象。支持这一点的是如下事实：那些习惯套语(指上文所引述的各种贬低现代音乐的说法)已被它们所贬斥的东西的无懈可击的特征证明是错误的。勋伯格的音乐不比贝尔格的音乐"更理智化"，如果这个词语不致让我们望而生畏的话；勋伯格真正革命性的作品毋宁说是力求得到表现的无意识的爆发，可与无意识的文学作品(auto matisohen Niederschrilten der hiterature)相比，而不是任何一种必须与审美反思相关的东西。这样的反思与勋伯格的精神相距甚远；勋伯格的习惯特性，这包括人格方面的，也包括在其可能性的前提下不可撼动的一部作品方面的，是一个艺术家天真质朴的 tant bien que mal(法语，意为马马虎虎，勉勉强强)特性。使贝尔格在公众意见看来更少理智性的东西仅仅是一种天性，这种天性在排除人们更为熟悉的表现形式时比勋伯格较少粗野无礼的意味。贝尔格因为人们把他拿来跟勋伯格对决感到很不舒服，他预感到其中含有从温和适中的角度看可以说是偏见的东西。"这一切到哪里才是尽头"这个问题只是那些回避面对此时此地的现实事物的人的托辞。一个人自己的无知被合理化了，似乎成了一种眼光远大的历史哲学；脱离对象成了一种超越对象的理智的优越性。关于（新潮音乐）缺乏人性味和冷漠无情的谈论心照不宣地预设了音乐必须温馨亲切的要求——不顾全部以往的音乐根本没有这样做的事实，也不顾正是这样的效果在当时（使音乐）降低到感伤歌曲或感伤戏剧的水平的事实。此外，新音乐像传统音乐一样，其中既有高度表现性的作品，也有高度超然物外的作品；像一切音乐一样，新音乐也是一个由结构要素和模仿要素构成的张力场（Spannungsfeld），而且像任何一个音乐门类一样都不能并入其他领域中去。

对音乐的公众意见的基本概念中的任何一个都很难站住脚：那些基本概念都不过是已经过时的历史阶段的意识形态上的迟到者。许多主要范畴原来一度曾是生动的音乐经验的要素，而且也保留着真理的痕迹。但它们已经凝固下来，已经转化为有关人们意欲思考的东西的独立的认识符号，并且已经封闭起来，不再接纳不同事物。在人口稀少但却组织得很严密的社会的时代里，往往会有一个由宫廷气派和城市生活的内行所组成的小圈子，从这个小圈子里一个可疑的社会化过程造就了一大群人，这些人赞成一个与他们所听到的东西毫无关系的标准体系。比专业知识更为重要的是，要熟悉已被接受的判断，还要热心地重复那些判断。广大群众离前卫作品越远，公众意见的范畴在群众中就越受欢迎。具体的音乐让听众感到难于理解这种现象将毫无异议地被归入现成的概念之下；熟悉这些概念将充当音乐经验的一种代替物，甚至在传统音乐的领域里，赞同公众意见也往往成功地掩盖了与音乐事实本身缺乏联系的情况。在社会上这种听取（方式）将在很大程度上以个人观点所归属的特定人群为定向的指针。他们并不必然拥护他们认为最好的趣味；有时他们宣称信奉他们自认为一定具有的那种趣味。特别愿意顺从公众意见的是如下一些人，这些人迷恋音乐却没有为此做好准备，缺乏传统的熏陶或专门的教育。他们投入一个虚假的集团化的过程：一个脱离了客观（音乐）事实的集体化过程。

音乐上的公众意见的处境如何很可能只有在另外一种相互关系中才能显示出来。我们必须看清公众意见的概念会有什么结果，顺便提一下，公众意见的概念是洛克的民主学说的核心概念之一。于尔根·哈贝马斯多次研究过那种概念在社会现实中的能动性①。这些研究的一部分局限于一个精神上得到解放的资产阶级一目了然的小圈子，直到 20 世纪的所谓名人效应的观念里仍然鸣响着这个小圈子的余音。这种实质上合格的但同时又受到限制的杰出人物主导的，因而也就是不民主的因素，已经被现代民主政体中的公众概念所遗弃，但以前曾被坦然承认的社会不公客观上并没有被消除。公众意见的可疑性已在对于卢梭来说特别具有典型意义的窘境中显示出来：因为民主政体所必需的许多个人意见的平均值常常背离事物本身的真实情况。这种情形在全部社会革命的进程中被加剧了，因而也在关于音乐的公众意见中被加剧了。

从形式上看，每一个人获得听取音乐和评价音乐的可能性要超过孤立小圈子的特权。这种可能性可以传播延伸，超越下述趣味的狭窄性：这种趣味在社会方面的狭窄性也常常使其在美学上受到限制。可是，事实上那种传播延伸，意见自由的扩展以及它（意见自由）在那些在现有环境中很难构想出一种意见的人身上所产生的作用，阻碍了那些人的实质性的责任义务，并且最终完全铲除了他们形成一种意见的机会。让人觉得像是能发表意见的民主潜势蜕化为一种智力迟钝的意识对于先锋意识的压力，并最终成了对艺术中的自由的威胁。德·托克威尔②对美国精神的判断可应用于一切大陆。因为每一个人都可以作出判断，却不必有判断能力，公共意见会逐渐成为不定形的，又可能成为僵化凝固的，因而也就可能是无效的。今天公众意见摇摆不定和易于屈从的方面在如下事实中得到明显的表现：实际上公众意见中已不存在音乐的坚定支持者的声音，以前，格鲁戈、皮西尼、瓦格纳和勃拉姆斯等人都拥有过坚定的支持者。他们的继承者在一个排外的小圈子里因方向路线而争吵不休，而这一切带给公众的是对一切被怀疑为现代派的东西的模糊的反感。但个人主义并不能解释这种不可言喻的状况；那不是因为每一个人都作出自己的判断而且不能有共同的标准并因而不可能形成各个集团的一种条件。事实正好相反，在广大听众群中，特殊的同时又涵盖广泛的观点越少凝固——如果这种情况确实一直在音乐中发生的话——它们（指前面所说的"观点"）就越少起来反抗有意图的和无意图的社会控制；在这方面，对音乐的公众意见与其他意识形态部门的是一致

---

① 原注：参看于尔根·哈贝马斯《大学生与政治》第 11 页以下；于尔根·哈贝马斯《公众的结构转变：资产阶级社会的一个范畴的研究》，纽威德，1962 年版。

② ［法］德·托克威尔（Alexis-Charles-Henri Clerel de Tocqueville, 1805—1859），法国作家、政治家，1831—1832 年曾在美国小住，是 19 世纪上半叶正统的自由主义思想的代表人物，主要著作有《论美国的民主制度》（四卷）等。

的。由意见中心和大众媒体所传布的口号被不假思索地接受了。有些口号，例如应有比所谓可理解性更清晰更明确的形式的要求，要追溯到文化领域的上流阶层仍然拥有决定性意见的时代。如果从活的辩证法中抽去对象，那么辩证法就会降低为"说话的方式"。意见形成中心以自身为例再一次肯定了这种说法，使其更加确定无疑。在询问消费者时，除了已然存在的消费意识之外，他们会小心翼翼地避免表露关于任何事物的态度。一直被假想为变动不定的东西，要服从所谓变化的模式，这种模式很可能接近于稳定不变的状态。被想象为像意见那样主观的东西可归结为可计算的不变的量。当然，这并没有解决原初的意见和派生的意见之间的问题。正如无数次重复过的那样，在彻底组织起来的社会化的世界里，影响的机制(Beeinflussungs mechanismen)，如曼海姆①所称呼的那样，远比自由主义的高峰时期更为有力。但影响这个概念本身是自由主义的：它是按照不仅在形式上是自由的，而且按其自身的性质也是独立的主体的模型建构起来的，而且外部也在呼吁这样的主体。那一模型的有效性越是可疑，关于影响的谈论就越是陈腐；在根本不再形成内在的东西的地方，内在的和外在的二者之间的分别也就无从谈起。强使人接受的意见和有生命的主体的意见之间的差异失去了基础。有生命的主体当下的各种观点在其平均值中可能更被集中公众意见的机关所肯定，这要超过直接从那些异己的媒介中接受下来的公众意见所受到的肯定——而且，确实，在人们的规划中媒体总是要把它们的意识形态的顾主的接受能力考虑在内。意识形态过程像经济过程一样趋向于萎缩成简单再生产。对顾主的关照本身也是意识形态，因为它提出了自由市场的游戏规则，并且把意见的主人描述为忠诚的奴仆。但是，正如葛兰特②所表明的那样，协调的结构在极权主义国家的经济政策中继续存在，我们还看到它在意识形态的中央集权制中继续存在。公众意见的机关不能无限制地强迫人们接受他们所不喜欢的东西。在文化社会学和意识形态批判对经济关系提出更具体的解释之前，上层建筑中原因和结果的问题依然是没有意义的。作为总体的组成部分，上层建筑的不同要素之间是互为条件的。我们既不能把意见持有者的主体性归结为意见形成的主观过程——这本身仍然是次一级的派生过程——也不能提出相反的归纳情况。

---

① ［德］曼海姆(Karl Mannheim，1893—1947)，德国社会学家，主要著作有《意识形态与乌托邦》、《自由、权力和民主规划》等。

② ［德］葛兰特(Gurland)，德国政治学家，达姆施塔德工科大学教授。

公众对音乐的意见在批评中有其制度化的常设机关①。隐藏在对批评的根深蒂固的挑衅倾向背后的是非理性的市民的艺术宗教；这种倾向是由人们害怕从他们那里夺走生活中未被控制的领域而产生的，最终则是由一切恶劣的实证精神对有可能动摇它们的潜在趋势的反感而引起的。这种成见本身是公众意见的一个片段，面对这种成见批判是应该被保护的。因为要保护音乐使之免受意识的侵害，并使它在其非理性精神的半真理中牢固地站稳脚跟，就产生了对批评家的仇视，对批评家的仇视又损害了音乐，而音乐像侵入它的领地的东西一样本身也是精神。但那些深感自己被排除在这种事业之外的人的深仇在如下人群中找到了标靶——这些人总是错误地认为自己是艺术鉴赏家。在音乐中像在其他领域一样，居间的经纪人被认为对一个体系负有责任而经纪人正是这个体系的征兆。认为一切批评都具有相对性这种一般的反对意见，对于一种观点——这种观点对精神的误用把所有精神性的东西都降低到毫无价值的地步——的独特状况所说甚少。批评家的主观反应——为了显示那些反应的权威性，批评家有时自己就宣布它们是偶发的——并不与判断的客观性相对立。批评家个人的反应是判断的客观性的前提；如果没有这样的个人反应音乐就根本不能被体验到，被感受到。能否通过持久的观察把批评家个人的印象提高到客观性的层次，取决于批评家个人的道德。如果批评家真是内行，那么他的印象就要比不懂音乐的名公显贵隔靴搔痒的评价更客观。但使所有关于艺术的判断蒙羞的见智见仁参差不齐的缺点还不足以使贝多芬的乐章和杂牌音乐之间、马勒的交响乐和西贝柳斯②之间、艺术名家和笨蛋之间的等级差异变得模糊不清。这种差异的意识一定要深入到已经作出的判断的充分的区分之中。另外还有一种意见，这种意见在真理的强有力的理念面前最终被证明是错误的，但它比不屑一顾地放弃判断更接近真理，因为放弃判断乃是逃避精神活动，而精神活动就是音乐事物本身的活动。当批评家产生主观反应时，他们并不是坏的批评家；当他们没有任何主观反应，或者非辩证地坚持主观反应并利用他们的职务之便阻止批评进程——推动批评进程正是他们的义务——时，才是坏的批评家。这种傲慢自负类型的批评家在印象主义和青春艺术风格（Jugerdslil，西方

---

① 原注：请参看阿多尔诺《乐音音型》，第248页以下。

② ［芬兰］西贝柳斯（Jean Sibelius, 1865—1957），芬兰作曲家，古典音乐民族乐派的代表人物。毕业于赫尔辛基音乐学院，后赴柏林、维也纳进修。主要作品有交响诗《萨迦》（即《冰洲古史》）、交响诗《芬兰颂》、《图翁涅拉的天鹅》、《忧郁圆舞曲》、弦乐四重奏《内心之声》，以及为莎士比亚戏剧《暴风雨》的配乐。

1900 年前后的一种艺术创作方向)时代最为活跃，这类批评家在文学和造型艺术中比在音乐中更为如鱼得水。如今这种类型的批评家的光芒已被如下一类批评家的所遮蔽，这些人在估计了形势之后要么根本不再作出任何判断，要么只是随随便便地作出判断。作为对音乐的公众意见中一股积极力量的批评的衰落不是由主观主义表现出来，而是由一种误认为自己是客观性的主观性的衰退表现出来的，这与人类学的总的趋势是完全一致的。对于证明批评的权力或正当性而言，没有什么比它被国家社会党(纳粹)取缔这一点更有力的论据了，纳粹党人愚不可及地把生产性的劳动和非生产性劳动的差异转用到精神方面。批评内在地属于音乐本身；正是批评过程客观地把每一首成功的乐曲作为一个动力场(Kraftfeld)推向它的结果。音乐批评是音乐本身的形式规律所需要的：作品及其真理内容的历史性发展发生在批评媒介中。对贝多芬的批评的历史可以显示出对于贝多芬的批评意识的每一个新的层面如何揭示出他的作品的诸多新的层面，从某种意义上说，这些新的层面甚至不是先于那种批评的历史过程而形成的。从社会学角度看，音乐批评也是合法的，有其存在的理由，因为没有任何其他手段能使音乐现象被一般意识恰如其分地接受。尽管如此，音乐批评还是成了社会的疑难问题之一。它就像新闻出版业一样被束缚于社会控制和经济利益的机构上面，这种关系常常延伸到批评家的态度中去，始终要顾及出版商和其他显要人物的利益和态度。此外，在其内部，音乐批评要屈从于明显地使其任务越来越困难的社会环境。

　　本雅明曾言简意赅地为这种任务作出释义："公众一定永远是错误的，但他们一定永远觉得批评家是代表他们的。"[1]这就是说，批评必然使客观的因而本身就是社会性的真理与由社会否定性地预先确定了的普遍意识相对立。音乐批评在社会方面的不足由它在解决这一任务时日益增加的失败清清楚楚地显示出来。在自由主义的全盛时期，那时批评的自由和独立还受到尊重——贝克梅塞(这是瓦格纳的歌剧《纽伦堡的名歌手》中的喜剧人物)的形象是对批评家的威信的令人厌恶的攻击——有些批评家敢于公然蔑视公众意见。在瓦格纳的例子中，那是为迎合时代运动而采取的一种保守反动的步骤，但被多方诋毁的汉斯立克尽管其反瓦格纳的立场颇有目光短浅之处，却仍然坚持一种真理因素，坚持直到很久以后再没有受到重视的纯粹音乐图像(rein musikalische peinture)的提法。像保尔·贝克尔(Paul Bekrer)或可疑的尤利乌斯·科伦戈德(Julius

---

① 原注：参看瓦尔特·本雅明《著作集》第一卷，第 341 页。

Korngold)那样的批评家仍然坚持他们自己意见的自由主义精神以反对公共意见。自由主义精神在日益退缩。一旦听众的公众意见确实转化为喧闹喊叫，转化为不断地反复表示一个人自己的文化忠诚的陈词滥调，许多批评家就会感到他们更强烈地被引诱去以他们的方式说蠢话。这与流派思潮没有什么关系。许多音乐现象像舞台提示那样影响着批评家们，起到这种作用是因为这类音乐现象在批评家那里能触发一些有某种意义的词句，但这种作用不可能是无意识的，不可能不败坏人们所期望的演出。他们会像消遣性听众一样受到条件反射的影响。如果这样一个人遇到如勋伯格的《古拉之歌》①之类的作品，他将——即使仅仅是为了向他的读者证明他是一个行家——立刻开始谈论那些最为明显地冲击最麻木的耳朵的东西，谈论后瓦格纳主义，谈论一种所谓瓦格纳对管弦乐队的升华提高，夸夸其谈地唠叨什么晚期浪漫主义风格的终结。但是批评家的任务在这类断言销声匿迹，并证明了勋伯格从未否认的早期总谱中特殊的和新颖的东西时，方才开始；对于迟钝的人责骂他青年时代的作品陈旧落后时的那股兴高采烈的劲头他只能以嘲讽来回敬。一种大开大合的旋律构成方式，层次丰富的和声，由乐音系列所构成的独立的不谐和音结构，第三部分中远远超越印象派的处理方式的独唱型的散板，最后还有末尾的轮唱中对比声部的不可描述的大胆的解放，所有这一切对《古拉之歌》而言比瓦格纳的歌剧《尼伯龙根的指环》第三部分《众神的黄昏》（Gotterdammerung）中的众武士的场面或《山鸠之歌》（Hied der Waldtaube）（《众神的黄昏》第一部的终场曲）中的特里斯坦的和弦（Tristanchord）更有意义。但首要的是——就像我们在传统音乐中已经熟知的那样——在平常的用语中已经发明了、表达了、创造了某种新颖的、独创性的东西。按照无畏地处理《古拉之歌》的逻辑，莫扎特就可能被当做海顿的单纯的模仿者打发掉了。但把注意力放在这上面是没什么意义的。他们（批评家们）不可能被习惯击垮，也不能被任何一种分析性的证明击垮。他们坚持把《沃采克》称为《特里斯坦》的半音阶的后续发展，他们因为基本的节奏力量而称赞斯特拉文斯基，——好像人为地使用已经转换了的固定音型与最初的节奏现象是一致的——并证明托斯卡尼尼（Toscanini）即使忽视了贝多芬所给出的节拍指示时也是忠实于一部作品的②。批评家们像决不放弃他们的立场的独立性一样，也绝不会放弃他们所作出的判断的"尼伯龙根宝藏"。他们很珍

---

① 《古拉之歌》（Gurrelieder），勋伯格 1900 年前后为人声和乐队写作的混合型作品。
② 原注：参看泰奥多尔·阿多尔诺：《乐音音型》，第 72 页以下。

视他们的独立性；没有这种独立性，批评就会是无意义的，这种独立性也能使他们从可能的被控制状态中解放出来。新音乐对于那些落后的并且以标准化的货色为满足的听众越少适应，这类听众就越愿意不加思考地接受批评的权威，这当然也有个条件，那就是，即使他们以现代方式行动时，他们也愿意受他们确实与公众意见一致这种微妙意识的暗示。他们的高雅修养就是为此而准备的。只要以一种能使读者更加相信他们自己就是关注的中心的语气把事件报道出来那就足够了；一个人必定会尊重那可尊重的事情，并可以不理睬那些没有能力支持他们的人。在物质上不受公众控制的批评家们的权威变成一种个人的权威，变成了一种以一致性或适应性的标准对音乐实行社会控制的附加力量，这里所说的一致性或适应性或多或少是用良好的趣味装饰起来的。从事音乐批评事业的各种本领仍是非理性的。如果一个人精通音乐知识，并对音乐怀有兴趣，光有新闻写作才能就很够用了；决定性的东西——一种作曲知识，一种理解和判断结构的内在形式的能力——几乎无从谈起，如果没有其他原因，那就是因为不存在能判断那种能力本身的人，不存在能批评批评家的人。但缺乏理解也转移到判断之中：判断的虚假性将被因缺乏理解而产生的怨恨所增强。音乐批评家是否以及在何种程度上使自己有意无意地适应他们的报纸的总方针，仍然需要加以分析。在所谓自由化的报纸中，这种情况可能比受到保守主义或宗教束缚的报纸中类似的情况要稀少；在魏玛共和国这两个方面（指保守主义和宗教信仰的束缚）都有极为引人注目的例外。在极权主义的报刊里批评家公然与官僚（apparatchik）同流合污。自由主义的报刊就不一样了，特别是在他们的文化副刊里，自由主义报刊很乐意给更尖刻的观点以表达的机会，这要比报刊的主要部分所发表的意见激烈得多。这种可能性——其原型是年代久远的《法兰克福报》——本身就是自由主义的一部分。无论如何，"走得太远"还是要有个限度的。如果对极端现象的道德义愤今天已不再是好的形式，那么这种极端的东西就会被以恩主的态度或者幽默的态度对待之。这在很大程度上反映了精神的非政治化——但这本身又是一种政治行动，即使在文化中也是如此。

不应从旧习惯出发去抱怨批评的现状，而应该探索其根源，予以引导。如果批评家本身就是音乐家，换言之，如果他们在其学科里是行家，而不是假装超越其学科之上，他们就几乎必然被他们自己的意图和兴趣的直接性和狭隘性所束缚。要形成一种关于青年勃拉姆斯的批评，或者关于舒伯特的评价——当时舒伯特还没有成为广泛评价的对象——那就需要舒曼那样高尚宏大的天才。

由大作曲家写的评论文章常常是刻毒激烈的。雨果·沃尔夫①对勃拉姆斯怀有盲目的偏见，就像学院派的勃拉姆斯主义的批评家在事关新日耳曼派时像庸人般无能为力一样。德彪西也犯有敌视外行的人常有的自以为是的过错，这类敌视外行的人总是忘记音乐知识中的专业权能并不是一个终结点，而是必须以自我超越来证明自身的。专门家职业上的畸形是外行的庸人的对立物。但任何一个在专业上不如上述作曲家的人至少在今天会由于这种原因而被排挤掉。莱辛有一种看法，即批评家没有必要(比作曲家)作得更好，这种看法依然是正确的。但音乐已经在如此之大的程度上成了一种特殊的专业，其规律从简要的技术经验一直伸展到优良的音乐风格，以致它会使一个人全身心地沉浸于在音乐领域获得卓越成绩的创作活动之中；内在的批评是唯一富有成果的批评。那些不善此道的职业批评家们——大多数批评家都属此类——被驱逐到候补班底中去，这主要是指教育机构，这些教育机构以毕业文凭或者学位使他们获得资格，而这对完成他们的专业任务并无多大帮助。音乐生活及其管理机构的网络越是稠密，分支越多，批评家们就越会退化到早已过时的 19 世纪流行的词语所称呼的"一个通讯报道员"的地步。这种变化不仅意味着批评家的没落，也意味着失去了他们似乎应该服从的客观性。因为唯一的艺术中的艺术就是超越于任何可以报道的事实的东西。精准地理解起来，真正的音乐经验，像一切艺术经验一样，与批评是一致的。贯彻它的逻辑，规定它的各种关系，永远意味着在一个人心中把它理解为虚假性的反题；falsum index veri(拉丁文，意为"虚假的真正的证明")。现在和以往一样，知识和区分的能力直接就是一回事。它们的临时代理人一定是批评家，而批评家所起的那种作用(认识和区分)越来越少了。这并不仅仅是因为如下事实：乐曲对于一个不在音乐的狐穴

---

① [奥]雨果·沃尔夫(Hugo Philipp Jakob Wolf, 1860—1903)，奥地利作曲家和音乐批评家。出生于奥地利温迪施格拉茨(现斯洛文尼亚的格拉代茨)。1875 年入维也纳音乐学院学习，因校长认为不可造就而退学，以后全靠自学完成音乐教育。1881 年曾短暂担任过萨尔茨堡歌剧院第二合唱指挥。沃尔夫非常注重歌词的文学性，强调严格按歌词的重音和分节谱曲。其歌曲多用通谱歌体，演唱方法近似朗诵调。钢琴伴奏具有极高的独立性，常用复杂的半音和声，有时也用简单的自然音和声。沃尔夫的歌曲作品继承了自舒伯特以来的传统，又深受瓦格纳影响，形成了独特的创作风格，被誉为舒曼之后最伟大的德奥艺术歌曲作曲家。沃尔夫一生的大部分时间都过着穷困潦倒的生活，主要靠写音乐评论和友人接济。1897 年精神失常，1903 年死于精神病院。代表作品有歌剧《市长》，管弦乐《意大利小夜曲》(1892，根据同名弦乐四重奏改编)以及交响诗《彭忒西勒亚》(1885)、《莫里克歌集》、《西班牙歌集》、《意大利歌集》等。

(Fuchsbau)中栖身的人而言变得更加难以接近了。毋宁说，考虑到迅速变化的现实和广大的公众，音乐批评的主导形式即使在批评家能胜任这一任务时也会妨碍批评家。但音乐知识的最好部分在音乐生活的各个机构之间流动。此外，甚至文化工业的评论文献——这类文献在德国像在任何地方一样也在迅速传播——也都倾向于单纯的消息报道类型。

甚至专业知识的作用——不管它还在什么地方有可能幸存——也在经受着变化。理查德·施特劳斯在慕尼黑已经受过如下思想的折磨："我们来自瓦格纳的城市；无论如何我们是现代的。"还有维也纳，那是新音乐诞生的地方，这个城市仍然处于1900年的发展梯阶上："我们拥有音乐文化，谁也不用想愚弄我们。"如果没有专业知识，没有对众人熟知的音乐作品的常识，正在形成中的新音乐是很难被理解的；但这种常识本身就趋向于僵化和自我孤立。在新生的工业地区人们常常能发现一种尽管对资料理解甚少，却更为公开的公众意见。与此相应，在很大范围内出现了一股潮流：重要的音乐中心从欧洲向美国转移；使约翰·盖格(John Cage)①对年轻的欧洲音乐家们具有如此大的吸引力的东西，如果不是缺乏传统就不可能发展起来。因此最新潮的音乐中也渗透了一种向原初阶段倒退和重新构成的潜势。这种潜势如影随形一般伴随着社会的进步。布莱希特有一种野蛮的未来主义的期望，这种期望是：精神必然大部分被遗忘，这种期望似乎无意地、不情愿地在公众关于音乐的意见中实现了，这既是富有成果的，又是具有破坏性的。

(作者单位：法兰克福大学　译者单位：湖北大学文学院)

① ［美］约翰·盖格(John Cage 1912—1992)一译约翰·米尔顿·凯奇。美国著名实验音乐作曲家音乐理论家、作家、视觉艺术家。出身于洛杉矶。美国先锋派古典音乐作曲家，勋伯格的学生。作为"机遇"(chance)音乐的代表人物，他曾深受远东哲学、美学、尤其是佛学禅宗和中国《易经》的影响。他最有名的作品是1952年作曲的《4分33秒》，全曲三个乐章，却没有任何一个音符。他是即兴音乐(aleatory music，或"机遇音乐"chance music)、延伸技巧(extended technique，乐器的非标准使用)、电子音乐的先驱。主要作品有管弦乐《黄道图》，实验音乐《臆想的景色》(多部)，打击乐曲《金属结构》(多部)，无声音乐《4分33秒》。著作有《无言》、《从星期一开始的一年》等。

简论叔本华的审美静观说

朱 琴

　　康德将世界分为物自体和现象界两个部分。鲍桑葵认为："叔本华算得上是一个后康德派。"①叔本华深受康德的影响，并继承了这种将世界一分为二的观点。在叔本华看来，世界也是有两面的：一面是意志，一面是表象。"因为这世界的一面自始至终是表象，正如另一面自始至终是意志。"②意志是世界真正的、本质的、内在的东西，而形形色色的个别事物都是意志客体化的结果，它们共同构成了作为表象的世界。

　　叔本华的美学思想是他的哲学思想的一个部分。作为自在之物的意志其实就是一种盲目的冲动和欲望。人作为意志客体化的结果，其活动不可避免地要受到欲望的支配。同时欲望是无止境的，一个欲望实现之后又会不断产生新的欲望，人于是陷入对欲望的追逐中而不能自拔。但另一方面，若人的欲望都得到了满足，没有了可欲之物，人又陷入了可怕的空虚和无聊之中。因此幸福很短暂，人的生命就是一段充满了痛苦的历程。而审美正是使人得以暂时摆脱这种痛苦的方式之一。他提出审美静观③的思想，认为在静观中人得以暂时摆脱意志的支配而获得一种宁静的愉悦。这样一来，审美就成了解除人生痛苦的一种方式，而审美或艺术活动也在他的思想体系中获得了独特的地位。

一、"审美静观"的语义

　　静观作为一个日常的语词并不会让人感到陌生。它通常指一种冷静地分析

---

　　①　[英]鲍桑葵：《美学史》，张今译，商务印书馆2009年版，第467页。
　　②　[德]叔本华：《作为意志和表象的世界》，石冲白译，商务印书馆2009年版，第28页。
　　③　关于静观的思想，叔本华在《作为意志和表象的世界》一书中主要是用了"Kontemplation（德文）"（英文contemplation，石冲白译为"观审"）一词来阐述，因此在很多引文中都会提到"观审"一词，而其实"观审"一词的思想内旨与静观是一致的。

观察事物的方式。而具有审美意义的静观则是指人在审美活动中"不关注事物的功利内容,只留心于事物的感性形式,事物的外在形式结构或外观,并由此而获得生动、活泼、直观的审美经验或审美快感"①。

在西方,关于审美静观的思想早已有之。在古希腊,毕达哥拉斯曾指出:"人生好比一场体育竞技比赛,有人像摔跤者那样搏斗,有人像小贩那样叫卖,但最好的还是像旁观者的那些人。"②他所说的旁观者采取的正是一种静观的态度,他"用旁观者这个名称来表示那些被认为具有审美态度的人",并且"把这种态度(审美态度)跟旁观者的态度看成是一回事"③。毕达哥拉斯的这种观点为审美静观的思想提供了一个大致的方向,之后这一思想经过长期的演变,被康德进行了"更加丰富和更加系统性的表述"④。

康德在《判断力批判》一书中说:

> 鉴赏判断则只是静观的,也就是这样一种判断,它对一个对象的存有是不关心的,而只是把对象的性状和愉快及不愉快的情感相对照。但这种静观本身也不是针对概念的;因为鉴赏判断不是认识判断(既不是理论上的认识判断也不是实践上的认识判断),因而也不是建立在概念之上,乃至于以概念为目的的。⑤

从康德的这段话中可以分析出,静观至少有两个特点:一是非功利性,也就是康德所说的"不带任何利害",在静观中人关注到的不是对象的存有,即对象所具有的那些能满足人的实际需要和欲求的性质,而只关心对象的外在表象或纯粹的形式;二是非概念性,静观并不是一种概念的、推理的、逻辑的思维活动,而是一种单纯的直观活动。

叔本华深受上述康德观点的影响。他在《作为意志和表象的世界》一书中提出了他的审美静观的思想。他说:

---

① 丁来先:《审美静观论》,中国社会科学出版社 2008 年版,第 9 页。
② 这一段引文出自古希腊第欧根尼·拉尔修所著《名哲言行录》,吉林人民出版社 2003 年版,第 505 页。
③ [波]塔塔尔凯维奇:《西方六大美学观念史》,刘文潭译,上海译文出版社 2006 年版,第 319 页。
④ 丁来先:《审美静观论》,中国社会科学出版社 2008 年版,第 9 页。
⑤ [德]康德:《判断力批判》,邓晓芒译,人民出版社 2002 年版,第 45 页。

在认识甩掉了为意志服务的枷锁时，在注意力不再集中于欲求的动机，而是离开事物对意志的关系而把握事物时，所以也即是不关利害，没有主观性，纯粹客观地观察事物……安宁就会在转眼之间自动地光临而我们也就得到了十足的怡悦。①

叔本华所说的静观是这样的一种活动，即在静观中，人的认识摆脱了意志的支配，认识的目的不是为了满足人的直接或间接的需要，人不再对对象采用一种抽象的、逻辑的理性认识方式，而仅仅对事物采取一种纯粹的直观，并在这种纯粹的直观中与对象融为一体。静观在叔本华的思想中具有非常重要的地位，它不但把人暂时从意志的牢笼中解脱出来，使人获得短暂的愉悦；同时静观是人在进入审美活动后的一种状态，只有在静观中人才能够把握自然物和艺术品的美。

二、审美静观的对象：理念

意志是叔本华思想体系中的自在之物。个别事物不过是意志的客体化。若没有意志，表象的世界也就没有意义了。意志的客体化有两种情形，即直接的客体化和间接的客体化。意志直接将自身客体化为理念，理念有着无穷的等级，从无机物、植物、动物到人，等级由低而高。各个级别的理念再具体化为个别事物，每一等级上的理念构成这一级别上的个别事物的范本，个别事物是同一级别上理念的个体化和丰富展开。这样就构成了丰富多样、异彩纷呈的表象世界，并在此基础上形成了一个"意志—理念—个别事物"的世界模式。

个别事物的存在是短暂易逝的，"就和无实质的梦一样，就和幽灵般的海市蜃楼一样"②。因此，对于个别事物人们只能够认识到它的形式，却无法触及事物的本质。意志虽然具有作为自在之物的崇高地位，但是在叔本华看来，意志就是一种盲目的冲动和欲望。因此人的认识若要有意义，那么认识的对象就只能是介于意志和个别事物之间的理念。

叔本华认为他所说的理念与柏拉图的理念无二，"我在使用这个词时，总

---

① ［德］叔本华：《作为意志和表象的世界》，石冲白译，商务印书馆 2009 年版，第273 页。

② ［德］叔本华：《作为意志和表象的世界》，石冲白译，商务印书馆 2009 年版，第148 页。

是要用它原始的、道地的、柏拉图曾赋予过的意义来体会"①。但二者还是有区别的：柏拉图的理念是个别事物的普遍本质，理念之上再无其他的东西了；而叔本华的理念介于意志和个别事物之间。柏拉图的理念是自在之物，而叔本华的自在之物是意志，理念已失去了自在之物的地位。柏拉图的理念是通过灵魂的回忆去认识的，而叔本华的理念则是静观的对象。

叔本华认为，理念是意志最直接、最恰如其分的客体化，也是最完美的客体化。"理念作为意志的直接客体化，意志正是通过理念显示出了最本质的特征，也即是显示了世界的本质特征。"②理念不但是意志最恰如其分的客体化，同时对于某一级别上的个别事物，理念也具有典型的意义。作为对意志完美的客体化，理念为个别事物提供了摹仿的范本。"这些级别对个别事物的关系就等于级别是事物的永恒的形式或标准模式。"③可见，在意志和个别事物之间的理念，其存在具有特殊的意义。

处于时间和空间之中的个别事物是经验和科学的对象，是同样处于时间、空间之中的人所能够认识到的。而理念由于不在根据律之中，不具备时间、空间等形式，因此处于根据律中的人用以往的认识方式是认识不到理念的。唯有人自身发生某些变化，使自己从根据律中独立出来，对理念的认识才能够成为可能。在认识中，人必须使自己从时间、空间中独立出来，从人所处的环境中独立出来，与其他外物不再有任何牵连，仅仅是不带任何目的地、单纯地面对眼前的对象，这样的一种认识方式就是叔本华所说的静观。在审美静观中人变成了纯粹的认识主体，而对象也褪去了作为物而言对人的各种有用性，从时间、空间等形式中独立出来，成为永恒的理念。只有在审美静观中，人才能够认识理念。

三、审美静观的条件：天才

叔本华认为，人是意志客体化的结果，因此人的活动总是受到意志的支

---

① ［德］叔本华：《作为意志和表象的世界》，石冲白译，商务印书馆 2009 年版，第189 页。

② 杨思聪：《文艺：复制普遍永恒的理念——评叔本华唯意志文论》，载《西南师范大学学报》2002 年第 3 期。

③ ［德］叔本华：《作为意志和表象的世界》，石冲白译，商务印书馆 2009 年版，第189 页。

配，就连人的认识也不例外。认识的目的总是直接或间接地与意志相关，与人的某种欲望相关。受意志支配的认识本身具有许多的局限性，仅能够认识作为个别事物的客体，而认识不到理念。那么从认识个别事物上升到认识理念，就只有当人的认识挣脱意志的支配，进入一种纯粹静观的状态才成为可能。而全身心、长时间地投入于静观之中，却不是每个人在任何状态下都能够轻易地做到的，这是属于天才的一种本领。"完全沉浸于对象的纯粹观审才能掌握理念，而天才的本质就在于进行这种观审的卓越能力。"①

在叔本华看来，如果将人的认识能力量化的话，那么天才似乎有着极为充足丰沛的认识能力，不但超过了一般人，甚至也超过了为意志服务所需的量。"他拥有异常发达的心智能力，不受意志的拘役。心智发达，方能参透现象的或现实的对象，而达到永恒的共相。"②正是这种超乎常人的认识能力，使得天才能独立于意志的支配，而成为自由的"不带意志的主体"。正是这独立于意志支配的一部分认识能力，使得天才能够不再像人们一贯的做法那样，只关注事物与自己切身利益之间的关系，只从"何处"、"何时"、"何用"等理性的、逻辑的方面去认识事物，而是抛弃了人们惯用的方式，只是把自己的全部精神都献给静观，让自己全身心地沉浸于对事物的静观之中，让自己的全部意识宁静怡然被眼前的对象充满，而不再旁涉其他。这样人就自失于他的对象之中，因而忘记了他的个体，也忘了他的意志。

一旦天才将他全部的精神都献给静观，他自身也在悄然发生着变化：首先，也是最重要的一点，他的认识已经挣脱了意志的支配，暂时超越于意志之上，获得了相对的自由，而不再是意志的工具。其次，人摆脱了自身的个体性，当人完全自失于对象中，他忘了自己身处何时何地，忘记了自己的身份地位，"人们或是从监狱中，或是从王宫中观看日落，就没有什么差别了"③。最后，由于进入了静观的状态，人也就暂时摆脱了由意志带来的欲望和痛苦，进入了一种宁静的愉悦与幸福之中。

经过上述变化，认识摆脱了对于意志的一切关系，认识的目的不再是直接或间接地服务于意志，因此人在认识中不再考虑对象能否以其性质满足自身的

---

① [德]叔本华：《作为意志和表象的世界》，石冲白译，商务印书馆2009年版，第258页

② 汤用彤：《叔本华天才哲学述评》，载《世界哲学》2007年第4期。

③ [德]叔本华：《作为意志和表象的世界》，商务印书馆2009年版，石冲白译，第275页。

需要，认识的个体上升为纯粹的认识主体。那么认识的客体也就自动褪去了它作为个别事物所具有的那些形式，退去了作为物而言对人的有用性，而上升为理念了。"反掌之间个别事物已成为族类的理念，而在直观中的个体已成为纯粹的主体。"①

需要说明的是，普通人也能够进入静观的状态，天才区别于普通人的独特之处不在于他能够进入静观之中，而在于他能够超出一切人之上进行高程度、长时间的纯粹静观。即便就天才自身而言，他也不是一直都处在静观之中，而是有间歇性的。但是一旦进入静观的状态，天才就成了纯粹的认识主体，而个别事物对于认识主体也直接地显现为理念。

四、静观作为审美活动

如果说静观是一种摆脱了意志支配的对于理念的认识，那么为什么能够说静观是一种审美活动呢？在叔本华的分析中，他认为这与美感和艺术活动的特点有关。美感的来源有两个不可分割的部分：一方面是对于理念的认识，他认为理念是艺术的来源，同时艺术的最终目的也是为了传达理念；另一方面，美感来自于纯粹认识挣脱了意志，摆脱了欲望带来的痛苦。当认识挣脱了意志，人不再被欲望所奴役，而能够暂时忘却现实生活，并产生一种愉悦。这两点恰好又都是观审的特点，观审就是对于理念的认识，在观审中纯粹的认识主体就是摆脱了意志的支配。因此观审给人带来的愉快与审美活动给人带来的快乐是一样的。因此可以说，观审就是一种审美活动。

叔本华基于认识理念的目的来谈静观作为审美活动的意义。但是就静观自身的特点而言，它也是通向审美的。首先，叔本华一再强调静观是一种不同于理性的考察事物的方式。理性的方式是一种概念的、逻辑的、抽象的考察事物的方式，而静观则是一种非概念、非逻辑的纯粹的直观。其次，静观是一种不带功利目的、不掺杂身体欲望的活动。"意志……不可抑制地把我们带到生存欲望的境地"②，在静观中，认识主体摆脱了意志的支配。而人从意志的支配下解脱出来，也就意味着人的行为不再为了欲望的满足，因而不再具有任何功

① ［德］叔本华：《作为意志和表象的世界》，石冲白译，商务印书馆 2009 年版，第 249 页。

② 莫诒谋：《哲人之美：论叔本华》，生活·读书·新知三联书店 2011 年版，第 42 页。

利的性质。

此外，叔本华还谈到，在静观中，作为纯粹的认识主体完全沉醉于静观之中，"自失于对象之中"，而与对象融为一体。最后，在静观中，主体摆脱了他的个体性，从他所处的环境中独立出来，"在那一瞬间得以摆脱了欲求而委心于纯粹无意识的认识，我们就好像进入了另一世界"①，"意识也上升为纯粹的、不带意志的、超乎时间的、在一切相对关系之外的认识主体"②。这其实可以理解为，在静观中，人从他的现实生活中超脱出来，在与对象合而为一的过程中超越了他作为个体的生命的有限性，从而使自己的生命获得了一种无限的、超越的、永恒的意义。

静观是一种非理性、非逻辑、非功利的观察事物的方式，在静观中认识主体与对象融为一体，超越了自身作为个体的有限性，而进入另外一个世界。这"另一个世界"，就是审美的世界。

五、影响与评价

叔本华的思想对于后世有很大的影响。尼采继承了叔本华的唯意志论，将叔本华所说的生命意志转化为权力意志。与叔本华认为意志给人带来无尽的苦难不同，"尼采正是在叔本华这一转变的基础上通过权力意志全面确立了人的主体性"③，尼采认为权力意志具有创造和毁灭的力量，人得以借此统治万物，成为超人。王国维受叔本华的影响也很大。他在叔本华的美学思想，尤其是其悲剧思想的影响下，写了《红楼梦评论》一书，此外从他对优美与壮美的区分，以及有我之境和无我之境的区分当中，也都可以看出叔本华思想的痕迹。

叔本华的思想一向被认为具有悲观主义、非理性主义的色彩。例如，同样是持意志至上的观点，不同于尼采的意志"不但在形而上学上居第一位，在伦理上也居第一位"④，叔本华则视意志为邪恶的。"一切被认可的其他独立的

---

① ［德］叔本华：《作为意志和表象的世界》，石冲白译，商务印书馆2009年版，第274页。

② ［德］叔本华：《作为意志和表象的世界》，石冲白译，商务印书馆2009年版，第277页。

③ 杨玉昌：《叔本华与西方哲学的现代转折——从宗教有神论到现代人本主义》，载《现代哲学》2002年第4期。

④ ［英］罗素：《罗素文集》（第8卷），苑莉均译，商务印书馆2012年版，第788页。

价值：美与神圣，形而上学的深刻与道德，都仅仅是以否定生命为最终目标和手段。"①而另一方面，如果说审美和艺术的最终极意义是为了摆脱生命意志，是对生命的否定，那么"艺术仍未达到现代艺术观念意义上的自主"②，因为一旦有其他的方式可以表现理念，可以使人从意志的牢笼中解脱出来，那么审美与艺术的地位又该被置于何处呢？这是叔本华思想中的悲观主义倾向给他带来的一个问题。

关于静观的思想在西方有着悠久的历史，但是叔本华将它系统地提了出来，"从来没有人能像叔本华那样，把它的界说立得切实而中肯"③。叔本华关于静观的思想仍然是基于西方传统的主客二分的认识论模式，但又具有明显的非理性主义的倾向。这种非理性的特征对于审美未必是不好的。审美毕竟不同于科学的活动。科学追求的是真，抽象的概念和理性的判断适用于科学，却并不适用于审美。此外，在审美活动中人的确应该具有一种纯粹性。只有不掺杂功利的目的，不带着欲望才能真正进入审美状态。只有将对象看做是与我们没有直接或间接利益关系的东西，对象的美才能向我们显现出来。叔本华被认为是后康德派，康德就曾经谈到审美判断的非功利性、非概念性，在这一点上，叔本华受到了康德思想的深刻影响。

（作者单位：武汉大学哲学学院）

---

① ［德］西美尔：《叔本华与尼采——一组演讲》，莫光华译，上海译文出版社 2006 年版，第 173 页。

② ［德］西美尔：《叔本华与尼采——一组演讲》，莫光华译，上海译文出版社 2006 年版，第 107 页。

③ ［波］塔塔尔凯维奇：《西方六大美学观念史》，刘文潭译，上海译文出版社 2006 年版，第 333 页。

从《尼伯龙根的指环》看瓦格纳的艺术观

何 玄

　　《尼伯龙根的指环》(Der Ring Des Nibelungen)作为瓦格纳一生最具代表性的歌剧作品集中地体现了他的艺术观念。他与许多德国艺术家一样视古希腊艺术为典范，他所提出的"整体艺术作品"的歌剧形式，一方面可以看出对亚里士多德《诗学》思想的继承；另一方面又对德国当时戏剧过于刻板与理性的现状进行了适当的变革，在歌剧中加入了浪漫主义的因素。瓦格纳在艺术形式上的变革打破了德国艺术的局限性，他所推崇的这种宏大的艺术形式达到了浪漫主义时期的艺术巅峰。至此之后，浪漫主义走向衰落，围绕瓦格纳艺术理念的争论开始了，他以叔本华哲学为基调的艺术思想遭到了尼采强烈的抨击，认为瓦格纳变成了颓废的艺术家。瓦格纳将戏剧整体性放在第一位、音乐放在第二位的艺术理念遭到斯特拉文斯基的反对。本文主要从瓦格纳艺术形式观上对古希腊艺术的继承和创新，以及尼采等人对他艺术哲学的批判两方面展开，旨在从《尼伯龙根的指环》这部歌剧作品的角度梳理其艺术观。

一、《尼伯龙根的指环》的创作

　　瓦格纳在《歌剧与戏剧》一书中述及"乐剧"特征时写道："乐剧"最理想的题材应是神话①。瓦格纳早在雅各布·格林(Jacob Grimm)的影响下开始研究日耳曼神话，特别是德国中世纪民间叙事诗《尼伯龙根之歌》(das Nibelungenlied)。瓦格纳对北欧神话也十分感兴趣，因为北欧神话与其他古代神话有着显著的区别，北欧神话中神的身上有着人性的一面，他们不是全能

---

　　① 转引自[德]瓦格纳：《瓦格纳论音乐》，廖辅叔译，上海音乐出版社 2002 年版，第 23 页。

的、所向无敌的，而是有一定限制的，神与人一样都要面临死亡的命运。这种"宿命式"的主题与他沉迷于叔本华的悲观主义思想有着紧密的联系。瓦格纳毕生孜孜以求的戏剧主题是"宿命式的原罪与爱的救赎"，《尼伯龙根的指环》就是以寓言的方式写作而成，呈现着"爱情救赎"的主题。

将《尼伯龙根的指环》称为瓦格纳一生最重要也是最负盛名的作品一点也不为过，瓦格纳从1848年开始创作，到1874年总谱完成，一共花了20余年的时间和心血。《尼伯龙根的指环》由四个部分组成，分别为《莱茵的黄金》（Das Rheingold）、《女武神》（Die Walküre）、《西格弗里特》（Siegfried）和《诸神的黄昏》（Götterdämmerung）。歌剧《尼伯龙根的指环》是空前绝后的大手笔，其规模巨大，需要4个晚上才能演完，并且需要特殊的超大型剧院才能容纳其规模庞大的舞美和演员。《尼伯龙根的指环》讲述了莱茵河下有一块黄金，用它铸成的指环可以统治世界。神王沃坦为了修建巨型宫殿又不失去美人，无奈同意将莱茵河的黄金交给巨人们。西格弗里特的父亲是沃坦留在人间的儿子，遭遇杀害后留下了西格弗里特，西格弗里特战胜了巨龙，控制了尼伯龙族的财富，拿到了尼伯龙根的指环。等待他的应是沃坦的女儿——美丽的女勇士布伦希尔达的爱情，但他受到妖术的迷惑忘记了布伦希尔达，布伦希尔达出于嫉妒之心将西格弗里特的致命弱点告诉了仇敌，西格弗里特在恢复记忆的时刻遭到了杀害。最后，布伦希尔达醒悟到她错怪了西格弗里特，驱马跳进了西格弗里特遗体的火焰中。庄严堂皇的宫殿成了颓墙残壁，真挚的爱情毁于诅咒，神权已到末日，鄙陋的一切走向灭亡，新的曙光得以显现。

1848年资产阶级革命给瓦格纳带来了鼓舞，他对古希腊悲剧有了新的理解，这促使他以北方《埃达》（Edda）和《尼伯龙根之歌》故事的一部分为原型，写出了《西格弗里特之死》的初稿（1848），也就是后来《众神的黄昏》的前身，这部作品的结局是以男女主人公的牺牲来破除一切诅咒、灾难和不公。后来，瓦格纳经历了1858年革命的失败，思想上转向悲观主义，接受了叔本华的哲学思想，开始对《西格弗里特之死》悲中有喜的结尾感到不满，认为它缺乏更深一层次的伦理意义，于是他决定改写《西格弗里特之死》。这一转变实则为"西格弗里特的悲剧"被"沃坦的悲剧"取代。此外，促使瓦格纳改写的另一个重要原因是他认为该剧的叙事性过强，剧中重要情节的前传故事都是通过冗长的对话交代的，而这些对话的功能无异于叙述和报道。于是瓦格纳增加了一部《青年西格弗里特》（Der junge Siegfried，1852），它成为后来《西格弗里特》的基础。最后，为了使全剧更为完整，又补充了《女武神》（1852）及序剧《莱茵的黄金》(1853)。也就是说,《尼伯龙根的指环》是以《西格弗里特之死》为基础,按照从后到前的顺序写成的。从音乐上来看《女武神》与《西格弗里特》最精彩,而《莱茵的黄金》较为优美,《众神的黄昏》则展示出瓦格纳多年来形成的思想。

对于德国人来说,《尼伯龙根的指环》是德国历史的宏伟再现,从《尼伯龙根的指环》中可以了解到自己民族的事迹与精神。瓦格纳从民间的神话故事中汲取了最为朴素的精华,如故事的开端、人物的形象以及主题等,之后运用艺术与哲学的思考将其提升到人性与社会的高度。1854 年瓦格纳读完叔本华的巨著《作为意志和表象的世界》之后开始审视自己的艺术作品以及它们所体现的哲学思考,在进一步接受叔本华的哲学以后,瓦格纳已把自己的世界观同"世界就是意志和认识"的学说紧密结合。在《歌剧与戏剧》一书中多次提到"个人意愿"和"必然性"①,对于瓦格纳来说,"必然性"就是高级的意志。遵循这一原则,艺术家的作品不是为了自己,而是为了社会、人类和未来而创作。瓦格纳深谙此理,他在对古代神话的思想蕴含进行再创造的同时,也在为未来而创作,他重塑了"情节"也创造了"神话"。

主人公西格弗里特在《尼伯龙根的指环》中是英雄、勇气、自由的化身,他的悲剧随着神王沃坦悲剧的发展而发展,最终死在了卑劣的凶手手中,但他是为众神与人们过去的所有过失而死。英雄死了,众神死了,一切在虚无中归于平静。瓦格纳在给李斯特的信中多次阐明,"这个世界就是阿尔伯里希的王国"。瓦格纳写信给囚禁在瓦尔德海姆监狱的雷凯,"沃坦是当代所有知识的综合,而西格弗里特则是我们期待的未来人"②。事实上,在瓦格纳作品中的"神"并没有实质的权力,他们同样面临着禁锢与死亡,而沃坦的悲剧就在于他是众神中最不自由的一个,沃坦与腓特烈一世巴巴罗萨皇帝之间的联系显而易见,他代表着封建贵族体制的最高权力,同时也意味着最深的禁锢。阿尔伯里希的诅咒战胜了沃坦,而阿尔伯里希是人格化了的资本主义,他将地下精灵开采的金矿归为己有,是利用金钱主宰一切的丑恶再现。很显然瓦格纳是一位反资本主义者,可以在《尼伯龙根的指环》的字里行间看出他对黄金的解释,黄金仅仅作为自然界的财富,而对自然界产物的原有自由之外的利用就是恶,他无法接受资本主义统治之下利用金钱的巨拳控制一切的这种文明。在《尼伯

---

① [俄]西多罗夫:《瓦格纳传》,凡保轩、齐淑桢译,海燕出版社 2005 年版,第 97 页。

② [俄]西多罗夫:《瓦格纳传》,凡保轩、齐淑桢译,海燕出版社 2005 年版,第 102 页。

龙根的指环》中包含着众神的痛苦、英雄的斗争，这些矛盾性与局限性集中地体现在了西格弗里特身上，卢那察尔斯基说，西格弗里特不仅具有无政府主义、自由主义的特征，也具有用社会主义摆脱资本主义禁锢的英雄特征①。

二、《尼伯龙根的指环》的整体艺术形式与《诗学》

瓦格纳的整体艺术观是受到古希腊艺术的启发而提出，他认为古希腊时期的艺术才是最为理想的艺术典范，那时的音乐韵律来源于诗歌，诗与音乐、神话的叙述自然地联系在一起。我们知道，在古希腊时期对戏剧描述最多的著作应是亚里士多德的《诗学》，《诗学》里着重阐释了关于艺术的有机整体观念，我们可以很自然地发现瓦格纳的整体艺术观对于亚里士多德艺术思想的继承与发展。亚里士多德认为，悲剧由六个部分组成，"整个悲剧艺术的成分必然是六个——因为悲剧的艺术是一种特别的艺术——（即情节、性格、言词、思想、形象与歌曲）"②。在这六个组成部分中，情节、性格和思想属于模仿的对象，言词和歌曲是模仿的媒介，而模仿的方式则是形象。这六个组成部分体现了亚里士多德模仿艺术的有机整体观念。亚里士多德的艺术理论注重形式，他认为艺术的整一性是艺术形式的最高标准，形式的完美能够引起审美的快感。"所谓'完整'，指事之有头、有身、有尾"③，模仿艺术中的各个部分之间应紧密衔接且固定不可移动。如果某一部分可移除或改变顺序，那么就不是一个完整的存在，也不能称为美的艺术。

形式的整一性也反映着艺术内在的必然规律，当内容遵循可然与必然的规律时，艺术作品才显现为逻辑与形式的整一。因此，诗或悲剧的创作都应以情节为纲，情节遵循必然规律才更能把言说变为整体；如以性格为纲，那么人物的行动难免会增加偶然性或非必然性。亚里士多德模仿艺术的有机整体观念在《政治学》中也有提及，他说，"美与不美，分别在于美的东西和艺术作品里，

---

① [俄]西多罗夫：《瓦格纳传》，凡保轩、齐淑桢译，海燕出版社 2005 年版，第 108 页。

② 转引自[德]瓦格纳：《瓦格纳论音乐》，廖辅叔译，上海音乐出版社 2002 年版，第 21 页。

③ [古希腊]亚里士多德：《诗学》，罗念生译，人民文学出版社 1962 年版，第 25 页。

原来零散的因素集合成为一体"①。美作为有机的整一,不美的显现形式是零散,而零散之于整一是偶然性。诗和悲剧的艺术失去有机的整一形态必然会引起美感的消失。可见,亚里士多德所赞赏的美是去除了偶然性而存在于艺术之中的必然的整体。

瓦格纳对古希腊戏剧推崇至极,他说:"现在我们的义务根本就是使希腊的艺术称为人类的艺术。"②瓦格纳认为那个时期的戏剧艺术是一个和谐的综合体,古希腊戏剧的各个部分的结合是自然的、完美的。基于古希腊的艺术理论,他在 1850 年的论文《未来的艺术品》中创造出一个德语复合词——"Gesamtkunstwerk",即"整体艺术作品"。在《歌剧与戏剧》一书中也提出了"乐剧"(das Musikdrama)理论,即歌剧应是一种融戏剧、音乐、诗歌为一体的综合艺术③。瓦格纳时期之前歌剧音乐与剧情之间并不协调,瓦格纳尝试进行改革:一方面加强歌剧的戏剧性,另一方面使音乐与剧情的配合更加密切。除此之外,他还亲自编写剧本,扩大管弦乐团编制,让器乐与声乐交织融合,展现出复杂强烈的戏剧性。

瓦格纳在论文中论述道:"伟大的整体艺术作品,为着有利于达到一切艺术题材的总目标,即无条件地、直接地表现完成了的人的本性,它已经总揽了一切艺术题材,以便使用和消灭在某种意义上作为手段的每一个单独的艺术题材,——精神并不把这种伟大的整体艺术作品看做个别意志的可能产物,而是将其看做未来人类必定会产生的共同作品。"④"整体艺术"批判德国传统歌剧把音乐、戏剧、舞蹈、舞台美术简单地糅合起来,歌剧的各个元素之间并没有相互渗透、融合,实则为独立存在的个体。

瓦格纳以"整体戏剧第一,一切元素服务之"为理念,提出作曲家应该亲自参与戏剧创作的所有过程,如:舞台布景、动作设计以及脚本创作,等等,他认为优秀的剧作家应该集诗人与音乐家的才能于一身。当他谈及自己写作的经验时说道,"在我写出诗句以前,甚至在我想出一个场景之前,我就已经嗅

---

① [古希腊]亚里士多德:《政治学》,吴寿彭译,商务印书馆 2009 年版,第 134 页。
② [德]瓦格纳:《瓦格纳论音乐》,廖辅叔译,上海音乐出版社 2002 年版,第 41 页。
③ 转引自[德]瓦格纳:《瓦格纳论音乐》,廖辅叔译,上海音乐出版社 2002 年版,第 21 页。
④ 转引自何乾三:《西方音乐美学手稿》,中央音乐学院出版社 2004 年版,第 367 页。

到了音乐的芬香；所有的特别的音乐主题，都活生生地出现在我的脑海中，一旦诗句完成，各幕安排妥当，歌剧就大功告成了"①。这种整一并且自由的艺术形式能够更加明晰地传达出歌剧的内涵与精髓，瓦格纳的艺术思想继承了亚里士多德的整体艺术观，强调了歌剧是一种整一的、融合了形式与内容的艺术；又结合了浪漫时期的歌剧现状，适当地削弱了音乐的地位，将音乐视为与诗歌、舞蹈、布景等同样重要的歌剧元素。这也颠覆了斯特拉文斯基②所说的"音乐是目的，戏剧是手段，手段和目的不可能同等重要并综合在一起"的观念③，瓦格纳更加偏重歌剧的整体效果，如果没有杰出歌剧的整体支撑，雄壮的音乐也显现得苍白。依据自己的艺术理念瓦格纳充当着整个歌剧的总导演，他的每一部戏剧都是自己亲自撰写脚本，始终坚持音乐必须服从歌剧整体性的原则来创作，并设计舞台布景使之更有利于加强戏剧性，《尼伯龙根的指环》从创作构思直至上演都是"整体艺术"理念的具体体现。

三、《尼伯龙根的指环》的意义创新与尼采对其思想的批判

根据瓦格纳的观点，以往的德国戏剧过多地表现了现实与政治，而他认为真正艺术表现的对象应是纯粹的人性。针对德国当时的戏剧语言苍白和过于理性化的现象，音乐应为之增加情感的因素。音乐必须打破语言的理性主义，表现出语言无法表达的感性和激情，体现纯粹的人性。为了加强语言和音乐的结合，瓦格纳自己作曲，并撰写全部歌词，以便文字能激起情感，音乐对它起推波助澜的作用。瓦格纳要求乐队不仅是伴奏，还应当表现人声所不能表现的一切，引起人们的联想。最重要的是交响音乐必须前后连贯。为此，瓦格纳运用了"母题"（Das Leitmotiv），这最集中地贯彻在他的《尼伯龙根的指环》四连剧中。每个"母题"代表一个剧中的人物或事物，贯穿全剧。这里，大量短小而简洁得当的主题片段前后呼应，上下关照，以不断变化的形式重复地出现，时而单独，时而结合在一起，交织成一气呵成的交响乐整体，瓦格纳的作品无不

---

① ［德］瓦格纳：《瓦格纳论音乐》，廖辅叔译，上海音乐出版社 2002 年版，第 102 页。

② 斯特拉文斯基（1882—1974），美籍俄国作曲家、指挥家，西方现代派音乐的重要人物。

③ 杨毅鹭：《论斯特拉文斯基对瓦格纳的批判》，载《南京艺术学院学报》2010 年第 2 期。

展示出高度的旋律天赋。

瓦格纳在剧中取消了其他歌剧中大量采用的咏叹调。咏叹调常是描写歌剧角色内心世界的唱段，历来为传统作曲家所重视并为此费尽心思。瓦格纳却独树一帜，不用咏叹调，只用宣叙调。歌剧中常用的重唱和合唱也非常少。瓦格纳在歌剧的器乐创作上是十分出众的，听过瓦格纳歌剧的人都会对此有极其深刻的印象，《尼伯龙根的指环》的音乐更是如此。如《女武神》中的"女武神出巡"和"沃坦和女儿布伦希尔德的诀别"，《西格弗里特》中的"森林的轻语"，《众神的黄昏》中的"西格弗里特的葬礼"和"布伦希尔德殉情"等场景的音乐都是极为出色的。现在这些曲目还经常被各种音乐会所频繁演出，经久不衰。瓦格纳的戏剧美学思想给当时的德国艺术开拓了新的领域，正如尼采所言："瓦格纳是十九世纪至二十世纪之交永恒的灯塔。"①

尼采很长一段时间内都将瓦格纳视为"德国的救世主"，是能够抵挡颓废浪潮的革命家，但最终由于思想上的分歧对瓦格纳开始了深刻的批判。1855年，尼采在都灵写了《瓦格纳事件》的手稿，并于翌年秋发表，《尼采反对瓦格纳》则写于1888年，但由于1889年尼采彻底陷入了精神崩溃，其出版日期是在许久以后。这两本书的问世引来不少尖锐的批评，很多人认为尼采是打着艺术的幌子发泄个人的愤怒。但另一方面，从尼采的书中我们可以更直观地了解瓦格纳的艺术生活。在尼采的《看哪，这个人！》一书中，他相对客观地陈述了瓦格纳对于自己的真正意义，尼采承认自己十分受益于这位伟大的音乐家，瓦格纳是怎样一位对他有所意味的德国人②。此外，瓦格纳也宣称在失去了那个人（尼采）之后，他成了"孤身一人"。此时，我们可以意识到，二人之间不仅只有分歧与敌意，站在更高的角度来说，二者都是同一时代深受苦难的伟人，但却选择了不同的哲学道路。

尼采强调《尼伯龙根的指环》深陷在了相互矛盾的世界观里：瓦格纳用了大半辈子的时间相信革命，并在西格弗里特身上找到了完美的革命精神，他却最终没有战胜代表恶的"契约"（传统、道德）。尼采写道："很长一段时间里，瓦格纳的船沿着这条航线寻找着他的最高目标。然后发生了什么呢？一个悲

---

① 转引自沉睡：《灵光乍现——漫游于空间、自由与死亡之境》，社会科学文献出版社2001年版，插页。

② 参见[德]尼采：《瓦格纳事件/尼采反瓦格纳》，卫茂平译，华东师范大学出版社2007年版，第2页。

剧。轮船撞上了暗礁，瓦格纳搁浅了。这暗礁就是叔本华的哲学。"①瓦格纳接受了叔本华颓废的哲学，这也使他的艺术走向了颓废。尼采和瓦格纳都认为音乐代表着美学的最高高度，实际上也是哲学本身的最高峰，它是以一种形而上学的尺度存在。音乐的源泉是人们与原始的、本能的力量相碰撞，从而能够进入我们精神的世界，并能够流淌出心灵的语言。对于尼采而言，艺术救赎的价值仍是其思想的核心，就是将艺术的价值在普遍的社会中释放出来，他指责并憎恨"麻木却醉人"的颓废②，而瓦格纳就是尼采眼中的这一类人，瓦格纳放弃了真理，将音乐转变为一种慰藉的手段。但从另一个角度来说，尼采与瓦格纳分歧的根源在于尼采比同时期的思想家们更早地意识到了晚期浪漫主义中存在的深刻矛盾。尼采早早地走出了叔本华的哲学，走向了自己的道路，而瓦格纳却一直钟情于叔本华的哲学思想，意识形态的破裂导致的争吵并不意味着谁是谁非，更加证明了 19 世纪给艺术留有了广阔的空间，两位思想家存在各自的理解之中。

四、结语

虽然瓦格纳的艺术思想一直颇受争议，但是其意义与价值是毋庸置疑的，他的出现始终是浪漫主义歌剧思想的全面概括。瓦格纳在他的著作中论及了哲学、美学、政治、意识形态等问题，试图证明他所倡导的歌剧改革所具有的合理性。他追求着艺术形式的变革，与浪漫时期的艺术家一样渴望着更加宏伟、更加庄严或者说更加整一而复杂的艺术。他的作品围绕着艺术、宗教、神话、革命为 19 世纪之后的音乐戏剧观奠定了基础。但另一方面，瓦格纳又是 19 世纪浪漫主义时期微缩的现代性，他的作品中所展现出的艺术精神颇受争议，他让西格弗里特走向死亡、走向虚无，无疑背离了他所提倡的革命价值观。瓦格纳并不像古典艺术家那样战胜了内心的矛盾，使自我与作品成为和谐的整体，而是用虚无的哀伤掩饰着自己麻木的颓废。不过即便尼采对他进行了深刻的批判，却还是说，我们始终绕不过瓦格纳的艺术，首先必须承认我们是他的追随

---

① ［德］尼采：《瓦格纳事件/尼采反瓦格纳》，卫茂平译，华东师范大学出版社 2007 年版，第 33 页。

② 参见［意］恩里科·福比尼：《西方音乐美学史》，修子建译，湖南文艺出版社 2005 年版，第 262 页。

者，因为瓦格纳具有那个时代最丰富的知识①。每每回溯到 19 世纪的艺术总是从瓦格纳开始的，他的艺术风格深深地影响了 20 世纪的其他艺术，尤其是电影艺术受到的启发最多。《尼伯龙根的指环》作为瓦格纳的代表作，无论是在音乐史上还是歌剧史上都是一部伟大的巨著，同时也为德国民族音乐歌剧的发展作出了巨大的贡献。

（作者单位：武汉大学哲学学院）

---

① 参见［德］尼采：《瓦格纳事件/尼采反瓦格纳》，卫茂平译，华东师范大学出版社 2007 年版，第 16 页。

论杜威的"情感"思想

甘　露

杜威哲学思想的基础就是"经验"概念。传统经验主义将经验建立在主客二分的基础上，将它理解为一种对外部刺激被动接受的反映。杜威认为经验就是有机体与环境的互动过程，亦即该过程不仅包含有机体作用于环境的"做"的过程，还包含环境作用于有机体的"受"的过程。但杜威对于经验这个概念的阐述并不仅仅停留于此，他认为经验过程中的做与受一旦达到了某种平衡，那么这个经验就是"一个经验"。但是在其主要的美学著作《艺术即经验》中，杜威谈到哲学家如果想要理解经验就必须从审美经验着手。而审美情感是理解杜威经验思想的关键词之一，正是情感使"一个经验"转向了审美经验，具有审美性。所以分析情感这个概念有助于我们更好地理解杜威的经验思想。早在《经验与自然》中杜威就构建了"审美情感"一词，审美情感标志着经验概念的一个显著特征。杜威强调了情感的中心地位，他反对对"经验"一词做出认知主义的理解。审美情感代表了情感发展的最高阶段，反映了经验的理想形式。

一、经验与情感

"情感"一词在杜威的经验概念中起着至关重要的作用，它是经验的有机组成部分，甚至是主要部分，而且在某种程度上情感既是经验的源头又是经验的结果。

要探讨情感在经验中的地位，我们可以从比较杜威的"经验"以及皮亚杰"智能"的概念开始，这两者有着惊人的相似。亦即个体都被视为与环境互动，在更高层次的复杂性中寻求平衡。但是这种适应在皮亚杰看来是基于行动，在杜威看来是基于做与受。杜威的经验概念和皮亚杰的智能概念的根本区别在于杜威反对用认知主义来理解经验。因为经验本身是一个过程，当事物作为被经验到的事物而发生的时候，其在经验中的地位是受到经验的方式，亦即是受到观察和推理，还有情感和想象力的影响的。假如机械地将实在的客体与知识对象一一等同，那么情感和意志的对象将被排除在"实在的"世界之外，其存在只能由主体或者心灵来解释，从而走向形而上学或者神秘主义。那么能经验的主体以及被经验到的自然之间就存在一条无法跨越的沟壑，造成杜威经验概念中连续性的缺失，导致其整个思想框架的崩塌。

当然，杜威并没有否认认知在经验中的作用以及认知与情感之间的关系。在《艺术即经验》一书中，他给情感下了个定义："情感是已实际发生的或即将出现的突变的意识符号。不协调是机遇，它会导致反思。作为实现和谐的条件，恢复统一的欲望将单纯的情感转变为对对象的兴趣。"①由此可见，情感与认知是互相联系且相互依赖的。每当有机体在与环境打交道的过程中遇见了各种困难时，它都会在平衡中识别一个突变，用情感以及欲望来进行反应以便重建和谐。更重要的是在此过程中，单纯的情感转变为对对象的兴趣，亦即某种特定的利益。也就是说，一方面，杜威打破了传统思想中对情感与理性的割裂，认为前者混淆了人们对于世界的认知以及反映的偏见，破除了艺术家不思考，科学家研究者除了思考什么都不做的谬论；另一方面，他揭示出在经验的过程中认知以及情感相互依存，缺一不可。每一个经验都是前经验的转化，是建立在预经验的基础上，情感以及认知也是。

从经验的连续性来看，此连续不仅仅是外在有机体及其整个相关环境的关系，亦即时间、空间上的连续，更是内在的统一，认知、情感、交流以及行动等多维度的相互区别、相互联系。那么，情感又是如何转化为经验的呢？杜威以小孩哭闹为例，解释了情感释放是怎样转化为经验的。这是婴儿在意识到自己哭声能够带来具体改变的过程，一个原始且定义不清晰的模糊情感转化为具体情感的过程。哭作为一种认知由表示一个意思，发展成为复杂的交流结构，亦即由最初因不适而哭，发展成为感到孤独而哭，感到饥饿而哭等。于是在婴儿与世界互动的过程中，一个整体被创造出来，且这个整体是多维度的。而在哭的经验中，各个维度联系得越紧密，经验就越完满，从而具有审美性。

作为经验的有机组成部分，情感在经验中也是主要的元素。杜威认为："情感是一运动和黏合的力量。它选择合适的东西，再将所选来的东西涂上自己的色彩，因而赋予外表上完全不同的材料一个质的统一。因此，它在一个经

---

① ［美］杜威：《艺术即经验》，高建平译，商务印书馆 2005 年版，第 14 页。

验的多种多样的部分中，并通过这些部分，提供了统一。"①这表明了情感以及被收集的材料之间的一致性。也似乎暗示了情感具有某种形式，亦即一个普遍的质来汇集一个经验组成元素的选择标准。除了选择有一致性的材料，情感还修改了这些元素，为其涂上了它们自己的颜色。杜威不断地使用新的隐喻来描绘情感的运动。"任何主导性情绪都自动地排斥所有与它不合的东西。一种情感比起任何警觉的哨兵来，都更加有效。"②虽然情感能够自动地清除与之不合的东西，但情感绝不仅仅是一个过滤器，它是一种"伸出触角"搜索和收集同类，从中得到"可滋养它的东西"的力，从而自身不断发展，从不同空间的对象中分离出东西，将其聚集在一个具有"成为所有对象的价值缩影的一个对象"上。并且对于这些被选择出的对象而言，情感是指导性的，给予它们秩序以及安排。

但是情感绝不是一个抽象的事物或者力量。在杜威看来："经验是情感性的，但是，在经验之中，并不存在一个独立的，称之为情感的东西。"③情感是给定经验的诸多性质或者方面，必须区分于单纯的自动反应能力，比如吓了一跳之所以能成为情感性的害怕，就是因为存在一个让人恐惧想要逃离或者不得不面对的对象。而脸红之所以能成为羞耻的情感，就因为人在思想中将他不受人喜爱的某个反应与其表现联系起来。害怕和羞耻本身是自动的反应，但是一旦它们跟具体的情境相联系就会转化为情感。也就是说，情感是会随着具体情况变化的。它从来都是具体的，它不仅在具体的时间以及空间内创建行动，而且自始至终都参与其中。情感就如同行动一样，直接跟特定的对象相联系，面对"无对象"也需要某种外在于它，可依附的对象。尽管情绪是具体的，但是在杜威看来情绪"除了作为生理学的例证外，绝对不是私人的"④。哪怕情感对自我肯定，其最终还是要被其行动以及与世界的关系界定，它们在行为中被交流，在那些参与社会生活的人之间分享。我们容易将情感看做某个变化但是与其本性无关的实体。比如，在悲剧中，将痛苦实体化为主人公悲惨的命运。这个痛苦会转化为愤怒或者满足。但是如果我们仅仅将其认定为对主人公命运的痛苦，那么痛苦与主人公的命运的经验是脱节的，亦即痛苦在此的增长和遭

---

① ［美］杜威：《艺术即经验》，高建平译，商务印书馆2005年版，第4页。
② ［美］杜威：《艺术即经验》，高建平译，商务印书馆2005年版，第73页。
③ ［美］杜威：《艺术即经验》，高建平译，商务印书馆2005年版，第44页。
④ ［美］杜威：《艺术即经验》，高建平译，商务印书馆2005年版，第44页。

遇与其本性无关，不再是运动和变化着的痛苦经验的性质。

情绪是经验不可分割的一部分，它在经验中不断地发展，展开自身。而经验自身也是不断发展的，直至其达到了完善以及圆满的状态，亦即一个经验的状态，同时情感也随着经验的完善而不断展开自身。杜威以一次面试为例，描述了原初情感如何在面试者与面试官之间交谈、协商中转化为既发情感的过程。就面试者而言，他一开始可能是充满希望或者表现出沮丧，而得到结果后可能是感到兴奋或者是失望。但是面试者情感转换的过程离不开面试官的情感反应。他通过自己的情感反应来经验面试者的特征。"他在想象中将申请者投射到要做的工作之中，并通过场面所组合的成分及其间的或是冲突，或是相互适应的关系，来评价他是否合适。申请者的表现与行为或者是与他自己的态度及愿望和谐，或者与之相冲突及对立。"①这就是主要情感如何在时间以及空间之中，通过互动和经验转化，被次要情感取代主导地位的过程。尤其值得注意的是，"它们(面试中的诸多因素)进入到了对每一个其中的存在着悬而未决情景的解决中去，而不管这种情境的主导特征是什么"②。就是情感这一决定性力量让细节不同，各不相干的经验对象聚集在一起，使经验成为"一个经验"的基础。在杜威看来，经验本身就是毫无目的的发展，直至其达到完满成为"一个经验"，而这就预设了经验本身是不断更新的，新的经验必然导致新的意义，情感在其中寻求，筛选，聚集，融合以及构建对象，这可以说是经验整个或者是主要发展过程。因而在杜威看来情感就是经验发展的源头以及结果。

二、审美经验与审美情感

最初使用审美经验一词来界定情感的是贝尔。他将审美情感作为其理论的出发点。首先，审美情感是由艺术作品所引起的独特情感，与日常生活中的情感无关。亦即由于艺术将我们的生活世界升华到一个审美世界，那么所谓的日常经验是与审美经验不同的，其产生的情感也不相同；前者对欣赏艺术作品毫无帮助，后者只相关于艺术，且与利害价值没有关系。其次，审美情感是一种关于形式或者形式意味的情感。只要是艺术创造出了有意味的形式，丑也能激起审美情感。而且"与此相应，艺术在意味方面要求表现情感，采用简化原则

---

① [美]杜威：《艺术即经验》，高建平译，商务印书馆2005年版，第46页。
② [美]杜威：《艺术即经验》，高建平译，商务印书馆2005年版，第44页。

以排除信息和知识的东西，亦即反对对于任何外部世界的模仿和复制。同时在形式方面要构造由艺术家的情感熔炼出的形式，而不是符号主义由理智主义所发明的东西"。最后，审美情感不是每个人都能体验到的，且"在所有能够体验到审美情感的人当中，艺术家处于最突出的地位。一般人所获得的审美情感，都是通过对艺术形式的观照，由创造出这种形式的艺术家传达给他们的。而艺术家却能够从自然对象的观照中直接获得审美情感"①。对于审美情感的来源，贝尔给出的回答带有神秘主义的色彩，虽然他认为有意味的形式是一种表现了艺术家的审美情感的形式，而审美情感是由能在其背后得到一种终极实在感的形式。至于这种终极实在感的形式是什么形式，贝尔认为其超过了经验美学的范围，属于形而上学问题。

而杜威讨论审美情感就特意从日常经验出发，或者更准确地说是从实际情况中来讨论。一个人按照日常习惯整理房间与他带着怒气试图在整理房间中消除或者转移自己的情绪，其表面结果貌似相同，实际上却大有不同，前者不带情感，而后者因为收拾房间而造成心理的变化，情感的整理，达到了某种情感的实现而不是某项事务的完成。那么这就是一种情感的"客观化"，是审美的。在此，杜威取消了日常经验与审美经验，日常情感与审美情感之间的区别，让艺术生活化。

杜威并没有直接论述审美经验中的情感为何，但是在艺术作品的形成过程中，他发现了审美情感本性的线索。杜威从经验对象——艺术作品出发，艺术作品是建立在原初经验的基础上的，是原始材料的重新制作，而原初经验的改变必然导致情感的"修正"，从而依附在新的材料上。伴随艺术作品的产生，审美情感也就产生了。换言之，原始材料唤起的情感转化为了审美情感，这两者之间并不存在割裂的鸿沟。因为它基于这样一个假设：日常生活规则与艺术规则之间没有差别，只有区分与联系的程度差异，因此，审美情感首先是有着良好结构的，且这种结构是天然的。亦即原初情感与审美情感之间的转换是通过客观材料的发展和完成而转化的，具有连续性。可见，对于杜威而言，审美情感不是来源于某种元素，而是整个经验过程的产物；是原始材料中情感自我力量的发挥，是情感自我的转换，而不是意味着形式的筛选以及艺术家情感亦即外在情感的结合。而且，在杜威看来，假如没有意义的意识，经验中就不存在审美。寻求日常经验的价值就要从艺术入手。亦即情感，审美情感从来都与

---

① 彭富春：《哲学美学导论》，人民出版社 2005 年版，第 22 页。

功利相关。

虽然,杜威也取消了艺术或者审美与"美"之间必然的联系,他看到了在创造以及接受的过程中,情感并不是艺术作品内容的结果,而是创造性以及人对艺术对象的感知。当然,审美情感绝不仅仅是给予我们显而易见的事实,假如说我们在丁尼生《悼念》诗集中提炼出来的情感是表现的动作,哭泣或者沮丧的述说所表现的伤心是发泄,那么审美经验与日常或者原初经验之间的连续性的确是显而易见的。但是正如审美经验不同于普通经验能揭示日常经验所遮蔽的,为我们开创一个观察世界的新视点一样;审美情感能将一些特殊的情感转化为审美情感,由此我们更能体验到艺术所带来的创新以及发现。雷诺阿的裸体作为一个日常生活的对象与性暗示及其带来的喜悦相关,而作为艺术的对象则将这一固定而不可改变价值的观念从艺术中解放出来。

但是杜威也强调经验与审美经验之间是相互联系又相互区别的。经验是具有审美性质的,且情感在其中起着结合实践、理智各个部分,将所有部分结合成一个整体的作用。不过这种经验"受引起与控制它们的兴趣和目的治愈,主要还是理智的或者实践的,而不是独特地审美的……在一件艺术品中,不存在这样单一的,自足的积淀物。结尾与终点的意义不在于它自身,而是在于它是各部分的结合"①。可见,情感在审美经验中的重要性,在某种意义上它是审美经验区别于经验的最重要性质。而且审美情感帮助我们更完整地接受其他经验。人们排斥文学作品中道德的生硬介入,却能在其与材料控制下真实情感的结合后,在审美的意义上接受道德内容。

然而,情感并非越多越好,没有情感或者情感太强,都会导致工艺、艺术的消失,亦即审美经验的消失。更何况在某种意义上,审美经验天生与制作经验联系在一起。情感太强,反而不能表现其自身。情感不能规范材料,赋予其秩序。激情压倒了一切,经验没有感受到关系,材料内部就会缺乏平衡与比例,那么这个经验就是非审美的。杜威并没有就此将审美经验界定为艺术家的专享。反而他认为首先"审美一词……它代表一种消费者而不是生产者的立场"②。其次,艺术家在创作时将接受者的态度体现在自身之中。杜威反复强调无论是经验还是审美经验,都是一个做与受的过程。无论是艺术家还是接受者都是审美经验过程中的一部分。而且在没有任何一个词能同时兼具"审美

---

① [美]杜威:《艺术即经验》,高建平译,商务印书馆 2005 年版,第 59 页。
② [美]杜威:《艺术即经验》,高建平译,商务印书馆 2005 年版,第 50 页。

的"以及"艺术的"两个含义时，他也并不想让两者之间的隔阂越来越深。因此，杜威并非强调接受者在审美经验中的地位，而是试图扭转传统或者习惯思维中艺术家的独特地位。站在接受者的角度，审美情感是这样一种情感：它是被情感吸引的材料与心灵受到感动而所经验到的情感的共鸣。站在艺术家的角度，审美情感是这样一种情感：艺术家将自身与客观情景融为一体，将观察的材料加以集中重构，从而获得完满的情感。

三、情感在杜威美学中的意义

杜威的《艺术即经验》一书自问世以来，就争议不断。托马斯认为：该书除了被标以工具主义的便签以外，还被强加了与还原论的自然主义成见一致的解释。杜威有关有机的隐喻使得生物的和审美的联系都无法区别。朗格更在其多部作品中提及该书以及杜威的早期作品《经验与自然》，得出杜威将"所有更高的人类价值与理想都还原为'动物心理学'"的结论①。这是对杜威经验思想的曲解，但是这也恰恰体现了杜威试图克服的一些传统思想中对立或者相互区别观念的企图。

首先，杜威是从文化以及历史的维度探讨经验，从而情感更多的是一个文化范畴而非心理范畴。情感是个人的，但是它产生于世界的活动以及互动中，在一个给定的文化中不断展开。同时情感也是一个历史范畴，如前所述，情感是不断变化的，它在经验中转化，但是这个转化不是从一种情感转化为一个与其本性无关的实体。在情感缺失的情况下，且不谈经验如何保持其连续性，组成包容一切完善的审美经验更是天方夜谭。亦即探讨情感是要在文化与历史的维度中，在世界范围内来进行，从而获得审美的以及艺术的经验。那最好最丰富最充实的经验就是人类的共同目的，此经验的艺术就是人类生活中实现意义与价值的艺术。在杜威的经验思想中，真正的道德、政治活动都是具有审美性的，它们在一定程度上实现了某种意义与价值。审美或者说艺术与日常活动，以及特殊活动之间的严格区分被打破了。同时"审美"一词的空洞性②也因审美经验的价值以及意义而被取消。

---

① ［美］托马斯·亚历山大：《杜威的艺术、经验与自然理论》，谷红岩译，北京大学出版社 2010 年版，第 183 页。

② 乔治迪基在《审美态度的神话》中认为审美经验将非功利性、无利害、超脱等特性归结为自身的独特性，导致了"审美"这一术语的空洞性。

其次，在文化与历史的维度中，艺术不再指固定种类的对象或可分离的本质。就将艺术解释为模仿，将其当做表现，从而建立起人与存在，亦即人与精神之间的联系而言，或者是康德在《纯粹理性批判》中表示知识的可能性在于想象力的生产性能力，强调主体自我的活动亦即理智在艺术中的作用而言，杜威艺术的表现是情感，但是情感不是表现出来的东西，而是表现的方式。并且情感是无限的，智力是有限的，就艺术的创造力以及想象力而言，必须使用情感来完成艺术作品，而非理性。审美也不再指特别类型的主体经验。情感是"客观化"的，但是不同于桑塔格将情感投射在对象上，杜威指的是情感变成对象的这一过程，在这一过程中有实体的对象被称为"正常的"，想象中的对象被称为"病态的"。一方面，情感的"客观化"取消了艺术家在艺术创作以及欣赏中的绝对主导地位，在艺术创作中，艺术家要考虑接受者的态度，在艺术欣赏中要指导接受者回应。另一方面，情感的"客观化"唤起公众世界中材料带来的对于共同世界意义的新感知。人为区分创作材料以及接受者对于作品的反应都将为被取缔，转化为审美的感知，从而"艺术的"与"审美的"之间的区分因情感而变得模糊。

最后，杜威在《艺术即经验》中明确表示审美维度可以检验任何哲学对于经验的理解，虽然"有机的"一词的确是从生物的角度出发，但是杜威表示生物学的常识涉及经验中审美的根源。他"不是把审美还原为有机体的竞争。但是他是在把有机体形式的本性确认为审美之根源。形式就其本性而言，是有张力的、发展的、时间的，并包含了活动、参与、生长等要素……形式不可能是封闭的，因为形式要求向世界敞开……形式的实现中潜藏着张力，就此而言，将有情感参与"[1]。从而在情感的组织中，张力就有可能将统一完整的经验带入意识之中。亦即就杜威从审美的维度来解释经验来看，经验是知觉性的，具有直接性，进而跟认知相关。同时在张力的展开中，有机体与世界互动，实现了自身，也实现了世界。从而审美无处不在，感知也无处不在。单纯身体以及直接经验凸显出来。传统肉体与精神的对立被消除，理智与激情、知觉与洞见之间的绝对鸿沟也被消除。由此可见，在导游引导下看画的游客，他们的经验是理智的或者是实践的，而不是审美的，或者说是知觉的。只有观看者自己创造自己的经验，且这个经验在形式上类似于创造者的经验。在这个整体成分协

---

① ［美］托马斯·亚历山大：《杜威的艺术、经验与自然理论》，谷红岩译，北京大学出版社 2010 年版，第 227 页。

调的再创造过程中，画由对象变成了一件艺术作品，而"审美"一词也在杜威思想中回复了其最初的含义：知觉。

即便情感是杜威思想中的关键词，但是杜威始终没有将情感解释清楚：情感的产生在某种程度上更像是认知的产生，情感似乎完成了构建一个经验的所有必要性工作，从搜寻、筛选到聚集材料，并进行同质提取，外观修饰，最终使其成为单一、普遍性质的统一，亦即一个经验。但是不可否认，这种力是相当原始的，有一定的局限性。首先情绪停留在相对无意识的认知阶段，它能够聚集所谓"合适"的材料，其合适"是指它对于已经受感动的心灵状态具有一种所经验到的情感上的共鸣"①，情绪自身的状态决定了其组织以及构建一个给定经验的能力的强弱。而情感的转化具体而言到底是一种结构的构造还是一个过程，情感在经验或者审美经验中到底是内容还是中介这些问题都有待进一步考察。情感转化的结果也威胁到了杜威思想的根基，生活不顺造成的悲伤与小说主人公不幸命运而引起的悲伤不仅仅带来了日常经验的模糊性，还带来了日常经验与审美经验之间的模糊性，在某种程度上直接瓦解了杜威对于经验的区分。有关杜威情感的思想还需要得到进一步的解读，来消解其中可能存在的误读。

（作者单位：武汉大学哲学学院）

---

① ［美］杜威：《艺术即经验》，高建平译，商务印书馆 2005 年版，第 74 页。

"审美对象是感性的辉煌呈现"释义

庄　严

　　"审美对象是感性的辉煌呈现"［It（the aesthetic object）manifests the sensuous in its glory］①是由杜夫海纳（1910—1995）在其早期著作《审美经验现象学》（1935）中提出的核心命题之一。这一命题在现象学的语境中赋予"审美对象"、"感性"、"呈现"等概念以新的意义，不但较为集中地体现了杜夫海纳的现象学美学思想，同时也彰显出其对理性主义美学传统的沿革。为了更好地阐释这一命题的含义，本文将简要勾勒杜夫海纳现象学美学思想的大致轮廓，并通过对命题中概念的分析，尝试把握这一命题的基本含义及其时代特征。

一、引言：杜夫海纳的审美经验现象学

　　杜夫海纳的美学思想大致可分为前后两个时期：前期为现象学美学时期，主要以梅洛-庞蒂的知觉现象学为理论进路，借助康德先验哲学的核心概念和黑格尔哲学的基本范式，研究欣赏者对于艺术作品的审美经验；后期为自然论美学时期，以自然哲学为基础，围绕"自然"（Nature）概念更加广泛地探讨了包括创造天赋、自然的审美化等方面在内的美学问题。杜夫海纳的现象学美学思想集中体现在《审美经验现象学》、《美学与哲学》等著作中，而《审美经验现象学》（以下简称《审美》）因其较为完备的思想结构和周遍细致的描述与分析，成为杜夫海纳前期思想的代表之作。

　　杜夫海纳的审美经验现象学分为经验描述与先验反思两个阶段。

------

　　①　［法］米·杜夫海纳：《审美经验现象学》，韩树站译，文化艺术出版社 1992 年版，第 259 页。英译版参见 Mikel Dufrenne. *The Phenomenology of Aesthetic Experience*. Translated by Edward S. Casey. Evanston：Northwestern University Press，1973：223。按：本文中凡出自《审美经验现象学》的引文均以中译本为索引标准，如无必要，不再特别标明英译版出处。

在经验描述阶段，杜夫海纳以欣赏者而非创作者的审美经验为讨论对象，将其所包涵的心物两面——审美知觉与审美对象纳入到意识活动（noesis）与意识对象（noema）相互关联的"现象学循环"之中，构成了"审美知觉—审美对象"的审美知觉意向性结构①。在此，审美知觉乃是关于审美对象的知觉，而审美对象则是审美知觉的相关物。为了避免唯心主义或心理主义的介入，杜夫海纳又通过具有自在自为两重特性的艺术作品来界定审美对象自身的实在性与给定性，从而对审美知觉的构成性加以限制，肯定其知觉性。同时杜夫海纳还从人类学的角度还原了审美知觉在场的历史性及其所在场域的主体间性（inter-subjectivity），将纯粹的"我思"（the cogito）转变为境域化的"在世之思"（thinking-in-the-world），进而在历史的特殊性中揭示审美经验的普遍性。可以看出在审美经验心物两面的循环关系中，审美对象始终处于主导地位，审美知觉则处于从属地位。审美知觉通过呈现、再现，想象、思考与感觉三个维度与审美对象的感性、再现、表现三个层面相互关联，从而整体地把握审美对象的"气氛的统一性"（the unity of an atmosphere）②。审美知觉作为对象实现其自身的工具表现为一种异化③的复归，即在否定自我、发掘对象深度的过程中回溯自我的深度，从而在审美经验的动态展开中实现主体与对象的共在（co-existence）。

在先验反思阶段，杜夫海纳以对审美经验的现象学描述为基础，进一步探寻其得以发生的可能性。在此，审美对象不但作为万物之一与主体处于同一个世界之中，同时也因其所营造的"气氛的统一性"展开一个自足的世界。这一审美世界的形成不但吸收转化了现实世界的意义构成，更直接导源于创作主体的情感状态。这里的"情感状态"是指主体"存在于世界、同世界建立某种关系、揭示世界一个面貌和在世界上体验某些经验的某种方式"④，即主体在世存在（being-in-the-world）的体现。因此审美对象不仅表现为审美知觉的相关物，

① "审美知觉意向性"这一术语参考了尹航博士的相关论述，参见 尹航：《重返本源和谐之途——杜夫海纳美学思想的主体间性内涵》，中国社会科学出版社 2011 年版，第一章"审美知觉意向性——杜夫海纳美学思想的主体间性思维方式"。

② ［法］米·杜夫海纳：《审美经验现象学》，韩树站译，文化艺术出版社 1992 年版，第 217 页。

③ "异化"概念在杜夫海纳的文本中基本等同于"对象化"，并不具有明显的否定意义。

④ ［法］米·杜夫海纳：《审美经验现象学》，韩树站译，文化艺术出版社 1992 年版，第 163 页。

更因其所包涵的情感特质而成为创作主体的对象化(物化)在场状态,即"准主体"(the quasi-subject)。欣赏者也并非对物的观察者,而是见证审美世界不断显现的"同谋者"①。欣赏主体与"准主体"之间共存共在,相互构成了准主体间性的交流关系,前者认可后者并使自身居于其中,后者唤醒前者以完成自身。欣赏者在审美经验中完成了对世界现实性的还原,通过对审美对象的静观摆脱概念的束缚,重新把握先于主客二分的前思考的一致性,进而揭示出人的本真存在状态。

正是在这种建基于"经验—先验"模式之上的审美知觉意向性结构中,"审美对象是感性的辉煌呈现"这一命题获得了其基本语义与深层内涵。本文对此命题的分析将始终与这一理论整体相关,以凸显命题自身的重要意义。

二、概念释义

"审美对象是感性的辉煌呈现"这一命题包涵"审美对象"、"感性"与"呈现"三个核心概念,对这些概念的释义将有助于对命题整体内涵的把握。

(一)审美对象

在审美知觉意向性结构中,审美对象即"被知觉的艺术作品"②。这里的"知觉"并非一般的知觉,而是纯粹的审美知觉。二者之间的区别在于:一般知觉是围绕对象并最终扬弃自身的知觉,其所寻求的是"关于对象的某种真理"③,即将对象置于与其他对象的关系之中,将知觉获得的表象作为手段,进而达到认知或实践的目的;审美知觉则是沉入对象之中并严格遵守知觉自身限定的知觉,即"只愿作为知觉的知觉"④,其所寻求的则是"属于对象的真理"⑤,即

---

① [法]米·杜夫海纳:《审美经验现象学》,韩树站译,文化艺术出版社1992年版,第82页。

② [法]米·杜夫海纳:《审美经验现象学》,韩树站译,文化艺术出版社1992年版,第8页。

③ [法]米·杜夫海纳:《美学与哲学》,孙非译,中国社会科学出版社1985年版,第53页。

④ [法]米·杜夫海纳:《美学与哲学》,孙非译,中国社会科学出版社1985年版,第53页。

⑤ [法]米·杜夫海纳:《美学与哲学》,孙非译,中国社会科学出版社1985年版,第53页。

将知觉作为手段与目的的统一，发掘内在于对象形相(appearance)①之中的意义。因此只有被审美知觉把握的艺术作品才可称为审美对象。

之所以要将审美对象限定为艺术作品而不是拓展为一切可能引起审美经验的事物，乃是由于作为艺术作品的审美对象不但可以通过其自身的实在性与给定性引导审美知觉的构成活动，同时艺术作品与主体意识之间特殊的合谋关系还保证了审美经验原初的不可还原性。这两个方面的实现得益于艺术作品自身具有的自在自为两重特性：艺术作品的自在性即其作为万物之一的物质性，自为性是指其期待感性显现从而完成自身的"愿在"(want-to-be，vouloir-être)②性，这两重属性相互关联、相互作用，形成"自为的自在"与"自在的自为"两个向度。一方面，作为自为的自在，艺术作品在向知觉呈现的同时不依赖于主体意识的构成而存在。这意味着完成了的艺术作品与创作者的意志相分离而具有独立性，欣赏主体必须忠实地记录艺术作品的整体形相并在其引导下展开构成活动，同时也意味着欣赏者的审美知觉无法彻底把握艺术作品的全部存在；另一方面，作为自在的自为，艺术作品的显现，即得到审美知觉的把握，是其存在的唯一目的。在对艺术作品的审美经验中，艺术作品向主体呈现的过程即其实现自身的过程，这一过程在时间③中展开，先于一切分析与解释，具有不可还原的原初意义。可以看出，艺术作品的自在自为两重特性避免了将审美对象拓展为意识对象或想象对象可能带来的形而上学的悬设或心理主义的揣度，从而确保了审美对象作为知觉对象的纯粹性。

总之，在审美知觉意向性的结构中，审美对象就是被审美知觉所把握的艺术作品。

(二) 感性

"感性"(the sensuous，le sensible)是《审美》中的核心概念，其基本语义来

---

① 按：这里的"appearance"一词翻译为"现象"或"显象"似更为确切，此处仍以现有的中译本为主。参见：[法]米·杜夫海纳：《美学与哲学》，孙非译，中国社会科学出版社1985年版，第54页。

② [法]米·杜夫海纳：《审美经验现象学》，韩树站译，文化艺术出版社1992年版，第260页。

③ 这里"时间"的含义近似于柏格森的"绵延"(la Durée)，意指主体所经验的时间，具有境遇性与差异性，但较少心理主义的成分。相关论述参见[法]柏格森：《时间与自由意志》，吴士栋译，商务印书馆1958年版。

自康德哲学中与"知性"相对的"感性"(或感受性, Sinnlichkeit)范畴, 即以被对象刺激的方式获取表象的能力。而在《审美》中这一概念的内涵得到了拓展, 既被用来表述对象的可感性, 又被用来指称主体的感受性①。在本文讨论的命题中, "感性"一词主要使用前一含义, 用来指称艺术作品的物质材料。任何艺术作品都由材料(the matter)构成, 材料即感性。艺术作品的感性具有物质的完满性与形式的必然性两重特质, 主要表现在其与物质手段的关系之中。

感性由物质手段(the material)产生, 二者既相互区分又相互关联。首先, 感性与物质手段相互区分。物质手段作为一种媒介或载体普遍构成人的实践活动, 体现出诉诸行动的实用性与诉诸知觉的感性两重价值; 艺术作品则通过丰沛的形式将物质手段的感性转变为目的, 使其成为对象自身。这里的形式(完形)不仅指称对象的外部形式(轮廓), 同时也意味着通过自身的统一性形成的对象的内部规定性(风格)。艺术作品通过形式的统一性成为"意指的自然"②, 即超出自然盲目性的自然。这种自然性既保留了自然之物自在的特性, 又是对感性自为存在的佐证, 二者共同构成了感性的内在必然性。其次, 感性与物质手段又相互关联。感性产生于物质手段, 不但并未完全脱离其物质性, 反而对自身的物质性特征加以彰显。当审美经验发生时, 艺术作品的物质手段通过对其实用性的中性化(neutralization), 在充分展开其全部感性的同时将其自身作为"感性的依托和延长"③与感性结成一体。以音乐为例, 特殊的乐音(感性)由不同材质的乐器或演唱者的嗓音(物质手段)产生。当其作为音乐作品呈现时, 乐音通过其不可遏制的感性直接诉诸欣赏者的知觉, 而不同材质的乐器或嗓音则仿佛成为乐音的名称, 隐匿在审美经验之中。在此, 艺术作品通过对工具性的剥离揭示了物自身的本性, 从而获得了"感性的奇迹"④, 即感性自身

① "感性"(the sensuous, le sensible)的词根"sens"在法语中具有"意义"和"方向"两重含义, 因此"感性"不但意味着可被主体感知(客体方面), 也意味着一定的感知方式(主体方面)。英译版在此处为了避免歧义, 特别使用"the perceptible element"翻译前者, 以"the sensuous element"翻译后者。详见 Mikel Dufrenne. *The Phenomenology of Aesthetic Experience.* Translated by Edward S. Casey. Evanston: Northwestern University Press, 1973: xlviii, note 3.

② [法]米·杜夫海纳:《审美经验现象学》, 韩树站译, 文化艺术出版社 1992 年版, 第 117 页。

③ [法]米·杜夫海纳:《审美经验现象学》, 韩树站译, 文化艺术出版社 1992 年版, 第 340 页。

④ [法]米·杜夫海纳:《审美经验现象学》, 韩树站译, 文化艺术出版社 1992 年版, 第 116 页。

的完满性。这种完满性在其内在必然性的促动下期待甚至迫使欣赏者认可对象的存在，并与之构成审美经验。

感性并非孤立的概念，它既通过形式而出现，也使形式出现。感性的极致就意味着形式的充分发展。因此命题中的"感性"概念是指艺术作品具有形式统一性的物质材料，可以被欣赏者的审美知觉加以把握。

(三) 呈现

"呈现"是指艺术作品的感性向审美知觉显现其自身的过程。在审美经验现象学中，审美知觉通过呈现、再现，想象、思考和感觉三个维度与审美对象的感性、再现、表现三个层面相互关联、彼此深化。在艺术作品的呈现中，物的感性直接与人的感性——身体（le corps）①相关联。欣赏者的身体作为协和整体（synergic totality）②具有多样性的统一性，这种统一性不但意味着身体作为感觉的中枢将人的知觉相互关联，同时还意味着其具有系统性的完形结构。审美对象通过身体的统一性重建自身的统一性，并借此显现其自身："我变成了双簧管的尖细悦耳的音调、小提琴的纯旋律线和铜乐器的声响；我变成了哥特式尖顶的气势或绘画的协调色彩；我变成了词语及其特有的面貌，变成了当我念词语时词语留在我口中的那种滋味；我好像精神发生错乱，因为感性在我心中回荡，而我不可能是别的，只是感性表现的地方和它的势力的反响。"③在审美经验中，欣赏者向审美对象发生了异化，通过自失于对象的呈现之中获得自身在审美经验中的合法地位，并最终借助作品所展现的审美世界重新发现自我的原初特性，即摆脱概念与科学束缚的在世存在状态。在此，主体意识完全投入审美对象的世界之中，艺术作品的感性不可遏制地凝聚绽开，在审美知觉中实现了自身的完满性与必然性——此即命题中"辉煌"一词所意指的感性呈现的极致状态。

当然艺术作品的全部价值并不在于其对身体的刺激与呼召，相反，伟大的

---

① 关于"le corps"（身体）一词，Edward S. Casey 英译为"the body"，韩树站则译为"肉体"以强调其自然性。因"身体"一词在现代哲学美学中已成为涵义相对稳定的概念，故本文综合原文与中英译文，将"le corps"统一译为"身体"。

② Maurice Merleau-Ponty. *Phenomenology of Perception.* Translated by Colin Smith. London & New York：Routledge，2002，p. 369.

③ ［法］米·杜夫海纳：《审美经验现象学》，韩树站译，文化艺术出版社 1992 年版，第 263 页。

作品往往并不讨好身体，甚至对其加以限制。为此杜夫海纳特别指出审美经验中的身体并非仅是自然性的肉体，而是具有辨识审美对象的习惯与能力的身体。欣赏者的身体不但保留了自然性的成分，同时还负载了经验与训练带来的精神性、社会性成分，不但可以把握对象的感性，同时也能在感性之中发掘作品的意义。艺术作品的"辉煌呈现"是指其感性通过具有审美能力的身体知觉显现并借此完成自身的过程。

三、命题释义

通过对核心概念的释义可以看出，"审美对象是感性的辉煌呈现"这一命题的含义可表述为：艺术作品具有形式统一性的物质材料通过具有审美能力的身体知觉显现其自身从而成为审美对象。杜夫海纳对艺术作品面向主体意识的动态显现过程做出了细致的描述与分析，其所关注的依然是审美对象与艺术作品的关系问题，因此可以将这一命题看作是"审美对象是作为被知觉的艺术作品"①这一核心命题的次级命题。"审美对象是感性的辉煌呈现"这一命题具有以下三个方面的深层含义：

首先，美并不脱离审美经验而存在，美表现在审美活动之中。杜夫海纳将对美的分析导入对审美经验的研究之中，这一方面符合其所采取的现象学研究方法，另一方面也与现代美学"自下而上"的经验化理论进路相一致。将对美的探讨限定在审美经验之中，不但避免了将美的观念绝对化可能带来的独断主义倾向，也避免了将美视作"一切美的事物的共性"这种相对主义的判断，从而排除了理论的谵妄，使研究者真诚地面对事情自身，从而给予公正的判断。

其次，审美对象以艺术作品的静态结构为基础，通过动态的审美经验生成其自身。从命题可以看出，审美对象时刻与审美知觉相关联，其存在的在场化是通过不同的审美经验动态生成的。因此审美经验也并非孤立而分散的个体化行为，而是通过历时态(审美传统)累积与共时态(审美群体)聚集的交互作用构成审美的多样性。这种多样性虽然彼此相异，却并非绝然分别，连接种种经验的统一性即审美对象自身。作为艺术作品的审美对象通过自在的静态结构独

---

① [法]米·杜夫海纳：《审美经验现象学》，韩树站译，文化艺术出版社1992年版，第8页。限于论题，本文不对此详加阐释。相关研究可参见 戴茂堂：《杜夫海纳论审美对象》，载《湖北大学学报(哲学社会科学版)》1992年第2期。

立于意识之外，又通过"愿在"特性引导知觉活动的进行。因此审美对象在不同的主体意识中生成，又将其统一于自身。甚至可以说，真正的审美对象与宗教活动中的神祇相似，在审美经验中行使其"至高无上的统治权"①。

最后，审美对象的美表现在对自身物质性的彰显，而不是对某种理念的表征。这一点可以通过与黑格尔美学思想的简单比较见出其特点。二者都将美学研究领域限定在对艺术的考察中，认为艺术美较之自然美更加纯粹，但在核心观点的具体表述上二者却存在较大差异。黑格尔艺术哲学的核心命题即"美是理念的感性显现"。美作为具体化的理念显现自身，艺术作品表现美的程度与其内在的精神性因素的多寡相关联。反观杜夫海纳的观点可以发现，艺术作品之所以具有审美意义，首先在于其自身物质的完满性与形式的必然性，精神性的因素只有通过完美表达的物质自身得到把握。或许正如杜夫海纳本人所认为的那样："黑格尔宣称的艺术的灭亡——他认为这是由于上帝之死和绝对知识的出现——大概意味着一种在自身之外无可表现的真正艺术的复活。"②这里的"真正艺术"即以自身的显现为目的的艺术，它的意义深深地根植于其感性的显现之中，而并不来自于其所表现的外在之物。杜夫海纳的独特之处在于对艺术作品物质感性的凸显，有别于德国古典美学对精神性因素的强调。

四、结语：杜夫海纳美学思想的时代特征

现象学在20世纪法国哲学的发展中经历了四个阶段③：第一阶段（20世纪初至二战前）为新观念论（布伦茨威格）与生命哲学（柏格森）主导时期，此时主要以引进德国现象学为主；第二阶段（二战前至60年代初）为萨特、梅洛-庞蒂的现象学—存在主义占据主导地位的"3H时代"（"3H"指黑格尔、胡塞尔与海德格尔）；第三阶段（60年代初至70年代末）为结构主义（列维-斯特劳斯）与后结构主义（福柯、德里达等）主导时期，现象学渐趋衰落；第四阶段（80年代以来）为多元共生时期，现象学逐渐复兴（列维纳斯、利科等），后结构主

---

① ［法］米·杜夫海纳：《审美经验现象学》，韩树站译，文化艺术出版社1992年版，第188页。

② ［法］米·杜夫海纳：《审美经验现象学》，韩树站译，文化艺术出版社1992年版，第10页。

③ 对20世纪法国哲学四阶段的划分参考了杨大春教授的相关研究成果。详见杨大春：《20世纪法国哲学的现象学之旅》，载《哲学动态》2005年第6期。

义、后现代主义(利奥塔、布尔迪厄等)等理论形态均具有一定的话语权。杜夫海纳的审美经验现象学诞生于第二阶段,表现出明显的时代特征:它以梅洛-庞蒂的知觉—身体理论和存在主义立场为直接依托,融合柏格森的生命哲学话语和海德格尔的"此在"思想,并通过新康德主义与新黑格尔主义的研究成果重新发现了德国古典哲学美学的时代价值。这些特征共同融入其对审美经验的细致分析中,并通过核心范畴与命题的凝聚得到集中表现。

杜夫海纳的美学思想有其自身的限度。首先,这种限度表现为现象学理路自身的缺陷。现象学方法往往以其严格的规范与精致的运思呈现出研究对象全新的面貌,但与此同时,因其热衷于描述而忽略了对问题的阐释,从而使研究渐趋深细逼仄,难以回应更为普遍的存在追问。杜夫海纳尽管在前期主要投身于现象学的研究,但后期却转而研究自然哲学,尝试解答更为根本的美学问题(美与人的存在之间的关系等)。这种理论的转向从一定程度上说明了现象学方法自身的限度。而且,这种限度还表现在杜夫海纳理论形态的博杂上。虽然"3H"时代的思想形态大多融合了两种以上的思想成果,但由于杜夫海纳试图用"情感先验"概念揭示审美经验可能性的处理方式具有了先验哲学倾向,导致其现象学研究的纯粹性始终遭受诟病。尽管如此,杜夫海纳对审美经验的深入研究依然具有启发性,而这些思想的生长点就聚集在对其核心概念与命题的分析阐释之中。

(作者单位:武汉大学哲学学院)

艺术与设计美学

马家窑文化彩陶圆圈纹的文化内涵[①]

喻仲文

学术界一般认为，马家窑文化可分为马家窑、半山和马厂三种类型，马家窑文化的彩陶在中国文化发展史上占有重要地位。从彩陶装饰上说，马家窑文化最富特征的纹饰就是蛙纹，学术界对此也颇为关注，对其所蕴含的文化意义，一些学者也从图腾崇拜、祖先崇拜或生殖崇拜等角度作出了诸多解读。除了蛙纹外，在马家窑文化中，还广泛存在着一种比蛙纹更神秘、更晦涩难懂的圆圈纹，它们常与蛙纹、漩涡纹等相伴随。如何看待这些变化多端的圆圈纹，国内学术界大多只作形态学方面的分类。即使一些学者试图对这些圆圈符号的文化意义予以解释，也因无视不同类型圆圈之间的差别，忽视人类学、符号学、图像学等理论知识的综合运用，其结论往往要么隔靴搔痒，要么因过度解读而丧失说服力。

尽管现代科学技术可以在一定程度上还原原始先民的相貌、饮食、族群以及自然环境等生产和生活条件，但我们对他们依然知之甚少，尤其对他们的精神世界，如他们的思维方式、人生观和价值观等，我们所了解的则更为贫乏。就马家窑文化的圆圈纹而言，许多学者认为，所有的圆圈纹都具有相同或相似的含义，丝毫不管它们在细节以及具体情境上存在着多么大的差异。从现代人类学的观点看，在符号的使用上，原始先民的表意系统可能比我们想象的要复杂得多，许多图像看起来或许差别不大，可能意义相去甚远。譬如我们在澳大利亚土著那里，同一个圆形可以表现母亲、乳房、营地甚至水[①]。北美印第安

---

① 教育部 2010 年人文社会科学青年基金项目"先秦艺术思想史研究"阶段性成果。项目批准号：10YJC760092。

① Nancy D. Munn. *The Spatial Presentation of Cosmic Order in Walbiri Iconagraphy*, *from Primitive Art and Society*, edited by Anthony Forge. Oxford University, 1973, p. 195.

人也是如此，同样是三角形，有时表示蝙蝠，有时表示鱼，有时则是蜜蜂。①
基于此种认识，以不同方式予以装饰或组合的马家窑文化圆圈纹，其所指可能
有微妙的变化。下文拟通过对马家窑文化圆圈纹的文化含义的解读，以揭示原
始先民的生命信仰。

一

马家窑文化的典型圆圈纹大致可以分为三种：(1)"网状圈纹"(见图1、
图2)，即圆圈内填满网状装饰；(2)"漩涡圆圈纹"(包括漩涡同心圆圈纹与卵
点圆圈纹)；(3)"十字圈纹"，即在圆圈纹内有一"十"字形。这几种类型中，
还有一些变体，我们在下文的论述中会有所论及。

我们先看"网状圈纹"，其最常见的形象就是如图2所示，一个以网状纹
填充的圆圈。关于它的含义，国内学术界有多种说法，有的学者认为它是
"鼓"的象征，并一进步断定它就是雷纹，有的学者认为它是"子宫"的象征。
有的认为它是"宇宙卵"(cosmic egg)。也有的学者认为它是太阳纹。每一种说
法都有相应的道理，但它们最大的缺陷是常常局限于形象上的简单类比，把那
些不符合其假设特征的图像人为筛选掉，以证明自己的结论。譬如倪志云从网
状纹圆圈与鳄鱼皮鼓的相似性出发，论证圆圈纹即是"雷"的象征，其立论的
起点就是错误的，结论肯定也不会正确，这一点已有学者指出。户晓辉认为圆
圈纹"都是对以蛙为代表的动物子宫、人的子宫、植物的子宫以及地母的子宫
之浑圆多产的象征表现"。这种看法的合理性在于，他从图像事实出发，正确
判断了马家窑文化彩陶的圆圈纹起源于蛙腹，但可惜的是，他没有对赵国华在
《生殖崇拜略论》中所提出的"子宫论"作出批判和反思，使他的结论过于离谱
了。无论如何，"子宫"的概念绝对不是原始先民所能够理解的。

为什么我们首先要将网状形圆圈纹提出来，就在于它是马家窑文化彩陶纹
饰中圆圈纹的祖形。我们只要通过图像的对比就一目了然。图2的圆圈纹是马
家窑文化的典型网状纹样圆圈，把它同图1和图3相比较，可以看出其原型就
是图1的蛙腹，当然，它也是青蛙(按：一些学者认为应该称为"蛙神")的象
征，这正如一些原始文化中用女阴三角来表示女性一样。网状纹样圆圈源自蛙
腹，表示青蛙(蛙神)，这应该是不存在疑问的。图1蛙腹内被"蛙卵"充满，

---

① Franz Boas, *Primitive Art*, Capitol Publishing Company, Inc. 1951, p. 89.

因而成为圆形。每当产卵的季节，青蛙的肚子确实是圆鼓鼓的，这是符合青蛙的生物学特征的。在马家窑彩陶的另一个青蛙图像中，青蛙的周围，有一些已产出的黑色的"蛙卵"。再结合图1对圆形"蛙腹"中"蛙卵"的描述，可以推断，蛙腹的"网状纹"就代表着"卵"。图4则清晰地表明了圆圈中的蛙卵形象。那么，为何用网状纹来表示"蛙卵"呢？笔者认为，这可能同原始先民的表达习惯有关，更有可能的是，它是蛙卵实际形象的写照。春暖花开，青蛙将卵产在水中，"蛙卵"就如一张张编织的网漂浮于水面，黑色的卵点缀于其间。在半坡彩陶中，也有用此种纹样填满鱼身的例子。所以，图2中的圆圈纹是充满"蛙卵"的蛙腹，它与该罐上的妇女形象组合在一起，是有生殖崇拜及生命祈祷的含义的。

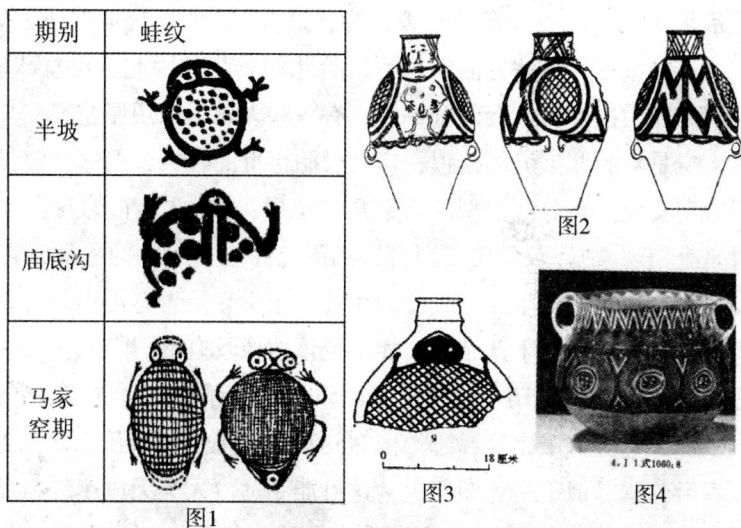

图1

图2

图3

图4

图1，采自严文明：《甘肃彩陶的源流》，载《文物》1978年第10期

图2、图4，采自青海省文物管理处、中国社科院考古研究所：《青海柳湾》(上)，文物出版社1984年版，第117页、图版八八

图3，采自甘肃省文物考古研究所：《秦安大地湾》(上)，文物出版社2006年版，第511页

关于图2中的女性形象，一些学者认为是再生母神(叶舒宪)，一些学者认为是女阴崇拜(户晓辉)，笔者以为这都是过度阐释的产物。该图像虽突出描绘了女性的生殖器官，但它表现的只是一个女性用手捧着自己的肚子，显然

是正在生产的女性形象。在其他的原始文化中，也有许多手捧乳房的女性形象。这是一个较为写实的手法，同神圣性的女神形象无关。相反，她应该是被祈祷、被保护的对象。该图像上的圆圈纹倒是神圣的象征，它是庇护神及被崇拜的对象。对于史前的艺术，我们常陷入一个误区，以为凡是裸露的女性，一定是女神（Goddess）或母神（Mother Goddess），事实上往往并非如此。在该女性图像的背面，有一个蛙纹，该女性的左右两边，是象征丰收、多产的蛙腹（蛙神），这几种图像的组合传达出这样一个信息：远古先民祈祷着在"蛙神"的庇佑下，女性能够顺利生产和多产。更进一步，它可能也是对整个部落或氏族生产、繁殖的祈祷。在澳大利亚的原始艺术中，也有相似的形象（如图7、图8），该女性被鱼环绕，有鱼儿从其生殖器官中产出，这无疑是生产和繁殖的象征。图7中的形象也是女性生产的姿势。这种形象不仅在欧洲史前，在环太平洋地区都是广泛存在的。有的学者认为，这种"蹲坐势"（squatting position）是生育、生产的象征，另一方面它也类似胎儿的姿势，因此，也意味着再生，生命的循环。在中国原始社会的墓葬中，有一些人死后采用屈肢葬，一些学者认为，这大概是对胎儿姿势的模拟，含有投胎再世的含义，但这种解释恐怕不适用于马家窑文化。在马厂类型的马家窑文化中，"主要流行仰身直肢葬，曲肢葬不过是个别现象"。仅就图2而言，圆圈纹是生产丰收的象征，它和女性生产形象的组合，表达对生产、生命的祈祷。至于它是否有再生、生命循环的含义，笔者觉得不能贸然下此结论。如果说该图像具有"再生"（rebirth）含义的话，可能也同"胎儿式"的蹲坐毫无关系，而与蛙崇拜有关。在马家窑彩陶中，蛙之所以被作为一种神灵崇拜，恐怕依然同其生物特性分不开。青蛙在冬天蛰伏冬眠，春天苏醒，似乎是死而复生，这可能令远古人类无比迷茫和崇拜。正是如此，蛙崇拜不仅在中国，在环太平洋地区也广泛存在，它是一个有关生殖、丰收和生死循环的普遍命题。在一些国家和地区，他们将蛇而不是青蛙作为崇拜的对象，其基本思维是一样的，因为蛇也是冬眠和产卵的动物。至于在中国的某些神话传说中，青蛙可以治病，甚至能使人起死回生，这种观念可能比较晚出，它在原始社会应该不会存在，即便存在，也不是青蛙崇拜的原因，而是这种崇拜的结果。更有可能的是，它不过是后人因青蛙崇拜而臆造出来的传说。从这个角度说，马家窑文化的蛙崇拜比半坡彩陶文化的鱼崇拜、庙底沟文化的鸟崇拜在哲学思维上更进一步，即马家窑文化开始关注生与死的关系这个更深层次的哲学问题。因此，图7、图8中女性生产的图像有没有"再生"的含义？这还不能够确定，该器物是收集品，没有具体的出土信息，我们对其知之甚少，从其图像本身看，笔者更倾向于它表达的是对生殖的崇拜和生命、丰收的祈祷。

图5 土谷台M53

图6

图7

图8

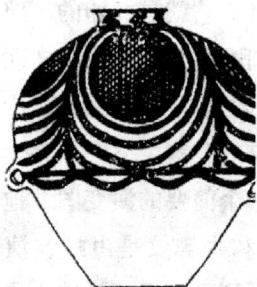
图9

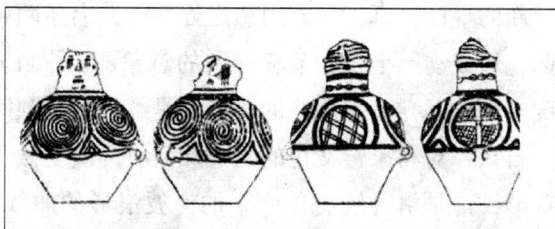
图10

图5，图6，采自李水城《半山与马厂彩陶》，北京大学出版社1998年版，第93页

图7，图8，采自 Luis Pericot-Garcia & John Gallaoway, *Prehistory and primitive art*, Harry N. Abams, Inc. 1967 p253 、p306

图9，图10，采自青海省文物管理处、中国社科院考古研究所《青海柳湾》(上)第74页、第117页

除网状圆圈纹之外，另有一些如马赛克纹和菱格纹等装饰纹样的圆圈(见图5、图6、图9)，西方有些学者将中国境内的这些方格状的纹样视为"被耕作土地"(tilled field)或"大地母亲"(Mother Earth)。从直观上看，它们似乎与被耕作的阡陌纵横的地块相似，但如果结合图像学的演变序列，这种看法恐怕就是对原始社会农业的浪漫想象了。有学者根据器物的形态学演化序列，明确指出这些纹样就是由网状圆圈纹样演化而来。在半坡彩陶中，鱼纹经过一系列的变形简化，最后成为黑白相间的三角形纹。这种相似的表达方法也在巴西印第安人的艺术中广泛存在，他们用黑白相间的三角形或菱形表示鱼，这种表意符号也并不是随意为之的，而是由最初的写实图像一步步演化而来。在图10

中，左边两个是几个图像的对比也可以看出，螺旋圆圈纹和网状、菱格状的圆圈纹之间，是肯定存在联系的，它们其实就是某一观念的不同表达方式，当然，除了象征生殖、繁衍和丰收以外，它们之间也存在细微的差别。关于这一点，下文将有所论述。

二

在马家窑文化的彩陶中，还有一种螺旋圆圈纹，在漩涡的中心常有同心圆圈和卵点圆圈。从图 5～图 10 可以看出，同心圆圈其实也是蛙腹的另一个种表达方式，在它的中心，有时有黑色的卵点，有时则没有，比照相关形象，不难看出，黑色的卵点就是蛙卵。卵点圆圈一般尺度较小，它就是蛙卵的写照，象征着新的生命。真正让人困惑之处在于，上述两种圆圈常常同旋涡纹样联结在一起，形成动感十足，节奏强烈的意象（见图 11），这种形象又蕴含着什么含义呢？因此，弄清螺旋纹的含义，是解读螺旋圆圈纹的关键。

石兴邦对马家窑文化的主要几何纹饰演变做了一个简要的演变图，他认为螺旋形纹饰是由鸟纹变化而来的，波浪形的曲线纹和垂幛纹是由蛙纹演变而来。这种判断是欠妥当的。其实，从他制作的演变系列看，螺旋形纹也可以作

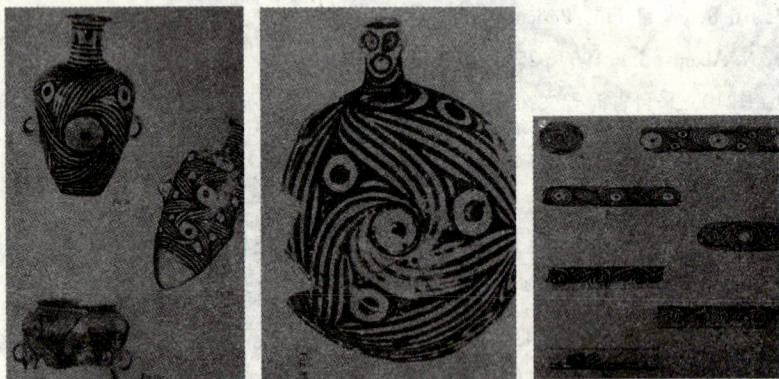

图 11

左、中：采自 Luisa G. Huber, *The Traditions of Chinese Neolithic Pottery*, The Museum of Far Eastern Antiquities（No. 53）

右：采自 Bo Sommarström: *The Site of Ma-kia-yao*, The Museum of Far Eastern Antiquities（No. 28）

为蛙纹演变的结果；反之，波浪形纹和垂幛纹同样可以视为鸟纹演化的产物，也就是说，完全可以做出一个同他的结论相反的演变序列。这说明一个什么问题呢？对于史前艺术中那些抽象的装饰图案，纯粹采用单线式的描述，可能会产生较大的误读。很多时候，抽象图案并不一定就来源于某个现实性的题材，需要对其做具体的分析，尤其是在马家窑文化的时期，中国先民已经形成了较为发达的抽象思维，完全有能力根据一定的概念创造出与现实毫不相关的抽象图像。其次，通过历史的积淀，很多抽象图像都是在无意识或世代相传的基础上创造出来，离它的原型已相去甚远，或者在各种因素的影响下，即使有一个原型，但其所蕴含的含义已无从追寻。就中国彩陶纹样看，漩涡纹的出现比圆圈纹早，在半坡时期，漩涡纹便已存在。一些学者认为它是对水中漩涡的模拟，当然这种看法也受到了另一些学者的质疑。笔者认为，马家窑文化的漩涡纹并非来源于现实，而是某种观念的产物。譬如，对于北美印第安人所制作的图案，Hjalmar Stolpe 认为，其中很多几何形图案并不一定源自现实生活的观察，而肯定是某种象征表达的产物。汤普生也在引用金基德的论点时表达了这种意见，他认为漩涡纹表达的是一个"过程"，即宇宙卵生成、诞生的过程。笔者非常认同这种观念，但不太同意他将漩涡纹中的卵点看作"宇宙卵"（cosmic eggs）。"宇宙卵"观念在古印度及中国南方的少数民族等地方是存在的。在古彝文中，"宇宙"就是用○⊙表示，⊙表示宇宙卵，天地日月及万物都由此卵所生。在西南少数民族使用的铜鼓中，○⊙符号亦经常出现，如图12，一些学者认为它就是蛙卵。蛙卵和宇宙有何关联呢？众所周知，在世界各地的宇宙起源学中，存在着广泛的卵生说。彝族的某些支系崇奉青蛙，以青蛙为图腾，不仅人由蛙而生，世间的万物也都是由青蛙而来，因此，就这种文化而言，蛙卵和宇宙卵可能并没有实质的区别。但对于马家窑文化而言，可能还不存在如此发达的宇宙起源观，那里的"蛙卵"可能仅仅表示生死循环的场所，随着时间的推移，它可能会演化为宇宙卵，形成较为精密的宇宙起源理论，但我们尚不能贸然断定马家窑文化的⊙图像意味着"宇宙卵"。很明显，这种宇宙起源的观念是比较晚出的，仰韶文化时期的先民是否形成了那种宏大、复杂的宇宙观，很值得怀疑。因此，在马家窑文化中，那些漩涡纹中点缀着的圆形卵点，它们是蛙卵，是新生命的象征，这一点我们在上文已有说明。这些符号常常被包围在一个比卵点稍大的圆圈之中，形成同心圆圈或卵点圆圈（见图11右）。圆圈是"蛙神"身体之象征，因此，它意味着生命居于蛙神的身体，并处于其保护之中。

图12　四川会理出土的一面铜鼓

那些卵点圆圈也常与漩涡纹联结在一起。以图11为例，在螺旋形切口处，点缀着卵点圆圈，这象征着新的生命在不断地生成，也意味着生命不断涌现的律动和欢欣，它可能也意味着对强盛的生命力的祈祷。这种不间断的旋转，也是生命不断循环、再生的象征。我们可以从人类学的研究中寻求一些证据。这种螺旋形圆圈纹在法国南部的旧石器时期便已存在，一些学者认为，它们最初可能是狩猎时期的人们的地图标示（Road Map），表示动物经过的路途，或部落所在地。美国的印第安人则不用圆形，而用三角形表示营地、帐篷。在澳大利亚的土著那里，他们也以圆形或螺旋形的圆圈表示部落营地、仪式的场所，或祖先、文化英雄往返、漫游的途径（path），这些螺旋形圆圈也常常刻划于用作仪式的木雕人物身上，而这些木雕，就是祖先的偶像，它们是生命力和丰收的保护神。在印度，螺旋形圆圈被用来象征永恒的宇宙节奏：这种宇宙节奏是通过一个带有中心的螺旋线或通过同心圆圈来暗示的，它们也暗示着"时间的循环"（cyclical time），即没有开端和结尾的卡拉-卡克亚（Kāla-cakra）。

在中国民间的信仰中，也保留着类似的残余，如当一些萨满巫师需要进入另一个神界或鬼界时，他们常常要画螺旋形的圆圈，以表示进出的通道，或是通过舞蹈的旋转达到这个目的。中国北方少数民族的《萨满教院书》就写道："上天的萨尔图们，在高高的上天飘游，从东到西，夜里漫游。……如云似雾，其数无计，盘旋着降临，为何而降临，为这属猴的小孙而降临。"神灵为何盘旋着降临？这和萨满教的宇宙观有关。在萨满教的基本观念中，宇宙有"三界"，神灵居于上界，生灵居中间，鬼灵居下界。三界之间都有通道相连，如阿尔泰地区的塔塔尔认为，大地的中心有一个圆，萨满可以由此降到下界或爬到上界；布里特人认为天幕中央立有一根天柱，萨满可以由此往来于天地之间……有的民族认为宇宙三界之间有一个相互连接的中心轴，这根中心轴穿过的是一个"通道"，萨满通过连接宇宙三界的特定通道，即可到天界或地界旋行。无论是神灵的盘旋着降临，还是萨满灵魂的盘旋上升，或其他的通过"宇宙树"的降临方式，都是人界和神界或鬼界相互区分的产物。

综合以上论述，对螺旋形圆圈纹功能之解释，无外乎两个要点：(1)它是"道路"，是地图的标示；(2)它是时间的循环和空间的转换。这两点是紧密联系的：螺旋式的圆圈既标示一定的空间，它也是时间展开的场所，体现了空间和时间的相互转换和统一，因此，它作为一个静止的符号，却具备了叙事功能。在史前时期，在文字还没有诞生之前，人们只能通过符号，通过静止的图画来叙事。在中国的汉代画像石中，人们创造了连环画的叙事方式，通过一连串的图画来进行历史叙事或宇宙学叙事。但在马家窑文化时期，无论是智慧还是技术手段，都不能胜任这一工作。螺旋形的圆圈以静与动的统一，初步克服了图画中的时间和空间的二难困境，使其在一定程度上达到了宇宙学叙事的滥觞。马家窑时期的原始先民对于螺旋纹圆圈的广泛使用，也同他们对宇宙及生命的看法有关，即活人和死人的世界，生与死的循环，螺旋形就是两个世界、两种生命状态的转换通道，生即是死，死即是生。在蛙神的庇佑之下，这两个过程都不断循环。因此，即便是死亡，也充满着对再生的喜悦，这就是那些充满动感的螺旋纹之所以能够所传达出欢欣和活力的原因。

从考古发掘的墓葬看，马家窑文化时期的人们至少将世界分为两个：一个是人生活的世界，一个是神灵(魂灵)，两个世界具有相互沟通、相连的渠道。在半坡时期，人们通过圆孔进到了灵魂世界，但这个世界在何处，如何进入，好像还没有一个较为明确的概念，在抽象思维方面，马家窑文化的彩陶很明显地表现出相当大的进步，它不仅清晰地表述了另一个世界存在的场所(蛙腹)，还发展出两个世界相互联通的方式和道路。在湖南长沙发掘出土的战国时期的楚墓帛画则进一步简化了两个世界沟通的方式，墓主人只需乘坐龙或在龙的指引下便能"升天"，这或许表明，在中国楚文化同马家窑文化之间，可能存在着某种程度的联系。

除了螺旋形的圆圈纹外，还存在着另一种生死转换和生命繁衍的通道，下文将对此予以讨论。

三

十字圆圈纹是马家窑彩陶纹饰中一个十分重要的文化符号，遗憾的是，这种圈纹很少被学术界注意，其首要原因恐怕是因其过于抽象、神秘，对其予以解读的难度较大。其次，它最经常出现的场合就是十字纹连续纹样，或在器物的底部出现，因此误以为只是一种纯粹用于装饰的圆圈而被忽略。该图案的成熟形式是⊕⊗，它们在半山和马厂型彩陶中反复出现。在笔者看来，这种符号更进一步反映了马家窑文化在宇宙观上的新进展。

在图13中，我们看到，在女性浮雕头像的左右两边各有一个十字圆圈，这表明该圆圈可能是一个含义独特的图像符号。这种符号在半山和马厂彩陶中较为常见。通过对比不难发现，图14、图15、图16的十字形是图13较为朴拙的形式，因此，正确阐释图14是理解十字形纹含义的前提。在图14中，圆圈中的"十"字由横竖各两条直线垂直交叉构成，交叉处一个黑色卵点。这种图像在马家窑文化彩陶中可以看到多种变形。

我们可以看到，在图14、图16中，卵点不仅位于圆圈的中心，整个十字纹圆圈都被置于陶盆的底部中心，它整体上也极似一个盆底的圆孔。在西安半坡及甘肃秦安大地湾的瓮棺葬里，盖在瓮棺上的陶钵或陶盆底部有小孔，这可能就是灵魂出入的通路。这种现象在法国、英国、克里亚、高加索、巴基斯坦、瑞典的巨石建筑的墓中也有出现，在这些墓的入口的地方，常凿一个方形或圆形的小孔，一般认（为）是供灵魂出入的。与此类似，陕西姜寨一期出土的一些瓮棺葬具的盖上也凿有1.5~2cm的孔径圆形孔。在马家窑文化彩陶器物底部的圆圈纹或许同这种观念有关，它们很有可能是瓮棺上圆孔的图像化和视觉化，但在生死观念的表达上更复杂。青海柳湾马厂型墓葬中出土了一个陶盆，部分地印证了这一想法。与一般陶盆将圆圈绘在盆底内的中心不同，在该盆盆底的外部中心处，镂刻一个十字，十字的交叉处镂刻圆点（如图17、图18）。这种独特的方式似乎透露了特殊的信息，即它可能和灵魂的出入和通道有关。

从考古报告看，在瓮棺棺具上钻孔，似乎只用于夭折的婴孩葬俗。这种现象说明，这些早逝的魂灵是要归于它的起源，进入另一世界再重新转世的。在中国汉族许多地方的民间信仰中，那些早夭的婴孩，会回到另一个世界，等待投胎转世。对于夭折的婴孩，人们一般直接将其掩埋，勿须葬仪和法事超度。

图13

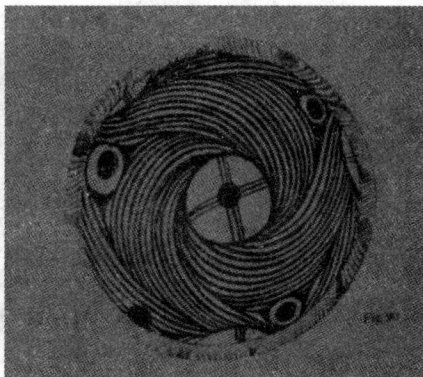

图14

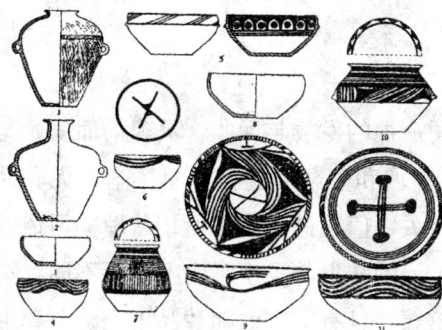

图15

图16

图 13，采自 Jessica Rawson. *Mysteries of Ancient China*，British Museum Press，1996

图 14，采自 Luisa G. Huber. *The Traditions of Chinese Neolithic Pottery*，The Museum of Far Eastern Antiquities（No. 53）

图 15，青海省文物考古队：《青海乐都县脑庄发现马家窑类型墓》，载《考古》1975 年第 6 期

图 16，甘肃省博物馆文物工作队：《兰州马家窑和马厂类型墓葬清理简报》，载《文物》1975 年第 6 期

但对于成年人而言，这些仪式则是必不可少的。在萨满教盛行的中国某些少数民族地区，也依然保留了一些古老的灵魂观。一些民族认为不是所有人的灵魂都能返回灵魂的神灵世界，只有那些"还没有来得及长大成人的婴儿灵魂会返回到创造它的乌麦神那里重新转生。……灵魂的循环往复取决于掌持生命力和

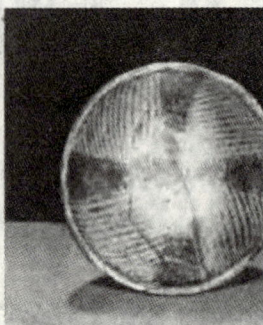

6.888；4

图17   图18   图19 武威皇娘娘台遗址出上

灵魂支配权的女神乌麦妈妈，借助司命神的发放与回收，灵魂周而复始与各类形体结合，使得万物生生不竭"。在半坡和姜寨的瓮棺葬里，基本无葬品，是否同他们相信这些婴孩会很快重生有关，值得进一步思考。从埋葬习俗看，在半坡、姜寨和马家窑文化之间，在灵魂的转世与重生观念上有所不同，马家窑的儿童墓葬采用了同成人一样的木棺葬，且有丰富的随葬品出土。墓葬中出土的那些彩陶器具底部所绘的圆圈纹，它作为瓮棺葬葬具上的圆孔及其功能的替代品，已经扩大到成人的丧葬仪式，这表明重生转世的生死观和宇宙观已经广泛渗透进马家窑文化，即通过一定的具有巫术功能的符号可以达到两个世界的交通和连接。由于思想的进一步复杂化，又以十字圆圈这种更为精密的表达方式来表达生死循环及生命繁衍不息的观念。圆圈是"蛙神"的象征，生命和灵魂都居住于此(见图19)。圆圈中心的卵点是蛙卵，它是生命的象征，这里既是生命的起点，也是生命的终点，即它是生与死的归宿，生命生于斯，死后亦归于斯，生命就如此在蛙腹中回还往复。那么，那些看似简单，却充满神秘的十字或双十字交叉形是什么意思呢？

在澳大利亚中西部的瓦尔比利(Walbili)土著部落那里，还可以看到相关原始思维的影子。他们有一种叫做 Dreaming 的仪式，该仪式旨在唤醒死去的祖先，使其从另一个世界来到现世。在这个仪式中，他们画一个圆圈(有时是螺旋形圆圈)，圆圈中心再画一个小圆洞，有一条"直路"(straight path)从该中心达到圆圈之外(见图20)，他们将其叫格鲁瓦里(guruwari)。在这个圆圈形象

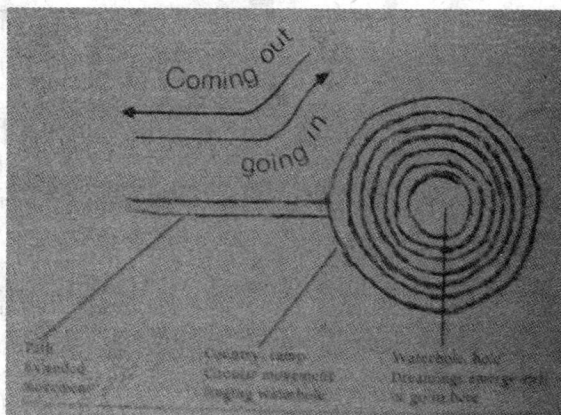

图 20

中，圆圈既是母亲的象征，也是营地（camp）的象征，其中心的圆洞是祖先所在之地，祖先死后就归宿在此。小孩也是由这里出生，因此它也是生命之源。其中心是生与死的源头和归宿，而通达中心的直线就是生死往来的通道。正如 Nancy D. Munn 所言："我们可以将圆圈和线视为'过去'和'现在'之关系的空间模式。"瓦尔比利人的圆圈图画格鲁瓦里（guruwari）表现了一种生与死、过去与现在、"进"（going in）与"出"（coming out）"外部"与"中心"等二元对立的思维，又通过直线连接了两个世界（现实世界和死人世界），两个事件（生与死），两个时间（过去和现在），使二者能够在这个时空的通道中自由转换和循环，这很明显是一种生命的宇宙学叙事。在澳大利亚西北部的一些土著民那里，则以另一种表达方式传承着相似的思维，他们认为，生命及生命力都源于蛇，"神人同形的存在物，人类的祖先、雨水、灵魂（wondjina）以及植物、动物都产生于蛇。所有描述蛇的图像都是精神性的物质存在，动物、植物的力量和灵魂都从这些图像中散发出来，死后又返回到蛇的身体里面。人类的灵魂，他们的 jajarus，都与这些图像相关，甘泉（springs of water）也与之相连。同样，它们在死后也返回到那些图像之中，等待转世（incarnation）新生。"在古印度，生与死也是由通道进入的，不过印度的生命通道不是道路（path），而是神直接进出于神的身体器官。《他氏奥义书》记载："肚脐是那至关重要的空气，空气向下运动，最后消失死去。圆圈代表生殖器（organ of generation），种子即诞生于此，水则从种子里流出。"这个过程是可逆的，即死亡变成空气，向下运动进入肚脐，水变成种子进入生殖器官。这种思维方式比澳大利亚的土著居民要复

313

杂,但有一点是共同的,即生与死都在某个场所实现循环。从上述例子虽然是境外民族学和人类学的证据,但就原始思维而言,世界各地的不同原始文化都是极其相似的。美国人类学家弗兰茨·博厄斯在其《原始艺术》的"前言"里明确指出:"人类的精神进程(mental processes)在任何地方都是一样的,不管它是何种族、何种文化,也不管其信仰和习俗多么荒谬。"他认为,由于物质环境、地理环境以及传统、习俗的影响,民族文化的差异在各地也显现出来,但博厄斯认为,不要以为当代人在思维方式上同原始民族有多么不同,很多时候,我们的想法和他们是一致的。不可否认,当代人和原始民族在思维上确有很多相似之处,在人类的童年时期,人类思维都呈现出普遍的相似性,譬如蛙纹及蛙崇拜,它不仅在欧洲、中亚的远古时代广泛存在,迄今在北美的印第安人、东南亚以及中国部分地区的民间信仰中,依然保持着强劲的生命力。

上述人类学的材料可以为我们解读中国史前艺术提供借鉴和启示。中国文化源远流长,远古时期的诸多习俗和思想遗产都在历史的长河中涤除殆尽,难觅踪迹。但类似于澳大利亚土著的以"道路"(path)作为生命往来之通道的现象也是存在的。在中国西南彝族的文化传统中,也还保留了一些相似的宇宙观。根据学者研究,彝族人认为他们的祖先在北方,人死后返回到祖先生活的地方,而且在他们制作的用于送祖灵升天的旗帜"纳觉额"上,就综合了"十"和"卐"两种纹样,"在彝族先民的观念中,宇宙是静与动的结合。由西东(左右)'—'和北南(上下)'丨'交叉表示的宇宙四方'十'也就是宇宙天体本身"。彝族文化中的"十"既意味着宇宙四方的道路,在葬仪中,它又具有引导、保护祖灵升天的功能。在日常生活中,该符号还具有避邪、祈福的功能,将其画在小孩的额头上,可以作为孩子平安健康的保护。学术界一般认为,彝族是羌族的后裔,马家窑文化则被认为是羌人的文化遗存,彝族对这种符号的运用是否继承了马家窑文化的遗风,是值得探讨的。但这毫无疑问给我们一个启示,在古老的文化中,"十"字之所以能成为巫术意义的符号,同其属于祖先灵魂的通道有关,因此,使用此符号,便能得到祖先及时的庇护。吉林曾经出土有靺鞨族的萨满腰饰铜牌,据学者描述,这些腰带牌饰保留了古老的透雕传统,又融入本民族的审美意识和宗教信仰符号,"之"字纹象征蛇类,竖条纹象征通天,十字纹意味着通四方,"十字形托加上高枝立鸟,表示萨满能通达四方天地之神。"不难看出,无论是彝族的十字符号,还是靺鞨族的萨满信仰,"十"字是道路的象征,是灵魂往来的通道。而它又如何同"灵魂"相关呢?在图19甘肃武威皇娘娘庙出土的一个彩陶盆上,我们可以看到,在一个十字路

图21 吉林扬屯靺鞨墓出土萨满牌饰

冯恩学：《考古所见萨满腰铃与饰牌》，载《北方文物》，1998年第2期

的四角，各刻画一个蛙纹，其头部都指向十字的中心。在马家窑文化的彩陶中，有的圆圈中不是一个十字架，而是两条垂直相交的"路"，交叉处是一个黑色的卵点，卵点是生命的象征，它既是生命的起点，也是生命的终点，它们在蛙的肚子里新生，这是一个关于生与死的宇宙学叙事。圆圈中的十字就是能达四方的通道，即四方的道路都通达生命的起点和终点。一些学者认为，半坡和姜寨时期，人们已经形成了以日落定西方的观念。马家窑文化半山、马厂时期的墓葬方向大多数为脚南头北向，这不难看出，马家窑时期的先民已经形成了较为清晰的四方观念。在先秦时期屈原的《招魂》中，巫阳即是从"东南西北"四个方向召唤灵魂回归到屈原所认作为中心的楚国。《说文解字》释"十"云："—为东西，丨为南北，则四方中央备矣。"金文的"巫"就是田。"十"，这种形象逼真地出现在马家窑文化的彩陶（见图19）中，十字的四个端点分别是一个蛙卵，意味着生命的交通往来。"巫"的本义就是与神灵相沟通的人，"巫""卍"一音之转，从形式上看，马家窑的"卍"是由"十"字演化而成。不难看出，马家窑文化中广泛存在的"十"字纹，并非随意为之，而是有着特定含义的符号。

在中国明代时期的西南少数民族的墓葬仪式中，这种十字圆圈纹也曾广泛流行。1978年，宜宾珙县曾发现了许多"僰（bo）人"悬棺岩画。僰人岩画中有很多⊕或⊗字形符号（见图22），这些十字圆圈和图16的十字圈纹极为相似。除此之外，另有许多圆圈或呈花瓣状，或呈放射状，如太阳的光芒。在珙县悬棺岩画中，这些圆形图案无比神秘，一些学者认为它们是太阳，或者是车轮的象征，但更多的学者认为它们是僰人使用的铜鼓。文献记载川南的"僰人"是西南少数民族的一支，在明代时被称为"都掌蛮"，尚骑射，好铜鼓。铜鼓被

图 22

采自《四川珙县"僰人"悬棺及岩画调查记》,《文物资料丛刊》(2),文物出版社 1978 年版, 第 188 页

认为是财富、权力的象征。《蜀中广记》引《珙县志》:"铜鼓, 如筒, 高一尺, 腰有四耳备悬, 上下绲以花鸟, 一面临造, 间有四蟆者, 面中花瓣十二。"这种铜鼓至今在中国西南地区少数民族如彝族、壮族、布依族等民族中广为使用。据考古学家推测, 春秋早期, 这种铜鼓发源于云南中部。春秋后期, 铜鼓传至越南、缅甸、泰国等东南亚地区。在中国先后有万家坝、石寨山、冷水冲、遵义型、麻江型、北流型、灵山型以及西盟型等八种类型。中国西南铜鼓的一般特征是鼓面中心突出一个"太阳纹", 一般以 12 芒为最普遍, 其次是 8 芒和 10 芒, 也有 4 芒、5 芒、6 芒、11 芒、14 芒、16 芒的, 最多的有 32 芒。鼓面边沿往往有立体青蛙装饰, 以四只最为常见。《蜀中广记》中所谓的"花瓣十二"就是铜鼓中心的"太阳纹"。笔者认为, 在宜宾的悬棺岩画中, 那些呈放射状或"花瓣样", 或五角星样的圆圈, 毫无疑问是铜鼓中心"太阳纹"的写照, 这在西南出土的铜鼓上都可看到实例。因此, 岩画中的这些形象无疑是铜鼓的象征。至于那众多的十字圆圈纹⊕或⊗, 笔者认为它们另有所指。根据考古发掘及传世铜鼓,"4 芒"的铜鼓极其少见, 而在珙县悬棺岩画中, 十字圆圈纹比"太阳芒"纹等圆圈纹样要多得多, 且小得多。广西的左江岩画也发现了大量的铜鼓形象, 其中大量是 5 芒以上的太阳纹, 也有极少量的十字圆圈, 其大小

尺度及摆放的位置和"五芒"以上的"太阳芒"毫无差别，因此可以肯定它们就是4芒铜鼓的象征。因此，从逻辑上说，珙县岩画中的十字圆圈纹不太可能是"四芒铜鼓"的表现方式。在图22右中，我们还可以看到，在一个蛙形的马厩上，画着一个显眼的十字圆圈，如果是铜鼓，为什么将其画在一个马厩上呢？我们知道，在中国的汉族文化中，每到春节，每户人家大门的两端都会贴上春联，在窗户上贴上寓意吉祥幸福的剪纸，以祈祝门丁兴旺发达。除此以外，也在羊圈、猪圈和牛圈等蓄养牲畜的地方贴上"六畜兴旺"、"五谷丰登"、"膘肥体壮"等寓意丰收、丰产的字句，无论是对联还是剪纸，它们都是表意的符号，也都带有巫术的性质，即希望这些话语能够产生实质性的效果。从这个角度看，珙县岩画中马厩上的那个十字圆圈纹，应该也有祈福丰收繁殖的意义。因此，从总体上看，珙县悬棺岩画上的"⊕""⊗"符号，同马家窑文化的十字圆圈纹含义相似，即它意味着人死后回到生命的源头，以待重生，它既是生命循环往复、财富生生不息的象征。也就是说，它具有巫术的功能，是一种祈福、祷告的符号，是财富的象征。弄清了这一点，我们就能理解为什么在宜宾的僰人岩画中，马厩画成蛙形，马厩上也有这种圆形的符号。"都掌蛮"作为一个称能好勇的马上民族，他们也常以劫掠为生，其对生与死，对丰收、财富的渴望和体会，或许比汉民族更加深刻。那些神秘的十字圆圈符号其实就是僰人蛙神信仰的象征，它们在葬仪中使用是最顺理成章的事了。

那么，明代西南的僰人同马家窑文化是否存在某种渊源呢？根据考古学家的研究，甘肃地区的马家窑文化，包括半山和马厂文化都同古羌人有关，而四川西南地区的原始文化，早在新石器石器便受到马家窑文化的影响。1940年代曾在今天的阿坝藏族、羌族自治州的汶川、理县、茂县等地发现了大量同甘青地区马家窑文化彩陶相近的陶器。这证明该地区很早受马家窑文化的影响。其他一些考古学家如石兴邦、川博也持相似的看法，他们认为，四川地区的巴蜀文化至少是马家窑文化（或华夏文化的一支）南下同四川土著文化相结合的产物。关于僰人的族属，学术界尚有争论。有人认为"濮"即是"僰"，有人认为它属氐羌系统。但可以肯定的是，四川地区的僰人，至迟在先秦时期便同氐、羌人杂居杂处。《吕氏春秋·恃君览》载："氐羌、呼唐，离水之西；僰人、野人，篇笮之川……多无君。"这表明先秦时期僰人的生活与水息息相关，且处于较为落后的社会状态。因此，在同氐羌原始文化接触的过程中，甘青地区马家窑文化的青蛙崇拜影响了他们的图腾信仰。西周至春秋时，居住于今江汉平原的濮人沿长江向西南迁徙，融入僰人之地。按"濮"即"越"的说法，僰人同濮越文化亦有广泛的交流。在南夷中，僰人与羌人杂处称为羌僰；在岷江上游与氐人杂居称为氐僰；僰人南迁夜郎，与蛮人杂居称为蛮僰。其不断的迁徙，以及较为封闭的地理环境，使僰人的文化既可能保留了较为原始的成分，又广泛吸收了周边民族文化的影响。因此，反映百濮文化的铜鼓，以及马家窑文化的蛙崇拜在僰人的文化中都得以盛行。从这个角度说，僰人丧葬岩画中的十字圆圈同马家窑文化彩陶的相似符号，可能有所渊源。

因此，马家窑彩陶文化的"十"字圈纹是庇护生命、生产繁盛、丰收的巫术符号。它不仅具有丰收、繁殖的祈祷之义，它也象征着生命的开端和死亡（再生），是生命循环的宇宙学叙事。因此，这个符号不仅用于生命诞生的祝祷仪式及生命结束时的葬仪之中，也广泛应用于生产工具如陶纺轮上。这些人类物质的生产和自我生产都在神灵（蛙神）的保护下进行，该符号最终发展成为一个被崇拜的象征对象。

结　　论

马家窑文化彩陶中广泛出现的网状形圆圈纹，其原型是充满蛙卵的蛙腹，网状纹是水中"蛙卵"的真实写照，它是青蛙、蛙神的象征，意味着生命的繁殖和生产的丰收。菱形纹、马赛克形等圆圈纹是网状纹圆圈纹的艺术化变体，它们具有相似的文化意义。

螺旋形圆圈纹和十字圆圈纹表现出马家窑文化独特的宇宙观和生命观。在他们的文化中，世界分为人生活的世界和是神灵（魂灵）的世界，螺旋形圆圈纹和十字圆圈纹是两个世界相互连接、沟通的两种不同的方式和渠道。螺旋式的圆圈是空间和时间的统一体，生即是死，死即是生，生与死，过去与未来都在蛙神的身体里不断地循环转换。

马家窑彩陶文化的"十"字圆圈纹，是生命循环的另一表达方式。在马家窑文化的彩陶中，有的"十"字的交叉处有一个黑色的卵点，卵点是生命的象征，它既是生命的起点，也是生命的终点。"十"字是道路的象征，是灵魂、生命往来的通道。这种十字圆圈纹最后简化为⊕符号，成为庇护生命、繁殖、丰收的巫术符号。

（武汉理工大学艺术与设计学院）

当代工笔画新图式的几点表现

李 果

"笔墨当随时代"是艺术的现实必然和价值归宿，人们通常称之为艺术的时代性或当代性。对于中国工笔画而言，当代最突出的语境特征就是西方各种观念、图式、技法对传统水墨画的冲击，以及后者对之所形成的回应与消化。伴随着这种西学东渐、中西对接的发展进程，工笔画的观念不断拓延，语言表达更趋多元，画种之间相互渗透，界限也变得模糊和开放。不仅如此，当代多媒体、数码产品技术的不断更新，为工笔画创作提供了丰富的信息来源和图片资料，从而使其更具鲜明的现代性表征。因此，在中西融合的当代语境下，注重主体性表现和新的图式语言的表达显得尤为突出和重要。

根据已有经验，我们可以把当代工笔画新图式概括为以下四个方面：

一、有意味的构图

图式设计是当代工笔画的重要特征之一。相对于传统绘画形式，当代工笔画创作者追求自我个性的表现，更注重构成性、设计性，强调个人的图式意味。从传统的构图形式到更多运用现代的构图形式，这将更适合现代的审美需要，绘画者个人的意象表达也更为突出。

1989 年以后在当代画坛中各种冠以"新"字的艺术现象，例如"新古典"、"新文人画"、"新工笔"以及作为一种艺术主张的"新学院派"等，可以说都开辟了新的境界，尤其是新的视觉模式的表达。图式性、符号性的形式语言，与传统绘画形式相比，更具有意味性的形式。它打破了传统工笔画公式化、概念化的构图，最大可能地依据自己的主观感受布置主体，创造出符合自己心中的主观感受，对画面构成的"经营"，给人一种强烈的形式意味。

这方面的代表画家有徐累、崔进、张见、何曦等。例如，在徐累、张见的代表作品中，都有拱形的构图形式，主体放置在画面中央，是经典的欧洲文艺

319

复兴的模式，呈现出神秘、典雅的气氛。正如张见所言："在画面中，我企图让物象借助中国传统的工笔技法和西方经典图式的合璧，达成画面之于情境的合理转译。"①崔进的作品则采用满构图，冷暖色调相结合，充满了梦幻气氛，图式构成有着自己的独特视角。

何曦笔下的鸟禽通常体型圆润，翅膀短小，目光呆滞，并且它们并不是在自然环境中，往往是在一个封闭的空间内。画家没有选择技法上的创新之路，而是通过传统的笔墨技法在具有另类的图示构成中来表达自己对当下的思考。《不恰当的联想之十五》的画面里，湖石、鱼都置于一倒扣的玻璃瓶中，鱼的目光呆滞，整个画面的色调灰暗，给人一种安静的逼迫人思考的氛围。其笔下的画面清醒地冷静地审视自己、关注世界、力求挣脱束缚的理性表达，运用超现实的意象抒写现实的境遇，赋予了中国花鸟画清晰的当代意味。

图式构成在继承传统的同时，不断出现现代构成模式。该模式可以分为这几种类型：(1)满构图。如莫晓松的《村到红墙》，主体物占据几乎整张画面，枝叶的繁密与整块的红门形成强烈的对比，饱满的构图呈现出强烈的视觉冲击，呈现出平面装饰性的意味。这种满构图被众多画家所运用。(2)置换式构图。这种构图是打破传统的时间观念和构图模式，使不同的图像凑在一幅画面中，进行超乎现实的组合，在统一合理的秩序中，画面饱满。如陈林的《凡·艾克的婚礼》，其借鉴凡·艾克的《阿尔诺芬尼夫妇》，以置换的手法把冠鹤、屏风、桌子、窗户、灯具等进行组合，画面具有很强的设计意味，作品的意蕴让人猜想。(3)特写式构图。特写的方式，类似于摄影中的局部选取，对物象局部放大，深入刻画，使整个构图饱满。如画家徐华翎的"香"系列就是特写式的图式，将人的躯干与蕾丝、文身等进行局部的细致刻画。(4)中心式构图。就是主体物居中，主体突出，如张见、高茜的《晚礼服》，呈现出平面又装饰的意味，吸收了文艺复兴时期的图式，洋溢着现代气息。以上无论哪种模式都可以看出，在画面中都更可以感受到绘画者本身的对绘画图式意味的追求，也体现了当代画家在吸收借鉴西方绘画图式的同时，增强了画面的意蕴。

二、有韵味的色调

当代工笔绘画在注重画面形式的同时，更注重色彩的表达。色彩是视觉表

---

① 张见：《新工笔文献丛书·张见卷》，安徽美术出版社 2010 年版，第 87 页。

现的重要承载者。由于受西方色彩观的影响，绘画颜料的极大丰富，当代绘画色彩模式有了很大突破。随着绘画者强调主体性、表现性以及形式美，注重品位的提升，更强调韵味的表现，而不再受固有色的限制，改变了"随类赋彩"的中国传统色彩观，而是根据绘画者表现的需要而设色。当代工笔画在冠以"灰调工笔"的同时，还相继被以"新工笔"而提出。这是当代工笔色彩形式特点的重要表现。"灰调工笔"的特点，就是绘画的色彩统一在灰色的色调中，画面和谐，追求灰色调的氛围效果。这种氛围，或含蓄、宁静，或冷漠、压抑，都给人传达出一种情结与情绪。而这种情结与情绪正是绘画者主观意愿的表达，给观赏者更多韵味的感受。

在当代画家中，以灰色调为基准，吸收西方绘画中间色调关系来营造画面，是当代工笔画色彩的主要特征。如杭春晓以黑白为基调①，而徐累、崔进、郑庆余等则在色与墨的反复渲染中，体现出物象丰富而微妙的变化，空间的虚实变化，营造出独特的审美感受。高茜、雷苗更是以女性的情怀，把花瓣、高跟鞋、蕾丝等放在浅浅淡淡的色调中，显得独特而又神秘。

工笔的色调是工笔画品质的重要内容。当代工笔画以灰色调为基调，体现了当代的审美趋向。传统工笔最初由"铺殿花"的形式发展为工致细密的院体画，而后吸收了文人画的精神，由最初的色彩浓重的装饰风格走向了温润典雅的现代风格。具有代表性的画家江宏伟，其绘画风格清新典雅，作品底色多以灰色为主，物象的色彩在灰色调的统一中，若隐若现，空蒙宁静，显得别有情致。他的作品中有着宋画的意韵，却又让人感受到现代审美的情怀。可以说，解释江宏伟绘画中的现代艺术理念与审美元素，也正是解开当代工笔绘画风格发端的重要渠道。江宏伟将自己的绘画视为一种"碰巧的艺术"。从江宏伟的个人知识背景和所受的现代西式审美教育来说，无论江氏绘画如何评价，可以说它是古今、中外结合的典范，是当代语境下工笔画图式发展水到渠成的结果。

三、有灵性的线条

中国绘画以线造型，是中国绘画的基本特点。而在当代工笔绘画中，我们

---

① 杭春晓：《灰色的影调——"新工笔"收藏价值浅说》，载《东方艺术·财经》2006年第21期。

不难发现，更多的当代工笔画作品中物象线条有所弱化，更注重线条在整体画面中的虚实关系。

工笔画中线条的弱化大概有两种原因：其一是传统功力的不足，为了扬长避短，更偏向于色彩，以及视觉性效果；其二，就是当代绘画发展的需要。中国绘画以线造型，线条以"书法用笔"为审美原则，对线条的要求基本以"十八描"的形式作为标准，具有独立的审美精神。当随着西方观念和西方造型手段的不断深入，当代画家都在寻找着属于自己的线条造型方式。他们在继承传统线条精神的同时，更注重画面整体语言的协调，线条本身书法性的独立审美弱化，而是结合形体结构和色彩层次、虚实空间的关系来处理线条的虚实、浓淡。

当代工笔绘画的线条偏向于纤细，但灵动。在物象局部描绘中有微妙的变化，线与面，线与色在隐约中更加融合，在整幅作品中线条的虚实与灵动，更强化了绘画中的韵律和线条本身的灵性。可以说，对当代工笔绘画中线条在画面中的弱化，也是对工笔绘画发展过程中对线条发展的思考。虽然打破了传统线条模式，但线条本身虚实和在工笔画创作中的表现性，都使得绘画本身更有趣味。在江宏伟的花鸟画中，可以看到线条纤细，没有太多的起伏变化，线条在勾勒物象的同时，把线与色、与空间结合，线条在整个画面中舒展、轻松、自然，体现着现代人的审美情趣。尤其在后期的作品中，线条舒展而有韵味，隐约中与宋画有着难以名状的暗合。雷苗的"浮水印"系列中，线与色的结合丰富而又微妙地体现了花瓣与叶子的柔美。高茜的静物画，画面简洁而又高雅，线条的律动更是与整个画面的空灵相结合，使整个画面充满了灵性。

四、超现实的空间表达

中国绘画"计白当黑"的空间理念，与西方科学的焦点透视观，形成了不同的空间表现。中国绘画利用物象的分割、叠加、阻隔等方式体现二维空间，更注重平面性，属于散点透视。而西方绘画利用色彩、光影、体积等方式体现的三维空间，力图实现真实空间的再现，属于焦点透视。中西绘画的融合，对中国绘画尤其是传统工笔画的空间表现产生了显著影响。传统花鸟的构图大体上可以分为"折枝式"、"纵横穿插式"等"计白当黑式"的空间表现，画面中的物象通过程式化的规律进行组合，忽略真实的环境，在空间的关系的表现上是二维的，往往是要观者自己在虚拟的空间里进行想象。当代的画家为了表达情感的需要，在空间上通过透视，光影将空间营造的更加丰富。如何曦的《地下室》，画面中，作者通过透视的原理构造出了一个像房间一样的立体的空间，并且将树根和孤独的白鹤置于这样一个共同的空间之中，作者通过这样一个不实际的空间关系来表现自己对当下孤独都市生活的思考。张婕《雾中鹤影》，画家通过光感朦胧效果的处理，让画面显得惬意、怡静有一种山水文人画的诗意和空间感。

徐累对空间的表达更是让人有与众不同的感受，超现实的物象组合，在现实与虚幻中游离。画面里，空房间、空桌椅……几分景象，几分想象，看似随意，实则深邃。每一个布局，似乎都在演绎着一个没有结局的悬疑剧，虚虚实实，亦幻亦真，把"空"的味道完全升华。徐累说："真正吸引我的不是去画，而是如何调弄图像之间的修辞关系、思维关系。"①可以看出画家对空间的表达，已完全超出西方绘画三维立体空间技法的展现，更多的是在这种深邃、神秘的空间表达中，疏离于现实空间的思考。

中西绘画的融合，对当代工笔绘画发展影响的是巨大的。艺术思想的解放，伴随着各种观念与概念的解构与重建。迄今，当代工笔画的审美趋向已经有了很大变化，无论在形式上还是表现的内容上，都有着当代的审美理念。革故鼎新是艺术发展的规律。在工笔画大发展的当下，如何根植于本民族的传统艺术，既能感受到工笔画所散发出的传统文化的"芬芳"，又能领略其洋溢的现代审美理想，是当代绘画者不断探索的重点。

（作者单位：华中师范大学）

---

① 徐累：《世界的躯壳——徐累访谈录》，载《东方艺术·大家》2006 年第 3 期。

清代服饰图案在西方女装设计中的运用

——以 Dries Van Noten 2012 秋冬时装秀为例

赵 静

清代是中国最后一个封建帝制王朝。1616 年清太祖努尔哈赤建立后金，1636 年，皇太极改国号为清，建立大清帝国，1644 年清军入关，从此成为全国的统治者并迅速统一了中国。在康熙、雍正、乾隆三代皇帝统治的时期，社会稳定，人民生活富足，达到了史称"康乾盛世"鼎盛阶段。其中，清代服饰文化的产生，与满族形成的历史及清军入关后所处的社会背景有着十分重要的联系①。清代服饰以浓郁的满族民族特色和独特的装饰风格著称，是我国服饰发展史中一个重要的历史阶段。其服饰上下有别，等威有序，服饰制度极其严格。清代服饰风格整体上看，特色鲜明，等级森严，极具个性，是满族和汉族服饰共同作用的结果。

一、清代的服饰图案特点

从中国服装发展的历史来看，清代的服饰形制是中国历史服饰中最为庞杂、繁缛，条文规章也最多的一个朝代，同时也是中国服饰文化沉淀、固化的重要时期。由于清代是少数民族掌权，受地理环境和人文环境的影响，其服饰具有少数民族的地域文化特征。清军入关后，服饰中逐渐融入了汉民族的特点，呈现出满汉交融的服饰特色，一直延续了近 300 年。这 300 年间，清代的服饰在仅有的款式中极尽所能地加强平面的装饰和纹饰效果。整体看来，清代的服饰图案具有以下几个特点：

---

① 宗凤英：《清代宫廷服饰》，紫禁城出版社 2004 年版，第 3 页。

1. 满汉交融的民族特色

满族长期居住在我国东北严寒地区，其服饰的结构和造型都和汉民族有极大的差异，以实用为主。为长期适应寒冷气候而选择了保暖性较好的袍装作为日常服饰。入主中原以后，受汉民族的影响，满汉交融日益强烈。清乾隆帝明确提出"取其文，不必取其式"，在纹饰方面，对汉民族服饰有很大的借鉴。可以说，满族的服饰特征主要体现在款式方面，如今天人们熟知的马蹄袖、开衩、旗袍等。汉族主要体现在图案、纹饰、技艺方面。受到清初"十从十不从"规定的影响，清代的男装基本以满族人的袍服为主，在纹饰方面加入了汉民族的常用的纹样。如帝王专用的龙袍上加入了汉民族冕服中的十二章纹。

女装则不同，清代的满族穿着的是旗人之袍，所谓的一片式的"旗袍"，但在纹饰上受汉民族影响颇大，旗袍的装饰纹样复杂缤纷且强调寓意和内涵。在汉族女子的服装依旧是延续了数千年汉民族的袄、裙，而图案的装饰部位和纹样近乎程式化，这当然和清代长期的闭关锁国政策影响下的保守、固化有关（见图1）。

图1　清代龙袍

2. 追求繁缛、细腻的图案风格

清代服饰图案的装饰风格具有繁缛、细腻的特点，可以想象在平面二维的服装结构的支撑下，人们只能竭尽所能做好表面文章。同期的其他艺术领域的瓷器、玉雕等也具有一样的共性特征。清代的服饰使用图案的装饰几乎到了无以复加的地步。贵族女装尤其讲究，喜用花绦镶边加滚。晚清时期，人们用"十八镶"来比喻服饰镶边繁多、冗杂。繁杂的花绦和刺绣融为一体，形成一种特有的浓妆艳抹的装饰风格。此外，图案的配色或鲜艳、靓丽，或格调高雅。

3. 强调"图必有意纹必吉祥"的纹饰内容

清代作为最后的封建王朝也是中国服饰图案的集大成时期，所有吉祥、美好的祝福都体现在服饰图案中。从服装到配饰，从宫廷到民间，服饰纹样无不受这一思想的影响。有的借物喻志，有的则用比拟或谐音的手法，将美好的动物、植物纹样一一绣到服饰中来。如石榴是象征希望儿孙众多，牡丹是国色天香，象征希求富贵荣华，蔓生的葫芦、葡萄、藤草因延绵生长，则象征子孙繁衍不息。① 如图 2 所示，这是一件皇后百蝶袍，刺绣一百只蝴蝶，寓意长寿。这种对吉祥纹样的无限追求和热爱也是中国古代数千年来一直延续下来的。

图 2　皇后百蝶袍

二、清代服饰图案在现代女装中的体现

东西方的服装设计师都喜欢在清代服饰、纹饰、配饰中汲取灵感来源。其中，龙袍和旗袍最具有特色，也是使用最多的，备受青睐，多次被演绎成时尚的一部分。因为特色鲜明，中国的利郎男装第一次登上米兰时就以清代的团龙纹和立水江崖为灵感来源进行设计，西方的设计师如圣洛朗、拉格菲尔德等都涉猎过清代服饰元素，他们的作品各有千秋，但都异于中国设计师的设计手法。在 2012 年的秋冬发布时，华裔设计师吴继刚和比利时设计师 Dries Van Noten 同时选择了中国清代元素。其中，Dries Van Noten 的设计更胜一筹，这

---

① 冯泽民、刘海清：《中西服装发展史》，中国纺织出版社 2008 年版，第 126 页。

位来自比利时的设计师颠覆了东方元素的传统设计方法，带给人们一种全新的视觉体验。

1. 作品传递现代的设计方法

本土的服装设计师，在使用清代图案时总是放不下图案的寓意和图案的完整性，而这些既有的框框往往束缚设计师的表现。Dries Van Noten 把清代服饰图案元素打破重组，是西方的设计思维的体现。在 Dries Van Noten 2012 的东方新潮中，在清代众多的服饰图案中重点选取了团龙纹、立水江崖等图案稍加转化、重新布局使时装成为了时髦的装束，对传统服饰图案的现代设计如同信手拈来，这种方法对中国的本土设计师也是很好的启发。设计师抛开了立水江崖的内在寓意，只关注它们在服装上的形式美，即重形式轻内容，看似无意，实则用心。

（1）块面式、不对称式的装饰手法和装饰部位。所谓时尚，可以理解为时代的风尚。时装是时尚最直观的体现。Dries Van Noten 的设计手法是符合潮流的。由于图案构成形式的变换，它们在服装上的装饰部位也变得自由、随意，装饰部位不拘一格。立水江崖和龙袍上的云纹等纹样在服装上随意添加，几乎没有章法可循，似乎服装就是一块画布可以随手涂鸦。这种设计手法在服装基本款的搭配下，图案装饰呼之欲出，强烈分割了人们的视线，又巧妙地与无彩色系的黑色、白色包容在一起（见图3）。

图3　Dries Van Noten 2012 秋冬作品

（2）根据款式需要，处理图案的装饰部位。这是一种不对称的处理手法，图案均衡地出现在服装上，如同一件衣服的点睛之笔，既夸张又含蓄地凸显设计内涵。与之相对的是对称式的布局，后面几张将图案构成按对称的方式组合排列，呈现的是一种稳定、平衡、整体的外貌，同样具有艺术的美感（见图4）。

图4　Dries Van Noten 2012 秋冬作品

（3）注重整体布局。设计师将凤穿牡丹等纹样结合款式整体布局，使作品更有力量。同时，在图五的后面两幅作品中，设计师将同一元素重复排列，利用视觉的错视产生节奏感（见图5）。

图5　Dries Van Noten 2012 秋冬作品

2. 图案的创新设计借助现代科技的载体

不同于强调手工刺绣的高级定制，Dries Van Noten 在这一季中大量使用数码印花、定位印花技术和机绣等，这些现代工艺的使用才使他的想法得以实现。数码印花出现在 20 世纪 90 年代，是一种集机械、计算机电子信息技术为一体的高新技术产品，它的出现为纺织印染和服装设计创造了一个全新的发展空间。它借助数码技术进行印花，效果强烈，且缩短了以往图案设计的工艺流程。数码印花使设计师可以随心所欲地进行图案设计，不用担心工艺是否可以实现。Dries Van Noten 利用这种工艺也使图案自身的组织形式发生了变化，不再遵循传统的单独纹样、二方连续、四方连续的局限，服装几乎成了服装设计师的画布，描绘心中的美丽图案。而定位印花则会使图案准确地出现在设计师任何想突出的地方，是技术和艺术的完美结合。

对于 Dries Van Noten 2012 秋冬作品赏心悦目的设计表现感叹之余，我们需要深思设计背后的本质和传统元素在当下的意义何在。他在服装上装饰图案的运用及传达可视为西方思维意识的物化，如何打破传统？不破不立。同一种图案元素在东西方设计师的手下会出现不同的设计作品。他的作品中没有夸张的造型、复杂的款式，眼花缭乱的色彩搭配，只是将来自东方的服饰图案元素用现代的设计语言进行了诠释。可以看到，设计师用现代风格的基本款式加上保留传统色彩、内容的图案纹样，通过图案装饰部位、装饰手法和技术的改变打造了一场全新的传统与时尚的视觉艺术。这个看似简单的道理背后，恰恰是东西方设计思维、设计意识的或者说东西方文化差异所在。

三、结语

服饰图案和服装设计息息相关，密不可分。西方设计师对图案的使用倾向于重形式轻内容，造型更加无序，强调追逐时尚潮流的脚步，只为服装的美感增光添彩。由于东西方思维的差异，Dries Van Noten 带给我们全是视觉体验的同时还透过其设计流露出他的设计想法。这对历史悠久有着丰富传统图案的中国提供了一个新的设计视角，也为本土原创设计师打开了一扇设计之门。在经济全球一体化的社会环境下，随着中国时尚话语权的增加，西方设计师越来越多地将设计触角伸向中国，清代因其独特的服饰风采而为众多东西方设计师所青睐。让我们不仅仅关注服饰的表面现象，更深刻地思考其背后的设计本质，把具有中国符号的东方元素绽放在国际时尚舞台上。

（作者单位：武汉纺织大学服装学院）

论束胸内衣对女性身体美的遮蔽

李兰兰

中国传统女性内衣的发展，经历了从先秦时期内外衣的模糊性"心衣"，两汉对女性内衣的界定"亵衣"，魏晋南北朝的"两档"，到唐朝的"柯子"、宋代的"抹胸"、元代的"合欢襟"，到明朝的"主腰"，清代的"兜肚"以及民国的"小马甲"等一系列变化。诚然，女性内衣在历朝历代都有各自的变化与特点，但总的来看，万变不离其宗，都是为了符合主流社会的审美标准。因为，"一个女人的乳房如果不符合时代美的标准，他也很难喜欢她"①。女性内衣满足女性精神需求，迎合男权社会的身体礼仪审美。民国时期的女性内衣深刻地体现了时代的矛盾性，它在中和之美的文化背景中掺杂了女性意识的觉醒与身体束缚的冲突。介于传统与现代过渡的一个敏感时期，新思想、新文化涌入并与传统审美发生强烈的碰撞，让中和之美成为一种极端的变态身体美。而时代背景下的女性不论思想有多权威，如果无法真实关切自身身体的自我存在，无法解放身体的束缚，无法在男权审美、社会审美、自然审美中找到平衡点，女性的"束胸小马甲"就如影随形，无法摆脱。

一、传统女性束胸内衣的造型与文化

最初，中国传统女性是用白布束胸，这种束胸小马甲的内衣由于妨碍了女性身体的正常发育，被称为"束奶帕"。后来，传统束胸内衣就演变成兜肚、背褡、抹胸、半截马甲、小马甲、胸褡等。但"小马甲"在这一时期引起的风波最大，成为女性的主流内衣，因为这种内衣可以严实而完整地包裹上半身以

---

① ［美］玛莉莲·亚隆：《乳房的历史》，华龄出版社 2003 年版，何颖怡译，第 12 页。

获得平胸的效果。在上海、江浙等地称"小马甲"，在北方称"小坎肩"或"小半臂"，粤地则称"背心仔"。保守观念仍然统辖着人们的思想，女性的身体曲线、女性高耸胸部与裸露小腿都被视为淫荡。当时，在女性中仍然采用束奶帕遮掩女性的性感特征。

传统女性内衣在材质上的运用较为广泛，既有丝、绢、绸、缎等高品质材料，也有土布、麻、纱、蜡染布、竹。民国时期的小马甲多半以丝织品为主，其形制与穿在外面的坎肩类似，但在造型和功能上还是有很大区别的。如下图所示，右图是小马甲内衣，小马甲相对于左图的半截小马甲来看要稍微长些，更完整，通常用对襟，前片缀有一排密纽扣，穿时将双乳紧紧扣住使其束平，把人捆住。因为从前的年轻女子，以胸前双峰高耸为羞，故千方百计地遮掩；另一种是半截小马甲，造型与小马甲类似，只是更短一些而已。半截小马甲是由传统的抹胸演变而来的，实则是抹胸和小马甲之间的过渡产物。

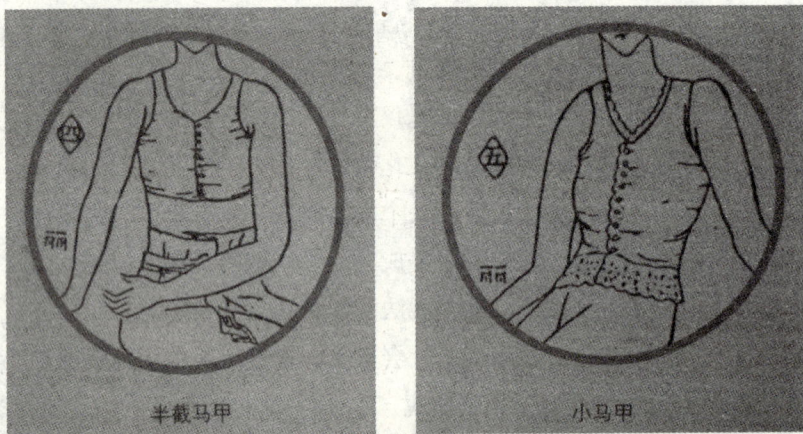

半截马甲　　　　　　　　　　　　小马甲

正如《关于小衫考据》中所说："今之少妇，有紧身马甲，严扣其胸，逼乳不耸，妨发育，碍呼吸，其甚弊于西妇之束腰。"由于长期束胸，以致一些女性胸部被束得变形，双乳的乳孔堵塞，有的女性因此塌胸驼背，疾病缠身，甚至无法生儿育女。三寸金莲的小脚是中国历史上残害女性脚部发育的一种禁锢方法，让经历过的女子痛苦万分，而对胸乳的束缚则是另一种枷锁。在20世纪初期以前，中国女性基本上是胸部平坦的形象，缺乏女性独特的性感魅力。

翻阅女性内衣史，不难发现历史上中西方女性内衣的作用主要有两种：一种是使胸部扁平，中国女性的平胸史一直到民国时期"天乳运动"才算结束；另一种是细腰丰胸，通过腰肢紧缩把胸部向上托起。丰胸的历史主要源于西方，一直延续至今并影响整个东方女性身体文化。平胸内衣不仅与中国传统礼教文化密切相关，也与其制式安排、纹饰处理、材质运用、技艺手段、效能与意蕴诸多方面的经营意图有关。但造型上基本是平面裁剪抹胸束裹，没有很大的变化，主要是工艺与装饰。

但民国时期的女性束胸内衣有别于西方的紧身胸衣，虽两者最终都是追求社会标准的身体化妆，但在造型上还是有很大的文化差异。西方的紧身胸衣是突出以致变态地强调女性身体曲线，更注重视觉感官的刺激，而中国的传统束胸内衣则恰恰相反。因为，在中国传统"中庸"之美的文化中，女性身体被理解为一种隐讳的、朦胧的美，力求弱化女性身体曲线，至民国时期达到了疯狂的极端，这一时期的束胸内衣被称为摧残身体的"捆身子"。

二、传统文化、束胸内衣与身体的遮蔽

在传统文化中，"中庸"这一审美标准早在儒家思想成为社会主流思想之前就已经出现了，比如：《登徒子好色赋》所说"增之一分太长，减之一分太短"、"着粉太白，施朱太赤"。儒家经典《中庸》认为："不偏之谓中，不易之谓庸；中者天下之正道，庸者天下之定理。""致中和，天地位焉，万物育焉。"在传统服饰文化的语境里，对女性身体的审美是："削肩，细腰，平胸，薄而小的标准美女，在这一层层衣衫的重压下失踪了。她的本身是不存在的，不过是一个衣架子罢了。"①中庸文化不太提倡张扬、显露的女人，为此，女性身体美就在这层层的服饰文化下被遮蔽。在这一审美标准下，女性都像尤三姐那样，葱绿抹胸，一痕雪脯，含而不露，所以女子不但不隆胸，反而束胸。

在中庸文化的审美标准中，忌论人体欣赏，崇尚内敛、含蓄、委婉、优雅的审美观念。这里的美把审美、伦理、政治融为一体，来评判身体的社会存在。传统观念认为身体发肤，受之父母。所以，在中国数千年的历代服饰文化演变过程中，内衣长期以一种隐讳、朦胧、断续的形式彰显于传世文献史实和出土实物当中。

在中国服饰的发展过程中，中国传统女性内衣的平面剪裁和基本功能并没有很大的变化，大多只是装饰和工艺的不断丰富、完善和精美。就像对待女人的身体，无数的包裹、装饰、堆砌，却只是无视美的本源——身体的存在。儒

①　张爱玲：《张爱玲全集》，北京十月文艺出版社 2009 年版。

家文化强调的是礼对人身体行为的规范作用，这种身体行为的合规范性导致形式秩序的标准出现，传统女性身体借助内衣塑造的是一种传统社会规范下的中庸的身体美。

中庸之美对服饰美的欣赏倾向于精神性，非常注重庄重典雅，张弛有度，要姿态合宜而不强调性感；反对个性的突出，更不允许女性在服装上有过多的逾越。在这个过程中，女性的身体成为传统审美的非语言符号，她们的身体被束裹成千篇一律的平板体型。

由于封建意识的影响，女性健康的双乳在当时被视为"淫荡"的象征、罪恶的源泉，于是少女发育成熟后，传统的社会观念认为，必须用布将女性乳房束裹起来，以免显现出女性的性感特征。从宋代程朱理学兴起直至鸦片战争，社会对女性的控制逐步加强，女子衣衫蔽体，束胸缠足。也就是："体质孱弱，肌肉松懈，身材短小，乳部低平，足指扁侧等，难以计数，面貌虽好，如何能掩全身残缺?"①

束胸内衣是传统女性文化的符号标志。女子缠胸，使自己的身体看来如同未发育的小孩，完全抹杀掉性别的差异，也消除了肉体的诱惑，传达的女性形象是无欲、贞洁、纯真。通过排除肉体成熟引发的欲望，达至精神上的单纯化，塑造中国传统的淑女形象。

身体，这一在传统文化里带有非议性的词，人们大多数情况下避而不提，敬而远之，但身体确实又是真实的存在者。当我们从自然人进入社会人时，我们的身体就穿上了一层文化的外衣，身体被文化所遮蔽，欲望被道德意念、社会标准所压抑。

为此，在男权文化下失去自我意识的女性，只能变本加厉地牺牲身体的存在和自在美，并通过服饰约束与遮蔽自身的存在。在传统文化中，女性内衣既是女性私密情感的一种表达载体，是两性性欲望生成的媒介，同时因时代文化背景的制约，内衣又成为雅致女性身体表现的工具。而女性的身体则成为文化话语建构的对象，这种文化肯定男性的权威从而使女性成为了他者，而且，女性还往往认同这种被社会所强加的他性，并服从这一角色②。至此，身体演绎成一种文化形式，数千年的文化积淀最后延伸成为整个社会的审美符号。

---

① 本敬：《中国女子的体格美与模特儿问题》，载《艺术评论》2006年第9期。
② 张贤根：《遮蔽与显露的游戏——论服饰艺术与身体美学》，载《宜宾学院学报》2007年第9期。

服装是一个时代的晴雨表，女性服饰从一个侧面，生动具体地反映了女性思想与期望，折射出时代的风云变幻。在民国这样一个以科学、民主、平等思想为主流的时代里，她们对于身体的打扮或遮盖是以社会和文化标准为准绳的，新女性更多的是渴望解放自我，得到社会的认可。

身体在此被视为一种内部世界和外部世界相隔绝的障碍，一种通过服装及其穿着形式表现出来的关系①。但新女性与传统女性的不同之处，或者说是进步之处在于她们承认自身身体的存在，只是无法直面社会文化所塑造的不平等的身体，认为身体是她们恐怖的根源，一时间无法摆脱传统女性自卑的身体观。不是积极地去解放身体的束缚，而是通过男人的形象来遮蔽作为女性存在的本身，把自己扮成男人的形象，寻求一种心理上的平衡。

先进的知识女性为追求男女平等，斗志昂扬地掀起一波波的革命思潮，企图达到一种彻底的女性解放。在这一特殊的社会背景与文化氛围里，女性的束胸小马甲愈演愈烈，从文化积淀上对身体束缚的"中庸"之美到一种新旧矛盾碰撞的畸形身体之美。崇尚女着男装的典型代表人物是中国近代著名女革命家秋瑾："我对男装有兴趣……在中国，通行着男子强女子弱的观念来压迫妇女，我实在想具有男子那样的坚强意志。为此，我首先想把外形扮作男子，然后直到心灵也变成男子。"②这一时期的女性在精神文化上是敞开的、显现的，但从束胸内衣可见对于身体的不认同感。至此，女性身体部位的显示使新女性意识到在新旧文化交替下女性特征身体的危险性。

但历史文化背景给女性所留下的性别烙印太深刻，以至于在新旧交替、纷繁杂乱的文化下，新女性全盘否定自身，从外形上效仿男子，剪短发，着男装。束胸小马甲成为她们通向男性化梦想的工具，认为摆脱了女子的柔弱，拥有男性刚硬的外表，就可以男女平等，获得女性解放。正如张爱玲所说："时装的日新月异并不一定表现活泼的精神与新颖的思想。恰巧相反，它可以代表呆滞，由于其他活动范围内的失败，所有的创造力都流入衣服的区域里去。她们只能创造她们贴身的环境——衣服，各人住在各人的衣服里。"③妇女们的视野，是把男性当做自己的行动模式，以男性的标准衡量自身的价值，做到男人能做到的，却没有认识到女性自身精神存在的特殊性。

---

① ［美］珍妮弗·克雷克：《时装的面貌》，中央编译出版社 2004 年版，第 17 页。
② 吴昊：《中国妇女服饰与身体革命（1911—1935）》，东方出版中心 2008 年版，第 177 页。
③ 张爱玲：《张爱玲全集》，北京十月文艺出版社 2009 年版。

新女性所穿的传统束胸小马甲与儒家文化下传统女性所穿的束胸内衣，它们所表达的身体意识还是有很大区别的。传统女性束胸内衣所要传达的是一种内敛、平和与文质彬彬的身体美为代价；而民国五四时期的新女性则是急于追求新文化下的那种自由平等的新女性观，但由于这一新思想、新文化观处于一个新旧碰撞的矛盾期，导致了精神与物质文化的脱节。她们更多的是希望展现自我独立的一面，但又无法摆脱传统女性文化的劣根性。所以，在这一尴尬的文化背景下，新女性只能以牺牲内在的身体美为代价，通过对自我身体的监管与控制，去追求外在形体上的视觉平等。

束胸小马甲使女性胸部扁平如男，更多的是一种性别模糊、性别统一化的手段，更加表现了女性在追逐时代的步伐，只看到了一种文化上的形式主义，而忽略了女性自身的身体存在和性别意识。在这里行为准则不再通过制裁的威胁由外部加强，而是一定程度上在潜意识的层面上被采纳①，乃至自发地通过模仿男性的外在形体与审美来否定自身的存在，为扫去女性柔弱之气，纷纷着男装，把传统女性不自信与软弱的劣根性反而更显露无遗。

女性的身体成为新旧文化的建构对象，在遮蔽与显现之间，是女性自然态身体的缺席，通过显现男性形象来掩盖自身特征。风俗习惯、社会文化积淀及男性的权威地位使女性成为他者。同时，女性自己还认同这种被社会所强加的他性，并服从这一角色。这种对于女性身体的想象是在社会中被塑造，在历史上被"殖民"的领域，而非个体自主的场所②。女性只有走出各式文化概念模式，回到身体自身，才能真正把女性身体从束缚中解放出来，肯定身体的外现。在福柯看来："身体是自我知识和自我转换的特殊而根本场所，自我加工并不仅仅是通过美化外貌、是外表合乎时尚，而是通过转化性的经验来美化人的内在自我感(包括人的态度、特征或气质)。"③而不是像在现代社会中，女人们通过美容化妆、高跟鞋、整形内衣、隆胸手术等各种千奇百怪的瘦身方法展演女性外貌美、合乎时尚标准的审美。

（作者单位：广州大学纺织服装学院）

---

① [英]克里斯·希林：《身体与社会理论》，李康译，北京大学出版社 2010 年版，第 151 页。

② [美]苏珊·鲍尔多：《不能承受之重：女性主义、西方文化与身体》，綦亮、赵育春译，江苏人民出版社 2009 年版，第 25 页。

③ [美]理查得·舒斯特曼：《身体意识与身体美学》，程相占译，商务印书馆 2011 年版，第 21 页。

论北野武电影中的戏剧与游戏元素

谢诗思

北野武是当代日本电影的领军人物，其导演作品集暴力、死亡、滑稽、能乐、戏剧、游戏等多种元素于一身，具有典型的杂语叙事的特点。过去，学界对他的电影的研究多集中于"暴力美学"以及所受"物哀"、"菊与刀"等日本传统文化的影响等方面，对"戏剧"、"游戏"等细部元素的深入探讨则付之阙如。因此，本文立足于北野武电影对木偶戏、小丑、能乐、歌舞伎等戏剧元素的吸纳，以及在玩耍及其延宕的表现中融入寓庄于谐的反思，进一步澄明北野武电影的魅力之源。

一、戏语喧哗

1.《玩偶》与木偶戏

木偶戏片段是《玩偶》的灵魂。木偶戏的舞台分为两个区域，一是演唱奏乐，二是木偶表演。《玩偶》片头的大部分镜头用于对男女傀儡的特写。其中，两个镜头表现观众，两个镜头是演唱奏乐区域的旋转门，另一个则给了演员唱哭腔时的面红耳赤。傀儡虽没有表情，但其头饰服饰和妆容相当精致，颤抖、蹙蹙般的低头仰面等特写镜头把情绪体现得极为真切。该段木偶戏来自日本文乐的经典曲目《冥途之飞脚》，截取之后和影片故事得到了呼应。被红绳相系的松元与佐和子流浪许久，不知在谁家院子里找到了戏中傀儡的衣服。换上这身衣服，他们在雪地中走向冥途。片尾处，松元、佐和子的每个动作都与戏中的忠兵卫、梅川姑娘一模一样，重合在一起。交叉剪辑在此获得了很好的隐喻蒙太奇效果。木偶戏片中的流浪玩偶，以及另外两个故事是同质的。这三个故事的主角无一例外，均在人生刚有起色的时候遭遇厄运，身泯心死。如果说现实中可能有为了极端的情感自残、穿着一样的红裙守候爱情几十年的例子，那么松元和佐和子的流浪在现实中不会存在，即便有浪迹天涯的畸恋眷侣，也不会如傀儡般为石子磕绊的红绳所牵引。佐和子的饰演者菅野美穗的确是"有着不存在的透明感，如洋娃娃一般的演员"①，她演出了活在精神世界的人僵硬的肢体动作，苍白凄美的脸与木偶如出一辙。

《玩偶》是一场形而上的想象。四季的色彩，戏剧化的服装，毫无暴力可言的死亡场面，精神病人满是面具和小丑、交织着惊喜和恐惧的梦境。影片末尾，绝无仅有的人与木偶的合一，无不体现出一种美感。这份美是"脱冕""狂欢"后的寂静悲凄，让人迷醉却又敬而远之。它源于戏剧动作在胶片上产生的再次感染力，产生于古代表演程式与现代式悲剧的交融。

2. 漫才组合与小丑角色

幽默有时候是一种天分。北野武从大学退学一直想着去浅草当个艺人，即使没有出名也是很浪漫的。在法国剧场，师傅给了他第一次上台表演的机会，后来北野武和兼子二郎的 Two Beats 组合一下子有了知名度。漫才在他的电影中时而出现。如《菊次郎的夏天》中那一对机车男，一胖一瘦，一个扮成鸡泡鱼和妖怪一个装成章鱼和外星人，一个有头发一个没头发，一个穿衣服一个不穿，从哪个角度看都是充满喜剧感的搭配。《坏孩子的天空》、《座头市》、《奏鸣曲》、《那年夏天，宁静的海》中也都有漫才或类似漫才组合的角色。

北野武电影中，比漫才师更多的是小丑型的角色。《3-4×10月》中有个买摩托车的傻子，不是骑车被撞就是撞人被打。《坏孩子的天空》有一个吃软怕硬的老师；《菊次郎的夏天》有一个裸奔的光头，假扮外星人被遗忘在草丛里；《座头市》有一片破布遮羞，举着长矛四处乱窜的邻家智障儿；《阿基里斯与龟》里面有一个爱画画的歪嘴傻子，为了画车结果被撞死。北野武还喜欢让相扑选手型的角色出现在他的电影中。相扑选手一般是一双，因为魁梧和肥水横流的身形所以亦庄亦谐，从某种程度上结合了小品演员和小丑的特色。《双面北野武》中，北野武工作的便利店常有一对胖子来看漫画，背对着北野武窸窸窣窣地说笑。《奏鸣曲》的相扑游戏虽说是一群黑道混混在玩，有一个镜头却是认认真真地拍摄了两个相扑选手在对抗。这类角色是开心调和剂，认真和投入的感觉在观影之初萌发。这样的角色一下子跳了出来，把安静和严肃全部

① 熊晓霜：《残酷的诗意：〈玩偶〉》，载《当代电影》2002 年第 1 期。

打破。

3.《座头市》中的艺伎形象与"舞"

艺伎在《座头市》中的呈现相比《玩偶》中的傀儡截然不同。在日本，最初的艺伎全部是男性，18 世纪中叶，艺伎职业逐渐被女性取代。《座头市》中，就有一个出色的男性艺伎(男扮女装)，跟随姐姐去暗寻仇人。一姐一弟的组合中，姐姐多些阳刚，弟弟多些阴柔，舞姿娇美。艺伎和歌舞伎演员范畴不同，但两者都代表了日本人理想中的女性美。弟弟如同歌舞伎中的"女形"角色，"她"的魅力是姐弟二人伪装成功的关键。"女形"表演艺术关键不在于男性如何来表现女性的魅力，而在于男性如何把自身变成女性；扮演"女形"的男演员在生活中也要以女性的姿态来生活①。在杀掉姐弟的仇人后，真吉对弟弟说，现在可以变回男人的样子了吧。弟弟答道，自己这样挺好。可见，弟弟对于自己的男性性别与"女形"一样认同。

除了北野武对弟弟角色的匠心独运，《座头市》还拍摄了不少"舞"的画面。歌舞伎的表演弥补了影片调色过度的生硬，直接渲染出了古旧而典雅的气氛。收收展展、旋转有致的和扇，矜持妩媚、顾盼生姿的眼眸，婀娜的身姿和华彩的服饰，在镜头中一一呈现。扮演弟弟的演员西村太一本职为女形舞蹈演员，被誉为"大众演剧界百年历史里独一无二的奇才"，他的艺名在参演《双面北野武》之后正式确定为早乙女太一。他的舞蹈表演是《座头市》的一大商业看点。影片的另一个妙处是武器的藏匿。座头市的刀藏在手杖里，而名人家姐弟的刀藏在三味线琴杆中。艺伎的肋差与琴、杀人与舞，反差度大却又不失古典美，观赏性极强。

4. 能乐精神与克制叙述

能乐与电影是诞生于不同时代的两种迥异的艺术形式。有日本影评人认为，黑泽明的电影有明显的能乐风格，而小津安二郎是表现能剧、歌舞伎、插花元素之第一人。事实上，古典戏剧元素在北野武的电影中也不少见。例如，《奏鸣曲》中有冲绳舞与莲花帽，一抹鲜红的惬意藏着阵阵腥风血雨。《菊次郎的夏天》中有歌舞伎恋人扬卷与助六的纸板人像。此后的《导演万岁》中，导演

---

① 林青霞：《日本歌舞伎造型艺术之魂——浅析日本传统戏剧的传承与发展》，上海戏剧学院 2008 年硕士学位论文。

试图拍摄一部鬼片，而鬼魅形象酷似能乐演员的扮相。受能乐的传染，北野武电影天然具备了能乐所蕴涵的艺术精神与形式的美感。

能乐理论的精髓是能乐大师世阿弥能艺论中的"幽玄"、"心"、"花"。世阿弥说，"绝语言，表现唯一妙体的意境之处，就是妙花风"。他所谓的"妙"就是"绝"、"绝对无"，即空寂的幽玄美①。缘此，能剧将舞台化为无布景、无道具、无表情(表演者戴上能面具)，让观者从无形的空间和表情背后，去想象无限大的空间和喜怒哀乐的表现，从其缓慢乃至静止的动作中去体味充实感。再加上谣曲的单调伴奏，造成一种"寂"的气氛，使能剧表演达到幽玄的"无"的美学境界②。电影的表现形式决定了它基本上达不到幽玄美的"无相"之境，因为拍电影不可能做到无布景、无道具。但是演员却可以做到如库里肖夫实验中的无表情，或者用到偏向于无动作之动作、无表情之表情的表演方式。其二，声音也是电影的一个部分，电影可以做到无声，可以在空静或音乐之间进行选择和安排。其三，胶片本身无虚境可言，但电影可以表现出"妙"。"妙"这种东西无形无姿，难以把握，"无形"正是"妙"的本质③。电影语言当中让人感到奇怪，难以用常识解答，意识流式的镜头是最"妙"之处。它们当然需要靠一些形象甚至情节去支撑，然而究其形式感，与能乐当中的"妙"蕴含的是同一种美。这三点完美地契合了能乐精神与北野武电影的微妙关系。无表演、无声音、含蓄内敛的私人物语，本身就是克制叙述。可以说，北野武电影的克制叙述蕴含着能乐的美学精神。

相比之下，复杂的走位、夸张的表情在北野武电影当中很少出现。打架动作非常简约，看起来更像是一个又一个的分解动作，没有混战的情形，花哨的连串动作更是少之又少。在北野武电影中，最标准的面孔是一张漠然、呆滞、眼神不知望向哪里的脸；最标准的动作是走路、原地不动，人常常是笔直地走向镜头或者横穿过去。北野武说自己开始构思《那年夏天，宁静的海》时，脑海中的画面就是一对青年男女在海边走啊走、走啊走。成片也的确如此，大量镜头拍摄的是茂和贵子的走路。茂和贵子虽然是聋哑人，但是从来没有手语和夸张的表情。走路是他们最直接的交流，简简单单的走路，可以有许多可以想象的内容，效果相比于拥抱亲吻反而更好。这种画面感从他第一次执导《凶暴

① 叶渭渠：《物哀与幽玄——日本人的美意识》，广西师范大学出版社2002年版，第91页。
② 叶渭渠：《日本戏剧》，上海三联书店2006年版，第45页。
③ 世阿弥：《花镜》，载《文化与诗学》2012年第1期。

的男人》时开始了。到了真正算是北野武处女作的《3-4×10 月》中，呆立的形象、似没睡醒的表情鲜明地出现。影片的第一个镜头便是黑暗中雅树漠然的半张脸。片中，上原带着他们吃冰棍，一群人排好队伍面朝镜头舔着冰棍，类似的镜头此后又出现了一次。《坏孩子的天空》和《菊次郎的夏天》中的经典动作就是走路的升级版——奔跑。信治、阿胜的奔跑散发着朝气和年轻，正男的奔跑满是假期的欢快和孩童的纯真。北野武出车祸之后得了面瘫，他此后出演的影片右半边脸总是无法做出表情，冷不丁地抽搐，然而这件事对他自己影片中的角色完全没有影响。《阿基里斯与龟》的片尾处，幸子突然出现说要买下二十万日圆的罐头，木乃伊一样的真知寿抬起头，绷带下的脸突然不自主地抽搐，这两下抽搐收获了意外的效果。角色诉诸面具式的表演，不需要演得太"好"，太好的话反而容易暴露缺点，戴着面具的"能"依旧可以达到"心花"的感染力。《导演万岁》中，北野武铁人经常替代北野武面对各种麻烦，面具的概念蔓延到了全身。铁的外壳在大多数时候保护着自己，具象地表现出了导演对其逃避型人格的自我剖析。表演方式的克制还有一个例子是《花火》中西的妻子，尽管她是白血病晚期患者，但是这点在表演上没有做任何文章，内心的外化是重点。

　　寂静是北野武电影总体上的声音特点。台词非常少，重复率最高的就是那句"ばかやろう"（骂娘），一声简单的笑常常用来代替台词作为回应。"谢谢你，对不起"是《花火》中妻子对西、《菊次郎的夏天》中菊次郎对正男说的一句表达情感的经典而最普通的话。音效集中在暴力场面中，简洁有爆发力。反例则是完全不用任何音效，以示画面是当事人所幻想。最经典的例子是《奏鸣曲》中的自杀，另则有《3-4×10 月》、《双面北野武》中对暴力、性爱的透视。声音运用最极端的是《那年夏天，宁静的海》。"那时候我总是在考虑，想拍一下眼睛看不见的人所看到的景象，眼睛看不到的人所听到的声音，想来应该不同寻常吧。"①由于技术不够，海水变色的效果做不出来，北野武就选择了拍摄聋哑人的故事，接着他又想到了聋哑人冲浪大会，茂这个角色呼之欲出。"演员的语言成了一件非常麻烦的事情，就把演员的台词全给取消好了。"《那年夏天，宁静的海》不仅是没有什么正经的台词，连音乐和音效也是几乎没有的。站在"听不见声音"这个构思角度，台词、音乐、音效的意义都不大，茂和贵子不可能通过说话与外界交流，更不可能用音乐来演奏自己的心情。从某种程

---

　　① 北野武：《余生》，http：//www.whu.edu.cn/info/1065/2276.htm。

度来讲，日本人的审美价值可以接纳这般寂静，其中的文化精神与能乐的幽玄境界源流相同。寂静在《那年夏天，宁静的海》中达到的效果究竟如何，这点见仁见智。不过可以肯定的是，这种安静、克制的手法让影片的美学风格独树一帜，其意味是悠长而苦涩的。

二、游戏人生

1. 人生须玩耍

亚里士多德认为，游戏是劳作后的休息和消遣，其本身是一种不带有任何目的性的行为活动。字典中，"游"即从容地行走，"戏"即玩耍。具体到北野武电影中，不可或缺的就是孩童般的玩耍，因此，用"玩耍"一词概括北野武电影中的游戏是再合适不过的。这些游戏并非完全与功利无关，有时是为了使身边的人快乐，有时只是想以缺心眼的快乐消解生存的无奈，说它们无功利、无目的是因为最终每个人都乐在其中，忘乎所以。人生中很多时刻感觉很无聊，然后人便开始寻找机会去玩耍，即便这些玩耍看起来也很无聊，但这可能是人活着的时候唯一纯粹、有趣的地方。

《奏鸣曲》讲的是一群被逼上死路的混混在临死前到温暖的海边去玩的故事。桌子上拍纸人的相扑小游戏在《奏鸣曲》中被村川和手下玩到了沙滩上，纸人变成了真人。《菊次郎的夏天》里，正男和菊次郎坐了一对情侣的顺风车，这是玩耍的预告片。"八爪鱼人"这一篇是玩耍的正片播放。说是要为了孩子玩耍，实际上大人们也乐在其中，尤其是倚老卖老的菊次郎。《花火》中西和妻子相处的方式很简单，就是做无聊的游戏，玩一玩七巧板，在吃蛋糕和抽烟的问题上讨价还价，开开玩笑。《阿基里斯与龟》中绘画班上的人在酒吧进行疯狂危险的人体游戏，又在郊区开车撞墙来泼墨，以艺术之名玩耍。

在北野武电影中，若将"玩耍"部分抽离，故事及意义就会大为缩水，仅成为一个个短片。比如在《菊次郎的夏天》中，很多情节是可以省去的，如青年男女带着正男在草坪上玩耍、八爪鱼人的游戏等，但省去后，影片就变得索然无味了。准确地讲，"玩耍"是电影"附赠"的内容、表现对象，同时，"玩耍"也是电影的"无用之用"，因为没有"玩耍"就没有北野武。

2. 玩耍及其延宕

"玩耍"的"无用之用"在北野武电影中达到的是延宕与有趣的效果。玩耍的相对面是推动人生进程的事业，玩耍与命运的生杀予夺相互对话，形成了"克制"、"喷发"相交替的审美体验。

结构的延宕是文学作品当中陌生化的三种艺术程序之一。"对于叙事情节类作品来说，主要的陌生化类型表现为延宕……叙事作品通过延宕推迟审美快感的到来。"①也就是说，艺术家对延宕的使用，不在于延宕本身有多高的审美价值，而是有意识地利用延宕这种结构形式来对审美快感进行提升，以取得陌生化的效果。延宕之意，大有"醉翁之意不在酒"之味。在北野武电影中，玩耍是结构的延宕、非故事性情节，玩耍在剧本加工、影片剪辑时就是为了延宕。进而言之，为什么要"玩耍"？答案很简单：因为想玩、要玩、爱玩。具体来说，"玩耍"延宕了故事情节，片中关于死亡暴力或其他情绪的快感便有了强烈的陌生化效果，同时，玩耍本身的快感也是不可忽略的，它是"无聊"的陌生化。将"玩耍"从影片中剔除，故事的线条还会保留；反之，单独看"玩耍"延宕，它们也可以成立。玩牌、打球、逗乐、画画，这些有趣的细节丝毫没有放肆的意思，是任意一个人的日常生活可以存在的有趣碎片，回归到了孩童的世界。而孩子玩耍的时候离艺术最为接近。

《奏鸣曲》、《大佬》、《菊次郎的夏天》、《花火》、《阿基里斯与龟》中有明显的结构延宕。一段黑帮事务接着一段黑帮玩耍，是《大佬》张弛有度的原因。快乐、暴力杂糅在其中，拼搏崛起、极盛而衰是他们逃不过的命运，全片弥漫着伤感的情绪。《菊次郎的夏天》有鲜明的结构意识，由"大叔真奇怪、天使之铃、大叔陪我玩、八爪鱼人、拜拜"这些部分分别配上经典镜头和彩色字幕。每一次离别之前都要尽情玩耍。《花火》中西和妻子的旅行可以视作生命结束前最后的玩耍。而在《阿基里斯与龟》中，中年的真知寿每一次作画都是一次游戏。骑脚踏车作画的妻子穿着兔子装而不是平时穿的白色工作服，这是游戏开始的象征。"游戏越是努力"，在画廊得到的越是冷遇。真知寿和妻子为了画画做的事情越来越出格，想着"这一次总算是可以了吧"，但阿基里斯还是追不上乌龟。阿基里斯的每一次追逐都似一场专心投入的游戏，而每一次暂停时的延宕，也就是真知寿与艺术的无限接近。

为迎接死亡而延宕是北野武电影的习惯性表达。人物投入地玩耍，暂时地忘记真实生存状态，这种度假般的欢愉状态由突如其来又命中注定的死亡终结，死亡的残酷更加凸显。《3－4×10月》中的一个景点镜头是上原在地里蹲

---

① 彭娟：《论俄国形式主义的陌生化》，武汉大学 2005 年硕士学位论文。

着，头顶周围插着一圈天堂鸟。这个镜头就是典型的玩耍画面，它对叙事看似毫无必要，成为此后要拿这些天堂鸟作为杀人而掩护而做出了情感蒙蔽的延宕。《奏鸣曲》中，他们在冲绳的避难像是度假，尽管在无聊的纸相扑和沙滩上的开枪游戏玩得最投入的人是村川，但是死亡的感觉在他的脑海中是最强烈的，也是挥之不去的。当最后一位同伴死掉时，他们正在沙滩上游戏。《花火》的片尾，少女在沙滩上放着风筝、欢快奔跑，两声枪响让她怔怔地站住了脚步。《大佬》中，山本要杀墨西哥人地头蛇的时候，他回头问丹尼，给他十美元让他开这一枪怎么样，看见丹尼不敢时山本笑了笑，回过头就扣动了扳机。丹尼和山本之间这种荒诞的赌博小把戏贯穿了全片。

3. 玩耍中的反思

玩耍及其延宕不是见招拆招，背后大有用意。尤其在《菊次郎的夏天》和《花火》中，玩耍是温情复苏的契机与象征。

《菊次郎的夏天》中，玩耍加强的是离别的不舍、温情和感人。许多人尤其是对日本姓氏不了解的外国人，看完《菊次郎的夏天》都会倾向于将正男当做菊次郎。乍一看，能辨认出这部电影是关于菊次郎的夏天的情节就是"八爪鱼人"那一段当中，菊次郎借机去福利院看望了自己的母亲，这给他造成了不小的情感冲击。一切玩耍都是为了正男而存在的，但是在这个夏天里，变化最大的人是菊次郎：这个笨蛋终于学会打开心扉，关心别人，表达自己的人情味了。菊次郎的成长故事与正男的暑期冒险交互发生。孩子从片头就吸引了大片目光，因而菊次郎这个人物又以隐性刻画为复线。

《花火》中堀部画画的作用是淡化西的主角负重。西是中心人物，但若只延续他一个人的故事，剧本会遇到困难。"这样的时候，用堀部，比如他在画画的镜头的话，在故事中的阿西的存在不用想，可以用堀部来回避问题。"①影片在大约44分钟的时候出现了第一幅画，那是西在安顿好同事和同事的妻子并准备好了带妻子旅行的车辆之后出现的。也正是从这个时刻开始，西和妻子的旅行需要画来延宕、舒缓和丰富。再者，两部影片中的延宕是具有反思性的。对于菊次郎来说，反思和改变是重要的。他偷偷去看望了母亲，在福利院门口待了很久才回过神来。他在反思，也可能是在原谅。这种反思的精神从

---

① 菅原庆乃：《"我是日本电影界的癌症，大家赶快驱逐我吧！"——围绕〈花火〉的对话》，载《当代电影》2000 年第 4 期。

《花火》就开始了。北野武曾在一次访谈中说道："《奏鸣曲》之前的片子都是描写主人公非常个人的问题，故事里的其他角色几乎都不参与，当然有主人公的朋友那样的角色，可基本上来说都是主人公一个人的世界。《花火》里描写的是，每个人都有自己的社会，其中最小的社会单位是有老婆的家庭。"①每一次去医院对于西来讲都是一种责任的回归，提醒他要负起责任的同时又造成了他工作上的"失责"，加深了他的多重压力和内疚情绪。经过一番思考，他得出了解决一切问题的办法。在与妻子的旅行中进行的种种游戏和逗乐，以及因他而得以作画的堀部的绚烂作品，其实是西也是北野武的反思成果。

北野武曾经这样评价自己的作品："就局部而言，还是存在着激烈的地方。不过，整体是平静，淡淡的感觉。"②戏剧与游戏等元素，在北野武电影中是为整体性的克制叙述和静美诉求而存在的。这是一种寂静的狂欢。作为导演，北野武有他对自我的执着，也有对外界的妥协。他的每一部作品几乎都有某种不确定的分裂症候，他在不断进行尝试。

（作者单位：武汉大学艺术学系）

---

① 菅原庆乃：《"我是日本电影界的癌症，大家赶快驱逐我吧！"——围绕〈花火〉的对话》，载《当代电影》2000 年第 4 期。
② 《北野武访谈录》，载《电影文学》2004 年第 6 期。

当代时尚的身体游戏

齐志家

    服装时尚在当代的根本转向就是走向一种"身体化"的时尚。伴随着后现代思想的临近，身体不仅在时尚生活中，而且在思想领域里得到了前所未有的重视。如同现代生活促成了对身体的发现，现代思想也把美的问题由思想性问题转换为存在性问题。于是，关于当代时尚与身体的美学就是要追问身体的存在本性。而这种追问正是我们应该研究的出发点。时尚历史表明，当代时尚就是"身体化"的时尚。与此相应，它要求一种从身体出发的时尚研究；而不是以往那种从心灵出发的时尚研究。实际上，也只有真正从身体出发才能真正揭示时尚与身体的存在本性。由此，我们要研究以下四个层次：（1）"时尚与身体"（从时尚与身体的历史关联出发，追溯时尚的"身体化"历程）；（2）"身体与美丽"（考察时尚中的身体如何在历史中呈现为美丽）；（3）"身体与解放"（批判在当代身体实践中，时尚的身体究竟意味着什么）；（4）"身体与生成"（从身体出发思考时尚与身体的生成的问题）。

一、时尚与身体

    当代时尚被认为就是身体为中心的时尚，但时尚是一个历史性概念，在时尚与身体的历史关联中，时尚经由了一个"身体化"的历程。应该看到时尚与衣着在历史上的区分了。在时尚产生之前的西方古代衣着被认为是一种习俗与风尚的衣着，而不同于作为持续变化的流行时尚。时尚被认为是起源于西方中世纪晚期的特殊的衣着系统，其特殊性就在于式样的持续变化，遵循着一种"为变化而变化的逻辑"。一般而言，时尚的衣着就是美的衣着；而考虑到"切身化"的角度，衣着又总是身体的衣着，缺少身体的衣着是不可思议的。人类衣着发展到当代，已经与时尚和身体关联为一个有机的整体。作为历史的概念，时尚是特殊的衣着；而衣着从来都是身体穿着的结果。西方时尚的发展一般呈现为三种历史风貌：首先是从文艺复兴时期到 18 世纪期间的古典时尚阶段，这是一种体现等级制度内涵的时尚；其次是 19 世纪以"表现自我"为中心的时尚；最后是 20 世纪以来以"时装流行"为代表的时尚。而从切身化角度来看，这样的历史风貌又表现为"等级时尚"、"自我时尚"、"身体时尚"三个逐一更替的主题。这样的历程也表明，身体对于衣着的意义往往被忽视；而只有在近代思想以来，时尚/衣着与身体的关联日益凸显出来；直至当代，身体成为时尚的主题与中心。

就中国时尚而言，中国时尚只是当代全球化时尚的一部分，而传统中国服饰与西方古代的服饰都因处在森严的等级社会而呈现出一般衣着风尚的特征。在传统中国社会独特的礼教文化形态影响下，服饰并不具有作为一般文化器物而独立发展的意义，它从来都是作为社会政治等级的具体而明确的标志。礼教对身体及其欲望的长期禁锢，使中国传统服饰成为一个缺少自然身体意义的体系，而身体在这个体系中则主要是礼乐规训下的礼乐化的身体。传统服饰的这种稳定封闭体系直到近代中国急剧的社会变革才土崩瓦解。近代中国服饰的发展与中国近代的身体革命息息相关。在随后的服饰现代化的转换中也深深地打上了政治文化的烙印。直到 20 世纪 80 年代，中国服饰发展才开始逐渐融入全球化时尚浪潮之中。

就时尚/衣着与身体关系的历史而言，时尚是作为特殊的衣着系统发生在西欧历史之中的，它有着特殊的历史与地理内涵。作为衣着的身体也还是文化对象的身体。在传统社会中身体是仪式化生活以及传统社群典礼之中的身体。而在现代社会，身体更多的是与现代个体概念与身份相关联。就时尚的历史发展而言，前现代社会的时尚主要追求一种"贵族气派"；现代社会则追求现代个体自我的表达；而后现代思潮里，服装时尚经历了一个由"解放身体束缚"到"肯定身体外现"再到"追求身体欲望"的过程。这意味着当代时尚就是身体为中心的时尚。这种历史发展本身就是一个不断身体化的过程。

二、身体与美丽

在"身体与美丽"的层面，我们要从身体如何呈现于生活的角度，追溯了人类身体的美丽史。事实上，对于身体的谈论可能和衣着的历史一样久远。衣着的美丽也往往伴随着、引申为身体的美丽，也会被解释为人的美丽。甚至衣着的美丽、身体的美丽以及人的美丽会不加区分地混同在一起。东西方的历史上都不乏关于身体美丽的描绘与思考。当然，一般情况下，被思考的身体美丽是一种从心灵或意识出发思考的身体美丽，也就是一个由心灵规定的身体。在此，身体美丽就是一种相关于心灵形式的美丽。当然，在传统中，中西方的身体美丽表现出较大差异。西方较为注重身体的客观形式美化；而中国注重一种身心统一下的和谐。西方注重表现出对人体美、客观形式美的追求；而中国古代往往追求服饰与伦理道德情感的融会贯通。身体也就是这种形式的代言或载体，或者充其量它是作为精神呈现的场所。然而现代思想认为，身体不仅是一个有机体，还是一种欲望的生命活动。

还要指出：在前现代的社会里，身体的美丽往往依赖于心灵的美丽。身体是被心灵规定的身体。而现代以来的身体美丽，逐渐走向具体化的身体、身体部分、身体的肉身性以及娱乐性等更为物质性因素的内涵。在全球化的当代，东西方共享着时尚身体的美丽观念。这也是身体在社会生活中取得全面胜利的时代。身体就是芸芸众生的身体，就是你和我的身体。在消费文化的语境下，身体是享乐主义的身体，又是时代美丽的主题。

三、身体与解放

在"身体与解放"的层次中，则要从当代身体实践的角度，对当代时尚的身体进行现实批判。在当代，时尚就是身体的时尚，身体也是时尚中的身体。无论这个身体是否热衷于时尚，但社会的整体都把他归类为时尚的子民。因此，对于身体的思考就是对时尚中身体的思考。身体在当代的根本主题就在于从传统束缚中解放，进而成为时尚的主题。这种解放包括对身体的养护，人性化身体的发现以及对身体欲望的表达。人们对待"身体"的观念从来都是历史性的。首先是 16 世纪到 18 世纪现代意义的"人"的诞生，然后是 19 世纪 60 年代西方人发现真正的"身体"。在整体论的世界里，身体与人从未分离；而现代阶段的解剖学与个体主义的世界里，身体作为个人化的因素，成为自我的附属品；而在当代，人与身体又形成一种新的二元对立，当代的身体成为多余的身体。在这样的历程中，在一种区分于肉体的意义上人的身体性得到思考。

解放往往是从束缚中解放，当代消费社会即使人从需求的束缚中解放，又使身体从心灵的束缚中解放。这种解放逻辑意味着首先是身体的在场和出席，然后是产生了型塑自我的身体规划，最后是身体成为消费的身体。当代消费社会的身体是一个表现的身体，也是一个欲望的身体，并往往被借以建构自我的感觉。理性主义对身体本能和非理性的压制受到消费主义的影响与冲击。身体的快感与身体的差异表现成为消费的中心；借助符号化的社会网络，身体成为了欲望表现的载体。当代的身体实践表明，身体在当代的解放意味着从"束缚到养护"，从"物性到人性"，从"禁欲到欲望"一系列身体意象的转变。但这种批判也表明，当代时尚中的身体还是一个消费社会中的身体，而且也还是一个走向市场的身体。这个市场化的身体并不比传统禁欲的身体更为解放。

四、身体与生成

在"身体与生成"的层次中，则要从一种身体出发的角度，来思考当代时尚的身体的生成问题。身体在现代思想以来不断走上解放之路；但在后现代思想看来，现代思想仍然给予身体一个存在的规定，仍没有回到身体自身，也就是指没有回到它直接的肉体性。尽管当代消费主义的身体强调了作为欲望的身体，但与此同时，它还是一个走向市场的身体，由此而成为作为交换价值的载体。身体在消费文化中的体现是以"作为符号价值的载体"的方式呈现的；而身体作为"青春、苗条、性感、美丽"的代言出场时，身体仍然是遮蔽的，它被隐蔽在这些抽象符号中。因此，身体在当代的发展仍然充满着巨大矛盾。这当然在于身体自身的悖论性：身体既可见又不可见；身体是真实的活生生的身体，但同时又是社会话语建构的身体。尽管当代思想抛弃了精神和肉体的二元对立，提出了有生命的身体、灵性化的身体的概念；但我们仍然不能对在理性分析的话语与作为描述对象的身体之间的冲突有所作为。在此，身体只能在语言中被理解，而当代的话语领域是一个自身指涉的符号系列，而这个系列往往只能把身体简化为符号化的载体。

身体在当代的显现是在以走进市场的方式显现，它遵循着商品交换的逻辑。这种逻辑通过身体的符号化来实现，但消费的逻辑要求的就是不断地生产和消费，它往往通过不断地对身体表面创造符号来刺激消费欲望，以至于身体成为符号的坟墓。身体也最终沦落为符号的纯粹能指，被遮蔽在这一系列显现之中。然而，身体从来都是自然与文化的双重产物，而且是一个始终更新的作品。

身体美学当然要把身体作为美学的主题，这首先在于我们要从身体的本性出发来探讨身体的审美现象。而身体的美就在于身体的自由与生成。在时尚中的身体是社会感觉中的身体；由此我们就要思考生活世界中身体本性的显现问题。如何让身体摆脱身体之外的负担而回到身体自身？当代的身体显现为消费者身体，而消费社会却拥有的是一种取消了意义的社会文化形态。哲学的历史把对身体的思考带向了多元的语境之中。身体的生成就如同德里达所谓的"无底棋盘的游戏"那样，身体自身生成。

因此，当代时尚中的身体显现总是被消费逻辑影响下的符号运作体系所遮蔽。而这种取代身体的"符号与交换价值"是对身体自然性的抹去。但是，身体是自然性与文化性交互生成的身体；并且正是在这不断更新的历史生成中，身体不断走向审美化。当代时尚在消费主义、技术主义的影响下充斥着虚无主义、享乐主义与技术主义的基本特征；这也要求我们重新反思市场的交换逻辑带来的人性的异化与身体的异化。于是，身体的美学要求追问身体存在的本性，这也就是要回到身体自身，让它不再有来自外在的任何压迫与束缚。也就是要在时尚的整体中，让时尚作为时尚显现，让身体作为身体生成。

五、时尚、身体与游戏

当代时尚风格的多元性，并没有令我们更加自由，我们仍然是新时尚暴政的臣民。与此同时，时尚主题的身体化也并没有给我们一个坚实的基础，这在于身体在当代的发展正在成为一个虚拟的存在，一个纯粹的能指。但是，即使我们承认身体具有必死的命运，然而我们始终依靠身体而活着，仍然需要为它找到一个根基。

我们看到，当代时尚对身体的美化实践并没有带来身体的自由与解放。这在于当代时尚中的身体仍处在各种遮蔽与束缚之中，仍没有回到身体自身，让身体作为身体而呈现。它们仍然是反审美、非审美和伪审美的。这首先在于往往存在一种无身体的时尚思想，正如现有文献一贯地把时尚作为心灵化时尚的理论，基本上忽视了身体对时尚的意义，而只是强调意义创造和符号运用的那些精神主体的意义，最终时尚被理解为一种抽象化的理念运作。其次，往往误解了身体作为生命活动的欲望本性。身体要么被衣着遮蔽，要么被毫无廉耻地极端化展现。正如在时尚历史中，那些禁欲主义的像囚徒一般的身体和纵欲主义的像奴隶一般的身体那样被束缚着。但欲望只是欲望，无所谓美丑，它只是在具体历史之中的生成着的欲望，且只应给予它一个历史性的度。最后是在技术主义的时代里，身体往往借助现代技术而走出其自然性和文化性的边界，而异化为一个技术化的身体。并且，消费主义与符号运作网络影响下的身体也成为了纯粹能指的时尚符号，身体的自然性由此被进一步的例行抹去。

当然，当代时尚的身体审美研究并不试图建构某种具体时尚与身体的审美理想，而是要对当代时尚与身体相关联的审美现象做出批判，由此思考身体的美学意义。一种从身体出发的美学就是要从身体的本性出发探讨身体和时尚的审美现象，这就是首先要让身体作为自身在时尚中显现出来。事实上，任何一个身体都是被话语建构的活生生的身体。身体是欲望的、工具的和智慧的三种话语的游戏活动。它不仅是三种话语游戏之所，而且就是这三种话语自身。在此，这里的"游戏"被认为是生活世界中身体与世界的交道活动，是这三者间的游戏与聚集活动。在这样的意义上，当代时尚就是作为身体游戏的时尚。但是，在时尚中的身体游戏却有可能出现三种极端形态，诸如从欲望出发的，从工具出发的和从智慧出发的游戏。也正如我们在时尚历史中看到的那些极端情况一样。在这些极端形态中，作为整体的时尚与身体极有可能分裂为多种碎片；时尚中的身体也会在这些极端形态中成为异化的身体、极端的身体：诸如成为礼乐化的身体、欲望化的身体和可消费的身体。然而，真正的游戏则应该是对这三种极端化身体形态的克服，而形成三者和谐的发展，组成这三者的圆舞。就这三者而言，它们总是处在相互的差异、对立、矛盾与冲突中，但它们又相辅相成。也正是在这个矛盾冲突的统一体中，这三者各自发展与生成，最终推动统一体的不断生成。由此，游戏是源于三者自身并为了自身的活动，它就是一场无穷无尽的游戏。如果事实果真如此，那么我们要进一步思考时尚中的身体，就要思考时尚中欲望性的身体、工具性的身体和智慧性的身体及其相互关系。

（作者单位：武汉纺织大学服装学院、时尚与美学研究中心）

建筑与环境美学

城市与思想

——关于武汉城市文化的一次对话

聂运伟

2014 年金秋 10 月，丹桂飘香，几位好友，不期相逢于江城，更难得诸公皆有几日闲暇，首次相聚，酒酣之余，众人命我尽地主之谊，带领大家好好阅读一下武汉。一听此意，我心中大喜。若问喜从何来？因为来汉诸友尽为好读书、好研究问题者，尽管或喜考古，或喜建筑史，或喜中西艺术，或喜社会学……但多行于天地之间，思于古今中外，少有功名羁绊之虚语，多为酒伴书香之真言。为他们导游，或许可以解我心中多年之疑惑：武汉城市文化，究竟是何症候？听我言毕，诸公笑曰：此行，大可称为武汉文化或说武汉城市发展史探秘游了。几日下来，所游之处，山有龟山、蛇山、小洪山、珞珈山、磨山；水有长江、汉水、东湖、月湖、紫阳湖；街、巷有沿江大道、中山大道、解放大道、解放路、汉正街、吉庆街、昙华林、户部巷、汉街；文化景点有黄鹤楼、古琴台、省博物馆、艺术馆、省图书馆、红楼、盘龙城、放鹰台，还有许多历史建筑。一路上，边游边议，或问或答，争论不休便去省图书馆查找文献，既以史为证，亦以史为鉴。每日游毕，夜饮时分自然各抒己见，白日有形的景物和星夜无形的思考，和着酒精一起发酵，又转化为思想的语句碰撞、挥发。

为纪念这一难忘的阅读、思考我的故乡的经历，笔者便把诸位友人阅读武汉的所言所议，略作整理，以对话的形式写了出来（为了尊重友人的意见，本文略去友人的私人信息，对话各方均以主、客 A、客 B、客 C、客 D 相称）。

主：诸位，大家都是游历甚广的读书人，对武汉不会陌生，但如此三五好友，齐聚鄙人故乡，游山川名胜，品佳酿美味，论古往今来，实为人生一大快事，能为大家略尽地主之谊，吾之幸也。我不由想起王右军《兰亭序》所言："是日也，天朗气清，惠风和畅，仰观宇宙之大，俯察品类之盛，所以游目骋怀，足以极视听之娱，信可乐也。"我是个地道的武汉人，除了下乡、当工人近5年的时间外，一直生活在这座城市。我出生在汉口六渡桥一个叫森寿里的里弄（上海叫石库门），母亲家族根在汉阳、民国初年居住汉口，岳父家族在武昌也居住了几代。60年来，走过这个城市许多角落，听过家中老辈不断讲述陈年旧事，读过大量记载这个城市的文献故事，亲眼目睹了它的巨大变迁，20世纪90年代，还随武汉电视台多次采访过皮明庥、徐明庭、何祚欢几位老先生，他们三人堪称武汉史料、掌故的活字典，如此说来，我对武汉不应该陌生吧？几年前，一位年轻作家给我看他描写晚清武昌市民生活的作品，其中一个情节写到张之洞督鄂期间，在黄鹤楼宴请宾客，我立马说，你错了，清代最后一座黄鹤楼（俗称清楼）毁于光绪十年（公元1884年），而张之洞1889年7月才调任湖广总督。这位年轻人后来每逢遇到类似的问题，一定咨询我的意见，我即使一时无法回答，也会告知应该去查什么样的资料。但诡异的是，肚子里关于武汉的史料愈多，反而愈有一种无名的惶惑：我真的熟悉这座名叫武汉的城市吗？我坦陈，我不熟悉，因为我一直没有找到这座城市的灵魂。大概是2003年的时候，很想在武昌首义百年之际写出一组关于辛亥首义与武汉城市的文章，还起了一个总的题名，叫《辛亥百年祭》，但写着写着，怎么也写不出自己想要的东西，结果是弄得电脑文件夹里塞满了资料和涂鸦的文字，几年下来却毫无收获。后来读了加拿大考古学家布鲁斯·特里格的《考古学思想史》，才恍然大悟，自己没有在看似烂熟的史料里找到一种叫"思想"的东西，一种让史料自身永远鲜活的东西，史料有属于自己的思想，若把史料从它自己的思想中剥离出来，它也就失去了灵魂，只能成为各种浅薄观念、教条主义的"伪证"。

客A：对自己生活环境的陌生感恐怕是一种世纪病，为什么会如此？这恰恰是城市文化研究必须回答的问题。在高速城市化的今天，我们究竟遗失了什么？在武汉连续游览了几天，也在省图书馆看了不少武汉城市发展、城市规划的资料，我和主人一样有一种失落感。作为外地人，武汉在我的文化记忆里，标志性的东西有两个，一个是记载高山流水的古琴台，一个是崔颢的诗《黄鹤楼》。难得的是，这两个有着深厚文化底蕴的景观都依托着具体的建筑形制，特别是黄鹤楼，雄踞武昌蛇山之巅，俯瞰长江汉水和众多湖泊，自然成为武汉城市天际线的视觉中心。我们可以想象，黄鹤楼从三国时期就已成为长江上的重要观景点，在千余年的岁月里，映入登楼观景者眼中的景象是什么？是浩瀚天空，是苍茫大地，是连绵水域，崔颢诗中的"白云千载、晴川历历、芳草萋萋、烟波江上"，可说是全方位地揭示出城市天际线的内涵，他看到了天与地、天与水相交的优美曲线（在种种对天际线的解释中，我更倾向这样的解释："城市天际线应当是天与水之间优美的曲线"），这条曲线不仅仅是被看景观形式上——线条、明暗、色彩的起伏变化，同时也是观景人内在心理的一种投射，天地茫茫、江湖森森，人之渺小及孤独油然而生，家园何在？"日暮乡关何处是，烟波江上使人愁"，抒发的正是海德格尔所言的家园感，天地人神亲密契合。对于诗人而言，他是异乡游子，但"乡关"（家园）是美丽的、诗意的，是可以返回、可以依赖的精神港湾。这样的城市天际线，有着厚重的历史积淀，具有极高的历史和文化价值，既体现了城市的演进和发展，又为市民所熟知和认同。但遗憾的是，今天的武汉，黄鹤楼不再是观看城市天际线的视觉中心，我在汉口、汉阳、武昌的许多地段，都看不到它的身影。杂乱无章的高层建筑从不同角度无情地封堵了市民和黄鹤楼的视觉接触，说严重一点，是封堵了人们同历史文化的亲密接触，刘易斯·芒福德在《城市发展史》中说过：现代城市中的"新主人轻蔑地转过脸去，摒弃历史上积累的一切，他们致力于创造一个未来，而这个未来，从他们自己的进化论看来，一旦成为过去，他也同样不屑一顾——同样地也会被无情地抛弃"。我登上黄鹤楼远眺时，尽管没有雾霾，已看不到天、地、水相交的完整轮廓，眼前的景观一片支离破碎，我想，这不单是城市规划的问题，而是城市管理者对城市文化的认识问题。

主：我读过湖北某高校两位年轻学者的一篇论文，题目是《黄鹤楼与武昌城市天际线的关系研究》，其中的一些专业性分析恰好是对客 A 观点的一种印证，故录下："武昌城市天际线可以用混乱甚至是模糊来形容。蓝湾俊园、中商广场写字楼、金都汉宫等高层建筑都不假思索地矗立起来，黄鹤楼在不知不觉中竟陷于周边的楼林之中。高层建筑是一座城市的有机组成部分，是城市的重要景观点和对景点，它对城市天际轮廓线的形成有重大影响。武昌到处只见高楼耸立，却没有为形成良好的天际线轮廓作出应有的贡献，更未能达到烘托历史文化名城的作用；沿岸植被、水景与超高层建筑比例失调，使得原本宽敞的水面与绿地空间显得狭窄，整个滨水区城市天际线却遭受了严重破坏，这些高度和体量巨大的建筑，混淆了前景天际线和背景天际线的关系，削减了两者对比，使城市天际线混沌无序，丧失了其基本结构和层次，弱化了滨水城市天际线的结构与特点。可以说这条缺少城市整体环境意识、杂乱无章、松散破碎的天际线无论如何也不能唤起人们对美的反应。"

  客A：关于城市天际线的问题，我再补充一点。约瑟夫·里克沃特在《城之理念》中说："天际线已经成为我们城市景观中最重要的视觉形象，然而规划理论至今还不能对之给出任何完整的阐述。"他引用一个世纪前美国建筑批评家对纽约天际线的评论："它不再像是建筑性的前瞻，倒极像是商业操纵的结果。"在全球现代化的进程中，城市的天际线不再表现为天地相交的曲线，更多的是众多高大建筑物的外形轮廓对天空的分割，显现出各种各样的几何形图形。城市中 CBD 区域（CBD 的全称是 Central Business District，意思是中央商务区，其概念最早产生于 1923 年的美国，当时定义为"商业会聚之处"。中央商务区，是一个高度集中了城市的经济、科技和文化力量，同时具备金融、贸易、服务、展览、咨询等多种功能的区域性概念）的出现，集中了大量气势恢弘、错落有致的高层、超高层的建筑，是一个城市"摩天大楼"的聚集区，CBD 的天际线由此诞生。在热衷于城市经济发展的当下，CBD，往往成为一个城市的象征，被称为"城市名片"，CBD 的天际线也就理所当然成为现代大都市的一个重要标志。大家可以去翻翻时下关于城市天际线的研究文章，多在大谈特谈纽约曼哈顿、东京新宿副中心、巴黎拉德方斯新区、香港维多利亚港湾、上海陆家嘴这些全球著名的 CBD 的天际线是如何如何的优美。其实，这些貌似纯美学的分析，只不过是对权力和资本的美学粉饰。因为，权力和资本催生了 CBD，超体量、超高层的摩天大楼不过是权力和资本的符号，由摩天大楼拼接而成的城市天际线不过是权力和资本的美学符号。马克思在《资本论》中早就说清楚了这一点。我并不想否定现代化城市经济发展的合理性和必然性，我要提出的问题是：在一个历史悠久的城市里，比如在武汉，真正让普通市民动心的是王家墩 CBD 的天际线，还是以黄鹤楼为视觉中心的天际线呢？在这个选择题面前，一个普通市民的感觉认知和情感投射似乎无关紧要，决定城市规划和发展的市政管理者、投资商们会怎样选择呢？结论其实很明了，在权力和资本空间无限延伸和膨胀的诱惑、规训下，人的精神空间——人与人自由交往的公共空间必将萎缩甚至异化。我们看了万达集团投资高达 500 亿的楚河汉街，其名为"武汉中央文化区"，投资者似乎要把自己与 CBD 模式区分开来，强调文化和传统。的确，作为武汉江湖联通工程的一个有机组成部分，汉街在自然景观上别有情趣，我们在汉街看到了十余个文化设施：剧场、影院、书店、休闲的林荫道、游湖的汽艇等，特别是五个纪念湖北历史名人的广场依序贯通整个步行街。那天，我们坐在昭君广场的一个咖啡店里，汉街大戏台上一个巨大的 LED 大屏幕正在滚动播放有关汉街的宣传画面，我们的集体印象是，商业营销、广告宣传、购物才是汉街的灵魂，灌进双耳的词汇是什么？是：高档百货、万达集团首家奢侈品购物中心、国际奢侈品集团品牌集中展示……可怜的王昭君，在一个著名金店对面的角落里，简直就像一个丫鬟侍女，无人搭理，我真不知道为什么让她站在那里。看着川流不息的人群在一个个商铺里出出进进，本雅明在《巴黎，19 世纪的首都》中写下的那些名句真可谓历历在目：

> 人群是一层面纱，熟悉的城市在它的遮掩下如同环境一般向闲逛者招手，时而幻化成风景，时而幻化成房屋。二者都成为百货商店的要素。百货商店利用"闲逛"来销售商品。百货商店是闲逛者的最后一个逗留之处。

客 B：利润最大化是资本永远的逻辑。汉街的正面近景是水果湖，中景是东湖，远景是磨山，背街远眺，本是一幅天然的山水风景图，可现实场景是，一座自称亚洲第一的六星级酒店用资本的豪华把自然景观遮蔽得严严实实，躲在酒店庞大身躯后面的汉秀剧场，尽管穿着红色的新娘外衣，却分明在空间上透示出一百个委屈。所以，有着历史文化积淀的城市天际线在城市容量的疯狂扩张过程中遭到破坏，并不是武汉一个城市的现象，而是一个全球性的问题，就像芒福德所说："在 20 世纪，城市发展的新的旋律是不断的破坏和更换。"

主：我插一句，这个概括太准确了。我工作的湖北大学毗邻友谊大道，这条道路开通十余年来，从来就没有停止过挖掘和改造，我总是在想，难道我们的城市规划师们都患有短视症，竟如此没有一点前瞻性？或许，问题的成因是复杂的。

客 B：芒福德对现代化进程中城市病象的分析和批判源自于他对人类城市起源的研究。《城市发展史》有个副标题，原文是 A Powerfully Incisive and Influential Look at the Development of the Urban Form through the Ages，中译本译为"起源、演变和前景"，似乎不妥，译者对正标题 The City in History 中"历史"一词的理解延续了笼罩汉语学界百余年的线性进化论的思路，故想当然地把副标题译为八股调式的"起源、演变和前景"。其实，英文原意直译出来是"城市形式发展中跨时代的一种有力的、清晰的、有影响的外观"，细读全书，我们不难发现，芒福德虽接受了达尔文进化论的基本思路，承认变异和发展，对人类文化的未来也跳出了 20 世纪西方哲学悲观主义的预设，认可城市发展在反思基础上是可以寻求更加美好的前景的；但和线性进化论不同，芒福德吸收了 20 世纪文化人类学、考古学、社会学、宗教学、精神分析学说的多重分析手段，从城市起源的研究入手，指出："在城市成为人类的永久性固定居住地之前，它最初只是古人类聚会的地点，古人类定期返回这些地点进行一些神圣活动；所以，这些地点是先具备磁体功能，而后才具备容器功能的。"在他看来，城市是发展的，但磁体功能与容器功能却是最基本的原型范式，并通过特定的空间形式表现出来，磁体功能作用于人的精神世界，容器功能服务于人的物质需求，前者为本，后者为末。磁体功能的空间形式可能千变万化，内涵却亘古不变，原始文化中举行神秘仪式活动的山洞；希腊城邦世界的神庙、剧场、广场；古埃及的金字塔；不同宗教文化的圣地、教堂、庙宇，直到今天城市中多样化的纪念性空间，都可在文化考古学上理出一个完整的谱系。所以，决定一个城市兴衰、体现一个城市特殊魅力、构成一个城市独有风情的核心要素是磁体功能及其空间形式，20 世纪城市发展的通病就是舍本求末，一味放大城市的容器功能，肆意破坏城市的磁体功能，武汉本来得天独厚的以黄鹤楼为视觉中心的城市天际线之所以被无知和无情地肢解，皆缘于此。我们在省图书馆查阅了武汉开埠以来十余份武汉城市规划图，在规模、区域功能切分、远景预设诸方面，上述规划不尽相同；但是，它们在规划理念上，却有着惊人的相似性，即单纯把城市理解为一个不断扩张的容器，其结构原则是一种生物性的功能主义，以满足人们物质生产、生活需求、社会管理为主要目的，按工业，商业，行政，住宅，分区规划。从张之洞的规划设想："驾乎津门，直追沪上"、民国时期的诸多规划设想，如孙中山的《建国方略》、1923 年《汉口市政建设计划书》，1929 年《武汉特别市工务计划大纲》，1936 年《汉口都市计划书》，1944 年《大武汉市建设计划草案》，直到 1954 年、1956 年、1959 年、1982 年、1984 年先后编制的《武汉市城市总体规划》，均以"大"（这个"大"的内涵完全是经济容量上的大）为指向，试图建设全球经济、交通意义上的大都市。1944 年《大武汉市建设计划草案》甚至预设"大武汉"的发展规模是 3600 平方公里，人口 1000 万，是"东西两半球唯一的内地最大城市"。在晚清以来"强国梦"的影响下，我们太急功近利了，我们的城市规划和发展全然忽视了对城市文化本性的认识，梁思成保护北京古城的建议被无情否决便是典型的例证。

坦率地说，这些规划的实施完全破坏了武汉城市原有的文化肌理和文化意象。以武昌为例，武昌的地形属于典型的残丘性河湖冲积平原，山多水多，岗岭起伏，湖河交错，特别是蛇山，长约1790米，海拔85米，绵亘蜿蜒，形如伏蛇，头临大江，尾插闹市，山上人文景观涉及历朝历代，堪称武昌城市发展的活化石，绝对是武汉城市的"文化之根"和"城市脊梁"。如果倒退一百余年，我们站在蛇山之尾的龙华寺，放眼东眺：远景是东湖，中景是诸多起伏山岭，田畴农舍，炊烟袅袅，湖光粼粼，近景有沙湖，渔舟唱晚，寺庙为主的文化景观和自然山水相依相傍，蛇山余脉的长春观、洪山南麓的宝通寺、盘龙山上的莲溪寺、伏虎山下的卓刀泉寺，在这样一个完整的视觉图景里，立足于蛇山或武昌城头的观景者，自然会觉得城外诸山皆与蛇山脉息相通，出城进香拜佛可释城内俗世纷扰，还心灵一份清静。所以，山是武昌城市的自然肌理，而与山共存的人文遗迹和寺庙就是文化意象，在中国传统文化里，两者不可分离，读王维《辋川集》与《山中与秀才迪书》，便知山野之"深趣"和寺庙的佛教之奥理，须臾不可分离，中国诸多山水诗歌正是其完整、完美的视觉表达。遗憾的是，在今天的武昌城区，我们已无法获得这样的完整的视觉感受了，更不用说完美。也正因为此，诗已死矣，崔颢今日再登黄鹤楼，他也写不出千古绝唱了。20世纪的诗除了作为个体的人的孤独、惶恐不安甚至变态的内心独白，还有什么？

客C：城市肌理和建筑的空间意象一旦失去可读的连续性，给人的视觉感知必然是零碎、不清晰、不完整的，更无法激起情感的愉悦。在游览龙华寺、长春观、宝通寺、莲溪寺、卓刀泉寺之前，我给大家设计了一个小游戏，让主人随机找五位武汉本地居民，要求年龄和我们几位相似，即60岁左右，只调查一个小问题，即请教我们游览这五处寺庙的最佳路线，结果大家很清楚，没有一个人对这五个景点的地理关系有着完整的感知，有两个人根本就不知道莲溪寺和龙华寺，我知道这样一个极小概率的调查结果绝对不能反映出武汉市民对自己居住城市的认知度，我之所以这样做，是因为我有一个比较的参数。大家知道我这次来武汉之前在绍兴待了一段时间，我在绍兴住在和沈园一墙之隔的一个小旅店，名字却大气优雅，叫"大越小院"，一共只有18间客房，店内空间布局、各项陈设、用具均古色古香，静雅而闲趣，和沈园来了个跨越千年时空的琴瑟共鸣。老板年轻，不到40岁，但说起绍兴名胜古迹，烂熟于心，他成天一壶茶，或一杯咖啡，陪着客人或朋友谈天说地，其身形相貌颇有王羲之在兰亭曲水流觞的遗韵。我认识好几位痴迷故乡传统文化的朋友，除了他们的主观因素外，我发现有一个共同的特点，就是他们对故乡传统文化意象完整、清晰的感知和情感依恋，往往依托于幸存的古老街区。我很敬佩绍兴的城市管理者们，他们把诸多的名人故居——如王羲之、徐渭、章学诚、徐锡麟、秋瑾、蔡元培、鲁迅——所在的老街区完整地修复保存了下来，多达八个成片的老街区，如仓桥直街、八字桥直街、书圣故里、西小路河沿、鲁迅故里等，其中仓桥直街历史街区获得联合国教科文组织"文化遗产保护奖"。在这些历史街区里，小桥流水、曲径通幽，又秩序井然，街区里基本上是明清至民国年间的古朴建筑，依然是平凡而平静的百姓生活场景，间或几个摆在住家门前的小摊点，卖的也全是自产自销的地道绍兴小吃，没有一点商业化的喧嚣，坐在小巷随意置放的小竹椅上，看着老人们慢悠悠的牌戏，行走在绍兴连续的城市肌理上，慢慢阅读、品味着街区各等空间形式中的文化信息，绍兴深厚的文化底蕴真的是沁透心脾，化为可感的完整意象。这大概就是凯文·林奇在《城市意象》中所说的环境意象："这种意象是个体头脑对外部环境归纳出的图像，是直接感觉与过去经验记忆的共同产物……这种意象对于个体来说，无论在实践上还是情感上都非常重要。"所以，我们在武昌的随机调查大概可以说明，武昌城区自然肌理和空间意象的被割裂、肢解，也就必然导致城市居民逐渐丧失完整的环境意象，以及与环境的情感联系，也自然失去了历史的意义底蕴。大家开头说的陌生感其实就是这种环境意象整体性的丧失。我们看过武昌的户部巷、昙华林街区、汉口的吉庆街，大家什么印象？不过是在仿古的门面前做着千篇一律的现代商业活动，到处滚动着发财的金钱欲望，何来产生磁体功能的文化想象？至于我为什么调查 60 岁左右的人，其实是在反省我们这一代人与环境之间的关系，或者说，我们下一代对居住环境的陌生感，我们是有责任的。

主：我明白了你的意思。以我为例，我们成长的时代正是"革命化"意识形态最浓厚的时候，对于那时的我们而言，武汉所有的历史景观只剩下地名标识的意义，"文革"中甚至许多以历史景观命名的地名也被取消。"破旧立新"、"改天换地"、"建立一个红彤彤的新世界"这些时髦一时的口号完全割裂了我们对故乡环境的历史感知。记得 20 世纪 80 年代第一次为几个老外导游武汉市，我是连续熬了几个通宵，恶补了一下武汉城市的历史知识，才算应付过去。也许，在表层意识形态上，我们理性地否定了这些口号的虚假性，但在潜意识领域里，它们是否仍然像梦魇一样纠缠着我们？

客 C：我的回答是肯定的。我们几个人好像都是 77 级、78 级的，常有人骄傲地自封"文革"后的 77 级、78 级大学生是新时代的开拓者，确实，这两届毕业生在各行各业担责者甚多，作为城市管理者也大有人在，可在中国城市化大发展的这几十年里，我们提供的有益经验太少太少，问题却是太多太多，老实说，我们这一代人中的绝大多数依然明恋和暗恋着权力的运作，离民主的理念还远着呢！张之洞为中国近代工业之先驱，功不可没，可他却远离萍乡的煤，大冶的铁矿，硬把汉阳铁厂建在自己总督府的视野内，我们都看过张之洞远眺汉阳铁厂的那张著名照片，什么道理，看看今日遍布各个城市的"面子工程"、"政绩工程"，就不言而喻了。许多城区的拆迁与改造无不与权力意志有着密切的关联，更何况还有权力与资本的共谋，所以尼采说："建筑是一种权力的雄辩术"。迪耶·萨迪奇在《权力与建筑》一书中，以世界诸多城市建筑为例，生动展现出建筑与权力的关系："政治家们开始着迷于一幅充满摩天大楼的城市景象"，尽管这些摩天大楼"不过是一种原始而粗俗的自我标榜的副产品"，但是，"建筑折射了建造者的雄心抱负、不安全感和动机，它忠实地折射了权力的本质——它的策略、它的安慰和它给权力行使者带来的冲击"。

主：对这些问题，客观地说，我们的城市管理者也开始有了新的认识，1996 年《武汉市城市总体规划(1996—2020)》和 1998 年《武汉市创建山水园林城市综合规划》，就在规划思想上突破了近代以来经济容器式的功能主义的思路，吸收了生态主义的田园城市理论，开始从"宜居"角度思考人与城市的关系，我带领大家参观的环东湖、沙湖、月湖的城市公园的建设，是武汉市政建设的新成就，也是亮点。在武汉城市文化肌理的修复上，我们也看到了尽量在弥补的努力，如十余年来武昌蛇山的"显山透绿"工程、政府出台的《黄鹤楼视线及开放空间保护规划》及环东湖带山体景观保护的提案等。但遗憾的是，武昌城市的文化肌理已无法得到完整的修复，就像北京城已无法得到整体修复一样，更为严重的是，整整一代人因为对故乡在文化意象上失去了完整、清晰的感知和情感依恋，而成为文化传承链条中一个巨大的缺环。

客 D：我们这些人，看重的还是人文的意蕴，大家所言，实际上就是城与人的问题。这次在武汉谈武汉城市文化的话题，我建议大家看看武汉歌舞剧院十年前创作的一部舞剧《筑城记》的录像，一是与我们讨论盘龙城考古问题相关联，二是这部舞剧的构思过程恰好彰显出如何讨论、塑造城市文化的一个出发点。李学勤说盘龙城是武汉城市的"根"，他的名望在很大程度上左右了武汉人——从城市管理者、城市规划师到艺术家——对武汉城市的文化想象，结果是李学勤考古学意义上的中国长江流域城市发展序列上的一个时间概念，被不恰当地放大为一个文化学意义上的概念，既有时间上的"悠久性"，也有空间上"独特性"，这些说法其实除了满足一种虚荣之外，并不能让人们更好地体认城市文化的根基。近些年来，中国许多城市大兴土木，建造所谓区域文化特色的地标性建筑，进而倡导某种抽象的"城市精神"，刘梦溪在《中国城市的"精神"紊乱》一文中批评道："精神其实是一个人或者一个城市的内在品质，不需要特别夸张地用标签标出。大张旗鼓地宣传自己城市的'精神'，就算真有这种'精神'，也扭曲变形了。何况很多都标示得不够确切，重复雷同，叠床架屋，不知谁可。譬如上海的特点，本来是洋气、都市味浓的，现在却以'海纳百川、追求卓越、开明睿智、大气谦和'自标，反而不知说的是什么以及是在说谁了。我建议不要搞这种'城市精神'拟词自标的竞赛。更不要把拟好的'城市精神'大标语满街贴。第一位的还是把我们的城市建成宜居之所。发展特色经济，建构属于自己城市的传统与现代融会无间的特殊文化氛围，环保、安全、舒适、清洁、健康，人人都愿意住在这里，以自己的城市为荣，应该是城市发展的最重要选项。形式主义害国害民，即使无法禁绝，也不能任其泛滥呵！"在这一点上，《筑城记》的编剧很有见地，舞剧名称从《盘龙城》、《龙城》、《城》到最后的《筑城记》的演变，说明他们对以"龙"为构思中心思路的逐步放弃，恰是对城市文化抽象本质观念的否定，一个"筑"字，强调和突出的是围绕城市展开的人的活动，是活动中的人的情感、思想的种种表现，编剧认为唯此才能找到舞台表演的内在依据。由此而论，没有什么抽象的文化传统和城市精神，一个城市的文化传统和精神既要通过具象化的建筑、城市装饰作用于人的视觉感知，提供文化想象的经验基础，更要成为人们日常生活中特定的空间场所，如公园、博物馆、图书馆、艺术馆这样的公共空间，让人的内心在其间自然涌现出一种与天地自然、与他人、与先辈的遗迹进行对话和沟通的冲动，以此省悟生命的神圣。卡斯滕·哈里斯在《建筑的伦理功能》中，引用海德格尔关于黑森林农舍的经典分析，反复论证了建筑的本质就是让人"安居"，而安居的前提就是有一个黑森林农舍似的"心灵之屋"（house for the soul）。由此，个体生命才会体验到天地人神和谐共存的哲思；用中国话说，只有在深山古刹里历经修炼，才能达到天人合一的人生境界。一个城市磁体功能的空间形式随着时代的变化，自然会发生变化，但你在盘龙城遗迹里祭祀场所产生的心理联想和在现代化的湖北省博物馆产生的心理联想，不会有本质上的差异，正如芒福德所说："当19世纪的人民开始建设新城镇时，几乎没有一个人再想到中世纪的城镇了。老城镇里的生活已慢慢地干枯了，它们的城墙也成了个空壳，城内的一些机构也只是个空壳。今天，只有拿这个空壳轻轻地贴在耳边，像拿一个贝壳一样，才能隐隐约约听到过去生活的呼啸声，当时城墙里面充满坚定的信念和庄严的目的。"城市文化不是形式标签，从所谓区域文化的一般特点去寻求一个城市文化的根基，其结论常常荒唐得很，如说楚文化是武汉文化的根基，就在考古学上说不通，盘龙城的文化属性是商，而非楚。武汉地处楚文化腹地，民俗、建筑、艺术饱含楚风骚韵，今天武汉城市景观和建筑多考虑楚文化元素的运用，是很自然的事。湖北省博物馆、湖北省图书馆(新馆)、琴台大剧院的设计思路和建筑风貌我们都看过，建筑风格上很成功地体现出楚文化的美学风韵。我要说的是，我们讨论城市文化，尽管会涉及城市所在地的区域文化的美学特征；但这只是形式，只是文化意象作用于人的精神世界的物质媒介，是把人们导向特定精神空间路标上的一个装饰而已。换句话说，你就是把武汉城市里所有建筑都贴上楚文化的标签，它也不会变为鲜活的文化载体，对市民和游客产生磁体作用。在武汉游览中，最感动我的场景有两处，一是省博物馆门前蜿蜒数千米的长队；一是省图书馆入口处的一块电子显示牌，上面动态显示出开馆以来的入馆总人数和当日在馆人数。我为何感动？因为在汉街我看到逛街的主体是青年，他们应该成为本雅明笔下的"闲逛者"吗？百货商场是他们体验人生的空间场所吗？真的，我很茫然，在商业帝国的硕大空间里，尽管披着文化的遮羞布……汉街的招商广告宣称：这里，人流量最高日达 50 万人，日均 7 万~8 万人。用不着分析，在汉街，人只是商品的消费者，是资本计算利润中的抽象基数。这令我悲观。但在省博物馆和省图书馆看到的场景又使我振奋起来。省博物馆，为保护文物，每日入馆人数限定为 5000 人，每月 15 万人次，一年 180 万人次；省图书馆 2012 年 12 月 10 日开馆后，在两年里，已有 400 余万入馆人数，武汉还有那么多的大学图书馆，每日每月每年的入馆人数，若统计出来，定是一个庞大的数字。这些场所才是城市产生磁体功能的公共空间，在这些公共空间里，人因智慧而自由，生命因神圣而尊严。我于是又不悲观了。还是狄更斯在《双城记》中写下的那段名言：

It is the best of time, also the worst of time。

主：作家张承志当年在中国历史博物馆副馆长俞伟超先生的指导下参与过盘龙城的考古发掘工作，后来写了一篇文章，名《诗的考古学》，文章里有一段话给我很深的印象："当考古学家对考古的热爱感情以及自己的气质已经到了像诗人一样的程度时，那他在考古学上的发现将是一个诗的发现。这种考古学中的'诗人'和通常说的诗人是一种诗人。当然，有些人虽然专门写诗，但仍然是伪诗人，相比之下，具备了诗人气质的考古学家却是一些真诗人。"我们探讨城市文化的目的，恰如张承志老师所言："所有考古工作归根到底的目的都只在探索人，能够理解一个时代的人，也就能理解另一时代的人，而且希望理解另一时代的人。"王羲之在《兰亭序》中有一句名言，曰"后之视今，亦犹今之视昔"，说的不正是这个理吗？今人言王羲之，常常只记得"书圣"运笔帷幄的精美绝伦，全然忘记了《兰亭序》中旷世的人文情怀："向之所欣，俯仰之间，已为陈迹，犹不能不以之兴怀。况修短随化，终期于尽。古人云：'死生亦大矣'。岂不痛哉！"生死本为人间常态，可魏晋时期的读书人却从中悟出了天道人心的玄机："虽世殊事异，所以兴怀，其致一也"，万物、诸事皆受制于同一的生死之道，这个道理庄子的《齐物论》已说得很透彻了，王羲之的独特之处是："后之视今，亦犹今之视昔"，作为一个观者，他超越了时间流中的"昔"、"今"、"后"，一个"痛"字，使他成为生命永远的在场者——存在即思。

（作者单位：湖北大学等）

中国古代软性城市与建筑发展的美学意义
——以文本与图像资料为线索

范向光

不同内涵的软性城市的概念在最近 20 年虽然屡有提及，但是作为对于传统城市中与砖石木构成的永久性建筑物（硬城市）相对应的临时性构筑物与建筑物附属设施（软城市与建筑），却鲜有提及与研究。

通过对于历史文本的解读，可以说，中国古代软性城市与建筑是硬城市（永久性城市与建筑）向城市空间的过渡与媒介。

我们一方面会在历朝历代城市中发现丰富多彩的城市生活，例如各种节日与庆典中热闹的城市生活场景；另一方面，考古发现与复原似乎可让人得出一个结论：中国古代城市只有以街道为主的交通空间而没有城市公共生活空间，很少出现例如西方历史中各种广场空间这样充满城市生活的空间类型。这二者之间也是很多学者谈及中西方城市空间差异的一个主要论点。要解释两者之间的矛盾，笔者认为在中国历史上的城市中，类似的软性构筑物与建筑早已经大量运用在城市生活中，是中国古代城市与建筑不可或缺的一环。它们和硬城市构成了一个有机的整体，是形成中国古代城市生活空间的重要方面。这一点在过去的研究中鲜有提及，而其也随着传统生活方式的消亡而逐渐被遗忘。

对于这种城市结构与构筑设施，与历史上的生活方式息息相关，同时也随着过去生活方式的消亡而几乎无实例可以考证，所以软性建筑更多的是出现在历史图像与文本中的软性城市。虽然它给我们留下的仅仅是只鳞片爪，但是我们依然可以从中得窥一二。

中国古代软性城市的发生是伴随着古代城市由里坊制向街市制的产生而逐步发展起来的。

其大致的历史轨迹可以简述如下：

（1）先秦与秦汉时期：中国古代城市处于发生期，而城市功能分区以功能性分区为主，街道生活相对单调。从考古复原来看虽然在战国时期已经出现了人口非常集中的城市，但是由于古代城市建设思想。不论是以讲究礼制为追求目标的营造思想："匠人营国，方九里，旁三门。国中九经九纬，经涂九轨。左祖右社，前朝后市，市朝一夫……经涂九轨，环涂七轨，野涂五轨。环涂以为诸侯经涂，野涂以为都经涂。"①还是以实用主义为出发点的城市营造思想："筑城以卫君，造郭以守民。"②其城市生活因为硬性城市在这一时期强调防卫功能与阶级隔离，城市中的各个阶级有严格的分区，而普通城市居民并不生活在城市中，城市空间以宫室与行政机构为主，而城市公共空间则主要以单纯的交通性空间为主。而生活空间主要出现在城外，"日中为市，召天下之民，聚会天下货物，各易而退，各得其所"③。这一点，我们从汉代长安城的考古复原图就不难发现。整个城市之中，宫室，行政机构与武库是其空间主体，而城市公共空间无论在尺度上还是功能上。都是比较单一且狭窄的街道空间，软性建筑与构筑物缺乏产生发展的空间基础，而更多的是以更为传统的建构方式(帐篷，编织草屋等)零星地出现在城外，其构筑方式缺少系统性与专业性。

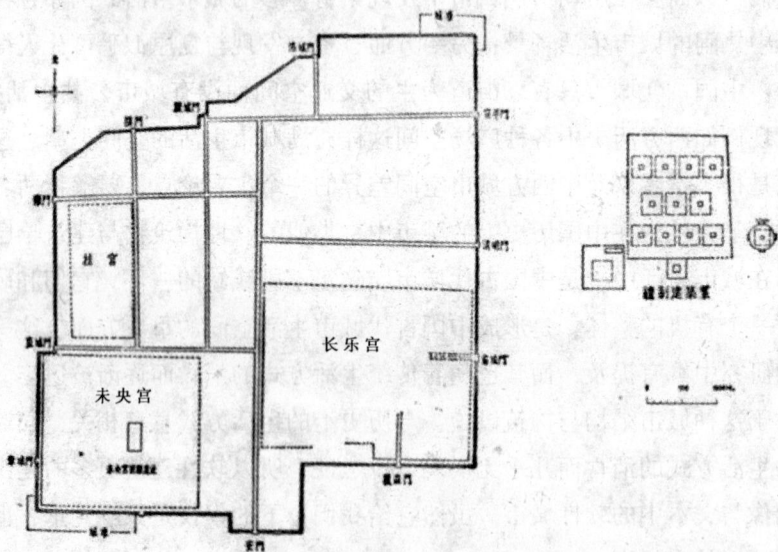

图 1　汉代长安城复原平面

---

① 《周礼·考工记》之《匠人营国篇》，其中前朝后市并无考古实例出现。
② 《管子》。
③ 《周易·系辞传》。

（2）唐代：里坊制的一般性认识与生活图景之间的矛盾与变通。

唐代主要都城长安和洛阳的主要街道都非常宽敞，其街道两侧的设施虽然目前并无详细记述，但由于唐代实施的里坊制和宵禁制度，可以推测其软性城市与建筑必然是以临时性设施为主，而其做法有待继续考证。但根据唐代绘画与敦煌壁画中的相关内容，可以推测，当时的软性建筑更多的是以软性的帐篷与木构的结合相互组合而成。这一点，在唐代绘画中不难找到具体形象，例如敦煌莫高窟第33窟南壁嫁娶图（盛唐时期）与《维摩诘变》（敦煌壁画103窟，东壁，盛唐时期）以及步辇图的对比中就不难发现，其软性构筑物的主要样式来源于西域的帐篷类型与传统木构、家具的组合。更多地表现为可移动性的空

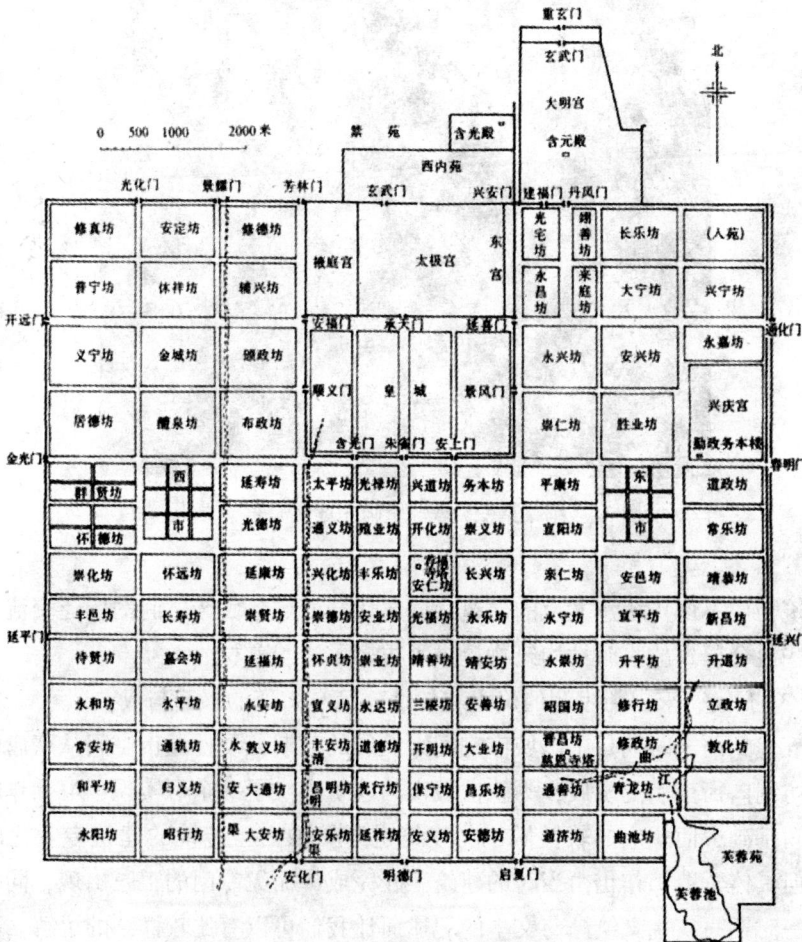

图 2　唐代长安城复原平面

图 3 《维摩诘变》敦煌壁画 103 窟　东壁 唐代

间构筑物而不像传统意义上的建筑，而唐代与西域各民族之间的广泛交流，也为这些混合模式的临时性构筑物提供了很多手法与素材。

（3）五代、宋：街市制的确立与软性建筑与街道的兴起与成熟。

五代到两宋时期是中国城市空间大发展的时期，硬性城市空间从隋唐已降的里坊制向街市制的发展，为软性城市与建筑提供了一个可实现、可操作的物质空间基础，而相应的软性城市与建筑也开始独立于传统的建筑专业化的行业，但具体营造工作仍由当时的建筑工匠完成，而无专门的工匠出现，同时由于这一时期写实主义绘画与文本的记述而让我们可以有比较详细的了解。试举例如下：

东角楼街巷……街南桑家瓦子，近北则中瓦，次里瓦。其中大小勾栏五十余座。内中瓦子、莲花棚、牡丹棚、里瓦子、夜叉棚、象棚最大，可容数千人。……元宵，正月十五日元宵，大内前自岁前冬至后，开封府绞缚山棚，立木正对宣德楼，游人已集御街两廊下。①

从以上记述中，不难发现，其中的牡丹棚、夜叉棚、象棚是作为瓦子（古代剧场名称）而单独出现的，其中瓦子与各种棚都有屋顶构造命名，而棚则很可能是又某种软性材料搭建的。这一点在书《东京梦华录》中的后一段上元节的描述中看得更为清楚："正月十五日元宵，大内前自岁前冬至后，开封府绞缚山棚。"文中特别指出正对宋代皇宫大内的大门，即宣德楼，这样的主要皇宫出入口并不会做长期的永久性建筑而存在，山棚作为节日庆典而每年出现，构造样式为坡屋顶结构。这在张择端所绘《清明上河图》和五代时期的卫贤所作《盘车水闸图》中就可以找到非常具体的图像证据。其中盘车水闸图中右下角的木构架与北宋张择端的清明上河图虹桥左下角的木构架非常相似，而仔细观察发现其屋顶与平坐层构造并非传统永久性建筑的斗拱体系，而是某种模仿斗拱体系而营造的架子，其作用是为了为覆盖在上面的软性织物作为骨架，这一点在清明上河图中的描绘更为具体，其构筑物下部已经为织物所装饰。而这两个构筑物，我们可以大胆推测就是东京梦华录中所记述的山棚这一软性构筑物。

图 4 《盘车水闸图》卫贤

---

① （宋）孟元老：《东京梦华录》。

图 5 《清明上河图》局部 张择端

从中不难得出当时在东京汴梁城中的棚是一种专门的软性建筑通称，其功能用途广泛，既有作为各种商业建筑而出现的，也有作为仪式庆典建筑类型而出现的。

同时，通过东京梦华录中的描述我们也可以发现，当时软性建筑并未出现专业工匠，其施工依然是有传统的竹篾匠、木工、泥瓦工共同完成的："修整杂货及斋僧请道生辰忌日，欲设斋僧尼道士，即早辰桥市街巷口皆有木竹匠人，谓之杂货工匠，以至杂作人夫，道士僧人，罗立会聚，候人请唤，谓之'罗斋'，竹木作料，亦有铺席。砖瓦泥匠，随手即就。"①

(4)明清：样式的多样化与专业工匠的出现。

明代工商业的发展与城市生活的丰富性造就了中国古代软性城市与建筑的普及与多样化，这一时期不但软性建筑的样式与做法从永久性建筑营造方式中借鉴了丰富的经验，同时也开始出现自己相对独立的样式与做法，在明代的绘画中，我们不难发现既有对传统建筑样式的模仿，也有全新的为了适应不同功能需要而产生的新样式，其空间营造手法与营造体系值得进一步加深研究。从

---

① （宋）孟元老：《东京梦华录》。

明代仇英所绘的《南都繁会图卷》中，我们即可以发现有模仿永久性建筑歇山屋顶所营造的戏台与悬山屋顶的店铺样式，同时在同一幅图中我们也可以发现为了满足宗教仪式需要以竹构筑体系做营建的"鳌山"这样的少见样式。

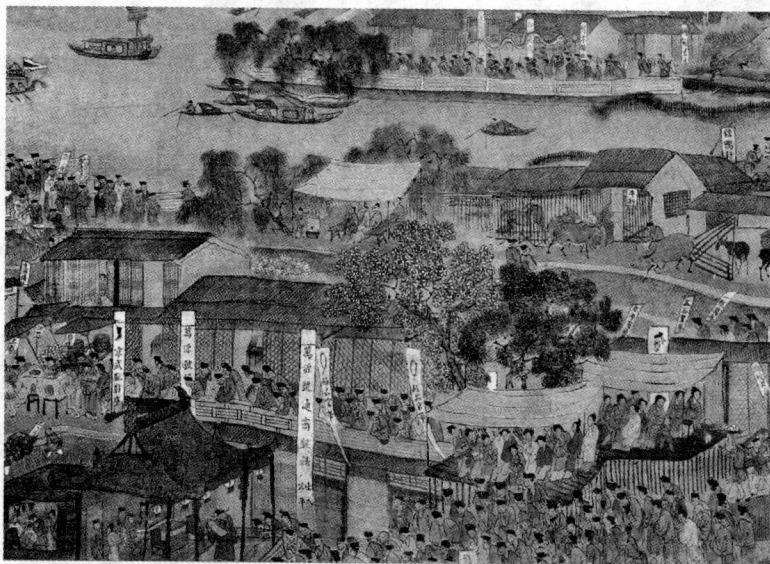

图 6 《南都繁会图卷》局部 仇英

图 7 《南都繁会图卷》局部 仇英

而丰富的明人笔记典籍则随处可见这些软性建筑物的描述，如明张岱的《陶庵梦忆》中就有很多此类软性建筑与场景的描述。

清代是我国传统永久性城市与建筑空间发展的定型期与相对停滞期，但软性建筑的发展却随着硬性永久性建筑样式的程式化而获得了极大的发展。这一点在清代大量的表现仪式性场景的界画与清人笔记与回忆录中不难发现。其中突出的例子是康乾两朝的六十大寿庆典图卷，这两张界画长卷分别描述的是康熙与乾隆六十寿辰。这两张极为写实的图卷画面与文字题跋中描述了两朝皇帝大寿时北京全城举办庆典的盛况，图中写实而生动地描述了从紫禁城到北京西北郊皇家园林群沿途花团锦簇，经棚戏台、花灯廊、彩色牌楼遍布，各种软性建筑物满布的场景。

图8 《康熙万寿盛典图卷》局部 冷枚

从中不难发现，到了清代，软性建筑不但可以作为硬性建筑的附属或配套建筑而存在，甚至可以直接参与城市空间的营造。在这一层面上来说，清代软性城市摆脱对硬性建筑与城市空间的依附，而达到了真正以软性建筑为主创造了软性城市空间的层面，为各种仪式和庆典所营造的软性单体建筑通过组合进而达到城市尺度上空间环境，而其样式也非常多样化，既有仿照传统永久性建筑样式的营造，也不乏各种全新的样式。

值得注意的是，随着历史的演进过程，软性建筑在城市街道、园林与单体建筑的附属设施中都有所表现，并形成了一定的构筑体系与专门的工匠组织。在清末民初的历史文本中我们可以发现以下的记述：

　　北京最好的景色是颐和园，逛颐和园最好的季节是夏天；夏天颐和园里最好的地方属乐寿堂，乐寿堂极出名的是天棚……北京的棚匠出奇的巧，巧到通神的地步。只要你能画出样子，他们就能扎出来，这俗名彩活。庭院里一草一木不许移动，更不许挖坑动土，把沙篙(桅竿)往方砖地上一戳，用绳子一捆，全凭各方面的拉力，就把天棚搭起来了。不许用一尺铁丝，也不许用一根钉子。搭成起脊的天棚，飞檐鸱尾，跟正式宫殿一样。四面有通风进阳光的窗子，窗子里有像浏阳粗夏布似的窗纱，窗子根据晨昏晴雨不同的风向，可以随意地开阖。不管刮旋风还是下暴雨，天棚安然不动，不许进一星水点儿。①

图9　颐和园乐寿堂 老照片 民国时期摄

　　从乐寿堂的照片中，我们不难发现，这座位于颐和园内五开间的殿宇入口处的陈列与故宫养心殿室内的陈设几乎一致，而这种做法不是偶然的，将养心殿中的室内陈列置于乐寿堂入口之外，是因为慈禧夏季的主要办公地点位于此殿，而如果没有棚匠的对于乐寿堂的二次营造，则这一切皆无可能；同时从文中的记述中不难发现，单体的软性建筑已经形成了相当完整的营造体系，同时

---

① 　金易、沈义铃：《宫女谈往录》，紫禁城出版社 2004 年版。

375

也出现了专门化的工匠——棚匠，其在工程实施中所运用的材料与工程做法也有专门化的倾向。

从上记述文本与图像资料中，我们可以发现中国古代软性城市与建筑的建筑学与美学意义。可以说，中国古代街市制的发展促进了街道临时构筑物的发生与发展。软性城市与建筑又是街道空间与美学的重要体现方式，它脱胎于早期的家具、永久性建筑与装饰体系，随着时间的发展逐步成为一种具有相对完整的手法体系。与之相应，也出现了独立的匠作类型，为中国古代城市生活增添了空间弹性与个性化的色彩。软性城市是古代生活内容多样性的体现，它随着中国古代永久性建筑的做法的变迁而成为中国式的灰空间，而不同于其他受到中国文化影响的东方式灰空间。它既可以依附于建筑，同时也可以独立成为临时性空间构筑物满足多种功能需要；它是中国式的街道与建筑空间的重要组成部分，在一定程度上解释了为什么中国古代城市空间以街道空间为主城市空间组成方式并不缺乏生活空间的多样性与丰富性。其功能既有为了满足仪式庆典的需要，也有燕居园林的需要，同时更多的则是作为中国式的灰空间而存在，而随着时代的发展，这一行会与工匠体系逐渐淡出人们的视野而不为人知。

今天检视其做法与空间特质，可以为当代的建筑与城市空间发展提供有益的借鉴与补充。在城市空间营造上为过去以硬质空间界面为主的街道空间与建筑提供另外一种思路，对于传统建筑的修缮与更新提供了一种新的向度；对于今天的古建筑群与古代市镇的保护与更新规划上则提供一些新的设计手法，而在城市运营管理上，则为解决一抓就死一放就乱的窠臼提供了一种值得尝试的思路。随着研究的深入与当代建筑技术与材料的发展。我们完全可以期待这一古代特殊的空间营造手法体系为今天的城市与建筑发展作出更多的贡献。

（作者单位：华中科技大学建筑学院）

论郧西上津乡土文化景观遗产的
生产性保护模式

张 昕 朱 毅

一、文化景观概念及解析

文化景观是指在特定文化背景和具体的自然环境基础上，在人的作用下形成的地表文化形态的地理复合体。它是由人类活动所塑造并具有特殊文化价值的景观，是由人类活动所造成的景观，它反映了文化体系的特征和一个地区的地理特征。文化景观的形成是个长期过程，每一历史时代人类都按照其文化标准对自然环境施加影响，并把它们改变成文化景观。由于民族的迁移，一个地区的文化景观往往不仅是一个民族形成的。文化景观的内容除一些具体事物外，还有一种可以感觉到而难以表达出来的"气氛"，它往往与宗教教义、社会观念和政治制度等因素有关，是一种抽象的观感。文化景观的这种特性可以明显反映在区域特征上。

文化景观作为一种特殊的文化遗产类型，自 1992 年在美国召开的联合国教科文组织世界遗产委员会第 16 届年会上被提出，并被纳入世界遗产名录，作为一种新的世界遗产类别，文化景观的保护实践仅有 20 余年。文化景观的义化内涵、保护理念与实践工作仍在探索之中。

联合国教科文组织公布的 2008 年版《实施世界遗产公约操作指南》，将文化景观与历史城镇和城镇中心、运河和文化线路列为"特殊的遗产类型"，建议以特殊的指导原则帮助上述遗产类型的评估。这表明，文化景观和其他两类遗产与以往的文化遗产具有相对特殊性，其研究方法、评估体系与保护策略都具有特殊性。因此对于文化景观的认定与评价，都具有独特之处：

（1）在物质方面，文化景观涵盖了自然遗产与文化遗产两个领域，但又不同于自然遗产与文化遗产，也不同于自然与文化双遗产。文化景观是在人类生活、生产活动作用下所产生的一种特殊景观形态，它是人类与自然共同创造的。因此在审视被列入《世界遗产名录》的相关文化景观之后，我们不难发现它们往往都兼具文化遗产与自然遗产的相关特征。但不同的是，文化景观遗产更加强调景观的历史识别性（historical identity）和保持一种可延续的记忆属性。也就是说，文化景观的价值更倾向于保护人与自然和谐共生的历史记忆。不同的文化景观，可能记载了某一地区人类在其发展过程中的某种土地利用方式和生存形态。

（2）在非物质方面，文化景观更重视物质景观与非物质文化形态之间的融合。作为一种特殊的文化遗产类型，文化景观可能与当地居民的活态传统（living tradition）具有直接联系。因此，文化景观的构成要素通常包括物质与非物质两大要素，两者不仅紧密联系、相互作用，并且非物质常常发挥重要影响。这种非物质的往往影响决定了景观的物质形态。

二、郧西县上津古镇文化景观概况

上津古镇地处鄂西北边陲，位于湖北省郧西县城西北70公里，与陕西省漫川镇接壤，南临江汉流域，北枕秦岭山脉。古城坐落于汉江支流金钱河下游东岸，素有"朝秦暮楚"之称，历为交通、政治、文化、商贸、军事之要地。上津镇是湖北省现存最完整的县级古城，于2007年被国家文物局、住建部评定为"中国历史文化名镇"，2013年被列入第七批全国重点文物名录。

1. 物质文化景观遗存

（1）南北交汇的自然景观。上津镇位于秦岭山脉与大巴山脉交会之处，周围群山环绕，金钱河绕城而过，自然环境得天独厚，其中以长堤柳岸、嵩山仰面、三山叠翠等"上津八景"最具代表。

长堤柳岸为八景之首，最具上津特色，是上津人造自然景观中最能够凸显中国古典美学特征的景观。长堤柳岸位于上津古城外约300米的金钱河畔，景观主体是长约500米、宽6米的金钱河古堤。古堤是古城昔日防敌、今日防洪的屏障。堤外河床宽大，为了防止河水侵蚀大堤，故而在堤外河床之上遍植垂柳，久而久之，形成了一道柳丝曼舞的独特风景线。如逢春雨纷纷，堤畔柳丝如烟，缥缈朦胧。清代诗人王霖曾赋诗赞美道："青青堤上柳，飘忽自成春；

欲作三眠势，应来九烈神。波平分鸭黛，浪咸起鱼鳞；若向江中渡，风流自有人。"

除了长堤柳岸之外，上津镇还有嵩山仰面、伍峪青幔、天桥古洞等独特的自然景观。这些景观与上津人长期生活在一起，融入了上津人的日常生活，上津人也按照自己独特的审美方式感受甚至改造这些自然景观。

（2）"南船北马"的漕运商埠城镇人文景观。除了独特的自然景观，上津古镇还遗留有大量人文景观。其中，因商而起的城镇聚落景观，是其中最具代表性的人文景观之一。

上津古镇位于金钱河畔，金钱河自北向南巡城而过。因水而聚，最为符合中国古典规划的选址要求。水利万物，靠近水源，能够解决日常生活用水、农业生产用水等实际需求。另外，堪舆学认为，水为财富的象征，滨水而居能够带来财富。的确，在南船北马的封建时代，水确实能够带来财富。作为古代最为重要的物流通道，漕运决定了古代中国的经济命脉。因此，中国古代城镇，大多规划建造于大江大湖之畔。上津古镇也不例外，金钱河为上津古镇带来了源源不断的财富。作为一个因商而兴的古代交通枢纽型城市，上津至今保留有数量丰富、立体多元的商业聚落景观。

①古城墙。早在北魏时期，上津就作为县治所在地得以营造。作为湖北省仅存的县级古城，上津保留有完整的古代城墙、城门。

现存上津古城墙始建于明洪武年间，正德年至嘉庆三年进行了大规模修造，后又于清顺治七年进行修整。古城周长 1236 米，面积约 8 万平方米。城墙高约 7 米，呈梯形，为夯土墙包青砖砌成。四方各有一个城门，分别叫做接秦、达楚、通汉、连郧，西南一角还有为方便百姓劳作而开的角门。

②商号、货栈旧址。作为重要的商贸中转城市，上津古城保存多处商号、货栈旧址。这些商业遗存主要分布在古城四街和五街，临街分布。上津古镇现存的商号货栈均为典型的鄂西北合院民居，前店后宿。外墙为生砖砌筑，外抹混合谷壳、秸秆的生土。封火墙较矮，粗壮敦实，上覆黑瓦。

③商业会馆旧址。由于发达的商品经济，上津地区商帮云集，这些商帮在上津建立多所商业会馆，规模较大的有武昌馆、山陕馆等。其中现存最完整的的是位于古城城外西南角的山陕馆。

（3）中西交织的宗教建筑遗产：

①天主教堂。上津古城天主教堂始建于清光绪三十年（1905），位于古城中心位置，毗邻上津县旧址。整体布局为四合院式。主要建筑有门房、礼拜教

堂、主教公寓等。

上津镇是鄂西北地区天主教较早进入的乡镇之一。自上津天主教堂开堂以来，共有22位神父坐堂传教。其中，17位为外籍神父，外籍神父中多为法国、德国、意大利人，其中有5人病逝于上津。

在"文革"期间，上津天主教堂受到严重破坏。现存教堂建筑主体为1984年李新富神父筹资按原样重建，呈哥特风貌。其中教堂石质大门为清末原物，门框上书"耶稣圣心，上天之门"，门框石质细腻，书法隽秀，通过此可以遥想教堂原貌。

上津天主教堂最为显著的艺术特征体现在其整体布局上。上津天主教堂在修造过程中，充分考虑到当地民众的文化心理，布局上采用鄂西北合院民居形制，呈典型四合院。其中，门房和两侧配房均使用鄂西北民居建造形制，白墙黑瓦。

②佛爷洞。佛爷洞坐落于金钱河西岸，始建于唐贞观年间，距今已有1300余年。隋唐时期，由于上津得天独厚的交通优势，上津古城一时间商贾云集，成为鄂西北地区重要的商品集散地。随着商业活动的兴起，宗教活动也日益兴盛。故而在上津古镇周围大兴土木，建筑庙宇，佛爷洞就是其中之一。

佛爷洞为金钱河西岸山崖之上的一处天然岩洞，具有民间多神崇拜特征。整个建筑充分利用岩洞，在洞外加以建筑，形成佛爷洞主体结构。历史上，佛爷洞屡毁屡建。新中国成立前，佛爷洞仅存僧舍一间，"文革"时期，佛爷洞遭受灭顶之灾，所有房舍、佛像全部被毁。现存佛爷洞建筑为2004年重建，砖瓦结构。主要建筑有：山门、大雄宝殿、观音殿、城隍殿、土地龛。主要供奉释迦牟尼佛、观音大士、城隍、土地、猪大王。

2. 非物质文化遗产留存

(1)刺绣工艺。上津古镇传统刺绣工艺蕴含着独特的审美价值。无论在造型、色彩、工艺还是图案纹样上都高度凝结着上津人不竭的智慧结晶。上津刺绣的图形纹样，风格朴实而寓意深长。配色用线匠心独具，既忠实于自然又富于想象。绣工制作针法多变，精巧高超。传统刺绣具有浓厚的生活气息与地方特色。刺绣的主题和内容大多为鸳鸯、狮、虎、花卉等寄托着劳动人民美好希望的图案。刺绣作品图案没有定式，大多通过创作者自己的主观想象继而手工制作，而这些作品也有着民间传统手工艺的共同特征——在用色上尤为大胆和跳脱常理，也不失为创作者情感的特殊表达方式。刺绣体现了深刻的社会内涵，各种吉祥的纹样是许多普通的艺术创作者对生活的感悟的表现，更是中国传统文化的积淀的结果。这也是刺绣艺术作为文化载体的一个更为重要的开发价值。

（2）竹编艺术。上津镇竹编农具整体造型呈口大且粗制的特点。主要器形有菜筐、箩筐、竹篮等。菜篮是上津最为常见的竹筐样式，主要呈现上宽下窄的形态，筐口一般呈椭圆的形状，且纵向直径较长，较为粗糙简陋，主要用于蔬菜存放。上津菜篮主要有斜背式和挑担式，因上津地处山地，多水路，为方便行走，大多数竹篮有肩带可斜挎，有的菜篮口沿低，沿边有双耳，用宽粗竹篾十字交叉固定，用麻绳钳制两耳交汇处，用扁担前后挑，既实用又省力。箩筐的容积大，多以竹和藤两种材料混合编织，口型接近正圆，器型的腹部向外鼓，近似于水缸造型。竹篮的竹篮口为椭圆形，有的接近长方形，类似船状，款式主要有手提式。

（3）"闹火龙"。"闹火龙"是上津古镇一项传统的民俗活动，亦是当地居民迎庆新年最为重要的民俗活动之一。每年正月十二的晚上由镇上居民自发组织舞龙团队，穿梭于古镇的每一条主要干道，火龙所到之处，家家户户热闹非凡，用烟花对冲火龙，游行结束后火龙基本烧完只剩骨架。上津古镇新年"闹火龙"的传统体现在"闹"字，这是因为上津古镇自古以来因水而生，因码头而兴，有金钱河环绕，新年舞龙意在祈求河神、龙王庇佑，为镇上居民祈福。上津古镇"闹火龙"气势恢弘，舞龙队伍繁复庞大，所耗人工、材料、工艺十分复杂，逐渐由单纯的祈福活动逐渐演化成集民间工艺、民间美术和民俗活动于一体的综合性的非物质文化遗产。

三、物质文化遗产资源的可持续发展

民族文化需要传播，任何一项文化遗产不只是文化的承载之物，更是承载着一个民族的灵魂。只有宣传才能培养和吸引人们对文化遗产的兴趣，才能将文化市场的消费观念建立起来。更进一步说，只有深入理解文化，培养文化消费观念，使人们为觉得有价值的东西"埋单"，才能使社会走向消费文化之路。因此，培养人们认识文化、理解文化、延续文化的意识才能让人们学会消费文化，从而化解文化传承与经济之间难以调和的矛盾。

上津古镇将商铺作为开发传统文化的载体，其中有约1里长的明清古街，是连通古城内外的一条古老街道。两旁民居为四合院结构，和谐而温馨。四合院内古色古香，飞檐斗拱，一进数重。然而，这样古色古香的民居却缺少旅游观光的气息。商铺的开发以当地土特招牌吸引观光者，从而重现明清时期的热闹繁华景象。这样既能全面地展现上津以及我国的历史古建筑风貌，同时也能吸引更多旅游者的眼光。且可依据上津土特产及待挖掘的文化旅游纪念品做出的实地调查。在建筑风格上，对古镇整体外观及展示区，保留其原有风貌，同时将破坏部分修缮与复原，展示区与品尝区与整体的古建筑风貌相协调，给人以古朴、自然之感，真实生动地再现明清时期的场景。在材料和制作工艺上，也进行优化，店铺内部可以采用手绘的方式进行装饰具有上津特色的符号或图案，这种物化的形式可以成为当地民俗、地域文化的传播载体，也可以成为上津文化的代表。同时，根据上津古镇的特色，将店铺内商品包装设计风格统一，如豆豉、地瓜粉等土特产的包装以仿古防油纸作为材料，环保简洁；以细麻绳简单密封，古朴自然。在设计样式上，以"舌尖上的上津"字样配以地方特色浓郁的食物缩影，将古镇美食与中国传统美食融合，既凸显地方特色，又富有新意。酒包装的设计，以古朴设计风格为主，外部处理为精细的肌理效果，给人一种简约而不简单之美感。香醇的柿子酒、甘蔗酒、苞谷酒，令人陶醉。包装上简单的密封绳与古镇的古朴自然之气质不谋而合。而在酒的销售与储藏容器上选择了陶坛，陶坛特殊结构能使空气中的氧进入其中，促使酒发生氧化反应，而且，陶坛含有多种金属离子，可以去杂增香，使酒的口味更加醇厚。

越是民族的越是世界的，如何使上津古镇这朵奇葩走出大山、走向世界，这是应着重思考的课题。上津古镇物质文化遗产项目的展示与商业旅游的结合就成了上津古镇向外推介的重点。在保护上津古镇原生态的基础上，应有意识地让游客参与其中，以旅游消费带动文化发展；把上津古城规划定位为以生活居住和文化商业为其主要职能，以传统商业服务和文化旅游为主导产业的发展模式。

四、非物质文化遗产资源的"静态保护"和"活态传承"

非物质文化遗产具有人类行为活动的动态性和传承性，是一种活态的文化形式。这样一种以过程和活动为对象的客体可以从静态的保护及活态的传承两个方面，实现其保护与发展。"静态保护"主要将影像、录音的虚拟现实，全息投影科技载体为物化形式，转化为一种可见的和可再生资源，即通过科技产品的形式来表现和再现的过程。此技术是以生活化复原手法,将群众的创作情境与自身情境相融合,身临其境地感受创作中散发出来的文化底蕴,以达到共鸣效果。可复制性是变相地保留了非物质文化遗产的范本,这样不仅能保持文化的传播功能,缓解非物质文化遗产濒危的状态。同时,让受众了解和认识相关非物质文化遗产资源的信息,形成一种平民化、大众化传播方式,更有利于其保护和传承。

例如,通过利用计算机制图、人机交互、多媒体等数字技术手段将上津火龙工艺制作过程真实再现;通过视觉的展现和观众的交互,最终实现了解上津火龙工艺的目的。当地还创立了"上津火龙民俗博物馆"文化机构,全面展示火龙的历史、制作工艺,并针对火龙灯会的表演进行数字化设计与创新,将其引进课堂,通过数字化技术交流互动,使学生更加深入地了解传统文化遗产,达到推广和普及的目的,为传承"非遗"打下了坚实的基础。

非物质文化遗产"活态传承"的关键是保护传承人。上津镇的"非遗"是存在于各民族之中的"活"的文化,绝不能脱离项目和传承人这个传承主体而独立存在。根据联合国教科文组织通过的《保护非物质文化遗产公约》中的定义,"非物质文化遗产依托于人的本身而存在,以声音、形象和技艺为表现手段,并以身口相传作为文化链而得以延续,是活的文化,要以'活态传承'的方式来实现其可持续发展"。作为联合国教科文组织在保护非物质文化遗产方面的四项主要计划之一的"活着的人类财富",目的是鼓励各成员国给予官方承认,创造有利于"非遗"传承工作的环境,积极改善传承主体的工作生活条件,提高保护传承人的积极性,将其所掌握的知识与记忆传承后人,以便后继有人。建立"上津非遗传习所"等文化教育机构,这样可以给上津人民提供一个交流学习的场所,同时也为鄂西北地区建设文化遗产传承教育基地,为老少边穷等欠发达地区打造一个社会实验基地,树立借鉴文化遗产资源改造环境、脱贫致富的样板。

五、结论

文化景观类文化遗产作为近年新型遗产类型,已被广泛认知。由于其本身的特点,使其在保护工作上也具有与一般文化遗产不同的特点。其特殊性,在乡土文化景观遗产上,则更为突出。概括而言,乡土文化景观遗产的保护工作,应做到如下三点:

（1）尊重自然，整体协调。生产性保护的核心，是对文化遗产开展全面保护工作。因此，在乡土文化景观遗产的保护过程中，应在全面保护其自然景观和历史文化环境的前提下，突出其景观特色，改善居住环境，提高居民生活水平，适度发展文化旅游、文化展示，土特产品开发。

（2）元素继承和产业设计。生产性保护的特点在于将生产寓于保护当中，以活态保护替代静态留存。因此，在乡土文化景观遗产的活态利用过程中，应对当地文化遗产进行甄选、提炼，概括出最具代表性的核心元素，并将其与现代设计产业相结合，形成具有地域特色的产业生产链条。

（3）概念推广、综合利用。在乡土文化景观的保护工作中，应结合具体的规划和发展定位，综合利用文化资源与自然景观资源，做到"因地制宜，扎根乡土，开发资源，综合利用"的乡土文化景观遗产发展模式。以自然景观为表现，乡土文化为内涵，发展成极具特色的民族民间文化艺术展示区，体现遗产地的独特的自然风貌和传统文化。

（作者单位：湖北美术学院）

"兴于诗，立于礼，成于乐"

——武汉城市圈"两型社会"审美文化发展战略研究①

卢士林

武汉作为湖北省的省会，华中地区最大都市及中心城市，也是中国长江中下游的特大城市。世界第三大河长江及其最长支流汉江横贯市区，因此武汉又称"江城"。在这拥有近千万人口的大都会里，如今经济的繁荣和工业的发展渐渐淹没了旧时楚风汉韵的流传，在市场经济的驱动下，人们流连于都市的灯火阑珊，似乎渐渐淡化了黄鹤楼的瑰丽、归元寺的恬静、古琴台的淡雅。作为拥有百万文士学者、悠久历史文化的古城武汉却屡屡在全国文明城市创建中失败而归，尽管武汉政府部门高度重视，群众全面参与，却还是没能如愿。究其原因，这样的结果同武汉市民形象和自身文明素质有较大关系。

围绕武汉的城市形象话题，2006 年仅武汉市民就评出了武汉十大陋习，分别是：乱倒垃圾、随地吐痰、横穿马路、高楼抛物、乱贴乱画、占道经营、车辆乱停、乱搭乱建、楼道堆物、乱晒衣物。近 9 年以来，虽然武汉市民的文明意识提高了，但类似公交过早、赤膊逛街、践踏草坪、乱扔垃圾、随口汉骂等不文明现象依旧随处可见。如果这些陋习得不到消除，武汉的城市文明形象就很难树立。

2001 年以来，武汉政府开始筹办武汉城市圈 8+1 建设，以期在武汉市为城市圈中心城市的带动下，黄石、鄂州、黄冈、孝感、咸宁、仙桃、天门、潜江政府部门主动拆除市场壁垒，搭建合作平台，工商、人事、教育等部门承诺在市场准入、人才流动、子女入学、居民就业等方面，建立一体化的政策框架，从而提高城市圈的整体竞争力。这一整体竞争力并不单指城市的工业、交

---

① 本文为湖北省教育厅重点项目"武汉城市圈两型社会审美文化发展战略研究"（编号 2010y010 090-096213）研究成果。

通、教育、金融、旅游等领域，更指一个城市圈的整体市民文明度，城市规划的合理度以及市容市貌的整洁度，只有由外而内地改变才能使武汉及其周边100公里范围内的8个城市获得全新的精神面貌，才能同其他的中原城市群、长株潭城市群等相媲美，才能吸纳更多的人才，谋求更大的发展。

一、武汉城市圈形象现状的成因

1. 历史渊源——码头文化的弊病

武汉位于两江交汇的地方，自古水运畅达。在传统的帆船运输时代，长江、汉水和洞庭湖流域的货物都要在汉口转运。这就使得武汉沿汉水自上而下逐步修建了多个水码头。最早的水码头，如今可考的是建于清乾隆元年（1736年）的天宝巷码头。随着商业的繁荣，汉口镇由汉水沿岸扩向长江沿岸，顺长江也次第修建起码头。随着码头业的发展，武汉临近乃至外省破产的农民、午夜流民以及黑社会成员，纷纷涌向汉口码头，造成异质人口在狭小的空间高密度结集。又由于码头的条件各不相同，活路有多有少，这就出现了这些人为了争取更多的劳动权和生存权产生势力范围的竞争。这种竞争发展到极端，便形成了"打码头"的恶俗，强者为王。为了争夺势力范围，适应"吃码头"、"打码头"的需要，封建帮会也组织起来了，他们与码头大佬、地痞流氓相勾结，分块割据，在势力范围内开设烟、赌、娼馆，以致码头上地头蛇横行霸道，黑社会势力活动猖獗，殴打、械斗事件经常发生。不仅水码头存在相互争斗，就连脚夫苦力也为争轿点、装卸货物或搬运旅客行李而经常斗殴。据1947年官方统计，汉口全市码头械斗纠纷共有965起，平均每月就要发生80多起。对待顾客更是强买强卖，欺凌弱小，"三人搬行李，九人要钱"。

在这样的环境熏染下，武汉人逐渐学会了凡是以武力解决问题的思维模式。一语不合即开始大打出手，最后弄得头破血流，两败俱伤，最后强者胜利，获得争夺的利益。这样的做法，在当时不仅不被人们鄙夷反而得到人们的畏惧，久而久之就发展成对这样一种人的敬畏了。

现代，武汉市民仍然被这一思维模式所左右着。街头大大小小的摩擦总会升级到两方大打出手的地步。在公众场合的斗殴往往不会得到周围群众的劝解反而会是周围路人的围观。不到快要打出人命来，没有人会意识到这种做法的严重性。这样的思维的毒害往往在小孩子们的教育中也得以体现。被人欺负的小孩回家往往得到的不是家长积极的语言疏导而是教唆自己去勇敢地回击。这样的教育模式更使得武汉市民对公交小偷的纵容，对黑社会势力欺负弱小的漠视，对外地生人的欺骗与蛮横。

2. 表征原因——武汉方言的"特色"

语言与文化是密不可分的，正如美国语言学家萨坯尔所说："语言的背后是有东西的，而语言不能离开文化而存在。"武汉方言就是一种极富地方特色的语言。它主要指包括江岸、江汉、硚口、武昌、汉阳5个城区在内的方言，它跟湖北北部、西北部、西部、西南部、中部各县市，以及四川、云南、贵州三省，湖南、广西两省(区)西北角等地的方言，同属汉语北方方言(北方官话)和西南次方言(西南官话)。

武汉方言总体有三大特色：一是没有卷舌音；二是没有轻声；三是前鼻音和后鼻音分不清。正是这些特色使得武汉话音调铿锵有力，生动形象，显示出武汉人豁达乐观和豪爽奔放的性情，同时也不免显得聒噪与大嗓门。例如武汉方言中把虚情假意称为"鬼做"，把做事说话拖泥带水称为"嘀哆"，形容不像话叫"差火"，将自以为是称为"装精"，形容纠缠不清叫"裹筋"，说人很笨称做"体面苕"，形容人比较愚钝叫"糊汤"，说话时不时带有"个××养的"、"伙姐"……这些词大多发音急促，含义贬损，表达情感也非常直接，一针见血，所以当这些词语从本来就受惯了武汉夏热冬冷、被有些人评为全国最不适宜人类居住的城市之一的武汉人口中倾吐出来，气氛就更加热烈而激昂。

在不少公众场合，武汉人多无意识地使用这些不太文明的词语，并且把它当做一种见怪不怪的表达强烈感情的方式，并不以这一行为为羞耻。怪不得有人评价武汉人的骂人水平大概是全国第一。近期对于"汉骂"存废问题的讨论也说明了武汉人逐渐对此问题的重视，不少人认为不能使"汉骂"变成一种口头禅，对于"汉骂"的态度应该是坚决摒弃。

3. 外在影响——异质文化杂糅

武汉自古是一个开放性的城市，沿江而设的港口不仅使得武汉的经济得到了发展还使得全国各地的人员混入。所以武汉人口有一大部分是迁移而来的人口，这就使得这些异质人口的习惯、习性同武汉本地人相融合，形成了新的多元文化。这一新的多元文化不仅给武汉人带来了进步也随之而来地带来了"文化垃圾"。

在长期的经贸往来中，武汉人从北京人那里学来了要面子，从上海人那里学来了精明，从湖南人那里学来了霸气，从四川人那里学来了安逸，从广州人那里学来了奢侈……久而久之，武汉人在吸纳了多种地域文化元素的影响下形成了自己独特的个性特征，直爽而有些蛮横，大气而略显粗鲁，热情而容易发怒，这些个性特征又从行为上直接影响到了武汉人的为人处世。容易不分公共场合和私人场合，随意穿着，随意对待；容易将愤怒写在脸上立刻与人争吵纠打；容易在商界绞尽脑汁唯利是图。在1998年8月的《新周刊》第14期上点评了中国众多城市。其中最大气的城市是北京；最奢华的城市是上海；最男性化的城市是大连；最女性化的城市是杭州；最浪漫的城市是珠海；而武汉则被定义为最市民化的城市。这从侧面反映了武汉人的名声在外地多被人讨厌或者畏惧。这样的现状就给武汉城市圈文化建设和深远发展无形中埋下了不利的阴影。

二、礼乐文化与武汉城市圈发展

1. 礼乐文化的内涵

礼乐文化是古人将"礼教"与"乐教"并提而形成的教化体系，它们的本意是指以礼为教、以乐为教。在《论语》里，孔子谈论的礼，第一，指周礼，即周公之礼——周公创的那套文明而完美的制度。第二，礼指的是体现德治、仁政的途径。第三，礼指的是修身的手段，即人不能随意地放纵自己。礼是体现德和仁的具体形式，离开了德和仁，礼就不成其为礼。孔子说过"人而不仁，如礼何？人而不仁，如乐何？"就是说这个道理。

孔子认为人应该用内在的道德力量来约束自己，他说："君子博学于文，约之以礼，亦可以弗畔矣夫。"（《雍也》）作为一名君子，一方面要"博学于文"，广博地学习文献，积累深厚的知识，同时要"约之以礼"，用礼来约束自己的言行，因为礼是根据道德原则来制定的。只要在这两方面都做好了，就一定可以做到"弗畔"，也就是不悖离道了。孔子礼乐思想认为个人的道德自省与主体自觉，更甚于社会的政治秩序，不过，这种社会秩序与政治等级的实现和维护，在孔子看来，其实是不仅需通过礼加以推行和保证的，"君臣、上下、父子、兄弟，非礼不定"；而且更是以包括君臣关系在内的人伦之间的对待与和谐相处、彼此相互尊重各自人格为前提的，这就是孔子所说的"君使臣以礼，臣事君以忠"。孔子的这种礼乐秩序论是力求达到社会的人伦和谐的，最终是以全方位的各种伦礼道德同社会秩序和谐共生为理想的。

2. 礼乐文化与城市圈发展关系

要使武汉城市圈得到长足的发展，武汉 8+1 九个城市的市民精神面貌的改变起着至关重要的作用，只有人们的思维变了，人们的素质变了，人们的精神变了才是体现一个区域和谐发展的最有力指标。

武汉城市圈的全面发展和建设离不开市民自身素质的提高，其经济地位的提升需要更高层次的居民素质的相匹配，为使武汉及周边 8 城市取得快速有效的发展，其居民自身修养的改善也能起到巨大的促进作用。

中国古代的"礼"可以指君子待人接物需要具备的道德礼数，乐指的是以优雅的音乐陶冶人们的情操使人们提高个人的自身修养。无论是礼的道德还是乐的高雅，其最终目的都是实现和谐的人伦道德和社会秩序。只有武汉市民重拾古时礼乐文化，言谈以礼相称，举止以乐为鉴，改变不文明的语言，丢弃不高雅的举动，凡是"兴之与诗，立之与礼，成之与乐"，武汉就能改变目前在外的不完美形象。

3. 武汉并未丢掉"礼"

要使武汉城市圈复兴礼乐文化，首先要使人们了解礼乐文化的博大和平易近人。对中国古典文化的重拾和再造是必不可少的复兴礼乐文化的有效方法。第一，加大对古代经典礼乐著作的宣传力度。鼓励市民重读《诗经》，再看《论语》，思索《中庸》，传习《大学》，再听竹枝之曲，沉醉编钟轻乐。第二，政府还可以加大对古典礼乐名著的推广。如开办礼乐讲堂，探讨传统礼乐著作新解，将传统名著推广到中小学、社区、农村、工厂、公司等市民学习、工作、休息的地方，让人们时时处处能够想到、思考到礼、乐文化对自己的教导。

其次，武汉城市圈应该因地制宜发展区域文化特色。例如，武汉是古琴文化的渊源地。位于汉阳鹦鹉洲的古琴台，曾经是俞伯牙和钟子期知音相会的地点，凝聚了多少文人墨士的知音情思。黄鹤楼临江而立气势恢弘，引发多少志士骚客怀古颂今；湖北省博物馆编钟漆器勾剑精美绝伦展示历史的沧桑。武汉不妨利用自己的历史资源，发扬自己的琴台文化和楚国文化。

再次就是鼓励人们多游览当地的名胜古迹，身临其境地得到礼乐文化的感染，从而激发人们对礼乐文化的兴趣。围绕武汉的八个城市各有自己独特自然生成的礼乐文化根源和遗迹。例如，黄石的龙舟比赛、鄂州的三国古战场、黄冈的革命旧址、孝感的民俗风土、咸宁的温泉养生、仙桃的美食佳肴、天门的茶饮茶艺、潜江的生态自然，都是一幅幅美不胜收的风景画卷和礼乐和谐景点。这些古色古香的旅游胜景不仅能够从身心上激发人们热爱美，欣赏美的激情，能够通过自然的美，人文的美陶冶人们的情操，修身养性，吸纳其中更多的礼乐文化的精髓。

三、武汉城市圈审美文化的发展

1. 城市审美文化之"美"

人有美丑，就像人一样，城市也有它的丑和美。一座千疮百孔的城市不美，一座和谐温馨的城市很美；一座垃圾满天飞的城市不美，一座整洁清爽的城市很美；一座冷漠孤独的城市不美，一座热情和善的城市就很美。一座城市是否符合审美文化的要求，第一步就是要使城市的外表变得干净、整洁，第二步是使城市的人变得文明礼仪、热情和善。第一步是基础第二步是提高，两者的具备同时也是相辅相成、相得益彰的。武汉作为湖北省的省会 8+1 城市圈的领军城市，应该首先做到这两步，而后才能辐射黄石、黄冈、鄂州、咸宁、孝感、仙桃、天门、潜江这八个小城市，促进城市圈的整体和谐发展。

2. 大洋彼岸看"审美"

武汉素有江城之称，周边的 8 座城市也各有千秋，要使武汉城市圈变得更符合审美的要求，我们不妨先从审美的角度看看大洋彼岸的经典城市圈的发展状况。

纽约城市圈是世界六大都市圈之首，其包括波士顿、纽约、费城、巴尔的摩和华盛顿 5 大城市，以及 40 个 10 万人以上的中小城市。在这个区域中，人口达到 6500 万，城市化水平达到 90%。城市圈中聚集了数以千计的研究机构和高科技企业，享有"美国东海岸硅谷"的美誉。纽约城市圈的建成经历了三次重大调整，分别是 1921 年的向郊区扩散，1968 年建立多个城市中心，1996 年拯救纽约都市圈新理念。现如今纽约城市圈无论从外部形态还是内部精神上都是令众多城市圈仰慕的建设典范。

从城市圈的外部形态上，纽约城市圈在实现其作为金融中心、贸易中心等的功能上着重注意城市自然环境建设。实现了人与自然的和谐相处。在纽约城市圈的任一个方位，无论是郊外还是市中心，街道的两旁和中间都是千姿百态、科目繁多的绿树丛林。身处市区硕大的树冠下，时常令人怀疑是在林中抑或是在城中？纽约城市圈中的市民对自然的热爱和追逐似乎到了苛求的地步。大多数纽约家庭的住宅都选在绿树成荫，草坪成片的地方，一个家庭对自己绿化的投入甚至比整个住宅更加重要。这就使得人们无论走到哪里都能轻易地亲近自然，舒适地呼吸新鲜的空气，而不被城市的喧嚣和二氧化碳所困扰。这种对自然的热爱和崇拜体现了一种人与自然和谐相处的美。

在纽约城市圈里，每一个市民似乎都有一个共性就是比较"爱管闲事"。当你来到一个有名的旅游胜地时，往往会有陌生的妇女或者先生用或委婉或幽默的语调提醒你别放错了垃圾。在城市圈的医院里，医生永远都是善意且耐心地询问病情，建议如何就医，仔细倾听患者的想法后再实施整治。同样如果你不小心在公共场所吸烟了，在场的所有人都有可能到相关部门检举你，而后对你实施高额的惩罚金。这样的人与人间的交流没有太多的距离，又不显得拘谨，人与人之间互相尊重彼此的人权。这样的人际关系给人一种出于人性的关爱之美。

纽约城市圈的政府任职也多采用民主竞选的方式。纽约市的鲁道夫·朱利安尼当年竞选为市长后，只是象征性地拿1美元的年薪。在他们看来为官只是一种志向、一种荣誉，一种人生价值的体现，抱负的实现。这些官员中就不乏敢作敢为的政府官员，正是实现了大社会小政府的社会理念。这样的一种社会政治风气就使得纽约城市圈的政府环境更加净化，政府决策更加明朗清晰。这种社会上层管理上的价值理念带给了城市圈一种自由清廉之美。

3. 武汉城市圈审美建设方法

通过对纽约城市圈人文审美方面的探讨，不得不带给我们对武汉城市圈审美思路上的启迪。武汉城市圈的审美建设首先要发掘当地可用人文资源。通过利用当地城市人们所熟知的优秀历史文化遗产，将之运用在街道名字的称谓或是用在居民楼的更名上，使之赋予诗意与古典美，从而唤起人们对古代礼乐文化的思考与复兴，提高市民对自身历史的熟知度以及对自身文化的认同感，进而激发武汉城市圈市民发扬先祖礼乐传统的积极性。城市圈市民的外在风貌自然会有所改变，正所谓"化民成俗"，"移风易俗"之效。

其次，武汉城市圈应该因地制宜大力实施绿化建设。一座城市的形象和审美情趣很大程度受一个人的生活环境的影响。如果一个人一直生活在垃圾遍地飞，街道宽而光，居民区被居民区所包围的一种困境里，即使室内再舒适也给人一种压抑和烦躁的感觉。这样的一种情绪进而会影响到人们的工作、生活，甚至健康。一座欣欣向荣有活力和潜力的城市一定是一所整洁干净、绿树成荫、芳草萋萋的家园。所有武汉城市圈的建设重在改变城市外部形象的生态建设上。环境决定了一个城市发展的前景。

最后，武汉城市圈审美文化的建设还要多重视都市建筑的和谐与美观。废弃的楼房、拥挤的街道、俗气的商业广告招牌，这些有碍城市审美的因素应该得到政府部门的关注和整治。增加城市商业街和交通要道等人流量较大的方位审美设计也有益于城市圈快速提升自己的审美档次。如安放富有教育意义或者艺术美感的雕塑，建造赋予独特心意设计的楼房或者亭台楼阁，在带给行人方便的同时也增添了城市的人性化气息。这样的方法都能从细微处增添城市圈的审美情趣。

总之，"兴于诗，立于礼，成于乐"。武汉城市圈的建设可以用礼乐古代精神文化的熏陶和现代都市审美文化来修饰，首先从外在达到资源节约和环境友好人与自然的和谐，进而从内在达到市民礼节修养的提升，取得人与人相处的和谐。通过礼乐文化和审美文化这两把利剑把武汉 8+1 城市圈修饰成一个内在精神文化丰富、外在面貌得体和谐的中部地区新兴城市圈。

（作者单位：湖北大学教育学院）

建设美丽乡村，实现永续发展[①]

——河南鄢陵花卉农业研究

张　敏

中国当前城市化发展很快，城镇人口已经超过了农村人口，据不完全统计，我国 2008 年小城镇的数量已经达到 19234 个。我国已经进入了以城镇化为主要力量推动社会、经济发展的新阶段。

小城镇位于城市与乡村之间，加快小城镇发展不仅有利于我国现阶段城乡社会经济一体化统筹发展，有利于推进城市化建设，也是构建和谐社会的一个重要组成部分。当前，中国有数以万计的小城镇正在进行建设，建设过程中也出现了一些问题，主要体现在五个方面：其一，贪大求全。贪大是指片面地向大城市看齐，小城市变成大城市，大城市变成超大城市；求全是指所有的城市都朝着政治、经济、文化、教育诸多功能齐全模式发展。其二，重经济，轻文化。城镇成为经济巨人，而文化相形见绌。其三，缺乏特色。所有城镇一个模式，个性泯灭，特色消失。其四，生态环境差，片面追求短期的经济效益，不顾忌对环境造成的污染和破坏，与可持续发展道路背道而驰。其五，没有起到良好的沟通城乡的纽带作用，与城市相比，农村越显得凋敝，城乡两极分化越严重。

以上存在的问题提醒我们，不经过深思熟虑而盲目进行建设会带来许多负面效果，会与我们城市化的初衷背道而驰。农业特色城镇作为一种城镇建设理念提出，是应对城市化弊病的一种对策。农业特色城镇就是要找准城镇定位，发挥城镇接近乡村的优势，扬长避短，培育小城镇特色。

鄢陵县位于中原腹地，隶属河南许昌市，地理位置优越，交通便利。全县

---

①　本文为 2010 年度国家社会科学基金项目"农业环境审美价值研究"（10CZX051）阶段性成果之一。

辖 7 乡 5 镇 382 个行政区，全县耕地面积 90 多万亩。鄢陵地处亚热带和北温带的过渡区，属暖温带季风性气候，四季分明，阳光充足，年平均气温 14.3℃，年降水量为 700 毫米，无霜期达 215 天，具有得天独厚的地理气候优势。鄢陵历史悠久，文化灿烂。约 8000 年前，先民们便在此繁衍生息。周初封为鄢国，东周周平王初改为鄢陵，汉初置县，至今已有 2000 多年，郑伯克段于鄢、晋楚鄢陵之战、唐雎不辱使命，李白访道安陵（古鄢陵）等著名历史事件均发生于此。县内文物古迹遍布，主要有乾明寺塔、尹宙碑、曹操议事台、曹彰墓、许由隐耕处、许由墓、醉翁亭碑、兴国寺塔、甘罗古柏等。

近年来，鄢陵走出了一条以花木产业引领县域经济发展的特色之路，先后被命名为"全国花卉生产示范基地"、"全国重点花卉市场"、"中国花木之乡"、"中国腊梅文化之乡"、"中国花木之都"、"全国休闲农业和乡村旅游示范县"、"国家可持续发展实验区"、"国家级生态示范区"等。走进鄢陵，我们不得不由衷赞叹，这里是"花的世界、草的海洋、树的故乡、鸟的天堂、人的乐园"（见图 1、图 2）。

图 1　生产基地

图 2　全国重点花卉市场入口

一、改善生态环境、营建平原林海

鄢陵过去是有名的穷县，生态环境恶劣，历史上水、旱、风、沙、蝗、盐碱等自然灾害连年不绝。产生较大影响的十二次河流泛滥是：弘治九年；嘉靖十五年；崇祯八年；正德七年；隆庆三年；顺治十五年；嘉庆十一年；道光二十三年；光绪十三年。① 尤其是 1938 年，蒋介石下令炸开花园口黄河大堤，黄河水沿贾鲁河注入鄢陵彭店以东、张桥以南地区。自 1938 年黄水泛滥至 1946 年堵住花园口溃堤止，全县受淹耕地 15.5 万亩。持续八年的黄泛灾害，使境内部分土地受黄河决堤冲击影响，沙荒主要分布在彭店乡、马坊乡、柏梁镇，特别是鄢陵东北部的彭店乡，沙土约占全乡土地面积的五分之二。新中国成立后，县委、县政府带领广大鄢陵人民，从改善生态环境入手，提升生产和生活条件，收到了良好的效果。

为减少风沙危害，1952 年，县人民政府开始动员县北沙区人民栽树固沙，以防风害。到 1963 年，防风林已初具规模，彭店沙区已营造防护林带 70 条，总长 13.79 公里，形成林网 19 个，共栽树 12.79 万株，占地 670 亩。至 1969 年，县北沙区风起黄沙弥漫的局面已被基本控制。

1970 年，绿化内容由防风固沙转为农田林网建设，并在部分大队开始实行。1973 年，县委发出"实行大地园林化"的号召，并制订了农田林网的整体规划。至 1986 年，全县村村实现了农田林网化，林网面积达 80 万亩。

1990 年开始，为了彻底改变沙区的落后面貌，鄢陵县主要实施三项精品工程：一是营造康沟河、双洎河、贾鲁河、引黄干渠等防风固沙林带，长 200 公里，面积 3.2 万亩，植树 260 万株。二是以彭店乡、马坊乡、柏梁镇为主阵地，建立 3.5 万亩以大枣、苹果为主的杂果基地和果粮间作基地，栽植大枣、柿子树 2 万株。三是建立"莲鱼共养"工程，在彭店乡大力推广"池中植藕，水中养鱼"模式，开发沙地 2000 亩，筑塘 2000 余个，从根本上治理了风起沙扬、跑水、漏肥的现象。沙区的森林覆盖率由 1990 年的 8% 提高到 15%，林网控制率达到 90% 以上。鄢陵县成功治沙实现沙区综合治理的新突破，得到国家、省、市林业部门的肯定和社会各界的广泛赞誉。

---

① 北京林学院城市及居民区绿化区编著：《鄢陵园林植物栽培》，农业出版社 1960 年版，第 16 页。

1995 年，县委、县政府站在改善生态环境，实施可持续发展的战略高度，提出建设生态林业，实现"生态美县"的响亮口号，开展"绿色工程杯"竞赛活动。至 2000 年，全县累计植树 135.25 万亩，路、河、沟、渠绿化率达 96.2%，完善农田林网 90 万亩，林网控制率达 97.6%。昔日黄沙飞扬的灾区变成了葱郁的绿洲。

本区地势平坦或低洼，雨量集中，地下水位较高。土壤质地因系沉积而来，故常有夹胶泥层存在，也影响土壤水分的排泄和运行。在新中国成立前，这里是"大雨大灾，小雨小灾，无雨旱灾"。新中国成立后政府在防风固沙的同时，积极组织力量兴修水利设施，建立排灌系统。采取开河网、挖池塘、修水库、筑台田等一系列措施，改善了农业水利设施。① 如今，鄢陵的生态环境得以根本改善，他们的做法为平原地区绿化提供了经验，成为全国平原绿化的先进典型。

二、由粮变花：以花木农业为主体的生产空间集约高效

早在盛唐时代，鄢陵境内就出现了大型综合园林植物的栽培。明代鄢陵花卉迅速发展，私家花园众多，人称鄢陵"花都"。清代，一些明朝遗民入清不仕，纷纷隐居乡间，以养花为事，鄢陵花卉行销全国各大都市，人称鄢陵为"花县"②。李白、苏轼、范仲淹等历史文化名人，曾多次来鄢陵寻古赏花，留下千古传诵的绝唱。清朝刑部尚书王士禛作诗"梅开腊月一杯酒，鄢陵腊梅冠天下"；清代诗人汪琬曾有诗云："鄢陵野色平于掌，也有江南此景无。"

鄢陵花卉农业的发展经历了以点带面、从低到高的发展阶段。说起鄢陵县域花卉农业的发展，不能绕过姚家村，因为整个鄢陵花卉农业的起始点就从姚家村开始，姚家村花卉种植历史最久、起步最早。姚家村位于鄢陵柏梁镇西南两公里处，辖姚家、孙家、陈家三个自然村，8 个村民组，435 户，1982 口人，2743 亩耕地。

姚家村又称"姚家花园"，相传最初为唐代三朝名相姚崇所建。清初，兵部尚书梁延栋的弟弟、太学生梁延援在此隐居，对姚家花园进行重新修建。梁

① 北京林学院城市及居民区绿化区编著：《鄢陵园林植物栽培》，农业出版社 1960 年版，第 19 页。
② 鄢陵县地方志编纂委员会编：《鄢陵县志》，南开大学出版社 1989 年版，第 202 页。

延援无子，死后无嗣，他的花工——太康县人姚林祖便定居此园，以养花为生，后来人们称这里为姚家花园。村民大多姓姚，多为姚林祖 12~15 代孙。

姚姓人家自迁居此地以来，世代以培养花卉为业。不仅如此，他们还在实践中，创造了闻名全国、自成流派的桧柏造型。到清代中期，姚家花园已闻名天下了。花工开始被召入皇家御园当花师。花木远销到北京、武汉、南京、西安、开封等大城市。清末，花工的足迹已遍及全国。"至民国间百业萧条，姚家花园花卉种植也随之衰落。1933 年前后，反动军阀强行将姚家花卉大量外移，仅腊梅一种靳云鹗一次就滥移 2000 余株，用 150 辆牛车运往武汉，致使姚家花园花卉栽培一蹶不振。临解放前夕，花卉已寥寥无几。"①

新中国成立后，姚家村的花卉生产在党和政府的重视支持下，迅速发展。1958 年，县政府为了使鄢陵"遍地花香、春色满园"，动员姚家花农离开家园，携家带口分别迁往城关、彭店、马栏、张桥、陶城五个公社开辟花园，直到1961 年春才返回原籍。1959 年，北京林学院师生 104 人，在陈俊愉教授带领下，来到姚家村考察实习，以姚家村花卉栽培技术为基础，著有《鄢陵园林植物栽培》一书，此书成为当时全国园艺专业的教材用书，影响很大。"文化大革命"中，姚家花园被毁坏殆尽。"割尾巴"割得全村只剩下几十株花木，还藏于厕所中见不得人。党的十一届三中全会的东风，把春天带给了姚家花园，花卉生产有了新的突破。1982 年，全村家家花卉相连，出现了全县第一个花卉收入超万元户。1984 年，该村一批种花能手率先在责任田里种花养树，次年便获得了较好的经济效益。在他们的带动下，姚家村花木种植骤然升温，并从庭院转向责任田，种植面积不断扩大。1992 年，全村花木种植面积 600 多亩，花农年人均收入达 2000 余元。同时，一部分头脑灵活的姚家人突破客户上门求购的销售方式，主动出击，开始将眼光投向省外的市场，销售范围扩展到山东、河北、北京、天津等周边省市，并参与园林、城市、荒山等绿化工程，初步形成了较为稳定的花木销售渠道。

近年来，姚家人依花致富，借花扬名，成为带动全县花木产业迅猛发展的专业村、示范村。大批昔日的种花人，如今勇闯市场，输出劳务技术，承揽绿化工程，足迹遍及国内外，有"花农"变成"花工"、"花商"、"花董事"。目前，全村 2743 亩耕地全部种植花木，部分农户还外出租地 5800 多亩，用于花

---

① 鄢陵县地方志编纂委员会编：《鄢陵县志》，南开大学出版社 1989 年版，第 212 页。

木生产。全村有花木经纪人 280 多人，在外花工 420 多人，并有 4 名花工传技于国外。

姚家村靠花卉发家致富，并带动了周边村镇的花卉种植。鄢陵县委、县政府及时看到这一情况，审时度势，认为花卉是鄢陵的优势和特色，他们积极调整农业产业结构，大力发展花卉种植，不断推动鄢陵花卉农业迈上新台阶。

该县有 60 万农业人口，从多数农民以种植粮棉为主，"由粮变花"绝非轻易之举。自 1985 年以来，县委、县政府采取多种措施，鼓励花农发展花卉生产。领导班子一届接着一届干，一张蓝图绘到底。标志性的事件有：(1)成立花卉办公室。从事全县花卉生产的规划、花事活动的筹办、技术培训与指导、新品种的引进与信息服务等，花卉办成为该县的特色部门；(2)亲自示范。县里提出了"干给群众看，带着群众干，风险干部担，领着群众富"的指导思想，全县县直、乡村干部百分之九十以上先后建起了自己的"花园基地"，总面积达一万多亩。干部的示范带头作用使农民亲眼看到了发展花卉业的可观效益。(3)出台政府文件、加强政策引导。1999 年，鄢陵县出台了《关于全面实施"以花富县、依花名县"战略，加快建设花卉园艺大县的决议》，把花卉园艺业作为鄢陵的一大支柱产业来培育，把种植花卉作为农业结构调整、产业升级的重大战略部署，精心策划，强力推进。花卉生产进入一个快速发展的新阶段。2000 年县政府制定了《关于建设 30 万亩花卉生产基地的实施意见》。2001 年提出实施"突出农、强化工、加速城"战略。2008 年，县委、县政府提出"花木上档次"发展目标，作出了建设名优花木园区的科学决策。(4)抓科技。为了提高鄢陵花木产品的科技含量，先后组建了鄢陵县花卉科学研究所、组织培养中心，成立了国内知名花卉专家组成的顾问团，并与 30 多所科研单位开展协作，开展了一系列多层次的技术培训。此外，县委、县政府在土地、税收、工商、融资、基础设施建设方面制定了一系列优惠政策。在政府的强力引导下，鄢陵花木种植面积达到 60 万亩，鄢陵花木正向着规模化生产、标准化种植、产业化发展的目标迈进。

三、鄢陵农业景观的特点

早在 18 世纪的德国，当时的德国美学家希斯菲尔德(Hirsehfeld，1742—1792)就把农地列为审美的对象，他认为广阔的农田、牧场和林地，一方面是生产用地；另一方面它们所处的"景观是美的事物"。鄢陵县把良好的生态环境和大规模的苗木生产融入到发展生态旅游当中，把农业生产和旅游业结合起来，开创出一片新天地。鄢陵的农业景观有五个特点。

特点之一：鄢陵农业景观以集约高效的农业生产为基础，实现生产价值和审美价值的统一。鄢陵观光休闲农业的发展是在花木生产达到一定规模和高度的基础上起步的，沿着生态旅游与农业生产相结合的一体化趋势发展，这和许多开发乡村旅游的地方不同。国内许多地方开发乡村旅游，很多是为了美而美，比如划定一定的面积，营造油菜花田、向日葵田，来吸引游客观光；或者一味地保持乡村景观的原貌。这些做法的弊端在于农民收入的增长缓慢。如在北京郊区开发的许多农家乐项目，一年之中游客来此休闲观光的旺季非常短，相当长的淡季农民没有旅游接待收入。江西婺源的乡村景观虽吸引了许多游人，但大部分的门票收入并没有到老百姓手中。鄢陵乡村旅游是乡村农业与旅游业相结合的产物，乡村的生态农业是其发展的根基，乡村旅游的吸引力正源于农业和乡村资源中不同于城市人工雕琢的自然特色。农业生产是乡村旅游的主要方面，且高科技农业是未来乡村旅游发展的方向。所以，以规模庞大、从业人员众多的花木产业为依托，这既可以保证乡村农业生产效益的提高，又可以促进旅游业的发展。把发展乡村旅游同解决农村问题、推动农村持续全面进步的战略范畴统一起来。

特点之二：农业景观的多样性。鄢陵依据不同的农业资源形成不同的农业景观，如鄢陵北部的彭店乡，沙土区占了全乡总面积的三分之二，不适宜栽培粮食作物，是鄢陵地区主要的低产田区域，鄢陵因地制宜，在沙地上发展莲鱼共养项目和开发经济林木。目前，以流经该乡境内的双泊河为主线开发的特色休闲农业，由千亩樱桃园、千亩赏荷园、万亩红枣园等景区组成，游客可以在此垂钓、采摘。位于柏梁镇的中原花木博览园（见图3），占地面积1600亩，是举办每年一届花博会暨鄢陵生态旅游节的主会场。花博园成功地把花木观赏与地域文化结合起来。园区内栽植苗木500万株，苗木品种达2000多种，在分区展示花木的同时，花博园也是鄢陵历史文化浓缩。秦上卿——甘罗十二做宰相、许由不图名利洗耳去污染、唐雎不辱使命护国安邦，尤其是曹魏文化园，移驾许都、许田打围、割发代首、建安风骨等三国历史，通过景墙浮雕、人物群雕等生动呈现，让人们在穿越历史时空中尽享地域文化的魅力。花木种植和人文景观的完美结合，构写了一幅如诗、如画、如梦、如幻的美丽画卷。陈化店镇拥有丰富优质的地下水资源，陈化店镇以水为核心，开发花都温泉度假庄园和茶楼一条街，以温泉泡汤、品茗赏花为特色。

图 3　花博园内天鹅植物造型

特点之三：空间层次丰富而富于变化。就鄢陵花卉种植老区而言，花农种植结构按照短期、中期、长期相结合，短期是指花木种在地里一两年就卖，实现经济效益，长期是一些乔木类的苗木，往往经过八年、十年才卖掉。由于受市场供求关系影响，每年滞销和畅销的苗木品种都有所不同，时间一久，一亩土地常常种植好几样植物，景观层次非常丰富，这是鄢陵农业景观的一个特点。置身于这样的景观之中，景观的体验也是非常美妙的，它不同于通常所见的农作物景观。以一种农作物为主体形成的农业景观其景观构成要素单一，虽视野开阔但不免景观单调。这里高大的乔木、低矮的灌木高低错落，品种繁多，当我们走进其中，全身心的感官都被调动起来，这里空气清新，深吸一口气，仿佛进入天然氧吧，露珠从树叶上滴落，淅淅沥沥，聆听自然的声响。霜降以后，田地的色彩更丰富了，让人目不暇接（见图 4、图 5）。与传统农作物农业景观相比，花木农业更能让植物自然地生长，保留的自然要素更多，更容易拉近人与环境的关系，因而也更符合人们的审美需要。在鄢陵花木名优示范园区，一些龙头企业开展了林禽一体化养殖项目：地上种植樱花等各类花卉苗木，花木下养殖白鹅、鸭、土鸡或其他珍禽。鄢陵县是花木名县、畜牧强县，花木产业为发展林禽一体化养殖提供了得天独厚的资源优势。发展林禽一体化

图4　一亩地常常种植好几样植物

图5　景观色彩丰富

养殖，在发展花木产业的同时，林地养殖的禽类不仅具有驱虫、除草、增加土壤肥力的作用，而且环保，提升了单位土地面积的承载力和附加值，由此衍生的无公害畜产品和农业生态观光游，融合了第一产业和第三产业，市场前景广阔。

特点之四：土地的高效利用与新农村建设结合起来。中国特色的城镇化道路与解决"三农"问题紧密联系在一起，它是在新的历史时期对新农村建设提出的指导性决策。这就不难看出，小城镇的发展与大中小城市是不同的，它肩负着解决农民就业、增加农民收入，繁荣农村经济的重担。当前在不少地区都开展了新农村建设，建设新农村社区仅靠政府出资是不行的，仅靠单个企业也存在不少风险，比如有的新农村社区就因为企业的资金链中断而停止。鄢陵的新农村社区建设走的是依托第一、二、三产业相结合的道路，给流转土地的农民营造较为充分的就业环境。比如鄢陵名优花木示范园区，流转了农民十万亩耕地，这些流转土地的农民可以在示范园区当花工，可以在中原花木市场营销花木，做花商，也有的做花木经纪人。如陈化店镇花都温泉项目的开发流转了一部分农民的土地，这些流转土地的农民可以在花都温泉务工，进入旅游服务行业。鄢陵以第一产业为依托形成的加工业发展也较快，如玫瑰油提炼加工、板材加工等。总之，鄢陵第一、二、三产业的相互依托和充分发展，给新农村社区的建设打下了较为良好的基础，既高效利用了土地，也充分吸纳农村剩余劳动力，同时改善了农民的居住条件。

四、存在的问题和未来的展望

当前观光农业、休闲农业发展的势头迅猛，鄢陵在这一方面具有得天独厚的优势，如果想进一步做大做强，提升层次，还需要注意以下几个方面：

1. 发挥传统优势

如鄢陵的腊梅和桧柏，不仅种植历史悠久，而且当地花农会利用腊梅和桧柏做各种植物造型，这是一个优势（图6：腊梅盆景造型；图7：桧柏龙造型）。如今，传统的腊梅种植面积大面积缩减，主要原因在于销路。园林和绿化用途中需要的腊梅数量少，常常一个订单只要几棵，种植多了卖不出去赔钱，花农一而再减少腊梅生产面积。其实，腊梅可以进一步加工，如做成腊梅盆景供各种场所摆放；腊梅也可以切枝，进军鲜切花市场；腊梅还可以生产腊梅精油，开发腊梅园吸引冬季赏花的游客，等等。鄢陵还有许多村子有自己优势的景观植物，如靳庄月季、西许梅花、半百岗柑橘、王敬庄菊花、于寨桂花等，可以依据各个村庄的特色，搞一村一品的景观营销模式。

2. 增加花木的科技含量

鄢陵花木虽然生产数量大，但质量不高，总在中低档次上徘徊，高档花木少。从业人数众多，但高端的技术、管理人才缺乏。企业的科技研发能力较差，具有自主知识产权的企业更少，企业的创新发展动力和花木产品的开发能力十分薄弱。花卉是科技含量很高的产品，对花卉市场、生产手段和生产技术、管理水平要求较高。科技支撑体系的建设滞后于生产发展的需要，这已经成为鄢陵乃至我国花卉业顺利发展的瓶颈之一。近年来，国际花卉出口大国强调知识产权保护，设置技术障碍，如果没有自主研发的拳头产品就很难进入国际市场。不仅如此，国外花卉产品大量涌入国内市场，国内的市场份额也会丧失。加大科技研发，创出名牌，打响品牌，是必然要走的路。增加花木的科技含量，不仅会获得丰厚的经济回报，而且会吸引更多的游人来此观光。

3. 景观营造以人为本

作为一种重要的现代休闲方式，农业在当代对现代人的生活中产生了新的意义，观光农业、生态农业、休闲农业等新的农业类型迅速崛起。观光农业、休闲农业的发展要深入研究人在农业环境中活动的环境心理和行为特征，只有这样，才能创造出不同性质、不同功能、不同规模、各具特色的农业景观，以适应当代人多样化生活的需要。以人为本的景观设计原则要求景观具有丰富性、多样性、能够吸引人积极地参与。从游客的心理和行为需求入手，提炼、创造出与本地特点、条件相适应的景观特色，这是农业特色景观的基本前提与首要任务。如可以进一步调整花卉种植结构，目前的鲜切花只占花木产业的5%，加大鲜切花的生产，一方面可以满足城市市民日益增长的日常鲜花消费需要，增加经济收益；另一方面也可以进一步推动生态旅游业的发展，使观光农业的优势进一步凸显，多方面增加收益(见图6，图7)。

4. 坚持可持续发展的生态原则

生态的含义有广义和狭义之分。狭义上所讲的生态多指生态环境的保护和生态环境的改善，如我们在前文所讲的鄢陵持之以恒地坚持植树造林，形成平原林海，就是狭义上的生态含义。广义上的生态观还包括一种节约的生产方式和生活方式。可持续发展的生态原则的核心是节约和综合利用。我国尚属发展

图 6　腊梅盆景造型

图 7　桧柏龙造型

中国家，在符合功能要求的前提下，必须立足国情，注意节地、节能，有效而又经济的使用人力、物力、土地和能源，符合国家建设"节约型"社会的总精神。鄢陵的林禽一体化发展模式和莲鱼共养模式，就是农业低碳发展、绿色发展的一个案例，把修剪花木丢掉的树枝加工成各种板材也很好地体现了农业循环经济的精髓。今后，鄢陵可以在此方面进一步加强，不仅卖苗木，还可提升农业的附加值；只有大力开发花木的药用价值、文化价值和审美价值，才能更充分实现环境的经济价值，也才能更有力地促进农民增收和营建更美好的生态环境。

五、结语

进入 20 世纪以后，农业扮演的角色发生了显著的变化。以前，农业用地只是作为生产性的用地，现在，人们在农业特色城镇中找到一种与城市不同的生活方式。人们在农业环境中，更能深切地感受到人与土地之间的联系，与土地相联系的生活焕发出了诗意。

无论老城镇还是合并产生的新城镇，都应当对自己特色和发展目标有一个准确的认识和定位。这需要依据自己的历史，根据自己的传统、气候和地理条件，因地制宜地发展，克服特色不明显、个性不突出的倾向，办出城镇特色。鄢陵就是找准位置，扬长避短，以花木产业为支柱，在城镇化大潮中独领风骚。

鄢陵 60 万亩土地种植花木，已成为中国北方最大的花木生产基地，不仅产生了巨大的经济效益，而且产生良好的生态效益，两者相互促进相互结合，一起为农业环境的审美价值奠定了良好的基础，促使观光农业、休闲农业的快速兴起。只有生态空间良好，生产空间集约高效，才能给农民营造更宜居的生活空间，新农村建设才会更有活力。

（作者单位：郑州大学美学研究所）

城市广场发展与人居美学动态启示录

蔡 伟

城市广场是城市中的开敞部分，通常被市民称为"起居室"，是外来旅游者的"客厅"、对外展露的"窗口"，是城市中最具公共性、最富艺术魅力，也最能反映现代都市文明的开放空间，是城市整体形象及面貌的客观反映，更是塑造城市形象、提升城市品位的重要手段，因此城市广场在现代城市建设中的地位和作用显得尤为重要。它强调人在场所中的体验，强调普通人在普通环境中的活动，强调场所的物理特征、人的活动以及含义的三位一体的整体性。一个聚居地是否适宜，是指公共空间是否与其居民的行为习惯相符。现代城市广场的设计应充分体现对"人"的关怀，建广场目的就是为人民服务，城市广场不仅是一个城市的象征，人流聚集的地方，而且也是城市历史文化的融合，塑造自然美和艺术美的空间。城市广场作为一个城市的缩影和象征，集中反映了现代都市的文化特质和精神气氛。一个城市要可爱，让人留恋，它必须有独具魅力的广场。成功的广场规划能调整城市建筑布局，加大生活空间，改善生活环境质量。

一、广场开放空间的公共性应尊重人性、重视心理空间的营造

城市广场是城市公共空间的一种存在形式，因此，其本质将有城市公共空间的共性和其自身的特殊性。广场不单单是一个纯粹的三维物质空间，而且还是一个深入到人类心理、行为、文化等方面的行为环境，是人类与环境共生的体现，以符合人类环境和人的心理环境这两方面的要求。

1. 创造生理方面的舒适感的广场空间

著名心理学家马斯洛认为生理需求是人的最基本需求，因此如何创造生理

方面的舒适感就成为了城市广场设计中的第一位因素。我们以"环境舒适程度"来衡量广场设计是否合理。环境舒适程度就是指个体在一定的空间环境中，其中的气候和其他环境因素对人的生理产生影响的一种量化指标。环境舒适程度越大，说明设计得越合理，为人考虑得越多，反之则相反。

(1)阳光。据伊娃·利伯门(Era Libermaan)的研究，人们选择去哪个广场，首先考虑的是阳光，占调查人数的25%，考虑距离的有19%，考虑舒适和美学因素的有13%，考虑广场社会因素的有11%。所以广场的位置选择应考虑太阳的四季运行，以及已建成或将建的建筑对它产生的影响，争取最多的阳光。西安钟鼓楼广场就因为充分考虑了这方面的因素，广场内阳光明媚，吸引了无数游客和市民在此享受阳光的沐浴。当然，天气炎热时阴影也是需要的，在风、雨等特殊气候条件下，依然要为人提供遮风避雨的环境。北方广场强调日照，南方广场则强调遮阳。一些专家倡导南方建设"大树广场"便是一个生动的例子。

(2)温度。12~18℃，人感觉较舒适，适合户外运动；23℃以上则会感觉较热。这将影响中午时人选择座位的位置，以及设计者对阴影的计算。为了夏日遮阳，除了种植树木之外，也可采用一些现代科技手段以达降温效果。水的运用也可在一定程度上可调节温度。

(3)水面、植物。"亲水性"是人的一大特点，水是生命之源，是大自然的灵魂。在广场中设置适当的水面，不但可以增加湿度，降低温度，改善广场的小气候，软化广场大面积铺地所带来的生硬感，带来生动感和活力，而且可以吸引大量市民在此驻足、徜徉、玩耍。

例如，都江堰广场的设计是从水出发，围绕水展开的。它与邻近河渠中奔腾的水流、浪涛声和各种设计元素有机地融为一体。水元素的引入构成一部交响乐，讴歌着都江古堰的水利盛事，彰显着区域文化气息。

2. 心理空间的营造

(1)安全感。安全需求是人类的基本需求之一。在广场设计中为公众提供一定程度的安全感应成为设计者考虑的重要因素之一。通过设置围栏、信号灯、禁止机动车通过的矮柱以及建立残疾人无障碍系统等都可达到此目的。另外，广场的可视性如何对增加广场的安全感起着至关重要的作用。一些存有犯罪隐患的空间、死角，在广场设计中应尽量避免。下沉式广场虽然空间灵活丰富，被许多城市所采用，但它存在的不安全性也应被重视并应该成为广场设计考虑的必要因素。

(2)领域感。占有领域是所有动物都具有的行为特征，也是人类的特殊需要。由于社会文化的影响，现实生活中人们会自然而然地尊重他人的领域，而领域感的产生需要一定空间的围合。

当然，有公共领域也就有私人领域。可通过环境小品的精心设计，使公共空间和私密空间在相互调节和补充下自然地达到平衡。

(3)归属感和认同感。人们对直接容纳自己生活以外的环境，主要关心的还不是它的物质功能，而是其在城市整体大环境中的作用，以及与周围建筑的联系，关心其与当地其他环境因素共同构成的环境、空间、性格与特征，并感受和体验其依存的文化，印证自己的意象，从而产生归属感和安全感。广场内合理的布局，有特色的、富有亲切感的标志物，或用以界定空间和标志空间的其他处理，都可以使得居民产生有"我们的广场"的观念，有助于市民建立归属感和认同感。

(4)公众参与感。公众参与也是人们满足自我实现需要的一种表现。深圳华侨城生态广场的玻璃桥下，数千条金鱼在水中欢快地穿梭、游戏，吸引了无数市民驻足观看，他们拿着鱼食、面包……高兴地笑着投食，互相交谈着。这个小小的场面，充分反映了设计者的精心构思，力图通过公众参与营造一种轻松、愉快的氛围。

人是人类文明创造的主体，也是人类一切活动和发展围绕的核心。尊重并满足人的生理的、心理的及精神上的需求，就成为城市广场设计中关注的焦点。过去由于对物质的过分追逐所造成的对人的价值的轻视，在今天已得到逐步认识和改变，"以人为本"、"高技术与高情感的统一"等价值取向成为今日城市广场设计的主流。

二、现代城市广场发展的人居美学动态主要方向

随着人们生理、心理及精神上需求的增加与丰富，今日的城市广场在继承传统城市广场空间形式及其文化内涵的基础上呈现出许多顺应时代生活发展需要的新的态势，它们在阐释城市生活和塑造城市空间形象的同时，不断地给城市生活和空间增添新的色彩和活力。城市是逐渐形成的人类文化的集合体，错综复杂的人群需要多元文化的氛围。不能企图用一种模式解决全世界的问题。这主要表现在以下几个方面：

1. 广场空间功能的多元化

休闲、民主、多信息、高效率、快节奏的生活方式成为现代人所追求的生活目标，原来功能单一的政治性集会广场、交通广场等已不能满足现代人的生活需要，而以文化、休闲为主，其他功能为辅的多功能市民广场则取而代之。在城市建设用地紧张的情况下，城市广场应根据城市的功能需要而设置，充分调动城市空间的潜力，进行多层次的开发已成为必然趋势。

2. 有特定的主题思想的广场

广场场所既包括物质真实又包括历史。在广场内每一新的活动，在其中既含有对过去的回忆，也预示着对未来的想象。在今天的城市广场设计中，注重表现地域文化和环境文脉，力图创造一个具有清晰可识别性和深厚文化底蕴的场所，以求在人内心留下深刻的印象。城市广场，文化是特色的灵魂，一个没有特色的广场是没有灵魂的广场。广场文化成为广场建设中不可缺少的一部分，从而，广场成为文化空间的载体。因此，城市广场的设计要能够反映地域特色和时代特征、充分挖掘地方自然与人文特色。

3. 空间的立体化

在城市形态立体化的过程中，传统的地面广场会演化为多种立体表现形式。

随着科学技术的进步和处理不同交通方式的需要，立体化成为现代城市空间发展的主要方向之一。下沉式广场、台地式广场、多基面立体广场、空中广场、地下广场等多种空间形式在现代城市广场设计中都已或多或少出现。立体广场的出现对疏散人流、丰富城市景观起了重要的作用。

4. 广场朝着尊重自然、保护生态方向发展

真正的现代化并不意味着破坏自然、破坏生态，也不是钢筋水泥丛林的高楼大厦，而是自然和文化的天人合一；用最少的投入、最简单的维护，充分利用自然原本的环境和原有的特色，达到设计与当地风土人情及文化氛围相融合的境界。在可持续发展的长远利益下，将生态城市、绿色城市的口号提出来已成为一种新的发展方向。即是说将自然元素纳入城市空间，已成为今日城市空间发展的必然趋势。

5.规模的小型化

充分利用临街转角处的建筑物留出的一部分空地，或是两座建筑之间的空间，建设一些分散的、小规模的城市广场，或称中心花园广场。越来越多的小区广场的出现，不但可以节约资金，疏散人流，而且它们在城市整体空间中还具有视觉心理上、环境行为上等多方面的调节和缓冲作用，为单调的城市空间增添一道亮丽的风景线。

6.设计的整体化

城市是一个大系统，而特殊地段的广场是一个小系统。如果不作全面的把握，如果没有总体性的详细规划和城市设计，广场很难形成一个良好的城市景观。设计中应使广场与城市原有的肌理、道路相吻合，地铁、公交、高架线路、隧道线路、设备用房、给排水电气管道等都应预先予以规划和设计，以免引起冲突和浪费。

三、结语

城市的发展永远是一个动态的过程。只有注重"此时此地"，充分考虑人的需要，采用适当的手段，才能设计出高质量的广场。同时，良好的城市监督与管理，能使广场与城市有机地结合成为一个整体，以满足不断变化着的生活需要。

（作者单位：湖北文理学院美术学院）

邹衍的"大九州"环境观

张文涛

据《史记·孟子荀卿列传》记载："齐有三邹子，其前邹忌，其次邹衍、邹奭。"以下要介绍的邹子专指邹衍。

邹衍（约前350—前270），战国齐人。邹衍"深观阴阳消息"而又推演"五德转移"（《史记·孟子荀卿列传》），并以"阴阳《主运》显于诸侯"（《史记·封禅书》），故被推举为正宗的"阴阳五行家"。

邹衍的阴阳五行学产生于战国末年，对诸子的学说带有综合的倾向，故成为继"儒墨"后的又一显学。这与邹衍本人的追求有关。据《盐铁论》云："邹子疾晚世之儒墨，不知天地之弘，昭旷之道，将一曲而欲道九折，守一隅而欲知万方，犹无准平而欲知高下，无规矩而欲知方圆也。"在这种志向驱动下，邹衍"乃深观阴阳消息而作怪迂之变，《终始》、《大圣》之篇十余万言。其语闳大不经，必先验小物，推而大之，至于无垠。先序今以上至黄帝，学者所共术，大并世盛衰，因载其禨祥度制，推而远之，至天地未生，窈冥不可考而原也。先列中国名山大川，通谷禽兽，水土所殖，物类所珍，因而推之，及海外人之所不能睹感。称引天地剖判以来，五德转移，治各有宜，而符应若兹。以为儒者所谓中国者，于天下乃八十一分居其一分耳。中国名曰赤县神州。赤县神州内自有九州岛，禹之序九州岛是也，不得为州数。中国外如赤县神州者九，乃所谓九州岛也。于是有裨海环之，人民禽兽莫能相通者，如一区中者，乃为一州。如此者九，乃有大瀛海环其外，天地之际焉。其术皆此类也。然要其归，必止乎仁义节俭，君臣上下六亲之施，始也滥耳。王公大人初见其术，惧然顾化，其后不能行之"。

邹衍的十余万言的巨著在后代已遗佚，他所表达的主要思想就在上引《史记》一段中。邹衍不满足于《禹贡》"九州"的说法，提出了他的"大九州"。那么，从"大九州"的构建中能看出其怎样的环境观呢？

一、平面化的经验构建

邹衍顺着他"推而大之,至于无垠"的思路,把当时"儒者所谓中国者"仅当为一州,中国又称为"赤县神州",其内有九州,据《禹贡》记载,夏朝时的九州指的是冀州、兖州、青州、徐州、扬州、荆州、豫州、梁州、雍州。与"赤县神州"同样大的州又有九个,其间有"裨海环之,人民禽兽莫能相通",可合称为"中九州",这"中九州"的名字,《论衡·谈天》只标示其中之一,"《禹贡》九州,方今天下九州也,在东南隅,名曰赤县神州";而《淮南子·坠形训》的记述则颇为完整:"何谓九州?东南神州曰农土,正南次州曰沃土,西南戎州曰滔土,正西弇州曰并土,正中冀州曰中土,西北台州曰肥土,正北济州曰成土,东北薄州曰隐土,正东阳州曰申土。"有在此列出名字的九州合成一个大州,州际之间"乃有大瀛海环其外,天地之际焉",这种更大的州也有九个,没有再具体加以命名,这第二次推出的九州就是所谓的"大九州"。这样,"赤县神州"的大小在"大九州"中只占八十一分之一,《禹贡》中的一州则只占这个大全世界的七百二十九分之一。

邹衍虽据"天地立判"以来来推衍三重九州世界,可"天"的维度在此被忽视,未若"羲和,钦若昊天,历象日月星辰",只剩下地理一维。整个世界平面式展开,依照由近而远、从中央到四方的思路来铺设整个"大九州"。从对大地这种以一个地方为中心按一定单位拼贴扩大而成的机械式理解,虽看不出天的维度在此格局中的位置,但还是可推测出邹衍所归属的天地观为"盖天"说。古代著名的"盖天"说主张"天圆如张盖,地方如棋局"。"大九州"的布置的结果就像一个方形的棋局,自然地,配套而成的天也犹如一顶圆形的盖子。在这种视野下,"大九州"呈现出一种平寂的状态,缺少相对动态的生成性面相。邹衍可能受局于其阴阳五行术数推衍板滞一面的影响,把这个大世界设计得稍显单调而又缺少生机,不像其他诸子能给予这个世界更多的生动性。所谓"天圆地方"在传统思路中蕴含"天尊地卑"这种刻板观念,天地的关系是否是更多的可能性呢?名家邓析(前546—前501)提出"山渊平,天地比",之后另一名家惠施(前370—前310)又主张"天地一体"、"天与地卑",他们刻意颠覆"天高地低"这种常识观念,使天地显示出相对的关系,由此触及了能呈现出此关系的多种创造性力量。惠施的另外两个命题"南方无穷而有穷"和"我知天下之中央,燕之北、越之南是也",更是把空间上的相对性发挥到极致,天下中央既可以在"燕之北",也可以在"越之南",或其他什么地方,一个确定了的中央所面对的方向(如南方)既可以无限地延伸(无穷)又仅能限于此方向的无穷(故有穷)。名家"是非两可"论在常识眼里似乎荒诞不经,然而他们利用语词的逻辑可能性给人们的世界观念增加了多重内涵,这在忽视语言和逻辑的古代中国文化中显得尤为可贵。面对"远方",既然难以征实又无从稽古,何尝不能设想一番,利用语词逻辑显示出来的图式来反观出人们精神结构地图,这不是拓展了另一条道路吗? 在这一点上,阴阳家更拘泥于"符应",其类似于逻辑的那种"比附"方法更多地用在了拓殖"万方"而不愿守于"一隅"上,孰不知"万方"之大,如仅是"一隅"的简单追加而成,其意义不是很大。

　　"大九州"作为空间缺少境域的构造能力,跟少了时间一维没有"敬授人时"有关。同样出自阴阳五行观,《吕氏春秋》把四时(春、夏、秋、冬)依孟、仲、季三月顺序划出十二纪,每一纪都描绘出天地人物事相互触动款款发生的情境,如"孟春之月",《吕氏春秋》中就写道:是月"日在营室,昏参中,旦尾中,其日甲乙,其帝太皞,其神句芒,其虫鳞,其音角,律中太蔟,其数八,其味酸,其臭膻,其祀户,祭先脾。东风解冻,蛰虫始振,鱼上冰,獭祭鱼,候雁北。天子居青阳左个,乘鸾辂,驾苍龙,载青旗,衣青衣,服青玉,食麦与羊,其器疏以达。……是月也,天子乃以元日祈谷于上帝。……是月也,天气下降,地气上腾,天地和同,草木繁动。王布农事,命田舍东郊,皆修封疆,审端径术。善相丘陵阪险原隰,土地所宜,五谷所殖,以教道民,必躬亲之。田事既饬,先定准直,农乃不惑"。以下纪文还表达了孟春之月生产的禁忌和早春不得令的灾异情形。依照此格调,《吕氏春秋》在详尽地刻画了一年四季模样之际,又给人感受到了春主生,夏主长,秋主收,冬主藏的生命节律。"大九州"的设想来自于相同的思想路线,可以假定赤县神州内的小州也有《吕氏春秋》诸等文典所表达出的这种生动图式,邹衍没把它勾勒出来,只提及九州内放置有人和物之事,至于这些人和物如何发生则看不到其情状,他人可以自动把四时的情境移入大九州之中,当然也可以认为邹衍的大九州就是为了设计出"大"而已。

　　四季"情境"的布置有一个重要的生成维度那就是"帝神"的存在。至商朝时期,中国古人的生活还一直相信有神的参与,由于周朝的突起,文王把神性演绎进了八卦,大兴人性的狡计,从此神性在古人的生活中遁去。《吕氏春秋》所标示的典型的生活环境图式是有神性这一超越维度的,可在邹衍的"大九州"中则不在设计之列。没有神性的引导,地域观念就只能平面式地铺开,缺少立体的建造。

二、元素化的水土交替

州，会意字，从"川"、从"、"，"川"指归向大泽大海的水流，如黄河、长江、淮河等；"、"字音义同"主"，意为"入住"、"进驻"。"川"与"、"联合起来表示"住到河边"。东汉许慎《说文》说："水中可居曰州。"《诗经·国风·周南》有"关关雎鸠，在河之州"。可见，州与水联系极为密切。后起的"洲"字把"水"作为偏旁，更直接形象表明"水"在形成"州"的作用。上古发生过一个漫长洪水肆虐的时期，相传尧舜禹三帝几乎都在治水，水成了古人生活各方面必须考虑的一个要素。创世神话中，共工触不周天、女娲补天、精卫填海、夸父追日、后羿射日以及大禹治水等皆与大洪水有关。州作为划分疆域的一大概念，即缘起于水对历史现实的这种影响结果。尧帝时天下就称为九州，舜时改为十二州，禹治水有功，又改十二州为九州。州，几乎就成了构成天下最大的地域称谓，九州，也即成为整体中国的代名词。历代著名诗文进一步强调了"九州"的这一替代功能，使行文的词汇变得丰富。《楚辞·离骚》："思九州之博大兮，岂惟是其有女?"《管子·卷十六》："上察于天，下极于地，蟋满九州。"宋代陆游《示儿》诗："死去元知万事空，但悲不见九州同。"清代龚自珍《己亥杂诗》第125首："九州生气恃风雷，万马齐喑究可哀。"郭沫若《赞雷锋》诗："二十二年成永久，九州万姓仰英烈。"邹衍所指的"赤县神州"、"中国"即是一般意义上的"九州"。当代以来，把"赤县"顺带"神州"、"九州"进一步传播开来的莫过于毛泽东的诗句"长夜难明赤县天"（《浣溪沙·和柳亚子先生》）。先秦时期的州（除战国"九州"有具体所指外）大多没有明确的地域归属，最多只表明某种方位，先秦之后除了秦朝等少数朝代不用州来划分行政区域外，其他朝代所设的州则皆有实在的地域指向。"九州"之"九"的确立除了与禹的权威作用有关外，它的实义与方位上的"九方"（东、南、西、北、中、东南、西北、东北、西南）相符。"九"作为阳数之至，富有弘大包藏之意，在汉语的词汇中它与其他名词性语词结合如去除计算语境时其数量含义不再重要，那样，人们转而更关注的是它的义理。与"九州"含义相近的说法有"九有"（"方命厥后，奄有九有"——《诗经·商颂》）、"九围"——（"帝命式于九围"《诗经·商颂》）、"九隅"（"九隅无遗"——《逸周书·尝麦解》）、"九垠"（"皇恩溢九垠，不记屠沽儿"唐·顾况《哭从兄苌》）等，由此衍生在"九州"意义上提出的治国大法称为"九畴"(《尚书·洪范》), "九州"上的土地分为九等称为"九则"("地方九则, 何以坟之?"——《楚辞·天问》), "九则"还指建立功业以风化"九丑"的法则("昭明九则, 九丑自齐"——《逸周书·大匡》), 由人间推断出天上也有九重称作"九乾"("俯钩深于重渊, 仰探远乎九乾"——《后汉书·崔骃传》)。在此, "九"获得了能表达天地范围的数理。

水在大地上划下了道道痕迹, 人们循着这种能割裂开来的标志来定下各种地域的归属。大地上有很多物象其实都可以作为界限, 可它们为什么没有水这么突出呢? 除了水的自然样貌绵延不绝适合圈出一大片醒目的区域外, 另一个原因是水已经成了古人表达世界构造及生成观念的一个重要质素。最集中的能体现水的作用的思想就是五行说。五行说认为这个世界由五种质素构成, 它们是"水火木金土"。目前我们能够见到的有关五行的最早文献是《尚书》, 其经文曰: "五行: 一曰水, 二曰火, 三曰木, 四曰金, 五曰土。水曰润下, 火曰炎上, 木曰曲直, 金曰从革, 土爰稼穑。润下作咸, 炎上作苦, 曲直作酸, 从革作辛, 稼穑作甘。"这一排序以水为首位, 突现了与其他四行相比水在整个世界构成中的重要性。郭店楚简"太一生水"这一篇把水的作用提得更高, 其文说: "太一生水, 水反辅太一, 是以成天。天反辅太一, 是以成地。天地复相辅也, 是以成神明。神明复相辅也, 是以成阴阳, 阴阳复相辅也, 是以成四时。"在此, "太一"即道, 水辅道成天, 以至于衍化出整个世界。《管子》也说, "水者, 何也? 万物之本原也, 诸生之宗室也", 把水当做世界的本原。在古希腊也有相同的说法, 泰勒斯提出"水是万物始基"的命题, 首次开启西方人的哲学智慧。印度佛教看世界之四大"地、水、火、风"中的"湿相"就是水。古代人普遍以直观的方式理解世界, 自然地会把在生活中起很大作用的水纳入其视野。邹衍生活时期, 燕、齐海运已然很发达, "齐东野语"说的尽是海上虚无缥缈之事, 生活经验清楚地告诉人们大地濒临海洋, 海中还有陆地, 土和水环环相接, 作为水的海洋比作为土的陆地具有更多不可知的因素。相比之下, 可以想象邹衍最终自然会以"大瀛海环其外"来完成"大九州"的设计。

州的建制除了水作为一个重要的因素外, 另一个构成要件就是土。如前述, 由水在土地上划定了区域并住进了人, 这就是"州"的意思。邹衍"大九州"的设计, 用的就是其阴阳五行学中的这两个最重要的质素。在五行中, 水质地细密且有动态, 富有主动的生成能力, 火虽然也很有力量, 可因其过于张扬不可控制, 在中国文化以"中和"为理想的观念中不被推崇。土, 则为其他四行所依托, 成为它们的基底, 在"水火木金土"排序上殿后, 它保证了整个五行能运作的度。如果说水在显明的位置上促动了五行之行，土则在隐蔽之处发挥了更关键的作用。单材质而言，唐人孔颖达就有相关的说法，他说："五行之体，水最微为一，火渐着为二，木形实为三，金体固为四，土质大为五"。在作为精神的意义上，土也具有本原的地位。同样在《管子·水地》中，开篇就说："地者，万物之本原也。"地，即是土的另一称谓。水和土合，即能梳理出整个地理的样貌，《山海经》书名就表明了这两个维度，《禹贡》的核心为"导山"、"导水"也表达了这层意思。

三、主次化的德性渐变

《尚史》记有："自神农以上有大九州，柱州、迎州、神州之等，黄帝以来，德不及远，惟于神州内分为九州。"可见，除邹子外尚有其他主张"大九州"说，因三皇五帝之时诸事皆不可考，后人往这一阶段设想的历史似乎皆合法，但不一定合理。合理的意思是要看是否能纳入文化传统的特质之中，《尚史》的"大九州"说虽也无从考证，但文中提到由德性力量的强弱来决定疆域的大小，这跟邹衍的设计一样，皆能与同一主流文化的观念吻合。"大九州"一方面满足了古人潜意识中那种膨胀的欲望需求，可由于没有天堂的设计，从投射的结果看其内在的空间依然是平面化的存在。另一方面它又奇特地抑制了"中国"这种"以天下为中心"的说法的自大心态，可也仅限于在大小的空间上起作用，如进一步落实到具体的人和物的安排，"大九州"说依然突现了"华夷之辨"的帝国心态。

从《禹贡》的"九州"到邹衍的"大九州"，皆有一个已被先定了的核心地理观念在作祟，这个观念认为世界有个中心，此中心又被称为中原地带，居住于此的人拥有文明，讲究礼制，如出离这个中心就会逐渐遁入野蛮状态，最终到达世界边缘则完全冥化为上古的荒芜。空间上的远方竟折射出时间上的远古初貌。华夏之外，蛮夷狄戎，或被发文身、没有火食，或衣羽穴居、茹毛饮血。《山海经》大部分内容记载的就是住着这种有着神仙名字模样半人半兽的怪异景象。对不熟悉的地域想象一般都没有好感，这些异类要被纳入共同体，在中国古代文明观念中即是要有道德礼仪的教化。当初这个文明中心的确立也是因为出了能感召四方的道德圣贤。《禹贡》开篇："禹别九州，随山浚川，任土作贡。"明显表达了功德的这一作用。在中央集权还没建立的时代，九州百姓愿意纳贡，即缘于禹治水有功所产生的德性力量能使百姓信服，当然百姓心存善念,已被驯服,也是整个政制得以顺利运作的另一要素。

阴阳五行所理解的世界可分为三部分:天地、人间和世人。在文献中可知的邹衍思想与天地、人间有关的学说是"大九州"说和"五德终始"说。至于对人的身心的看法方面由于没有邹衍的文献支持故只能从邹衍后的阴阳五行学说中导出。邹衍"大九州"说意在理清偏重地理上的"天下"观念,而"五德终始"说则集中体现了阴阳五行在政制方面的思想。后者在精神脉络上依然没变,但给偏重于空间设计的"大九州"植入了生成性较强的时间一维,从而给世俗政制梳理出了一个井井有条的秩序,同时也在秩序的设计中植入了其理想的社会观。

"五德"是五行表现在天道、人事的另一称呼。它按古史帝系分别配以五种不同的德性从中来说明世道变迁的规律。在邹衍时期,"五德以所胜为行"(《史记集解》引如淳语),这一"五行相胜"的顺序按《文选·魏都赋》注引《七略》说:"邹子有《终始五德》,从所不胜:土德后木德继之,金德次之,火德次之,水德次之。"帝系一般从黄帝(土德)算起,但在后代世俗权谋运作中,如何配德性常有各种篡改,此不详述。五德的真正运作在于"深观阴阳消息",把五德的转移和阴阳消长相互结合才能观其奥秘。《史记》说:"自齐威王之时,邹子之徒,论终始五德之运。及秦帝,而齐人奏之,故始皇采用之。"秦帝国运用五德终始说的表现在向国人宣布"秦变周",与周一样"得水之时",依据水德定制,"更名河曰德水,以十月为年首,色尚黑,度以六为名,音尚大吕,事统上法。"(《郊祀志》)从此,五德终始说成为历代帝制说明其权力合法性、国运盛衰的理论依据,它在说明帝运方面又称为"三统说",董仲舒在《三代改制质文》中把"三统说"与"四法"(夏、商、质、文)构成十二代始终,进一步把阴阳五行复杂化。

阴阳五行对天下以及政制的有序化建构,其事实指向应该是八十一州中的赤县神州,可表达出来的却是其纯化了的一个世界,在《吕氏春秋》中的《月令》,《管子》中的《四时》就集中描绘出了两者合并起来的一幅人间四季的理想美景。这一自足的世界不与他者发生更多的联系,它的能量交流只发生在阴阳化的五行之中。邹衍刻画出的洲际关系事实上也是一种自身的满足写照。人们容易把它联想到老子所崇尚的无为世界。老子设想的世界"鸡犬相闻,老死不相往来"完全可以等同于邹衍的州际关系。同样,从《礼记》描述的"大同"、"小康"以及《诗经》对"乐土"呼唤到陶渊明的"桃花源记",都是同一精神家族的理想诉求,当中充满了道家式对另一个他者的提防和忧虑。这也就出现了一个奇怪的阴阳观使用的界限问题，按一般的理解，现实与理想两个世界如构成阴阳关系，那么现实世界的阴阳观应该也可以相应地使用于理想世界，可事实是中国的理想的设计却是属于"孤阴"或"独阳"的世界，完全没有了与另一个或阴或阳的世界发生信息、能量交流的可能，这就注定了这一理想的纯"理想"色彩。但是它却又是中国文化特性使然，与孔子所谓"未知生焉知死"，李商隐"他生未卜此生休"的时间意义相符。

在这一呈现"孤阴"或"独阳"称为神州的大地中，从中只可寻找到一个动力发出者是由于他者的缺失造成的。虽如此，并不因为他者的出走而导致这个世界呈现出一种可怕的静寂状态。相反，在这一封闭的世界中，那唯一的动力发出者自生成为多种变体(天、地、人)后，也营造出了一个充满生机的境域。把九州(偏向自然)和五德终始(偏向人事)所描绘出的二重世界用"天人相应"的方式结合在一起，即能构筑出一个理想的适合人们居住的家园，也就是阴阳五行所谓的风水宝地。

邹衍能通过观阴阳、推移五德而知天理、察人事的具体过程今已不可复现，邹衍本人虽"大言天事"，"心奢而辞壮"，但其致力处仍"此务为治"，着实为当权者出谋划策，体恤民生疾苦，但其后继者如"燕齐海上之方士传其术，不能通，然则怪迂阿谀苟合之徒自此兴，不可胜数也"。这也就为邹衍后的阴阳五行的各种走向特别是术数的恣肆开了一个缺口，从汉代始，阴阳五行通过纳甲、纳音等多种途径演绎出了一个庞大的术数世界，加上谶纬家推崇灾异现象对现世生活的影响，阴阳五行在中国文化发展中出现了负面作用。当然，在形式美的研究上，术数的铺排一定程度上为古代文化空间梳理出了一幅优美的精神地图。

依据常识，人们就可了解到阴阳五行家都在努力捕捉作为人能理解的那种"恍若在前"的世界发生，犹如邹衍使用他的"术"推衍出来的世界发生图景与真实"符应若兹"，甚至还可以追溯到"天地未生"的那种原发生状态，以致"王公大人初见其术，惧然顾化"。这种能把过去、将来，远方、近处"如真的一样"复现出来的情境发生就可以称为完美的环境发生。

四、结语

邹衍在《尚书·禹贡》"别九州"的基础上提出"大九州"说，满足了古人对"天下"大全的设想。"大九州"由大地和海洋构造而成，从表面上看整体呈现为一个平面式的孤寂世界。可邹衍又在"大九州"的中心称为"赤县神州"的地方主张有"五德转移"在显运，五行循环式时间和德性的篡入使得这个世界有了生气，两个说法合成出一个立体化了的境域，这样设计的结果大大丰富了古人的精神地图。

（作者单位：漳州师范学院）

风水学、符号与人居美学思想①

李　展

风水学，本为相地之术，目的是用来选择宫殿、村落选址、墓地建设等事务的方法及原则。在《四库全书》"目录学"分类中属于"经史子集"的"子部"中的"术数类"，是一门古老的学问。但现在又在学界和民间广为流传，其间精华和糟粕并存。现仅从风水学的原理角度略作探讨其与现代人居之间的关系。

一、"风水"及其机理内涵

"风水"又名"堪舆"。清段玉裁《说文解字注》："堪，地突也。""突者，犬从穴中暂出也。因以为坳突之偁。舆，车舆，谓车之舆也。"本意指车中装东西的那个部分，这里指凹处，具有函纳之意。所以段玉裁说："俗乃制凹凸字。地之突出者曰堪。淮南书曰：堪舆行，雄以起雌。"本来是指地形凹凸之状，高下之意，显然与山河地貌有关，因此，风水学研究是与山水地貌密切相关的一种相地之术。"堪舆"后来进一步引申为"天地"，《淮南子》中有："堪，天道也；舆，地道也。"堪即天，舆即地，堪舆学即天地之学。但"风水"二字从字面显然更加具象一些，天大无像而取之于"风"，更重要的是"风"还与"气"有关，而"山水"显然与风水学的核心"藏风聚气"密切相关，在实践中更加富有可操作性，它主要通过对于阴宅和阳宅的勘察，完成这个任务的。

一般认为，"风水"一词来源于晋代郭璞所作的《葬书》："葬者，藏也，乘生气也。……经曰，气乘风则散，界水则止。古人聚之使不散，行之使有止，故谓之风水。"所以，所谓风水学的核心是"气"，特别是"生气"说。因"气"与

---

① 本文是武汉纺织大学培育项目，"中国当代消费文化语境中的艺术传播研究"（编号：153056）成果之一。

"风"和"水"的聚散关系，而使得这门学说为"风水"之学，风水之学的本质是"气之聚散"。这个问题现在学界已经成为基本的看法，比如王振复先生就认为"古代中华风水术的关键并非'得水'、'藏风'，而是'聚气'，即通过'得水为上，藏风次之'的方式，使气'聚之使不散，行之使有止'"[①]，而陈吉认为"其主要理论，以阴阳平衡为根本前提，以'藏风得水'为条件，以'生气论'为核心思想，来寻找一个或小或大的环境，以营宅建居，抑或治理建都"[②]。这些应该是风水学基本的原理。

而关于"气"的基本概念，更是中华文化的基本范畴，几乎与"道"的概念一样古老而又富有内涵。在先秦诸子中几乎都有重要的论述基础，无论在道家《老子》、《庄子》，儒家《易经》、《孟子》、《大学》、《中庸》，法家的《管子》、医学宝典《黄帝内经》都有存在。直到今天，中医、武术、气功等带有传统文化色彩的学问和技艺还都与这个问题密切相关。可以说，"气"文化是中国传统文化的根本，它无形无象，却无处不在；气与道的关联密切，甚至就是道的存在内容。《老子》说："道之为物，惟恍为惚。惚兮恍兮，其中有象；恍兮惚兮，其中有物。窈兮冥兮，其中有精，其精甚真，其中有信。"叶朗先生认为，道"尽管恍惚窈冥，却不是绝对的虚无"，甚至认为"精"就是"气"。其实这里整个"道"的状态就是一种"气"的存在状态，特别是"恍恍惚惚"的状态，而其中的"象"则是"道"使"气"可能呈现的状态，"精"是指道的精华实际就是"气"、特别是"信"，就是信息性，对"气"具有信息引导作用。尽管现代科学还不能完全真正的揭示"气"的本质，但这并不影响中国人对于"气"的感知和修炼。因此，在中医、武术、气功等还有大量关于气文化的知识和修养技术，而风水学同样与"气"文化有着根本关联。《葬书》曰："夫阴阳之气，噫而为风，升而为云，降而为雨，行乎地中，谓之生气。"人作为天地之间一物，同样如此。所以庄子讲，"人之生也，气之聚也；人之死也，气之散也"。《葬书》同样继承了这种思想："生气行乎地中，发而生乎万物。人受体于父母，本骸得气，遗体受荫。盖生者气之聚，凝结者成骨，死而独留。故葬者，反气纳骨，以荫所生之道也。经曰：气感而应，鬼福及人。"人与天地万物通过一气流通，形成了天地循环，周而复始。身死形灭，气之返本。所以，"元气"说是中华文化原典的根本思想。

---

① 王振复：《正本清源：理性地解读"风水"》，载《学术月刊》2011 年第 8 期。
② 陈吉：《中国风水文化研究》，载《学理论》，2012 年第 2 期。

值得注意的是，"气"这个概念，其内涵并不一致，并且具有逻辑层次，有由原初之气到分化或者由分化而回归的不同。《周易》由太极而两仪，四象而八卦，这不仅是符号演绎，同时还是气之分化的不同层次，由元气而分阴阳，由阴阳而分四象，再八卦，具有了不同性质的卦气，这与《老子》的"道生一，一生二，二生三"正相对应，即道即混沌未分之元气状态，后来王冲将它作为宇宙自然元气论的根本，就是一，二就是"阴阳分化"，三就是四象问题，就是阴阳两两交合产生的变数。到了八卦就成为天地之间最为根本的卦象，《周易·说卦》："天地定位，山泽通气，雷风相薄，水火不相射，八卦相错……雷以动之，风以散之，日以恒之，艮以止之，兑以说之，乾以君之，坤以藏之……"风、水即为一种卦象，同时也是一种性质的卦气，流行其间的是天地最为根本的元气，元气在这些具体事务之间循环往复变化，具体事物成为气之聚集的形态，便有了自己的特殊性质。在后世气文化里面，真正实际操作层次上的理论模型更多的是：五行六气相生理论。其基本理论分为相生律和相克律：即金生水、水生木，木生火，火生土，土生金；金克木，木克土，土克水，水克火，火克金。因此，人和万物都是具有阴阳五行之气组合而成，通过五行相克相生，便可以在人和天地山川、万事万物之间进行推断其吉凶休咎等问题了。但最后一定是九九归一，回归天地，周而复始，无穷无尽。

风水学说，就是根据"元气"存在，"天人相应"这个基本事实，以"生气论"为核心，通过"藏风得水"作为条件，以"阴阳平衡"、"生气集聚"为原则对于人的生存环境进行优化设计的环境学说和人居理论。

二、风水符号与气场

风水学说在历史上形成了众多流派，概括起来主要为两大学说：形法派和理气派。形法派，又称形派、形势宗。这一派注重在空间形象上达到天地人三者合一，重视寻龙、点穴、察砂、观水、取向等。其基本思路就是根据地貌形势来判断居处凶吉，把安家的自然环境，看成是和人身体一样的有机体，以各种参数的协调配合作为理想风水。理气派，又称理派、理气宗。这一派的主要内容是"五星八卦"。五星就是指五行，用五行八卦推定生克道理，又须乘气作向，控制消纳。该派的基本思路是从五行八卦等方位、生克的观念入手，以虚拟的煞数宜忌代替现实，因此太极、河图、洛书、八卦、天干、地支、阴阳、山向、官星都成为这一派的理论基础。形法派则是从"形而下"的角度，依据"气随形赋"，即"其行也，因地之势。其聚也，因势之止"，气脉之行正是所谓龙脉之势。而理气派则从"形而上"的角度运用五行生克之理，控制消纳，必然走向形（事物）的落实。二者虽相异，但实相辅也。所以，古代风水理论绝对不仅是简单的居住问题，而是将城市环境、山川形势与人居设计密切结合，带有"天人相应"色彩的一种整体理论。阴宅如此，阳宅同样如此。但是，即使明白了这一点，还是有些技术性问题需要解决，即"风水宝地"需要辨析阴阳、需要一定的技术寻找，这是大的环境问题；而在这一"风水宝地"的城郭建筑，还有一些小环境的调整即消纳问题，这些都需要一定的技术使得阴阳平衡，生气集聚，以成气场。从人居生态学上看，大环境和小环境的相得益彰才是人居环境的理想状态。在风水学上，无论自然风水和人工消纳创造的环境，都应该有相应的符号结构，形法派的做法在很大程度上就是寻找一种稳定良好气场的空间符号（广义）结构，即龙穴砂水向等问题的相互配合和照应。因此，各种符号及组合问题就是风水学中的核心问题。

现代意义的符号学是 20 世纪 60 年代发展起来的。符号学（Semiotics 或 Semiology）广义上是研究符号传意的人文科学，当中涵盖所有涉文字符、信号符、密码、古文明记号、手语的科学，它的兴起与结构主义有密切关系。西方符号学研究带有鲜明的西方理性逻辑理路，具有明显的形而上学性质。在中国风水学中，我们同样可以看到含义复杂的符号，特别是形法派提出了很多系统的符号：龙、穴、砂、水、向等，并不完全是玄学。风水学中包含现在地理学的一些现实要素：比如地形、水文、水质、土壤、土质、生物、矿藏、气候等，但在风水学中，它将这些水文地质面貌等依据一定的规律按照特定的符号加以标志，就出现了我们所说的龙、穴、砂、水等问题。比如，这个风水学中的"龙"的含义非常奇特，它指绵延不绝的山脉或者水系，故而有"山龙"和"水龙"之说，但这种绵延不绝的"山脉"又不是地理学意义上的自然的对象，而是有生命的、带有灵气的生命体，这种"龙脉"通过形与势表现出来。所以在西方认识论范畴看来作为客观对象的山脉，在风水学中则是"行龙"，有内在生命的，需要"观其行止"。中国古代风水理论非常形象地指明："山有行止，水分向背，乘其所来，从其所会。寻龙点穴，先观水势。"所以，在风水学中"山水"问题是一个宇宙系统中的子系统，而"山水"同样有祖有宗，带有中国式伦理色彩，而不是简单的自然对象。其思考不仅是抽象的思辨，而是具有名实对应的实践问题。风水学与现代地理学最大的不同在于，多了一层神秘气息，既有人文精神，又有神秘主义。比如望气、寻龙、阴阳等许多模糊不清的东西，带有不确定性，但是它包含的种种人与自然、人与环境、人与住宅、阴宅等相互影响的复杂关系，都带有一种相对整体观的真理性要素。事实上，用符号思维探索天地自然规律，一直是中国文化的基本精神，作为风水学基本依据的哲学宝典《周易》，有着经典的表述，从阴阳两仪到四象八卦，乃至六十四卦，形成了一套完整的弥伦天地的符号象征系统，其人文表达，与现代符号学显然有着相似性。

但是，这个符号系统是与西方符号学的语言学研究有很大差异的。在索绪尔的符号研究中，一个完整的符号包含能指和所指，能指是指一个符号的音响和形式，而所指是指这个符号的意义，是一种语言学范围的研究，带有一种浓重的抽象色彩；但是中国风水学带有浓厚的实践特征，不是局限在语言学意义上的符号，而是一种名—实关系。如果说现代符号学的能指和所指主要涉及语言学和思想层面的话，那么，风水学其符号意指实际已经指向现实存在和事物本身了。离开了现实事物来谈风水学的符号系统是有问题的。然而，这种名—实结构如何影响到了风水，则一直是风水学在现代学界受到质疑的问题，诸如阴宅如何影响活人，阳宅的诸多禁忌也令人感到无从适应。因此，风水学还有许多被质疑的地方。但是，从风水学的学理看，其理论基础有两点值得重视：一是气感理论，同类相应是其内在理路。二是阴阳平衡理论，这是人类身心健康必备的一种生存条件。关于气感理论，这个问题实际涉及一种人类学思维方式。弗雷泽曾经就原始人类的思维方式专门阐释，他在《金枝》中曾经阐释原始人类的思维带有浓厚的巫术色彩，这种思维方式包含两种方式：第一是"同类相生"或果必同因；第二是"物体已经互相接触，在中断实体接触后还会继续远距离的相互作用"。前者可称为"相似律"，后者可称为"接触律"或"触染律"。这个过程在全世界的人类文明中都出现过。以《周易》为代表的传统中国文化原典，实际就是以"相似律"的"同感相应"作为哲学思维的文化典范，否则我们很难想象，比如乾卦，为何代表天、代表父、代表男、代表马等一系列好像风马牛不相及的事物，正如《周易·系辞》(上传)所言"方以类聚，物以群分"，阴阳刚柔，相摩相荡，贯穿着一气流行和相互转化的阴阳哲学。站在这个角度，这种相似律思维所表现出来的特征便能使人一目了然。因此，风水学中的名—实关系带有重要的巫性色彩，通过相似律的天人感应，来感受和表现现实中山川湖泊"藏风聚气"的情况，风水学就是解决人类生存空间的优化选择。

关于阴阳平衡理论，这是大凡涉及中国古代文化必然会碰到的一个问题，风水讲究环境的阴阳平衡，现代中医学也认可这是人体身心健康必须具备的条件。阴阳问题看似简单，实则繁复难辨。在风水术里面，阴阳既有定性，但是同时又具有相对性，变化无穷，特别是阴阳转化之际，按照其学说，如果一旦判断失误，不但无益，反受其害的不在少数。因此，这些模糊性、相对性使得风水术一旦缺乏了现代理性，则完全可能成为玄学或者变成无稽之谈。具体技术笔者不懂，但是其内在机理应该是气场的阴阳平衡。风水学利用各种龙砂水穴组成阵势，由此形成具有一定特性的气场（现代物理学则讲磁场），这种气场的特性会影响人的身心健康和水平。有学者指出，风水学中考查的符合理想风水模型的结构大约包含两种，这就是先天八卦和后天八卦：

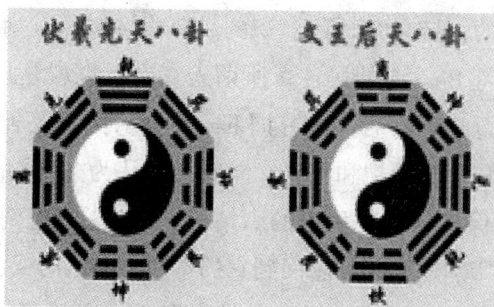

先天八卦布局：乾南、坤北、离东、坎西、震东北、巽西南、兑东南、艮西北；后天八卦方位：离南、坎北、震东、兑西、艮东北、坤西南、巽东南、乾西北。这里，读者切不可以为，这两大八卦方位，仅仅体现古人对平面、空间的认知。其实，它们也是时间流程的表达。后世风水学的基本依据就是这种类似先天八卦或者后天八卦的如封似闭，似开又阖的内在整体结构，这种整体结构可以使得基本的人居对象形成阴阳平衡，气场平和，有利于人身心健康。

三、家园意识和风水禁忌

风水学作为一种天地之学和相地之术，虽然带有为人类生存服务甚至儒家伦理血族文化的意识，但却不是以人作为天地中心，而只是将人类作为天地自然的一种存在，正所谓"天大、地大，人居其中，亦为一大"的"三才观"，人与天地万物一气相连，气聚则生，气散则死贯穿了这个基本的道家哲学观念。因此，在某种意义上风水学带有生态美学的特征。

根据曾繁仁先生从词源学的考察看，"'生态'（Ecological）则有'生态学的，生态的、生态保护的'之意，而其词头'eco'则有'生态的、家庭的、经济的'之意。海德格尔在阐释'在之中'时说道'在之中'不意味着现成的东西在空间上，'一个在一个之中'就原始意义而论，'之中'也根本不意味着上述方式的空间关系。'之中'（'in'）源自 innan——，居住，habitare，逗留。'an'（'于'）意味着我已住下，我熟悉、我习惯、我照料；它有 colo 的含义；habito（我居住）和 diligo（我照料）。在这里'colo'已经具有了'居住'与'逗留'的内涵。……'生态'的含义的确包含'家园、居住、逗留'等含义，比'环境'更加符合人与自然融为一体的情形"①。事实上，海德格尔从存在主义角度阐释"栖居"时，深刻地揭示出人类的"筑造"活动只有将天地人神的整一下纳入进来才可能是存在论的，带有"家园"意识的。海德格尔说，"我们人据以在大地上存在的方式，乃是 Buan，即居住。所谓人存在，也就是作为终有一死者在大地上存在，也就意味着：居住。古词 bauen 表示：就人居住而言，人存在；但这个词同时也意味着：爱护和保养。同时，他认为"栖居的基本特征就是这种保护"，"真正的保护是某种积极的事情，它发生在我们事先保留某物的本质的时候，在我们特别地把某物隐回到它的本质之中的时候，按字面来讲，就是在我们使某物自由的时候。栖居，即带来和平，意味着：始终处于自由之中，这种自由把一切保护在其本质之中"。这时候，"这种位置上的这种物为人的逗留提供住所。这种物乃是住所，但未必是狭义上的居家住房"②。所以，"家园"意识的根本乃是"安居"、"保护"和"自由"，甚至是意识不到的百姓日用而不知的一种"惯习"。家园意识，就是人在天地之间如何安身立命的意识，"安居"才能"乐业"。

这种"家园"意识正是风水学所追求的。清代段玉裁《说文解字注》："宅"，"人所讬凥（同居）也。依御览补字。讬者，寄也。人部亦曰。侘，寄也。引申之凡物所安皆曰宅"。从其象形看，也是人在家中的状态，当然是一种"安居"。所以，《黄帝宅经》曰："夫宅者，乃是阴阳之枢纽，人伦之轨模。非夫博物明贤，未能悟斯道也。……凡人所居，无不在宅。虽只大小不等，阴阳有殊，纵然客居一室之中，亦有善恶。大者大说，小者小论。犯者有灾，镇

---

① 曾繁仁：《论生态美学和环境美学的关系》，载《探索与争鸣》2008年第9期。

② ［德］海德格尔：《筑·居·思》，见《海德格尔选集》（下），孙周兴译，上海三联书店1996年版，第1201页。

而祸止，犹药病之效也。故宅者，人之本。"风水术将"家园"问题放在了"人之本"的位置，成为"阴阳之枢纽"，即"住宅是阴阳两气交汇的地方，是家庭成员是否安康和睦的依据。这种道理，只有知识渊博的贤明人士才能领会"。这里隐含了造化之机，同样隐喻了一个问题就是人和天地自然的整体关联和转换枢纽。所以《黄帝宅经》有："人以宅为家，居若安即家代昌吉；若不安，即门族衰微。坟墓川冈，并同兹说。"所以家园意识符合现代人的"宜居、利居、乐居"的人居美学意识。比如，人居建设在风水学中需要"依山傍水"，"负阴而抱阳"，体现在建筑设计之中一般"坐北朝南"。这在现代科学已经非常明显的道理，因为坐北朝南，不仅是为了采光，还为了避北风。中国的地势决定了其气候为季风型。冬天有西伯利亚的寒流，夏天有太平洋的凉风，一年四季风向变换不定。同时还有地理磁场是南北方向，这种设计与大自然的内在规律相符相合。概言之，坐北朝南原则是对自然现象的认识，顺应天道，得山川之灵气，受日月之光华，颐养身体，陶冶情操，地灵方出人杰。这些都有利于人类的身心舒适健康，自然是吉祥的。相反，如果人不能安居将会面临生活的一系列难题，引起身心失衡，继而事业不顺。不能安居就不能很好地生活，这是一个基本前提。

但是，风水学中的宅并不仅限阳宅，同样所指阴宅（坟墓），并对人产生巨大的影响。比如《宅统》云："宅墓以像荣华之源，得利者，所作遂心；失利者，妄生反心。墓凶宅吉，子孙官禄；墓吉宅凶，子孙衣食不足，墓宅皆吉，子孙荣华；墓宅皆凶，子孙移乡绝种，先灵谴责，地祸常并，七世亡魂，悲忧受苦，子孙不立，零落他乡，流转如蓬，客死河岸。"从这里看出，在风水学里面如果先人的坟墓风水不好，便会带给子孙无穷的灾难，甚至"零落他乡，流转如蓬，客死河岸"。即使在现代家居装饰中，从风水学角度也有许多讲究，比如如果家居的厨房不好，会使人生胃病，而下水道不通，则易得泌尿系统疾病，等等，不一而足。这是十分令人震惊和恐惧的看法，所以很多人宁可信其有，不可信其无。

但是这个问题，如果不能得到科学的解决就永远属于迷信。在笔者看来，这问题还是属于传统文化的天人感应问题，这里既有同类相应的问题，又具有人自身的心灵感应的因素。从传统文化看，宅的问题还可以同样延伸，身体是宅，心灵同样是宅。传统文化特别是道教文化将人的身体看作宇宙的延伸，称作小宇宙，道教的内丹术实际就是利用五行生克原理在人体内部进行所谓的"安鼎炼丹"训练，完全将身体住宅化了。而在《庄子》里面，明确提到了"心斋"："若一志，无听之以耳而听之以心，无听之以心者，而听之以气。听止于耳，心止于符。气也者，虚而待物者也。唯道集虚。虚者，心斋也。"心灵虽然复杂，但是有一个特性就是"止于符"，也就是心灵不可能独立，必须有所凭依，这个"符"就是"心宅"，最高的境界就是与道合一，心"宅"通过斋戒修养到达"虚"的境界，即将有形化无形的高级境界。斋作为名词，本来就具有戒洁之义的房舍，故"心斋"即"心宅"，只是这个"斋"非常特殊而已。换句话说，这个"宅"的问题，是传统阴阳五行文化在身心中的表现。因此，传统的身体观念不是单纯意义上的客观对象，它是一个集客体和主体于一身的复杂信息感应系统，与现代身体美学观念也多有符合，即使在《圣经》里面，也存在身体是神的圣殿的观点，现代认识论意义的身体作为客体的观念不符合传统的中西文化观。值得玩味的是，人身体的五脏六腑理论同样是以这种理论做基础，因此，同气相应相感就是风水学和人的身心内在的学理依据。所以，意气相感就是这个风水学说的本质。

因此，对于令人震惊和恐惧的阴宅阳宅禁忌，既有同类气感效应，又有从现代心理学的意义的心理暗示，以致成为习惯性动作表现的行为现象学。这样许多神秘现象就得到了解释：坟墓之所以对于活人产生影响，那是因为中国人的祖先血族崇拜心理将自己与祖宗之地的风水相关联，通过气感效应，自然产生影响；假如你厨房有问题，吃饭肯定不香，久而久之，脾胃功能受损，并形成习惯性行为成为特定症候了。至于大量的住宅风水之类的，比如网络上大量流传的住房风水禁忌之类，如正对大街胡同、道路的不要买(正冲为箭，主伤人)；前方不远处有高大建筑物的不要买(阻挡阳气，阴盛阳衰)；临近庙宇、骨灰堂、坟场、寺院、古墓的不要买(阴气太盛)等，既有气场气感效应，更多的是心理暗示，导致还真正出现了这样的结果，这只不过是阴阳失去了平衡等如此而已，如果加以调理是可以解决的。风水的问题，风水固然重要，但关键更在人，在人心，否则就不会出现"南阳诸葛庐，西蜀子云亭"，"斯是陋室，惟吾德馨"，君子居之，何陋之有？风水问题，对于人居环境有影响，其技术性要素我们一般人或许不懂，有些问题去掉迷信还颇有价值，但是其主旨精神是为了人民的身心健康，并不是叫人心生禁忌，望而生畏，疑神疑鬼；否则，迷失真知，又有何益？

四、结语

风水学根据阴阳之理，综合天地山川人居和身心系统，形成了自己的一整套的理论和技术，对于大多人而言往往知其然但不知其所以然，所以多有畏忌。风水问题既关阴阳和人心，但是其理论学说有两个问题值得反思：

第一，风水问题往往局限于个体或者家族关注，即使贵为皇亲国戚。这个问题域传统儒家血缘伦理和家族王朝专制政治有密切关系，一些人将其神乎其神，其动机往往可疑。这种文化现象在王朝都城和阴宅选址之中有着大量传说和故事。风水问题的核心是气场良好和浓厚，假如个体身心不具备这种担当，这种情况不但不会对身家性命有益反而有害，这就好像中医里面的"大补致死"，生活中"贫者暴富，足以致狂"一样的道理。在历史上，迷信风水者往往有令人反复琢磨的悲喜剧，究其原因都是因为心理和精神出现了问题，疑神疑鬼，严重的足以身死家灭。

第二，对于社会群体心理或者集体意识的忽略。现代社会早就不同于传统社会了，现代社会跟传统最大的变化是都市现代化，人群在都市的高度集聚。一个都市固然有自己的历史自然文化要素，有自己的风水或者气场。但是，既然气感效应会发生在个体心灵层面，那么，毫无疑问，人群或者族群的心灵心理特征足以影响气场效应。如果一个社会的心理都变得阴暗乖戾，那么，这种心灵或者意识形态现象肯定影响气场的性质，使得社会变得充满戾气，居住其间的个体肯定受到影响。今天层出不穷的社会问题，确实需要结合人的精神无意识这种深层心理，解决现实问题。因此，笔者认为，整个社会的群体心理和精神素质即群体社会心理问题，比起单纯的风水龙脉问题更加重要，但这绝不是简单的表面的意识形态宣传问题，而是真正的现实必须使得个体富有尊严、正义和恰当的自由，使得人的心态光明而不是伪善和阴暗，不是搅扰得每个个体"心宅"不得安宁。笔者认为，这个族群内心的"风水"问题比自然界的风水问题更加重要。

（作者单位：武汉纺织大学传媒学院）

汉江流域古代会馆建筑布局与风格①

王芸辉

在中国现存的众多古建筑中，有一种源于明清时期经商游学所需的会馆建筑。它既不同于民居建筑，也不同于行政办公所用的府衙建筑，更不同于祭神祀祖的神庙宗祠建筑。会馆建筑有多种功能，集行业办事机构、祭祀、娱乐、旅馆、仓库于一身，服务诸多行业领域与社会阶层。它平时主要服务于同乡或同业人员，但也是和当地居民交流的场所。可以说，它是中国古代典型的公共建筑，对中国古代文化传播、交流与融合起了很大的作用。同时，随着商业的发展，由会馆发展的特殊文化形态也更加辉煌，如当年的徽班进京可以说就是沿着会馆戏楼一路演到北京城的。

其时，早在汉代，中国已经出现了专供本土人士的行旅性建筑和专供官方使用的驿站。到了明清时期，随着商业和科举制度的发展，出现了大量会馆。既有外地经商的商旅们建造的商业会馆，也有同行业合建的行业会馆，还有为参加科举的本乡举子建造的举子会馆。举子会馆限于京城，而商业会馆、行业会馆通常沿商业要道兴建发展。商业越发达的地方，会馆越多，规模越大。

古代的交通以水运最为便捷。位于我国中部的重要水运通道——汉江，就是连接南北经济的命脉。明清时期，随着商业的快速发展，汉江这条黄金水道发挥了重要的作用。沿汉江两岸以及汉江支流，建立了大大小小无数的商业聚积区，如汉江下游的汉口、汉阳，中游的襄阳、南阳，上游的安康、汉中，汉江支流上的邓州、唐河、商洛，亦兴建了大量会馆。仅襄阳一地在清末就有会馆21座之多，现存5座。

汉江流域遗存的明清会馆大多建造在当地最繁华的中心地带。与北京城的

① 本文是教育部人文社科青年基金项目《公共文化服务视域下的汉江流域古代会馆建筑研究》(13YJC760087) 成果之一。

会馆建筑不同的是，北京城的会馆处于天子脚下，其建筑不敢太过张扬，大多由住宅改扩建而来，布局多似北京的四合院；而汉江流域的会馆建筑大多独立建造，与当地建筑相比，大多显得宏伟壮阔，有檐宇错落的戏台、华丽精巧的拜殿，在当地建筑群中显得格外突出，甚至成为当地的地标性建筑。如社旗的山陕会馆将门楼建造得高耸繁华，背面戏楼的雕刻更是繁杂精巧，门前还有一对北方寺庙常设的高耸旗杆。襄阳的山陕会馆规模要小一些，但同样也是霸气外露，门楼两侧遗存的照壁显得富丽堂皇、艳丽夺目。从保留的汉口山陕会馆的老照片看，门楼同样显得高大华丽，更胜过社旗的山陕会馆，可惜已被袁世凯烧毁了。

汉江流域的会馆建筑主体沿中轴布置，按照前后次序排列，并且逐次抬高。在中轴线上布置有门楼、正殿和宗祠建筑，形成两进或三进的院落。门楼多是和戏楼合一的建筑，可以在节日和喜庆日的时候表演戏剧，以供娱乐。之后是拜殿，专门用来议事和聚会，小型的会馆还直接用来祭祀活动，大型的会馆则在后面有专门的祭祀场所。拜殿是会馆中较重要的建筑，往往体量较大，可以说是会馆的主厅。拜殿之后是祭堂，用来祭祀神仙或始祖。不同地方的会馆祭祀不同的神灵，山陕会馆后多拜祭关羽。船帮会馆多拜祭杨泗将军，如淅川荆紫关的平浪宫，旬阳蜀河的杨泗庙。黄州会馆则拜祭帝主（又名福主、张七相公）。抚州会馆又拜祭许真君等。在这些会馆的主体建筑两侧还有钟鼓楼、廊庑、厢房。有的会馆还附带有义冢、义园。

汉江流域遗存下来的明清会馆建筑深受当地人文与环境的影响，呈现出传统文化与商业文化、本土文化与外来文化相结合的形式美学特点。如襄阳的山陕会馆，从门楼到拜殿是一个一进的院子，而拜殿和后面的祭堂则组成一个天井式的组合建筑。社旗的山陕会馆却是一组完整的北方式的院落建筑。襄阳及汉江中下游地区的会馆建筑的封火墙多使用南方的三段水平结构。而蜀河、淅川等汉江中上游地区的会馆建筑的封火墙则多像北方的三段弧形结构。这些会馆建筑各不相同，有着浓郁的本土气息，同时又具有当地的建筑风格，对我国建筑的发展与融合起了重大的促进作用，也对我国的文化传播发展起了促进作用。我们从四个例子来说明汉江流域明清会馆建筑的基本布局和风格特点。

一、襄阳樊城抚州会馆

抚州会馆是清代江西临川商贾设在襄阳樊城沿江中路陈老巷口的商帮机

构。整栋建筑坐北朝南，占地面积约 2000 平方米，建筑十分壮观。随着城市发展，加上年久失修，抚州会馆也已经破落了。现仅存门楼，其余建筑已见不到踪影。

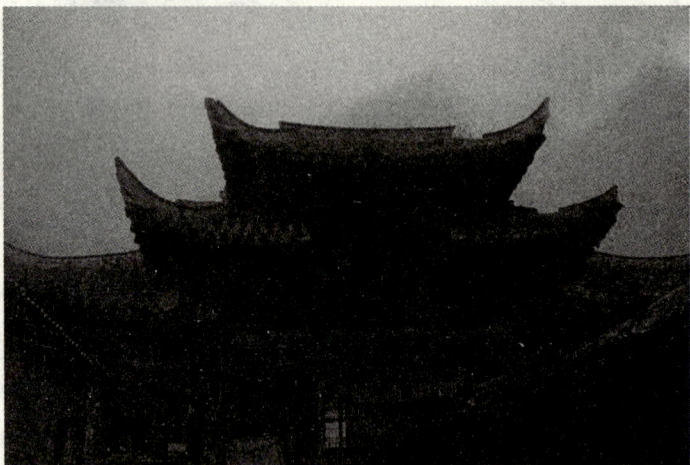

襄阳抚州会馆戏楼

会馆前部是一个门楼是与戏楼合一的建筑。正面如一个九脊顶的大殿，正中是一个青石门框的大门，门框上石匾书"抚馆"二字。匾额上是开一望窗。形式极其简朴，内敛。走进内来，门楼背部是一座戏楼，戏楼为木构二层四柱五牌楼。面阔 12.4 米，进深 8.4 米，楼上戏楼面向正殿。屋顶是歇山、庑殿相结合的屋顶，有 17 脊 18 翼角。明间抬梁构架，两山穿斗构架，明楼、夹楼满铺如意斗拱，且拱雕有龙头、兽头、麻叶头。边楼抹角有如意斗拱。正面匾题额"峙若撅岘"。明、夹、边楼高低参差，错落有致，两面互相对称，建筑造型十分优美。天花彩绘已模糊，攒尖式八角藻并有雕花垂柱装饰①。

戏楼对面是正殿，其后是后殿。从现存的资料来看，正殿与后殿两侧有回廊，构成一个天井式的建筑组合。正殿、后殿尺寸及式样一致，四柱三间，各面宽 16.4 米，进深 14.1 米，硬山顶，山峰式内卷棚，明间抬梁构架，次间穿斗构架，脊瓜柱坐落在栌斗上，斗枋雕各种花卉②。正殿用于商议，后殿用于

①　钱贝贝：《抚州会馆》，"襄阳新闻中心"，http：//www. xf. gov. cn/news/jdxw/ls/201207/t20120717_ 321391. shtml，访问时间：2014-12-5。

②　李俊勇：《樊城会馆的历史与现状》，载《襄阳职业技术学院学报》2011 年第 6 期。

祭祀。

整个抚州会馆如同北方建筑与南方建筑的一个混合体，戏楼与正殿之间的院落式布局，院落里可以坐下大量看戏的人。正殿与后殿组成一个天井式布局，这种布局又可以在闹市中节省占地面积。整栋建筑则更多地显露出南方人内敛、秀气的性格。

二、南阳社旗山陕会馆

社旗的山陕会馆始建于清乾隆二十一年(1756)。占地面积约 7750 平方米，现存建筑 152 间。整个建筑群面南背北，沿中轴线呈三进院落式布局。其主体建筑自南而北依次由琉璃照壁、悬鉴楼、大拜殿、春秋楼四部分组成。

最前端的琉璃照壁是仿照北京故宫九龙壁建起的，单檐硬山顶，全部用黄绿彩釉方砖贴面。照壁正面以花卉、"福"字图案为主，较为低调、素雅。背面雕有龙、麒麟、花卉、"福"字等各种图案，霸气外露。照壁正中横书"义冠古今"，两侧对联表达了山陕人对关羽这个同乡的敬仰追忆之情。

琉璃照壁后两侧对称布置有辕门，东西辕门相对而立，为单檐歇山顶。其后为门楼，既悬鉴楼。两侧为东西马厩。与照壁围成会馆的前院。门楼前立有一对汉白玉雕刻的石狮，石狮前立有铁旗杆，高达 15 米，重达 5 万余斤。两侧还配有钟楼和鼓楼。

悬镒楼也是一座门楼与戏楼合一的建筑，南面为门楼，下部有一通道。北面是会馆的戏楼。行人从戏楼台面下通过。整坐楼高 18.36 米，长 20 米，宽 18 米，为三重歇山式建筑。悬鉴楼由 24 根巨柱高高撑起，以柱与柱础为主要支撑点，多种形态的高大柱础都是上圆下方的复式础，体现了中国传统文化"天圆地方"的文化思想，尽显南方建筑文化柱础雕饰艺术之精华，为北方古建筑所罕见①。

穿过悬鉴楼进入内里，是一个宽阔的院子，其实更像一个小的广场，全部由青条石铺地。整个院子可以容纳万人看戏。两侧为厢房，人群也可以坐在厢房前的回廊里看戏。

正对戏楼的是会馆的主体建筑——大拜殿、药王殿、马王殿，建在一个高台之上。大拜殿居中，药王殿和马王殿分立左右。在大拜殿前的月台上有三座

① 张人元、孙涛：《天下第一会馆：社旗山陕会馆》，载《寻根》2005 年第 4 期。

山陕会馆的拜殿和药王殿、马王殿

石牌坊，中间一座为三间四柱式，柱的两侧附以抱鼓石，中坊上雕福、禄、寿三星。大拜殿平时做商议之用。药王殿祭祀药王爷，保佑无病无灾。马王殿祭祀马王爷，保佑出行安全。

建筑群的最后为春秋楼，在距大拜殿约 50 米的北面，用于祭祀三国虎将关羽。楼中塑有关羽夜读《春秋》的泥像，楼因此而得名。此楼为当地的最高建筑。咸丰七年（1857），捻军攻打赊旗镇①时，由于遇到富商豪绅在此踞楼抵抗，春秋楼被捻军焚毁，现仅存月台遗址。

整个建筑群布局严谨，整体形成前、中、后三进的院落，充分吸取了传统四合院的精华，同时又考虑了当地的环境影响。殿堂楼阁南低北高，次级抬升，气势雄浑，相映生辉。会馆的总体设计如北方建筑一样宽广、厚重，而装饰却如南方建筑一样精致、细腻。木雕、石雕、砖雕极尽繁复华丽而又少用彩绘。这些都表现出传统建筑的共性和特有的地域性。同时，社旗位于汉江中游，南北文化相互交流的中心地带，山陕会馆兼收南北建筑文化之长，将北方建筑的刚毅大气与南方建筑柔美精巧融为一体。

三、安康蜀河黄州会馆

黄州会馆位于陕西省旬阳县蜀河镇西后街，为清代湖北黄州籍客商分期建

---

① 也叫社旗镇。

造。因会馆祭祀有神灵盖天帝主，故又名"黄州帝主宫"。整个建筑坐西朝东，背依青山，南靠汉江，面对蜀河。主体建筑均布置于中轴线上，门楼、乐楼、拜殿、正殿依地势逐次上升，左右对称、层次分明。主体建筑目前基本保持完好。两侧的厢房、伙房等，不规则分布于中轴线两侧。

黄州会馆的戏楼

其门楼与戏楼合一，正面是砖砌仿三间四柱五楼式牌楼，两侧前移形成八字形护卫正门，正门上方有一竖匾，上书"护国宫"。两侧是一圆形玄窗装饰。门楼背面是戏楼，重檐歇山式，双正脊六檐顶，如同一只展翅的凤凰。二层中央有一横匾，上书"鸣盛楼"，四周木雕彩绘环绕。戏楼两侧为弧形封火墙。戏楼与门楼巧妙相接，浑然一体。戏楼前院场两侧有对称的二层厢房数间，楼上有回廊，可作看台。

戏楼对面是拜殿，拜殿之后是正殿，拜殿和正殿一样为硬山式建筑。两侧封火墙也与戏楼封火墙造型一致为弧形，形成相互呼应。整座建筑由于受地理限制，占地面积不大。但是设计造型却美观精巧，如同南方的一位小家碧玉，落落大方而又不失妩媚。

四、淅川荆紫关镇平浪宫

淅川荆紫关镇位于汉江支流丹江岸边，因其"西接秦川，南通鄂渚"，唐代中后期开始形成重要的商业古镇，成为唐代长安南出秦岭通往江南的要地。货物可从此上船沿丹江、汉江、长江直达江南，或由此上岸越秦岭到达长安、关中，直至大漠、西域。

荆紫关镇的平浪宫建于清崇德三年（1638），由丹江上的船工船商集资而建，用于商议、娱乐和休息的地方，同时也是供奉祭祀水神杨泗爷的神庙。整个建筑精美气派，兼顾南北。整个建筑坐西朝东，背依青山，面朝汉江。主体建筑沿中轴布置，有门楼、拜殿、神殿。整体形成一个二进院落。两侧还分别有钟鼓楼、厢房等。估计因近水的原因，整座建筑比街道地面抬高约 1.5 米。

门楼又叫前宫，正面是一个三间四柱牌楼式设计。正门上方嵌一块大理石竖匾，上刻"平浪宫"三字。前宫两侧墙上，各有一个圆形玄窗，窗上部刻"风平"、"浪静"四字。祝福船工们在江上作业时平安无事。

门楼的南北两侧有对称的钟鼓二楼。因地理位置狭小，钟鼓楼不像其他地方的建造在门楼前方两侧，而是建在门楼两侧几乎水平的地方，稍稍前突出门楼。两楼造型相同，均系正方形，三层四角重檐攒尖顶。楼内各有 4 根中柱直托楼顶，另有 12 根檐柱支撑最下面一层楼顶。它们象征着一年四季十二月风平浪静、风调雨顺。两楼的额枋上雕有"二龙戏珠"、"嫦娥奔月"、"天地日月"等图案。两楼的顶部竖有铁叉，铁叉框内嵌有铁字，钟楼是"风调"，鼓楼是"雨顺"。

拜殿又称中宫，为硬山式建筑。殿为三间，殿内是船工们商议大事的地方。殿内两侧墙上绘有壁画，还立有各路水生神灵雕像。

神殿又称后宫，也为硬山式建筑，同中宫一样为三间。后宫比中宫稍小，但是造型优美，里面供奉的是水神"杨泗爷"，保佑船工们在水面平安工作。建筑左右两边为厢房，用于平时住宿和接待。

整个建筑古朴大方，有着南方建筑的紧凑、内敛风格。但是门两侧的钟鼓楼却又显得华丽豪气，尽显北方人的性格。

五、结论

在古代交通不发达的时代，货物运输最便利的方式就是水运，只有水运无法到达的地方才用其他运输方式，汉江以其连接我国南北，特别是出十堰后水流平缓，成为古代的主要交通要道之一。这也就在汉江及其支流沿岸形成了大大小小无数的商贸重镇。在这些商贸重镇里全国各地、各行各业的人们为了各自利益，建了无数的会馆。带来原籍的建筑特点，又融合当地的建筑形式，再加上会馆建筑的特殊用途，将多功能、多用途综合于一身，形成了独特的会馆建筑文化。娱乐、商议、祭祀等，影响着周围的人居环境，也将各地的文化带来，融入整个中华文化中。汉江流域古代会馆建筑在其布局与风格不仅具有原籍的建筑特点，还有着当地的建筑特点；既有中国传统建筑的一般风格特点，又有独特的会馆建筑形式特征；既有私密居住功能，又有娱乐、祭祀等公共功能。在我国古代建筑艺术的发展中形成了独特的公共建筑风格。

（作者单位：湖北文理学院美术学院）

博士论坛

"点景"与中国园林美学精神

裴瑞欣

在中国园林及其营造手法中，点景的运用较为普遍。其具体起于何时，已经不可具考。我们通常所谈论和理解的"点景"包含着两种存在向度：首先，点景作为一种名词性的存在指代一种园林景观，主要包括亭、轩、碑刻等小型园林建筑及其附属的匾额、对联等文字题咏载体。其本身作为一种景，是园林景物的组成部分，作用主要在于衬托和点缀周围景物。其次，点景作为一种动词性的存在指代一种造园的手法，即通过点景建筑的营造或景题等手法使人注意和关注周围景物，乃至点醒、点化园林景观的意境。需要指出的是，点景作为动词性存在的点醒、点化的功用，是与其物质载体——点景的名词性存在——合二为一、密不可分的。

作为一种景观，点景往往是主要景物的陪衬和点缀；作为一种园林营造手法，与相地立基、叠山理水等整体营造相比，点景又好像往往是大局已定后的小小修饰。所以，一般而言，点景往往被看做一个小之又小的存在，也缺乏相关的理论研究。而实际上，点景在园林及其营造中发挥着重要作用，彰显着独特的匠心和丰富的美学智慧。在笔者看来，其主要涉及点景对园林时空的塑造作用；点景所依据的主要原则"因"——因景成景；点景的最高目的"化"——化景为境。清理出这些美学智慧对我们理解中国园林美学精神的某些向度——主要是优游为美、体宜为美、境界之求——有很好的启示作用。

一、点景与园林时空

点景的美学智慧首先表现在它对中国园林时空的塑造作用中。我们知道，中唐之后，中国园林主要发生了两种转变："一是从山林向城市转移，二是从包含较多自然形态的大山水园林向更多人工艺术性小园林转变。"①这使得园林的空间往往比较有限，如何在这有限的空间中达到"可居可游"的效果就成了园林营造的一大追求和特色。在以往的研究中，我们对借景、对景、隔景、障景等手法在这方面的运用及其智慧已多有关注和阐发，而对点景的相关功用缺乏认识。实际上，在传统的园林营造中，多以庭院、花木、山体、水面等分割和丰富空间，形成小型的局部景观区域。而点景则往往是这些小型区域的核心和关键所在。如果说相地立基、叠山理水等主要涉及园林整体时空的塑造，那么点景则在园林具体的局部时空的塑造中发挥着重要作用，显示了独特的美学智慧。

以点景中比较有代表性的"点亭"为例。"《释名》云：'亭者，停也。人所停集也。'司空图有休休亭，本此义。"②也就是说，亭子的本来之义、基本功用就在于使得行人停留聚集，亭憩游行。而中国园林空间有限，游行不用很多时间，且多有厅堂屋舍可供休憩，"点亭"，其实际的休憩功能是比较弱的。但点亭在中国园林的运用中又非常之广泛，在笔者看来，"点亭"之义主要就不在于休憩，而在于停集游人，放缓时间之流（心理时间），凸显园林的局部空间。亭，作为游行路线上的一个节点，自然而然会使人停顿盘桓，从而使得时间之流得以放缓，而时间和脚步的停顿感，就在某种程度上拉长了"可游"之感。另一方面，在亭子中停留盘桓的同时，人自然而然会关注到周围的环境和景物，所谓"江山无限景，都聚一亭中"，从而"点亭"就具备了指向和强调周围景物的意义，而这种指向和强调其最终目的在于"化景为境"，在这个向度上对园林局部空间的塑造有很强的作用。而人在欣赏周边空间景物、流连意境的同时，又延长了停留盘桓的物理时间、放缓了心理时间。从而，"点亭"对园林时空实现了综合的、有效的延展。

比如留园的舒啸亭，取陶渊明《归去来兮辞》"登东皋而舒啸"之意，筑亭高阜。高阜之上唯有林木扶苏，本无特别之景，游踪匆匆过之可也。而这一亭之点却成就了高阜这一局部空间。春秋佳日登高赋诗、长啸舒怀，本无特别之景的高阜有了可游之趣，盘桓吟啸的同时，园林的时空自然被延展了；又如拙政园的待霜亭，筑在一土山之上，土山略成三角形，地狭而高，很难成景留人。而点亭其上，周围夹种橘树、乌桕，名之"待霜"，"点出橘红时的佳境，

---

① 张法：《中国美学史》，上海人民出版社 2000 年版，第 189 页。
② （明）计成：《园冶·屋宇》。

霜降橘始红，所以必须'待'之"①的意思，而乌桕霜叶亦可助橘红之兴。这样就有景可赏可玩，更以橘红霜叶、人生霜雪之感的意境留人沉湎，从而超越一时一地，山不觉小、园不觉小。

上述这些都是园林整体时空布局所很难触及的精微之处，可以说是点景美学智慧的独特所在。在园林的局部区域空间中，点景以点景建筑及其物质载体为依托，通过对周边景物的指向和凸显，引发人们的审美注意，在某种程度上拉长了"可游"之"游"的时间感，超越了局部空间的有限感，使园林时空的拓展成为了可能。如苏轼《涵虚亭》诗所言，"惟有此亭无一物，坐观万景得天全"②，哪里还有小园的拘囿之感呢？

二、点景依据的原则——"因"，因景成景

点景所依据的原则是"因"，这里主要取其"依据"、"顺应"之意。《园冶》所说"因者：随基势高下，体形之端正，碍木删桠，泉流石注，互相借资；宜亭斯亭，宜榭斯树，不妨偏径，顿置婉转，斯谓'精而合宜'者也"③，强调的即是此意。在以往的园林研究中，"因"与"借"联系的比较紧密，往往"因借"连用，作为借景的依据法则，比如计成《园冶》"巧于因借，精在体宜"④之说。实际上，在局部的区域空间中，点景的自身营造及其点醒、点化作用的发挥，都需要依据"因"的原则，即以顺应、依据区域的形貌、景观特色作为生成自身样式以及成就局部景观空间的法则。

首先，点景本身的形制需要依据周围环境而定，与之相协调。比如上文提到的"点亭"，《园冶》就说："花间隐榭，水际安亭，斯园林而得致者。惟榭只隐花间，亭胡拘水际，通泉竹里，按景山颠，或翠筠茂密之阿；苍松蟠郁之麓；或借濠濮之上，入想观鱼；倘支沧浪之中，非歌濯足。亭安有式，基立无凭。"⑤点亭之样式的选择不具有独立性，需要参照周围环境，所谓"造式无定，自三角、四角、五角、梅花、六角、横圭、八角至十字，随意合宜则制，

---

① 曹林娣：《园庭信步——中国古典园林文化解读》，中国建筑工业出版社 2011 年版，第 84 页。

② 转引自宗白华：《艺境》，北京大学出版社 1999 年版，第 152 页。

③ （明）计成：《园冶·兴造论》。

④ （明）计成：《园冶·兴造论》。

⑤ （明）计成：《园冶·立基》。

惟地图可略式也。"①以周围环境为依据，"随意合宜"，与之协调有致。其次，点景的安排需要以区域景观特色为中心，围绕区域特色做文章。比如吼山，张岱言其特色是"水宕水胜"，所以"亭榭楼台，意全在水，一水之外，不留寸址。非以舟中看水，则以槛中看水"②，这种围绕特色做文章的手法，很好地凸显、聚焦了局部景观，为进一步化景为境，提升局部景观内涵创造了条件。最后，作为最高层面的要求，点景所附属的匾额、题咏、景题等文字媒介，其形制和文化意蕴也应当依照周围景观特点而定。其往往充当化景为境的触媒，如果说区域景观营造及点景物质形制营造为"画龙"，那么，文字题咏往往就是最后的"点睛"一笔，首要要求即是合宜，目标便在于点醒意境、化景为境。

以上这三个方面的要求，其内在原则是一致的，即"因"。而一个点景，其本身的形制、位置、附属的文字题咏等，三者本身也是一个合一的整体。其作为一个整体，依据"因"的原则，成就局部景观。比如网师园的月到风来亭。其样式、位置和题名的选择就是周围环境所决定的，而这些反过来又很好地凸显、点醒了局部景观及其意境。月到风来亭位于网师园彩霞池畔，彩霞池水面开阔，使人为之一快。所以造园者别具匠心地在池畔半岛之上点亭，使亭高踞水上，视野开阔以尽收池面。亭顶用攒尖式，线条翼然而有飞动之势，从而与水面的开阔之势相映衬。名之"月到风来"更是一笔点出月到中天、风来水上的快然之境；而同为水畔景观，拙政园的与谁同坐轩因其周围景观环境的不同特点，则是另一番模样。轩前的水面为河湾转折处，较为狭窄深幽，所以轩与之相称，临水较低，用扇形形制，线条平缓有平和之气，与池岸、水面等周边环境相协调，营造突出一种深幽的氛围，"与谁同坐"之名，出自苏轼词《点绛唇·闲倚胡床》"与谁同坐，明月清风我"，其点醒的月下独坐的孤幽之境，与深幽而略显封闭的环境可谓浑然一体。两者可以说都是"因"的智慧的绝妙造物。

其实，在中国园林的营造中，这种"因"的智慧比比皆是，也唯有如此，苦心孤诣的匠心所至才显得那么自然而然，所谓"虽由人做，宛自天开"很大程度上便是"因"的营造原则之结果。而与"因"相对的是生造、硬造。即忽视周边环境，只考虑建筑本身的形制之美，其结果只能是对区域景观空间完整性的破坏。像上面所说的与谁同坐轩和月到风来亭，本身的形制之美是无可争议

---

① （明）计成：《园冶·屋宇》。

② 张岱：《琅嬛文集·吼山》，转引自陈望衡：《中国古典美学二十一讲》，湖南教育出版社 2007 年版，第 348 页。

的，但互换到对方的环境中，线条平和的与谁同坐轩如何张扬彩霞池水面开阔之势？而飞动开张的月到风来亭又与幽缓深狭的河湾氛围如何相类？其抵牾可知。点景依据"因"的原则便在于弱化自己，突出局部景观空间的整体性，成就区域景观的整体之美，是"为而不恃，功而不有"的。

三、点景的最高目的——"化"，化景为境

园林中的"景"，主要由建筑、山石、水体、树木所构筑而成，是其形制尺度，可以说是偏重于直接给人感知的物质层面的"形"，是园林营造的基础和根本；而"境"在园林中则多指人与景相涵容而产生的融合精神性与物质性为一体的存在，它基于物质性的"景"，但更强调人的情感、心灵的投入，是对园林"形"中之"神"的把握和读取，是"主观的生命情调与客观的自然景象交融互渗，成就一个鸢飞鱼跃，活泼玲珑，渊然而深的灵境"①。如上文所言，中唐之后，中国园林逐渐向人工艺术性突出的小园林转变，人工艺术性日益凸显的园林显然很适合"境"的创造，这种对"主观的生命情调与客观的自然景象交融互渗"的"境"的追求逐渐成为中国园林的一大特征。

而点景则是园林营造中化景为境的匠心所在。首先，点景本身作为一种园林景观参与到园林区域景观的构成之中，其共同遵循"因"的原则，营造凸显一个风格特色较为统一的区域景观空间，烘托和暗示一种氛围，引发人们的审美注意和审美聚焦。这在本文第二节中已有论述。这些都为"境"的产生营造了基础与条件，为"境"的产生提供了可能性。而使得"境"由可能转化为现实存在的关键，则往往又是小小的点景，特别是点景中的景题。《红楼梦》中写到大观园落成，"若大景致，若干亭榭，无字标题，任有花柳山水，也断不能生色"②。而实际上，景题的作用则不仅仅是"生色"这么简单，而往往充当了最为关键的"化景为境"的触媒。点景景题通过对区域环境特色、特别是其心理氛围的精准把握和提炼，对人的心灵与情感进行一种直接的触发，充当了由景入境的最后一块跳板。

还以上文提到的月到风来亭为例。开阔的水面，气势飞动的点亭，身临其

① 宗白华：《艺境》，北京大学出版社 1999 年版，第 197 页。
② （清）曹雪芹著，文化子汇校：《集版本大成之红楼梦》，武汉大学出版社 2014 年版，第 142 页。

境，无人不起快然之感。但这种景（亭、水面等区域景观）及其凸显烘托出的氛围，对人心灵的调动还不够（虽然已经有所触及，否则无以产生快然），还达不到生命情调与景的交融互渗的"境"的层次。而"月到风来"之名则点出其快然之势最高最浓之时，"晚色将秋至，长风送月来"①，当此之时坐拥一池风月，快然之势才得以完全彰显。从而超越小园、跃出时间与空间，在这一朝风月中得万古长空之感。此"境"是晴天朗日或气象昏晖时的池与亭所无以触及的，非"月到风来"四字无以点化。"月到风来"找到了心灵与景交融互渗的最佳和最高点，由此化景为境。而同样涉及明月清风之景，在拙政园中，"与谁同坐"点化出的却是另一种意境。"与谁同坐"的追问，就有一种孤独在里面，"与谁同坐，清风明月我"，与明月清风相慰藉，"举杯邀明月，对影成三人"，这种孤傲的人生情怀在"与谁同坐"的追问中得以触发与释放，与河湾幽景共成在月下独坐之"境"。再如拙政园西部的留听阁。阁多窗而通透，其意正在阁东水池之荷。池荷之景在园林中较为常见，但以此处为胜，其关键便在于"留听"二字点出的"秋阴不散霜飞晚，留得枯荷听雨声"（李商隐《宿骆氏亭怀崔雍崔衮》）的意境。小园退居，雨打残荷之时，人生衰飒之感，触人也深；而同点秋景，上文提到的待霜亭则又是一番景象。秋来橘红霜叶，虽有人生霜雪之感，但"待霜"所透出的却是平静中的一种圆熟与坦然，其境是"留听"所不能点出的。

总的来说，这些点景景题，在其物质载体的基础上，通过对区域空间环境特色和氛围的把握，寻找对人情感心灵触发的最高点，给人以深刻的感发而融情于景，促使情景互发而化景为境，从而使人起无限之情思，从园林一时一地的具体有限的事物、场景、时空中超越出来，"引发一种对于整个人生、对于整个历史的感受和领悟"②，进而在这人生感、历史感、宇宙感中，提升人生的境界。这种美学智慧，在某种程度上，可以说是中国园林美学的最高智慧，岂是所谓的"生色"这样简单的作用所能比拟的呢？

四、点景与中国园林的美学精神

前面所论述的点景涉及的独特匠心与美学智慧对我们理解中国园林美学精

---

① 转引自曹林娣：《园庭信步——中国古典园林文化解读》，中国建筑工业出版社2011年版，第44页。

② 叶朗：《说意境》，载《文艺研究》1998年第1期。

神的某些向度提供了很好的启发。笔者将之概括为优游为美、体宜为美和境界之求。

1. 优游为美

这从点景对园林时空的塑造中可以见出。《世说新语》载:"简文帝入华林园,顾谓左右曰:会心处不必在远,翳然林水,便自有濠、濮间想也,觉鸟兽禽鱼自来亲人。"①庄子濠濮间想的优游之乐,成为中国园林美学精神的一个重要源头。除了这华林园,苏州留园、北京北海等都有以此为主题的园林景观。优游林泉、会心自然在《世说新语》时代的园林中还较为适宜,这时期的园林普遍面积较大,以自然形态的山水为主,人在自然山水的赏会,消歇机心,获优游之乐。而在后世小巧精致的小园林中,模山范水成为主流,如何在这有限的空间中得到优游之乐,成为园林营造需要解决的重要问题。而点景,则在这方面表现出了高妙的美学智慧,为我们深入理解中国园林优游为美的美学精神提供了启示。点景通过在游行线路上布置节点,停顿脚步,通过对周围环境的指引,引发人们的审美注意,放缓人们的心理时间。但仅仅停留在这个层面还不够。这些是获得优游之乐的心理基础和条件。点景指向和点醒的意境,则又对审美观照方式提出了要求。因为对"境"的把握不能是孤立的、静态的、线性的观照,而只能是"俯仰往返,远近取与"②的观照方式。唯有如此,才能对点景所指向的区域景物空间进行一种整体的把握与感悟。而这种流连与盘桓,目光的俯仰与往返,以及其所体悟到的区域空间的意境,所促成的就不再是简单的赏玩山水带来的心理层面的愉悦放松的优游之感,而是活跃的精神层面的优游,消歇世虑,骋怀忘机。这是优游为美的园林美学精神的深意所在。

2. 体宜为美

这从点景所依据的原则"因"中可以得到启示。所谓体宜主要指得体与合宜。"因"的原则对点景的要求我们前面已有论述,可以简单概括为三个方面:第一,形制方面,建筑、碑刻、匾额乃至所载景题文字等的形制都要与环境和谐统一;第二,功能方面,点景要围绕区域环境特色做文章,以凸显整体为功能指向;第三,人文精神方面,即点景要根据环境的氛围点题,感发人心,合

① (南朝)刘义庆:《世说新语·言语》。
② 宗白华:《艺境》,北京大学出版社1999年版,第197页。

于人对环境精神氛围的理解和把握。这形制、功能、人文精神三个方面的合一协调，所成就的就是得体合宜的区域景观空间。而其表现在中国园林的美学精神中就是体宜为美。可以说，在中国园林中处处体现着这种体宜为美的追求，所谓"园林巧于因借，精在体宜"①。首先，相地立基，叠山理水等园林整体营造要与园林所在的地形环境等相协调相适宜。所谓"相地合宜，构园得体"②，"故凡造作，必先相地立基，然后定期间进，量其广狭，随曲合方，是在主者，能妙于得体合宜，未可拘率"③。计成的《园冶》中还专门将地形分为山林地、城市地、村庄地、郊野地、傍宅地、江湖地六种，针对不同地形提出了不同的园林营造法则。其次，得体合宜同时也是园林建筑营造所依据的总原则。如"《释名》云：榭者，藉也。藉景而成者也。或水边，或花畔，制亦随态。"④"今于所构曲廊，之宇曲者，随形而弯，依势而曲。"⑤再次，园林建筑的构造不仅需要合于地形、环境等自然之宜，还要合于人的文化、心理等需要，即合于人文之宜。如文震亨《长物志》所言："要须门庭雅洁，室庐清靓，亭台俱旷士之怀，斋阁有山人之致，又当种佳木怪箨，陈金石图书。"⑥这旷士之怀、山人之致就需要相应的形制、陈设等环境营造与之相应；另外，在园林花木的选择和园林景观的布局上，还要合于时令，考虑季节物候的因素，"按时景为精"⑦。如网师园彩霞池四周的景观设计就是根据不同季节的物候特征所设，极尽四时之美。所以，总的来说，"体宜为美"内在的包含了形制、功能、人文精神的总体要求，不是西方形式美学"比例"、"对称"等合宜观念所能概括的，是贯彻中国园林中的一个基本美学精神。《红楼梦》中，宝玉评稻香村"此处置一田庄，分明见得人力穿凿扭捏而成：原无邻村，近不负廓，背山山无脉，临水水无源，高无隐寺之塔，下无通市之桥，峭然孤出，似非大观"⑧，这峭然孤出，正是不合体宜之故。中国园林"虽有人作，宛自天开"，很大程度上就来自于体宜之美所给人的自然而然之感。

---

① （明)计成：《园冶·兴造论》。
② （明)计成：《园冶·相地》。
③ （明)计成：《园冶·兴造论》。
④ （明)计成：《园冶·屋宇》。
⑤ （明)计成：《园冶·屋宇》。
⑥ （明)文震亨：《长物志·室庐》。
⑦ （明)计成：《园冶·屋宇》。
⑧ （清)曹雪芹著，文化子汇校：《集版本大成之红楼梦》，武汉大学出版社 2014 年版，第 147 页。

3. 境界之求

这从园林点景的最高追求——化景为境中可以得到启示。上文论及，点景化景为境的关键，便在于对人情感和心灵的触发，从而引起人的无限情思，超越一时一地的局限，而对宇宙和人生达到一种整体的感悟和把握。"既使心灵和宇宙净化，又使得心和宇宙深化，使人在超脱的胸襟里体味到宇宙的深境"①，这种"境"所具有的审美超越性，对于提升人生境界具有重要的作用。冯友兰先生将人生境界分为从低到高的四个层次，即自然境界、功利境界、道德境界、天地境界。而化景为境的美学智慧其所致力通达的正是最高层次的天地境界。"天地境界中底人的最高低造诣是，不但觉解其是大全的一部分，而并且自同于大全。"②朗月清风之下，月下独坐的幽人情怀所通达的，不正是与这无边风月为一体，同于宇宙大全的天地境界么？在这种境界中自我被扩大了，我不再是世俗的、个人的、一时一地的小我，而是以同于风月、同于宇宙的大我，这种"'我'的无限扩大"③的境界之求正是中国园林美学精神的精髓所在。中国园林从其发端很长时间内，"非用以观象，而用以宴乐"④，主要作为宴乐之所存在。而中唐之后，从白居易的中隐园林之说开始，园林逐渐成为士人追求精神安顿和超越的所在。"达则兼济天下，穷则独善其身"，不再是朝市，不再是江湖，而是园林成为士人的退居和归隐之所。退思、拙政、网师……这些熟悉的名字其意无不在此。在这些精心营造的园林里，精神的安顿和超越所采取的，便不是彼岸世界的设定或者抽象的形上追求，而是在这叠山理水、邀云招月中，以境启悟，起千里之思、万古之情，通过审美之境超越凡俗生活、畅怀忘机，而达到同于大全的最高人生境界。这种境界之求，可以说是中国园林美学精神的最高所在，而化景为境的小小点景，则是闪烁这高妙智慧的滴水粒沙。

五、结语

点景可谓小矣，但中国园林从不忌惮"小"，甚至以小自得。十笏园、残

---

① 宗白华：《艺境》，北京大学出版社 1999 年版，第 152 页。
② 冯友兰：《新原人》，生活·读书·新知三联书店 2007 年版，第 143 页。
③ 冯友兰：《新原人》，生活·读书·新知三联书店 2007 年版，第 148 页。
④ 童寯：《江南园林志》，中国建筑工业出版社 1983 年版，第 21 页。

粒园、壶园……这些名字已经说明了问题。中国的传统智慧往往善于在勺水粒沙中见出大千世界。这种小中见大、纳天地于一壶的智慧在中国园林中得到了淋漓尽致的发挥，从园林的整体设计到具体景观的营造，无不寓波澜于勺水，而这种智慧的最佳代言，无疑就是点景。总的说来，在园林的局部区域空间中，点景往往因循区域的形貌、景观特色，以合宜的点景建筑及其物质载体为依托，指向和凸显周边景物，引发人们的审美注意，从而放缓时间之流、凸显局部景物空间。特别是其通过画龙点睛式的化景为境，生成审美意境，引人沉湎、悠游盘桓，甚至涵容万古长空于一朝之风月，使得心灵超越一时一地的局限，进而提升至与天地为一的最高人生境界。柔弱不争而天下莫能与之争，点景所达到的这种"画龙点睛"乃至"点石成金"的能量彰显着高妙的美学智慧，直与中国园林的最高美学精神相连通，值得我们仔细玩味。

（作者单位：武汉大学哲学学院）

短论及艺术评论

曲河窑宋代瓷器图式的正负形关系
研究与应用

王梦林　袁楚静

中国的陶瓷艺术与中华民族有着广泛而深刻的关系。它的诞生、发展和流变的过程，反映着中华文明发祥、发展的足迹，标志着物质文明和精神文明前进的步伐。瓷器是历史时代不可缺少的一个艺术文化，它是时间与空间共同作用的结果，已经牢牢嵌在一个地方的历史中，并带有自身的特色，需要我们不断地挖掘与保护。而在发掘和保护的过程中，将之用于日常生活、工艺美术、环境陈设、建筑装饰等方面，带给我们的也不仅是一种文化资源，传统的审美，更是一种精神财富和物质财富。登封曲河窑是河南登封附近的一个古陶瓷遗址，珍珠地划花瓷器图式是其最为独特的装饰。本文用正负形关系来探讨它，以此希望珍珠地划花图式作为宝贵的艺术遗产能不断影响和激励着艺术设计师们，它所蕴涵的艺术精华是值得我们继续研究、深入探讨和借鉴的。

一、曲河窑概况

1. 曲河窑历史背景

河南地处中原，北宋建都汴梁（今开封市），各地瓷艺芸萃，官窑林立，民窑四起，全省进入瓷业繁盛时期。位于河南省登封市东南的告成镇曲河窑，遗址北依凤凰岭，西邻石淙河，南临颍河，地理位置优越。曲河窑创烧于唐，中经五代，盛于北宋，下限至元代，上下延续五六百年之久。它具有极强的生命力，是宋代北方民窑的典型代表。曲河窑址附近的古庙内有清光绪二十一年（1895）重修观音文殊菩萨堂碑一通，描绘了宋时古镇因瓷而兴的繁盛情况。碑文云："地名曲河，面水势也，其中风景物色，宋以前渺无可稽。尝就里人

453

偶拾遗物，质诸《文献通考》，而知当有宋时窑场环设，商贾云集，号邑巨镇。金元两代亦归淹没……堂创于何时，蚤无可考……"

2. 曲河窑宋代瓷器渊源

宋代是陶瓷的鼎盛时期。《考工记》记载："天有时，地有气，材有美，工有巧，合此四者，然后可以为良。"曲河窑的宋代瓷器便是将自然材质与工艺设计完美融合。该窑址宋代瓷器以白釉为主，有白釉绿彩、白釉刻花、白釉珍珠地划花及白底黑花等品种，此外还有黑釉、青釉印花、三彩及瓷塑玩具。其烧造工艺复杂，装饰图形独具特色，其中以珍珠地划花器图式最为突出。其主要装饰图式丰富多样，以白描的技法传承了唐代吴道子的画风，生动地表现了包括花鸟、山水、人物、动物、虫鱼在内的多种装饰图示，布局疏朗大气，形成自身的艺术风格特点；同时将图式和历史名人名画结合，在绘画艺术发展的方面也起到了一定积极的作用。

二、从正负形关系看曲河窑宋代瓷器图式

1. 曲河窑宋代瓷器图式

人类的意识过程，其实是一个将世界符号化的过程；思维是对符号的一种组合、再生的过程。瓷器图式作为一种符号，通过解构、隐喻等手法将设计构思表达出来。在三维空间中对物体的位置、比例、关系的设计，是设计师的构思过程。它开始于设计者，延续到受众者的心理思维过程。对瓷器图式的理解并加以合理的运用，对于思想传达是非常重要的，这也是一件设计作品成败的关键。

曲河窑瓷器图式不仅把中国的传统书画艺术和制瓷工艺完美地结合在一起，还向人们揭示了艺术美的创造不是主观臆想出来的，而是民间艺术家凭着对生活的热爱，以最代表自己意愿的题材，融于瓷器美的图式创造中去。它不仅体现了民间艺术大巧若拙、天趣自然的淳风之美，也体现着民族文化精神和民族审美情趣。

曲河窑宋代瓷器图式一共可分为三大类题材：人物、植物和动物。植物类有荷花、牡丹、忍冬纹、长劲草和菊花等；动物类有鹦鹉、龙、老虎、游鸭、大象等；人物类有道士、和尚、婴戏、官人、太白醉酒等；其他还有几何图案

类装饰图形。其瓷器图式与民俗文化关系极为密切，反映了当时当地人们的生活状态和审美意识。

曲河窑宋代瓷器图式具有多方面的创新和发展，除运用金银器的鋬金技艺和把历史名画装饰在器物上，它最独特之处是以辅助纹饰为主成为历史名窑。白釉珍珠地划花和剔花，是该窑最具特征的种装饰技艺——随着化妆土在瓷器上的普遍使用，将唐代金银器鋬花工艺运用在瓷器上而形成这种独特的装饰手法。其方法是在挂有白色化妆土的瓷器坯胎上刻划主纹，空白处则以细管状工具印满细小的圆圈纹作为地纹，宛若珍珠铺地，从而出现独特的艺术效果。

2. 正负形关系

正负形是由原来的图底关系而来，早在 1915 年，就以卢宾（Rnbin）的名字命名，又称为卢宾反转图形。他对正负形（图—底）的效果给出总结的是：（1）被包裹在一条轮廓线内的面总是被看做图，轮廓外的面则被看成底；（2）从质地上来看，质地较密的被看成是图，质地较稀疏的是底；（3）从上下来讲，因下部较"重"被视为图，上部较"轻"则被视为底；（4）就颜色来讲，红、黑易被看成图，蓝、白易被看作底；（5）就图的形状来说，较为对称和有规律的形式则被视为图，其他被视为底。形体与空间是相辅相成、互不可分的。一定的形体占据了一定的空间，其体积深度便有了空间的含义。

在古代中国就有着包含中国哲学的正负形图式——太极图。古人认为宇宙原来是一个圆，称为太极。慢慢演变成阴阳，称为二仪，用黑白两色来表示。黑色里的白点，白色里的黑点，意味着黑里有白，白里有黑，达到阴阳之平衡。然后是"两仪生四象，四象生八卦"。太极图利用相反的两个"S"，将整个画面分成阴阳相交的两极，围绕一个中心回旋，一虚一实，构成既对立又协调的运动关系。这种正负形图式体现了中国人传统的宇宙观，是一种事物辩证观念。受到传统文化的影响，正负形图式被广泛应用在平面、立面和空间上，影响着我们的生活。

3. 珍珠地划花图示分析

曲河窑宋代瓷器图式中的珍珠地划花是正负形关系的表现之一。曲河窑宋代的珍珠地划花瓷器胎色泛红或灰色，化妆土匀净细腻，釉色釉面平整，线条填色以赭红、黑色为主，主要图案以花卉、人物、动物为主，画笔文雅、干净、果断干练；背景衬以密密匝匝且有规律的珍珠圈，有一番大珠小珠落玉盘的奇妙感觉。其造型考虑到了对瓷器平面的整体认识，画面中出现的任何元素都认作整体的一部分，并能"经营"好它们之间的位置，在构图审视时处理好正负形的关系。从图式的二维结构上分析，其纹饰关系理解为正负形关系。在瓷器二维的平面空间中，空间与形体的基本形必然是通过一定的物形得以界定和显现。我们将形体本身称为正形，也称为图；将其周围的"空白"（纯粹的空间）称为负形，也称为底。在瓷器的平面空间中，正形与负形是靠彼此界定的，同时又相互作用。一般的意义上，正形是积极向前的，而负形则是消极后退的，形成正负形的因素有很多，它依赖于对图形的具体表现与欣赏心理习惯。

如果说珍珠地瓷器上的花卉、人物图形在图底关系上都呈现出恬静淡雅的艺术风格，那么动物图式则打破了这一局面。北京故宫博物院所收藏的白釉珍珠地双虎纹瓶是曲河窑宋代瓷器代表作品，它的图式装饰方法颇具匠心：腹部绘有两只猛虎，张嘴露齿，翘尾直立，形象雄武；间隙处所饰的小圆圈均匀细密，连绵相接，形成了一种近似中间色调的感觉，将主要形象双虎及点缀其身后的草叶纹衬得十分突出，别饶丰趣。刻划的线条婉转自然，流畅活泼。线痕将器表覆盖的白色化妆土划掉，露出红褐色的胎，即成一种仿佛红褐色的线描画；色彩红白结合，非常谐调，图案清晰醒目。瓶的下腹部绘以仰置的16瓣莲纹，使得器物纹样装饰更加丰富、完满。这样立身而起，面目狞厉的老虎题材图案多为辟邪，以示公正、威廉的社会民风民俗。而在二维结构上，双虎纹饰与珍珠地纹饰为正负图形，二者各不相让，正形与负形相互借用，图形的边线隐含着两种各自不同的明确含义，达到了边线共用的效果。正是由于这种抗衡与矛盾的显示，使图形得到了艺术化同形的特殊魅力，并使人在视觉上得到满足与快感（见图1）。

图1 白釉珍珠地双虎纹瓶

三、瓷器图式在现代环境设计中的应用

曲河窑宋代瓷器图式有着独特且丰富的表现形式和深厚的文化内涵，它蕴含着的文化价值和艺术价值，在欣赏的角度上，给人一种恬静的美；在意象上，则能呈现出更为深刻的韵味。这就意味着，将陶瓷图式的正负形关系应用于环境设计中，不仅能拓展现代设计的文化内涵，增添现代设计的文化性；而且也传承了图式艺术和精神信仰，赋予图式艺术一种新的活力。

1. 对于原图式的直接应用

瓷器是一种最为普遍然而极为重要的文化传承的载体。瓷器现象，是文化现象。瓷器艺术和环境的理想结合是相互的适应和协调，而非"屈从"。瓷器图式是一个复杂的问题，它不仅是借助于瓷器作为物质载体反映当时当地的社会生活、习俗，更是表达心理情感的物质载体。曲河窑宋代瓷器图式中最为特色的是珍珠地划花图式，其具有较高的历史、艺术价值。那么在设计过程中可以将传统的珍珠地纹饰直接应用于环境设计之中，将瓷器正负形图式在设计中经过民间工艺的加工，可形成建筑外墙、艺术铺地等极具丰富的质地形式，以此形成地方性的环境文化特征。例如，在景德镇三宝国际陶艺村的作品《千年陶艺墙》，在院墙建筑中嵌入各种陶瓷造型，初看是为弥补墙砖的数量，实则映射当地的文化。让人们可以在意识里走进一个地方——过去高度发达的陶瓷古文明和历史耕种在当代文化的种子，无论从视觉还是触觉上都是那样熟稔，也增添了艺术气息(见图2)。

图 2　三宝国际博物馆——千年墙

2. 对于图式的拓展应用

拓展使用是对瓷器图式文化理解后的创作，除了表现传统的瓷器正负形以外，还要真正地传达出其所蕴含的精神。民族气派、民族精神，是我国传统文化得以存在的根基。在当地环境设计中，采用曲河窑宋代瓷器图式正负形关系将当地的文化特征表现出来，通过正负形的运用延续其精神信仰。

在中国古典园林中"借景"、"框景"也是利用这样一种空间图底关系，透过门洞与窗框去欣赏到另一个界面的景物，一方面让人有视觉上的流通感，另一方面使景物看上去似乎被镶在一个画框里。这个"画框"与景物就形成了一种正负形关系。

贝聿铭先生设计的苏州博物馆也是运用了立面正负形的设计，在一进门时，迎面就可以看到那面墙的人造"山水画"，黛瓦粉墙，衬出一幅意境高妙的园林景色。用墙做底，以石为图，利用正负形的造型理念，增强了观赏价值（见图3）。

图3　苏州博物馆

在所有的平面图形中，画面的构造由图案正形和衬托图案的负形组成。从审美角度讲，负形可以起到协调画面、虚实的作用。在进行设计创作的时候，不仅重视作为"正形"的图形，也要做到将图形以外的虚空间也塑造成一个完整的形。正负形的并存不仅使图形的艺术效果得到完善，还能使一个"无意义"的空间化为一个"有意义"的形。

四、结论

在当代人类社会，环保和生态观念日渐普及，人们对生活环境的要求也正在发生改变。相对于以前单纯的生活需求，人们更追求一种富有意境的品质生活，一个健康、生机盎然的居住环境。意境是中华民族这一古老的名族群体在不同时代所向往与追求的相对理想、和谐的生活境界。缺乏文脉的环境设计难达到与人的共鸣，所以充分利用瓷器图式的正负形关系有助于我们设计出具有历史文化内涵的环境，能唤起当地人们对历史文化的回忆，产生文化认同感。将瓷器图示运用于设计中，一方面体现了民族传统文化，更容易为人们所喜爱，从而增进人们对地域文化的认识，了解地域文化对人们生活环境和审美情趣带来的影响；另一方面，陶瓷器物上的图式在现代设计中的应用，为现代设计赋予了很高的文化价值与艺术灵性，从细节上体现图式的艺术感染力，唤起人们的认同感，使设计作品让人耳目一新。

（作者单位：湖北工业大学艺术设计学院）

浅论西方美术史观的后效应

石秀芳

回溯近半个多世纪以来的西方视觉艺术现状，我们可以看到，艺术创作的认知方式及关注点正悄然发生变化。往昔的美学价值观变得淡然，艺术表现对象的范畴和触角更加呈现出多元与交叉的特征。

艺术家肆意地对文化价值进行着评估，在文化危机中解读与重构当今文化的意义。他们以新时代的视觉诉说方式让社会迸发中的环境、气候等焦点潜含在构图元素和母题中，艺术创作的风向标有意无意地连接着收藏、政治、经济、宗教、科学和社会环境，可以说新型艺术创作或艺术生产的一部分在艺术家，而还未完成的另一半却在艺术市场、政治及经济大环境。经济基础成为艺术创作的推动力，同时也造就了一种新型的资本文化。新时代艺术家成功与否的自我确定或被社会认同更多地取决于其作品展览组织的认可或拍卖成交价值高低，然而决定艺术家创作世界观和艺术理想的真正原因却是每一位艺术个体在学校学习阶段就已经形成的艺术观。

过去艺术发生的著史态度随着历史阶段和社会文化的变迁，也正源于这种关联性。这种关联性造就了每一位艺术初始者的认知方式，进而影响其创造的荣辱感。在艺术史的学习过程中，除了技法的研究，艺术后生解读历史杰作的过程中，已经不知不觉地形成了自己艺术作品现在与未来价值取向的心路历程，自从有艺术史书写以来，这种反观作品的方式已经影响了一代又一代艺术家，在传递、变革已有艺术存在的同时，标立新的充满时代气息的艺术风尚。可以断言：一个时代艺术存在的价值高低，对人类精神传递贡献的大小，其优劣归源于一个地域或民族所具有并带有共性的艺术史体系的建构。

在西方，艺术史的探究模式随着时代的变迁而变化。艺术历史观决定了每个时代个体对视觉艺术的视野和兴趣。16、17 世纪强调从艺术家传记入手解释作品。这种方法是源自意大利艺术家和作家乔治奥·瓦萨里。其 1550 年首版著作《画家、雕塑家、建筑师的生活》一书，生动鲜活地展示了从 14 世纪到 16 世纪艺术家的生活。书中的逸闻趣事反映出艺术家的个性特征，为后来者解读图像找到表达方式的关联性。荷兰画家伦勃朗，他对自画像的热衷以及他自画像的成就远胜于他曾经接受委托作品的成就，到后来他选择宁愿破产而不为债权人工作，坚持保留作品的价值，他在绘画中表现黄金的题材和质感如同看待真实生活中的金币，是因为伦勃朗在记录古希腊艺术家的传记故事中找到了崇尚已久的榜样，因此他选择用宙克西斯来比喻和传达自己对生活和生命的认识，甚至伦勃朗对金色的偏爱和对古典大师精湛画技的追求都有受宙克西斯影响的痕迹。在其 63 岁即将走到人生尽头时，他在自己的《自画像》中完全效仿宙克西斯用微笑面对死亡的生命态度，运用厚涂法对脸部皱纹的逼真刻画，在自己装束上对黄色光感的着重表现，以及用光线的隐退展示生命的衰竭。伦勃朗以他的一生实现着对宙克西斯出神入化的艺术技巧和艺术价值判断的效仿。

德国文化艺术发展的历史可以在 18 世纪温克尔曼的作品中找到痕迹。温克尔曼是第一个把艺术放在文化语境下研究的艺术家。探究艺术创作的动因，19 世纪出现了审美和形式主义方法。20 世纪初的形式主义，强调风格与精神分析为主要方式的探究。通过精神分析，研究艺术家的无意识心理过程和他们对艺术风格和艺术运动的贡献又一次使艺术家个人的生活变得重要。这一时期的艺术家皆力图追求个性的特立独行和艺术风格的标新立异。20 世纪中期，各种方法如图像志、图像学和艺术社会史已经开发，到 20 世纪下半叶，新的美术史强调从理论上研究艺术作品更广泛的文化背景。解构主义、后结构主义、符号学；女性主义等理论研究在艺术作品的解读中不断得到新的运用。

正是艺术史观不断总结和跟进使得绘画语言在以往世纪的发展中始终保持着线条、形态和色彩在美学秩序上的有序和新颖。绘画内容和主题依然延绵着图像本身的审美传达力和感染力。20 世纪 60 年代至今，西方艺术教育方法论跟进的是图像学和社会艺术史观，艺术史家欧文·潘诺夫斯基用人本主义的观点使形式与内容相联系，以艺术家、艺术赞助人、时代流行文化风格、社会环境诠释主题，解读图像意义。艺术史方法由新马克思理论发展而来，阿诺德·豪塞尔的艺术社会史将艺术社会学的观念带到艺术史研究的前沿。正是这一时期，新艺术史方法开始强调从不同的理论角度探究艺术作品更宽泛的文化语境。艺术家经济因素也成为艺术作品现实与未来价值判断一个不可忽视的存在。

461

　　随着艺术教育领域不断对艺术教育思维方法的探索，与视觉艺术生产相关的批评、美学和艺术史研究也要求有与之相适应的研究模式。特别是艺术史研究，更要求艺术家质疑传统的假设和思维模式，对新问题有开放性理解，提供给艺术教育者新的思考和观看分析图绘现象的方式。从西方艺术创作现状，艺术家的追求和述说方式上，我们也可以洞悉出艺术史研究与艺术生产的因果关系。以出生于 20 世纪五六十年代的意大利和法国艺术家为例，意大利艺术家朱赛贝·莫迪卡（Giuseppe Modica）和安德鲁·葛兰奇（Andrea Granchi）以城市为表现对象，以犀利、宁静的绘画语言表达城市的沧桑与美丽；保罗·劳迪萨（Paolo Laudisa）则用极具品位的视觉语言调动五觉，探索色彩空间表现力与禅宗语境的述说力，在保罗·劳迪萨纯色的平面上既有无限的宇宙，又有微观的发生，绘画不再是表象的故事。形式语言已没有繁复修饰，而是自然而纯粹的以"技"载"道"，从而将 20 世纪 60 年代以来的"社会艺术史观"展露无疑。

　　意大利艺术家保罗·劳迪萨的创作观体现在当代西方视觉表达的诸多方面，各种方式的艺术创造正贯穿着让世界更单纯、更公正、更美丽的人文关怀以应对现代社会的复杂与忙碌。安德烈·格朗齐（Andrea Gran hi）在现实和历史之间寻找着社会昨天、今天和未来的思考；弗朗切斯科·罗维耶罗（Francesco Roviello）则通过追求造型极度单纯化达到接近事物本质的艺术效果，保持第一视觉经验的完整和直觉纯真并触发一种诙谐的情感，同时力图传达出与现代化生活迥然不同的古朴、稚拙并利用材料特性造成一种朦胧的意境。出生于 19 世纪 70 年代；法国艺术家西里尔·布赫里耶（Gyrille Borgnet）则以材质表现人类的生活环境，通过材料讲述城市的故事，用透着凉意又有光泽的天空，表现地平线上人们沉闷与清新的感觉。意大利艺术家路易吉·多尼（Lungi Dini）和法国艺术家布鲁若·勒莫瓦纳（Bruno Lemoie）则注重自然本身和人文情感的表述，路易总是能用一颗宁静的心与大自然的质朴共呼吸，他们的绘画主体或是一种简单的眼神交换、或是一个舞者、生物皆留给观众多层次的联想空间并根据自己的想象延伸文化，在艺术形式与艺术内涵之间达到互补与平衡。

　　纵观半个世纪以来西方国家的视觉创造，艺术家的触角涉及人类发展进程的诸多方面，从上层建筑到社会体系，从文化认同到文化危机，从生态环境到地缘政治，艺术幻化出无穷的表达方式，展现出传统美学的"出神"时刻，在新艺术史观下成长起来的艺术家，让艺术变得更易于接近，使那些不直接具备艺术技巧的人通过外在方式感受到美的愉悦和共鸣。

新的视觉文化以千变万化的视觉符号和形象在不同地域人们之间交融与碰撞着，当今的艺术也从听觉、触觉到嗅觉等感知觉入手，在生活中的各行各业的点点滴滴中表现出来。从三维到多维，从物理学、透视学、解剖学、光学到今天的数码信息技术，随着人们认识世界方式的变化，艺术也在变化着身姿迎接新时代的洗礼，挥洒自如地传递精神和智慧的活力，呈现一种美学的自然境界。而这一切正是图像学、艺术社会史观的后效应。

作为艺术后来者创作思想形成的潜在因素，业已形成的当代艺术史观在艺术表现上反映着一个地域人们的思想现状，也体现着一个时代人文关怀的价值。西方艺术史研究在与时俱进的多元发展的同时也被继承下来，不仅为艺术后来者们提供了咀嚼艺术精华的良机，而且也为艺术技能的授业者提供者升华艺术之道的途径。

（作者单位：湖北美术学院）

小说《万箭穿心》悲剧形象解读

黄　津

《万箭穿心》是武汉本土女作家方方最负盛名的作品之一。这部小说主要围绕武汉一名普通的下岗女工李宝莉以及她的家庭讲述他们近 20 年的悲剧命运。由于《万箭穿心》故事的主要背景是武汉普通市民家庭，所以整部小说的叙事面相对比较狭窄，人物也比较少。和其他文学作品着力于宏大叙事不同，方方在这部小说极力将故事背景缩小到一个家庭的悲欢离合，而对外部世界的冲突关注相对较少。在《万箭穿心》中，整个故事是由一连串事件串联起来的：首先是买房搬家，然后是李宝莉丈夫马学武的死，再后来是李宝莉再在汉正街当扁担养活家人，最后是被儿子小宝扫地出门。围绕这些主要线索展开了一系列生活事件。每一个事件都是一场悲剧，堆积起来就是一场大的悲剧。关于这部小说的悲剧叙事，笔者试围绕李宝莉、万小景、马学武、小宝这四个人物进行分析。

一、李宝莉形象的悲剧性

综观《万箭穿心》这部小说，李宝莉应该是性格最为复杂的一个人物。她有时是个蛮不讲理的泼妇，有时又是委曲求全的妻子，有时是深明大义的母亲，有时又是高傲倔强的女扁担。不过从另一个角度来看，正是因为这些复杂性才使得这个人物具有真实性和普遍性。读者正读这部小说的时候，会觉得李宝莉就是我们生活中的某个人。所谓艺术形象的普遍性和特殊性便是如此。

之前关于李宝莉形象的研究，大多将她的人生悲剧归结为性格悲剧。这样总结虽说并无不妥之处，但不免流于简单。笔者认为，李宝莉所经历的一切，除了她性格的原因之外，还和家庭和社会有着不可分割的联系。

性格悲剧是直接导致李宝莉一生悲剧的最直接原因。从整部小说看，她的性格非常强势，和传统文化对女人的要求丝毫不符。在当时的社会下，人们已经习惯了女性应该是贤妻的形象，因此李宝莉在一定程度上是一种僭越传统的存在。正是在这种强势性格的驱使下，她对丈夫儿子甚至父母和公婆都颐指气使，这无疑进一步激化了家庭矛盾。

但是，如果我们换一个角度来看李宝莉，就会发现其实她是一个男权社会下的牺牲品。李宝莉是一个倔强的女人，她这辈子最佩服的人是自己的母亲，认为母亲这样的人无论贫穷富有，放到哪里都是块金子。李宝莉的母亲信奉劳动是最大的光荣，她从工厂下岗的第二天，就立马去菜市场卖鱼。

李宝莉从一出场便颠覆了传统观念对妇女德言容历的定义：她不讲究生活的品位，在家里穿的是一件丈夫穿破了的旧 T 恤；她谈不上文化教养，说话粗粗拉拉、高声大气，总是用"狗日的"、"王八蛋"等带有侮辱性的词语称呼自己的丈夫；她脾气火爆，在丈夫面前颐指气使，没有给家里带来一点温暖，甚至连自己的儿子也不甚关心；她做事不考虑后果，发现自己的丈夫和别的女人有染时，一气之下向警察告密，以至于毁了丈夫的大好前程。相对于懦弱的丈夫马学武，李宝莉更像这个家里的"男人"。反观马学武，没有责任感，面对困难、挫折只知道一味逃避，毫无反抗的勇气。但是，这种男女性别颠倒的家庭模式是对男权社会秩序的挑战，李宝莉也必将受到来自男权社会的疯狂报复。

李宝莉的悲剧究竟出于何呢？笔者认为，她最大的悲剧在于她的性格并不符合男权社会对一个女人的要求和定位。李宝莉这个形象其实是一个超越时代的存在，她的存在，其实并不符合父权社会对理想凝视对象的要求和期待。然而，从父权统领家族文化制度中衍生并确立的男权主义的出现和发展，男性的主体地位和女性的附属地位的这一对立关系已经被确立了下来。尤其在中国千百年的传统文化中形成的根深蒂固的男权思想已经深入人心。男女性别角色已经被固定了下来。在这种情况下，一个反"男权秩序"存在的女性一定会成为大多数人眼中的另类。

与传统社会定位格格不入的李宝莉，处在男权至上的社会下，不管她本身有多么强势，但归根结底还是一个弱者。她每向男权社会发起一次挑战，就会被打击一次。老公马学武毫无担当，只知道回避问题，甚至还出轨找情人，但在外人眼里，这些都是因为李宝莉做得不够好。当然其中不乏李宝莉个人性格上的问题，但马学武并非毫无过错，毕竟是他出轨在先。但即使这样，所有的矛头也都指向李宝莉。公公婆婆认为是因为她"不贤惠"，自己的儿子才会出轨。甚至连自己的好友万小景，也劝她忍辱负重，不要把事情闹大。马学武自杀后，公公婆婆将所有的责任都推到了李宝莉身上，甚至不让她抚养自己的儿子小宝，还教唆小宝去恨自己的母亲。小宝甚至宁可让自己的母亲守活寡也不让她去寻找自己的幸福，认为要是母亲改嫁就是对不起自己的父亲。他们的种种行为又何尝不是整个社会对像李宝莉这样的女人的看法和压迫？

小说中建建这个人物也是非常值得玩味的。他深爱李宝莉，赚了钱之后还想和容颜不再的李宝莉重修旧好，甚至在李宝莉拒绝他后依然痴心不改。从表面看，他似乎是李宝莉生命中的一道亮光，把一个无处安身的流浪者、一个被家庭和社会抛弃的女人从水深火热中拯救了出来。但从另一个角度看，建建又何尝不是来自男性社会的力量呢？他所做的一切是因为可怜李宝莉，他也没把李宝莉当做一个完全平等的人来看待。李宝莉拒绝建建，一方面是因为儿子小宝的反对，另一方面还因为她自觉容颜已老，配不上建建。因此李宝莉的拒绝，从表面看是一种女性的坚持，但深究下来，还是女性对男权社会的妥协。因此，李宝莉的一生，还是悲剧的一生。

二、万小景形象的悲剧性

万小景是李宝莉的好朋友，和李宝莉不同，她选择了一条世俗标准给一个女人设定的路，因此万小景这个形象非常具有现实性和代表性。老公在外面开公司，她留在家里照顾女儿。万小景是地地道道的富婆，拥有昂贵的服装和化妆品，经常出入美容院和新世界(商场)这些有钱人才会去的地方。在外人看来，万小景是一个"有福气"女人。但这一切都是她牺牲自己的尊严换来的。老公资产上千万，但每个月只给她几千元，还不如他的二奶三奶手头宽裕。更过分的是，老公在外面跟别人生的孩子都有八岁了。后来丈夫怕她找麻烦，给了她一张50万元的银行卡，万小景只能安慰自己就当嫁了一个小银行。可以说，万小景的一切都和金钱有关，金钱既是她空虚生活的安慰剂，又是支撑她继续活下去的动力。

和李宝莉不同，如果说李宝莉是"俗"在外面，那么万小景则是"俗"在了骨子：她已经接受了男权社会给她设定的种种规则，并成为这些规则的宣传者。在她看来，李宝莉一生磨难重重，皆是因为自己"想不开"；而李宝莉则笑话万小景为了金钱丧失了做人最基本的尊严。可是在万小景看来，没有钱就没有尊严，尊严是靠金钱来保障的。如果说李宝莉的悲剧是与男权社会抗战之不能的悲剧，那么万小景的悲剧则更加深刻——她甚至从未质疑过这些规则的不合理性。

万小景作为李宝莉的好朋友，在李宝莉家发生的几次事件中都表示过自己的态度，我们可以从中窥探出她悲剧命运的根源。第一次是马学武受不了李宝莉的泼辣，向她提出离婚，她首先想到的是用钱套牢男人。从这里可以看出，万小景之所以不和自己老公离婚，不是因为她和她老公有多深的感情，而是因为她怕自己一旦离婚经济状况会受到影响。第二次是当万小景得知李宝莉叫了警察来抓通奸的马学武，她第一反应就是李宝莉疯了，想害死她的男人。也就是说，在万小景看来，一个女人嫁给了一个男人，即使是男人犯了错也只是家庭矛盾，是不能寻求外部途径解决的，家丑是不可外扬的。不仅如此，万小景还觉得马学武之所以出去"找女人"，是因为李宝莉没有好好爱他。但是万小景并非没有意识到自己是男权社会下的牺牲品这个事实，但是她对此也只能表示无奈和接受。

另外，万小景身上也有现代社会畸形价值观的深刻印记。她明白金钱在社会上的重要性。当李宝莉嘲笑她要钱不要尊严时，万小景指出："在当代社会，钱能买尊严，没有金钱的穷人，是没有尊严的。""儿子都不要你了，你还谈尊严？你要是个百万富婆千万富妈，你看他怎么巴结你!"虽然这两句话说得过于赤裸，但不得不承认这是当今社会一个悲哀的现实。人与人的关系只能靠金钱来维系，甚至血缘亲情也抵不过钞票的力量。这又何尝不是一种悲哀呢？笔者相信，即使将社会现实看得如此透彻的万小景，恐怕还是希望有一段真挚的感情吧！不然她也不会羡慕李宝莉有个百依百顺的丈夫马学武。如果说李宝莉的悲哀是女性抗争男权社会秩序而不得的悲哀，那么万小景的悲哀则是国人价值存在之悲哀，人的价值只能通过物化的手段来衡量和实现，这恐怕是最大的悲哀。

三、马学武和小宝——男权社会下畸形的存在

马学武和小宝这对父子，虽然在性格上有所不同，但在本质上都是男权社会的维护者。当然这也和他们的男性身份有关。他们在维护男权社会秩序的同时，也是男权社会下的牺牲品。他们的悲剧也是男权社会下男性之悲哀。

马学武出生农村，但凭借自己的努力考入了城里，还成为一名大专生。他为了追求一个漂亮的"城里人"，放弃了对学历的要求，娶了只有小学文化程

度的李宝莉，婚后才发现两人在文化上的巨大差异，但为时已晚。李宝莉从不翻书，遇到事情只会耍泼，做事没有分寸，讲话更是毫无遮拦。而他在婚姻选择上的失误，正是他一生悲剧的根源。但从另一个角度看，马学武在择偶上的选择是受到了男权社会对女性偏见的影响。在传统观念中，女人只不过是男性的附属品，只要"漂亮"就可以，至于思想、人格什么的都不重要。马学武搬家时，搬家工人说他们虽然出劳力，打粗活，但屋里的老婆都还贤惠，活得比他自在。而马学武虽说是个干部，但被像李宝莉这样的女人罩一辈子，比狗都可怜。搬家工人这句话恰好指出了男权社会下男性对家庭绝对权威的盲目追求。哪怕外面受再多的气，也不能在家里受老婆的气。这句话本身在逻辑上就有错误。马学武居然将这句话记在心里，还跟李宝莉提出了离婚，这又何尝不是男权社会对女性的压迫呢？

但从另一方面看，马学武在和李宝莉结婚之前，对她的基本性格、学历以及出身都有着充分了解的。至于结婚之后出现的问题，马学武没有积极去帮助李宝莉改正错误、提升自己，而是用一种逃避争吵的消极态度来处理矛盾。在升任厂办主任后，更是绝情地提出离婚并有了婚外情。从这个角度看，马学武是一个没有责任心的男人。他在下岗之后选择了以自杀来逃避责任，更是极端懦弱的表现。马学武的自杀，是以一个悲剧结束了一连串悲剧，又开启了更深刻更长久的悲剧。

李宝莉的儿子小宝同样也是男权社会懦弱的维护者。如果说小时候对母亲的怨恨是受到爷爷奶奶的教唆，那么长大以后的小宝对当扁担养活自己的母亲没有丝毫的怜悯和同情，而是一味地仇恨，正是他在男权社会的熏陶下对女性形成的一种本能的仇恨。他成绩优异，考上了名牌大学，找到了好工作，还买了新房子，但是他对母亲的恨有增无减，甚至不让年迈的母亲踏进自己的家门。而他恨母亲，只是因为父亲偷情被母亲发现举报。在他看来，是母亲害死了父亲。他把他取得的优异成绩当成了和母亲抗衡的资本，甚至还说出"虽然你生了我，但你不配当我的妈"这样薄情寡义的话。他已经成了男权社会的强烈拥护者，在他看来，父亲偷情是母亲逼的，因此父亲的做法是没错的。但母亲在发现父亲偷情之后向派出所举报就是错的，这不是一个好女人应该做的。马学武的死很大程度上是自己的懦弱无能造成的，但小宝却把所有的责任都推到李宝莉身上。小宝作为一个社会精英，却对自己的母亲不管不顾，甚至口出恶言，赶尽杀绝，不由让人感到心寒。他的悲剧，也是商品社会下亲情被物化的悲剧。

　　小说的最后，李宝莉终于离开了家，正如马学武没有给她留下一个字一样，她也没有给儿子小宝留下一个字。她重操旧业，又一次拿起了扁担，游走在汉正街的大街小巷。李宝莉用自己的坚强给所有的悲剧画了一个句号，她终于为自己活了一次。

（作者单位：武汉大学艺术系）

迟子建小说的民俗叙事特点①

李会君

20世纪初，以鲁迅为代表中国小说开创了以地方风情和乡土生活来体现民族生存与发展状态的现代民俗叙事风格。如同李欧梵所说，鲁迅从一种现实基础开始，在其25篇小说的14篇中，读者仿佛进入了一个以 S 城(即绍兴)和鲁镇为中心的城镇世界②。当然，鲁迅无意描画具体的鲁镇故乡，而是经过"虚构"，当做中国农村社会的"缩影"③。但是，鲁镇的确构成鲁迅的乡土叙事的重要形式。不管鲁迅是否有意识，他的小说中突出的民俗画面构成了小说的重要特色，形成了鲁迅小说的民俗叙事品格。而后的沈从文、王鲁彦、许钦文、萧红等不管是出于启蒙的目的，还是着眼于浪漫的怀想，抑或是表现民族的挣扎，都有浓墨重彩的民俗画的描绘。

新时期以来，民俗画呈现褪色的趋势。而当代作家迟子建的小说创作继承并创新了这一传统，她大量描写东北地区独特的乡风民俗，如黑土地上人们的衣食住行、婚丧嫁娶、人生仪礼、岁时节日、宗教巫术、信仰禁忌、游戏娱乐、神话传说、俗语行话等，并将地域性的乡风民俗与独特的人物情感、人物命运与本土自然环境有机融合，展现了丰厚的地域生活景象，也形成了浓郁的民俗生态叙事特点。

一、独具地域特色的民俗景观

可以说当代文学史上还没有哪一位作家像迟子建这样执着于其所生活地域

---

① 湖北省教育厅人文社科研究项目(项目编号：2012Y100)，湖北文理学院省级重点学科立项学科建设成果。

② ［美］李欧梵：《铁屋中的呐喊》，尹慧珉译，岳麓书社1999年版，第66页。
③ ［美］李欧梵：《铁屋中的呐喊》，尹慧珉译，岳麓书社1999年版，第67页。

的风俗描绘。她的小说蕴藏了深深的乡土之恋，展露了东北地区的风土、人情、民风民俗，充满了浓郁的富有地域色彩的生活气息。在她的笔下，铺天盖地的冬雪，茫茫的雪原，流淌不息的漠河，无边的松林，豪情的酒，神奇的白夜，震颤的鱼汛，嫩绿的青葱，散发香气的土豆花，醉人的都市，会流泪的鱼，连绵不绝的秋雨，春日泥泞不堪的街道以及漂渺的大雾，都是北方小镇与乡村的特有元素。那里的一草一木、风土人情都化作强烈的生命意识，融入了作家的血液、灵魂。她的作品有许多对东北岁时节日习俗的描写：《腊月宰猪》中对过年前男女忙忙碌碌准备过年的场景的描绘以及对齐二嫂葬礼的铺陈；《清水洗尘》中有过春节前的洗尘风俗；《秧歌》中有正月十五看秧歌、看冰灯等娱乐活动的习俗。还有对居住习俗的描写，《原始风景》中高大气派的木刻楞房屋，是作家故乡特有的一种建筑，是用粗壮的松木加工而成，很具地方特色。不管是木刻楞房屋、白夜、月光、大雪，还是渔汛、野菜，或是黄泥抹的墙、辣椒串、蒜瓣、菜籽等都带有边地雪域特殊的风貌，正是这些事物和自然景观使其作品具有浓郁的东北地域文化色彩。

在迟子建的小说中，东北的生产、生活习俗闪耀着强烈的地方文化特色。比如渔汛，无论是莫那小镇、白银那、芜镇，还是逝川，年年都有鱼汛，给人印象最深的还是小说《逝川》中的泪鱼。这种逝川独有的鱼，有着扁圆形匀称玲珑的身体，红色的鳍，蓝色的鳞片，它们从上游哭着下来时，整条逝川便发出呜呜呜的声音。阿甲渔村流传着这样一种说法——如果哪家捕不到泪鱼来年就会遭殃。这里的渔民们每一年的这个时候都会燃起篝火，带着捕鱼工具，守在逝川边上，捕捉泪鱼。与其他地方不同的是他们捕鱼却不杀鱼，在黎明时将捕到的鱼重新放回逝川。这些不但描绘了该地区独有的人文景观，也通过这些特有的民风民俗展现生活在这种地域文化氛围内人们所从事的生产活动与信仰。葬礼习俗也是非常特殊的，"那个时候死去的人，都是风葬的。选择四棵挺直相对的大树，将木杆横在树枝上，做成一个四方的平面，然后将人的尸体头朝北脚朝南地放在上面，再覆盖上树枝"（迟子建《额尔古纳河右岸》），这是属于鄂温克民族的"风葬"，显示出特定地域文化的风格。《腊月宰猪》中描绘齐二嫂的葬礼"她的葬仪可以说是十全十美的，厚重的红松木棺材，棺沿飞着云字卷，齐二嫂一身黄袍躺里面，手指上挂满了金箔纸做的戒指"。红松木是东北特有的树种，而黄袍又象征富贵权势，通过对葬礼的描写寄托了生者希望死者生前受苦死后能享福的美好愿望……所有这些都是在对特定习俗的描写中反映出的地域特色。这些都是东北各民族在长期的历史发展进程中尊崇不同的信仰而形成的多种多样的民间风俗。通过这些习俗的描写我们看到了独具特色的东北地方民俗文化。

另外，在迟子建笔下，东北的节庆、娱乐也展现出鲜明的地域色彩。比如灯在东北的春节期间是非常重要的景象。"过年要让家里里外外都是光明。所以不仅我手中有灯，院子里也是有灯的。院子中的灯有高有低。高高在上的灯是红灯，它被挂在灯笼杆的顶端，灯笼穗长长的，风一吹，刷刷响。低处的灯是冰灯，冰灯放在窗台上，放在大门口的木墩上，冰灯能照亮它周围的一些景色，所以除夕夜藏猫猫要离冰灯远远的。无论是高出屋脊的红灯还是安闲地坐在低处的冰灯，都让人觉得温暖。"（迟子建《灯祭》），这是北国所特有的过年习俗，也反映出他们的信仰以及对火的崇拜。至于元宵节的秧歌同样有独特的地方风味："正月十五一到，从南天阁就来了扭秧歌的人，他们里面穿着棉衣棉裤，外面却罩着色彩鲜艳的绸缎，脸上涂满了白粉和胭脂，女人们的嘴唇就像是被辣椒熏着了似的通红，他们从南天阁一路扭来，踩着高跷"；而对于看秧歌表演的人们，作者如此描写："无论是赶车的马夫还是牵驴的磨官，抑或是卖豆腐的中年妇女，只要听说南天阁来了秧歌队，就不管他们手里正忙着什么，赶紧撂下朝银口巷和猪栏巷跑……"（迟子建《秧歌》）从中可以理解，秧歌是东北地区有着悠久历史的一种民间娱乐形式，是传统民俗节日或庆典仪式、庙会中常常出现的民俗活动。而秧歌也给人们带来节日的狂欢，让人们解除日常约束而自由自在，拥有心灵的欢乐和生命的激情，也造就了北方小镇别具一格的民间娱乐和地域文化形式。

二、在民俗叙事中展现人物命运与人情世态

许多乡土小说重视描写乡土风物，以此当做人物活动的环境背景，体现人事的外部风貌，或作为一种乡土文化意识嵌入人物生活。然而，在迟子建的小说中，乡土风物总是构成人物生命活动的基石，是展现人物性格形象及人情世态的纽带。

小说《秧歌》展示了人物的悲剧命运与民间秧歌的紧密相连。《秧歌》中的人物女萝是生活在北国小镇上的一名孤女，其命运就是从秧歌民俗中展开来的。儿时的女萝跟随大人看秧歌而冻掉了两根脚趾，从此爱在寂寥的雪夜独自看花灯。而《秧歌》中另一人物小梳妆的不幸命运也是围绕秧歌这一民俗展示出来的。小梳妆备受人们的关注，"他们无论是赶车的，还是牵驴的磨倌，抑

或是卖豆腐的中年妇女发，只要听说南天阁来了秧歌队，而那里面又有小梳妆，就不管他们手里正忙着什么，赶紧撇下朝银口巷和猪栏巷跑。常常是他们赶到那里时秧歌已经扭到高潮，他们踮起脚，抄着袖子站在水泄不通的人群外，看得脖子都要长了。"由此可以想象南天阁小梳妆的美丽及其魅力。这个人人崇拜、个个迷恋、乃至有人为此失魂落魄、甚至丧失性命的小梳妆，成为南天阁众多男女老少将日子过下去的希望和盼头，带给他们精神上的享受和慰藉。但是这种美丽给她自己带来的却不是幸福，而是无边的寂寞和难以言说的酸楚。这个"美得形容不出来"、具有民间传奇色彩的女子的一生却充满了绵长而酸涩的等待。她终身都在痴痴地守望自己的爱情，从春到秋，从冬到夏，从红颜到白首，在等待"龙雪轩"老板付子玉的梦想中，耗尽了一生，终于在韶华逝去、青春不在的日子里以一包砒霜结束自己的生命。与秧歌几乎融为一体的小梳妆是美的精灵，美的化身，而她的一生却是不幸的，造成其悲剧命运的原因除了她自身性格方面的懦弱光靠等待而没能够大胆追求自己的爱情以外，更多的还有旧时代遗留下来的思想糟粕根植于乡风民俗中，这也使作品有了更深的社会内涵。

小说《逝川》演绎了乡风与人物之间共同的凄美的命运。吉喜是小说《逝川》中光彩夺目的一个人物形象，她的命运与"泪鱼"的命运形成了内在的呼吸。吉喜的一生既辛酸无奈又厚重饱满，既是一个悲剧又是一曲颂歌。年轻时的吉喜聪明、漂亮、能干，性格泼辣并颇得男人的欣赏，然而这样一个百里挑一的好女人却终生未嫁，也没能和相爱的人相守一生。曾与她相互爱慕并有过亲密关系的胡会最终也弃她而另娶他人。她并未因为自己的不幸而放弃对生活的热情。她依然为生计忙碌着，依然会去捕泪鱼。她一辈子没有成家，没有生儿育女，可她做起了接生婆。当捕泪鱼与接生发生冲突时她选择了接生，甘愿冒遭灾的危险，也要坚持守护产妇。尽管她所接生的对象是情人胡会的孙媳。在她看来，捕泪鱼是神圣的事，但新生命的诞生更值得敬畏。最后，当她重返逝川岸边时，曙色已微微呈现，大部分村民已开始将捕到的泪鱼重新放回逝川。当她错过捕泪鱼而怀着凄楚和失望准备离开江边时，却吃惊地发现自己的木盆里竟游着十几条美丽的蓝色泪鱼，这又是多么让人激动。她用她的善良弥补了生命中的残缺，她的宽厚、善良、博大也得到了村民们的认可，在她因为接生错过捕泪鱼时，淳朴的渔民悄悄地为她留下了一盆泪鱼，那些在木盆里快乐舞蹈着的泪鱼给吉喜意外的温暖。这些善良的人们以美好的性情和高尚的人格，实现了对不幸命运的超越。小说《逝川》中的人物形象从当地以捕鱼为主的习俗中反映出来，捕捉"泪鱼"这一生产活动体现当地习俗。吉喜善良、宽厚、仁慈，而村民勤劳、淳朴、善良，从小说中我们能体会到阿甲渔村淳朴、和谐、美好的人际关系和民风民情。

同样是鱼汛，在小说《白银那》呈现出更加丰满的人物与更复杂的社会生活。《白银那》中描写了一场出人意料的百年不遇的鱼汛。女主人公卡佳是一个热情率真、浑身洋溢着浓郁诗情的混血女子。当年她经过这个"你去吃那里的开江鱼吧，那里的牙各答酒美极了"的白银那时，就喜欢上这里并留了下来。从爱上江畔小村白银那的鱼和水的那刻起，她的命运就与白银那联系在一起。白银那人的生活在百年不遇的鱼汛到来之后就彻底改变了，利欲熏心的马占军夫妇先切断了白银那小镇与外界的联系，又故意抬高盐价，从而导致村民们打上来的鱼不能卖出去也不能及时腌制而腐烂。为了不让鱼腐烂变质，卡佳起大早为烘鱼烧炉子，在天色还灰蒙蒙的，雨仍然淅淅沥沥下着的时候，已只身进山取冰，结果却死于熊口……一连串的故事因鱼汛而发生，尽现了人生的世相百态和善恶美丑。我们能从白银那小村捕鱼这一生产活动中感受到卡佳的心灵手巧、性格的率直以及勤劳而又善良的品性。她的形象在习俗的描写中展现得淋漓尽致，可以说她的一生是个悲剧，为了鱼牺牲了自己的生命。生前善良宽厚的她在死后也以宽厚之心原谅了整个事件的始作俑者。浓厚的地域文化色彩为小说增添了独特的情绪与个性，使得人物及其命运更加鲜活、丰满。整部小说奠基于人性的善良。作者以悲悯的情怀，描写了蕴藏在北方生活环境中普通人身上的人性光辉，传达了对他们生命状态的关怀与尊重，讴歌了他们宽厚、善良、自尊、诚挚的心灵，以及热爱生活、追求美好事物的信念。同时也深藏作家对人们受利益牵制而世风日下的隐忧。

《清水洗尘》围绕男孩天灶、妹妹天云、父亲、母亲、奶奶和蛇寡妇之间由洗澡这一年前庄重的仪式而引发的"小摩擦"，叙述了郑家祖孙、婆媳、父子、夫妻、兄妹及邻里之间温馨暖人的亲情。《额尔古纳河右岸》更是通过种种民俗的描绘展示了天地人间无与伦比的大爱。萨满在面临瘟疫、疾病、死亡时镇定从容、义无反顾通过"跳神"这种独特的仪式来拯救生灵，不管他们拯救的对象是亲人还是仇敌，不管是动植物还是人类，不管他们的努力是否能成功，他们都敢于牺牲自己和一己之爱，奉献出最真挚的人间大爱。

三、民俗叙事中传递生态理想

迟子建是一位极具生态忧患意识的作家，可以说她的绝大部分小说都蕴含着生态伦理思想，表现出对自然的衷情与生态危机的反思。这在她的小说中得到体现。如前面提到的《逝川》，在鱼汛到来时捕捉并放生泪鱼，祈盼一年的平安与幸福，表达的是人对大自然馈赠的感恩与敬畏，以及对人与自然和谐相处的追求。

通过民俗叙事传递生态理想在其长篇小说《额尔古纳河右岸》中得到了最集中的表现。小说中的萨满是北方鄂温克和鄂伦春民族萨满教的巫师，萨满跳神是信奉萨满教的民族一种特别的民俗仪式。鄂温克人和鄂伦春人生活在北方的密林中，与山林为邻、动物为友，亲近自然。他们信奉万物有灵，崇拜自然与神灵。在萨满崇拜的部落中，人们把每一株花每一棵草都看做是有生命的，他们能听懂自然界说出的"语言"，能从动物的叫声中听出它们的欢乐和悲伤，能从夏日飞舞着的蝴蝶的颜色上，判断冬天时会不会有雪灾。而萨满便是鄂温克和鄂伦春民族中神灵特别眷顾的人，他们被神灵赋予了特别的神力和特别的使命，他们能沟通天地万物与神灵，为人类和动物驱灾避难。在《额尔古纳河右岸》中塑造的尼都、尼浩两个萨满形象贯穿整部小说。尼都萨满可以说是这个部族的灵魂和精神支柱。他为即将逝去的生命取回灵魂，为部族保存火种，教族民敬奉火神和山神，主持祭祀礼仪活动，他在不同的季节总是根据气候、雨水、草木、牲畜的情况，适时选择最好的地方在丛林中搬迁游走。这个民族几乎全部是仰仗天时地利，萨满就是部族与自然的中介，是向导。当对人类有毁灭性的森林大火即将带来劫难的时候，双脚已不太灵活、腰已经弯了的尼浩萨满披挂上阵、跳神求雨，直至大雨倾盆而下，尼浩在雨中唱起了她生命中的最后一支神歌。山火熄灭的时候尼浩萨满却永远地走了。"她也必然理解那矛盾之间神秘而庄严的对立、转换。妮浩成为萨满，从她个人来说，是不幸；但从事物彼此对立、转化的、更阔大的视野中来看，她恰恰是在秉行万物平衡与自然延续的机制。""个人生命的衰竭与自然生机的焕发，在生死刹那间交互更替。"①萨满与森林及林中万物处于一种"共生"的状态，萨满的精神代表了这

---

① 金理：《残月至美——评迟子建的长篇小说〈额尔古纳河右岸〉》，《上海文学》2006年第6期，第64~69页。

个游牧民族的精神，他们降生在丛林中，从中寻求到了生存的依靠以及幸福和快乐，最后又把自己失去灵魂的躯体还给这片丛林。功利世界中充满竞争、扭曲人性，他们却大胆地从功利世界的欲望与竞争中保持一种天性，他们的人生在必要的丧失中达成完满状态，保存着一股难能可贵的清纯之气与天真之趣，更多与大自然相亲近。萨满能沟通天地神灵，同时也是人与自然万物和谐相处的一种寓示。

迟子建在小说中还通过鄂温克人讲述许多美丽动人的神话传说以及与之相关的习俗禁忌，传达出一种朴素的生态伦理思想。

传说中的勒拿上游的拉穆湖是鄂温克人的祖先诞生的地方，湖面宽阔，生长着碧绿的水草，太阳离湖面很近，阳光灿烂，鲜花盛开，这里没有严寒的冬天，温暖如春。鄂温克人对祖先诞生地的美好的遐想，表达了对理想生存环境的追求。鄂温克人世世代代游牧于山林，对自然环境与资源的依赖较强，他们时时刻刻都恪守着敬奉自然的信念。他们除了小心翼翼地敬奉着祖先神，还有关于火神和山神的传说。对于居无定所的游牧民族来说，火是有着重大意义的。传说中有猎人因为打不到猎物而冒犯火神，受到火神的严厉警示，让这个猎人一无所获并打不着火，直到真诚乞求饶恕才得到谅解和恩赐，从此，鄂温克人从来没有让火熄灭过。而在鄂温克人看来传说中的"白那查"山神更是主宰着山林中的一切野兽，猎人行猎时对山神更加敬畏，如果猎获了野兽就会祭奠山神。这些传说体现出鄂温克民族认为有超自然的神灵在主宰世界的思想以及敬畏自然、顺应天时的生态智慧。

与这些古老传说相联系的还有鄂温克人的习俗禁忌。鄂温克人因为崇拜熊，因此大家聚在一起吃熊肉的时候要像乌鸦一样"呀呀呀"地叫上一刻，让熊的灵魂知道是乌鸦要吃熊的肉，而不是人要吃。因有所忌惮，才不会盲目捕猎。只要他们猎获了熊或林中最大的动物堪达罕时，就要先祭祀他们的祖先神玛鲁神，祭祀完了之后才分享猎物。他们还为熊举办风葬仪式，为熊唱祭歌。他们还常常在跳一种叫做"翰日切"的舞时，发出像天鹅飞过湖面一样的"给咕给咕"的声音，这是因为天鹅曾救过他们祖辈人的命，祖辈们为了感恩，发明了这种舞。

鄂温克人的这些习俗禁忌表明他们从长期的生产活动中认识到了人与自然相互依存、不能过度捕猎而应有所敬畏与自然和谐相处的道理，并通过传说世代相传让本族人民严格遵守。他们在物质生活中和精神生活中都自始至终地将自然、人和世间万物放在了一个共生的、同构、平等的关系网中，以此规范人们的行为和维护本地自然生态平衡。

迟子建也借此表明，人类并不是万物的中心，人类与其他生灵相互依存。这些生灵并不是理所当然就是我们猎取的对象，我们应摒弃那种以自然为资源的思想，既然它们为人类提供了生存所需，人类应对此感恩并心存敬畏。

迟子建的民俗叙事在新时期文学史上有着独特的地位和意义，她为日渐褪色的民俗画增色不少，同时由于这些民俗的描绘也是基于一定区域的社会现实生活，因此使之也具备了一定的民俗学意义。

（作者单位：湖北文理学院文学院）

论戏剧情境和戏剧冲突的关系

王　超

戏剧冲突和戏剧情境是戏剧理论中极为重要的概念，关涉到对戏剧性即戏剧内在本质、根性的理解，它们之间有着紧密的联系，并对戏剧的创作、表演以及观众的接受有着直接影响。我们在谈及戏剧的本质等问题时，无可回避地要对"情境"、"冲突"以及它们的关系做一番剖析。深入探讨戏剧情境与戏剧冲突的关系，对戏剧理论和戏剧创作有理论和实践的双重意义。

戏剧冲突向来被剧作家和观众重视，有句老话叫"没有冲突就没有戏剧"。诚然，冲突是戏剧动作的催化剂，使戏剧动作富有意味并得以连续发展，人物性格也能够在冲突中彰显。冲突是戏剧必不可少的元素，巧妙地设计和展现戏剧冲突也是剧作家乐于使用的编剧技巧。

戏剧情境的概念，是在逐渐发展中形成的。自从18世纪狄德罗提出"严肃戏剧"理论后，戏剧情境就进入了研究领域。他认为"应该成为作品基础的就是情境"[1]，情境是由"家庭关系、职业关系和友敌关系等等形成的"[2]。狄德罗虽然认识到了戏剧情境的重要性，但对它的概念的把握还显得比较褊狭。黑格尔认为"情境是总的世界情况经过特殊化而具有定性"，"分裂和由分裂来的定性终于形成了情境的本质"，"有定性的环境和情况就形成情境"[3]。黑格尔拓宽了狄德罗对情境的定义，但是由于黑格尔表述得略显含混，所以造成了后人对黑格尔的观点有不同的理解。200多年来，众多杰出的戏剧理论家和剧作家对"情境"概念阐发了自己的看法，使得戏剧情境理论日臻丰富。

谭霈生在借鉴前人理论的基础上，结合了现代戏剧的发展演进，构建了一套系统的戏剧情境说，堪称戏剧情境理论的集大成者。谭霈生在《戏剧艺术的

---

① 　[法]狄德罗：《论戏剧艺术》，载《文艺理论译丛》1958年第1期。
② 　转引自朱光潜：《西方美学史》上卷，人民文学出版社1963年版。
③ 　[德]黑格尔：《美学》第一卷，朱光潜译，商务印书馆1996年版，第252~254页。

特性》中认为："特定的环境，特定的情况，特定的关系，这三者的相互关系，构成特定情境。"①谭霈生在其《论戏剧性》和《电影美学基础》中也对戏剧情境做过类似的定义，将情境概括为"环境（场景）"、"关系"、"情况（事件）"三个有机部分的组合，并尤其强调后两者的重要性。情境的三要素相互关联，密不可分，共同构成了情境的内涵。本文谈戏剧情境与戏剧冲突的关系，将在谭霈生戏剧情境理论的基础上，首先探讨三者各自与戏剧冲突的关系，继而观照三者的结合——戏剧情境与戏剧冲突的关系。

一、环境和戏剧冲突的关系

人物活动的具体环境虽然较少直接影响戏剧冲突的发生和发展，但它无一例外为冲突烘托气氛，做好铺垫；也总是能从意蕴和情绪上催发、影响人物的动作，从而间接影响戏剧冲突；甚至有些情况下，环境也会直接影响戏剧冲突，直接影响观众对戏剧冲突的接受。冲突是人物内心的外化，环境则是表现冲突的重要手段。

《雷雨》中，"雷雨"既有隐喻的内涵，也表明了该剧的戏剧环境。由于雷雨将至，闷热的天气和躁动的内心让繁漪禁不住违反周朴园的意志，打开客厅的窗户通风，造成了她与周朴园的一个冲突。在鲁家，窗内是周萍与四凤在各自遭受巨大变故时短暂地相拥，窗外是繁漪孤独地淋雨；繁漪不但浑身湿透，且对生活、对爱人的幻想也被浇灭。构成强烈反差和戏剧冲突的，也有作为环境的雷雨。剧末，闪电击中电线，使得四凤和周冲一同电死，雷雨又为这一家荒诞可悲的冲突做结。爱尔兰戏剧《月亮上升的时候》中，警察本来是追捕逃犯的，但两人竟在宁静的月光下、悦耳的歌声里内心融合，原本紧张的对立冲突消解，警察放走了逃犯。是什么让人物关系改变、冲突化解或者说转移了呢？就是月色和诗意的民歌让警察对逃犯的人格产生了新的看法——他也有一颗美丽的心灵。京剧《三岔口》中，任堂惠和刘利华的摸黑探打让人印象深刻。表演时，演员将灯火通明的舞台演得好似真的伸手不见五指，二人的冲突、武艺在"黑暗"中演绎得淋漓尽致，让观众获得难忘的审美体验。这其中，观众知道两人是敌非友，而剧中人不知道；观众看得见两人行动，剧中人却什么也看不到。这样由于观众看到的舞台情景与剧中发生的虚拟环境的不同产生的戏

---

① 谭霈生：《戏剧艺术的特性》，上海文艺出版社 1985 年版，第 39 页。

剧性是极其动人的。

此外，如果我们把环境理解为由舞台环境延伸至自然环境和社会环境的综合，那么环境和冲突就可能发生更多、更紧密的关联。如果按冲突的对象来分，冲突原可分为人与人的冲突、个人内心的冲突和人与环境的冲突。但本文所谈到的环境侧重于舞台环境，自然环境和社会环境与人的冲突不作详细分析。

二、人物关系和冲突的关系

谭霈生在《论戏剧性》中，称关系是"最有活力，最能带来戏剧性的"①，原因就在于剧作中人物关系是最丰富的，又最能对人物心灵产生影响，从而推动情节发展，产生和推进冲突。因此剧作家在编剧时，对诸般人物关系的设定和处理往往要放在首要位置。而我们分析一部话剧，人物关系的梳理也是必不可少的步骤。一般情况下，人物关系的类型就决定了戏剧冲突的类型；若想创新戏剧冲突，改变、丰富和深化人物关系是可行的方法。可以说，冲突起于人物关系，并带来关系的改变，从而产生新的人物关系。

在《玩偶之家》中，易卜生为我们深刻描绘了海尔茂和娜拉之间看似亲密实则满含对立与矛盾的关系。两人的关系是冲突发生的根本原因，也是全剧的中心内容。娜拉在八年前为给丈夫海尔茂治病，瞒着他伪造签字借了一笔钱。如今海尔茂解雇了债权人，因此债权人要将真相公布，可娜拉和海尔茂对此事的态度却截然相反，全局的核心冲突正是基于二人的复杂关系和不同的态度产生的。此外，人物关系让简单的冲突复杂化。李伯男导演的小剧场话剧《隐婚男女》中，张静怡和崔民国因为公司的规定，选择隐瞒两人结婚的事实。他们的老板 Tony 与崔民国私人关系不错，但却因为不知道张静怡已婚，开始追求张静怡，甚至一度让崔民国帮其出谋划策。本来简单的情敌矛盾，却因为三人的上下级关系、朋友关系和隐婚状态下夫妻相互怀疑嫉妒的复杂关系而变得机趣层出。戏剧中，人物关系千变万化，戏剧冲突也因此花样翻新。

三、事件和戏剧冲突的关系

在环境、关系、事件三者中，事件与戏剧冲突的关系是最紧密的。事件导

---

① 谭霈生：《论戏剧性》，北京大学出版社 2009 年版，第 131 页。

致了矛盾激化，冲突由此产生。冲突的发生、发展造成了事件，事件是冲突的核心。从某种程度上来说，一些事件和一些冲突是可以画等号的。谭霈生说："戏剧的基本任务……在于展示人物独特的生活道路和生活命运。从这个角度来说，事件的重要性恰恰在于，他们往往成为打开人物心灵之门的一把钥匙。"①巧妙地设置事件，在事件中展露并推进冲突，是剧作家常用的戏剧技巧。

莎士比亚的《李尔王》一剧，事件的起因正是李尔王对自己的盲目自信，认为自己的权势并不依赖于国王之位，轻信两个女儿，将王国划分给了她们。这个事件引起了王国一场极为激烈的冲突，让李尔王由一国之君沦为一无所有的乞丐，也让李尔王的性格、灵魂生动地展现在观众面前。2014 年北京人艺新排话剧《枪声》中，亲如兄弟的哈利和弗兰克成为英德战场上作战的敌对双方，怀揣机密又被围追无路可逃的哈利央求弗兰克杀死自己以免成为俘虏。弗兰克陷入两难，最终开了枪杀死了哈利。两人在战场相遇这一事件，引发了哈利生存还是死亡的冲突，引发了弗兰克军法与友情的冲突，也继而造就了全局的种种冲突。我们可以从各个事件中分解出其中包含的冲突，也可以把冲突还原为依次发生的事件。由事件引发冲突的例子，在古今中外的剧作中数不胜数。我们甚至可以说，只要有冲突，就离不开大大小小的事件。

四、戏剧情境与冲突的关系

分析了情境三要素与冲突的关系，我们不难发现，情境与冲突有着极为密切的关系。没有情境，冲突就失去了对象；没有冲突，情境就失去了目的。激烈的、复杂的冲突使得戏剧充满活力，丰富的、生动的情境让戏剧具有深度。

我们从表现内容上可以把戏剧冲突分为三类：表现人和自然、神的冲突；人和社会的冲突；人和自身的冲突。在前两类中，情境与冲突关系紧密，情境常显出一种既定的险恶性，人在冲突中往往显得渺小，难以胜利。但戏剧性正是在这种冲突的展开中得以实现的，而情境是培育冲突的土壤。人与自身心灵的冲突是一种更深刻的冲突，也是现代戏剧所热衷表现的。此时，情境表现为人面临的选择、人的性格、道德观等，同样是滋生冲突的源泉。不管何种冲突，都与情境密不可分。

---

① 谭霈生：《戏剧本体论》，中国戏剧出版社 2005 年版，第 131 页。

有人认为现代戏剧的冲突与情境疏离，甚至说现代戏剧没有冲突。笔者认为这种说法有其片面性。可以这么说，现代戏剧所谓的冲突已非传统约定俗成的冲突概念。事实上，荒诞派戏剧、现代实验戏剧的核心更多地在情境。人物则成了符号人物、心态人物，作为一种提示生存状态，也即情境的符号而存在，故而没有传统意义上的冲突可言。换言之，现代戏剧拓展了冲突的概念范围。现代戏剧表现的主题由人与自然的关系、人与社会的关系转移到人与自身的关系，冲突也内化到人心灵之中，而情境本身，也是人物心灵的一种外化。贝克特的《等待戈多》是荒诞派戏剧的代表作，有人说它并没有冲突。这样的观点未免失之肤浅，剧作的矛盾冲突不表现为外部动作，而在于人物的内心。面对周遭世界，面对自己心灵的需求，那种难以排遣的茫然与疑惑，不是一种更深层次的冲突么？当然，这种冲突是伴随着戏剧情境的铺陈徐徐展开的。

无论从戏剧理论还是戏剧实践上，冲突都更早地得到重视。当情境的概念进入到戏剧理论家视域后，为了将其与冲突论做区别、突出情境理论的独特性，理论家往往尽力撇清两者的关系，以情境"压倒"冲突。这种观点在理论史上有一定的坐标意义，但终究难免有矫枉过正之嫌。谭霈生先生强调情境论，是以探究戏剧性的视角来审视情境，将其概念作为建构戏剧本体的重要部分来做分析，因此更具客观性，也更确切地把握到了情境的本质。

在本文看来，冲突和情境并无矛盾，相反，他们都是人物内心活动，包括思想、感情、意志及其他心理因素的外化。它们都具有表现性的本质特征，是一对相辅相成、难以分割的概念，可谓戏剧性的两维。冲突强调对抗性，其关注点主要在人物行动上。我们可以为冲突找到实在的矛盾关系。情境则将人物内心活动外化地更广，在冲突之外，也强调氛围和环境。情境中包含着或显或隐的冲突，而冲突统摄了整个情境。冲突与情境共同为剧作家的创作和演员的表演奠定了基础，共同服务于戏剧艺术，也共同诠释了戏剧艺术的独特性。

（作者单位：武汉大学艺术学系）

"园宅"概念阐释

——中国古典私园的当代表象

李映彤

环境保护是当今世界具有共识性的话题，就低碳建筑而言，我们可以从技术、经济、地域、伦理等各方面进行探讨，产生各种各样的住宅形式。住宅，是居民的生活在文化品位和社会地位上的表现。然而，营造什么样的住宅才是人们应该去追求的目标呢？答案是很难统一的。

中国古语讲，"三分匠七分主人"①，住宅的拥有者才是真正的主导，要达成低碳的目标，最为直接的方法就是锁定社会经济的主导消费人群，开发出既能引导他们健康的审美观和消费观，同时彰显他们社会身份，又低消耗的住宅产品。"园宅"就是一种值得探索的低碳住宅形式。

---

① （明）计成：《园冶》。

"园宅"的理念源自中国古代城市中的古典私园。它通过对这种自然式景观居住思想的传承，重新审视现代家庭结构的居住方式和审美文化，对中国古典私园的造园要素进行解构重组，并以之置换现代建筑顶界面、底界面、侧界面、楼道、构件以及设备，打造出全新的、拥有合宜尺度和美学意味的住宅。

从"古典私园"到"园宅"，其根本变化是将"古典私园"的"园"纳入"宅"中，不再是走出建筑进入自然环境，而是居住在景观之中，这样不仅可以让人更好地享受绿色，享受生态，又能降低能源的消耗，充分利用纳入宅内的自然能源，如阳光、风和水。

一、中国古典私园中的自然式景观居住文化

私家园林是中国古代先人寄情山水，追求与自然相融的诗意生活境界的充分体现，两千多年来，代表中国传统思想的文士阶层的价值观念、社会思想、道德规范、生活追求和审美趣味深刻地影响了中国古典私园的造园艺术。文士追求田园之乐，并以此成就了中国古典私园的灵魂。

中国古典私园不满足于物质与技巧的华美，更注重自然属性，主张在特定环境中建造人化的自然风景，以自由的方式造就建筑与山水花木动态交融的景观环境，体现生机盎然的自然之乐和人类精神，从而使人类精神与自然交融共生。

体现城市生活居住文化的古典私园，其使用空间是有限的，园林意境创造则需在有限中感受无限。因此，必须对其整体空间进行精心布局，以使空间层次丰富，变幻不定，妙趣横生，增强其意境之美，其手段之一即为空间的划分。

在私园的空间构成方式中，庭院是造园的最小单位，若干个庭院构成小园，若干个小园构成大园，将场地的中心位置留给山、水、植物等自然要素，利用长廊、小桥或墙垣划分、组织成多样化景区，是造园的传统手法。建筑和自然要素相互对比，极大地丰富了空间的视觉观感，是营造古典私园自然意境的重要手段。

山、水在古典私园中不仅被塑造、欣赏，在欣赏山水的过程中人与自然相化而相忘成为寄情避世的山水自然。《园冶》说："片山有致，寸石生情。"古典私园中的山水，不仅师法自然，兼备自然山石的形神之外，还具有传情的作用，咫尺之间便有一番山林野趣，是园林意境创造的重要方式。

花木种植是古典私园不可或缺的部分，景观的形成大多与花木相关联，甚至直接以花木作为主题，或是用于观赏，或是间接地抒发某种意境和情趣。春夏秋冬，雨雪阴晴的变化，改变着人们的感官，从而改变着空间境界，深深影响着人的感受。通过花木的掩映分隔构筑空间，渗透景观的层次，引发超然的精神境界和幽微的心理情趣。

匾额、楹联直接以诗词艺术的形式参与园林意境的构成，以其点睛之笔概括出空间特色，或景观特征，含蓄蕴厚，以其言简意赅的文字沟通观者的视觉、听觉、嗅觉等与园的联系，从而在人心目中产生高于实景的深远境界，在其片言只语中把人们对人生，宇宙的种种感悟与周围景观融为一体，使景中生情，因此是古典私园中调动主观想象力、深化空间意境的重要因素。

然而，在当下，城市居住用地的使用空间更加有限，古典私园形式还适合于当今的住宅形式吗？在城市空间之中再造古典私园仍然具有其存在的价值吗？如何审视中国古典私园，体悟其文化的精髓，在追求人类生活与自然和谐的生存发展中，发扬古典私园生活的文化精神，创造出适宜于当下的居住空间，传承自然式景观居住文化，是"园宅"这一建筑形式有待研讨的命题。

二、园宅与中国古典私园的异质同构

"园宅"和古典私园在居住文化的审美上具有共通性，都是对自然式景观居住观念的传承，在建造理念上是同构的。

从"古典私园"到"园宅"，其根本变化是将"古典私园"的"园"纳入"宅"中，正如古典私园将大自然的道纳入园中一样，园宅更是把古典私园的道纳入其中，这种住宅建筑形式，环境优美，宜人乐居，冬季能保持温暖，夏季保能持凉爽，充分利用纳入宅内的自然能源如太阳能、风能，降低能源的消耗，同时又能使居住者在自信、满足的景观居住心态中更好地享受绿色，享受生活，对环境、社会和经济要素产生最小的负面影响。

就具体空间形式而言，从"古典私园"到"园宅"演变存在以下具体设计要素上的异同：

（1）空间功能不同。古典私园的居住形式是以中国传统族居的生活方式为前提的，无论从人员结构还是家国礼仪上，都呈现出一定的规制；在多元文化背景下的现代社会，"园宅"秉承自然式住宅文化思想，重新审视现代家庭结构的居住方式，相对自由的特征给园宅的设计提供了宽广的空间。

（2）基地不同。园宅的基地从选址上不可能像古典私园那样到自然界里"相地得宜"，去获得一大片含有丰富景观元素的区域，个体现代人一方面不具备这种能力；另一方面，现代生活也离不开城市区域的范围，城市土地的属性和价格都决定了"园宅"基地面积有限性。

（3）建筑结构、形式不同。传统古典私园的建筑多半是木构架结构，随着现代建筑材料、建筑施工工艺的发展，古典私园的造园要素得以解构重组；置换以现代建筑顶界面、底界面、侧界面、楼道、构件以及设备，给园宅的结构和形式带来充分的可变因素，打造出全新的、拥有合宜尺度和美学意味的住宅成为可能。

（4）造景细节不同。传统宅园的造景要素因当时的条件，主要以自然界存在的"叠山、理水和花木"①为主；现代科学技术的发展，除了给"叠山、理水和花木"的营造带来了新的手段和形式之外，更加植入了诸如以计算机及互联网技术为前提的数字化虚拟景观成像等条件，为园宅的造景提供了丰富的可行性。

尽管在设计要素上存在诸多的异同，但"园宅"在建造理念上是对自然式景观居住观的传承，在审美标准上是一致的，和传统古典私园在本质上是共通的，所以，无论"园宅"出现何种样式，它和中国古典私园应该是异质同构的。

---

① （明）计成：《园冶》。

三、园宅存在于当下的现实性

景观作为现代居住空间中重要的构成部分，已经渐渐成为人们选择居住空间不可或缺的因素。然而，当将景观与居住联系在一起时，人们要么是记起中国古代的园林，要么就是联想到拥有院落的别墅，从而进行仿制，这样的建筑再现与当下的社会性和地域性是严重脱节的。

古典园林的布局是把空间的主要部分让给山、水、植物等自然要素，因此占地面积极大，据记载，白居易的"履道坊宅园"是最小的私园，其水域面积也超过了 5 亩。

别墅"Cottage"一词是舶来的，指在风景区或在郊外建造的供休养的住所。国内通常把一户一栋的住宅称为别墅，这样的独立住宅在国外叫"House"，一般在城市边缘或远郊都有数平方公里范围这样的"House"社区。

以上两者居住建筑空间和景观要素也是基本割裂的，都是走出建筑进入自然环境，而"园宅"目标是将"古典私园"的"园"纳入"宅"中，打造出一种新的建筑形式，真正实现居住在景观之中。

在国外还有一种被称为"Villa"或者"Luxury house"的顶级豪宅，如"流水别墅"，设计师是现代建筑运动中的"有机建筑"流派的代表——赖特，他主张设计每一个建筑，都应该根据各自特有的客观条件，形成一个理念，把这个理念由内到外，贯穿于建筑的每一个局部，使每一个局部都互相关联，成为整体不可分割的组成部分[1]，这样的独立式景观住宅设计思想和手法，才有与"园宅"相接近的含义，如果用中国景观居住的审美思想去构建和体味，其中国名字应译为"园宅"。

首先，"园宅"的审美标准和古典私园一致，古典私园这种建筑形式在中国古代的消费对象就是"达官贵人"，他们在个人财富极大丰富的时候，将住宅的功能引向了户外，去享受一种高品质的生活，既是自身文化品位的体现，又是社会贤达身份的象征，"园宅"传承了古典私园的这种建造理念，是对中国传统文化的继承和发展，同时也符合一部分先富起来的人群的消费心理。

其次，"园宅"将古典私园引向户外的功能回归到建筑本身，消耗更少的

---

① [西]H KLICZKOWSKI：《弗兰克·劳埃德·赖特/建筑名家名作精选系列》，王又佳、金秋野译，中国建筑工业出版社 2005 年版，第 1~5 页。

城市居住用地，土地成本的极大降低，使得建造的可能性大大地提高。

最后，"园宅"空间行为注重与自然的互动，阳光、空气、水和植物这些自然要素通过合理的规划，与现代新材料、新工艺相结合，使此种住宅能够最大限度地亲近自然，对环境、社会和经济要素产生最小的负面影响。

总之，"园宅"继承了以自然为审美标准的中国传统文化；遵循并发展了中国古典私园的布局方法；是用当代建筑的新功能、新结构、新形式等建筑语汇构成的情景交融的高品质住宅建筑产品。它既能满足社会经济的主导消费人群的居住需求，又符合低碳环保的现代建筑理念，能够引领高端景观居住建筑可持续发展的未来，是中国古典私园的当代表象。

（作者单位：湖北工业大学艺术设计学院）

语言·观念·表现

——周斌《荷去何从》系列油画解读

魏 华

西方油画的发展历史，可以说是对艺术语言探索的历史。特别是进入 20 世纪以来，西方艺术进入现代主义阶段，对绘画形式语言的探索成为艺术家们普遍关注的首要问题，也因此形成了如表现主义、立体主义、超现实主义、抽象主义等诸多流派。不同的艺术流派有着不同的表达方式，这种表达方式就是该流派的艺术语言。之所以说某件作品是古典的，是因为它符合古典艺术的语法规则；而之所以说另一件作品是表现的，是因为它符合表现主义的那套路数。每种语言都有各自的语言环境和评价标准，例如，运用古典艺术语言创作的作品要放在古典的语言体系中去评价，优秀的古典油画一定是符合古典审美原则的作品，但用这种审美标准来评判一件表现主义作品时就会失效。换句话说，在艺术趋于多元化的今天，我们已经不能简单地用美与不美来判断一幅作品的好坏，当一幅油画作品表达正面的、赞扬的、肯定的主题时，画面自然应是愉悦的、美的；反之，当艺术家要揭露负面的、批判的、否定的想法时，令人愉悦的画面效果则是不合时宜的。因此，在欣赏和评判一幅油画作品时，必须考虑该作品所使用的艺术语言，要将作品放在一定的语境中去评价。

对于架上绘画而言，艺术在经历了现代主义对绘画语言本身的探索之后，新的油画语言的创新空间已经十分有限了，当代艺术家更多的是运用语言来表达自己的想法，艺术作品的当代性也体现在这里。因此，对于一个当代艺术家来说，关心社会、思考问题就越发显得重要。周斌就是这样一位具有批判意识的艺术家，他用艺术家敏锐的触角发现当代社会生活中存在的问题，用艺术来介入对现实问题的思考。这种"介入"从某种意义上说改变了传统的艺术欣赏模式，它不再为观众提供"美"的图像，而是启发观众对某个社会现象的关注和思考。周斌是 20 世纪 60 年代出生的艺术家，他们这代艺术家由于经历的社会政治运动比较多，普遍具有较强的历史使命感和社会责任感。在艺术日趋商业化的今天，这种批判意识和独立精神越发显得珍贵。

周斌近年来创作的系列油画作品《荷去何从》，以荷为主要题材，充分反映出他对当代中国文化的反思和对精神领域的关注。作品体现出的问题意识从标题就可以看得出来，"荷去何从"是"何去何从？"的谐音，作者用一个类似疑问句式的标题来提醒人们对某些事物发展趋势的关注。那么，是什么何去何从呢？"荷"无疑是一个重要线索。相比西方而言，荷花在中国文化中具有特殊的地位，也是中国传统花鸟画中的常见题材。中国古代文人经常用荷花比拟高洁、清白的君子品德，北宋周敦颐的《爱莲说》称赞荷花"出淤泥而不染，濯清涟而不妖"。佛教也与莲关系密切，佛像的坐台、菩萨的法器，甚至是寺庙建筑上都可以看到庄严的莲华，佛经中还有《妙法莲华经》，譬喻佛法如莲花一般清净。此外，荷花在民间也是吉祥的象征，民间吉祥画《连生贵子图》取莲房多子之寓意，还有《和合二仙》，一人持荷，一人捧盒，以示和合。周斌作品中频频出现的枯萎的莲蓬、密集的荷叶和杂乱的荷梗，以及传统绘画中亦僧亦道的人物形象、和合二仙的图案，都在提醒着人们对中国传统文化的关注。在中国现代化的进程中，不仅在物质生产上我们以西方现代化为榜样，而且在文化艺术上也存在着强烈的"追赶"意识，从学习苏联的现实主义油画到学习西方现代艺术的"八五"思潮，从美术馆、双年展的引入到画廊、艺术市场的

图 1

建立，所有的努力都旨在缩小与西方的距离，与国际接轨的同时也意味着中国传统文化正逐渐离我们远去。中国当代艺术与传统文化之间越来越呈现出一种断裂与疏离。我们是否应该放慢这种追赶的脚步，冷静思考一下中国艺术未来的走向，这是周斌想引起人们关注和反思的一个问题。

图 2

图 3

在艺术手法上，周斌选择了表现主义油画语言来表达自己的这种忧虑。西方的表现主义艺术开始于20世纪初的德国，受到当时非理性哲学和表现主义美学的影响，表现主义艺术反对对客观事物外形的摹写，强调表现人的主观情感和精神世界。有趣的是，在学习西方现代艺术思潮的过程中，表现主义是最受中国艺术家青睐的。早在20世纪30年代，鲁迅就曾经介绍过许多德国表现主义版画作品，他倡导的新木刻运动带有明显的表现主义倾向。"八五"思潮以后，越来越多的艺术家受到西方表现主义艺术的影响，比如毛旭辉、罗中立、周春芽、毛焰、曾梵志、闫平、马路等。这可能与中国文化中存在潜在的艺术表现倾向有关，在中国美术史上侧重情感表现的艺术家不乏其人，在唐代尤为突出，唐代不仅在书法上出现了张旭、怀素为代表的草书大师，在绘画上也有"善泼墨画山水"的王墨(或王洽)，"毫飞墨喷"的张璪。遗憾的是，这种激情被后来的文人画家转化成了一股"书卷气"。在周斌的油画中，稀薄颜料流淌的痕迹与厚重笔触交织的荷梗交相辉映，相得益彰，画面充斥着艺术家在作画时的那份冲动与激情，画面的灰色调更是凸出了笔触的力量。他充分挖掘了油画材料的艺术表现力，厚与薄、粗与细、密与疏的对比在最大程度上强化了画面的张力。

图4

值得注意的是，周斌的油画虽然使用的是表现主义油画语言，但他与西方美术史上的表现主义艺术家不同。西方的表现主义艺术家大多是一些极端敏感的人，他们是在内心需要的驱使下进行艺术创作的，绘画成为他们情感宣泄的一种途径，因此作品中呈现出强烈的个性色彩。而周斌由于受到中国艺术精神和现代观念艺术的影响，逐渐摆脱了对西方表现主义的模仿，形成了一种具有批判和反思意识的表现主义风格。在《荷去何从》系列油画中出现的带有明显中国文化隐喻色彩的图像使得人们不能用单纯的"直觉"、"情感表现"这类词汇来把握他的绘画。这些图像不是可有可无的陪衬，而是他要表达的关键之所在，是画面不可或缺的一部分。画面的主旨和韵味正是在这种表现与象征的对比中逐渐显现出来。因此，我们可以将这种绘画定义为观念的表现主义，这或许会成为中国当代油画区别于西方的一道独特风景。

（作者单位：湖北大学知行学院）

大象无形，境由心生

——欧阳巨波水彩画作品赏析

黄思华

　　水彩画作为不可或缺的西方画种，具有丰富的表现形式与独特的艺术魅力。水彩画自 19 世纪末从西方传入中国，至今已有一百多年的历史，自 1978 年以来，水彩画进入蓬勃发展的繁荣时期，不同的创作手法交替产生，在众多画种发展的同时，不少其他画种的画家转入水彩作品创作，在西方绘画技法与中国传统美学思想的碰撞与交融中，水彩画创作获得了不断的改革与新生。20 世纪 80 年代，是中国水彩发展历史上的高潮，是属于水彩创作发展的黄金时代。在这一时期孕育了一代优秀的水彩画家。

　　正是在这独特的历史背景下，欧阳巨波在钻研水彩绘画技巧的同时，不断学习与借鉴前人的创作手法，走出了属于自己的艺术风格。他的水彩作品常取材于城镇、动物与植物，画风不拘一格，笔触直接而犀利，色彩对比强烈而丰富，具有鲜明的个性特点，他的水彩作品给予观赏者的感受是快适而舒畅的。如果说，"审美的(感性的)艺术要么是快适的艺术，要么是美的艺术"[1]，那么，欧阳巨波的作品恰好是达到了美与快适的完美结合。

　　在水彩画的创作中，欧阳巨波不仅注重技法的运用，更注重理念的深入阐发与审美表达。如他对"以气写神"重要创作思想的深刻理解与体会，并非浅显地描摹物体的外在形象，而是将物体乃至场景加以抽象化，上升到了情感与理念的层面去表现。实际上，如果"离开了'气'就没有了生命，就不'真'"[2]，"气"是对现实场景的深刻理解与抽象提取，"气"是支撑整幅作品的骨架，使整体画面气韵磅礴，富有兴象。在水彩画中，场景的刻画至关重要，能够有效

---

① [德]康德：《判断力批判》，邓晓芒译，人民出版社 2013 年版，第 148 页。

② 叶朗：《中国美学史大纲》，上海人民出版社 2011 年版，第 247 页。

地烘托出艺术旨趣与氛围。在作品《三鱼图》中他将描绘的事物置于缤纷鲜艳的色彩变化之中，在《大春雨》中他将其藏于层次丰富的单色调的小镇之中，场景尽显大气与广阔；而他描绘的场景富有美感给予人的感受是多样的，似浩瀚苍穹，也似深沉海洋；似清晨朝阳，又似夜半星空。

图1　三鱼图

图2　大春雨

同时，欧阳巨波使物象在半隐半现之间做细微变化，这种变化不仅通过物象边缘的处理，色彩缤纷层次上进行变化，这些作品呈现的意象与刘勰的"隐秀"思想有着共通之处。其实,"'隐',并不是说,思想情感可以表现得很晦涩,使读者根本不能领会。因为隐处即秀处,思想情感包含在艺术形象之中"①,这种创作思想始终贯穿于他的水彩画创作过程,而情感则融于笔触的重叠变化之中,正是强调着画面意象的表达,这种将理念付诸绘画的手法使得作品有了生命力,使得作品显得灵动而富有意境。

欧阳巨波的水彩作品更多地出自他内心世界,而丰富的色彩运用正是他将情感传递给观赏者的一种符码。这种语言符号的运用反而使得描绘的事物显现出一种更加真实的韵味,画面呈现给观赏者的感受并非只是震撼,而更多的是对真实的共鸣。由于对现实世界的关注与热爱,艺术家运用抽象的表现手法是表达欲望的体现,将具象提取为抽象元素,正是绘画思想上升到理念表达,以及赋予情感的一种方式。艺术创作具有一种共通性,作画就如同作诗,叶燮就说:"诗是心声,不可违心而出,亦不能违心而出。"(《原诗·外篇》)艺术作品透露出的是作者真实的心声,是对现实写意的升华。

在作品《告别》中,欧阳巨波描摹的城镇色彩鲜明而醇厚,大面积暖色块的相互交织使人联想到迷蒙的梦境,抑或是温暖的回忆;色彩在画面中的韵动使得画面呈现出变幻、消逝的唯美感受。作为一种在作者与观赏者之间进行沟通的桥梁,每个观赏者水彩的感受虽然是不同的,而共同点在于画作触动到了观赏者的内心世界,给予观赏者的感受是愉悦的或凝重的,当然也是一种精神上的慰藉。

图 3 告别

---

① 叶朗:《中国美学史大纲》,上海人民出版社 2011 年版,第 220 页。

同时，他的艺术创造不只是取材自现实的场景，更多的是取材自他内心的世界，这种美感来源于灵魂对真实的诉说，安德烈·菲利比安认为，"美对灵魂和精神创造出的才华和上天赐的创造力有重要意义"①。色彩作为一种语言、一种符码，勾勒出了每个人内心都渴望拥有的那一片城镇。欧阳巨波的水彩画作品蕴含着中国审美精神与西方后现代风格的交融，从而使得艺术作品拥有了一种视觉与文化张力。

欧阳巨波的水彩作品风格鲜明，画面具有风的流动感，笔触直接而生动，没有人能够凭据肉眼在现实生活中看到风的形状，但是像《风荷》系列作品，凭借水彩这种媒介的流动感，结合干湿画法的巧妙运用，恰到好处地运用各种放射状的构图，以及适当的留白，给予观赏者无限遐想；画中描绘的荷花尽显舒展姿态，似乎跃于风中，动于画外，而枝蔓的骨气隐藏于清风之中，暖色使用得恰到好处，造就了一种张力，这种张力将画面带给观赏者的震撼感表现得淋漓尽致，让观赏者切实地感受到风在作品中的流动感。

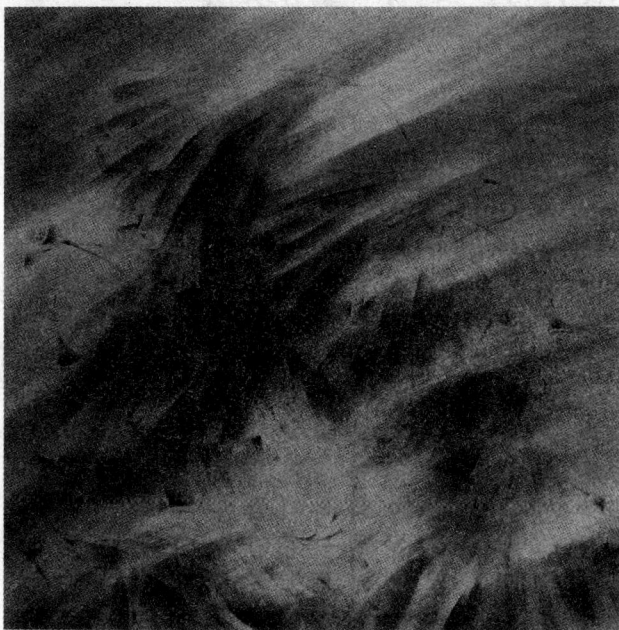

图 4　风荷

---

　①　[法]马克·西门尼斯：《当代美学》，王洪一译，文化艺术出版社 2005 年版，第132 页。

西方传统美术作品强调写实，中国传统美术作品更注重写意，欧阳巨波则在这两者之间拿捏得恰到好处，注重意境的表达，他的作品将理性与感性完美地结合在一起，在二者之间找到了一个平衡点。水彩作品《大风》有一种朦胧的梦幻感，艺术表现的若有若无勾起了观赏者的好奇心，但仔细观察则能发觉，所描摹的城镇似乎游离在画面之外，给予了观赏者以想象的空间。正是如同老子所说的"大音希声，大象无形"（《老子·四十一章》）。

图 5　大风

显然，真正好的艺术作品应当能够启发观赏者的思维，激发观赏者的灵感，较写实相比而更重写意，超越了外形简单描摹；这种升华后的极致看似无声无形，但在无形中透出有形。值得注意的是，"现代艺术既不拘泥于传统的艺术标准与规范，也不苟同于现实生活"①。无疑，欧阳巨波的水彩作品给予观赏者透出的是一种画外之音，通过象征以及隐喻的手法来触动人们的内心世界，来宣泄自我精神世界的情感，抑或是自我灵魂的救赎，从而与观赏者达到一种共鸣与反思。因此，在他的作品中这种付诸创作的独特表现，在当代艺术家之中可以说是出类拔萃的。

近些年来，欧阳巨波的水彩画作品在不断探究下获得了丰硕的成果，他的创作不仅彰显了中国传统审美精神，而且还重构了水彩画的当代精神与文化图

---

①　张贤根：《论现代性及其审美超越》，载《文化中国》（加拿大），2008 年第 3 期。

式。此外，他的作品消解了中国传统审美精神与西方创作手法的界限，使得他的水彩画作品风格在重构中获得了生动的审美经验。欧阳巨波的水彩画作品是感性与理性的交织与融合，鲜明的冷暖色对比则传递给观赏者以情感上的共鸣。在这里，正是他对生活的感悟与对社会的深思，以及运用水彩媒材的深厚功底，使作品呈现出多彩的视觉印象与深刻的文化内涵。

（作者单位：武汉纺织大学艺术与设计学院）

"中佳文化高峰论坛"："艺术市场与审美文化"研讨会综述

史建成

一、湖北艺术市场的繁荣与存在的问题

近年来，湖北省艺术品市场已经初步发展起来，省文联和文化厅一直为湖北省艺术品拍卖搭平台、推作品，在全国领域举办了多项大型活动，这其中包括组织了湖北画家北京展，每两年举办一次美术节，组织湖北艺术家参加第54届威尼斯当代艺术展等。湖北省文联党组书记刘永泽认为，虽然近些年湖北省艺术拍卖市场发展迅速，但仍然具有较大的发展空间，还需要不断积累财富、积累经验，还需要不断完善评估资质平台，通过此次论坛的学术研讨，可以为湖北文化市场发展提供更多的理论支持和指导。

原湖北省人大副主任刘友凡先生提出三点建议：第一，发展艺术市场和审美文化就必须把握时代的走向。现时代的走向就是十八大提出来的建设物质文明、精神文明、政治文明、社会文明、生态文明五位一体的战略部署，实现美丽中国这样一个目标。湖北党代会规划了建设五个湖北的建设蓝图，要建设灵秀湖北，就必须使艺术市场有审美文化作为支撑。第二，发展艺术市场和审美文化必须突出重点主题，不同时期有不同的文化，我们应该重视传统文化为我们留下的宝贵财富。第三，发展艺术市场和审美文化必须强调人文关怀，我们的学会是大学会，我们讲的美学是大美学，我们艺术市场的发展需要大环境，其中要有对艺术家的尊重，对青年人才的提拔，着重改善经营环境，建立合理的政策体制。

中佳文化董事长甘艳玲从文化市场的参与主体——企业的视角畅谈了她对于当今湖北省艺术市场发展历程的感受。她谈到，对于百年来湖北艺术家，诚

信拍卖做了一些梳理工作，推出了"湖北三老"（张肇铭、王霞宙、张振铎）等老一辈已故艺术家的作品专题，在 2010 年推出了"湖北中国画提名展"，并且得到了湖北省文联、美术家协会的支持。甘艳玲认为，当代艺术市场还存在很多缺陷，主要有政策体制、监管乏力、媒体缺位等问题。她指出，我们没有一个公正的平台对艺术市场、艺术家进行评论，而且艺术市场没有建立健全相关机构，我们没有鉴定机构、评论机构、信用融资机构、保险机构等配套机制。

武汉大学人文社会科学资深教授、湖北省美学学会名誉会长刘纲纪先生也表达了对当代艺术品市场的看法。刘先生从中国漫长的艺术收藏史谈起，他认为如果没有收藏家，艺术作品是不可能保存下来的，所以艺术收藏同艺术发展是密切相关的。艺术收藏主要有两种形式，一种是宫廷收藏，另一种是私人收藏。宫廷收藏例如清代的乾隆，他的很多收藏都有印章，上书"乾隆一览之宝"。又例如唐太宗喜欢王羲之的书法，还把《兰亭序》殉葬；后来宋徽宗也是大收藏家。但私人收藏到了清朝才发展起来，因为有资本主义萌芽，最典型的例子是"扬州八怪"的崛起，所以艺术收藏同艺术的发展有非常密切的关系。另外，刘先生肯定了当代的现代艺术品收藏，认为在如今商品社会，艺术品收藏会推动当代艺术的发展。最后他提出几点建议：（1）最好的艺术品进入市场、进入拍卖，将湖北有影响的优秀艺术家推向全国；（2）市场同艺术鉴定和艺术评论结合起来，鉴定家应当对历代的著作、画史的记载、每个艺术家风格的演变都很熟悉；（3）湖北应当成立收藏家协会，要讲明收藏的意义，收藏既是为了艺术品增值同时也会为国家文化发展作贡献，对作出贡献的收藏家给予表扬。

华中师范大学张玉能教授作了题为《实践转向与文化产业》的演讲，他从当代哲学的实践转向谈起，从美学发展的理论背景角度论证了当代审美文化走向生活、走向市场的必然性。

他认为从 19 世纪中期开始有两次大的实践转向；第一次就是马克思的实践转向，可以叫做叫做现代实践转向，标志就是《1844 年经济学哲学手稿》、《德意志意识形态》、《关于费尔巴哈的提纲》这样一些经典著作，这里将文学艺术作为生产来论述；另外一次则是在 20 世纪 90 年代，西方又产生了新一轮的实践转向，包括伽达默尔的实践哲学、美国实用主义哲学美学，他们都主张走向社会本体论，走向实践的分析，也就是说要从分析文学艺术的问题走向实践的分析。当代实践转向具有重要意义，它推进了审美文化的实践化；推进了艺术和文学的发展走向了市场，走向了和大众的结合。对于审美文化和艺术来说，它有三个要素的转变：艺术家的转变，由精神生产转向一个现实的实践的生产；艺术市场逐步形成，艺术品从私家收藏到公开的商品；鉴赏者已经普及到中产阶级。此外，张玉能教授还认为三个关系值得注意：第一，艺术家的非生产劳动性和生产劳动性的关系，马克思将艺术分为两种，非生产劳动性艺术和生产劳动性艺术。他认为应该将两者很好地结合起来，一个艺术家沉入在艺术创作中的时候，应该是非生产劳动者，但当其入世的时候，又应该是生产劳动者。第二，艺术生产和消费的关系，应该让消费来促进生产。第三，精英化和大众化的关系，两者应当很好地统筹起来。实践的转向对文化发展有着非常好的作用。

收藏家蔡兴先生结合自身多年的收藏经验，认为艺术市场已经成为继房地产、股票之后的第三大投资热点，并且成为中国经济最为神秘、最有活力的部分。蔡兴认为，艺术品本身的个性化、非实用性、非再生性以及艺术市场的不确定性都成为艺术品收藏极具吸引力的地方。他认为艺术品收藏本身是投资行为、是个人理财的途径，此外也能够保护艺术品并且提高其美学影响力。对于如何鉴别艺术品价值的高低，蔡兴谈到，艺术品收藏就是名气+背景+思想+技巧。除此之外，还有其他因素导致价值偏差：第一，经济环境影响艺术品的价格；第二，社会环境也影响了艺术品的价值；第三，市场环境和资金的炒作对艺术品的价值有一定影响。蔡先生认为艺术品收藏应当贯彻以下理念：第一，规避投资风险，将资金的安全性放在首位；第二，获得稳定和良好的投资回报；第三，应当树立购买精品的理念；第四，树立中长期投资的理念、艺术品的精神性和物质性的双重性决定了它不同于普通投资行为，要求人们真正具有对艺术的理解和热爱。

二、市场体制下艺术创作与艺术批评的结合

在当今艺术市场发展活力迸发的同时，我们还应当注意将美学、艺术批评同艺术创作结合起来，这样才能更大限度地发掘湖北艺术市场的经济潜力，才能真正融入审美文化发展的时代大潮。湖北省拍卖协会会长阮继清认为，中国的艺术品收藏经历了官家收藏、富人收藏、全民收藏，现在的全民收藏是拍卖界有史以来的最好际遇，但现在全国文物艺术品拍卖市场80%集中在北京和沿海地区的八大拍卖行。所以如何使湖北省在全国文物艺术品拍卖市场占据一席之地就成为一个重要问题。阮继清强调，我们要依靠三种力量：资金和资金

的载体——收藏家、艺术家和艺术评论家、拍卖平台，这三种力量只有相互合作才能够推动湖北的文化艺术市场。要推动艺术品市场的发展一是要靠市场资金的力量，二是靠艺术审美的力量，通过对审美文化的宣传和讲解，引导我们的消费者懂得更多的审美文化和审美标准，使人们产生一种消费倾向，进而产生一种市场力量推动资金向艺术品市场聚集。这就要从以下两个方面做工作：第一，我们既要注重普及艺术品拍卖活动，也要注意提高大众的审美水平。第二，搞好市场的引导，让文化艺术品的消费形成一个更好的倾向。要通过多种媒体来宣传我们的审美文化，让人们在学习的过程中提高自己的品位和审美鉴赏能力并且积极主动地参与到文化艺术品的收藏中来。

湖北省美学学会会长、武汉大学哲学学院教授彭富春从美学发展的自身要求、美学艺术批评同文化市场的关系出发提出了三点看法：第一，应该坚持马克思主义。在马克思主义的指导下多元发展，美学不应当搞僵硬的马克思主义，也不应当违背马克思主义。美学研究应当既有中国的也有西方的，既有古代的也有现代的，这样湖北省美学学会才能保持团结的氛围。第二，美学学会应该关注现实生活。我们既要研究哲学美学，也应当关注艺术美学和我们的生活。我们主张的美学是大美学而不是小美学，这个大美学既关注哲学美学也关注我们现实生活的各个领域，小到衣食住行大到生态环境，像珠宝、时尚都可以纳入我们的研究范围。第三，要发展我们的成员，促进美学学会的新陈代谢。一切爱好美学的人都可以成为我们的会员，这样更有利于我们美学学会推陈出新，创造更多的成果。此外，彭先生就湖北省艺术市场的问题谈了自己的看法，他认为艺术在广义上作为一个产业活动包含三个必备要素：艺术家、批评家、收藏家。湖北的艺术特别是绘画、美术在全国具有举足轻重的地位，但画的质量虽然很高，价钱却很便宜。他认为这是批评家和收藏家要素发展不完善的缘故，从长远发展来看除了支持艺术创作之外还要大力地培养艺术批评队伍，在这一点，美学学会就可以提供这方面的人才。另外一个原因就在于市场和收藏，湖北的有钱人很多，但愿意买画的却很少，所以有必要对收藏界进行启蒙，提高收藏家的美学素养，这就需要我们整合这方面的力量，将艺术家、批评家、收藏家的因素有效结合起来。

武汉大学哲学学院党委书记陈祖亮对彭富春先生的观点表示赞同，认为应当重视对传统美学理论的当代化阐释，使之应用于当代审美文化的建设当中，使美学批评能够为当代艺术市场与审美文化贡献力量。

中南民族大学彭修银教授认为，要从三个方面使美学理论介入到艺术市场当中：第一个是话语方式的介入，从艺术赏析到艺术评价；第二个是言说方式的转换，就是要深入到具体艺术形式的操作层面上去；第三个将艺术市场作为我们研究的对象来介入，我们当下艺术研究缺乏对艺术消费的深入研究，将艺术接受和艺术消费区分开来，并将艺术消费作为艺术活动中必不可少的一环来研究。

三、艺术市场的悖论性因素

艺术市场虽然有利于当代精神文明建设、激发审美文化的发展，但市场自身的盲目性有时候也会起到相反的作用，如何最大限度地减小市场带来的消极因素成为此次论坛的又一话题。武汉大学哲学学院的邹元江教授，经常参加艺术展、画展和拍卖会，他时常有一种鱼龙混杂的感觉。邹教授从西方的"艺术界"理论和"艺术制度论"出发，对艺术市场的缺陷进行了鞭辟入里的考察。

阿瑟·丹托的"艺术界"理论以及迪基的"艺术制度论"反映了分析美学在20世纪60年代对西方先锋艺术的界定，也就是用艺术品的语境因素来界定艺术。阿瑟·丹托在1964年的《艺术界》一文中曾针对杜尚的《泉》以及其他作品提出相关理论，他认为将某个东西看作艺术，包含了某种眼睛无法察觉的东西，也就是一种艺术氛围、一种艺术史的知识、一种艺术界。也就是说，艺术在本质上是一种相关于艺术境况和艺术理论的存在。如果没有艺术界的理论和历史，单纯的现实物不能成为艺术品。丹托将人们对艺术的理解同艺术的内在尺度(作为艺术家进入艺术领域的不二法门)进行分离，将内在的艺术家尺度变成一个外在的艺术史框架的尺度。迪基在《界定艺术》中发展了丹托的理论，他用"艺术制度论"界定了艺术品的人工性以及艺术地位的人工授予性。我们的展览馆、博物馆就是一种艺术制度，艺术资格是在艺术界的框架内被授予的。那么这个框架是基于这个理念，即一件艺术品是为了呈现于公众而被创建的，它只是出于展览、拍卖、表现的目的才出现的。一件艺术品是否成为艺术品要看艺术界和艺术理论是否认可，以及是否符合艺术惯例，也即能否被陈列在博物馆、展览馆、拍卖场。邹教授认为，丹托和迪基的理论是针对非传统意义上先锋艺术而提出的合法性问题，这样一种对某个时段的艺术现象合理性进行的解释是有限度的，而且对我们当今艺术市场和艺术创作造成了一定的负面影响。

针对这个问题，邹教授提到了三点疑问：首先，什么是艺术界？那么谁是艺术界？是各专业的委员会吗？是各专业的协会吗？艺术界如果是各专业协会，就很可能代表的是某个人或某些人的对艺术品资质的认定。这里的问题是谁在操纵艺术品的博物馆、美术馆的准入证。邹教授指出，不久前的湖北省艺术节有很多作品无法达到省艺术节的水平，那么这是谁在操纵这个准入门槛？是艺术界吗？是谁在操纵这个艺术界呢？他认为，从历史的角度来看艺术界只是起到了贬损的作用，所以这样一个外在艺术史框架的限定就成为了一种虚设的限定。比如凡·高在世时其作品没有人去领会它，所以他穷困潦倒。我们的艺术机构在哪呢？我们的艺术制度论又如何存在呢？反而是我们的艺术界给了那些极善钻营的人空间。这恐怕是我们必须面对的赤裸裸的艺术史的历史和事实。其次，艺术品的价值是谁赋予的？一般认为是艺术家，但邹教授认为艺术家只是给了艺术品价值判断的可能性，是或然性而不是必然性，艺术品价值是一种历史尺度的赋予，是观赏者和作品可能性视域的瞬间聚合，所以观赏者也不是某个时段的某个人或某些人，而是作为历史绵延性的注视者。再次，艺术品是确立自足的世界还是现成的世界？邹教授引用伽达默尔的论述，认为艺术作品的特征恰好在于它不是一个对象，它立足于自身之中，并且因为它立足于自身之中，它不仅属于它的世界，而且世界就在它里面。所以，艺术的世界不是对象化的世界，而是在非对现象性的意象所敞开的特有的世界。邹教授认为现成物品对艺术作品的僭越只是作为观念性事件而存在，其并不具有艺术品所能敞开的特有的世界的意味。

湖北美术学院美术学系主任周益民教授非常认同邹元江教授的观点，他认为一方面，艺术界的消极作用是艺术界的悲哀；另一方面，它也是收藏家与艺术市场的机遇。周教授认为，在现实当中确实存在着一大批曾经被边缘化，但的确具有优秀品质的艺术家同他们的作品，这样的艺术家和作品正等待着我们有眼光的收藏家和艺术机构来发现他们。周教授最近非常关注一位以往被忽视的老艺术家——武石。在2012年3月16日由省委宣传部举办的名为"战地黄花——武石诞辰100周年书画展"在湖北美术馆开幕，从这次展览开始，周教授才开始关注这位湖北美院的老前辈。武石的连环画作品《最后一根钢梁》被中国美术家协会、中国版画家协会特颁为"新兴版画贡献奖"，因此武石不仅仅是新兴木刻版画的先行者，而且更应该是湖北版画的创始人和传播者之一。武石还有一个特别重要的艺术创作时期，即20世纪80年代之后国画创作时期。1981年武石在汉阳举办了画展，并且出版了画册《真图记行》。他的大量作品主要是回顾自己了的革命历程，从创作本身的规定出发，通过革命生活中的细节刻画展现出一种真实的感情。在作品风格上看出，他的笔墨特别奔放，恣意挥洒，充满激情。在他大量的记录革命历程的画作当中，真正地用艺术形式表现出我们革命战争的特点，例如体现出了我们游击战、运动战的特点，并且在作品中展现了传统中国画的特点，例如他的书法、题款、诗词、印章。周教授认为，我们身边有这么优秀的艺术家和作品，没有给他一个相应的地位是不应该的。另一方面，周教授也肯定了这种发掘对我们的收藏界和艺术机构来说也是一个机遇，我们可以从这里发掘出非常大的空间。所以对这样一位艺术家，我们有义务和责任进行深入研究。在我们的艺术市场，除了艺术收藏、拍卖之外，周教授认为更重要的是建立一个对艺术品进行研究的学术机构。艺术市场一方面可以比其他机构更多地收集到作品，为研究提供便利；另一方面，在一定学术研究的基础上，作品的价值才能真正体现。

四、中西审美文化与生活

审美文化作为人类文明的宝贵财富与我们的生活息息相关，而且对于审美文化的认同构成了我们当代艺术市场的观念基础。艺术市场的发展无疑最终指向我们的审美文化与生活，同样，对于中西审美文化的深入学术探究也有利于启示艺术市场如何保护和评价艺术品。

武汉大学陈望衡教授就商周青铜器审美特征进行了演讲。陈教授对青铜器研究的兴趣始于在20世纪80年代，1991年出版了专著《狞厉之美》。陈教授主要谈到了中国青铜器发展的几个主要阶段。他认为，青铜器最早是在距今7000年的仰韶文化遗址中发现的，只发现一个青铜片，其后距今5000年的马家窑文化也是只发现了一个青铜片。离文明时期最近的是龙山文化，龙山文化同夏代文化已经有重叠了，那是个是铜器、石器并用的时代。真正进入青铜时代是在夏代，结束是在汉代。陈教授将中国青铜器的历史分为四个时期：第一个时期是滥觞期，从夏代到商代中期。第二个时期是鼎盛期，从晚商到西周，这个时期出了很多出名的青铜器，例如司母后鼎、四羊方尊，这时候是青铜文化的代表，其特点是酒器的比例很大，饕餮纹已经成为代表性的青铜器纹饰，这是那个时代精神的反映。第三个是转变期，从西周的穆王开始到春秋中期，是从重酒器转向重食器，在纹饰上凤凰纹突出了并且铭文增多了，代表中华文明历史意识觉醒了。第四个时期，春秋中期到战国末期。在这样一个天下大乱向天下大治的转变时期，青铜器以钟鸣鼎食为重要组合。青铜器的形制发生变化，变得轻盈、活泼、优雅，饕餮纹已经销声匿迹了，铭文也发生变化，以鸟虫状为主。青铜器的繁盛是商代，西周继续繁华，到春秋战国就不景气了，到秦汉就走向衰落。汉代之后，大型青铜器就很少了，取而代之的是漆器，这个时候人们很看重现实生活的感受，以前的青铜器代表国家的权力，现在这个功能不需要青铜器来代替了，而是用印章和皇帝的书写来表示。

湖北工业大学王梦林教授就宋代瓷器的鉴赏展开讨论。他认为，宋代瓷器代表了中国陶瓷的最高成就，形成了众多名窑、名品，开创了陶瓷审美的新境界。他强调从这个阶段开始，中国所有的器物审美上已经达到了标准的总结阶段。他认为，宋瓷非常符合中国对玉文化的审美标准，瓷器按釉色分为青瓷、白瓷、青白瓷、彩瓷，这些瓷器的制作其实是在实现人们对于玉的追求。武汉纺织大学杨洪林教授就汉水审美文化提出了自己的观点。他认为，我们面对汉水的时候，它首先是一条河流，一条穿越时间、空间的河流。汉水孕育了楚文化，这样就有了汉语、汉字、汉服等，在我们的审美文化里面流淌着汉水文化的基因。杨教授将汉水审美文化的内涵概括为 12 点：(1)优美的自然文化景观；(2)奇特的古生物文化景观，稀有的审美文化资源；(3)珍贵的人类文化遗址及其制品，不可再生的审美文化研究资源，(4)源远流长的农业文明，可供发掘的农耕审美文化富矿；(5)原始神话传说，神奇的审美文化创作资源；(6)美不胜收的民俗文化，亟待开发的民俗审美文化资源；(7)蔚为大观的诗歌文化，彪炳古今的审美创作；(8)源远流长的地方戏曲，独树一帜的戏曲审美文化；(9)享誉世界的宗教文化与世界文化遗产，弥足珍贵的宗教审美文化；(10)独树一帜的著述文化，汗牛充栋的审美文化文本；(11)堪称茶文化之滥觞，名扬四海的茶道审美文化；(12)堪称世界奇迹的乐器，人类音乐审美文化的绝响。此外，杨教授还总结了汉水文化总体特点：(1)本根性与交融性的统一；(2)原创性与吸纳性的统一；(3)高雅性与通俗性的统一；(4)理想性与现实性的统一。

中国地质大学向东文教授主要谈到了保加利亚的美术现状。向教授指出，保加利亚是一个多山的国家，有 700 多万人口，并且它是整个斯拉夫文字的起源地，在保加利亚可以感受到整个斯拉夫民族的语系及其艺术的起源。保加利亚人民挚爱美术，而且由于跟西欧交流很少，所以它的艺术具有相对的完整性和更加强烈的民族性。保加利亚的艺术品很有个性，但个性彰显得不是很强烈，展现了宁静、乐观的民族性格。由于保加利亚经济欠发达，所以他们的艺术市场基本没有得到开发。向教授认为，我们的拍卖行应当立足国内，放眼世界，积极投入到世界艺术市场中去，特别是像保加利亚这样有着巨大发展潜力地方。

湖北大学文学院梁艳萍教授就日本美术发展及其现状作了专题演讲。梁教授从 2006 年到 2013 年，先后两次去日本东京大学访学，其间了解了一些美学与美术史教育的问题。她认为，从明治二十二年东京艺术大学创立以后，日本的美术教育一直走在亚洲的前列，早期接受中国画风的影响，后期逐渐走向了西洋艺术的道路。考察期间，梁教授考察了东京大学美术馆、东京艺术大学美术馆、三菱美术馆等。他们的艺术专业除了传统的绘画、雕塑之外，漆器、影视文学、环艺也都在全面培养人才。除了美术专业教育以外，日本各大学都有美学美术史、美学艺术学专业。这样就使日本民族在艺术审美、绘画接受方面处于先行者的地位。梁教授了解到 1980 年之后，日本经济很发达，全世界拍卖市场上 40% 的绘画都会流入日本，日本成为世界绘画最大买家，一共买进了 138 亿美元的艺术品。在日本的美术馆可以看到凡·高、梅诺安等艺术大师的真迹。随着艺术市场的泡沫破灭，高价买的艺术作品价格狂跌，很多艺术收藏者成为画奴。从 2000 年开始，日本开始了体系性的收藏，例如静冈美术馆专门设有罗丹馆，三菱美术馆专门收藏浮世绘。此外，梁教授还谈到日本比较发达的茶道、服饰、农民的版画、社区绘画等。日本艺术品同日常生活结合得非常紧密，一个是对风花雪月的追求和欣赏，二是艺术鉴赏对人们衣食住行的介入。

（作者单位：武汉大学哲学学院）

对"怪力乱神"的观念艺术的学理性烛照

——王杰泓《中国当代观念艺术研究》评介

汪树东

何谓观念艺术？这对于绝大部分普通人而言依然是一个谜。但当马塞尔·杜尚提着一个现成的小便器参加艺术展并命名为《泉》时，观念艺术诞生了。当约翰·凯奇把双手悬在钢琴上 4 分 33 秒，听众听不到任何音乐，他却宣称自己完成了伟大的演奏时，观念艺术就获得了长足发展。当约瑟夫·博伊斯将蜂蜜涂满头部，脸贴金箔，怀抱一只死兔，迤逦于杜塞尔道夫画廊而行，最后轻抚死兔毛皮，向它喃喃解释那些绘画的意义，并宣称自己完成了《如何向一只死兔解释绘画》的行为艺术表演时，观念艺术登堂入室了。面对这些观念艺术，常人会大感疑惑，古希腊雕塑《断臂的维纳斯》的优雅哪里去了？达·芬奇《蒙娜丽莎》的神秘哪里去了？甚至是凡·高《向日葵》的那种狂野哪里去了？这还能够称为艺术吗？但是，这不但是艺术，而且已经发展为国际化的当代艺术主流。

把视线拉回中国，自从 20 世纪 80 年代中期以来，西方影响势不可挡，中国观念艺术也已经愈演愈烈，蔚为大观。徐冰花时多年，造"字"（实际上是像汉字但却不是汉字的假错字符）4000 余个，最终完成谁都不认识的《天书》；他的《鬼打墙》花时一个月，动用人工数十人，用掉了 300 瓶墨汁和 1000 多张高丽纸，最后拓印到长城城砖拓片 1000 多平方米。丁乙十四个年头重复绘制小方格而成《十示系列》。顾德新每日一块一共捏干了 1296 块肉块，终成《捏肉》。王劲松《百拆图》则选择了改革开放 20 年后在北京城市旧建筑中随处可见的、被圈写起来的"拆"字，100 张图片从"1900"编号到"1999"。余极却在户外以切片面包垒起一座长宽各 3 米、高 1.8 米的面包金字塔，而它不久就被蛀虫侵蚀而最终消失，于是这项行为被命名为《金字塔的舞蹈》。

面对这些"怪力乱神"的观念艺术，我们到底该如何理解、如何定位？它们是采用何种艺术语言创造出来的？它们和具体的文化语境之间构成了何种对话关系？它们的出现对于美学、艺术史哲学又提出了何种挑战？王杰泓的专著《中国当代观念艺术研究》(中国社会科学出版社 2012 年版)非常系统、深刻地探讨了这些问题，让众说纷纭、莫衷一是的中国当代观念艺术全面呈现在学理性的烛照下，对于推进艺术学的本体研究以及寻求当代艺术批评的普适性方法具有一定的填补空白的意义。

第一，深入林林总总的中国当代观念艺术作品，稠密分析并梳理其艺术语言的不同种类和层次，从而还原出中国当代观念艺术的鲜活现场和历史脉络，是该专著首先值得揄扬的特点和贡献之一。

该论著把中国当代观念艺术的艺术语言划分为相对自主、独立同时又紧密联系、逐步升华的三个层次：作为物质媒介、艺术载体的形式语言，作为观念措置、传达艺术理论的修辞语言，作为显现生命感性、张扬艺术之自由精神的审美语言。在第一个层次上，中国当代观念艺术和文学、戏剧、电影、音乐等其他艺术门类相区分，突出了视觉感知效果；在第二层次上，则与其他艺术门类取得沟通，通过共同的修辞措置以追求主体的表达；在第三层次上，同其他艺术门类一道，与人类文化的其他形式(如宗教、历史、哲学等)获得了沟通，从而在生存论或人文精神的高度上觅得人类的诗意栖居之所。就第一层次的形式语言而言，中国当代观念艺术呈现出来鲜明的"后架上"特点，并被划分为不同的类别：丁乙的《十示系列》、李华生的"流水账"式的《日记》、顾德新的《捏肉》等代表了中国观念艺术的"极多主义"倾向；非常注重利用"文字的力量"的观念艺术则有焦应奇的电脑交互"文本艺术"《笔不周》、《文化反思》、《精神实验》，徐冰的《天书》、《鬼打墙》、《尘埃》等；而装置艺术的代表是蔡国强的《威尼斯收租院》、尹秀珍的《洗河》和《酥油鞋》、隋建国的《殛·欢乐英雄》、林天苗的《缠的扩散》等；至于"道成肉身"的行为艺术则有张念的《孵蛋》、王德仁的《抛洒避孕套》、王晋的《100%》、张洹的《12 平方米》。此外，新媒介和多媒体建构的观念艺术则有王劲松的《标准家庭》、《百拆图》，张大力的《拆》，张培力的《卫字 3 号》等。至于修辞语言，专著主要分析了中国当代观念艺术的重复(如仓鑫的《舔》、《我的游客身份》)、戏拟(如王晋的《扣门》、《娶头骡子》)、并置(如张卫的《齐白石 VS 梦露·简单生活》)、挪用(如邱乃壮的《大地走红》、蔡国强的《威尼斯收租院》)等。而在审美语言层面，中国当代观念艺术的后感性、言意之辩等问题，得到了清晰的辨析。通过这种具体而微的深入分析，王杰泓提供了理解中国当代观念艺术一个清晰的学理框架，让混乱无序的观念艺术获得了历史和逻辑的秩序。也许这种秩序恰恰是观念艺术家们试图要打破的对象。但是若不建构这种秩序，观念艺术就无法被合理地接受。

第二，以宏阔的艺术史视野审视中国当代观念艺术，强调观念艺术的"中国方式"，文化研究的问题意识鲜明，价值判断犀利，是该论著的另一个值得赞赏的特点。

观念艺术毕竟是在高科技时代出现的全新艺术现象，没有古今中外的会通视野，绝对无法把握它们的来龙去脉。王杰泓在审视中国当代观念艺术时，非常自觉地确立了宏观的学术视野，调动起了深厚的学术积累。例如在专著第二章考察中国当代观念艺术的互文性时，就深入探究了由杜尚、博伊斯等人代表的西方观念艺术，以及传统的"写意山水"与中国水墨精神，并通过文化研究的维度，富有启发性地演绎了观念艺术和当前社会文化之间的欲说还休的多重关系。正是这种宏阔的学术视野，赋予了该论著一种厚积薄发的大气。

尹吉男先生曾说："生活在中国现代文化背景下的艺术家们，没有必要回答纯属某个西方国家的特殊问题，而应当在回答中国问题的同时，去回答人类的共同问题。"的确，对于中国当代观念艺术而言，这是启迪人心的至理名言。专著在批判性地考察中国当代观念艺术时，也矢志于寻觅观念艺术的"中国方式"。他认为，对于中国观念艺术而言，重要的不是在纯概念或纯学理的范围内把握今日艺术，而在于观念艺术能否作为一种新的文化诗学参与当代本土文化的重建。具体来说，就是能否通过移植西方话语来重写本土经验的有效性，能否通过转换传统话语来重塑现代艺术的现代性，能否通过挪用现实话语来重树当代艺术介入、反思和批判当代社会的方法与方式。因此，在阐释2000年第三届上海艺术年展时，该专著突出了其对"本土现代性的守望"的主题，认为艾未未、冯博一策划的"不合作方式"，包括顾振清策划的"日常·异常"、栗宪庭策划的"对伤害的迷恋"等，语言虽狠，观念亦较偏激，都像是眼中钉、肉中刺、鞋里的一粒小沙子，横竖会让一些"假洋鬼子"不舒服；不过站在本土现代性的高度守望，不舒服未免不是一件好事，它至少可以让我们知道到底是哪儿不舒服。

正是出于对"本土现代性"的企望，作者对中国当代观念艺术的批评是非常尖锐的，价值判断犀利而不容情。例如他严厉地批评了某些观念艺术家对西方观念艺术家的抄袭，或者不断对自己的模仿。像曹晖的"小便池"之于杜尚的"喷泉"，杨志超的后背"种草"之于皮特·史泰姆布朗的手臂"种草"，孙原、彭禹的《文明柱》之于博伊斯的《油脂椅》，张洹的《65公斤》之于特拉瑞克的《皮肤伸长的结果》等，都受到了严厉批判。作者还指出，在客观上，缺乏像西方那样的艺术史逻辑的中国观念艺术，其在本质上是"无根"的，其之于"本土当代艺术"建构的贡献微乎其微，而它全部的价值或许仅仅在"讽喻"或"寓言"的意义上，那就是站在检讨与反思中国当代艺术的角度上，其具有某种反向性的启迪价值。此种判断对于中国当代观念艺术家而言无异于当头棒喝，但也的确是基于学理探索之上的苦口良药。

第三，高扬人文关怀的精神旗帜，渴望超越追寻的宗教精神，富有高洁的精神旨趣，是该论著又一个值得尊敬的特点。

众所周知，观念艺术家虽然具有可贵的先锋探索精神，但是虚无主义总是与这种探索如影随形。因此，立场纯正的研究者在对研究对象保持着十足的同情之理解的前提下，也绝不会放弃自己的精神追求。该专著一方面深入考察先锋艺术的虚无主义心灵史，批判那些放血、食人、割肉、玩尸体等虚无主义式的行为艺术，让人清晰地看到观念艺术的虚无偏至何在；另一方面则重点阐释那些有严肃追求、精神旨趣高远的观念艺术，如王晋的《100%》、李海兵的观念摄影《一样的我，一样的目光》等，让人理解观念艺术应然的精神指向。王晋的《100%》的构思独特，王杰泓如此阐释该作品：40个民工叠成20根"人柱"，"撑起"长虹般贯通的现代立交桥。灰黑色的躯体与凝重质感的水泥桥墩浑然一体，具有一种压抑的形式感。在镜头前发扁、变形且暂时"长高"了一倍的民工，仅只其血肉之躯的弱小同冰冷威严的水泥形成的视觉上的强烈反差，就足以令我们陡生几多心领神会的沉重与心酸……作品释名也不玄奥："人柱"的形式借鉴了当代艺术数字排列和技能展示的概念；100%既是对数字时代技术图腾崇拜的隐喻，也是对"人为物役"、"数字＝主体"、"劳动者即弱势群体"等现实悖论关系的强烈反讽。这无疑也是论者富有关怀"人"的命运、关注社会弱势群体的人文精神的强烈体现。

鉴于许多观念艺术家总想着点子竞争，或被功名利禄所惑，或深陷虚无主义陷阱，专著还专门推举旅美台湾艺术家谢德庆对艺术的真诚和人文关怀精神。1978—1984年四年间，谢德庆分别完成了《笼子》、《打卡》、《户外》、《绳子》四项以整整一年为周期的自虐型行为艺术。此后，艺术家又完成了"做壹年"的作品《不做艺术》以及从1986年12月31日到1999年12月31日(谢的生日)长达13年的行为苦役——"尘世"。作者认为，谢德庆把人生最美好的20年献给艺术的"牢狱"式体验，最可贵之处恐怕不在于他在作品中提出了多少有关艺术、有关生活、有关人类生存以及有关世界的意义等难题，其最打动人的就在于他对艺术的真诚！在一场"艺术代宗教"的当代艺术革命中，真诚是最重要的。

因此，该专著在最后对中国当代观念艺术做整体的展望时认为，在经历了从"附魅"到"祛魅"的位移之后，当代艺术似乎重新踏上了"返魅"的回乡路，而具体到中国观念艺术，其最大的"返魅"表现就是开始与宗教结缘，例如高氏兄的《临界·大十字架》、谷文达的大型人发装置《联合国系列》等均是如此。正所谓，在一个"无神的时代"里，观念艺术成了当代人渴望精神皈依的宗教。当然，中国当代观念艺术最终是不是会如作者所言能够"返魅"，我们还要拭目以待。不过，经过专著作者系统而深入的研究，中国当代观念艺术的确已经获得了一次超越性的精神光照。

（作者单位：武汉大学文学院）

初心未改，方得始终

—— 对一个民间美学思考者的思考

李跃峰

中国美学的民间话语的演进是与主流美学史如影随形、又若即若离的另外一条道路，中国社会结构有着自身多维的存在，不仅在学院与草根之间，也存在于城市与乡村，南—北、东—西之间。与曹功良先生"偶遇"，源于一篇关于科学美学的文集。笔者惊讶于老先生耄耋之年尚有这样的审美洞察与美学追求。文中曹先生从科学精神谈到美的历程，从自然美、科学美的关系到现代城市雾霾之困，对"人化自然"与"自然人化"哲学概念的美学质疑，乃至宜居家园、生态城市的建设等，从微观到宏观，如数家珍般勾勒出自然对于人类文明的本源性价值。那些看似无生命的石头、矿物、山川河流在美学维度的思考下都具有了高于其现实经济学价值的价值，华夏人文精神的气质蕴藏于科学化的现代言语之中，一切自然而然之物都具有一种来自历史与大地的本体性神秘生命力量，一种内在于自然之中的自然本性力量化生万物的运动。

我想，也许是江汉平原故乡的自然山水为老先生保留了一份独特的深入骨髓的生命经验，那是荆楚文化的故乡，古老的云梦泽退却以后留给后人的山水意境，也是一种关于人生的审美经验。对当代社会而言，保留华夏文明那些被遗忘的自然就是对城市化运动最重要的反思之一，科学是伟大的，但科学作为传统也是需要反思的。工业与消费城市的辉煌也许并未解救人性的危机，现代高效社会留给人的更多的是一种惶恐与无家的经验，但大自然却是永恒宁静的守护者，它具有天然的给予性。这种似乎是无限的给予性已经影响了千年的文明，自然在哪里家园之根就在哪里。

中国人对于美与故乡的深层经验在相当程度上是重叠的，这也许这块古老大地对于中国最深沉的美学馈赠。这种东方文化心理经验成为笔者与老先生发生共鸣的地方。现代工业化城市更多的是作为乡村与自然的对立面而存在，正因如此，来自原野的风，略带湿气的空气、娇羞的花蕊、土地孕育的神秘和自然的建构力量才逐步成为当代一切物质性文明真正的稀缺资源。城市不仅需要景观规划设计，更需要自然、天空的生命证悟。大美无言，正因为自然本身是无言的，因而是本体性的文明建构力量，"生而不有，为而不恃"①，土地山川是文明的朴素本源，古老的被遗忘的自然性文明中掩映着尚未说出的美感经验与智慧，正等待着工业与都市的回应。

在古希腊，对世界的思考同样起于自然，但"自然"只是起点并不专注于"自然物"，它一经概念化以后更多地指一种通过追寻"本原"、"本质"、"本性"的"自然"（nature）来理解和把握存在者以及存在的形而上学。这种逐步脱离具体物性的方式是希腊人科学和哲学得以可能的前提，也现代美学范式的精神起源之一，那种以哲理的方式探寻美的根源或根据，即"自然"作为"本质"就是"根据"（存在者存在的根据），当然也是一切美的艺术的最终"根据"。柏拉图把"理式"（idea），亚里士多德把客观的质料（substance）或"赋形"（form）作为根据。中世纪万物与美的"根据"则在于上帝，近代则是笛卡儿的"我思"之我，莱布尼茨是"单子"，在黑格尔那里则成为理性即"绝对精神"，美也成为理念或根据的感性显现。

审美实践和人类感性经验的积累机制是检验文明成果的重要尺度，这也是近现代历史的哲学性反思经验，关乎理性、科学，也关乎感性与人文存在的追问。联想到中国即将展开的全面城镇化和城市升级运动，这样的反思依旧有其不凡的意义。东方特色现代生态文明的建立，古典与现代的多元文化共生原则必包含现代化对前现代文化必要的尊重与传承。英国现代历史学家汤恩比曾经预言的关于东方文化将引领世界的预言显然不仅仅是一种哲学与历史的幻觉，事实上17世纪思想家如伏尔泰、莱布尼茨等近代早期西方转型时期的先知先觉者早已作过这样的预言。对于古老的东方而言，那源于古老土地与自然的经验缊含着现代生命尚未揭示的智慧。曹老先生在颐养天年之时，显然已将自然故乡的经验升华到了人文意义的层面，将积累的感性经验转换为一种美学精神，令人赞叹！

现代意义的"感性"何以成为美学，成为一种文明的力量，这在提倡理性与科学发展观的时代是尚未深度思考的问题。"美学"作为哲学性的感性认知本身就伴随着20世纪中国现代史的成形过程，它不仅具有近代历史所给予的

---

① 《老子·第二章》。

人文与理性品质，而且在汉语语境下还贯穿了东方文化心灵的独特悟性根基，并不断与其他学科相互渗透。需要指出的是，让美学成为科学在中国是一项未竟的事业，中国传统的依赖与大陆的农业社会沉淀了东方人文气质和心理基因，并将这些具有东方独特文化气质反映在审美思维范式以及活动之中。在科技理性已经占据统治地位的条件下，基于文化传承的心理准则依旧是一切创意文化和艺术的历史基础。

中国是一个绵延不断的文明古国，古代中国人对美与艺术有着诸多妙趣横生的深度思考。无论是春秋战国时代的百家争鸣，楚地烟波江上的屈骚忧愤，还是两汉文明的波澜壮阔，魏晋风度的洒脱清逸，唐宋文人书画所表达的人文性情等，都从各个独特的层面表现了华夏文化穿透时空的永恒魅力。书道、剑道、茶道、天道、地道……中国古典时代的各种道论历史性地影响到整个东亚世界的艺术及审美心理建构。它反映在各种诗论、文论、画论和书论中，也延伸到当代世界现代或后现代艺术理论里，汗牛充栋却又十分零散，系统化、理性化程度不高。它作为一种文明精神的显现，尚不足以对现代西方哲学化美学的挑战构成有力的回应。

在近现代西方文化对古老东方农业文明毫不留情的冲击下，晚清以来中国先进的思想者开始对自身文明历史做出全面深刻的思考。从王国维和梁启超的时代开始，中国独特的文明气质、艺术和审美思维方式就被纳入深刻的近代理性化反思运动之中。这样的思考在 20 世纪动乱年代一度气若游丝却始终延绵不绝，民国时代有朱光潜、宗白华、邓以蛰、方东美，50 年代以来又有蔡仪、李泽厚、徐复观……80 年代后又有刘纲纪、蒋孔阳、叶朗等先生的持续跟进与思考，以至于 20 世纪 80 年代伴随《华夏美学》、《中国美学史》(李泽厚、刘纲纪主编) 等系列美学专著的完成，形成一股席卷全国的"美学热"。这成为 20 世纪晚期新启蒙思潮以来文艺思想与近现代哲学反思结合的重要时间节点，它展现了中国艺术与哲学走向世界的可能道路，影响深远，21 世纪以来的所谓现代与后现代艺术思考始终都离不开这一历史基点。

无疑，曹先生代表了那个时期以后美学在民间的成长，一种在 20 世纪中国未完成的理性化或现代性美学思考的民间化整合。虽然曹先生本人并非传统的"学院派"，但"草根"与"学院"并非截然对立，它们是差异化的互补，在涉及美学问题的地方还会有诸多可探讨之处。正因为是根植于大地的诚实，它才显得珍贵。

《美学百问》①是曹先生自我美学体验的系统性提炼，包含了 20 世纪以来众多美学思潮的沉淀，既有古典"礼乐合一"美论思想和近代"真、善、美"的传统理性思考，也有现代意义颇浓的完形心理学美学流派，如阿恩海姆格式塔理论的介绍以及现代科学美学的思考。该著将带领读者进入我们这个时代诸多美学原点问题的讨论与回味，在字里行间与一个跨世纪的老者进行美学对话，相信会使广大美学爱好者们获益良多。美学从它诞生那天起就一直争议不断，对美学问题的追思与回答也伴随着文明精神的递进，这样的思考与讨论还会进行下去。生命中每一次精神性升华与沉淀都是珍贵的，30 年来美学在中国的命运几经波折，推陈出新，温故知新，这不仅是美学思想者的使命，也是所有国人的提升文化修养的重要途径。

对于"美学"的理解，人们一般容易从"美"这个中国语词的感性角度去把握，或者从艺术品收藏、"雅玩"、"雅聚"等层面去理解和体味"美"的感性存在。少女的无邪，童稚的天真，精致的工艺，"山水中国"的意境，动漫、史诗、3D 大片或网游、书画、古玩、陶艺、舞蹈之美，甚至"韩流"的新潮时尚，都是引发我们愉悦的情感、供我们把玩欣赏并有所思考的美之对象、美之事物。有些时候，美学甚至成为一种独具魅惑的地产广告（如海德格尔：人诗意地栖居在大地上）。

但美之所以成为"学"，成为一种系统化的哲理性思考，成为一个民族形而上的理性气质与涵养，却并非那么简单。中国自古就有诗书教化之国的美称，讲究"礼乐合一"，至少在商周时期就有"美"这个字，究其文字学意义而言，就有宗教、祭祀乐舞与美味、形式美等多元复合意义。周时期的孔子就为中国君子们准备了"六艺"（礼、乐、射、御、书、数）之说。这样的要求在今天看来俨然表现出"高、大、上"的气息，它们并且都是作为人格美的修养而提出的。中国文明甚至也被归结为"礼乐文明"。应该说，轴心时代的华夏先哲们已有了很多关于美的形而上思考，如儒家的"大乐与天地同和"的美感论，道家的"道法自然"的审美主张，以及禅宗对于心境的无限空灵追求。但在华夏先人众多的美学性创造与艺术品鉴中并没有发现有"美学"这个概念和关于美的整体性思考，传统中国美学对于美的品味与体验，始终未能达到一种具有现代形而上、系统化的"美学"高度，后者是近代理性运动的必需。近代以来，中国美学思想者从轴心时代以后又一次对前现代文明的深度理性化再造，来自

---

① 曹公良：《美学百问》，武汉理工大学出版社 2015 年版。

近代西方的理性反思的经验刺激，悄然打开了另一扇思想解放之门，在晚清以来的新文化运动中开始隐然觉醒，标志就是王国维的《人间词话》。这部作品作为中国第一部将西方美学与中国古典美学融会贯通的文论，率先经验和吸收了近代西方思想尤其是康德和叔本华的美学思想，并与中国传统美学相融合。

它不同于古典美学(美是"道之文")的观念，提出一套初步系统化的美学观，即"境界说"(美在境界)，它包括写境与造境、有我之境与无我之境等内容，朦胧中开始开启了中西之间遥望已久的美感哲学与心灵对话，在艺术家修养和创作上都有精辟独到的见解。在华夏世界解体的边缘文明带上，已经开启脱亚入欧道路的日本表达了对古老华夏文明最后的致敬。19世纪末，日本人中江肇民率先发现了西方近代传统中"感性学"思维的奥妙，较为准确地用汉语中的"美"与"学"组合翻译了德语"Aesthetik"(美学)一词，后者显然比严复等人"妙悟论"和"佳趣论"翻译更为切近近代思想的本质。北大校长蔡元培先生在20世纪初以"美育代替宗教"的教育主张的提出也是对民族美学素养进行升华的努力的一部分，蔡老先生以教育家的眼光把美学修养作为替代西方近代以基督教自我革新解决文明危机的方案。鉴于文明重建过程的历史复杂性，20世纪中华民族不仅经历了革命性的断裂，也经历了最持久动乱与治理的反复及发展性的断裂与文明涅槃。传统以中土为核心亚洲边缘已经破碎，王道天下观已经破产，近代以来的革命话语也已经异化、符号化，无数的昔日东方民族在世界化潮流中堙没成为文明的遗迹，成为一个个奇异的他者。再加上中国自商周以来就否定了宗教的主流政治功能，无形之中增加了近现代华夏文明圈重整的难度。

在这样的大环境中，理性与科学的边界游移不定，21世纪全球化运动进入虚拟边疆开拓时代，殖民、反殖民、革命与反革命，后革命，理性与科学，从实体到符号的历史运动已经达到极致，但美学的问题尚未真正成为一以贯之的话题。在这样一个启蒙、革命、科技进步和经济全球化的世纪，美学问题一度兴起却迅速隐没。

美学根本上来说首先是一个15世纪世界地理大发现后近代思想突破封建与宗教桎梏的理性化运动的一部分，在西方见证了古典主义艺术到现代主义美学观的巨大变迁，它在西方已经完成了理性的建构与现代的批判并面临诸如和后现代"哲学的死亡"一样的"美学的死亡"，但在东方世界系统化的完善、归纳并与全球化的时代同步的发展则尚在行进之中。各类后现代、现代与前现代美学问题的复杂交织，在对传统中国美学反思的基础上进行科学化、体系化思想建构是美学建设的一大目标。这样系统化清理、刷新、再造与完成活动应从近代中西文明的碰撞中得以开启，这是在社会各层面逐步沉淀和展开的过程。居于改革开放经济大潮前沿的曹先生所具有的理论敏感则再次证明了这种美学之路的复杂性。

17世纪欧洲是科学家和哲学家如同雨后春笋般涌现的"天才的世纪"，文艺复兴带来文学艺术上的斐然成就，理性主义者们树立起科学化的思想规范，艺术与美的规律也不例外。18世纪初，欧洲崛起的浪潮已经开始从沿海商业带波及内陆农业区，并因而迫使欧陆哲学形态具有更大的时代包容与解释力，以实现历史性超越与成长。莱布尼茨的单子论哲学体系的提出因应了这一点。那时迟迟未能走出中世纪的德国，在文艺复兴以后的余波和新教改革以及早期古典理性主义美学启迪中，终于打通了与古希腊的精神关联，克服了信仰与理性的危机，迎来了自身朦胧的艺术与美学思想的觉醒。德国人承继了希腊—罗马所塑造的地中海文明的骄傲，"在哲学上拉起了小提琴"（恩格斯语），不再是"哲学的庸人"（马克思语）。这是德意志民族对感性经验进行总结和升华的历史性阶段。

美学作为关于美的科学，在艺术与哲学之间建立了有效的沟通之桥，美学诞生地无疑是近代欧洲后发国家——德国。18世纪的德国，莱布尼茨的单子论徘徊于科学与信仰、理性与上帝的矛盾之间，他认为美的根源在上帝，美的本性在和谐，隐晦地论证了感性（主要指艺术与美）基调在于上帝赋予单子的前定和谐。"美学之父"鲍姆加通于1750年发展创造了初步感性学（即美学）体系，即一种感性认识得以完善的科学，他要为感性认知（主要是艺术与美的思考）寻找一个合乎时代精神的逻辑学基础，以符合那个时代对于真理的普遍认识。康德则意识到审美鉴赏是一种理性批判能力。而在黑格尔看来，美学又成了艺术哲学，成为理念的感性显现，一种理性精神高贵的品类；谢林则甚至认为美与艺术是哲学的最高官能。这改变了美与艺术的低级地位，艺术的哲学与历史基础才被认知和肯定。而后来的德国浪漫主义则看到了美学人性化的理性边界，开始遥望现代美学的景观。在文化思想史上这是启蒙精神的阶段性完成，它为柏拉图"模仿论"以来被贬抑的西方艺术进行了真正的精神平反，同时，在逻辑学与伦理学体系之外为人类开辟了新的认识真理之路，也为后来的存在论美学作了必要的铺垫。在这条真理之路上，艺术与美的探索具有了哲学性的力量，这也成为20世纪西方的反思精神提供了可持续的文明力量，即使经历了如二战那样几乎毁灭欧洲的人文及历史悲剧，西方人仍然能够在现代和后现代潮流中聚集足够的反思力量，产生了伽达默尔、杜夫海纳、阿尔都塞、德里达那样颇具美学意义的现实批判者。后来西方美学的所有探讨都是以这一历史道路为出发点，欧洲的文明精神依旧在文艺复兴的理性与实践中向未来进击。

然而这些问题并没有在中国得到深入的思考和解决，美学与艺术理论甚至成为有意被各类技术性话语替代的领域，感性的文明力量尚未获得完整扎实的哲学根基。艺术生活在现实的胞衣之中，是为他者服务的，而他者的永恒异化恰恰是 20 世纪中国激烈变迁社会的命运。在强烈紧迫感中前行的华夏文明，救亡、革命与科学发展的主题显然是高于人文艺术的形而上思考，关于艺术的思考主要作为解决文明危机的功能性产品，只能在一个相对狭小的空间内艰难成长，五四以后，革命的救亡压倒启蒙成为时代的特征，国家主义的、家庭与集体主义的力量是居于主流的却未必是清晰的，个体的边界、人的哲学、人的感性能力的培养一直是粗放的甚至是蒙昧的，欠缺一种真正的理性话语与时代语言的建构，也欠缺一种与传统能有效勾连的精致的民族性感性能力的培育。

"天若有情天亦老，人间正道是沧桑。"（毛泽东《七律·人民解放军占领南京》）不断自我解构中艰难建构的中国美学史，基本上经历了西方近代从宗教启蒙到理性狂飙运动的具有代表性思想的洗礼，包括后来的苏联文艺模式和美国文化工业模式(好莱坞)的冲击。在这些洗礼中，中国的美学家们一直在尝试克服意识形态外表下内在或外在的惶恐与犹疑。19 世纪中叶的马克思则把德意志古典唯心主义理性哲学彻底颠倒，把美学置于千百万人基于历史的劳动创造和生产活动之中，亦即一种必须克服的异化的感性现实中，在早期野蛮资本横行的人类世界发现了现代美学思想花园，人在非人性的原始资本主义生产中消耗了自身却将创造性力量注入对象即劳动产品(艺术品)中，是那个时代异化的劳动者为历史注入了真正的本质力量，人的审美感性力、人的本应丰满健壮的身体在广泛的异化劳动中是被遮蔽的客体。他与后来的尼采和海德格尔一起成为 20 世纪现代西方存在论美学的理论先导。尼采认为只有艺术与美才能抵御虚伪道德与科学的宰制，认为美是创造力意志的实现。海德格尔则把存在置于语言的纬度，把美学推向现代思想的边界，不再专注于理性。我们的时代是一个需要对无意识、潜意识以及各类民间亚文化语言、网络语言进行激发和再思的时代，各类后现代话语更是铸就了现代理性思想无法完全把握的另类真实。现代语言和话语正力图打破一切传统思想的藩篱，穷尽思想与存在最大的可能性，这深深影响了 20 世纪的美学史和美学化世界图式，传统意义的美学正在支离破碎，但美学的使命尚未完成。

对于东方而言，当代美学也许已经不再仅仅是一个理性、革命、经济实践或设计理论的话题，而且是身体、语言、符号、心理、虚拟现实等其他文化问题的一部分。汉语经过千年的沉淀，其思想与文化能量在五四启蒙话语和现代新媒介条件刺激下正悄然引起另一场远超五四的"白话文"运动、互联思维和生理、身体与心理的革命，走向全新的心灵心理与思维空间的建立。传统国家与文明的边界已然错动，什么是现代的国家，现代的文明、现代思想和语言，现代的美学？这显然亦是一个不断寻求新解的过程，21 世纪的中国正经历革命终结后必须孤独崛起的现实世界历史运动与意识形态剧烈变迁的时代，也正经历着人类世界史上从未有过的技术化、数字化革命所带来的社会变革，人类心理行为模式、感觉、感官比例、感性方式必然经历革命性重组，新新人类不断产生，代际差异不断扩大，但一切伟大的文明在本性上都是宁静的，都天然地在寻找更有感召力、更有柔性和建构力量的成长方式。美学作为个人魅力与国家软实力的体现，自然会呼唤一种来自最广大边缘的感性重建力量，并发现它的内在理性、历史、逻辑与语言结构，用一种有深度的技术观、历史观、哲学观和有生命力的现实话语交集，去梳理历史与现实的合法性。后马克思主义以来的美学性思考尚无法超越这一现代美学历史经验，中西之间、马列与毛泽东艺术理论、庙堂与草根之间的美学沟通对话远未产生建构性效应，曹先生的努力无疑是这种未完成的对话的延续与摸索在民间的回应。

理论之树常青，但僵化的理论也是一种文明的暴力，20 世纪以来工具理性与价值理性之间的张力没有终结。好在美是永远指向感性的，被审美情感浸透的理性与科学才会不断焕发生机。现代农业、城市、科学与生态工业因为有了美的浸润，才显出文化生命的意义，带给大地自然以持久的生命感；大地是不死的，人类灵性总是必然地寻找自我、自然的根系，与自身的历史与现实之间寻求有效的互联。现代感性论自身也在不断寻觅自我批判的基点，而不再仅仅是理性或他者的显现。现代美学甚至是一种文化立场，在现实中代表一种人文主义的批判声音，现代美学当然还是一种独特的修养，现代社会需要高情商的国民来抗拒高度技术化和过度理性化所带来的人文缺憾和迷思。诸如对"转基因"、"克隆人"技术的警惕，对自然的过度开发，对刚性发展观的警惕；对社会结构僵化、失稳和精微心理结构及环境耐受力极限的警惕，等等。

现代高感性能力的培养既离不开理性，也离不开非理性存在与现实人文情怀的滋润。传统中国美学更是强调情理交融，真善美相一致的审美生活，推崇一种有理性感悟力度的美感真实性。华夏美学精神不仅淬炼了东方独具魅力的人格心理，也从内心深处征服了它历史上所有的征服者和被征服者，在19世纪以来的文明博弈中再现了自身独有的韧性，在21世纪以一种更强大的精神面貌展现在世人面前。

也许中国在未来将成为世界第一大经济体，但它文明的普适性主张是否是世界性的，却还有待商榷。中华民族作为世界性民族不同于边缘群落，无疑需要美学精神的升华并锻造出合乎全人类文明本性的世界主张。现代美学更强调一种生活世界的审美通融能力，正如本文所言，"审美实践"是一种重要的"文明实践"，见微知著、一叶知秋也是一种思想的能力，在某种特定的时代，我们需要一种文化感官的敏锐触觉，一种具有理性内核的顿悟能力或内在的直觉力和自觉力量，在欲望主义的消费扩张中发现现代世界的边界。在经济理性和科技理性之外的全部现实中去关注文明的一切内在和外在矫正机制，而这正是美学性的，比如传统儒家的"内省"精神，道家的"妙悟说"与禅宗的"顿悟""觉悟""境界"说等，是一种越来越精微化的理性直观或理性直觉，它看重逻辑与感性、专业与跨界、身体与媒介、微观与宏观、历史与现实、阳刚与阴柔，人情与事理的统一。

生活世界如果欠缺美学思想的启迪和发掘，就难免是肤浅和莽撞甚至无望的，也难以成为文明的有机构成，更难以内化到一个民族文化的核心价值体系中；艺术与美只有融化最高的时代精神才是有生命的，否则众多"艺术工程"与审美教育努力都将成为浮光掠影。当代华夏美学的建构一方面借力于华夏文明深厚的文化心理积淀，另一方面，也借助于西方文艺复兴以来理性思想的回归与强大、当代新媒介思维的运用以及现代学科间不断地跨界整合。

15—17世纪的欧洲在完成了面向古希腊的思考以后，为宗教与科学划定了边界，初步完成了自己认识论意义上的思想分工，将艺术的价值和思想追问交了了一个崭新的思想领域（即美学），对人类广泛的心理、情感与意志现实进行理性的追问与完善，将一种哲学的力量不断赋予到时代的艺术中去，以弥补逻辑学、政治学和伦理学等诸多社会学科探讨的不足。这不能不被认为中西之间近代思想道路的重要差异。

20世纪，尤其是二战以来西方现代美学的转型与失措也与现代哲学与后现代哲学的裂变紧密相连。17世纪以来东西文明的碰撞与对话铸就了全球化以来近现代文明的突进与爆炸式前进，美学史的诞生也是此一历史进程的有机组成。曹先生在文本中的探讨代表了民间美学思考者对于这种差异的经验体察，希望在新的历史条件下，中国所有美学的思考者都能延续自身思想的经验。中国在短短的百年内要经验体察西方几百年内完成的美感方式和审美思维范式的变迁，并经验其艺术与文化心理轨迹。这种基于历史精神的文明自觉，需要一种来自他者的强大感性学理论经验。

二战尤其是冷战结束，乃至后冷战时代以来世界文明格局发生重大变局，提出了诸多挑战。唯有关注到这些大变局中存在的问题，我们才能为自身的现代思想转型和文明实践提供一个有力的实践维度，才能在日常生活世界更全面更深度地完成文明的升级，从而助推中国的世界化进程。真正的审美生活、艺术与美是可通约的世界语，未来的"地球村"需要锻造一种世界性公民认知和感觉体系的融合，需要各学科间、民族间不断的美学视域的整合。

20世纪中国经历了一个独特的循环。这种循环不是传统意义上二十四史所代表的王朝盛衰的循环，而是走出历史上自然文明盛衰节奏的否定式的辩证循环。作为美学思考者的曹先生某种意义上也是文明历史的见证者，从"醉里挑灯看剑"的刚烈军营到温馨教室，从空军机械师到教师，从故乡到他乡，无数次"梦回八角连营"，从前三十年的革命化建设到后三十年以经济为中心的发展之路，见证的是中国梦、国运、自然历史辩证之路，是一种生活反思之路。曹老先生在这样的反思之路上近乎到了"从心所欲而不逾矩"的境界，初心不改，不懈耕耘，不问收获，收获其中。《华严经》有云："不忘初衷，方得始终。"现代美学是感性能力的提倡者。境随心生，仁者天成，对多数人而言，纯粹理性的生活毕竟遥远，大数据时代的信息爆炸和碎片化思考与阅读正不断弱化我们对于纸媒与书香的回味，但我们不妨在快节奏的焦虑中偶尔停下来，享受一下慢生活，品茗阅读，静心修持，格物致知。颠覆我们这个时代的苹果公司总裁乔布斯曾经说："我愿意把我所有的成果去换取和苏格拉底相处一下午。"其实，作为感性学的美学就是在这种现代慢生活经验中获得感觉的思想维度的，现代美学何尝不是一种对历史、对现实的存在之思，一种不断整理思绪、安顿心灵的"回家的经验"。

陶渊明云："户庭无尘杂，虚室有余闲。久在樊笼里，复得返自然。"（《归园田居》）颇以为然。

故乡在心灵深处等待久居都市的游子，我们都在回家的途中，祈望一种居住于家中的温馨，相信曹先生的文字能给你带来对于生活世界的再思考。心在哪里？心系自然，自然在哪里？自然在心间。

人心之美，流出万象之美，真心自我，方得自然之境。

让美学成为科学，这依然是未完成的使命。

愿与曹先生共勉！

（作者单位：武汉大学哲学学院）

图书在版编目(CIP)数据

美学与艺术研究. 第 6 辑/范明华,张贤根主编. —武汉:武汉大学出版社,2015.12
ISBN 978-7-307-17186-2

Ⅰ.美… Ⅱ.①范… ②张… Ⅲ.①美学—文集 ②艺术美学—文集 Ⅳ.①B83-53 ②J01-53

中国版本图书馆 CIP 数据核字(2015)第 271777 号

责任编辑:胡国民　　　责任校对:李孟潇　　　版式设计:韩闻锦

出版发行:**武汉大学出版社**　　(430072　武昌　珞珈山)
　　　　(电子邮件:cbs22@whu.edu.cn　网址:www.wdp.com.cn)
印刷:荆州市鸿盛印务有限公司
开本:720×1000　1/16　印张:33.25　字数:574 千字　插页:1
版次:2015 年 12 月第 1 版　　2015 年 12 月第 1 次印刷
ISBN 978-7-307-17186-2　　定价:66.00 元